Ulrich Förstner · Peter Grathwohl

Ingenieurgeochemie

Springer
*Berlin
Heidelberg
New York
Hong Kong
London
Mailand
Paris
Tokio*

http://www.springer.de/engine-de/

Ulrich Förstner
Peter Grathwohl

Ingenieurgeochemie

Natürlicher Abbau und Rückhalt,
Stabilisierung von Massenabfällen

Unter Mitarbeit von **Joachim Gerth,** Technische Universität Hamburg-Harburg,
Günther Hirschmann, Behörde für Umwelt und Gesundheit Hamburg,
Michael Paul, Wismut GmbH und **Patrick Jacobs,** Technische Universität
Hamburg-Harburg

 Springer

Prof. Dr. Ulrich Förstner
Technische Universität Hamburg-Harburg
Abteilung Umweltschutztechnik
Eißendorfer Str. 40
21073 Hamburg
e-mail: u.foerstner@tu-harburg.de

Prof. Dr. Peter Grathwohl
Universität Tübingen
Geologisches Institut
Sigwartstr. 10
72076 Tübingen
e-mail: grathwohl@uni-tuebingen.de

ISBN 3-540-57005-5 Springer-Verlag Berlin Heidelberg New York

Bibliografische Information Der Deutschen Bibliothek
Die Deutsche Bibliothek verzeichnet diese Publikation in der Deutschen Nationalbibliografie; detaillierte bibliografische Daten sind im Internet über <http://dnb.ddb.de> abrufbar.

Dieses Werk ist urheberrechtlich geschützt. Die dadurch begründeten Rechte, insbesondere die der Übersetzung, des Nachdrucks, des Vortrags, der Entnahme von Abbildungen und Tabellen, der Funksendung, der Mikroverfilmung oder Vervielfältigung auf anderen Wegen und der Speicherung in Datenverarbeitungsanlagen, bleiben, auch bei nur auszugsweiser Verwertung, vorbehalten. Eine Vervielfältigung dieses Werkes oder von Teilen dieses Werkes ist auch im Einzelfall nur in den Grenzen der gesetzlichen Bestimmungen des Urheberrechtsgesetzes der Bundesrepublik Deutschland vom 9. September 1965 in der jeweils geltenden Fassung zulässig. Sie ist grundsätzlich vergütungspflichtig. Zuwiderhandlungen unterliegen den Strafbestimmungen des Urheberrechtsgesetzes.

Springer-Verlag Berlin Heidelberg New York
ein Unternehmen der BertelsmannSpringer Science+Business Media GmbH

http://www.springer.de

© Springer-Verlag Berlin Heidelberg 2003
Printed in Germany

Die Wiedergabe von Gebrauchsnamen, Handelsnamen, Warenbezeichnungen usw. in diesem Buch berechtigt auch ohne besondere Kennzeichnung nicht zu der Annahme, dass solche Namen im Sinne der Warenzeichen- und Markenschutz-Gesetzgebung als frei zu betrachten wären und daher von jedermann benutzt werden dürften. Sollte in diesem Werk direkt oder indirekt auf Gesetze, Vorschriften oder Richtlinien (z. B. DIN, VDI, VDE) Bezug genommen oder aus ihnen zitiert worden sein, so kann der Verlag keine Gewähr für die Richtigkeit, Vollständigkeit oder Aktualität übernehmen. Es empfiehlt sich, gegebenenfalls für die eigenen Arbeiten die vollständigen Vorschriften oder Richtlinien in der jeweils gültigen Fassung hinzuzuziehen.

Satz: Reproduktionsfertige Vorlagen der Autoren
Einbandgestaltung : Struve & Partner, Heidelberg
Gedruckt auf säurefreiem Papier   SPIN: 10099433   68/3020/M - 5 4 3 2 1 0

Vorwort

Prozessverständnis, Ressourcensicherung und Schutz der Umwelt – mit diesem Wirkungsdreieck charakterisiert eine Denkschrift der Deutschen Forschungsgemeinschaft* die Rolle fortschrittlicher Geotechnologien. Zusätzliche Aktivposten sind die Zusammenarbeit mit benachbarten Natur- und Ingenieurwissenschaften, internationale Kooperationen und die Definition möglicher Synergiepotentiale mit Industrieunternehmen. Die „Ingenieurgeochemie", die in dem vorliegenden Buch erstmals umfassend beschrieben wird, entspricht mit ihren Konzepten und praktischen Aufgaben diesen Leitvorstellungen für eine moderne geowissenschaftliche Disziplin:

- Das Verständnis natürlichen Prozesse und ihrer Wechselwirkungen in komplexen Systemen besitzt erste Priorität beim künftigen Einsatz kostengünstiger *in-situ*-Methoden im Grundwasserschutz (Kapitel 1 und 2).
- Geochemisches Prozesswissen ist auch die Voraussetzung für eine Sickerwasserprognose von Abfällen und Altlasten (Abschn. 3.1) und für die Optimierung der thermischen Abfallbehandlung mit dem Ziel einer Verwertbarkeit der Produkte (Abschn. 3.2).
- Die bereits erfolgreiche Anwendung geochemischer Techniken bei interdisziplinären Sanierungsmaßnahmen an Bergbaualtlasten (Abschn. 3.3) eröffnet ähnlich günstige Perspektiven für den künftigen Umgang mit problematischem Baggergut (Abschn. 3.4).

Fortschrittliche geochemische Problemlösungen sind dem Prinzip der Nachhaltigkeit verpflichtet und beinhalten entsprechende Risikoabschätzungen, vor allem Langzeitprognosen (Kapitel 1). Dieser integrale Ansatz und die wirtschaftlichen Vorteile naturnaher Technologien haben bei der öffentlichen Forschungsförderung eine gute Resonanz gefunden. Neben dem Verbundprojekt „Kontrollierter natürlicher Abbau und Rückhalt" (Kapitel 2) des Bundesministeriums für Bildung und Forschung (BMBF) stammen auch die Gastbeiträge im Kapitel 3 „Geochemische Stabilisierungstechniken" aus der Bearbeitung strategisch ausgerichteter Gemeinschaftsvorhaben:

- Das Programm „Sickerwasserprognose" des BMBF und BMU, das die Grundlagen für die künftige Umsetzung der Bodenschutz- und Altlastenverordnung erarbeiten soll, wird von *Dr. Joachim Gerth* (TUHH) am Beispiel anorganischer Schadstoffe im Abschn. 3.1 beschrieben.
- Aus dem BMBF-Verbundprojekt „Deponiekörper" (1993-1997) berichtet *Dr.-Ing. Günther Hirschmann* (Behörde für Umwelt und Gesundheit Hamburg) im

---

* „Geotechnologien – Das ‚System Erde': Vom Prozessverständnis zum Erdmanagement". Senatkommission für Geowissenschaftliche Gemeinschaftsforschung der Deutschen Forschungsgemeinschaft 1999, 140 Seiten

Abschn. 3.2 über geochemische Ansätze zur Bewertung des Langzeitverhaltens von Schlacken aus der thermischen Behandlung von Siedlungsabfällen.
- Die Rolle der Ingenieurgeochemie bei der Sanierung von Altbergbaustandorten wird von *Dr. Michael Paul* (Wismut GmbH) im Abschn. 3.3 am Beispiel des weltweit größten Bergbausanierungsvorhabens, der Sanierung der Uranerzbergbau- und -aufbereitungsstandorte der ehemaligen SDAG Wismut in Thüringen und Sachsen, dargestellt. Dieser Beitrag schlägt auch die Brücke zu den internationalen Verbundprogrammen über Bergbaualtlasten, die nach wie vor die entscheidenden Impulse für die Entwicklung geochemischer Stabilisierungstechniken geben.
- Im Abschn. 3.4 gibt *Dipl.-Geol. Patrick Jacobs* (TUHH) u.a. einen Überblick über das Thema „subaquatische Unterbringung von Sedimenten und aktive Abdeckungssysteme", das seit 1997 im Rahmen einer australisch-deutschen Forschungsallianz vom BMBF gefördert wird. Das wasserrechtlich genehmigte Demonstrationsprojekt „Hitzacker/Elbe" steht kurz vor der Realisierung.

Dem herzlichen Dank an die Autoren dieser Beiträge schließt sich die Würdigung jener Kollegen an, die für dieses Arbeitsgebiet besondere Pionierleistungen erbracht haben. An erster Stelle sind Prof. Wim Salomons und Prof. ‚Olaf' R. D. Schuiling zu nennen, die Ende der achtziger Jahre das Gebiet konzeptionell und durch Praxisbeispiele definiert haben. Prof. Michael Kersten und Prof. Horst D. Schulz, der Koordinator des DFG-Schwerpunktprogramms „Geochemische Prozesse mit Langzeitwirkungen in anthropogen beeinflussten Sicker- und Grundwässern", haben sich früh für dieses Buchprojekt engagiert.

Unser Dank gilt Frau Barbara Eckhardt (Hamburg) und Frau Iris Madlener (Tübingen) für die Erstellung der Druckversion der Manuskripte. Wir danken dem Springer-Verlag und Herrn Dipl.-Ing. Thomas Lehnert für das Vertrauen, das uns während des langen Entwicklungsprozesses der nun vorliegenden *Ingenieurgeochemie* entgegengebracht wurde und wir hoffen, dass sich das Warten vor allem für die Leser gelohnt hat.

Hamburg, Tübingen im Juli 2002   Ulrich Förstner, Peter Grathwohl

Inhaltsverzeichnis

1 Technische Geochemie – Konzepte und Praxis ... 1
ULRICH FÖRSTNER

1.1	**Ingenieurgeochemie – Einführung**	5
1.1.1	Fachliche Grundlagen der Ingenieurgeochemie	7
1.1.2	Definitionen und Fallbeispiele	8
1.1.2.1	Begriff „Ingenieurgeochemie"	8
1.1.2.2	Beispiele aus Forschung und Praxis	9
1.2	**Geochemie im Leitbild „Nachhaltigkeit"**	11
1.2.1	Kapazitätsgrenzen für Stoffflüsse	11
1.2.1.1	Stoffwirtschaftliche Prioritäten	12
1.2.1.2	Regionale Kapazitätsermittlung	14
1.2.2	Gekoppelte geochemische Systemfaktoren	15
1.2.2.1	Schadstofffreisetzung in verzögerten Prozessen	16
1.2.2.2	Geochemische Steuerfaktoren	18
1.2.2.3	Kapazitätsbestimmende Eigenschaften	20
1.2.2.4	Kopplung geochemischer Systemfaktoren	23
1.2.2.5	Messparameter für langfristige Prognosen	25
1.2.3	Geochemische Barrieren-Konzepte	25
1.2.3.1	Biologisch-geochemische Barrieren	27
1.2.3.2	Geochemische pH-Eh-Barrieren	27
1.2.3.3	Redoxzonen als Barrieren	29
1.2.3.4	Innere Barrieren-Systeme	31
1.2.3.5	Schadstoffrückhaltepotential	33
1.2.4	Leitbild „Endlagerqualität"	35
1.2.4.1	Reaktor- und Inertstoffdeponie	36
1.2.4.2	Langzeitprognosen für Deponie-Sickerwässer	38
1.2.5	Geowissenschaften und nachhaltige Abfallwirtschaft	39
1.2.5.1	Endlagerqualität, Verwertung und Nachhaltigkeit	40
1.2.5.2	Bewertung des Langzeitverhaltens von Abfall	41
1.2.5.3	Geochemische Kriterien für anthropogene Rohstofflager	41
1.3	**Umweltchemie – Technologische Aspekte**	43
1.3.1	Umweltchemische Konzepte	44
1.3.1.1	Übersicht Lehrbücher „Umweltchemie"	44
1.3.1.2	Zielsetzungen der Umweltchemie	47
1.3.1.3	„Diagnose" und „Therapie" bei Altlasten	48
1.3.1.4	Produktionsintegrierte Schadstoffminderung	52
1.3.1.5	Übergänge zur „äußeren Umwelt"	53

1.3.2	Umweltchemikalien und Stoffdynamik	55
1.3.2.1	Eigenschaften von Umweltchemikalien	56
1.3.2.2	Parameter der Stoffdynamik in der Umwelt	57
1.3.2.3	Bewertung der Grundwassergängigkeit	58
1.3.3	Schadstoffquellen und Belastungspfade	61
1.3.3.1	Skalen der Schadstoffausbreitung	62
1.3.3.2	Schadstoffe aus Abfallablagerungen	64
1.3.4	Medienübergreifende Schadstoffflüsse	66
1.4	**Umweltgeochemie – Grundlagen und Anwendungen**	**69**
1.4.1	Globale und regionale Stoffflüsse	69
1.4.1.1	Globale Stoffflüsse	70
1.4.1.2	Regionaler Stoffhaushalt – Beispiel Metalle	74
1.4.1.3	Sedimente als Verschmutzungsindikatoren	77
1.4.2	Untersuchung mobilisierender Einflussfaktoren	80
1.4.2.1	Schadstofftransport durch Kolloide	80
1.4.2.2	Remobilisierbarkeit von Schadstoffen	83
1.4.2.3	Langzeiteinflüsse auf kontaminierte Böden	86
1.4.3	Natürliche Demobilisierung von Schadstoffen	90
1.4.3.1	Organische Schadstoffe	91
1.4.3.2	Anorganische Schadstoffe	93
1.4.4	Chemische Bewertung kontaminierter Feststoffe	95
1.4.4.1	Strategien für Langzeitprognosen	96
1.4.4.2	Untersuchung und Bewertung von Alterungseffekten	97
1.4.4.3	Fazit für geochemische Untersuchungen	98
1.5	**Ingenieurgeochemie und Abfallwirtschaft**	**99**
1.5.1	Abfallvermeidung bei der Rohstoffgewinnung	99
1.5.1.1	Umweltbelastung durch Bergbau	100
1.5.1.2	Abfälle aus dem Erzbergbau	101
1.5.1.3	Abfallvermeidung bei der Aufbereitung	103
1.5.1.4	Nutzung der anthropogenen Lager	106
1.5.2	Langzeitstabilisierung von Abfall	109
1.5.2.1	Subaquatische Lagerung	111
1.5.2.2	Konditionierung von Abfallstoffen	114
1.5.2.3	Festlegung in Speichermineralen	116
1.5.2.4	Chemische und biologische Extraktion	120
1.5.2.5	Schmelzverfahren	121
1.5.2.6	Kostenvergleich der Verfahren	123
1.5.3	Ingenieurgeochemisches Handlungskonzept	124
1.5.3.1	Abfolge von Arbeitsschritten – Beispiel „Altbergbau"	125
1.5.3.2	Entwicklung eines Handlungskonzepts	127
	Literatur	**133**

2 Natürlicher Abbau und Rückhalt von Schadstoffen ... 151
PETER GRATHWOHL

2.1 Rückhalt/Sorption organischer Schadstoffe im Untergrund 151
2.1.1 Sorptionsmechanismen und -isothermen ... 151
2.1.2 Einfluss des natürlichen organischen Materials auf die Sorption ... 159
2.1.3 „Partitioning" in natürlichem organischen Material ... 163
2.1.4 Sorption in heterogenen Materialien ... 167
2.1.5 Adsorption organischer Verbindungen durch Aktivkohlen ... 170
2.1.6 Sorptionskinetik ... 171

2.2 Stofftransport im Grundwasser Advektion/Retardation, Dispersion, Abbau ... 178
2.2.1 Advektion und Retardation ... 178
2.2.2 Dispersion und Verdünnung ... 179
2.2.3 Schadstoffabbau: Stationäre Fahnen ... 187
2.2.4 Transportvermittlung: Kosolventen/DOC/Kolloide/Partikel ... 191

2.3 Schadstoff-Freisetzung (Desorptionskinetik, Lösungskinetik) 192
2.3.1 Stoffübergang zwischen mobiler und immobiler Phase ... 193
2.3.2 Lösungskinetik feinverteilter residualer Phasen ... 197
2.3.3 Löslichkeit und Lösungskinetik ... 201
2.3.4 Schadstofflösung aus „Pools" ... 210
2.3.5 Schadstoff-Freisetzung durch diffusionskontrollierte Desorption ... 214
2.3.6 Rückdiffusion aus Geringleitern (Ton- und Kohlelagen) ... 218

2.4 Zeitskalen im Schadensherd und Natural Attenuation ... 221
2.4.1 Zeitskalen der Lösung residualer Flüssigphasen ... 221
2.4.2 Diffusionslimitierte Desorption ... 224
2.4.3 Wirkung von Lösungsvermittlern zur beschleunigten Sanierung von Schadensherden ... 228
2.4.4 Fazit: „Natural Attenuation" im Schadensherd ... 231

Literatur ... 234

3 Ingenieurgeochemie im Boden- und Gewässerschutz – Praxisbeispiele und rechtlicher Rahmen ... 243

3.1 Sickerwasserprognose für anorganische Schadstoffe
JOACHIM GERTH ... 255
3.1.1 Anforderungen nach Bundes-Bodenschutzverordnung ... 255
3.1.1.1 Anwendungsbereich ... 255
3.1.1.2 Prüfwertkonzept ... 256
3.1.1.3 Möglichkeiten der Abschätzung nach BBodSchV ... 257

3.1.2	Materialuntersuchung	258
3.1.2.1	Verfahren nach BBodSchV	258
3.1.2.2	Verfahrensentwicklungen für anorganische Schadstoffe	260
3.1.2.3	Beispiele zur Quellermittlung durch Säulenversuche	263
3.1.3	Zeitliche Entwicklung des Quellverhaltens	270
3.1.4	Anmerkungen zum Prüfwertkonzept	272
3.2	**Langzeitverhalten von Deponien** GÜNTHER HIRSCHMANN	273
3.2.1	Regelungen und Maßnahmen zur Emissionsminderung	274
3.2.1.1	Gesetzliche Regelungen für Deponien in Europa	274
3.2.1.2	Beschleunigte Stabilisierung der Deponieinhalte	275
3.2.1.3	Mechanisch-biologische Vorbehandlung (MBV)	277
3.2.2	Langzeitverhalten von organischen Deponien	279
3.2.2.1	Altdeponien	279
3.2.2.2	Langzeitversuche und Modellszenarien	280
3.2.2.3	MBV-Deponien	281
3.2.2.4	Managementkonzept für organische Deponien	281
3.2.3	Ablagerung von thermisch behandelten Abfällen	283
3.2.3.1	Charakterisierung von Müllverbrennungsschlacken	285
3.2.3.2	Untersuchung des Langzeitverhaltens	288
3.2.3.3	Perspektiven für die Schlacke-Deponierung	296
3.3	**Geochemische In-situ-Stabilisierung von Bergbaualtlasten** MICHAEL PAUL	298
3.3.1	Grundlagen der Sauerwasserbildung	298
3.3.2	Prognose der Sickerwasserqualität	302
3.3.2.1	Statische Tests	302
3.3.2.2	Kinetische Tests	304
3.3.3	Technologien und Behandlungsmethoden für Sauerwässer bei der Ablagerung von Bergematerialien und Tailings	305
3.3.3.1	Überblick	305
3.3.3.2	Subaquatische Lagerung	307
3.3.3.3	Geringdurchlässige Abdeckungen, Einkapselung („dry covers")	308
3.3.3.4	Sauerstoffzehrende und reaktive Abdeckungen	309
3.3.3.5	Verschneiden von säuregenerierendem Gestein und Alkalienzugabe	310
3.3.3.6	Weitere Verfahren	311
3.3.3.7	Komplexe Ablagerungstechnologien	313
3.3.4	Verwahrung von Untertagebergwerken und Tagebauen	313
3.3.4.1	Grubenflutungen	313
3.3.4.2	Flutung von Tagebauen	316
3.3.5	Entwicklung umfassender Sanierungsstrategien – Das Fallbeispiel WISMUT	316
3.3.5.1	Projektüberblick	316
3.3.5.2	Probleme und Sanierungslösungen am Standort Ronneburg	318
3.3.5.3	Flutung der Ronneburger Grube	320

3.3.5.4	Haldensanierung und Tagebauverfüllung	321
3.3.5.5	Sanierung der industriellen Absetzanlagen	328
3.3.5.6	Verwahrung eines Untertage-Laugungsbergwerkes: Standort Königstein	328
3.4	**Gewässersedimente und Baggergut** PATRICK JACOBS UND ULRICH FÖRSTNER	330
3.4.1	Integrierte Prozessstudien	331
3.4.1.1	Experimentiertechniken zur Simulation der Wechselwirkungen zwischen Hydrodynamik, Sedimentverhalten und Stoffsorption	331
3.4.1.2	Mikrobieller Umsatz von gelöstem und partikulärem Material	333
3.4.1.3	Gekoppelte biogeochemische Prozesse und Schadstoffmobilität	334
3.4.1.4	Modellierung des Sediment- und Schadstofftransports	335
3.4.1.5	Ansatz zu einem Forschungsverbund „Integrierte Prozessstudien"	336
3.4.2	Problemlösungen für Überflutungssedimente	338
3.4.2.1	Fallstudie Spittelwasser im Elbe-Einzugsgebiet	339
3.4.2.2	Organisation eines interdisziplinären Programms	342
3.4.3	Subaquatische Lagerung	343
3.4.3.1	Internationale Erfahrungen	343
3.4.3.2	Planung und Durchführung	346
3.4.4	Capping – Aktive Barriere Systeme	347
3.4.4.1	Subaquatische In-situ-Abdeckung	347
3.4.4.2	Aktive Barriere Systeme (ABS)	351
3.4.4.3	Zeolithbasierte ABS	355
3.4.5	Strategien für ein integriertes Sedimentmanagement	357
3.4.5.1	Integrierte Risikobewertung von Gewässersedimenten	358
3.4.5.2	Integrierte Maßnahmen bei der Beseitigung von Baggergut	358
	Literatur	361
	Sachverzeichnis	383

1 Technische Geochemie – Konzepte und Praxis

Zwei allgemein bekannte Leitperspektiven des technischen Umweltschutzes sind die verstärkte Nutzung erneuerbarer Energien und eine weitestgehende Vermeidung von Abfall. In einem dritten Sektor entwickelt sich ohne besondere öffentliche Aufmerksamkeit ein neues Langzeitdenken, das in jeder Hinsicht dem Leitbild einer nachhaltigen zukunftsfähigen Entwicklung entspricht. Es handelt sich um die nachsorgefreie Ablagerung der letztlich unvermeidbaren Restabfälle, die Optimierung des Einsatzes von Primär- und Sekundärrohstoffen und um die naturnahe Behandlung von kontaminierten Grundwässern. Diese Praxisanwendungen von geochemischen Grundlagen werden in dem vorliegenden Buch dargestellt.

Die Bedeutung des geochemisch-technischen Ansatzes lässt sich anhand der strategischen Neuausrichtung bei der Abfallentsorgung zeigen: In der Tabelle 1.1 sind noch alle Sicherungselemente des früheren „Multibarrierenkonzeptes" (Stief 1986) von der Geologie des Deponieuntergrundes bis zur Nachsorge aufgeführt. Auch nach der TA Siedlungsabfall (TASi) von 1993 sind „Deponien so zu planen, zu errichten und zu betreiben, dass mehrere weitgehend unabhängig wirksame Barrieren geschaffen und die Freisetzung und Ausbreitung von Schadstoffen nach dem Stand der Technik verhindert werden". Betrachtet man jedoch das auf die praktische Umsetzung gerichtete Ziel der TASi, die Ablagerung thermisch behandelter Abfälle zum Regelverfahren werden zu lassen, dann erhält die primäre Schadstoffeinbindung in der Abfallmatrix („Innere Barriere") eine hohe Priorität gegenüber den nachgeschalteten „Barrieren". Bei einem überschaubaren Spektrum an Stoffen und Reaktionen wäre es künftig möglich, mit verbesserten Prüfverfahren allein über die Zuordnungskriterien eine langfristige und weiträumige Sicherheit zu gewährleisten.

Es ist das Ziel der geochemischen Verfahrensansätze in der Entsorgungstechnik, nicht nur naturnahe, sondern auch möglichst übersichtliche Ablagerungsbedingungen zu schaffen, die eine langfristige Prognose erlauben. Diese Voraussetzungen sind bei der Hausmüllverbrennung durch die Zerstörung reaktiver organischer Substanzen und eine nachfolgende Nassbehandlung nahezu perfekt gegeben[1]. Bei anderen Massenabfällen wie Bergbauresten oder Baggergut muss eine dauerhafte Sicherung über die Auswahl eines geeigneten Ablagerungsmilieus erfolgen. Langzeitprognosen sind auch hier integraler Bestandteil der technischen Maßnahmen, erfordern jedoch weitergehende Informationen über die mögliche Freisetzung von Schadstoffen.

Bei der geochemischen Immobilisierung von Schadstoffen über geologische Zeiträume empfiehlt es sich, die in der Natur vorkommenden Mineralassoziatio-

---

[1] In dieser Hinsicht ist die Möglichkeit der Ablagerung von mechanisch-biologisch behandelten Abfällen als Teilstrom nach der Novellierung der TASi (AbfAblV v. 20.02.2001) eindeutig als Rückschritt zu werten (s. Abschn. 3.2).

nen, die sich als stabil während der „sedimentären Diagenese" erwiesen haben, zum Vorbild zu nehmen. Je besser die Übereinstimmung zwischen dem anthropogenen „Sediment" und dem entsprechenden geogenen Modell, desto realistischer wird die langfristige Prognose über die Stabilität der Abfälle. Ein klassisches Beispiel, bei dem von Seiten der Technischen Mineralogie erstmals eine solche umweltrelevante Problemstellung gelöst wurde, ist die Mineralisierung von hochradioaktiven Abfalllösungen in der nuklearen Entsorgungstechnik (Ringwood u. Kesson 1988). Jedoch müssen nicht nur radioaktive Abfälle, sondern auch nichtradioaktive Sonderabfälle oftmals mit der gleichen Sorgfalt von der Biosphäre isoliert werden.

Tabelle 1.1 Bedeutung einzelner „Barrieren" für Reaktor- und Inertstoffdeponien

	Schadstoff-„Barriere"	Charakterisierung der Barrierewirkung	Reaktor-Deponie	Inertstoff-Deponie
1	Geologie	Standortwahl nach sorgfältig vorgeprüften hydrogeologischen und geotechnischen Gesichtspunkten	++	+
2	Abdichtung	Schaffung eines allseitig wirksamen Abdichtungssystems aus Sohl-, Wand- und Oberflächendichtung	+++	+
3	„Innere" Barriere	Immobilisierung von Schadstoffen innerhalb des Abfallkörpers; Einhaltung von Zuordnungswerten	+	++++
4	Entsorgung	optimal wirkende Systeme zur Erfassung, Ableitung und Behandlung von Sickerwasser und Deponiegas	+++	+
5	Betrieb	Betrieb der Deponie nach dem Stand der Technik und allen Erfahrungen bei der Emissionsminderung	++	+
6	Überwachung, Kontrolle und Nachsorge	Messungen im Grundwasseranstrom und -abstrom, Kontrolle der Setzungen und Verformungen des Deponiekörpers sowie der Abdichtungssysteme	++	(+)

Geowissenschaftliche Erkenntnisse und Informationen gehören heute zu den unverzichtbaren Grundlagen langfristig umweltverträglicher und damit zukunftsträchtiger Technologien zum Schutze unserer Umwelt. Die Anwendung geochemischer Kenntnisse bei der Erschließung und Nutzung von Ressourcen lässt sich zwar bis in die Antike zurückverfolgen, jedoch erfolgte bezüglich des Umweltschutzes der eigentliche Durchbruch erst in jüngster Zeit – nicht zuletzt dank der Entwicklung des erforderlichen analytischen Instrumentariums.

Da sich auf lange Sicht jede Entsorgung innerhalb der Anthroposphäre auf die natürlichen biogeochemischen Kreisläufe auswirken wird, ist für neue entsorgungstechnische Konzepte ohne Einbeziehung der natürlichen Mechanismen zur Verringerung von negativen Umweltauswirkungen durch Schadstoffe bei steigendem Umweltbewusstsein keine breite Akzeptanz zu erwarten. Aus geowissenschaftlicher Sicht werden in diesem Zusammenhang die Technische Mineralogie, die Ingenieurgeologie und die Technische Geochemie zunehmend gefordert sein.

Die vorliegende Einführung in die Technische Geochemie, mit besonderer Ausrichtung auf abfallwirtschaftliche Fragestellungen, ist in fünf Teile gegliedert. Der *erste Teil* gibt eine Übersicht über die fachlichen Grundlagen und einige Praxisbeispiele des neuen Arbeitsgebietes „Ingenieurgeochemie", das sich mit den technischen Anwendungen von natürlichen Rückhalteprozessen und dem Einsatz von natürlichen Rohstoffen für die Konditionierung von festen Massenabfällen befasst, beides mit dem Ziel einer nachhaltigen Entfernung oder langfristigen Festlegung von Schadstoffen.

Der *zweite Teil* – Geochemie im Leitbild der „Nachhaltigkeit" – beschreibt die Rolle der Ingenieurgeochemie bei der Einhaltung von „Tragfähigkeitsgrenzen", vor allem im Hinblick auf Schadstoffanreicherungen, und bei der Realisierung der neuen stoffwirtschaftlichen Zielsetzungen und Strategien. Über die regionale Kapazitätsermittlung mit dem Frühwarnsystem der *Stoffflussanalyse* führt der Weg zu dem grundlegenden Konzept der gekoppelten geochemischen Systemfaktoren mit den beiden Parametergruppen „Steuerprozesse" (abbaubare organische bzw. oxidierbare Substanzen; pH, Redox, Salinität) und „kapazitätsbestimmende Eigenschaften" (Austausch-, Sorptions-, Speicher- und Pufferkapazitäten). Typische Denkansätze sind die *Barrieren-Konzepte*, die in den nachfolgenden Kapiteln dieses Buchs mit Anwendungsbeispielen genauer beschrieben werden. Den Abschluss bildet eine Übersicht über die Vorgehensweise bei der Umsetzung des Leitbildes „Endlagerfähigkeit", das den Maßstab für die Qualität eines nachhaltig beseitigten Abfalls darstellt, und des Konzeptes „petrologische Evaluation" als Ansatz zu erhöhter Effizienz im Umgang mit Rohstoffen (Lichtensteiger 2000).

Der *dritte Teil* behandelt die technologischen Aspekte der „Umweltchemie", der übergeordneten Disziplin, die sich sowohl mit den *Stoffumsätzen* bzw. Wechselwirkungen im molekularen Bereich als auch mit den großräumigen Verteilungs- und Transportvorgängen von Belastungs- und Schadstoffen befasst. Am Beispiel der Altlastensanierung werden die „diagnostischen" und „therapeutischen" Aufgabenstellungen bei der Untersuchung und Behandlung von Schadstoffbelastungen beschrieben. Sowohl verfahrensinterne Maßnahmen zur Reduktion von Schadstoffemissionen als auch die Prognose der Schadstoffausbreitung in der „äußeren" Umwelt basieren auf Kenngrößen über die Eigenschaften von Umweltchemikalien. Exemplarisch wird die Bewertung der *Grundwassergängigkeit* organischer Schadstoffe dargestellt. Nach Übersichten zu den *Zeitskalen*, in denen Sickerwässer aus verschiedenartigen Abfallablagerungen austreten, und zum Auftreten von *medienübergreifenden Schadstoffströmen*, werden Beispiele von Grundwasserschadensfällen beschrieben, die künftig vor allem mit den in Kap. 2 „Natürlicher Abbau und Rückhalt" dargestellten Konzepten und Methoden behandelt werden können.

Der *vierte Teil* über „Umweltgeochemie" befasst sich mit zwei Forschungs- und Anwendungsgebieten, die u.a. Informationen für das Kapitel „Verfestigung und Stabilisierung bei Massenabfällen" bereitstellen: die Bilanzierung der Schadstoffausbreitung in der Umwelt und die Analyse und Bewertung der Schadstoffgehalte in festen Abfällen hinsichtlich ihrer langfristigen Remobilisierbarkeit. Aus den Daten globaler und regionaler Stoffflüsse lassen sich Referenzwerte für einen „geologischen Ansatz" (Baccini u. Bader 1996) zur Ableitung von Qualitätszielen gewinnen. Bei der Thematik „mobilisierende und retardierende Einflussfaktoren" stehen vier aktuelle Fragestellungen im Vordergrund: (1) der Einfluss von *Kolloiden* auf den Schadstofftransport im Grundwasser, (2) die Aufschlüsselung der wichtigsten Einflussgrößen auf die *Remobilisierbarkeit* von Schwermetallen aus kontaminierten Feststoffen, (3) die Befunde über die *natürliche Demobilisierung* von Schadstoffen und (4) die Anwendung des Konzepts der gekoppelten geochemischen Systemfaktoren auf *Langzeitprognosen* zur Metallmobilisierung. Damit wird die Brücke zu den ingenieurgeochemischen Problemlösungen geschlagen.

Der *fünfte Teil* – Ingenieurgeochemie und Abfallwirtschaft – behandelt die geochemischen Aspekte von Abfallproblemen am Beginn und Ende der „Wertschöpfungskette". Am Beispiel der Kupfergewinnung wird der Zusammenhang von *Rohstoffgewinnung und Abfallentstehung* beschrieben; am Beispiel der Zinkgewinnung werden die Möglichkeiten einer verbesserten Rohstoffausbeute durch Änderungen bei der verfahrenstechnischen Prozessführung dargestellt. Als ein künftiges ingenieurgeochemisches Schwerpunktthema zeichnet sich die „Nutzung anthropogener Rohstofflager" in den dicht besiedelten Regionen industrialisierter Staaten ab – „Stadtbau" ersetzt Bergbau (Moser 1996).

In diesem Kapitel werden auf der Grundlage des Konzeptes der gekoppelten geochemischen Systemfaktoren die ingenieurgeochemischen Techniken zur Behandlung von Abfällen bzw. Altlasten klassifiziert und jeweils an typischen Beispielen erläutert:

- *Auswahl günstiger Milieubedingungen zur Ablagerung von Massenabfällen* – subaquatische Lagerung von Baggergut,
- *Verbesserung der Pufferkapazitäten von Abfällen* – Stabilisierung von Hafenschlick auf Landdeponien,
- *Erhöhung der Speicherkapazität in der Feststoffmatrix* – Speicherminerale aus Verbrennungsresten,
- *Chemische und biologische Extraktion von Schadstoffen* – bakterielle Laugung von kontaminierten Sedimenten,
- *Schmelzverfahren* – Auftrennung von Wertstofffraktionen in Filterstäuben aus der thermischen Abfallbehandlung.

Eine abschließende Gesamtbetrachtung verbindet die Erfahrungen und die Vorgehensweise bei der Sanierung und Renaturierung im Altbergbau mit den Schwerpunktthemen „Stoffflussanalyse", „Langzeitprognose" und „Geochemische Stabilisierungsverfahren für Massenabfälle" zu einem Handlungskonzept für die Ingenieurgeochemie in der Abfallwirtschaft.

1.1 Ingenieurgeochemie – Einführung

Geochemie ist ein vorrangig grundlagenorientierter Wissenschaftszweig und befaßt sich mit der Zusammensetzung der Erde insgesamt und in ihren sog. Geosphären – Magma, Gesteine, Minerale, Sedimente, Böden, Wasser und Atmosphäre: „Die Geochemie handelt von der Verteilung und Bewegung der chemischen Elemente auf der Erde hinsichtlich des Ortes und der Zeit" (Mason u. Moore 1985).

Eine stärker praxisorientierte Fachdisziplin ist die *Umweltgeochemie*. Sie untersucht die Auswirkungen zivilisatorischer Einflüsse auf die chemischen Zusammensetzungen in der Atmosphäre, Hydrosphäre, Biosphäre und vor allem in der allerobersten Erdkruste. Ein typisches Beispiel aus 25 Jahren Umweltgeochemie ist die Methode, die Ausbreitung und die zeitlichen Intensitätsänderungen von Schadstoffen mit Hilfe von Sedimentanalysen, speziell an Sediment-„Kernen", zu verfolgen.

Das übergreifende Fachgebiet ist die *Umweltchemie*, die sich mit allen chemischen Vorgängen beschäftigt, die in der Umwelt ablaufen. Die Umweltchemie – nach einer Definition von Bliefert (1994) – „befasst sich mit Quellen und Senken, dem Transport und der Verteilung sowie mit Reaktionen und Wirkungen von Stoffen in Wasser, Boden und Luft und deren Einwirkungen auf Lebewesen, also Menschen, Tiefe, Pflanzen und Mikroorganismen, sowie auf Gegenstände, z.B. Bauwerke oder Werkstoffen".

Im Mittelpunkt der *umweltchemischen Grundlagenforschung* stehen die Eigenschaften von Stoffen, deren Verhalten in der Umwelt und die Erkenntnisse über die komplexen Zusammenhänge zwischen Ursachen und Wirkungen, die sich daraus ableiten lassen. Diese Erkenntnisse können auch für technische Maßnahmen im Umweltschutz und bei der Ressourcenschonung genutzt werden. Die nachhaltigsten Einflüsse auf die natürliche Umwelt sind die Einträge von Abfallstoffen aus den verschiedenen Stufen der Rohstoffnutzung, Produktion etc. Die Geochemie und die Umweltchemie können nun auch selbst aktiv werden und die Austauschprozesse der Abfälle mit der Umwelt beeinflussen. Solche technischen Eingriffe – Konzentrieren, Stabilisieren – sind Aufgabe der „Ingenieurgeochemie".

Einzelne geochemisch begründete Methoden wie die Deponieabdichtung mit Tonen oder Neutralisation saurer Lösungen mit Kalk wurden schon früher praktiziert; im Verbund mit moderner Technik erhält jedoch die bewusste Anwendung von natürlichen Ressourcen und Prozessen vor allem in der Abfallwirtschaft eine neue Qualität. Auf der Suche nach Sanierungsansätzen mit möglichst geringen Betriebskosten werden für den Grundwasserschutz in jüngster Zeit intensiv „passive *In-situ*-Methoden" – das sind Behandlungsverfahren direkt im Untergrund ohne Energieeintrag – diskutiert und praktisch eingesetzt. Die Konzepte und Methoden „natürlicher Rückhalt und Abbau" werden im Kapitel 2 umfassend dargestellt.

Im Unterschied zu der üblichen chemischen Betrachtungsweise enthält der geochemische Ansatz eine *zeitliche Komponente*. Die ist auch ein wesentlicher Vorteil gegenüber dem traditionellen Ingenieuransatz in der Abfallwirtschaft, der z.B.

Tabelle 1.2. Thematische Schwerpunkte in geo- und umweltchemischen Lehrbüchern, ausgewählt im Hinblick auf das Fach „Ingenieurgeochemie"

Grundzüge der Geochemie Mason u. Moore (1985)	**Umweltgeochemie** Hirner et al. (2000)	**Umweltchemie** Bliefert (1997)
I-III Aufgaben der Geochemie, Weltall und Sonnensystem, Chemismus der Erde	I Aufgaben der Umwelt(bio)geochemie Beschreibung biogeochemischer Kreisläufe; geogene vs. anthropogene Zusatzbelastung	Teil I Umwelt, Stoffe Entstehung und Aufbau der Erde, Stoffe in der Umwelt, Umweltschutz, Umweltrecht, Chemikalien- und Gefahrgutgesetz
IV Thermodynamik und Kristallchemie	II Allgemeine Umweltgeochemie	Teil II Luft
4.3 Der kristalline Zustand (Kristallaufbau, Silikatgitter, Isomorphie, Substitution)	2.1 Geochemie von Böden und Sedimenten	Die Lufthülle der Erde, Kohlendioxid u.a., Ozon, Aerosole, Immissionsschutzgesetz
V Der Magmatismus und seine Gesteine	2.2 Erfassung, Bewertung und Sanierung von kontaminierten Standorten	Teil III Wasser
5.2 Der Mineralbestand der Magmatite	2.3 Chemische Aspekte der Abfallwirtschaft	17 Wasserkreislauf, 18 Spezielle Wasserbelastungen, 19 Trinkwassergewinnung und Abwasserreinigung, 20 Wasserrecht
5.4 Silikatische Schmelzen – Phasenregel	2.4 Partikuläres Material in der Atmosphäre	
5.5 Die Kristallisation aus der Schmelze	III Spezielle Umweltgeochemie	Teil IV Boden
VI Sedimentation und Sedimentgesteine	3.1 Einführung in anorganische, organische und radioaktive Schadstoffe	22 Bodenbelastungen, 23 Schwermetalle, 24 Altlasten, 25 Bodenschutzrecht
6.1 Verwitterung und Mineralneubildung	3.2 Assoziationen zwischen Metall(oid)en und organischem Material	Teil V Abfall
6.4 Physikalisch-chemische Faktoren bei der Sedimentbildung (Ionenpotenzial, pH-Wert, Eh-Wert)	3.3 Chemische Tracer	26 Abfallarten (Überblick), 27 Hausmüll, 28 Recycling, 29 Sonderabfall (Behandlung und Beseitigung), 30 Abfallrecht
6.5 Kolloide und kolloidale Vorgänge	IV Kolloidale Systeme in der Umwelt	
VII Geochemie der Gesteinsmetamorphose	V Analytische Chemie in Umweltmatrices	
7.1 Stabilitätsbereiche (p-T) der Minerale		

in der Regel dem langfristigen Stoffaustrag aus einer Deponie keine besondere Bedeutung beimaß, „weil man sich angewöhnt hat, die Zeit nach der Verfüllung, die Betriebszeit, als wichtigste Phase anzusehen und dabei allzuleicht vergaß, dass nach Abschluß des Deponiebetriebs erst die unendlich lange Zeit beginnt, in der die Deponie als Aufbewahrungsort für die in der Umwelt unerwünschten Schadstoffe funktionieren soll" (Stief 1987). Im Abschn. 3.2 wird die Entwicklung zu einer *nachsorgearmen Deponie*, unter Verwendung ingenieurgeochemischer Bewertungskriterien und Behandlungsmethoden, beschrieben.

1.1.1 Fachliche Grundlagen der Ingenieurgeochemie

Die charakteristischen Beiträge der Ausgangs-, Nachbar- und übergreifenden Disziplinen „Geochemie", „Umweltgeochemie" und „Umweltchemie" für das technisch orientierte Fachgebiet „Ingenieurgeochemie" lassen sich in einer ersten Annäherung aus einigen ausgewählten Kapitelüberschriften von drei maßgeblichen Lehrbüchern ablesen (Tabelle 1.2).

Wichtige ingenieurgeochemische Strategien sind schon in der *klassischen Geochemie* angelegt. Beispielsweise können die Erfahrungen aus dem Bereich der magmatischen Gesteinen als Grundlage für die Steuerung technischer Hochtemperaturprozesse, z.B. der Müllverbrennung, genutzt werden (Belevi 1998). Für die umweltverträgliche Lagerung von verschmutzten Böden und Sedimenten können die Erkenntnisse über die Stabilität oxidischer und sulfidischer Mineralparagenesen eingesetzt werden. Die Geochemie verfügt über ein breites analytisches und experimentelles Instrumentarium zur Charakterisierung der Stoffverteilung unter typischen Milieubedingungen.

Die Schwerpunktthemen der Umwelt(bio)geochemie – viele Aufgaben sind mit ökologischen Fragen verknüpft – und der Umweltchemie sind in den Spalten 2 und 3 der Tabelle 1.2 gegenübergestellt. Während sich die *Umweltchemie* im engeren Sinne auf die stoffliche Natur anthropogener und geogener Substanzen, insbesondere auf deren Wechselwirkungen mit wichtigen Matrices und mit der Biosphäre konzentriert, beschäftigt sich die *Umweltgeochemie* stärker mit der Herkunft und mengenmäßigen Verteilung dieser geogenen und anthropogenen Stoffe auf der Erdoberfläche im lokalen, regionalen und globalen Maßstab. Die beiden Fachgebiete verbindet die Umweltanalytik, die ohnehin den Hauptteil der praktischen Aufgaben ausmacht. Dabei stehen im Mittelpunkt der umweltgeochemischen Arbeiten die *kontaminierten Feststoffe* – Sedimente, Böden, Altlasten, Klärschlämme, Deponien und Abfälle, aber auch partikuläres Material in der Atmosphäre (Hirner et al. 2000).

Auch die *Ingenieurgeochemie* setzt bei der Feststoffbindung der Schadstoffe an, indem mit naturnahen technischen Mitteln eine Gleichgewichtsverschiebung von der gelösten zur festen Phase und eine möglichst nachhaltige Fixierung an geeigneten Matrices erreicht und damit die biologische Verfügbarkeit des Schadstoffs in der Umwelt auf ein Minimum verringert wird. Für umwelttechnische Maßnahmen bietet die Natur bereits eine ganze Palette von Strategien, die man grob in dispergierende, konzentrierende, isolierende, konditionierende (im Sinne von immobilisierend und neutralisierend) sowie abbauende Verfahren unterscheiden kann (Schuiling 1990). Diese Strategien beruhen meist auf physikalischen oder biogeochemischen Grundlagen, deren Nutzbarmachung für den technischen Umweltschutz die Hauptaufgabe der Ingenieurgeochemie darstellt (Kersten u. Förstner 1991).

1.1.2 Definitionen und Fallbeispiele

Die Ingenieurgeochemie ist auf dem Wege zu einer Technikdisziplin, die geochemisches und ingenieurwissenschaftliches Prozesswissen zusammenführt, um damit neue Problemlösungen vor allem auf den Gebieten der Abfallentsorgung und Altlastensanierung zu entwickeln. Am Beginn stehen die Untersuchungen von natürlichen Prozessen und deren Übertragbarkeit auf anthropogene Verschmutzungsprobleme. Da die natürlichen Vorgänge relativ langsam ablaufen, müssen bei den technischen Maßnahmen üblicherweise die Parameter wie Temperatur, pH usw. verändert werden, um die Reaktionen zu beschleunigen. Insofern reichen die Aufgaben der Ingenieurgeochemie von der Anwendung natürlicher Selbstreinigungsprozesse im Konzept des natürlichen Abbaus und Rückhalts („Natural Attenuation") bis zur Behandlung von Abfällen mit thermischen Verfahren oder mit reaktiven Zuschlagstoffen, die in einem sehr weiten Sinne „geochemisch" begründet sind.

1.1.2.1 Begriff „Ingenieurgeochemie"

Den Begriff „Ingenieur-Geochemie" hat *Wim Salomons* als Erster verwendet – in dem Vorwort zu einem von uns herausgegebenen Buch über die Behandlung von Baggergut und Minenabfälle (Salomons u. Förstner 1988); er verstand darunter vor allem den Einsatz von natürlichen Rohstoffen für die Konditionierung von Massenabfällen, also die Festlegung von Schadstoffen, um damit ihre Dispersionstendenz zu reduzieren. Wenig später (1990) erschien in der Zeitschrift „Applied Geochemistry" ein Artikel „Geochemical Engineering: Some Thoughts on a New Research Field" von *Olaf R.D. Schuiling*, in dem eine stärkere Ausrichtung auf die Reinigung von verunreinigten Feststoffen, d.h. eine Entfernung unerwünschter Stoffe aus einer festen Matrix mittels Abbau oder Auslaugung, erfolgte. Eine erste Zusammenschau der beiden Schwerpunktgebiete „Stabilisierung" und „Reinigung" wurde von *S.D. Voronkevich* (1994) unter dem Titel „Engineering Geochemistry" ebenfalls in der Zeitschrift „Applied Geochemistry" vorgelegt; er sieht das neue Anwendungsgebiet in der Fortsetzung von Forschungskonzepten sowjetischer Geochemiker wie Vernadsky und Fersman, die in den 30er Jahren die Auswirkungen industrieller und landwirtschaftlicher Aktivitäten auf den Spurenelementhaushalt unter dem Begriff „Technogenetic Migration" beschrieben haben.

Die beiden geochemischen Anwendungsgebiete bei Voronkevich „*Lithogenesis* = Stabilization" und „*Geochemical Weathering* = Extraction" lassen sich schwerpunktmäßig den umweltschutztechnischen Hauptdisziplinen „Bauingenieurwesen" bzw. „Verfahrenstechnik" zuordnen. Die Durchsicht der praktischen Beispiele zeigt, daß die beiden prinzipiellen Ansätze der Ingenieurgeochemie, die Entfernung von Schadstoffen aus natürlichen Matrices und die Verbesserung der geologischen Bedingungen für Abfallablagerungen – jeweils unter Nutzung natürlicher Ressourcen – der Arbeitsweise des Bauingenieurwesens näher als der verfahrenstechnischer Disziplinen liegen, deren traditionelle Schwerpunktaufgaben der produktionsinterne Umweltschutz, die Sonderabfallbehandlung und die Luftreinhaltungstechniken sind (Förstner 1995). Im Altlastenbereich sind die Sicherungsverfahren an Altablagerungen stärker mit dem Bauingenieurwesen verbunden, während die Behandlung von ehemaligen Industriestandorten eine Domäne der Verfahrenstechnik darstellt.

1.1.2.2 Beispiele aus Forschung und Praxis[*]

Eine erste Klassifizierung der Ingenieurgeochemie in zwei Hauptgruppen, abgeleitet von den wirksamen Prozessen, wurde von Schuiling (1990) vorgenommen:

I. Veränderungen der physikalischen Boden- und Gesteinseigenschaften durch chemische Mittel: (1) Verstärkung (z.b. die Säurelaugung von ölspeichernden Schichten) oder Verringerung der Gesteinsdurchlässigkeit (z.B. durch Injektion von Füllstoffen), (2) Erhöhung der Festigkeit von Gesteinen (durch Injektion von Bindemitteln), (3) Verringerung der Gesteinsfestigkeit, (4) Veränderung des Gesteinsvolumens.

Zu (3) „Lösung von Gesteinen" zitiert Schuiling den Bericht von *Livius* in *„Ab Urbe Condita"*, wie Hannibal durch die Behandlung von Kalkstein mit Weinessig die Überquerung der Alpen mit Elefanten an besonders kritischen Stellen ermöglichte – ein erstes Anwendungsbeispiel der Ingenieurgeochemie. Nicht weniger spektakulär ist der patentierte Vorschlag Schuilings zu (4), durch die Injektion von Abfallschwefelsäure in tief gelegene Kalkschichten die Niederlande oder zumindest deren Küstenregionen anzuheben und so gegen Überschwemmungen zu sichern.

II. Umwelttechnologien, die auf geochemischen Prozessen beruhen, z.B. Abbau und Neutralisation, Anreicherung, Immobilisierung (im molekularen Bereich) und Isolierung bzw. Einkapselung (als äußere Hülle um kontaminierte Partikel oder belastete Abfallbereiche).

Für diese geochemisch orientierten Umwelttechnologien gibt die Tabelle 1.3 Beispiele aus (a) der frühen Zusammenstellung von Schuiling (1990) und (b) aus der umfassenden Übersicht „Geochemical engineering: current applications and future trends" von Vriend u. Zijlstra (1998). In dieser ersten Bestandsaufnahme der „Ingenieurgeochemie" werden außerdem methodische Ansätze für die Modellierung und die langfristige Abschätzung des Schadstoffverhaltens in Böden und Abfällen beschrieben (Mol et al., Salomons, Schuiling, Van Gaans 1998).

---

[*] Mitarbeit von Imad Kordab (NIT-TUHH)

Tabelle 1.3 Prozesse und Beispiele aus der ingenieurgeochemischen Praxis in den achtziger und neunziger Jahren (Schuiling 1990; Vriend u. Zijlstra 1998)

Prozess	Beispiele
Neutralisation	Herstellung von Kieselsäure nach dem Olivin-Prozess mit Schwefelsäure, z.b. aus der Titandioxidproduktion: *Schuiling (1986)*
Anreicherung	Bildung von Struvit $KMgPO_4 \cdot 6\ H_2O$ (Düngemittel) durch Reaktion von organischem Abfall mit MgO: *Schuiling u. Andrade (1988)*
Immobilisierung	Ausfällung von Fe und As durch Umkehrung des Pumpvorgangs + Eintrag von Sauerstoff in Trinkwasserbrunnen: *Schuiling(1989)*
Immobilisierung + Einkapselung	Ausfällung von Cu, Zn und Pb aus Deponie-Sickerwasser durch karbonatreiche Tonschicht als Basisabdichtung: *Yanful et al. (1988)*
Geokatalyse	Abbau von chlorierten Kohlenwasserstoffen durch Photokatalyse über Zinkblende (ZnS) + Ilmenit ($FeTiO_3$): *Schoonen et al. (1998)*
Neue Sorbentien (z.B. Baumrinde)	Metallrückgewinnung aus stark belasteten Lösungen durch unterschiedlich behandelte Baumrinde: *Gaballah u. Kilbertus (1998)*
Fixierung durch Fe/Al(III)-Salze	Bei der Karbonatisierung von Ettringit (aus MVA-Schlacke) mobilisiertes Sb wird mit Fe/Al-Salzen fixiert: *Meima u. Comans (1998)*
Zeolithbildung aus Flugasche	Flugasche aus der Kohleverbrennung reagiert mit NaOH zu Zeolith (Einsatz in der Umwelttechnik): *Steenbruggen u. Hollman (1998)*
Selbstheilung von Klüften	Ausfällungen an der Grenzfläche von Jarosit $KFe_3(SO_4)_2(OH)_6$ und Flugasche senken die Durchlässigkeit ~100fach: *Ding et al. (1998)*

Die Einführung „Technische Geochemie – Konzepte und Praxis" in dem vorliegenden Buch übernimmt diesen breiten Ansatz, insbesondere hinsichtlich der Bedeutung von Langzeitprognosen, und konzentriert sich bei den praktischen Anwendungen auf „Umwelttechnologien, die auf geochemischen Prozessen beruhen". Im Mittelpunkt stehen aktuelle abfallwirtschaftliche Fragestellungen, die in den Abschn. 3.1–3.4 von ausgewiesenen Fachkollegen vertieft behandelt werden:

3.1 *Sickerwasserprognose*, die neben der nachträgliche Gefahrenbeurteilung von Altlasten auch für den vorbeugenden Grundwasserschutz bei der Ablagerung von industriellen Abfällen und Produkten eingesetzt werden soll.

3.2 *Langzeitverhalten von Deponien*, vorrangig zur Ablagerung von thermisch behandelten Abfällen mit den geochemischen Teilaspekten der Inventaranalyse, Kopplung von Systemfaktoren und Schmelztrennung.

3.3 *Geochemische In-situ-Stabilisierung von Bergbaualtlasten*, die Prognose der zur Sauerwasserbildung führenden geochemischen Prozessabläufe und die innovativen Technologien zu deren Vermeidung bzw. Beherrschung.

3.4 *Gewässersedimente und Baggergut*, für deren Sicherung die subaquatische Lagerung unter anoxischen Bedingungen, kombiniert mit einer Abdeckung der deponierten Schlämme, die optimale Technik darstellt.

1.2 Geochemie im Leitbild „Nachhaltigkeit"

„Sustainable Development" in der Agenda 21 der UN Umweltkonferenz von Rio de Janeiro 1992 ist definiert als „dauerhafte Entwicklung, die den Bedürfnissen der heutigen Generation entspricht, ohne die Möglichkeiten künftiger Generationen zu gefährden, ihre eigenen Bedürfnisse zu befriedigen und ihren Lebensstil zu wählen". Dieses Leitbild mit seinen Umweltqualitäts- und Umwelthandlungszielen erfordert – in mess- und überprüfbarer Form – die Erstellung von Sachbilanzen, eine Wirkungsabschätzung und davon abgeleitete Handlungsstrategien. Einen zentralen Aspekt bildet die *Stoffbilanz*, die den Eintrag von Material, Energie und Wasser in den Wirtschafts- und Gesellschaftsbereich mit dem Output in Form von Abfall, Emissionen und Abwasser misst, vergleicht und für eine Bewertung aufbereitet.

1.2.1 Kapazitätsgrenzen für Stoffflüsse

Für die Umsetzung des Leitbildes wurden von der Enquetekommission des Deutschen Bundestages „Schutz des Menschen und der Umwelt" (Anon. 1994a) vier grundlegende Regeln zur Abbaurate erneuerbarer und Nutzung nichterneuerbarer Ressourcen, zum Zeitmaß anthropogener Eingriffe in die Umwelt und zur Belastbarkeit der Umweltmedien durch Stoffeinträge formuliert. Es scheint, dass die Belastungsfähigkeit der Ökosysteme wesentlich engere Entwicklungsgrenzen für anthropogene Stoffflüsse besitzt, als die Ausbeutung nicht regenerationsfähiger Ressourcen.

Moser (1996) schlägt deshalb vor, auf eine weitere Forderung nach Beschränkung der Abbaurate mineralischer Rohstoffe bei der Definition der Nachhaltigkeit zunächst zu verzichten.[1]

Der Vorrang der Emissionsminderung wird durch die Angaben des niederländischen Rates für Umweltforschung (Weterings u. Opschoor 1992) über „Eco-Capacities" im globalen und regionalen Rahmen unterstrichen (Tabelle 1.4). Während die Reduktionsnormen beim Verbrauch zwischen null (Aluminium) und 85 % (Öl) liegen sollten – hier wird eine Reserve von 50 Jahren als Tragfähigkeitsgrenze angesehen –, wurde bei der Deposition von Metallen auf die Böden der Niederlande eine noch weitergehende Reduktion, bei Cadmium und Zink 95 % der heutigen Emissionen, gefordert.

Bei den Säureeinträgen sollte bis 2040 ebenfalls ein Rückgang von 85 % erreicht sein. Hier sei mit Nachdruck auf die Beziehung zwischen Säure-Einträgen und die Freisetzung von Schwermetallen hingewiesen: mit einer Reduktion der Säure-Emissionen wird zugleich erreicht, dass sich die Tragfähigkeit der Böden für Schwermetalle wesentlich verbessert!

---

[1] Auf die Problematik der regionalen Nachhaltigkeit von Sand- und Kiesvorkommen wird in den Abschn. 1.2.5.3 und 1.5.1.4 eingegangen.

Tabelle 1.4 Ausgewählte Schlüsselindikatoren für „Ecocapacities" (Ansatz des niederländischen Rates für Umweltforschung; Weterings u. Opschoor 1992)

Bereich des Indikators	Standard Ecocapacity	Trend bis 2040	Notwendige Reduktion	Betrachteter Raum
Verbrauch von fossilen Brennstoffen und Metallen				
Öl	jeweils Bestand für 50 Jahre	Bestand erschöpft	85 %	global
Aluminium		Bestand >50 Jahre erschöpft	keine	global
Kupfer			80 %	global
Deposition von Metallen und Säure				
Cadmium	2 t/a	50 t/a	95 %	national
Kupfer	70 t/a	830 t/a	90 %	national
Blei	58 t/a	700 t/a	90 %	national
Zink	215 t/a	5190 t/a	95 %	national
Säureeintrag	400 Säureäquivalente / ha * a	2400 bis 3600 Säureäquivalente / ha * a	85 %	kontinental

1.2.1.1 Stoffwirtschaftliche Prioritäten

Um die Tragfähigkeitsgrenzen im weitesten Sinne einzuhalten wird man die *Materialproduktivität* in den Industrieländern um den Faktor 10 steigern, d.h. den Materialeinsatz je Wertschöpfungseinheit auf ein Zehntel senken müssen (Schmidt-Bleek 1994, Jänicke 1995). Vor diesem Hintergrund ist die *Kreislaufwirtschaft* als das ökologische Leitbild für die Fortentwicklung der Wirtschaftsprinzipien in den nächsten Jahrzehnten zu sehen.

Allerdings ist der vielzitierte „Kreislauf" nach Faulstich u. Weber (1999) zumindest in der heutigen Form gar kein so gutes Symbol für die zukünftige Wirtschaftsweise. In der Praxis handelt es sich meist um ein sog. „Downcycling" mit verschlechterten Material- und Produktqualitäten. Gefragt wäre vielmehr als erstes eine lange und intensive Nutzungsphase und ein möglichst selten durchlaufener Kreislauf, da dabei sowohl Energie als auch Ressourcen gespart werden können. In einer neuen „Stoffwirtschaft" zum Erreichen einer Nachhaltigkeit ist dem Beitrag der „Vermeidung" Vorrang einzuräumen; daneben sind aber auch innerhalb des „Recycling" Prioritäten zu setzen:

Abbildung 1.1 zeigt ein *gesamtwirtschaftliches Stoffstrommodell* unter Einbeziehung der Abfallwirtschaft (Sutter et al. 1994). Die Rückführung der Komponenten einer bestimmten Abfallart in die „Wertschöpfungskette" erfolgt durch die technisch zur Verfügung stehenden Maßnahmen zur Vermeidung und Verwertung. Die Abfolge der Wertschöpfung (Rohstoff- und Grundstoffgewinnung, Vorprodukt-, Zwischenprodukt-, Endproduktherstellung) besteht in der Regel aus einer mehr oder weniger großen Zahl von Prozessen. Diese wiederum umfassen mehrere

Prozess- und Produktionsstufen. Abbildung 1.1 gibt drei wichtige Informationen zu den Leitbildern „Kreislaufwirtschaft" und „Nachhaltigkeit":

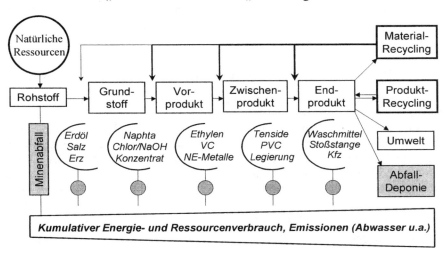

Abb. 1.1 Wertschöpfungskette unter Einbeziehung der Abfallwirtschaft (nach Sutter et al. 1994)

- Jeder Prozess ist mit einer *Wertsteigerung* der eingesetzten Rohstoffe bzw. Eingangsprodukte verbunden. Gleichzeitig verursacht jeder dieser Prozesse *Umweltbelastungen* in Form von Ressourcenverbrauch, Emissionen und Abfall.
- Während es sich bei der Verwertung von Produktionsabfällen und Abfällen nach dem Gebrauch eines Produkts um ein *stoffliches Recycling* handelt, das mit einem erhöhten Material- und Energieaufwand sowie zusätzlichen Emissionen verbunden ist, tritt bei der Wiederverwendung eines Produkts während des Gebrauchs unter Wahrung der Produktgestalt ein relativ geringer Wertverlust auf. Das *Produktrecycling* sollte so oft wiederholt werden, wie es technisch machbar und wirtschaftlich sinnvoll ist; erst dann ist auf das Materialrecycling mit niedrigerem Wertniveau überzugehen.
- Der *abfallintensivste Wertschöpfungsschritt* befindet sich meist *am Beginn des Gesamtprozesses*: Wenn bspw. hinter jedem neuen Auto von einer Tonne Gewicht ca. 25 t Abfälle liegen, so handelt es sich dabei überwiegend um Bergbaureststoffe. Das Volumen dieser Abfälle ist mit etwa 20 Mrd. m³ in der Größenordnung der aktuellen Erosionsrate von Böden und Gesteinen. Da im Zuge des Abbaus bekannter Vorräte immer weniger ergiebige Lagerstätten erschlossen werden, müssen für eine Einheit Rohstoff immer größere Mengen von Materialien bewegt und gefördert werden (Anonym 1983). Durch diese Gesetzmäßigkeit werden die Vorteile, die aus der intensiveren Nutzung von Rohstoffen resultieren, teilweise wieder zunichte gemacht (Schenkel u. Reiche 1993). Es wird geschätzt, dass sich die Massen an Minenabfällen (die im Gegensatz zu

den gewonnenen Rohstoffen einen unerwünschten „ökologischen Rucksack" darstellen) jeweils in einem Zeitraum von 20 bis 25 Jahre verdoppeln. Eine Verbesserung der *Rohstoffausbeute* trägt deshalb entscheidend zur Materialproduktivität (incl. Einsparung von Energie und Emissionen) und damit zur „Nachhaltigkeit" bei (Abschn. 1.5.1).

1.2.1.2 Regionale Kapazitätsermittlung

Geochemische Instrumente spielen in den Konzepten der nachhaltigen Bewirtschaftung eine wichtige Rolle, insbesondere im Hinblick auf die Forderung, „dass die Rate der Schadstoffemissionen die Kapazität zur Schadstoffadsorption nicht übersteigen darf" (Enquete-Kommission, Anonym 1994a). Dieses Postulat gilt zunächst global, aber in den Regionen findet die aktive Auseinandersetzung mit der Umwelt, mit konkreten Ansätzen für eine nachhaltige Ressourcenbewirtschaftung, statt. Am Beispiel des Phosphorhaushalts von schweizerischen Seen haben Baccini u. Bader (1996) folgende grundlegenden Erkenntnisse über den „Stoffwechsel" dichtbesiedelter *Regionen* mit hohem Pro-Kopf-Verbrauch gewonnen:

1. Natürliche Ökosysteme wie z.B. Oberflächengewässer können auf veränderte Einträge für den Menschen wahrnehmbar „reagieren". Es gibt aber auch Beispiele (etwa die Verschlechterung des Zustandes von Wäldern), wo einfache Kausalzusammenhänge nicht eindeutig feststellbar sind. Daraus folgt, dass das naturwissenschaftliche Ökosystemverständnis nicht ausreicht, um in jedem Fall ökotoxikologisch zuverlässige *Belastungsgrenzen* angeben zu können.
2. Ökosysteme sind grundsätzlich schlechte Indikatoren für anthropogene Belastungen, weil sie relativ *spät reagieren*. Es werden hierbei nachteilige irreversible Veränderungen oder zumindest kostspielige nachträgliche Sanierungsaufwendungen riskiert, die u.U. von den nachfolgenden Generationen finanziert und durchgeführt werden müssen.
3. Die umweltrelevanten Prozesse finden innerhalb der „Anthroposphäre" statt und müssen vor allem dort erfasst und gesteuert werden. Für die Früherkennung stofflicher Belastungen, sei es der Bedarf an Ressourcen, sei es die Rückführung von „Metaboliten" in die Umwelt, ist eine naturwissenschaftlich fundierte *Stoffflussanalyse* notwendig.

Die Ergebnisse lassen sich z.B. für Phosphor wie folgt interpretieren (Baccini u. Bader 1996): Das Qualitätsziel für den See bestimmt den Phosphorhaushalt in seinem Einzugsgebiet. Die landwirtschaftliche Produktion muß sich den geogenen Randbedingungen anpassen. Falls die Gesellschaft sich für eine intensive Landwirtschaft entscheidet, kann sie nicht gleichzeitig einen nährstoffarmen See erhalten. Beispiele für die regionale Stoffflussanalyse mit dem Schwerpunktthema „Beurteilung des regionalen Zinkhaushalts" werden in Abschn. 1.4.1.3 gegeben.

1.2.2 Gekoppelte geochemische Systemfaktoren

„Umweltschutz über Ökosysteme als Indikatoren ist eigentlich Späterkennung". Dieses Fazit von Baccini u. Bader (1996) findet eine besonders einleuchtende Begründung in dem klassischen Beispiel eines Sees in den amerikanischen Adirondacks, das *William Stigliani* (1988) beschrieben hat:
  Der Große Elchsee liegt in der Windrichtung des stark industrialisierten mittleren Westens der U.S.A. und erhält einen hohen Eintrag an sauren Niederschlägen. Das nur schwach gepufferte Seewasser zeigte dennoch bis etwa 1950 konstante pH-Werte. Danach allerdings, innerhalb von 30 Jahren, erfuhr der See eine pH-Abnahme um eine ganze Einheit, verbunden u.a. mit dem Verschwinden des Fischbestandes (Abb. 1.2):

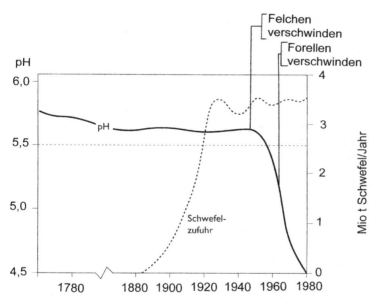

Abb. 1.2 Verzögerte Wirkung von Umwelteinflüssen auf Ökosysteme. Beispiel der Versauerung des Großen Elchsees (Stigliani 1988)

Zunächst verschwanden Felchen und Weissfische, am Ende die Forellen, die am wenigsten empfindliche Fischspezies in diesem Gewässer. Die Schwefeldioxid-Emissionen aus der Verbrennung von Kohle, die wahrscheinliche Ursache für die pH-Änderungen und ihre ökologischen Folgen, hatten schon um 1880 begonnen; sie waren bis 1920 stark angestiegen und blieben dann gleichmäßig hoch bis 1980. Die Kurven für die Schwefeldioxid-Emissionen und die pH-Veränderungen im Seewasser zeigen also eine große Zeitdifferenz – 70 Jahre zum Beginn, 30 Jahre zum Höhepunkt der Emissionen (Abb. 1.2) –, für die es nur eine plausible Erklärung gibt: Über Jahrzehnte hinweg waren die Böden im Einzugsgebiet in der Lage, die atmosphärischen Einträge abzupuffern, aber als die Pufferkapazität abnahm, konnten die Böden die Einträge nicht mehr verkraften und das Wasser im Großen Elchsee wurde rasch sauer.

Das Fazit ist auch hier: selbst gründliche Untersuchungen des engeren Ökosystems hätten wenig Hinweise auf langfristige Effekte gebracht: Als der pH-Rückgang sichtbar wurde, war es bereits zu spät zum Eingreifen. Ein Überwachungsprogramm hätte vermutlich nur einen Sinn gemacht, wenn es die *Veränderung der Pufferkapazität in den Böden* des weiteren Einzugsgebiets berücksichtigt hätte.

Aus dieser Einsicht leitete Stigliani (1991) sein übergreifendes Konzept „Chemical Time Bomb" ab, das die auslösenden Steuerfaktoren („Driving Forces") wie z.B. pH- und Redoxveränderungen im Wasser mit den „Capacity Controlling Properties" vorrangig der Feststoffe im System verknüpft. Der „Durchbruch" erfolgt, wenn die Aufnahmefähigkeit des Feststoffs (Austausch-, Sorptions-, Speicher- und Pufferkapazitäten) durch direkte Sättigung erschöpft ist, oder wenn bestimmte Feststoffphasen, die als „Puffer" oder „Barrieren" wirken, durch äußere Einflüsse in ihrer Kapazität reduziert wurden.

1.2.2.1 Schadstofffreisetzung in verzögerten Prozessen

Ein typischer Prozess mit Schwermetallfreisetzung ist die *Spaltung von Sulfat im Redoxkreislauf* (Van Breemen 1987, Abb. 1.3 oben): Bei der mikrobiellen Reduktion von Sulfat und von Eisenoxid – organische Substanz wird dabei abgebaut – entstehen u.a. Eisensulfide und Bicarbonat. In einem geschlossenen System würden sich die pH-Bedingungen nicht ändern. Wenn jedoch die Bicarbonatanteile, die das Säureneutralisationspotenzial des Systems bilden, weggeführt werden, können die Eisensulfide, die als Feststoffphasen im Sediment verbleiben, bei erneuter Sauerstoffzufuhr oxidiert werden und dabei Säure erzeugen („Säurebildungspotenziale"). Durch häufige Wiederholung dieses Vorgangs, besonders ausgeprägt im Bereich von Gezeitenströmungen, können die Pufferkomponenten sukzessive aufgebraucht werden, bis es zum Durchbruch der Säure kommt (Salomons 1995, Abb. 1.3 b). Die nachfolgenden Austauschprozesse und möglichen Auswirkungen auf die aquatische Nahrungskette werden im Abschn. 1.4.2.2 beschrieben (zur Freisetzung organischer Schadstoffe s. Abschn. 2.3 und 2.4).

Die Freisetzungsraten für die einzelnen Spurenelemente weisen große Unterschiede auf, wie die Folientank-Experimente von Hunt u. Smith (1983) im Long Island Sound zeigten (Abb. 1.3 unten). Die Zusatzbelastung von Cadmium wurde innerhalb von nur drei Jahren nahezu vollständig aus dem Sediment freigesetzt; die Extrapolation für Blei ergab 40 Jahre, für Kupfer 400 Jahre Verweilzeit der anthropogenen Anteile im Sediment. In der Gewässerpraxis sind solche Effekte schwer vorherzusagen, wenn die episodischen Umlagerungsereignisse den bestimmenden Faktor darstellen (Abschn. 3.4 über Gewässersedimente).

Ein praktisches Beispiel für den *verzögerten Durchbruch von Schadstoffen* nach dem Verbrauch von Pufferkapazität geben die Daten von Spülfeldsickerwässern, die Maaß u. Miehlich (1988) im Großraum Hamburg untersucht haben (Tabelle 1.5): Die frisch abgelagerten Baggerschlämme enthalten hohe Konzentrationen von Ammonium und Eisen in den Porenwässern. Nach einigen Wochen oder Monaten sind die Ablagerungen teilweise oxidiert. Nun steigen die Gehalte an Nitrat, Zink und Cadmium stark an. Hohe Metallkonzentrationen wurden auch in Nutzpflanzen gefunden, die auf diesen Flächen angebaut waren.

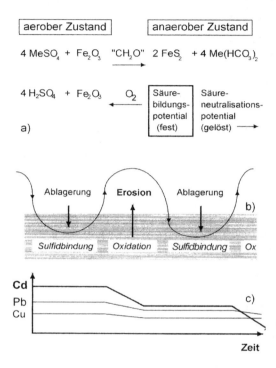

Abb. 1.3 Freisetzung von Spurenelementen durch Oxidationsprozesse (Förstner 2000). a) Spaltung von Sulfat im Redoxkreislauf (n. Van Breemen 1987); b) Schema der Ablagerungs- und Erosionszyklen (Salomons 1995); c) Freisetzung von Cadmium, Blei und Kupfer aus kontaminierten Sedimenten in Mikrokosmos-Experimenten (Hunt u. Smith 1983)

Tabelle 1.5 Veränderungen im Chemismus von Baggergut-Spülfeldabwässern (Maaß u. Miehlich 1988)

	Reduzierte Wässer	Oxidierte Wässer
Ammonium	125 mg/l	< 3 mg/l
Eisen	80 mg/l	< 3 mg/l
Nitrat	<3 mg/l	120 mg/l
Zink	<10 µg/l	5000 µg/l
Cadmium	<0,5 µg/l	80 µg/l

1.2.2.2 Geochemische Steuerfaktoren

Das *Mobilitätskonzept* in der Umweltgeochemie

„Is the element mobile in geochemical processes because of either its volatility or its solubility in natural waters, so that the effect of geochemical perturbations can propagate through the environment?" (Andreae et al. 1984)

beschreibt die *beschleunigenden und retardierenden Faktoren* bei der Ausbreitung von Schwermetallen. Wirksam sind physikalische Prozesse wie Sedimentation und Filtration (retardierend), biologische Mechanismen wie Biomethylation (beschleunigend) und insbesondere chemische Prozesse wie Komplexierung, Adsorption/Desorption und Fällung/Auflösung. Bei der Abschätzung der Langzeiteffekte kommt den Fällungs- und Lösungsprozessen eine besondere Bedeutung zu, weil zum einen lösungsvermittelnde Einflüsse – z.B. die Oxidation von sulfidischen Metallphasen – eine sprunghafte Steigerung der Freisetzungsraten bewirken, weil aber auf der anderen Seite auch durch entsprechende Techniken langzeitstabile Phasen als geochemische Barrieren gegen potentielle Mobilisierungseffekte eingebaut werden können.

Am nachhaltigsten wird das Zusammenwirken von erhöhten Schadstoffeinträgen mit mobilisierenden Umweltfaktoren am Beispiel der *Bergbauabfälle* von Kohle und Erzminen und von stark kontaminierten Gewässersedimenten deutlich, doch werden diese Effekte auch durch *saure Niederschläge* ausgelöst. Neben den großräumigen Waldschäden sind vor allem die Gewässer und Böden in Regionen betroffen, die durch den Mangel an karbonatischen Gesteinen eine geringe Pufferkapazität für den Säureeintrag besitzen: In Gewässern ist vielfach biologisches Wachstum und Vermehrung eingeschränkt oder unmöglich geworden; aus den Böden werden Nährstoffe ausgelaugt und abtransportiert, während toxische Metalle mobiler und leichter verfügbar sind.

Ursache für die letztlich wirksame Mobilisierung von Schadstoffen ist häufig eine *biochemische Umsetzung organischer Stoffe*, doch können auch anorganische Komponenten als Auslöser für pH- und Redoxgradienten dienen. Organische Substanzen in Porenlösungen beeinflussen die Schadstoffgehalte in mehrfacher Weise, nämlich

1. als *lösungsvermittelnder Faktor* für den Transport von Spurenelementen, vor allem durch Komplexierungsprozesse mittels organischer Abbauprodukte,
2. als Ursache für die Bildung von *Kolloiden*, durch die ein intensiver Transport auch der schwerlöslichen Komponenten in der Wasserphase erfolgen kann,
3. als Motor und wesentlicher *Milieu- und Steuerfaktor* für die Stoffkreisläufe anderer Haupt- sowie Neben- und Spurenkomponenten.

Die letztgenannten Effekte sind vor allem von den Sickerlösungen aus Abfalldeponien zu erwarten. Wie sich die Freisetzung von Schadstoffen aus „Reaktordeponien" nach dem Versagen der Untergrundabdichtungen auf die Grundwasserqualität auswirken könnte, haben Baccini et al. (1992) für eine fiktive Modellregion „Metaland" errechnet, in dem eine Million Menschen auf einer Fläche von

1.2 Geochemie im Leitbild „Nachhaltigkeit"

2.500 km² eine Grundwasserreservoir von 2 Mrd. m³ 50 Jahre lang „bewirtschaftet" haben (Tabelle 1.6). Hier ist von besonderem Interesse die jährliche Zunahmerate von etwa 50 % beim Eintrag von organischen Substanzen in das Grundwasser, die direkt oder indirekt die Qualität des Grundwassers nachteilig beeinflussen können:

Tabelle 1.6 Stoffübergang ins Grundwasser nach Versagen der Deponiedichtung – Abschätzung der jährlichen Konzentrationszunahme im Grundwasser, nachdem die Abdichtung der Deponie (angenommen wurden 50 Jahre) nicht mehr funktionstüchtig sind (Baccini et al. 1992)

	C org mg/l	Cl mg/l	Zn µg/l	Cd µg/l	Hg µg/l
Mittlere Konzentration im Sickerwasser nach 50 Jahren	600	500	600	2	0,1
Mittlere Konzentration im nicht kontaminierten Grundwasser	0,5	3	5	0,02	0,05
Mittlere jährliche Konzentrationszunahme im Grundwasser	0,24	0,2	0,24	0,0008	0,0002
Jährliche Zunahme in Prozent	50 %	7 %	5 %	4 %	3 %

- Direkt – beim aeroben Abbau von organischen Substanzen durch Oxidation der Schwefel- und Stickstoffanteile entsteht *Säure*, die ihrerseits Metalle mobilisieren und mit den Komponenten der mineralischen Abdichtungen reagieren kann.
- Indirekt – die abbaubaren organischen Substanzen fördern die *Ausbildung von Reduktionszonen* im Untergrund der Abfalldeponien und beeinflussen dadurch die Wechselwirkungsprozesse mit den gelösten Schadstoffen.

Die Überwachung von Deponiesickerwässern und des Deponieuntergrundes wird auch künftig eine Schwerpunktaufgabe der Umweltgeochemie sein (Förstner et al. 1999). Dazu gehören die Eigenschaften der deponiebürtigen Substanzen und ihrer Umwandlungsprodukte sowie die geochemischen Bedingungen im Aquiferbereich (Abschn. 1.2.3.3). Ein breites Spektrum offener Fragen ist mit der Messung und Charakterisierung von Redoxeffekten verbunden (Christensen et al. 2000), ein zentraler Aspekt auch in dem DFG-Schwerpunktprogramm „Geochemische Prozesse mit Langzeitfolgen im anthropogen beeinflußten Sickerwasser und Grundwasser" (Schüring et al. 2000), in dem außerdem Sekundärwirkungen der Redoxänderungen wie die Bildung von Kolloiden (Abschn. 1.4.2.1) untersucht werden. Zum Stofftransport im Grundwasser s. ausführlich Abschn. 2.2.

1.2.2.3 Kapazitätsbestimmende Eigenschaften

Die beschriebenen Steuerprozesse führen sog. zu mehr oder weniger starken Belastungen der Lösungsphase und die gelösten Schadstoffe können bevorzugt von Organismen aufgenommen werden. Für die *Mobilisierung von Schwermetallen* bestehen die kritischen Bedingungen vor allem in einer Absenkung der pH-Werte oder in der Auflösung von sorptionsaktiven Eisen- und Manganoxiden durch Senkung der Redoxpotenziale. Indirekte Redoxeffekte sind die Bildung von Metallsulfiden, die bei einer Wiederoxidation Säure bilden („Sulfatspaltung" s.o.) und damit Schwermetalle mobilisieren können.

Auf der anderen Seite treffen diese Lösungen auf Feststoffe mit modifizierenden Eigenschaften, die als pH- oder Redoxpuffer, als Sorptions- oder Speichermedium wirken können. Am Beispiel eines Bodens ist in der Tabelle 1.7 das *Säurepufferungsvermögen* von verschiedenen mineralischen Bestandteilen für je 10 cm Krumentiefe aufgelistet. Am wichtigsten ist dabei der Karbonatgehalt des Bodens.

Tabelle 1.7 Puffervermögen in landwirtschaftlich genutzten Böden für je 10 cm Krumentiefe (nach Sauerbeck 1985)

pH-Wert	Pufferbereich	Pufferkapazität
> 6,2	Carbonat	300 kmol H^+/ % $CaCO_3$
6,2–5,0	Silikat	25 kmol H^+/ % Silikat
5,0–4,.2	Austausch	7,5 kmol H^+/ % Ton
<4,2	Aluminium	150 kmol H^+/ % Ton

Der Säureeintrag führt im Boden zur Mobilisierung abgestufter *Puffersysteme*, die im Zuge der fortschreitenden Versauerung bei Erreichen bestimmter pH-Werte nacheinander „zugeschaltet" werden: Nach der Auflösung der Karbonatgehalte verliert der Boden zuerst seine austauschbaren basischen Kationen. Danach, etwa beim pH-Wert von 4,5 beginnend, kommt es zur Tonmineralzerstörung und damit zur Freisetzung potentiell toxisch wirkender Metallkationen (in der Reihenfolge Mangan, Aluminium und Eisen). Dieser Prozess wirkt zwar puffernd, jedoch in umkehrbarer Weise, d.h. die Säuren und die H^+-Ionen können im Boden, im Untergrund oder in den aquatischen Systemen wieder freigesetzt werden (Benecke 1987). Im Hinblick auf eine Grundwassergefährdung sind nur durch Silicate und Austauscher gepufferte Böden aufgrund der geringen Rate und Kapazität als besonders kritisch anzusehen.

Bei *Bergbauhalden*, in denen in erster Linie Oxidationsprozesse von Sulfidmineralen für die Versauerung verantwortlich sind, verlaufen diese Vorgänge schneller und erreichen noch niedrigere pH-Werte als bei den meisten Beispielen von Bodenversauerungen. In den Sickerwässern von frischen Bergehalden von Sulfiderzen können sich nach wenigen Jahren pH-Werte bis unter 1 mit extrem hohen

Schwermetallgehalten einstellen. Abbildung 1.4 (Schöpel u. Thein 1991, Eijsackers 1995) zeigt die abgestuften Pufferniveaus und die Reaktionen, die zu ihrem Abbau führen. Typisch für die Säurereaktionen, bei denen hohe Konzentrationen von Eisen- und Schwefelkomponenten beteiligt sind, ist das Auftreten von Jarosit. Dieses Eisensulfatmineral ist ein temporärer Speicher von anderen Schwermetallen, die beim Auflösen des Minerals wiederum kurzfristig und in hohen Konzentrationen freigesetzt werden – ein extremes Beispiel für die Mechanismen, die mit dem (für manche zu martialischen) Begriff „Chemische Zeitbombe" umschrieben werden können.

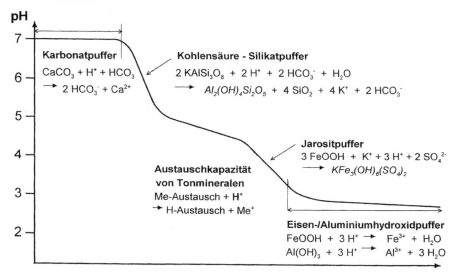

Abb.1.4 Pufferniveaus in Bergematerial (Steinkohlenberge)(nach Schöpel u. Thein 1991, Eijsackers 1995)

Neben den Säurepufferkapazitäten ist für die Abschätzung der langfristigen Auswirkungen von geochemischen Steuerprozessen und den Veränderungen in der Lösungsphase besonders die Kenntnis der *Oxidations- und Reduktionskapazitäten* der betroffenen Systeme erforderlich. Die Tabelle 1.8 (Heron et al. 1993) zeigt, dass in Oberflächengewässer die maßgeblichen Oxidantien in gelöster Form – Sauerstoff, Sulfat und Nitrat – vorliegen. Im Grundwasser dominieren dagegen die reduzierbaren Eisen- und Mangangehalte der festen Aquifermaterialien. Die Anteile an reduzierbarem Eisen sind letztlich maßgebend für die Anordnung der Redoxzonen im Untergrund von Deponien (Abschn. 1.2.3.3). In Tabelle 1.8 sind die Beiträge der organischen Substanzen sowohl zu den Oxidations- als auch insbesondere zu den Reduktionskapazitäten nicht enthalten. Die quantitative Funktion der organischen Substanzen bei den kapazitativen Eigenschaften und noch mehr bei den Steuerpotenzialen ist nach wie vor weitgehend unbekannt.

Tabelle 1.8 Konzentration an oxidierter und reduzierter Spezies und deren potentieller Beitrag zu den Oxidations- (OXC) und Reduktionskapazitäten (REC) in Oberflächen- und Grundwässern (Bourg u. Loch 1995, nach Heron et al. 1994) (ohne die Beiträge der organischen Substanz)

	Oberflächengewässer[a]			Grundwasser[b]		
	Konzentration	OxiKap	RedKap	Konzentration	OxiKap	RedKap
		(equiv/m^3)	(equiv/m^3)		(equiv/m^3)	(equiv/m^3)
O_2	10 mg/l	1,25		10 mg/l	0,44	
NO_3^-	5 mg/l	0,40		20 mg/l	0,60	
NH_4^+	-	-		< 1 mg/l		< 0,16
Mn_{fest}	1 mg/g	0,002		0,3 mg/g	18	
$Mn_{gelöst}$	0,01 mg/l		0,0004	0,01 mg/l		0,0001
Fe_{fest}	50 mg/g	0,09		6 mg/g	175	
$Fe_{gelöst}$	0,05 mg/l		0,002	0,1 mg/l		0,001
$S(-II)_{fest}$	-	-		0,3 mg/g		12
SO_4^{2-}	10 mg/l	0,83		40 mg/l	1,20	

[a] für Schwebstoffgehalt von 50 mg/l
[b] für Porosität 0,35, Dichte 1,6 kg/l

In der Tabelle 1.9 (nach Salomons 1995) sind die wichtigsten kapazitätsbestimmenden Eigenschaften und ihre Verbindungen zu den globalen biogeochemischen Kreisläufen zusammengefasst. Die *Kationen- bzw. Anionenaustauschkapazitäten* werden vor allem durch die Art und die Gehalte an Tonmineralen und festen organischen Substanzen sowie den pH-Wert im Boden oder Abfall bestimmt. Der *pH-Wert* wiederum beeinflusst vorrangig die Metalllöslichkeit und die mikrobiologischen Populationen. Die Absenkung des *Redoxpotenzials* führt zur Auflösung von Eisen- und Manganoxiden und damit zur Freisetzung von Schwermetallen, die unter oxidierenden Bedingungen adsorbiert wurden; eine Erhöhung des Redoxpotenzials mobilisiert Schwermetalle aus sulfidischen Bindungen. Eine Abnahme der Gehalte an *organischen Feststoffen* verringert die Kationenaustauschkapazität, die pH-Pufferkapazität, die Sorptionskapazität für organische Schadstoffe, die Wasseraufnahmekapazität und die mikrobiologische Aktivität. Mit abnehmenden Organikgehalten verändert sich die *Bodenstruktur* und damit vergrößert sich sog. das Erosionsrisiko für Böden (Hesterberg et al. 1992); bei diesen bodenmechanischen Einflussfaktoren spielt auch die Art und Korngröße der mineralischen Substanzen eine wichtige Rolle. Schließlich können Veränderungen bei der *mikrobiellen Aktivität* nachteilige Auswirkungen auf den Abbau von organischen Schadstoffen besitzen und das Redoxpotenzial und den pH-Wert beeinflussen. Wie Tabelle 1.9 weiter zeigt, sind die meisten dieser Effekte mit dem *Kohlenstoffkreislauf* verbunden; für die Pufferung der pH-Werte besitzen die Karbonatgehalte und damit der Calciumkreislauf erste Priorität, während die Reduktions- und Oxidationskapazitäten vorrangig durch die Kreisläufe von Eisen, Mangan und Schwefel bestimmt werden.

Es ist eine wichtige Aufgabe der umweltgeochemischen Forschung, Indikatoren zu entwickeln, die bereits in einem frühen Stadium den Verbrauch einzelner Matrixkapazitäten und die Gefahr von Schadstofffreisetzungen anzeigen.

Tabelle 1.9 Verknüpfung zwischen kapazitätsbestimmenden Eigenschaften und den wichtigsten biogeochemischen Stoffkreisläufen (Salomons 1995)

Kapazitätsbestimmende Eigenschaften	Wichtige Parameter	Biogeochemische Stoffkreisläufe
Kationenaustauschkapazität	Tonminerale, organische Substanz	Kohlenstoffkreislauf
pH	Karbonatgehalt	Calciumkreislauf
Redoxpotenzial	Eisen- und Manganoxide, Sulfide	Eisen-, Mangan- und Schwefelkreisläufe
Organische Substanz	Organische Substanz	Kohlenstoffkreislauf
Salinität	Organische Substanz und anorganische Minerale	Kohlenstoffkreislauf
Mikrobielle Aktivität	Organische Substanz	Kohlenstoffkreislauf

1.2.2.4 Kopplung geochemischer Systemfaktoren

Die beiden geochemischen Systemkomponenten „Steuerfaktoren" und „kapazitätsbestimmende Eigenschaften" sind in einer Weise verknüpft, wie sie in Abb. 1.5 (nach Salomons 1993) schematisch dargestellt ist: Die Steuerfaktoren, die mit der Lösung transportiert werden, bewirken umso weniger eine Freisetzung von Schadstoffen aus den kontaminierten Feststoffen, je höher deren Pufferkapazitäten sind. Die *Retardierung*, d.h. die Verlangsamung der Stoffflüsse, wird durch die systemimmanenten Speicher-, Sorptions-, Austausch- und Säure- bzw. Redoxpufferkapazitäten bestimmt (Förstner 2000).

Für die Abschätzung kurzfristiger Risiken – 5 bis 10 Jahre – reicht i.Allg. die Kenntnis der Einflussfaktoren wie pH, Redox, Komplexbildner usw. auf die Mobilität von Schadstoffen; über diese Wechselwirkungen liegen ausreichende Erfahrungen vor, die bspw. für die Konditionierung von Abfällen genutzt werden können. Dagegen erfordern Prognosen über längerfristige Auswirkungen einen wesentlich erweiterten Ansatz mit Informationen über alle denkbaren Veränderungen der Steuerfaktoren und Kapazitätsparameter sowie über deren großräumige Zusammenhänge (Abschn. 1.4.2.2).

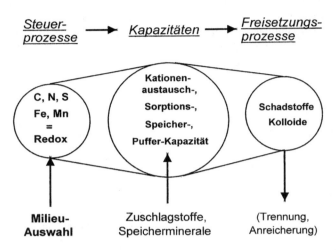

Abb. 1.5 Kopplung der geochemischen Systemfaktoren (Salomons 1993) und Schwerpunkte von ingenieurgeochemischen Problemlösungen: Auswahl langfristig stabiler Milieubedingungen für Ablagerung, Zuschlagstoffe für die Stabilisierung der Schadstoffbindung und verfahrenstechnische Abtrennung/Anreicherung der Schadstoffe

In diesem Zusammenhang stellt Salomons (1998) fest, dass in der Umweltgeochemie künftig eine wesentlich stärkere Kooperation benötigt wird zwischen denjenigen „die über die Wechselwirkungen von Schadstoffen mit organischen Substanzen, adsorbierenden Oberflächen in Böden usw. fast alles wissen" und jenen Wissenschaftlern, die von den größeren Kreisläufen des Kohlenstoffs, Stickstoffs und Schwefels, welche die langfristigen Systemeigenschaften bestimmen, vertiefte Kenntnisse besitzen. Diese Forderung lässt sich auf den ingenieur-technischen Bereich ausdehnen. In dem Schema der Abb. 1.5 sind die Verbindungen zu den *Schwerpunktsaufgaben der Ingenieurgeochemie* genannt: (1) Auswahl geeigneter Milieubedingungen für eine Ablagerung von Massenabfällen, (2) Verbesserung der kapazitativen Eigenschaften durch Zugabe von geeigneten Matrixbestandteilen, (3) Reinigung der kontaminierten Feststoffe durch chemische und biologische Extraktion oder mittels thermischer Methoden. Im Abschn. 1.5.2 wird dieses Schema für eine systematische Gliederung der ingenieurgeochemischen Aufgaben bei der „Langzeitstabilisierung von Abfall" (mit Beispielen) verwendet.

1.2.2.5 Messparameter für langfristige Prognosen

Bei der praktischen Anwendung des Ansatzes der verknüpften Systemkomponenten, insbesondere zur Erfassung der für die Mobilität von Schadstoffen entscheidenden Wechselbeziehungen zwischen Steuerprozessen und kapazitätsbestimmenden Eigenschaften sind folgende *Messparameter und Untersuchungen* notwendig (Förstner 1996):

- Nach den Umsetzungen der reaktiven Substanzen bleiben die Veränderungen der Redoxpotenziale, der pH-Werte, der Salzkonzentrationen und jene des gelösten organischen Kohlenstoffs. Dabei fördern die beiden letztgenannten auch die Komplexierung von Spurenmetallen. Für die weiteren Betrachtungen sind vor allem die *Säurebildungspotenziale* aus der Oxidation von Sulfiden und organischen Substanzen wichtig.

- Bei den kapazitätsbestimmenden Eigenschaften der Feststoffe lassen sich solche unterscheiden, die mit dem *Chemismus* (Säure- und Redoxpuffer) und der *Struktur* (Speicherkapazität für Fremdionen) verbunden sind, von denjenigen der *Oberfläche* (bspw. elektrische Ladungen) und des *Porenraums* (Durchlässigkeit für schadstoffhaltige Lösungen).

Beispiele für „neue" Untersuchungsansätze und Methodenkombinationen sind die Bestimmung der zeitabhängigen Freisetzung von Spurenelementen zusammen mit der Säure- und Basenneutralisationskapazität im sog. pH_{stat}-Test nach Obermann u. Cremer (1992) oder der Vergleich von Säurebildungs- und Oxidations-/Reduktionspotenzialen mit den entsprechenden Pufferkapazitäten der Feststoffe, wie sie für Baggerschlämme (Säurepuffer; Kersten u. Förstner 1991) und für Reaktordeponien (Redoxpuffer; Heron u. Christensen 1995) eingesetzt wurden. Übergreifende Ansätze finden sich bei den Aktivitäten zur europäischen Vereinheitlichung von Auslaug- und Extraktionsschemata (Network Harmonization of Leaching/Extraction Tests; van der Sloot et al. 1997), die sich bislang vor allem mit dem Langzeitverhalten von schwermetallhaltigen Schlacken befasst haben. Informationen zum Thema „Langzeitverhalten von Müllverbrennungsschlacken" finden sich im Abschn. 3.2.3.; die „Sickerwasserprognose", die auch die langfristige Freisetzung von Schadstoffen aus Altlasten, Abfällen und Baustoffen einschließt, wird im Abschn. 3.1 behandelt.

1.2.3 Geochemische Barrieren-Konzepte

Konzepte über die Wirkung „geochemischer Barrieren" wurden zuerst in der *Lagerstättenforschung* formuliert, wo die Bildung nutzbarer Erzanreicherungen mit charakteristischen Änderungen der physiko-chemischen Bedingungen in der oberen Erdkruste verknüpft ist:

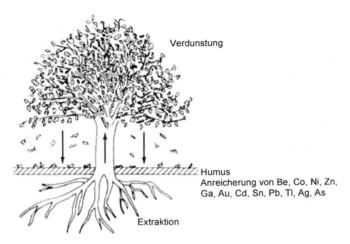

Abb. 1.6 Humus als biogeochemische Barriere auf einem Waldboden (Goldschmidt 1937, aus Fortescue 1980)

„Lithologic bounderies in the supergene zone where conditions of migration change drastically and concentrations of chemical elements begin to rise are called geochemical barriers" (*A.I. Perel'man, Geochemistry of Epigenesis, 1967*)

Ein frühes Beispiel für eine *biologisch-geochemische Barriere* stammt von Victor Moritz Goldschmidt (1937): Er zeigte, wie die Humusauflage auf einem Waldboden als horizontale Barriere für bestimmte Schwermetalle wirkt, in der sich diese selektiv anreichern (Abb. 1.6); die Barriere liegt in einem Kreislauf der Metalle, die über die Baumwurzeln aufgenommen und durch die abgefallenen Blätter in den Boden zurückgeführt werden.

Eine Ausweitung dieser Konzepte zu einer umfassenden „Landschaftsgeochemie" mit einer Vielzahl von vorwiegend biologischen Teilbarrieren hat *John A.C. Fortescue* in dem Buch „Environmental Geochemistry – A Holistic Approach" (1980) unternommen.

Technische Anwendungen von geochemischen Barrieren bei der Gewässersanierung sind ein Teilaspekt der „Ingenieurökologie" (Busch et al. 1989). Solche „Ökotechnologien", die neben der Selbstoptimierung und Stabilisierung in biologischen Systemen auch im weitesten Sinne „Pufferungs"-Mechanismen zur Verbesserung der Wasserqualität einsetzen (Klapper 1992), befassen sich u.a. mit Problemlösungen bei der Eutrophierung, z.B. durch Phosphorfällung, und in jüngster Zeit vor allem mit den Säureabgaben aus Tagebaukippen (Geller et al. 1998). Bei der Sauerwasser-Thematik gibt es vergleichbare ingenieurgeochemische Konzepte und Strategien, die im Abschn. 4.3 behandelt werden.

An verschiedenen Stellen der vorliegenden Übersicht wurden Barrieren erwähnt, deren Zweck es ist, die Ausbreitung von Schadstoffen in der Umwelt einschließlich des Übergangs in die Nahrungskette zu verhindern. Die technischen Barrieren im *Multibarrierenkonzept* der Abfallwirtschaft sind z.T. hinsichtlich ihrer Rückhaltewirkung standardisiert; im Vordergrund stehen dabei die mechanischen Festigkeits- und hydraulischen Durchlässigkeitseigenschaften. Mit der Annäherung an die natürlichen Verhältnisse gewinnen zunehmend biologische, chemische und geochemische Kriterien an Bedeutung, die aufgrund der komplexen Matrixeigenschaften relativ schwierig zu definieren sind. Eine umfassende Diskussion dieser „weichen" Ansätze gibt das Buch „Umweltgeochemie" von Hirner et al. (2000).

1.2.3.1 Biologisch-geochemische Barrieren

Neben den mobilisierenden Faktoren wie Absenkung der pH-Werte, organische und anorganische Komplexierung, gibt es auch äußere Einflüsse, die eher als Barrieren für eine Metallaufnahme durch Organismen wirken. Dazu zählen physikalische und chemische Prozesse wie Adsorption, Filtration, Sedimentation, Fällung und Redoxreaktionen. Die meisten Metalle, die in den Boden gelangen, werden dort an Partikel fixiert, ein Teil wird in den Wurzeln absorbiert, so dass schließlich nur ein geringer Teil der vorhandenen Metalle in die Frucht gelangt. Allerdings bestehen hinsichtlich der *Transferraten* und kritischen Konzentrationen von Spurenelementen in der Nahrungskette Boden-Pflanze-Tier(-Mensch) beträchtliche Unterschiede. Eine Gruppe von Metallen – Beispiele sind Cadmium und Zink – gehen bereits bei pH-Werten von 5,5 bis 6,5 relativ leicht vom Boden in die Pflanzen über, während für Elemente wie Chrom und Blei der Transfer vom Boden in die Pflanze erst bei pH-Werten unter 4,5 signifikant wird. Bei den „leichtgängigen" Elementen bestehen weitere Unterschiede darin, dass kritische Werte von Cadmium im Tierfutter erreicht werden können, ohne dass die entsprechenden Pflanzen dies z.B. durch eine Wachstumshemmung angezeigt hätten; demgegenüber erfolgt bei Zink häufig eine Schädigung der Pflanzen, bevor eine Gefährdung tierischer oder menschlicher Nahrung eintritt (Sauerbeck 1985).

1.2.3.2 Geochemische pH-Eh-Barrieren

Der pH-Wert sowie das Redoxpotenzial stellen zwei grundlegende Kontrollgrößen dar, die Einfluss auf den Ablauf von Wechselwirkungen mit kontaminierten Feststoffen ausüben. Bereits 1952 entwarfen Krumbein u. Garrels ein integrierendes Stabilitätsdiagramm, in dem die Beziehung dieser beiden wichtigen Einflussgrößen zusammen mit den von ihnen kontrollierten geologischen und mineralogischen Materialien dargestellt sind. Sie entwickelten den Begriff der „geochemischen Barrieren" – empirische Stabilitätsgrenzen definieren die Existenz eines bestimmten Minerals oder Stoffes auf der einen Seite einer Grenze. Praktische Bedeutung für boden- und abfallbezogene Untersuchungen besitzen fünf dieser geochemischen Barrieren (Abb. 1.7):

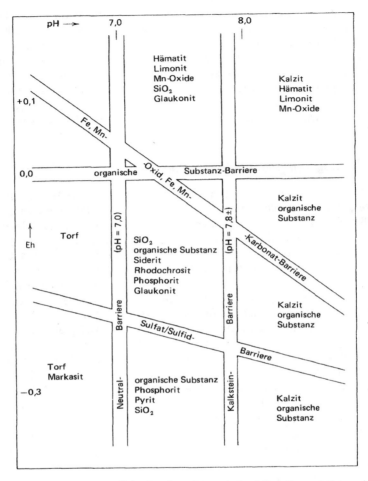

Abb. 1.7 Eh und pH als natürliche Barriere für typische Mineralassoziationen in Böden und Sedimenten (Krumbein u. Garrels 1952, aus Mason u. Moore 1985)

- Die Neutral-Barriere bei einem pH-Wert von 7.
- Die Kalkstein-Barriere bei pH 7,8; bei höherem pH-Wert wird Kalzit unverzüglich ausgefällt, bei Werten darunter neigt er dazu, gelöst zu werden.
- Die Sulfat/Sulfid-Barriere, bestimmt durch das entsprechende Redoxpaar (FeS_2 = Pyrit, Markasit).
- Die Fe-, Mn-Oxid/Fe-, Mn-Karbonat-Barriere, die von dem Redoxpotenzial festgelegt wird, bei dem die zweiwertigen Fe- und Mn-Verbindungen – meist als Karbonate ($FeCO_3$ = Siderit, $MnCO_3$ = Rhodochrosit) vorliegend – zu höherwertigen Oxiden oxidieren.

- Die organische Substanz-Barriere, unterhalb der die organische Substanz stabil ist, während sie bei höheren Eh-Werten zu CO_2 oxidiert wird.

Bereits mit relativ wenig Informationen – dem Gehalt an organischer Substanz, dem Karbonatgehalt, der Färbung (rötlich = oxidiert, dunkel eher reduziert) – lässt sich eine grobe *Klassifizierung* von Probenmaterial vornehmen und daraus die weitere Untersuchungsstrategie entwickeln. Mit einer detaillierteren Bestimmung der Mineralphasen können die physiko-chemischen Verhältnisse abgeschätzt werden, unter denen sich die betreffenden Böden, Sedimente oder Gesteine gebildet haben. Besonderes Interesse für die Beurteilung von Sedimenten und Baggergut sowie des Deponieuntergrundes finden die redoxsensitiven Mineralbildungen, die nachfolgend beschrieben werden.

1.2.3.3 Redoxzonen als Barrieren

Die Ausbildung von Redoxzonen in Sedimenten und im Deponieuntergrund ist in erster Linie das Ergebnis von mikrobiellen Abbauprozessen der organischen Substanzen entsprechend der *Verfügbarkeit von Oxidantien* (Elektronen-Akzeptoren) im Untergrund. Diese Prozesse laufen in einer definierten Folge ab, die mit einer verstärkten heterotrophen Sauerstoffzehrung beginnen und über die Mangan-, Nitrat-, und Eisenreduktion zur Reduktion von Sulfat führen. Von diesen Reaktionsschritten weist die Sulfatreduktion die höchsten Abbauraten für organisches Material auf und ist daher in sulfatreichen Wässern – dazu zählen neben Meerwasser typischerweise die Deponiesickerwässer – die verbreitetste Stufe dieser „biochemischen Sukzession" (Abb. 1.8, nach Mackenzie u. Wollast 1977, Hanselmann 1989, Förstner et al. 1999a). Die Bildung von freien Sulfidionen führt zunächst zur Ausfällung der reduzierbaren Eisenanteile sowie anderer Schwermetalle – eine temporäre geochemische Barriere. Ist der Gehalt an abbaubarem organischen Detritus hoch, läuft die biochemische Reaktion weiter, bis die Kapazität an reduzierbarem Eisen zur Bildung von Sulfidionen erschöpft ist. Die weitere Sulfatreduktion führt dann zur Bildung freier Sulfidionen und Polysulfidkomplexe, die die Löslichkeit der Schwermetallsulfide wieder erhöhen können; mit diesem Effekt lassen sich die relativ hohen Schwermetallgehalte in Sedimentporenwässern erklären (Salomons et al. 1987).

Beim Eintritt von *Deponiesickerwässern in den Untergrund* finden drastische geochemische und mikrobiologische Veränderungen statt. Der Eintrag von organischen und reduzierten anorganischen Substanzen, wie Methan, Ammonium, Schwefelwasserstoff und gelösten Eisenspecies, in einen aeroben Grundwasserleiter führt zu Redoxpufferreaktionen, aus denen dieselbe Serie von Redoxzonen hervorgeht wie sie in den Sedimentschichten abgebildet ist – hier jedoch in horizontaler Ausdehnung (Abb. 1.9, nach Christensen et al. 1994).

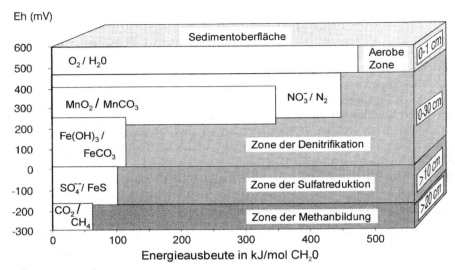

Abb. 1.8 Abfolge von Redoxstufen in Sedimenten mit Angaben über die ungefähre Tiefenlagen der Redoxzonen und über die Energieausbeute der einzelnen Abbauvorgänge (Elektronenübergänge) in Kilojoule pro Mol organische Substanz (Mackenzie u. Wollast 1977, Hanselmann 1989; aus Förstner et al. 1999a)

Bei der Redoxzonierung spielen die *Eisenverbindungen* eine wichtige Rolle: In flachen unbelasteten Grundwasserleitern tritt Eisen vorwiegend als Fe(III)oxid und Fe(III)hydroxid in verschiedenen Kristallinitäten und Mineralstrukturen auf. Ein Teil des dreiwertigen Eisens kann als Bestandteil von Tonmineralen auftreten, doch ist bei den relevanten pH-Bedingungen nicht mit Fe(III) in Lösung zu rechnen. Solche Lösungseffekte werden aber durch Sickerwässer induziert, wie inzwischen in einer Reihe von Untersuchungen nachgewiesen wurde (Christensen et al. 1994). Eisen(III) in den Untergrundmaterialien einer Deponie ist deshalb ein wichtiger Redoxpuffer und besitzt entscheidende Funktionen für die Begrenzung der anaeroben Zone bei der Ausbreitung von Sickerwässern unterhalb von Reaktordeponien. Reduziertes Fe(II) kann in gelöster Form im Grundwasser migrieren (mehrere hundert Meter, Beispiel der Abb. 1.9), an Untergrundmaterialien adsorbieren bzw. gegen andere Ionen ausgetauscht oder ausgefällt werden, z.B. als Eisensulfid bzw. Eisenkarbonat. Diese neugebildeten Eisenverbindungen – Sulfide und Carbonate – stellen gleichzeitig die wesentlichen *Reduktionspotenziale* dar, die bei einer Wiederherstellung der Ausgangsbedingungen im Zuge einer Untergrundsanierung überwunden werden müssten.

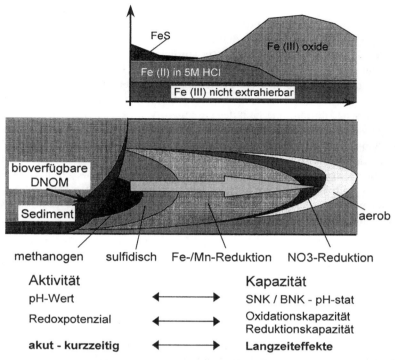

Abb. 1.9 Redoxpotenzial-Sukzession in einem kontaminierten Aquifer und Eisenverteilung an der Matrix (nach Christensen et al. 1994)

Für die *Prognosen* zum Verhalten von Schwermetallen im Bereich Deponien, Altlasten und Sedimente sind nicht die Konzentrationsangaben der Protonen (pH-Wert) bzw. Elektronen (Redoxpotenzial) maßgebend, da diese Parameter lediglich den lokalen und momentanen Zustand wiedergeben. Die auch im Sinne der Nachhaltigkeit entscheidenden Langzeiteffekte kann man aus den *Kapazitätsparametern* ermitteln; besonders wichtig ist die Kenntnis der Säureneutralisationskapazität (Säurepuffer) und der Oxidations-/Reduktionskapazitäten (Abb. 1.9 unten). Aus diesen Parametern lassen sich auch sinnvolle technische Maßnahmen ableiten, z.B. der Einsatz von Mineralen mit einer entsprechenden Sorptions- bzw. Austauschkapazität.

1.2.3.4 Innere Barrieren-Systeme

Eine Übersicht über die mineralischen Barrierensysteme in der Abfallwirtschaft gibt Abb. 1.10 (Bambauer u. Pöllmann 1998):

Die *äußere Barriere* umfasst (a) die Geologische Barriere, definiert durch die geologischen Verhältnisse in der Umgebung der Deponie und durch die geochemischen Milieubedingungen, und (b) die konventionellen Sicherungssysteme, bestehend aus den Deponiebasisabdichtungssystemen und den Deponieoberflächenabdichtungssystemen, die ggf. zusätzliche chemische Barrieren enthalten, um bestimmte Schad- und Belastungsstoffe zurückzuhalten. Von hier aus gibt es Verbindungen zu den „reaktiven Barrieren", z.B. in der Form von „Reinigungswänden", die in den Grundwasserstrom eingebracht werden.

Das „Innere Barriere System" beruht auf einer mineralogischen Immobilisierung von Schadstoffen innerhalb des gesamten Abfallkörpers. Das Prinzip ist eine Abfolge von Behandlungen oder eine einzelne Behandlung mit dem Ziel, Mineralneubildungen zu fördern, die als „Reservoir-Minerale" Schadstoffe fixieren und/-oder durch eine entsprechende Verfestigung oder Verdichtung in den Mikrostrukturen die Porosität und Durchlässigkeit („Permeabilität") wesentlich verringern und damit die Ausbreitungsmöglichkeiten für die Schadstoffe einschränken (bei dem technischen und finanziellen Aufwand für eine derartige Sanierungsmaßnahme dürfte dies allerdings ein hypothetischer Ansatz sein).

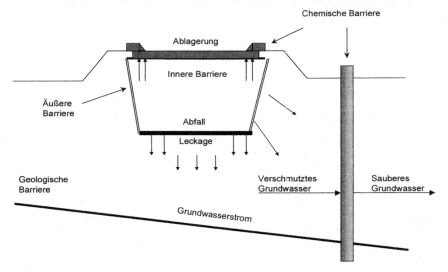

Abb. 1.10 Mineralogische Barrierensysteme in der Abfallwirtschaft (Bambauer u. Pöllmann 1998)

Während es die Aufgabe der äußeren Barriere-Systeme ist, den Wasseraustausch mit der Umgebung zu minimieren oder zu verhindern, soll mit dem Inneren Barrieresystem eine sichere Einbindung von Schadstoffen erreicht werden. Die Wirkung des „Innere-Barriere-Systems" beruht auf der kristallchemischen Fixierung und Immobilisierung von Schadstoffionen in Speichermineralen, die durch zwei Verfahrensschritte gebildet werden (Pöllmann 1994):

A) Bildung wasserfreier Minerale durch thermische Reaktion
B) Bildung wasserhaltiger Minerale durch Hydratationsreaktion

Wichtig ist die chemische und mineralogische Optimierung der Abmischungen verschiedener Reststoffe zur Erzielung einer maximalen Speichermineralbildung (Abschn. 1.5.2.3).

Neben dem „Innere Barriere System", das eine Immobilisierung im Mikrogefüge darstellt (chemische Einbindung, chemisch physikalische Einbindung, Umschließung in stabiler und dauerhafter Matrix im Mikrobereich), bei dem möglichst homogene Stoffgruppen durch Vorbehandlung aufbereitet werden, umschließt ein „Mittleres Barriere System" die kontaminierten Feststoffe durch eine Makro-Ummantelung von Dichtmaterialien (Lukas u. Saxer 1994). Ebenso wie für die „Äußere Barriere" können auch Recyclingstoffe als Ausgangsmaterialien für Dicht- und Hüllstoffe mit geringer Durchlässigkeit verwendet werden. Auch diese Materialien müssen eine hohe Langzeitstabilität sowie Dauerhaftigkeit gegen mechanische und chemische Angriffe aufweisen (s. a. Abschn. 3.1 über Prüfverfahren an stabilisierten Abfällen).

1.2.3.5 Schadstoffrückhaltepotenziale

In den technischen Anweisungen zur Abfallbehandlung kann man die beiden Begriffe „Adsorptionsvermögen" und „Schadstoffrückhaltepotenzial" finden. In der TA Abfall, Teil 1 (Sonderabfall) wird gefordert, dass das Deponieauflager ein hohes Adsorptionsvermögen aufweist; in der TA Siedlungsabfall wird als Eignungskriterium für die geologische Barriere eine maßgebliche Behinderung der Schadstoffausbreitung und eine hohes Schadstoffrückhaltepotenzial verlangt. Der Gesetzgeber benutzt die Begriffe Adsorptionsvermögen und Schadstoffrückhaltepotenzial offensichtlich als Synonyme, doch werden keine weiteren Begriffsdefinitionen und auch keine Bewertungskriterien angegeben.

Es erscheint deshalb vorteilhaft, sich an den *praktischen Prioritäten* zu orientieren: Das primäre Ziel ist es, dass nach dem Versagen aller anderer Sicherheitssysteme der Deponie – Drainageeinrichtungen, Basisabdichtungen – unter dem Deponieauflager bzw. der geologischen Barriere so wenig Schadstoffe wie möglich so spät wie denkbar austreten. Daraus ergeben sich mehrere abgeleitete Ziele (Wienberg 1998):

1. Die geologische Barriere soll möglichst gering durchlässig sein: sie soll zunächst den *konvektiven Schadstofftransport* – als den Transport mit dem Wasser im Untergrund – maßgeblich behindern.
2. Die *diffusive Ausbreitung* von Schadstoffen – also der Abbau von Konzentrationsgradienten – wird durch Gesteine mit einer geringen Porosität und günstiger Porengeometrie eingeschränkt.
3. Schadstoffe sollen möglichst *stark sorbiert* werden, oder noch besser:
4. Schadstoffe sollen in *schwer löslichen Mineralphasen* eingebaut werden.

34   1 Technische Geochemie – Konzepte und Praxis

Zur Erläuterung der Punkte (3) und (4) sind in Abb. 1.11 die Beziehungen zwischen den Schadstoffkonzentrationen in der Lösung und in den Feststoffen nach Salomons (1995) dargestellt: Auf der einen Seite stehen die charakteristischen Isothermenkurven für die *Sorptionsprozesse*, bei denen mit zunehmender Lösungskonzentration eines Schadstoffs der am Feststoff gebundene Anteil überproportional zurückgeht, weil immer weniger Hochenergie-Sorptionsplätze zur Verfügung stehen. Auf der anderen Seite ist bei einem Einbau der Schadstoffe in *Mineralphasen* die gelöste Konzentration weitgehend unabhängig von den Gehalten in den Feststoffen. Im Fall A wird das Geschehen von Sorptionsprozessen bestimmt. Hohe Schadstoffgehalte an den Feststoffen bedeuten noch höhere Lösungskonzentrationen. Im Fall B werden dagegen die Lösungskonzentrationen durch die Mineralphase besonders niedrig gehalten. Dieser Fall ist das erklärte Ziel bei der Anwendung von geochemischen Stabilisierungstechniken.

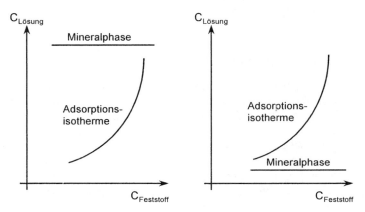

Abb. 1.11 Beziehungen zwischen gelösten und festen Metallkonzentrationen (Salomons 1995); a) die stabile Mineralphase besitzt eine hohe Löslichkeit im Vergleich zur Metallfestlegung durch Sorption, b) die stabile Mineralphase besitzt eine geringe Löslichkeit

Wienberg (1998) hat darauf hingewiesen, dass es zwei unterschiedliche Definitionen für den *Begriff „Schadstoffrückhaltepotenzial"* gibt (Tabelle 1.10). Im ersten Fall wird die Fähigkeit des Untergrundes verstanden, die Schadstoffe zurückzuhalten, ihre Ausbreitung abzubremsen. Es kann jedoch – u.U. nach sehr langen Transportzeiten – ein voller Schadstoffdurchbruch erfolgen, und im stationären Zustand kann die Ausbreitung dann ungehemmt weitergehen. Der zweite, günstigere Fall ist eine Rückhaltung im Untergrund, die unabhängig von der Wasserausbreitung wirksam ist. Ein solches Schadstoffrückhaltepotenzial besitzen nur Feststoffe, die Schadstoffe irreversibel binden, also in der Struktur von organischen Molekülen („bound residues") oder in die Struktur von sog. „Speichermineralien".

Tabelle 1.10 Zwei Definitionen zum Begriff „Schadstoffrückhaltevermögen" (nach Wienberg 1998), s.a. Abschn. 2.2.4 über „Natural Attenuation im Grundwasser"

Schadstoffrückhaltepotenzial

Definition 1	Definition 2
Unter Schadstoffrückhaltepotenzial ist die Fähigkeit des Untergrundes zu verstehen, die *Schadstoffe zu retardieren*	Unter Schadstoffrückhaltepotenzial wird die Fähigkeit des Untergrundes verstanden, unabhängig von der Wasserbewegung die *Schadstoffe auf Dauer an der Passage zu hindern*
Folgerung Ein Schadstoffrückhaltepotenzial wird postuliert, obwohl nach bestimmten (u.U. auch sehr langen) Transportzeiten ein voller Schadstoffdurchbruch erfolgen kann. Im *stationären Zustand* migrieren die Schadstoffe jedoch *unretardiert*.	*Folgerung* Nur Feststoffe, die die Schadstoffe „irreversibel" – z.B. in (*Speicher-*) *Mineralen* oder in *„bound residues"* – binden, besitzen ein so definiertes Schadstoffrückhaltepotenzial. Der Untergrund ist Schadstoffsenke.

Zusätzlich zu den oben genannten Zielsetzungen für geochemische Barrieren in der Abfalltechnik könnte eine weitere Forderung lauten: „Das geochemische Milieu im Untergrund soll den biotischen und abiotischen Abbau von organischen Schadstoffe erlauben". Guter biochemischer Abbau findet jedoch in der Regel nur bei Sauerstoffzutritt in eine gut wasser- bzw. gaswegsamen Matrix statt. Dies verträgt sich nicht mit der Forderung nach einer möglichst hohen hydraulischen Barrierewirksamkeit, die einen wichtigen Faktor für eine effiziente Schadstoffrückhaltung darstellt (Wienberg 1998).

1.2.4 Leitbild „Endlagerqualität"

Das Konzept der Endlagerqualität, das zuerst in der Schweiz entwickelt wurde (Anon. 1986b), setzt sowohl an den reaktiven Komponenten als auch direkt an den Schadstoffen an. Im Gegensatz zur traditionellen Ablagerungsform der „Reaktordeponie", bei der die organischen Substanzen über einen bislang unübersehbar langen Zeitraum durch natürliche Vorgänge zersetzt werden, steht diese Art der Ablagerung, der man den quasi „Endzustand" bereits mit auf den Weg gibt:

„*Endlagerfähig* ist ein Reststoff dann, wenn er in einer geeigneten *Hülle* (nach geochemischen und geophysikalischen Kriterien ausgewählt) langfristig (über hunderte von Jahren) nur jene Stoffe an die Umweltkompartimente (Luft, Wasser, Boden) abgibt, welche diese in ihren chemischen und physikalischen Eigenschaften nicht beeinträchtigen".

Ein Endlager ist nach dieser Definition „eine Deponie, deren Stoffflüsse an die Umwelt umweltverträglich sind und nicht mehr behandelt werden müssen. Endlagerfähige Stoffe sind feste Stoffe".

Dass das Leitbild der „Endlagerqualität" in den fortschrittlichen Regelwerken der Nachbarländer, z.T. auch in der deutschen TA Siedlungsabfall, grundsätzlich festgeschrieben wurde, ist vor allem auf zwei Umstände zurückzuführen:

- Die zunehmende Erkenntnis, dass Abfälle, die hohe Anteile abbaubarer organischer Substanzen enthalten, langfristige nachteilige Auswirkungen auf die Qualität des Untergrundes besitzen, die auch mit beträchtlichem technischen Aufwand nicht beherrschbar sind.
- Die verbesserte öffentliche Akzeptanz der Müllverbrennung, die durch wesentliche Fortschritte bei der Abgasreinigung ermöglicht und durch sachkundige Politiker gefördert wurde.

1.2.4.1 Reaktor- und Inertstoffdeponie

In der Diskussion über die Qualität von Deponiematerialien und Sekundärrohstoffen wurde der Begriff „erdkrustenähnlich" geprägt, um die Ziele einer Konditionierung dieser zivilisatorischen Produkte anschaulich zu machen (Baccini 1989).

Tabelle 1.11 Vergleich des Inventars an Stoffen und Prozessen der Deponievarianten „Reaktor" und „Endlager" mit der Zusammensetzung von Erdkrustenmaterial (z. B. Gestein, Erz)

„Reaktor-Deponie"	„Endlager-Deponie"	Erdkrustenmaterial
Feste Hauptbestandteile		
„Inert"-Abfall	Silikate, Oxide	Quarz, Fe-Oxide
Abbaubare Substanzen	[Gips, Steinsalz][a]	(Gips, Steinsalz)
Auslaugbare Substanzen	(kohlige Substanzen)[b]	Kerogen-Anteile
Feste Nebenbestandteile		
Organische Mikroverunreinigungen	organische Mikroverunreinigungen	–
Metalle in reaktiver chemischer Form	metallreiche Minerale vor allem Oxide	Metalle vor allem in inerter Form
Gelöste Inhaltsstoffe		
Protonen, Elektronen	(Protonen)	(pH:Saurer Regen)
Organische Substanzen	(organische Reste)	(Huminsäuren)
Gelöste Salze	[gelöste Salze][1]	(gelöste Salze)

[a] Teil-Extraktion durch Vorbehandlung
[b] untergeordneter Anteil

Ein Vergleich der *Inventare* der beiden Ablagerungsformen „Reaktordeponie" und „Endlagerdeponie" mit denjenigen der Erdkruste wird in Tabelle 1.11 gegeben. In der Erdkruste bilden Quarz, Karbonate, Tonminerale und Eisenoxidhydrate die Hauptbestandteile. Die festen Metallanteile stehen überwiegend im Gleichgewicht mit den Lösungen, die meist relativ geringe Konzentrationen aufweisen – die „geogenen Hintergrundwerte". Einige Komponenten der Erdkruste finden sich auch in den Endlagerbestandteilen, z.B. in Silikaten und Oxiden, die bei Hochtemperaturprozessen entstehen. Kohlige Substanzen, z.B. aus Pyrolyseprozessen, können Metalle gut einbinden. Durch Vorbehandlung können kritische Substanzen – leicht lösliche Salze, organische Mikroschadstoffe – vor der Ablagerung teilweise eliminiert werden (Förstner et al.1989).

Die Vorbehandlung der Müllverbrennungsschlacken – üblich ist eine Wäsche im nassen Schlackeabzug und dreimonatige Lagerung – ergibt noch keine völlig inerten Ablagerungsprodukte. Das Kriterium „Verbrauch von Pufferkapazität" ist auch für die *Einschätzung der Langzeiteffekte von Schlackeablagerungen* nach thermischer Behandlung wichtig (Tabelle 1.12):

1. Über die *Prozesse während der ersten Jahrzehnte* gibt es wissenschaftlich fundierte Informationen von einer Schlackenmonodeponie im Aargau (Kersten et al. 1995, 1997; Johnson et al. 1998, 1999). In der ersten Phase enthält das Sickerwasser relativ hohe pH-Werte und hohe Calcium-, Sulfat- und Chloridgehalte. Die Konzentrationen von Zink und Chromat liegen dagegen weit unter den Löslichkeiten der in diesem Milieu üblichen Hydroxid- und basischen Carbonatphasen; sie sollten daher durch andere Prozesse kontrolliert werden. Dafür kommen vor allem die Calcium-Aluminium-Silikat-Hydrat(CASH)-Phasen in Frage, die in der „Inneren Barriere" als spezielle Speichermineralien wirksam sind (s.u. sowie Abschn. 1.5.2).
2. Im weiteren Ablauf kann man aufgrund von Experimenten und Modellen erwarten, dass diese *CASH-Phasen in Karbonate* umgewandelt werden (Phase 2). Dabei wird die Mobilität von Zink kaum beeinflusst, während Chrom von den Karbonatmineralen nicht aufgenommen wird. Theoretisch müsste sich die Löslichkeit von Chrom um mehrere Größenordnungen erhöhen, doch findet wahrscheinlich entweder eine Mitfällung mit Eisenoxiden oder mit Bariumsulfat statt (Kersten et al. 1998, Johnson et al. 1999), mit der die Chromkonzentrationen ungefähr auf dem Niveau der Phase 1 gehalten werden.
3. Noch längerfristig wird eine *Entleerung des Karbonatpuffers* stattfinden. Nach den Berechnungen von Kersten et al. (1995) könnten dann – nach mehr als 3.000-11.000 Jahren – mit den abnehmenden pH-Werten auch die Zinkgehalte wieder deutlich ansteigen.

Diese Zeitspanne ist um zwei Größenordnungen länger als die günstigsten Prognosen für den Prozess der oxidativen Schwermetallfreisetzung aus den Sulfiden in Siedlungsabfalldeponien. Eine Deponierung von MV-Schlacke auf Hausmülldeponien ist problematisch, weil der Karbonatpufferkapazität durch den Abbau der organischen Substanz aufgebraucht wird (Kersten 1996).

Tabelle 1.12 Abschätzungen zum Langzeitverhalten von Sickerwässern aus Müllverbrennungsschlacken (Anonym 1992)

	Phase 1	Phase 2	Phase 3
pH	8,3 und höher	7,3 – 8,3	<5 – 6
Calcium	520 mg/l	16 – 60 mg/l	< 16 mg/l
Chlorid	100 – 5000 mg/l	<100 mg/l	<100 mg/l
Sulfat	100 – 5000 mg/l	<100 mg/l	<100 mg/l
Chrom	13 µg/l	wenig verändert? s. Text	wie Phase 2 (evt. verdünnt)
Zink	4 µg/l	unverändert	hoch
Dauer	*Jahrzehnte*	*Jahrhunderte*	*Jahrtausende*

1.2.4.2 Langzeitprognosen für Deponie-Sickerwässer

Für die Prognosen des Deponieverhaltens im Hinblick auf eine *Beeinträchtigung der Grundwasserqualität* ergibt sich die in Abb. 1.12 dargestellte Entwicklung (Förstner 1996):

- Relativ rasch und deutlich setzen die Signale durch die Sickerlösungen aus *Baggergutspülfeldern* und *Bergehalden* von Kohle- oder Erzminen ein. Auslöser sind in erster Linie Oxidationsprozesse an Sulfidmineralen.
- Bei der Schadstoffmobilität in *Reaktordeponien* gibt es ein kritisches Stadium am Beginn der Entwicklung, wenn die pH-Werte sinken und reichlich organische Abbauprodukte für die Bildung von Kolloiden zur Verfügung stehen (Peiffer et al. 1994). Über etwa 50 Jahre hinaus liegt die Zukunft der Reaktordeponien noch völlig im Dunkeln. Auch die abgeleiteten Prozesssequenzen (z.B. die Oxidation von Sulfiden) weisen typische nichtlineare, verzögerte Entwicklungen auf. Was passiert bspw., wenn wieder sauerstoffreiche Lösungen durch die Deponie sickern und auf Metallsulfide treffen?

Bei der Abschätzung der künftigen Emissionen aus Deponien kommt den *Restgehalten an gelöstem organischen Kohlenstoff* vorrangige Bedeutung zu. Aus den Befunden großräumiger Veränderungen des Untergrundes von Deponien, die innerhalb weniger Jahrzehnte stattgefunden haben (Abschn. 1.2.3.3), kann man folgern, dass ähnliche Effekte auch bei den wesentlich geringeren Organikfrachten – z.B. aus mechanisch-biologisch vorbehandelten Abfallstoffen –, aber entsprechend längeren Einwirkungszeiten auftreten können (Abschn. 3.2). Im Unterschied zu den Systemen mit organischen Komponenten können *anorganisch-geochemische Systeme* mit bereits verfügbaren Methoden beschrieben, modelliert und prognostiziert werden. Eine wichtige Rolle bei der Abschätzung des Emissionspotenzials einer Schlackenmonodeponie kommt dabei der Analyse des Mineralbestands zu (Kersten 1996, Lichtensteiger 1996).

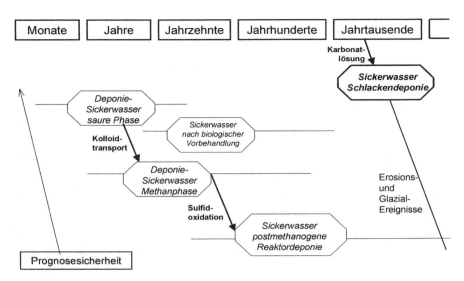

Abb. 1.12 Zeitliche Abfolge verschiedener Deponie-Sickerwassertypen mit einer Abschätzung der Prognosesicherheit hinsichtlich der Beeinflussung der Grundwasserqualität (Förstner 1996)

Wie bereits in Abschn. 1.2.2.5 erwähnt, gilt grundsätzlich für alle Langzeituntersuchungen, dass zusätzlich zu den Materialeigenschaften auch die äußeren Randbedingungen sowie deren Änderung mit der Zeit zu berücksichtigen sind. Unter diesem Aspekt ist bei den Schlackedeponien der Säurezufuhr von außen keine Bedeutung beizumessen, da das heutige Emissionsniveau – hauptsächlich aus industriellen Verbrennungsprozessen – über die dort betrachteten Zeiträume nicht anhalten wird. Auf der anderen Seite ist jedoch festzustellen, dass bereits die normale Auswaschung durch neutrales Wasser eine wenn auch langsamere Pufferreduzierung bewirkt; dies gilt auch für eine Verwertung von Schlacken, z.B. im Straßen- und Wegebau. Insgesamt erscheint es nach wie vor überlegenswert, eine Schmelztrennung zum Zwecke der Schadstoffentfrachtung vorzunehmen, da nur auf diese Weise eine sichere Langzeitprognose für die Verwertung möglich ist (Abschn. 3.2).

1.2.5 Geowissenschaften und nachhaltige Abfallwirtschaft

Die Möglichkeiten der Abfallwirtschaft, in die Versorgung und Güterproduktion einzugreifen, sind gering und beschränken sich auf einzelne Güter- und Stoffgruppen (Verpackungsabfälle, Quecksilber). In einer zukünftigen Stoffbewirtschaftung, die den Kriterien der Nachhaltigkeit entspricht, sollte sich die Abfallwirtschaft auf diejenigen Güter konzentrieren, die *entsorgt* werden müssen, und auf die Prozesse, in denen die Abfälle entweder zu „endlagerfähigen" oder zu wiederverwertbaren Gütern *transformiert* werden (Moser 1996).

1.2.5.1 Endlagerqualität, Verwertung und Nachhaltigkeit

„Die Abfallbehandlungsverfahren sind so zu konzipieren, dass umweltgefährdende Stoffe in möglichst konzentrierter und umweltverträgliche Stoffe in möglichst reiner, d.h. erdkrusten- oder bodenähnlicher Form anfallen" (Leitbild für die schweizerische Abfallwirtschaft, Anonym 1986).

Für die Umsetzung des Leitbildes „Endlagerqualität" wurde folgende *Vorgehensweise* empfohlen:

- Werden die umweltgefährdenden Stoffe in der Abfallbehandlung durch geeignete physikalische Verfahren (z.b. Destillation oder Kondensation) oder chemische Verfahren (z.B. Fällung) *konzentriert*, so werden *kleine Endlagervolumina* mit anspruchsvoller Hülle benötigt, z.b. Untertage-Deponie.
- Fallen sie möglichst rein an, wie Eisen, Aluminium und Alkali- oder Erdalkalisalze, Silikate, Humusstoffe, so benötigt man für die *großen Endlagervolumina* anspruchslosere Hüllen (Deponieklassen I und II), welche auch gut verfügbar und billiger zu erschließen sind.

Neben der langzeitsicheren Deponierung ist zukünftig auch das *Verwertungsgebot* viel stärker zu beachten. Diese Forderung unterstützt zwar das Prinzip der Ressourcenschonung, steht jedoch zumindest formal im Widerspruch zu dem umweltpolitischen Grundsatz, konzentriert vorliegende Schadstoffe nicht weiter zu verteilen. In der Tat schließt die Herstellung neuer Produkte aus Reststoffen – bspw. beim Einsatz einer metallreichen Schlacke im Straßen- und Wegebau – die Weiterführung von Stoffflüssen ein, die vorher mehr oder weniger erfolgreich in einer Deponie beendet wurden. Dies gilt vor allem für das „Downcycling", d.h. eine Verwertung ohne Ausschleusung von Stör- und Wertstoffen wie Schwermetallen (Abschn. 1.2.5.3). In der Regel sind bei jeder Verwertung Einzelfallbetrachtungen erforderlich, bei denen – neben der technologischen Eignung und der Umweltverträglichkeit der Reststoffe – zwischen den verschiedenen Recyclingarten (Downcycling und hochwertiges auf die Wiederverarbeitung ausgerichtetes Recycling) zu differenzieren ist (Lichtensteiger 2000) und auch die Vermeidungseffekte an anderer Stelle bewertet werden müssen.

Endlagerqualität und Vorzug der Verwertung sind abfallwirtschaftliche Ziele, die im neuen Abfallrecht festgeschrieben sind und auch generell dem Leitbild der Nachhaltigkeit entsprechen. Allerdings ist im Lichte dieses Leitbildes noch zu klären, welche Rolle die einzelnen Systemkomponenten wie *Endlagerqualität* und *Verwertung* spielen, „wenn die Entsorgungssysteme als Ganzes ressourcenschonend ausgelegt werden müssen" (Moser 1996). Nach den vorliegenden Erfahrungen ist die dauerhafte Ablagerung nach dem Konzept der Ingenieurgeochemie, d.h. unter Nutzung natürlicher Materialien und Prozesse, vor allem bei Massenabfällen ohne Alternative. Dagegen ist bei den Recyclingkonzepten fallweise zu überprüfen, wie sie das Gesamtsystem beeinflussen.

1.2.5.2 Bewertung des Langzeitverhaltens von Abfall

Baccini u. Lichtensteiger (1989) beschreiben einen endlagerfähigen Abfall folgendermaßen: Er sollte (1) anorganisch sein, (2) in oxidierter Form vorliegen, (3) fest und (4) in Wasser schwerlöslich sein. Genereller Maßstab ist die Ähnlichkeit mit Erdkrustenmaterial; in der Praxis erfordert jedoch ein Vergleich mit dem Verhalten von „Geomaterialien" – Erze, Gesteine und Böden – Kenntnisse, Kriterien und Untersuchungen, die über die derzeitige Materialcharakterisierung von Abfällen hinausgehen und vor allem eine Bewertung des Langzeitverhaltens von anorganischen Schadstoffen ermöglichen.

Im eigentlichen Wortsinn bedeutet Langzeitverhalten bei „Geomaterialien" das Verhalten über geologische Zeiträume (Baccini u. Lichtensteiger 1989). Aufgrund der damit verbundenen Zahl an Unbekannten muss sich eine Abschätzung der langfristigen Effekte vorrangig auf experimentelle Daten stützen und dabei mögliche extreme Randbedingungen („Worst-case"-Betrachtungen) in Rechnung stellen. Hilfreich sind dabei geochemische Erfahrungen, die auf der Untersuchung von natürlich vorkommenden Mineralassoziationen, deren Bildungsbedingungen und ihrem Verhalten während der „Diagenese" (Umwandlung primär gebildeten Minerale unter veränderten äußeren Bedingungen) beruhen. Die Langzeitbetrachtungen der Schweizer Arbeitsgruppen IMRA (Anonym 1991a) und EKESA (Anonym 1992) über Müllverbrennungsrückstände haben erste methodische Ansätze zur Prognose langfristiger Prozesse auf der Grundlage geochemischer Erfahrungen gebracht. Im Abschn. 3.2 werden diese Ansätze durch neuere Ergebnisse an Müllschlacken vertieft.

1.2.5.3 Geochemische Kriterien für anthropogene Rohstofflager

Für eine umfassende Bewertung der technischen Prozesse der Ver- und Entsorgung kann das Leitbild „Endlagerqualität" durch ein weiteres geowissenschaftliches Konzept ergänzt werden, das die Verhaltensweisen von Wert- und Schadstoffen auch auf ihrem vorgelagerten „Lebensweg" verfolgt. Die „petrologische Evaluation" wurde ebenfalls an der Abteilung Stoffhaushalt und Entsorgungstechnik der ETH Zürich entwickelt (Lichtensteiger 2000), „als Ansatz zu erhöhter Effizienz im Umgang mit Rohstoffen", sowohl für die verbleibenden Primärressourcen als auch für die immer bedeutender werdenden Sekundärressourcen aus den Siedlungsräumen. Analog den Umwandlungsprozessen der klassischen Geologie (Diagenese, Metamorphose), unter Einbeziehung der Milieufaktoren (z.B. verfahrenstechnische Einstellungen) und mit den theoretischen Erkenntnissen der chemischen Thermodynamik und Kinetik können einzelne technische Teilprozesse, aber auch größere Systemzusammenhänge aufgrund der förderlichen, indifferenten oder störenden Wirkung von Stoffen unterschieden werden.

Mit der „petrologischen Evaluation" lässt sich bspw. aufzeigen, wie bei der thermischen Behandlung die im Siedlungsabfall enthaltenen *Reaktionspotenziale* durch Stofftrennung und Homogensierung am besten genutzt werden können (Zeltner 1998). Der Ansatz bewährt sich vor allem bei der übergreifenden Frage, welche Effizienzsteigerungen insgesamt zu einer *Ressourcenschonung* beitragen (Lichtensteiger 2000): Ob es z.B. angebracht ist, kupferhaltige Güter bei der Zementherstellung einzusetzen, ist nicht alleine eine Frage der Einbindung des Schadstoffs Kupfer im Zement, sondern auch eine Frage, inwieweit Kupfer zur Zementherstellung erforderlich ist. Da es dazu nicht erforderlich ist, anderswo aber sehr wesentlich sein kann, bedeutet die Einbringung in den Zement einen Wertverlust. In einer gesetzlichen Richtlinie der Schweiz (Anonym 1998) und dem zugrundeliegenden Thesenpapier (Abfallentsorgung in Zementwerken; Anonym 1997a) wurde dieser Gedanke bereits aufgenommen, indem bei jeder Entsorgung-/Verwertung im Zementwerk die förderliche Funktion in Bezug auf das zu produzierende Gut nachgewiesen werden muss. So ist z.B. beim Einsatz von Klärschlamm nicht nur zu prüfen, inwieweit dessen organische Stoffe den Brennstoff Kohle ersetzen, sondern auch inwieweit die anorganischen Anteile des Klärschlamms Funktionen als Rohmehlersatzstoff übernehmen, und ob störende Stoffe in den Prozess bzw. in das Produkt eingetragen werden (De Quervain 1998).

Zu diesem übergreifenden Konzept gehört auch die Prüfung, ob anderswo *in der Region die im Sekundärgut enthaltenen Wertstoffe hochwertiger genutzt werden können*, d.h. dem Postulat möglichst vieler förderlicher Stoffe und Reaktionen besser entsprochen werden kann (Anonym 1997). Damit verbunden ist eine Bewertung des Energieaufwands in den Betriebs- und Nutzungsphasen, im Vergleich mit dem Aufwand herkömmlicher Produktionsverfahren, die noch mit Primärressourcen durchgeführt werden. Diese Verknüpfung von stofflichen und energetischen Kriterien ist wesentlicher Bestandteil einer Strategie der „Entmaterialisierung" – Verringerung des Materialeinsatzes und der „eingelagerten" Energie –, die bereits am Beginn der Nachhaltigkeitsdiskussion formuliert wurde (Herman et al. 1989). Mit dem Konzept der petrologischen Evaluation und seiner Betonung der Funktion von Stoffen steht ein Werkzeug zur Verfügung, das vor allem bei der technischen Behandlung der „Lagerdynamik", beim Übergang von primären Rohstoffvorkommen zur Nutzung der Sekundärressourcen in den Siedlungsräumen, Erfolge verspricht. Dieses Thema wird in Abschn. 1.5.1.4 behandelt.

Von der stofflich-energetischen Beschaffenheit des heutigen Siedlungssystems gehen *ökonomische Betrachtungen* in Richtung dessen zukünftiger Gestaltung mit einer verbesserten „Nachhaltigkeit" (Kytzia 1998): Einerseits können Innovationen angesichts der geringen Veränderungsrate dies Siedlungssystems nur langsam ihre Wirkung entfalten; andererseits erwachsen aus dem Unterhalt und der Sanierung des bestehenden Bauwerks finanzielle Belastungen für zukünftige Generationen. Vor diesem Hintergrund stoßen marktwirtschaftliche Lenkungsinstrumente wie bspw. die Energiepreise an ihre Grenzen. Radikale Umbaustrategien hingegen erscheinen langfristig ökonomisch tragbar, da eine Fortsetzung des Wachstumstrends nicht finanzierbar ist.

1.3 Umweltchemie – Technologische Aspekte

„Umweltchemie (Ökochemie, Ökologische Chemie) ist eine fächerübergreifende Querschnittsdisziplin mit engen Wechselbeziehungen zu Biologie, Ökologie, Ökotoxikologie, Chemie, Hydrologie, Meteorologie, Geochemie und Technik" (Hulpke et al. 1993). Die Untersuchung des Verhaltens von Chemikalien in der Umwelt umfasst im weiteren Sinne alle Stoffe, unabhängig von ihrer Herkunft aus Natur oder anthropogen beeinflussten Prozessen. Forschungsobjekte der Umweltchemie sind der Transport, die Verteilung und die Umwandlung dieser Stoffe in der Bio-, Hydro-, Pedo- und Atmosphäre sowie die physikalischen und chemischen Wechselwirkungen zwischen den „Umweltchemikalien" und den übrigen stofflichen Bestandteilen der Umwelt.

Die *Arbeitsgebiete der Umweltchemie* in Forschung und Praxis reichen von den Stoffumsätzen bzw. Wechselwirkungen im molekularen Bereich bis zu den großräumigen Verteilungs- und Transportvorgängen. Diese Verhältnisse versucht das stark vereinfachende Schema in Abb. 1.13 darzustellen.

	mikro	**makro**
Geochem	Fällung/Lösung Sorption	Sedimentation/Erosion Schmelze
Chemphys	abiotischer Abbau	Lösungstransport ↑
Biochem	biotischer Abbau	← [Stoffwechsel]

Abb. 1.13 Schema der stofflichen Wechselwirkungen im molekularen Bereich und bei großräumigen Verteilungs- und Transportvorgängen

- Zu den wichtigsten Prozessen auf *molekularer Ebene* gehören die Sorption/-Desorption, Fällung/Auflösung und Komplexbildung, die zur Geo- und Bioakkumulation von Schad- und Belastungsstoffen führen können, sowie die biotischen und abiotischen Transformationen (photochemische Umwandlungen, biochemisch-enzymatischer Abbau, Biotransformation u.a.) dieser Stoffe.
- Die in der „biogeochemischen Fabrik Erde" (Schwedt 1996) ablaufenden *großräumigen Prozesse* lassen sich insgesamt in biologische/biochemische und geochemische-/physikalische Vorgänge unterteilen. Die erste Gruppe umfasst alle Stoffwechselabläufe. Geophysikalisch/chemische Prozesse sind hydrologische Vorgänge sowie Erosion, Sedimentation, geologische Metamorphose und Transportvorgänge, die durch Windeinfluss hervorgerufen werden. Geochemisch definiert sind vor allem Schmelz- und Lösungsvorgänge. Die Verteilung der Elemente auf die einzelnen Bereiche (Atmosphäre, Hydrosphäre, Lithosphäre, Technosphäre und Biomasse) und mehr noch die Geschwindigkeit des Massenübergangs zwischen diesen Bereichen unterliegen aufgrund natürlicher Prozesse und anthropogener Tätigkeit langfristigen und kurzfristigen Veränderungen.

Im Hinblick auf die *ingenieurgeochemische Problemlösungen* in dem vorliegenden Buch sind nicht nur die Erfahrungen aus Fällungs- bzw. Sorptionsvorgängen (für die Stabilisierung von Abfallstoffen) und die geogenen Schmelzprozesse (für die thermische Konditionierung von Abfällen) interessant, sondern vor allem auch die biologischen Stoffwechselvorgänge, die zum einen über großräumige Redoxveränderungen den Lösungstransport im Umfeld von Reaktordeponien und Bergbaualtlasten (Kap. 3) und zum anderen die Vorgänge des Schadstoffabbaus auf molekularer Ebene (Kap. 2) entscheidend beeinflussen. Die beiden Effekte sind durch Pfeile in Abb. 1.13 markiert.

1.3.1 Umweltchemische Konzepte

Zur Charakterisierung der Ziele, Untersuchungsgegenstände und Methoden der Umweltchemie im Bereich „Abfall und Boden" eignen sich neben der Unterscheidung der *„Mikro-"* und *„Makro"-Skalenbereiche* zwei weitere, für dieses Fachgebiet typische Begriffspaare, die in diesem Kapitel beschrieben werden:

- Die Feststellung von Umweltbelastungen als *„Ökodiagnose"* und ihre Vermeidung bzw. Behandlung als *„Ökoprophylaxe"* und *„Ökotherapie"* (Korte 1992) (Abschn. 1.3.1.3).
- Die Vermeidung und Behandlung von Emissionen während oder nach den Produktionsprozessen (Abschn. 1.3.1.4) und die Begrenzung der Schadstoffausbreitung durch (geo)chemische Barrieren in der *„äußeren Umwelt"* (Abschn. 1.3.1.5).

Zuvor wird eine Übersicht über wichtige Lehrbücher sowie über die verschiedenen Zielsetzungen und Strategien der übergeordneten Fachdisziplin „Umweltchemie" gegeben.

1.3.1.1 Übersicht Lehrbücher „Umweltchemie"

Es liegen für das übergeordnete Fachgebiet „Umweltchemie" mehrere deutschsprachige Lehrbücher vor, die eine Vertiefung der in den nachfolgenden Abschnitten beschriebenen Schwerpunktthemen ermöglichen.

Tabelle 1.13 gibt eine Aufstellung der Themen des Fachgebiets „Umweltchemie" und vergleicht ihre Behandlung in den einzelnen Büchern. Die ersten vier Themenbereiche entsprechen den Ausführungen im vorliegenden Buch: „Umweltchemische Konzepte" (Abschn. 1.3.1), „Umweltchemikalien und Stoffdynamik" (Abschn. 1.3.2), „Schadstoffquellen und Belastungspfade" (Abschn. 1.3.3).

In der genannten Reihenfolge werden die Ausführungen zu den medienorientierten und typisch umweltchemischen Themen wie „Schadstoffquellen" und „Belastungspfade" immer lückenhafter, und mit dieser Tendenz lassen sich auch die Ansprüche an ein übergreifendes Lehrbuch immer weniger befriedigen. An diesem Punkt kann es vorteilhaft sein, sich spezielle Informationen für die Medien „Luft", „Wasser" und „Boden" zu beschaffen. Beispiele sind (Seite 47):

Tabelle 1.13 Übersicht deutschsprachige Lehrbücher „Umweltchemie" (die rel. Bedeutung ist durch die Anzahl der „x" gekennzeichnet)

Inhalte	Alloway/ Ayres	Bliefert	Fellenberg	Heintz/ Reinhardt	Korte (Hrsg.)	Koß	Kümmel/ Papp
	Spektrum 1. Aufl. 1996	Wiley-VCH 2. Aufl. 1997	Teubner 3. Aufl. 1997	Vieweg 4. Aufl. 1996	Thieme 3. Aufl. 1992	Springer 1. Aufl. 1997	Grundstoff 2. Aufl. 1990
1. Wiss. Konzepte	x	xx	x	x		x	xx
2. Umweltchemikalien	xx[a]	xxx	xx[b]	x[c]	xxx	x[e]	x[f]
3. Stoffdynamik	xx[g]	xx	xx[h]	xx[i]	xx	x	xx
4. Herkunft und Pfade	xx[g]	xxx	xx	xx[j]	xx	xx[k,l]	xx
5. Umweltgeochemie	x	x	x	x	x	xx	xxx
6. Ökotoxikologie	x	x	xx[h]	x	xxx	x[l]	-
7. Rechtliche Aspekte	xx	xxx	x	x	x	x[l]	-
8. Stoffmanagement	x	xx	-	x	x	-	x
9. Umwelttechnik	xx	x	x	x	x	x[l]	-

[a] einschließlich Kapitel Analytik (S. 87–132)
[b] jeweils den Umweltmedien zugeordnet
[c] Kapitel Schwermetalle, Biozide und CKW
[d] substanzbezogene Fallbeispiele (S. 257–340)
[e] Kapitel radioaktive Stoffe bzw. Huminstoffe
[f] Kapitel Grundzüge der Umweltanalytik
[g] Kapitel Grundwasserverschmutzung (S. 273–316)
[h] Nahrungs- und Genussmittel (S. 192–220)
[i] z.B. Luftchemie, Abwasserreinigung
[j] Wasch- und Düngemittel, Papierproduktion
[k] Ozon, Innenraumluft
[l] Kapitel Altlasten (S. 197–259)

Herkunft und Pfade –
Beispiele aus deutschsprachigen Lehrbüchern der Umweltchemie

1. Thematisch am ausgewogensten behandelt das Buch von *Bliefert* die Medien „*Luft*" (Kohlendioxid; -monoxid; Schwefelverbindungen/Saure Niederschläge; Oxide des Stickstoffs; flüchtige organische Verbindungen/Ozon/Automobilabgase; Ozon/FCKW in der Stratosphäre; Aerosole/PAK/Asbeste), „*Wasser*" (spezielle Wasserbelastungen) und „*Boden*" (Bodenbelastungen; Schwermetalle).
2. Das Lehrbuch von *Korte* beschreibt im Kap. 3 „Medienbezogene Konzepte und Kriterien" die Ausbreitung von Schad- und Belastungsstoffen in *sechs Kompartimenten* (Luft, Wasser, Boden, Nahrungsmittel, Innenräume, städtische und ländliche Systeme). Entsprechend der Zielsetzung „Ökologische Chemie" unterstützen die knappen Ausführungen vorrangig die *wirkungsbezogenen Aspekte*.
3. Das Buch von *Alloway/Ayres* enthält eine Übersichtstabelle mit den wichtigsten Schadstoffquellen. An die kurzgefasste Auswahl prioritärer Schadstoffe schließt sich eine ebenfalls relativ knappe Darstellung über den Schadstofftransport in der *Luft*, im *Wasser* und über das Verhalten der Schadstoffe im *Boden* an. Ein eigenes Kapitel behandelt die verschiedenen Aspekte der *Grundwasserverschmutzung*.
4. In dem Buch „Chemie der Umweltbelastung" von *Fellenberg* werden einerseits die Standardpfade „Atmosphäre", „Grund- und Oberflächenwasser" und „Boden" behandelt und andererseits die Belastung von Nahrungs- und Genussmitteln sowie die Kontamination der vorgenannten Umweltbereiche durch Gebrauchsartikel wie z.B. Putz-, Wasch- und Reinigungsmittel, Chemische Reinigung, Farben und Lacke, Kosmetika und Körperpflegemittel dargestellt.
5. Ähnlich knapp wie bei *Korte und Alloway/Ayres*, aber stärker auf die Naturprozesse ausgerichtet sind die Beschreibungen der Belastungspfade im Lehrbuch von *Kümmel/Papp*. Auf eine Übersichtstabelle „Hauptquellen und Wirkungen anthropogener Schadstoffgruppen" folgen Abschnitte über die *Atmosphäre*, *Hydrosphäre* und *Pedosphäre*.
6. *Heintz/Reinhardt* stellen die Beschreibung der *Luftschadstoffe* in den Vordergrund (Treibhauseffekt; Chemie der Troposphäre; Gefährdung der atmosphärischen Ozonschicht); andere Bereiche (Gewässer: Waschmittel als Umweltchemikalien; Boden: Düngemittel und Biozide, Schwermetalle; Abfall: Chlorierte Verbindungen (als Beispiel für die Sondermüllproblematik) werden eher punktuell dargestellt.
7. Das jüngste Lehrbuch in dieser Auswahl, eine Einführung von *Koß* für Studium und Praxis aus dem Jahre 1997, beschränkt sich auf die Schwerpunkte „*Atmosphäre*" (mit den klassischen Luftschadstoffen und einem relativ detaillierten Abschnitt über Innenraumbelastungen) und „*Altlasten*". Am Beispiel von Altstandorten und Altablagerungen werden die einzelnen Schadstoffe in ihren Wechselwirkungen mit den verschiedenen Geomaterialien beschrieben.

- *Luft:* Fabian (1992), Graedel u. Crutzen (1994)
- *Wasser:* Voigt (1990), Knoch (1991), Worch (1997)
- *Boden:* Rump u. Scholz (1995), Anonym (1997b), Scheffer u. Schachtschabel (1997)

Englischsprachige Bücher zur übergreifenden Thematik „Umweltchemie" werden von *Ronald A. Hites* in dem Beitrag „Evaluating Environmental Chemistry Textbooks" in der Zeitschrift *„Environmental Science and Technology"* 35, S. 32A-38A (2001) vorgestellt.

1.3.1.2 Zielsetzungen der Umweltchemie

Nach dem Buch von Korte (1992) können vier Zielsetzungen und Strategien der „Umweltchemie" unterschieden werden:

- Die *substanzbezogene Betrachtung* von „Umweltchemikalien" konzentriert sich auf die physikalisch-chemischen Daten von Stoffen, vorzugsweise solchen aus technischen Anwendungen. Beabsichtigte und unbeabsichtigte Konzentrationen und Wirkungen sowie die Veränderungen der stofflichen Umweltqualität werden dabei als Folgen der Anwendung bzw. Entstehung der betreffenden Substanzen gesehen.
- Nach *spartenbezogenen technologischen Gesichtspunkten* kann der Nutzen von Chemikaliengruppen in einem bestimmten Anwendungsbereich, z.B. von Insektiziden in der Landwirtschaft, Zusatzstoffen in Lebensmitteln, optischen Aufhellern in Waschmitteln, einem möglichen *Risiko* gegenübergestellt werden. Im Hinblick auf beabsichtigtes Verhalten und beabsichtigte Wirkungen ist dieses Konzept identisch mit klassischen Ansätzen zur Entwicklung und Anwendung von Chemikalien.
- *Wirkungsorientierte Aspekte* stehen im Mittelpunkt der „Ökologischen Chemie", die sich mit den chemischen Grundlagen zur Aufklärung und Quantifizierung weiträumiger anthropogener Wirkungen auf empfindliche Bereiche der Biosphäre befasst. Die Gefährdung durch Umweltchemikalien kann akuter oder chronischer Natur sein, nach Akkumulation und Stoffumwandlung oder auch als Synergismus eintreten. Es ist vor allem die Aufgabe der *„Ökotoxikologie"*, die Wirkung von Chemikalien auf Arten, Lebensgemeinschaften und abiotische Ausschnitte von Ökosystemen und deren Funktionen zu beschreiben.
- Zur Planung und Durchführung von aktuellen Umweltschutzmaßnahmen gegen bedenkliche Substanzen und für die Bewertung der Qualität von Umweltbereichen wie Luft, Wasser und Boden wird eine *medienorientierte Betrachtungsweise* angewandt. Hierbei werden besonders das primär belastete bzw. das Transportmedium für sog. „Schadstoffe" untersucht. Der Nutzen dieses Ansatzes, der mit begrenztem experimentellen Aufwand Belastungs- und Belastbarkeitsdaten liefert, besteht in der Verwertbarkeit dieser Daten für die Festsetzung von Emissions- und Immissionsgrenzwerten. Der medienbezogene Ansatz liegt als *Gliederungsprinzip* den meisten Lehrbüchern der Umweltchemie zugrunde.

1.3.1.3 „Diagnose" und „Therapie" bei Altlasten

Die beiden *grundsätzlichen Ansätze* zur Untersuchung von Wechselbeziehungen zwischen Chemikalien und den belebten und unbelebten Kompartimenten der Ökosphäre sind (A) die Feststellung der Umweltbelastung und (B) die Verminderung der Umweltbelastung und ihrer Folgen:

A) Für die Aufgabe „Feststellung von Umweltbelastungen" kann in Anlehnung an die medizinische Terminologie der Begriff *„Ökodiagnose"* (Korte 1992) verwendet werden. Solche Bestandsaufnahmen umfassen folgende Daten: (1) Vorkommen und Produktionshöhe, (2) Anwendungsmuster, (3) Ökotoxizität und Toxizität, (4) Persistenz und Abbau, (5) Umwandlungsreaktionen, (6) Ausbreitung in der Umwelt und (7) Aufnahme und Akkumulation in der Umwelt. Die Kombination der Faktoren „Ausbreitung" und „Aufnahme-/Akkumulation" gibt Hinweise auf die *Mobilität* einer Umweltchemikalie in einem bestimmten Medium (Abschn. 1.2.1).

Einen zentralen Aspekt bei der *Diagnose von Schadstoffbelastungen* bildet die Ökotoxizität einer Umweltchemikalie. „Ökotoxikologie" ist die Wissenschaft von der Verteilung, Umwandlung und Wirkung chemischer Substanzen auf Organismen und Ökosysteme, soweit daraus direkt oder indirekt Schäden für Natur und Mensch entstehen (Streit 1994). Wichtige Aufgabenbereiche umfassen das Erkennen und Definieren von Schädigungen im Umweltbereich sowie das Erarbeiten von Grundlagen für Therapiemaßnahmen. Untersuchungsschwerpunkte sind die Effekte auf den *Organisationsebenen* Organell, Zelle, Organ, Organismus, Population und Ökosystem (Hulpke et al. 1993). Vom methodischen Ansatz her lassen sich naturwissenschaftliche Grundlagenuntersuchungen (z.B. ökologische Ansprüche und chemisch-physikalische Toleranzen bestimmter Arten) von gezielt angewandten Fragestellungen unterscheiden (z.B. Optimierung von Testverfahren, gezielter Einsatz von Mikroorganismen zum Schadstoffabbau in der Umwelt).

B) Für das Arbeitsfeld „Verminderung der Umweltbelastung und ihrer Folgen" können – wiederum nach Korte (1992) – die Begriffe „Ökoprophylaxe" und „Ökotherapie" benutzt werden. Dazu zählen: (1) Emissionsvermeidung bei der Produktion, (2) Vermeidung technischer Verunreinigungen, (3) verbesserte Applikationstechniken, 4) Substitution vorhandener unerwünschter Produkte durch umweltkompatiblere Produkte und (5) durch verbesserte Abfallbehandlung.

Die Schritte (1) bis (4) – im engeren Sinne als „prophylaktisch" zu bezeichnen – stehen zusammen mit der verfahrensinternen Verminderung des Energie- und Materialverbrauchs sowie des Schadstoffaustritts für den Begriff „produktionsintegrierter Umweltschutz". Die Zielhierarchie des Kreislaufwirtschafts- und Abfallgesetzes fordert die Anwendung integrierter Technologien (*„clean technologies"*) als Vermeidungsstrategien, bei denen im Gegensatz zu den nachgeschalteten Technologien Umweltgesichtspunkte bereits in den Produktionsprozess einbezogen werden (Abschn. 1.3.4).

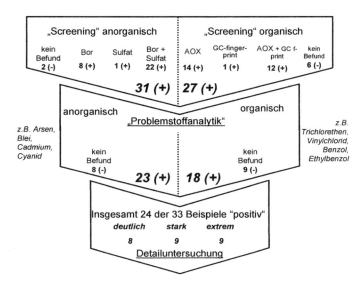

Abb. 1.14 Dreistufenanalytik an Grundwasserproben bei der Erfassung und Bewertung von Altablagerungen

In der *Altlastenproblematik* – Schwerpunkt dieses Buchs – sind „Diagnose" und „Therapie" eng miteinander verknüpft. Beim Umgang mit altlastenverdächtigen Flächen und Altlasten werden *drei Phasen* unterschieden (Anon. 1990, 1995):

1. Die erste Phase, die *Erfassung*, beinhaltet die Lokalisierung einer altlastenverdächtigen Fläche. Darüber hinaus werden alle über sie verfügbaren oder durch ergänzende Ermittlungen erhaltenen Informationen gesammelt. Bei industriellen Altlasten sind vor allem die Erkenntnisse zu nutzen, die zwischen Produktionsverfahren und Ablagerungspraktiken einerseits und den in den Altstandorten auftretenden Schadstoffen bestehen („deduktive" Vorgehensweise).
2. In der zweiten Phase wird die Verdachtsfläche einer *Gefährdungsabschätzung* unterzogen. Dabei ist die Anwendung einer gestuften chemischen Analytik vorteilhaft, bei der zunächst anhand weniger Parameter geprüft wird, ob eine nachteilige Beeinflussung von Wasser, Boden oder Luft vorliegt und bei positivem Befund in weiteren Schritten die Art der Kontamination genauer festgestellt wird. Bei der üblicherweise angewandten „3-Stufen-Analytik" (Abb. 1.14) ist die dritte Stufe für eine detaillierte Standortuntersuchung geeignet und reicht bis in die Einzelfallbewertung (Neumaier u. Weber 1996). Eine immer größere Rolle bei der Gefährdungsabschätzung spielen die biologischen Testverfahren, die nachfolgend dargestellt werden.
3. Die dritte Phase umfasst die Schritte der *Planung, Durchführung und Erfolgskontrolle der Sanierung* sowie ggf. die Überwachung des sanierten Objekts. Zu dieser Phase gehören auch die Beobachtung und Überwachung einer weiterhin als altlastenverdächtig anzusehenden Fläche.

Biologische Testverfahren für kontaminierte Böden

Ein von der Forschergruppe um Wolfgang Ahlf im DFG-Sonderforschungsbereich 188 „Reinigung kontaminierter Böden" erarbeitetes Konzept zur biologischen Bewertung von altlastenverdächtigen Flächen gründet sich im wesentlichen auf den Prinzipien der „biologischen Verfügbarkeit" (Anonym 2001). Die biologische Verfügbarkeit ist der Anteil einer Stoffkonzentration, der unter den herrschenden Umweltbedingungen an biologischen Oberflächen gebunden oder durch Membranen aufgenommen werden kann. Dabei müssen Schutzmechanismen überwunden werden, wie Adsorption an Zellwänden als Eingangsbarriere und eine Reihe von Entgiftungsmechanismen.

Die Bodenmatrix bindet durch physiko-chemische Mechanismen einen Teil der Umweltchemikalien, die in den Boden gelangen. Die Stärke der Bindung ist abhängig von den Bodeneigenschaften und unterliegt Alterungsprozessen, die zu einer weiteren Abnahme der biologischen Verfügbarkeit führen (Tang u. Alexander 1999). Aus dieser Erkenntnis wird oft die Annahme abgeleitet, dass nur in der Wasserphase des Bodens gelöste Stoffe abgebaut werden oder auf Organismen giftig wirken können. Die Auffassung ist falsch, auch wenn dies für einige Chemikalien zutrifft (Johnson et al. 1999). Einige dieser gebundenen Substanz können durch geeignete Bodenbehandlungen rückgelöst werden, so dass die gebundenen Substrate abgebaut werden (White et al. 1999). Viele Stoffe reichern sich durch die Anlagerungsprozesse in Konzentrationen an, die für Bodenorganismen verfügbar werden. Dies ist nicht nur eine Frage nach der Verteilung zwischen Lösungsphase und Feststoffoberfläche, sondern auch ob Bakterien sich an festen Oberflächen fixieren können (Tang et al. 1998). Einige Bakterien können gebundene Substrate direkt, ohne eine Desorption abbauen (Calvillo u. Alexander 1996). Setzt man derartige Bakterien zum Nachweis toxischer Wirkungen ein, so kann man die Effekte von gebundenen Schadstoffen messen (Rönnpagel et al. 1995).

Bakterien eignen sich als Testorganismen hervorragend, da die Schutzmechanismen nicht so ausgeprägt sind wie bei höher organisierten Lebewesen. Außerdem sind sie die Zielorganismen, die für einen biologischen Abbau von organischen Stoffen erforderlich sind. Eine Testbatterie, die in erster Linie mikroorganismische Verfahren zur Wirkungserfassung berücksichtigt, bildet die Grundlage der Auswerteeinheit. Bei der Auswahl der Testmethoden wurden die folgenden drei Verfahrensweisen berücksichtigt:

- Überprüfung der *Bodenbiozönose* (Bodenlösung und Bodenmaterial)
- direkte Prüfung der Bodentoxizität mit *Boden-Biotests* (Bodenmaterial)
- indirekte Prüfung der Bodentoxizität mit *aquatischen Biotests* an Bodenlösungen, Eluaten und Grundwasser.

Die Testbatterie wird in einem gestuften Verfahren eingesetzt, um als Entscheidungshilfe z.B. bei der Auswahl von Sanierungsverfahren wichtige Anhaltspunkte zu liefern. Die Grundstruktur der Untersuchungsstrategie lässt eine getrennte Betrachtung der Expositionssituationen zu. So kann zum einen die Mobilität der Stoffe im Wasserpfad erfasst und parallel dazu eine Aussage zur Belastungssituation des Bodens sowie zum Schädigungsgrad der Mikroflora geliefert werden.

Bei der Altlastensanierung werden On-site-, Off-site- und In-*situ*-Maßnahmen unterschieden. Für die „Vor-Ort-Behandlung" werden die Boden- und Abfallmaterialien ausgegraben; je nach Menge und Zusammensetzung werden die Aushubmassen vorsortiert und/oder zwischengelagert. Bei der *In-situ*-Behandlung werden die belasteten Bereiche im Untergrund mit den Reagenzien in Kontakt gebracht; dazu ist gegebenenfalls eine Vorbehandlung, z.B. durch mechanische Auflockerung, erforderlich. Vorteile der *In-situ*-Verfahren – zu denen die Umsetzung der Konzepte „Natural Attenuation" (Kap. 2) und „Reaktive Barrieresysteme" gehört – sind die Vermeidung von Sekundärabfällen und ein geringeres Gefahrenpotenzial für exponierte Personen im Vergleich zu einer *ex-situ*-Behandlung.

Bei den Altablagerungen – verlassene und stillgelegte Ablagerungsplätze von Abfällen – schließt sich nach Bestätigung des Altlastencharakters sog. eine Kombination von *Sicherungsmaßnahmen* (Tabelle 1.14) an, die meist aus einer Abdeckung (in einigen Fällen sind Umschließungen in Form von Dichtwänden erstellt worden) und hydraulischen Verfahren, d.h. Methoden zur Steuerung des Wasserhaushalts in und um eine Deponie, bestehen. Im Unterschied zu diesen Verfahren, bei denen besonders kritische Emissionswege unterbrochen werden, können vor allem bei kleineren Altstandorten *Sanierungsmaßnahmen* (Tabelle 1.14) eingesetzt werden, die als „Dekontaminationsstrategien" dann als höherwertig zu betrachten sind, wenn hierzu umweltverträgliche Maßnahmen angewandt werden (Anon. 1990).

In seinem Sondergutachten von 1995 (Anon. 1995) stellt der Rat von Sachverständigen für Umweltfragen fest, dass für die sachgerechte Wahl von Sanierungsanstelle von Dekontaminationsmaßnahmen die Anforderungen möglichst präzise fixiert werden müssen. Dies gilt insbesondere für die notwendige Dauerhaftigkeit und Wirksamkeit der Maßnahmen im Hinblick auf die Unterbrechung der Schadstoffausbreitung.

Tabelle 1.14 Sicherungs- und Sanierungsmaßnahmen für Altlasten

Sicherungsmaßnahmen	Sanierungsmaßnahmen
Ausgraben und Umlagern	„Pump and treat"
Hydraulische Maßnahmen	Mikrobiologische Verfahren
Dichtwände, Abdeckungen	Wasch- und Extraktionsverfahren
Verfestigung und Stabilisierung	Thermische Verfahren

In einzelnen Bereichen der industriellen Abfallbeseitigung, besonders bei der Aufbereitung von Rückständen in der Chemie- und Ölindustrie sowie in Bergbau- und Hüttenbetrieben, wurden Erfahrungen gewonnen, die sich auf Bodensanierungen anwenden lassen. Es ist zu beachten, dass die Übertragung dieser Verfahren von der „Deaktivierung" von Abfallstoffen in der industriellen Produktion auf die Sanierung kontaminierter Böden normalerweise mit einem Kostensprung verbunden ist, da es sich hierbei um vergleichsweise „verdünnte Medien" handelt.

1.3.1.4 Produktionsintegrierte Schadstoffminderung

Aus umweltchemischer Sicht erscheinen die Verhältnisse in einem Industriebetrieb im Vergleich zu den Prozessen in der natürlichen Umwelt relativ übersichtlich, da es sich bei den eingesetzten Chemikalien um definierte und hinreichend geprüfte Substanzen handelt und die möglichen Ausbreitungspfade überwacht werden. Dennoch gibt es in der Praxis durch die teilweise komplexen Verfahrensabläufe, die hohen (Schad-)Stoffkonzentrationen und nicht zuletzt auch durch fahrlässigen Umgang immer wieder Beispiele von überhöhten Schadstoffabgaben an die Umwelt. Von den über 30.000 strafrechtlichen Ermittlungsverfahren gegen deutsche Firmen 1990 betraf ein großer Teil die Metallverarbeitung, vor allem durch den Eintrag von Ölen, Lösungsmitteln und Galvanikabwässern in das Grundwasser (Annighöfer 1991). Inzwischen wurden beträchtliche Fortschritte bei der Entwicklung verfahrensinterner Maßnahmen erzielt, vor allem auch mit finanzieller Unterstützung des Ministeriums für Bildung, Forschung und Technologie (BMBF), das 1992 den Bereich „Produktionsintegrierte Umweltschutztechnik" als einen vorrangigen Förderschwerpunkt installiert hat.

Verfahrensinterne Maßnahmen sind zuerst Reinigungsvorrichtungen für die Behandlung von Wasser und Luft. Weitere Reinigungsprozesse können an den Rohstoffen, an Zwischenprodukten oder am Ende des Produktionszyklus durchgeführt werden (Abb. 1.15). Der Austausch von Prozesseinheiten, die Einstellung optimaler Prozessbedingungen und die Schaffung von Kreislaufprozessen sind häufig Ursache für eine nachhaltige Reduktion von Schadstoffemissionen aus Betrieben (Winter 1987):

- Bei den *Änderungen im verfahrenstechnischen Prozess* spielen die Hilfsstoffe eine herausragende Rolle – bspw. können Cadmium- und Chrombeschichtungen durch Zinkschichten ersetzt und bei der Galvanik können cyanidfreie oder saure Elektrolyte verwendet werden.
- *Katalysatoren* werden vor allem in der Chemischen Industrie eingesetzt: Beispiele sind der Ersatz von Lösemittel bei der Herstellung von Polypropylen oder der Ersatz von Eisen bei der Produktion von aromatischen Aminen jeweils durch hochwirksame Katalysatoren.
- *Einsparung von Wasser, Energie und Rohstoffen* bedeutet häufig auch geringere Schadstoffemissionen aus technischen Prozessen. Ein Beispiel ist die Mehrfachnutzung von Reinigungswasser, durch die sich die Behandlungs- und damit der Chemikalienaufwand reduzieren lässt.

In einigen besonders kritischen Produktionsbereichen konnten die Schadstoffemissionen um über 90% gesenkt werden. Ein Beispiel ist die industrielle Spritzlackierung von Werkstücken, bei der in Deutschland noch 1990 ca. 350.000 t Lösungsmittel verbraucht (und überwiegend an die Umwelt abgegeben) wurden. Dort ermöglichen inzwischen kombinierte Maßnahmen (Umluftbetrieb, Teilersatz durch Wasserlacke, elektrostatische Beschichtung) eine Minderung der Emissionen in die Luft und in das Grundwasser um mehr als 95% gegenüber dem Standard von 1990.

1.3 Umweltchemie – Technologische Aspekte 53

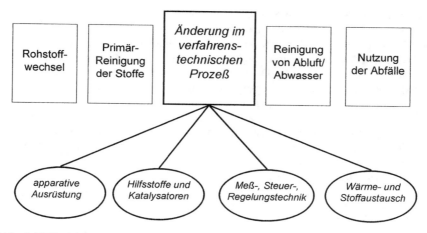

Abb. 1.15 Verfahrensinterne Maßnahmen zur Schadstoffminderung (nach Jugel 1978)

Ingenieurgeochemische Prinzipien bei verfahrensinternen Umsetzungen sind u.a. (Gock et al. 1996):

- die *Fällung*, bei der durch Zusatz von Reagenzien schwerlösliche feste Phasen gebildet werden; wesentlicher Vorteil der Fällung ist der geringe verfahrenstechnische Aufwand;
- die *Kristallisation*, die sich von der Fällung durch die Vermeidung von Reagenzien, leichtere Wasserlöslichkeit des abgetrennten Feststoffs und die hohe Restkonzentration in der verbleibenden Lösung unterscheidet;
- der *Ionenaustausch*, mit einer selektiven Abtrennung gelöster Metallionen im Austausch gegen Ionen gleicher Ladung und
- die *Adsorption*, bei der die Haftkräfte je nach Art des Adsorptionsmittels und des zu adsorbierenden Stoffes auf elektrostatischen Kräften, van der Waalsschen Kräften, Wasserstoffbrückenbindungen oder chemischen Bindungen beruht; wesentlich für einen technischen Einsatz eines Feststoffs bei der Adsorption ist eine hohe Porosität oder eine extreme Feinkörnigkeit.

Schwerpunkte der Anwendung dieser Verfahrensprinzipien sind die *Grundstoffindustrie* (Gock et al. 1996), die *Chemische Industrie* (Zlokarnik 1996, Lipphard 1999), die *Stahlindustrie* (Jeschar et al. 1996), die *Agrarproduktion* (Batel 1996) sowie die Verwertung von *Baureststoffen* (Gellenbeck et al. 1996) und von *Verbrennungsaschen* (Walter u. Gallenkemper 1996).

1.3.1.5 Übergänge zur „äußeren Umwelt"

Stoffe werden zwischen den verschiedenen Umweltkompartimenten durch Vorgänge wie Ausregnen, Auflösen, Verdunsten, Adsorption und Desorption transportiert (Bliefert 1997). Aus den Erfahrungen der Stoffbewegungen in der tieferen

Erdkruste und den globalen Stoffströmen von Makroelementen wie Kohlenstoff, Stickstoff und Schwefel an der Erdoberfläche (Abschn. 1.4.1.1) wurde das Bild des „Stoffkreislaufs" auch auf Mikroschadstoffe übertragen. Hier kann der Kreislauf-Begriff jedoch gerade unter praktischen Kriterien irreführend sein: einmal im Hinblick auf die Schadstoff-„Quellen", deren Unterbindung alle nachfolgenden Transfer- und Anreicherungsvorgänge von vornherein ausschließen könnte; zweitens und insbesondere durch die Funktion von Schadstoff-„Senken", die eine Fortführung derartiger „Kreislaufprozesse" dauerhaft oder zeitweise verhindern. Eines der Hauptprobleme im Umweltschutz sind die temporären Schadstoffanlagerungen und -anreicherungen an Feststoffen – Abfall, Klärschlamm, Staub, Boden, Sedimente –, aus denen diese Schad- und Belastungsstoffe bei veränderten Bedingungen *massiv freigesetzt* werden.

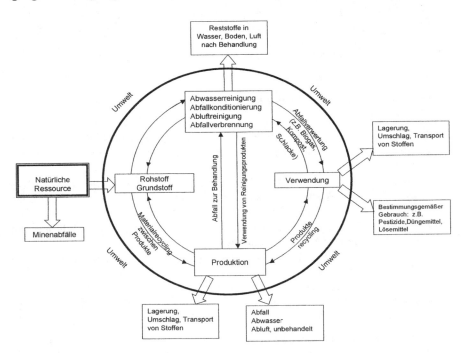

Abb. 1.16 Das System des Stoff-„Kreislaufs" mit seinen Übergangsstellen zur „äußeren" Umwelt (verändert nach Lühr u. Hahn 1984 aus Pohle 1991)

Auf der anderen Seite ist das Bild der stofflichen Kreislaufsysteme geeignet, die Unterschiede der umweltchemischen Prozesse zwischen dem industriellen Bereich („Technosphäre") und den vor- und nachgelagerten „Ökosphären" zu verdeutlichen: Abb. 1.16 (modifiziert nach Lühr und Hahn 1984) zeigt im inneren Bereich die Verknüpfung von Rohstoffgewinnung, Produktion, Gebrauch und Abfallbehandlung/Emissionskontrolle in der zivilisatorischen Umwelt. Leitvorstellung ist hier – nach möglichst weitgehender Vermeidung von unnötigem Material- und Energieverbrauch – eine optimierte *Verwertung* der Produkte und der Abfälle, d.h. Materialrecycling, Verwendung von Biogas, Kompost, Schlacke usw.

An diesem Bild interessieren vor allem die Übergangsstellen zur „äußeren Umwelt". Die Pfade, über die Schad- und Belastungsstoffe in die Umwelt und zu den Organismen gelangen können, sind (Bliefert 1997): (1) bei der Produktion direkt über die Luft oder über das Abwasser oder indirekt bei der Beseitigung von Prozessabfällen, (2) beim Versagen sicherheitstechnischer Einrichtungen während der Produktion, bei der Lagerung oder beim Transport, und (3) beim Endverbrauch bspw. von Lacken, Pflanzenschutzmitteln oder Lösungsmitteln. Abbildung 1.16 weist auch besonders auf die Belastung der „äußeren Umwelt" durch *Bergbauabfälle* hin (dazu folgen Informationen im Abschn. 1.5.1 und in Kap. 3.3 speziell zur Stabilisierung von Bergbaualtlasten).

Die Begrenzung einer weiteren Schadstoffausbreitung in der „äußeren Umwelt" durch naturnahe und kostengünstige Maßnahmen steht im Mittelpunkt der ingenieurgeochemischen Konzepte und Strategien, die in diesem Buch beschrieben werden. Bei der praktischen Umsetzung dieser Konzepte übernehmen die „Barrieren-Systeme" typischerweise entweder eine Reinigungs- (z.B. reaktive Barrieresysteme im Grundwasserstrom) oder eine Stabilisierungsfunktion, wie bei der Immobilisierung von Schadstoffen in abgelagerten Massenabfällen.

1.3.2 Umweltchemikalien und Stoffdynamik

Der Begriff „Umweltchemikalien" umfasst „Stoffe, die durch menschliches Zutun in die Umwelt gebracht werden und z.T. in Mengen auftreten, die die Lebewesen der Ökosysteme und die abiotischen Ausschnitte von Ökosystemen, aber insbesondere den Menschen gefährden" (Korte, 1. Aufl. 1980). Eine grundsätzliche Klassifizierung von Umweltchemikalien ist die Unterteilung in Natur- und Fremdstoffe (*Xenobiotika*); unter dem letztgenannten Begriff werden Stoffe zusammengefasst, die aufgrund ihrer Struktur und biologischen Eigenschaften der Biosphäre fremd sind, die also (nahezu) ausschließlich synthetisch hergestellt werden.

„Umweltchemikalien" lassen sich weiter nach *Quellen, technologischen Einsatzgebieten* oder *Wirkungen* unterteilen. Das Lehrbuch von Korte (1992) nennt beispielhaft einige Gruppen: *Biozide* (Insektizide, Herbizide, Fungizide) haben große Bedeutung als Umweltchemikalien erlangt, da sie absichtlich gegen Lebewesen benutzt sowie offen und weitläufig in der Umwelt angewandt werden. *Nahrungsmittel-Zusatzstoffe* und *Kosmetika* haben Bedeutung, da sie unmittelbar vom bzw. am Menschen benutzt werden. Die Gruppe *Düngemittel, Waschmittel* und *chlorierte Lösungsmittel* haben ihre Bedeutung aufgrund der hohen und weitverbreitet angewandten Mengen erlangt. Umweltchemikalien sind auch im Bereich der Nahrungs- und Genussmittel anzutreffen, z.B. die unmittelbar humantoxikologisch relevanten Stoffgruppen der Myco-, Phytoplankton- und Bakterientoxine sowie natürlich vorkommende Toxine in pflanzlichen Nahrungsmitteln (Fellenberg 1997).

1.3.2.1 Eigenschaften von Umweltchemikalien

Nach dem Chemikaliengesetz liegt das Gefährlichkeitsmerkmal „umweltgefährlich" vor, wenn Stoffe oder Zubereitungen selbst, deren Verunreinigungen oder ihre Zersetzungsprodukte (1) infolge der in den Verkehr gebrachten *Menge*, (2) der *Verwendung*, (3) der geringen Abbaubarkeit, (4) der Akkumulationsfähigkeit oder (5) der Mobilität in der Umwelt auftreten, insbesondere sich anreichern können und aufgrund der Prüfergebnisse oder anderer wissenschaftlicher Erkenntnisse schädliche Wirkungen auf den Menschen oder auf Tiere, Pflanzen, Mikroorganismen, die natürliche Beschaffenheit von Wasser, Boden oder Luft und auf die Beziehung unter ihnen sowie auf den Naturhaushalt haben können, die erhebliche Gefahren oder erhebliche Nachteile für die Allgemeinheit herbeiführen:

- *Resorption* bezeichnet die Fähigkeit von Organismen einen Stoff aufzunehmen (zu „resorbieren"). Aufgrund guter Fettlöslichkeit sind z.B. die meisten organischen Chlorverbindungen (u.a. Polychlorierte Biphenyle, DDT, TCDD) gut resorbierbar. Diese Verbindungen können sowohl von Pflanzen (in Ölen und Wachsen), Tieren, als auch von Menschen (im Fettgewebe) „resorbiert" und akkumuliert werden.
- Die *Halbwertszeit* bezeichnet den Zeitraum, in dem die Hälfte einer Substanz (z.B. einer Umweltchemikalie) in einem abgeschlossenen System biologisch oder physikalisch-chemisch abgebaut wird. Die Halbwertszeit ist abhängig von Umweltfaktoren wie z.B. Feuchtigkeit, Lichteinwirkung oder Temperatur.
- *Persistenz* bezeichnet die Eigenschaft von Stoffen, in der Umwelt über lange Zeiträume verbleiben zu können, ohne durch physikalische, chemische oder biologische Prozesse abgebaut zu werden. Stoffe von hoher Persistenz sind z.B. viele organische Chlorverbindungen (PCBs, DDT, TCDD, HCH), die in der natürlichen Umwelt nur sehr schwer zu ungiftigen anorganischen Stoffen (z.B. Kohlendioxid, Wasser) umgewandelt werden. Aufgrund ihrer großen Stabilität können persistente Stoffe (und deren Um- und Abbauprodukte) über die Nahrungskette in die Organismen gelangen und diese schädigen.

Für die *technischen Maßnahmen* im Bereich Abfall/Boden sind vor allem die Begriffe „Mobilität" und „Bioakkumulation" von Interesse.

- *Mobilität* ist die Geschwindigkeit der Verteilung eines Stoffes in der Umwelt und wird durch den Übergang eines Stoffes von einem Umweltmedium ins andere (bspw. durch Abregnen aus der Luft ins Wasser) bzw. durch die Verteilung in den einzelnen Umweltmedien bestimmt; die Mobilität eines Schadstoffes kann eingeschränkt werden, indem dieser durch chemische oder physikalisch-chemische Vorgänge an eine andere Verbindung mit höherer Stabilität gebunden wird.
- *Bioakkumulation* ist die Anreicherung einer Chemikalie in einem Organismus durch Aufnahme aus dem umgebenden Medium und über die Nahrung; Biokonzentration ist die Anreicherung durch direkte Aufnahme aus dem umgebenden Medium (ohne Nahrung).

Die Eigenschaften von Umweltchemikalien lassen sich von *standardisierten Datenprofilen* ableiten (z.B. Koch 1995): (1) Allgemeine Informationen wie „Common name" (Chemical Abstract Service Nummer), systematischer Name, Synonyma und ausgewählte Handelbezeichnungen, Stoffklasse und die Einstufung nach Gefahrstoffverordnung, (2) ausgewählte Eigenschaften wie die Löslichkeit in Wasser und organischen Lösungsmitteln, Verteilungskoeffizienten z.B. zwischen n-Octanol und Wasser, Sorptionskoeffizienten, Biokonzentrationsfaktoren, biologisch bzw. photochemisch induzierte Abbaubarkeit, (3) Toxizität und (4) Grenzwerte.

Auf der Grundlage vorliegender Erfahrungen – vor allem den vorgenannten Datenprofilen der Umweltchemikalien – wurde in der „Technischen Anleitung Sonderabfall" (TA Abfall) festgelegt, wie besonders überwachungsbedürftige Abfälle nach dem Stand der Technik zu entsorgen sind. Beispielsweise wird für viele Sonderabfälle vorgeschrieben, dass sie oberirdisch nur noch dann gelagert werden dürfen, wenn sie chemisch vorbehandelt wurden.

1.3.2.2 Parameter der Stoffdynamik in der Umwelt

Mit dem Kriterium *„Ausbreitung in der Umwelt"* treten auch natürliche Vorgänge in den Kriterienkatalog für das Verhalten und die Wirkung von Umweltchemikalien in der Umwelt ein (Korte 1992). Die gleichen chemischen und physikalischen Substanzeigenschaften, physikalischen Transportphänomene und biologischen Mechanismen, die an natürlichen globalen Stoffkreisläufen und an Kreisläufen in Ökosystemen beteiligt sind, bestimmen auch die Ausbreitung anthropogener Chemikalien.

Einflussfaktoren auf die *Mobilität und Verteilung von Umweltchemikalien* sind (1) der Transport zwischen Umweltkompartimenten, (2) die Aufnahme und Anreicherung in Organismen sowie (3) der Transport der Substanzen in diesen Medien bzw. durch die Organismen. Wichtige Informationen zur Beurteilung des Schicksals und der Aufenthaltszeit von Verunreinigungssubstanzen finden sich in Abb. 1.17 aus der zusammenfassenden Darstellung von Stumm et al. (1983): Neben den Transportwegen und Massenflüssen, die sich aus der Produktionsstatistik, den Massenbilanzen, dem Transport und den Mischungsverhältnissen ableiten lassen, gilt das Interesse vor allem der Verteilung in den verschiedenen Umweltkompartimenten und den molekularen Transformationen in diesen Systemen. Dabei ist der Transfer des Schadstoffes in die verschiedenen Reservoire Wasser, Atmosphäre, Biota, Sedimente und Boden, die Verteilung in diesen und die verbleibende Konzentration abhängig von den physikalischen, chemischen und biologischen Eigenschaften der einzelnen Verbindungen und auch von den Eigenschaften der Umwelt. Beruhend auf den Verteilungsgleichgewichten kann die Art und Richtung der Transformation vorausgesagt werden. Bezieht man zusätzlich die Kinetik (Reaktionsablauf unter Berücksichtigung der Geschwindigkeit) dieser Transformation von einem Reservoir ins andere ein, können die Aufenthaltszeiten und somit die resultierenden Konzentrationen in einer ersten Näherung vorausgesagt werden.

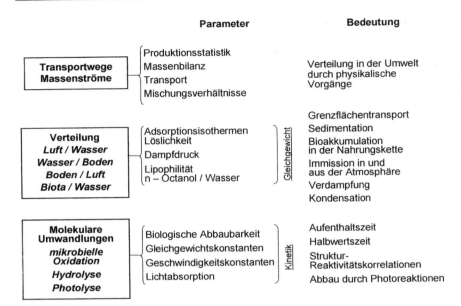

Abb. 1.17 Parameter für die Beurteilung des Schicksals und der Aufenthaltszeit von Schadstoffen in der Umwelt (Stumm et al. 1983)

In den Lehrbüchern „Umweltchemie" (Abschn. 1.3.1) wird dem Thema „Stoffdynamik" ein unterschiedlicher Stellenwert eingeräumt, wie nachfolgenden Informationen zu entnehmen ist. Weitergehende Informationen finden u.a. sich in den deutschsprachigen Büchern „Umweltbiochemie" von *Berndt* (1996), „Aquatische Chemie" von *Sigg* u. *Stumm* (1994) und „Chemisch-dynamische Prozesse in der Umwelt" von *Arnold* (1997).

1.3.2.3 Bewertung der Grundwassergängigkeit

Die Fragen der Stoffdynamik gewinnen vor allem bei den modernen Ansätzen im Grundwasserschutz stark an Bedeutung, nachdem zunächst die Bewertungs- und Klassifizierungskriterien eher auf die Standorteigenschaften und Nutzungsaspekte ausgerichtet waren. Da jedoch bei den meisten Altlastenfällen die Risiken für den Grundwasserpfad im Vordergrund stehen, ist es entscheidend, welche Stoffe mit dem Sickerwasser ausgetragen werden können. Dazu eignen sich die Daten aus chemischen Untersuchungs- und Überwachungsprogrammen für Sickerwasser, Grundwasser und Boden. Die Beurteilung des Schadstoffrückhaltevermögens ist auf die im jeweiligen Fall vorliegenden Schadstoffarten, -eigenschaften und -mengen zu beziehen. Bei einer Altablagerung sind wegen der Heterogenität der Zusammensetzung wesentlich mehr Daten erforderlich als bei einem kontaminierten Betriebsgelände, für das die meisten Kontaminanten bereits aus einer historischen Recherche ableitbar sind (Kerndorff et al. 1988).

> **Informationen zum Thema „Stoffdynamik"**
>
> In den deutschsprachigen Lehrbüchern „Umweltchemie" (Übersicht im Abschn. 1.3.1) wird das Thema „Stoffdynamik" wie folgt dargestellt:
>
> - Praxisorientiert wird das Thema „Ausbreitung von Schadstoffen in der Umwelt" in dem Buch von *Bliefert* (1997; Anwendung, Dispersion, Persistenz, Abbaubarkeit und Anreicherung) abgehandelt. Insbesondere wird auf die Bedeutung verschiedener physikalisch-chemischer Eigenschaften für *die Bewertung der Umweltgefährlichkeit* von Stoffen eingegangen.
> - Beschreibungen dynamischer Prozesse finden sich bei *Heintz/Reinhardt* (1996) vor allem in den Abschnitten „Chemie der Photooxidantien", „Einfluss von Spurengasen auf das Ozon-Konzentrationsprofil", „Wirkungsweise von Waschmitteln", im Kapitel „Düngemittel und Biozide", im Abschn. „Schwermetalle in den Sedimenten von Oberflächengewässern" und in den Abschnitten über die Stickstoff- und Phosphorelimination aus Abwässern.
> - Ausgerichtet auf die grundlegenden Prozesse (mit Begriffen wie Fugazität, Isothermen, Diffusions- und Dispersionskoeffizienten, Volatilität, Biokonzentration) ist die Darstellung von *Korte* (1992) zur Ausbreitung von Umweltchemikalien. Schwerpunkte setzen die Autoren in dem Kapitel über Persistenz und Abbau und vor allem in der kompakten Übersicht zur Stoffumwandlung.
> - Grundlagenorientiert ist auch die Darstellung von *Kümmel/Papp*, die in drei Kapiteln die „ökochemischen Transport- und Reaktionswege", die „Chemodynamik" und die „chemische und biochemische Umwandlung von Umweltchemikalien" beschreibt.
> - Biochemische Umwandlungsprozesse und ihre toxikologischen Auswirkungen stehen im Mittelpunkt des Buchs von *Fellenberg* (1997). Konsequenterweise werden diese Effekte vor allem für die Bereiche der „Nahrungs- und Genussmittel" und „Gebrauchsartikel" dargestellt.

Das *Transferpotenzial* („Grundwassergängigkeit") organischer Schadstoffe lässt sich nach einem Vorschlag des Instituts für Wasser-, Boden- und Lufthygiene des Bundesgesundheitsamtes anhand von chemischen und physikalischen Daten zur Mobilität, Akkumulierbarkeit und Persistenz begründen (Tabelle 1.15). Die Anreicherung an Feststoffen („Geoakkumulierbarkeit") kann aus dem sog. *1-chi-Index* („first order molecular connectivity index", Sablic 1987) abgeschätzt werden, bei dem die wichtigsten Kontaminanten in Abhängigkeit von der Löslichkeit, dem Dampfdruck und dem Oktanol/Wasser-Koeffizienten (K_{OW}) in einer 10stufigen Skala angeordnet werden. Der Oktanol/Wasser-Verteilungskoeffizient ist über die Möglichkeit der Berechnung der Bioakkumulierbarkeit hinaus ein entscheidendes Kriterium für die Abschätzung der Ausbreitungsgeschwindigkeit von Kontaminanten im Grundwasser. Die Halbwertszeit als Parameter für die Persistenz bspw. lässt sich aus dem Hydrolyseverhalten ableiten, zu dem halbempirische Struktur-/Wirkungsmodelle existieren. Eine Aussagegenauigkeit von 1 bis 2

Zehnerpotenzen reicht hier bereits aus, um das Verhalten von kurzlebigen und sehr langlebigen Stoffen in einer Altlast abzuschätzen (Wienberg u. Förstner 1990). Die Persistenz kann auch aus dem chemischen bzw. biochemischen Sauerstoffbedarf (COD/BOD$_5$) abgeleitet werden.

Tabelle 1.15 Kriterien für die Bewertung des Transferpotenzials bzw. der Grundwassergängigkeit von organischen Schadstoffen (nach Kerndorff et al. 1988)

Bewertungskriterien	Ermittlung der Bewertungszahlen	
Mobilität	Wasserlöslichkeit	Perzentilwerte der stoffspezifischen Werte
	Dampfdruck	
Akkumulierbarkeit	Geoakkumulierbarkeit	1-chi-Index
	Bioakkumulierbarkeit	Oktanol/Wasser-Verteilungskoeffizient (K_{ow})
Persistenz	Halbwertszeit	z.B. Hydrolyse, aerober Abbau, anaerober Abbau

Milde et al. (1990) haben zur numerischen Beschreibung des Grundwassergängigkeitspotenzials ein Verfahren entwickelt, das diese Stoffkenndaten – Wasserlöslichkeit, Dampfdruck, Oktanol/Wasser-Koeffizient, 1-chi-Index, COD, BOD$_5$ – normiert und zu einem Wert verknüpft (Tabelle 1.16); man erkennt, dass die sowohl bei Altstandorten als auch in Deponieabstromfahnen sehr häufig anzutreffenden leichtflüchtigen Chlorkohlenwasserstoffe Trichlorethen, Tetrachlorethen und Trichlormethan eine besonders hohe Grundwassergängigkeit besitzen.

Grathwohl (1999) hat auf Widersprüche in diesen Tabellen mit den physikalisch-chemischen Stoffeigenschaften hingewiesen, z.B. bei der Reihung von Trichlorethen und Tetrachlorethen. Insgesamt hängt die tatsächliche Mobilität eines Schadstoffs sehr stark von standortspezifischen Faktoren ab (Kerndorff 1997).

Die im Abschn. 1.3.2 beschriebenen Parameter der Stoffdynamik, insbesondere zur Verteilung zwischen Boden und Wasser (Adsorptionsisothermen, Löslichkeit, Octanol/Wasserverteilungskoeffizient) und zu den molekularen Transformationen bilden die Basis für die Bewertung der Anwendungsmöglichkeiten des Konzepts „Natürlicher Abbau und Rückhalt". Im Kap. 2 finden sich vertiefte Informationen zu den Einflussfaktoren auf den Rückhalt von Schadstoffen im Untergrund (Abschn. 2.1) und darüber hinaus zu den Parametern die Stofftransports im Grundwasser (Advektion, Dispersion und Diffusion; Abschn. 2.2). Die theoretischen Erkenntnisse über Sorptionsprozesse, die im Abschn. 2.1 beschrieben werden, sind darüber hinaus wichtig für die Planung und Einrichtung von technischen Schadstoff-Barrieren – für Reaktions- und Reinigungswände und für Aktive Barriere-Systeme bei Sedimentabdeckungen (Abschn. 3.4).

Tabelle 1.16 Reihung von Organika nach abnehmendem Grundwassergängigkeitspotenzial (Milde et al. 1990)

	Mobilitäts-potenzial	Akkumulierbar-keitspotenzial	Pesistenz-potenzial	Grundwasser-gängigkeits-potenzial
Trichlorethen	59,4	56,7	77	4470
Tetrachlorethen	47,6	51,3	83	4104
Trichlormethan	71,5	65,0	47	3208
1,4-Dichlorbenzol	35,2	35,7	75	2659
1,3-Dichlorbenzol	42,6	35,3	66	2571
1,2-Dichlorbenzol	39,4	35,6	50	1875
Benzol	62,6	53,6	18	1046
Chlorbenzol	50,7	42,3	22	1023
Ethylbenzol	45,9	37,0	13	539
1,2-Dichlorethen	61,3	69,8	5	328
Chlormethan	78,5	77,1	1	78
Tetrachlormethan	59,7	54,1	1	57
Phenol	54,4	56,8	1	56

1.3.3 Schadstoffquellen und Belastungspfade

Es wird angenommen, dass zzt. etwa 100.000 Chemikalien weltweit *industriell hergestellt* werden. In Deutschland sind es 40.000 Chemikalien. Jährlich gelangen mehr als 1000 neue Substanzen in den Handel. Berücksichtigt man ferner eine weltweite Gesamtvermarktung von über 250 Mio. t nur organischer Chemikalien und dass davon ein hoher Anteil, wenn nicht der größte Teil, nach der Anwendung unkontrolliert in die Umwelt gelangt, ist es einleuchtend, dass sie die stoffliche Umwelt signifikant verändern können (Korte 1992).

Nicht minder bedenklich sind die als flüssige, gasförmige und feste Abfälle im Produktionsprozess bzw. bei der Anwendung entstehenden Produkte. Die mengenmäßige Bedeutung dieser Stoffgemische ist in den meisten Fällen ebenso unbekannt wie ihre Zusammensetzung. Die nicht beabsichtigte Bildung von definierten Chemikalien außerhalb der chemischen Industrie kann ebenfalls zu Umweltbelastungen führen. Beispielsweise wird die jährliche globale Emmission an Kohlenwasserstoffen durch die *Verbrennung fossiler Energieträger und von Treibstoffen* (Kraftfahrzeugverkehr) auf etwa 100 Mio. t geschätzt. Davon stammen ca. 25 Mio. t aus der Müllverbrennung, ca. 50 Mio. t aus Raffinerien und dem Verkehr und ca. 15 Mill. t aus der Verbrennung fossiler Energieträger. Für Benzol, Toluol und Xylol sowie andere Stoffe ergeben sich daraus jährlich zusätzlich etwa 10 Mio. t zu den produktions- und anwendungsbedingten Emissionen (Koch 1990).

Die Ursache für das unkontrollierte, überregionale bzw. globale Vorkommen von Chemikalien ist ihre Ausbreitungstendenz. Sie wird bestimmt durch (1) die Art der Anwendung, (2) die chemischen und physikalischen Vorgänge im Anwendungsbereich, (3) die Austauschvorgänge mit der Umgebung sowie (4) besonders durch die chemische Struktur der betrachteten Substanz (Korte 1992).

1.3.3.1 Skalen der Schadstoffausbreitung

Bei den *Grundwasserverunreinigungen*, deren Vermeidung und Sanierung im Mittelpunkt dieses Buchs stehen, können für die *organischen Schadstoffe* folgende Ursachen unterschieden werden (Matthess 1989):

1. Verschmutzung durch bekannte *Punktquellen*, z.b. aus Abfalldeponien, Untergrundinjektionen oder Schlammteichen;
2. Diffuse Einträge in lokalem Ausmaß aus vielfältigen Punktquellen, z.B. *Leckagen* von schadhaften Tanks und Leitungen, *illegalen Einleitungen* aus kleineren Werkstätten sowie Emissionen aus Abflussrohren und -gräben;
3. Regionale *diffuse Belastungen* (nichtpunktförmige Quellen), z.b. aus der Anwendung von Pflanzenschutzmitteln sowie Zugabe von Bodenverbesserungs- und Düngemitteln, Klärschlämmen und Baggergut.

Schwermetalle stammen neben den natürlichen Quellen aus (1) industriellen Aufbereitungsverfahren von Erzen und Metallen, (2) dem Verbrauch von Metallen und metallhaltigen Stoffen sowie (3) aus der Auslaugung von abgelagerten Abfallstoffen (Förstner u. Wittmann 1979).

Das Auftreten von Grundwasserverschmutzungen lässt sich in einer *zeitlichen Abfolge* anordnen (Tabelle 1.17; Förstner in Alloway u. Ayres 1996):

- Am kurzfristigen Ende der Zeitskala stehen die Auswirkungen von grundwassergängigen organischen Substanzen bei *Unfällen* und *Leckagen*, von *Nitrat* und *Pestiziden* aus der Landwirtschaft und von *Chlorid* aus dem Winterstreudienst.
- Großräumige, deutliche und meist rasch einsetzende *pH-Absenkungen* resultieren aus der Oxidation von Sulfiden, vor allem von Eisensulfid, aus *Bergbauabfällen* und *Baggerschlickablagerungen*.
- Änderungen der *Redoxbedingungen* als Folge von organischen Umsetzungen bei der *Uferfiltration* und – meist weniger deutlich – *künstlichen Infiltration* lassen sich u.a. durch die Freisetzung von Mangan nachweisen.
- In *deponiebeeinflussten Grundwässern* zeigen die anorganischen Komponenten Bor, Sulfat, Ammonium und Arsen besonders hohe „Kontaminationsfaktoren" bei einem Vergleich der Abstrom- und Zustromkonzentrationen (Abschn. 1.3.3.3).
- Starker *atmosphärischer Säureeintrag* in Waldböden pufferarmer Räume kann bereits mittelfristig eine intensive Freisetzung von Aluminium und Schwermetallen bewirken.
- *Nutzungsänderungen* von landwirtschaftlichen Böden hin zur Forstwirtschaft werden vermutlich mit einer langfristig erhöhten Mobilität von Schwermetallen einhergehen.
- Sehr langfristig und deshalb weitgehend spekulativ sind die Annahmen über eine verstärkte Freisetzung von Schwermetallen durch die *Oxidation von Sulfiden* in Reaktordeponien nach Beendigung von sauerstoffzehrenden Reaktionen bzw. durch die *Auflösung der Karbonatpuffer* in Schlackendeponien.

Kurzfristige Grundwasserverschmutzungen lassen sich i.Allg. durch direkte Messungen in definierten zeitlichen Abständen erfassen. Dies gilt für Chlorid, Bor und halogenorganische Verbindungen sowie unter stabilen Redoxbedingungen für Sulfat, Nitrat und Ammonium. Hier setzt die „Screening-Phase" der „3-Stufen-Analytik" an (Abschn. 1.3.1.3). Auch bei den mittelfristigen Effekten von sauren Niederschlägen gibt es Vorwarnungen. Insbesondere die Freisetzung und Auswaschung von Calcium und Magnesium kann als typischer Effekt im Vorfeld von Säure- und Aluminiumdurchbrüchen gewertet werden. Die langfristigen Veränderungen können über Experimente mit Zeitraffereffekten (kontrollierte und registrierte Überdosierung mobilisierender Umgebungsparameter wie Säurekonzentrationen und Redoxpotenziale) und über den Vergleich der Steuerfaktoren mit den kapazitativen Eigenschaften der festen Matrices prognostiziert werden (Abschn. 1.2.2.5).

Tabelle 1.17 Zeitskalen von Grundwasserverschmutzungen

Dauer	Ursache – Prozess	Wirkung – Schadstoff
Tage	Leckagen, Unfälle, Straßenstreusalz	Öl, Benzol, HOV, Chlorid
Wochen	Landwirtschaft saure Sickerlösungen von Minenabfällen und Spülfeldern (Sulfidoxidation)	Nitrat, Pestizide Sulfat, Schwermetalle
Monate	Redoxveränderungen in Uferfiltratstrecken	Mangan, Eisen
Jahre	Deponiesickerwässer (anaerobe saure Phase)	Bor, Sulfat, NH_4^+, Arsen AOX, GC-Fingerprint
Jahrzehnte	Intensivversauerung von Waldböden (pH<4,2)	Aluminium, Schwermetalle
Jahrhunderte	Nutzungsänderung von Land- zur Forstwirtschaft (pH-Senkung, DOC)	Schwermetalle
	Sickerwässer aus postmethanogenen Reaktordeponien (Reoxidation)	Schwermetalle?
Jahrtausende	Sickerwässer aus Schlackendeponien (Carbonatlösung)	Schwermetalle?

AOX = an Aktivkohle adsorbierbare organisch gebundene Halogene, DOC = gelöster (dissolved) organischer Kohlenstoff, GC-Fingerprint = Gas-Chromatrographie-Spektrum ausgewählter deponietypischer Stoffe, HOV = halogenorganische Verbindungen

Die Zusammenstellung zeigt, dass vor allem die Minenabfälle, Baggerschlämme und organikreichen Abfalldeponien aufgrund ihrer Massen, der Schadstoffkonzentrationen und der z.T. unsicheren Prognosen ein vorrangiges Risikopotenzial speziell für das Grundwasser aufweisen.

1.3.3.2 Schadstoffe aus Abfallablagerungen

Die Belastung der nachgeschalteten Umweltmedien durch Schadstoffe aus „Erzbergbau und Metallgewinnung" und aus „Müllbeseitigung" ist in Tabelle 1.18 (nach Alloway u. Ayres 1996) wiedergegeben. Es wird deutlich, dass der Boden das bevorzugte Speichermedium für die persistenten Schadstoffe aus diesen, aber auch anderen Quellen – Landwirtschaft, Energieerzeugung, Gaswerke, metallverarbeitende Industrie, chemische Industrie, Elektroindustrie und Verkehr – darstellt.

Tabelle 1.18 Bedeutende Schadstoffeinträge aus Erzbergbau/Metallgewinnung und Müllbeseitigung und die Umweltmedien, in denen die entsprechenden Schadstoffe transportiert oder gespeichert werden (nach Alloway u. Ayres 1996)

Erzbergbau und Metallgewinnung	
Luft	SO_x, Pb, Cd, As, Hg, Ni, Tl und weitere Elemente als Partikel und Aerosole
Wasser	SO_4^{2-}, CN, Schaumbildner, Metallionen, Erzabfälle (Erzminerale, z.B. PbS, ZnS, $CuFeS_2$)
Boden	Erzabfallhalden – Winderosion, verwitternde Erzpartikel, die durch Flüsse verfrachtet und in Überflutungsgebieten abgelagert wurden Erztransport – aus Waggons und Lastkraftwagen, etc. Erzverarbeitung – Cyanide, eine Reihe von Metallen Verhüttung – vom Wind verwehter Staub, Aerosole aus Schmelzöfen
Müllbeseitigung	
Luft	Verbrennung – Rauch, Aerosole und Partikel (Cd, Hg, Pb, CO_x, NO_x, PCDD, PCDF, PAK) Deponien – CH_4, flüchtige organische Verbindungen Abfälle aus der Nutztierhaltung – CH_4, NH_3, H_2S Schrottplätze – Verbrennung von Kunststoffen (PAK, PCDD, PCDF)
Wasser	Sickerlösungen aus Deponien – NH_4^+, Bor, Arsen, Mikroorganismen Abwasser aus der Wasseraufbereitung – organisches Material, HPO_4^-, NO_3^-, NH_4^+
Boden	Klärschlamm – NH_4^+, PAK, PCB, Metalle (Cd, Cr, Hg, Pb, Zn, etc) Schrotthalden – Cd, Cr, Cu, Ni, Pb, Zn, Mn, V, W, PAK, PCB Verbrennung von Gartenabfällen, Kohleasche, etc. – PAK, B, As Niederschlag aus Verbrennungsanlagen – Cd, PCDF, PCB, PAK windverfrachtete Stäube von industriellen Abfällen (eine Vielzahl von Substanzen)

Eine Statistik über die spezifischen Schadstoffemissionen aus deutschen Abfalldeponien steht noch aus. Einen ungefähren Hinweis geben die bislang einzig verfügbaren Daten aus dem Bundesland Bremen (Anonym 1995). Obwohl in Bremen keine spektakulären Altlastenfälle bekannt geworden sind, ist sie doch

Standort vieler, auf bestimmte Stadtgebiete konzentrierter Industriebetriebe und weist auch eine größere Zahl alter Ablagerungen auf. Von 40 *Altablagerungen* liegen folgende Nennungen einzelner Schadstoffe oder Schadstoffgruppen vor: Polyzyklische aromatische Kohlenwasserstoffe (15%), Zink, Kupfer und Blei (je 9%), Kohlenwasserstoffe, Schwermetalle und Phenole (je 7%), Arsen (6%), Cadmium und Polychlorierte Biphenyle (je 3%), Quecksilber (2%).

Nach einer Aufstellung der *U.S.-amerikanischen Superfund Sites* (Wilmoth et al. 1991) zeigen von den etwa 1000 Standorten mit eindeutigem Gefahrenpotenzial ungefähr 40% Probleme mit Schwermetallen und Arsen. In den meisten Fällen sind diese *Metallanreicherungen* mit dem Auftreten organischer Schadstoffe kombiniert, aber eine größere Zahl von Standorten ist auch nur mit Metallen kontaminiert. Die meisten Standorte enthalten zwei und mehr kritische Metalle; lediglich in 30% dieser Fälle basiert die Einstufung als „Priority Site" auf einem einzigen Metall. Die am häufigsten aufgeführten Metalle sind Arsen, Blei, Cadmium und Chrom, die jeweils in mehr als 50 Standorten als Problemstoffe genannt wurden. Kupfer, Zink, Quecksilber und Nickel wurden in mehr als 20 Standorten als Problemelement bezeichnet.

Die Metallbelastungen stammen aus einem relativ eng begrenzten Bereich industrieller Aktivitäten. In der Rangordnung der wichtigsten Superfundbeispiele für Schwermetalle steht der Bereich „Galvanik" ganz oben, gefolgt von Bergbau und Erzaufbereitung, Batterie-Recycling, Holzbehandlung, und Pestizidproduktion.

Bei den *Grundwasserschadensfällen* überwiegen die Belastungen durch organische Schadstoffe die Verschmutzungen durch Schwermetalle und andere Anorganika bei weitem. In einer Erhebung der Landesanstalt für Umweltschutz Baden-Württemberg (Anonym 1996) zeigt sich folgenden Reihenfolge nach Häufigkeit der Schadstoffgruppen (in Klammern mutmaßliche Quellen der Verschmutzung): Chlorierte Kohlenwasserstoffe (metallverarbeitende Betriebe, Elektronik/Leiterplattenentfettung, chemische Reinigungen) 65%; Mineralölkohlenwasserstoffe (Tankstellen, Tanklager, Raffinerien) 20%; Benzol, Toluol, Xylol, polyzyklische aromatische Kohlenwasserstoffe (Gaswerke, Kokereien) 8%, Schwermetalle 1%.

In einer früheren Auswertung von Schleyer et al. (1988) der häufigsten im Abstrom von Abfallablagerungen nachgewiesenen *organischen Grundwasserkontamination* der Bundesrepublik Deutschland (92 Standorte) und der USA (358 Standorte; Plumb u. Pitchford 1985) ergab sich eine eindeutige Dominanz der aliphatischen Halogenkohlenwasserstoffe vor den aromatischen Kohlenwasserstoffen. Sowohl in der bundesdeutschen als auch in der U.S.-amerikanischen Studie stehen Tetrachlorethen und Trichlorethen mit 35% Nachweishäufigkeit an erster Stelle; unter den 15 häufigsten Kontaminanten sind in der deutschen Studie sechs Beispiele (Benzol 13,5%, Xylol 5,2%, Toluol 4,1%, Ethylbenzol 2,9%, Dichlorbenzole 2,6%, Chlorbenzol 1,8), in der amerikanischen Studie nur zwei Beispiele (Toluol 12%, Benzol 11%) von aromatischen Kohlenwasserstoffen vertreten.

Die Informationen aus diesen und einer großen Zahl weiterer Bestandsaufnahmen zu prioritären organischen Schadstoffe aus Altablagerungen und Altstandorten sind die Grundlage für die Durchführung vor allem von *In-situ*-Sanierungsmaßnahmen.

1.3.4 Medienübergreifende Schadstoffflüsse

Eine wesentliche Erschwernis der Prognose von Schadstoffausbreitungen in der „äußeren" Umwelt ist die Tatsache, dass sich Umweltchemikalien selten nur in einem definierten Kompartiment bewegen, sondern dass mit einem „medienübergreifenden Transport", verbunden mit veränderten Eigenschaften vor allem hinsichtlich der Schadstoffmobilität und -akkumulation, zu rechnen ist. Abbildung 1.18 zeigt drei typische Beispiele für den Bereich „Abfall/Boden".

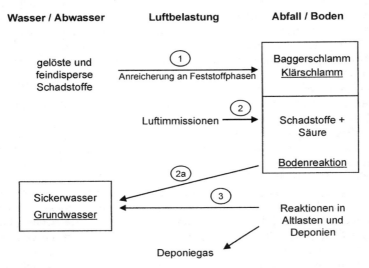

Abb. 1.18 Medienübergreifender Transport von Schadstoffen

Im *ersten Fall* handelt es sich um die Anreicherung von Schadstoffen aus dem Abwasser an Klärschlämmen oder Gewässersedimenten. Bei den Wechselwirkungen der meisten Schwermetalle und höhermolekularen organischen Schadstoffe in der wässrigen Phase mit sorptionsaktiven Bestandteilen wie Eisenoxiden, Tonmineralen und vielfältigen organischen Matrices verschieben sich die Gleichgewichte um drei bis vier Größenordnungen in Richtung der Feststoffphase. Aus Berechnungen von Koppe (1983) ergibt sich z.B. für Cadmium, dass bereits die Konzentrationen in häuslichem Schmutzwasser oder in abfließenden Niederschlag ausreichen, um Klärschlamm über die Grenzwerte für eine landwirtschaftliche Nutzung hinaus zu belasten. Ähnlich ist der Effekt bei der Schadstoffanreicherung in Gewässersedimenten, wo selbst bei sehr niedrigen Konzentrationen in der Wasserphase dennoch die Beseitigung von Baggergut kostspielige Sicherungsmaßnahmen erforderlich macht (Abschn. 3.4.3).

Das *zweite Beispiel* zeigt den Einfluss von luftbürtigen Schadstoffen auf Böden. Auch hier ist zunächst, wie im Kontakt von Klärschlämmen und Sedimenten mit wässrigen Lösungen, eine Anreicherung dieser Schadstoffe zu erwarten. Dies kann u.U. einen positiven Effekt in Bezug auf den Schadstoffübergang in das Grundwasser darstellen. Im allgemeinen überwiegen jedoch die Nachteile: durch den gleichzeitigen Eintrag von Säure aus den Niederschlägen wird nicht nur ein großer Teil der luftbürtigen Schadstoffe – insbesondere gilt das für Schwermetalle – in Lösung gehalten, sondern es werden zusätzlich im Boden vorhandene Schad- und Belastungsstoffe mobilisiert und dabei sowohl der Transfer in das Grundwasser als auch in die Bodenorganismen und Pflanzen verstärkt.

Das *dritte Beispiel* behandelt den Übergang von feststoffgebundenen Schadstoffen aus Altstandorten und Reaktordeponien in das Sickerwasser und in das unterliegende Grundwasser. In diesem Fall sind es die Abbauprodukte der organischen Deponieinhaltsstoffe, die durch die pH-Veränderungen und die Bildung komplexierender Substanzen die Löslichkeit von Schwermetallen in der frühen (sauer-anaeroben) Phase der Deponieentwicklung deutlich erhöhen können. Mittelfristig steigt der pH-Wert in der methanogenen Phase wieder an, und damit nimmt die Löslichkeit der Metalle ab. Wenn bei abklingender Reaktivität der eingelagerten organischen Substanzen die reduzierenden Verhältnisse im Deponiekörper durch den Eintrag von Sauerstoff wieder in aerobe Bedingungen umschlagen besteht zumindest theoretisch die Möglichkeit, dass die Eisensulfide oxidiert, Schwefelsäure gebildet und Schwermetalle wieder mobilisiert werden. Bei den organischen Schadstoffen ist zu beachten, dass diese nicht nur mit dem Sickerwasser in das Grundwasser übergehen (Abschn. 1.4.3) sondern auch durch den Abbau bspw. chlorhaltiger Produkte wie PVC ein Teil der leichter flüchtigen Bestandteile in die Gasphase übertreten und toxische Luftemissionen, z.B. von Vinylchlorid, verursachen können.

Am *Beispiel der Reaktordeponie* wird abschließend gezeigt, dass die beobachteten Schadstoffemissionen in der Lösungsphase nicht notwendigerweise durch die Ablagerung kontaminierter Feststoffe verursacht sein müssen. Die Abb. 1.19 enthält die „Kontaminationsfaktoren" von anorganischen Schad- und Belastungsstoffen als Verhältnis ihrer Konzentrationen im Abstrom und Anstrom des Grundwassers unterhalb von Hausmülldeponien (statistische Mittelwerte aus 33 Beispielen; Arneth et al. 1989). Bor und Ammonium sind mit $F = >60$ besonders hoch angereichert. Das sehr mobile Element Bor, das mit der Hausbrandasche als wichtigem Abfallanteil während der 60er Jahre auf die Deponien gelangt ist, kann als Indikator für Sickerwassereinträge nach Versagen der Basisabdichtungen benutzt werden. Die nächste Substanz in der Abfolge der Kontaminationsfaktoren ist Arsen mit $F = 35$. Die starke Anreicherung von Arsen im Abstrom einiger der untersuchten Deponien lässt sich kaum durch arsenhaltige Ablagerungen erklären. Wahrscheinlicher ist aufgrund der geochemischen Charakteristiken, dass die Absenkung der Redoxpotenziale beim Abbau der organischen Substanzen zu einer Reduktion des feststoffgebundenen fünfwertigen Arsens zum wesentlich mobileren dreiwertigen Arsen geführt hat. Es handelt sich vermutlich um einen Mechanismus nach dem Konzept „Chemical Time Bomb" (vgl. Abschn. 1.2.2), bei dem nach Überschreiten von Redox- bzw. pH-Barrieren eine schnelle, massive Schadstoffmobilisierung aus einer Feststoffphase stattfindet. Detaillierte Informationen über solche Wechselwirkungsprozesse, die sich als „Fronten" innerhalb der Deponie ausbreiten, geben Christensen et al. (2000, 2001).

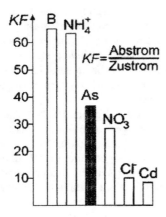

Abb. 1.19 Kontaminationsfaktoren für anorganische Sickerwasserinhaltsstoffe. Vergleich von Grundwasserdaten unterhalb und oberhalb von 33 Abfalldeponien (nach Arneth et al. 1989)

Zur Erfassung von medienübergreifenden Effekten können vor allem in einem mittleren Zeitskalenbereich von Monaten bis Jahrzehnten (Abschn, 1.3.3.1) *Frühwarnindikatoren* eingesetzt werden (Förstner 2001); z.B. lassen sich Änderungen der Redoxbedingungen als Folge von organischen Umsetzungen bei der Uferfiltration durch die Freisetzung von Mangan nachweisen (Förstner u. Müller 1975).

Frühwarnüberwachungssysteme im Grundwasser sollten nicht nur auf die Beobachtung der Qualitätsveränderungen ausgerichtet sein, sondern auch auf die Erfassung der Grundwasserströmung und die darin ablaufenden Prozesse (Lawrence 1993). Insbesondere zur Quantifizierung von Effekten im Zusammenhang mit „Natural Attenuation" (Kap. 2) wurden neue Systeme entwickelt, die Immissionsmessungen, Isotopenmessungen, Langzeitmonitoring und Geophysikalisches Monitoring kombinieren.

Ausblick
Der medienübergreifende Transport und die Mobilisierung von Schadstoffen durch langfristig wirksame Prozesse nach dem Prinzip der gekoppelten geochemischen Systemfaktoren (Abschn. 1.2.2) markieren den Übergang von der „Umweltchemie" zur „Umwelt*geo*chemie". Ihre charakteristischen Forschungs- und Anwendungsbereiche werden im Abschn. 1.4 dargestellt: (1) die Bilanzierung von Stoffflüssen im regionalen und globalen Maßstab, (2) die Untersuchung mobilisierender Einflussfaktoren auf kontaminierte Feststoffe, (3) die Befunde über die natürliche Demobilisierung von Schadstoffen und (4) die praktische Umsetzung dieser Erkenntnisse vor allem bei der Planung und Überwachung von Maßnahmen im Zusammenhang mit der Ablagerung und Verwertung von Abfallstoffen.

1.4 Umweltgeochemie – Grundlagen und Anwendungen

Die Umweltgeochemie behandelt vorrangig die chemische Zusammensetzung von kontaminierten Feststoffen in der Umwelt – Böden, Sedimente, Altlasten, Abfälle und Stäube – sowie deren Wechselwirkung mit den sie umgebenden Medien. Als Untersuchungsziele definiert das Lehrbuch „Umweltgeochemie" von Hirner et al. (2000) die „Herkunft, Mobilität und Analyse von Schadstoffen in der Pedosphäre" (Untertitel) und betont insbesondere die „Prozesse, die zur Schadstoffemission in Form mobiler Spezies führen". Da es die Aufgabe der Ingenieurgeochemie ist, diese Schadstoffmobilisierung mit naturnahen Methoden zu verhindern oder zu reduzieren, werden im Folgenden zwei praxisnahe umweltgeochemische Schwerpunktbereiche dargestellt, zum einen die *Bilanzierung der Schadstoffausbreitung in der Umwelt* und zum anderen die *Analyse und Bewertung der Schadstoffgehalte von festen Abfällen* unter dem besonderen Aspekt ihrer Mobilität.

1.4.1 Globale und regionale Stoffflüsse

Die Freisetzung von Schadstoffen in die Umwelt kann Ökosysteme global, regional oder lokal belasten. Bei den Metallbeispielen in Tabelle 1.19 gibt es vor allem die *globalen Veränderungen* bei Blei aus Benzinadditiven, die aber seit der drastischen weltweiten Einschränkung dieser Anwendung zumindest in den Blutkonzentrationen der Bevölkerung wieder deutlich zurückgegangen sind. Typische *regionale Veränderungen* zeigen sich bei Aluminium unter dem Einfluss saurer Niederschläge. In den Gewässern wirken die erhöhten Aluminiumkonzentrationen toxisch auf kiemenatmende Tiere; organisch komplexiertes Aluminium wird relativ leicht mit der Nahrung aufgenommen und kann wichtige Stoffwechselprozesse stören. Anders als Blei und Aluminium stellt Chrom meist eine *lokale Kontamination* dar, z.B. aus Galvanikbetrieben oder aus der Lederindustrie. Bei einer vereinfachten Zuordnung zu den Umweltmedien sind die globalen Schadstoffbelastungen auf atmosphärische Transportprozesse zurückzuführen, während die Verfrachtung in Flüssen einen typisch regionalen Belastungspfad und die Bodenkontaminationen ein eher lokales Phänomen darstellen.

Da die räumlichen Skalen unterschiedliche Schwerpunkte in der Nachhaltigkeitsdebatte und auch für die geochemischen Konzepte setzen, werden die globalen Stoffkreisläufe – u.a. im Hinblick auf die Ressourcenfrage und als Referenzdaten für regionale bzw. lokale Emissionswerte – im Abschn. 1.4.1.1 behandelt, der regionale Stoffhaushalt mit den Entsorgungsaspekten im Abschn. 1.4.1.2.

Zeitliche und räumliche Veränderungen von Schadstoffeinträgen können in verschiedenen Medien beobachtet werden, z.B. in Böden, im Wasser und in Organismen. Besonders gut geeignet für eine Langzeitbeobachtung sind datierte Kerne in jüngeren Seesedimenten. Diese Untersuchungen, eine traditionelle Schwerpunktaufgabe der Umweltgeochemie, werden im Abschn. 1.4.1.3 beschrieben.

Tabelle 1.19 Anthropogene Veränderungen von Schwermetallkreisläufen (Andreae et al. 1984)

	Skala der Veränderung			Diagnostisches Milieu	Freisetzungs-mechanismus
	global	regional	lokal		
Pb	+	+	+	Eis, Sediment	Verflüchtigung
Al	–	+	–	Wasser, Boden	Auflösung
Cr	–	–	+	Wasser, Boden	Auflösung
Hg	(–)	+	+	Fisch, Sediment	Alkylierung
Cd	(–)	+	+	Boden, Wasser, Sediment	Auflösung, Verflüchtigung

Die Beispiele zum medienübergreifenden Schadstofftransport haben die Komplexität verdeutlicht, mit der Belastungs- und Schadstoffe in der Umwelt verteilt, angereichert, (zwischen)gespeichert und unter ungünstigen Umständen wieder freigesetzt werden können. Bei der Nutzung der Umwelt als Rohstoff- und Abfalllager müssen diese Pfade jedoch bekannt sein; gegebenenfalls sind Einschränkungen bei der Verwendung von Problemstoffen notwendig. Diese Fragen werden im Abschn. 1.4.1.2 „Regionaler Stoffhaushalt" am Beispiel der Metalle Zink und Cadmium behandelt.

1.4.1.1 Globale Stoffflüsse

In dem einführenden Kapitel „Über Sinn und Nutzen der Umweltchemie" ihres Lehrbuchs „Umweltchemie" nennen Kümmel u. Papp (1990) als eine wesentliche Aufgabe die Untersuchung natürlicher biogeochemischer Stoffkreisläufe und ihrer Beeinflussung durch den Menschen: „hierzu gehört es auch, globale Elementkreisläufe zu bilanzieren und Tendenzen abzuleiten, die für die zukünftige Rohstoffbereitstellung sowie für globale und regionale Rohstoff-, Umwelt- und Energieprognosen wichtig sind". Die „Umweltchemie" von *Kümmel u. Papp* beschreibt die globalen Stoffkreisläufe von C, N, O, P, S; As, Sn; Pb, Zn, Cd, Hg, Cr, Mn und Fe mit ihren biologischen, chemischen, physikalischen und technischen Einflussfaktoren und ihrer Kopplung über chemische Reaktionen. Über die globalen Kreisläufe von Elementen informiert auch das Buch „Chemical Cycles and the Global Environment" von *Garrels et al.* (1976).

Der Grad der globalen Verschmutzung, z.B. durch Schwermetalle, kann durch einen Vergleich zwischen dem Verbrauch eines bestimmten Elements und dessen natürlicher Konzentration in einem definierten Umweltkompartiment („Sphäre": Litho-, Pedo-, Hydro- und Atmosphäre) abgeschätzt werden. Das Verhältnis

I_{RVP} = Metallverbrauch (in t/Jahr)/mittlerer Metallgehalt in einer „Sphäre" (g/t)

kann als Maß für das „Relative Verschmutzungs-Potential" (RVP) eines Elements in einer spezifischen Umwelt-„Sphäre" verwendet werden (Förstner u. Müller 1973). Aus Tabelle 1.20 wird deutlich, dass die selteneren (und häufig auch giftigeren) Metalle um eine Größenordnung gegenüber Eisen, Mangan, Nickel und Chrom angereichert sind. Ein ähnlicher Ansatz wurde von Nikiforova u. Smirnova (1975) entwickelt, wobei die „technogene Migration" eines Metalls und der Grad seiner Nutzung in der zivilisatorischen Umwelt durch einen „Technophilie-Index (TPI)" beschrieben wird, der das Verhältnis der jährlichen Förderung eines Metalls zu dessen „Clarke" – die mittlere Konzentration des Metalls in der Erdkruste – wiedergibt. Mit diesen Index-Werten soll ausgedrückt werden, dass unter den technisch „aktiven" Elementen jene am bedrohlichsten für die belebte Umwelt sind, die aufgrund ihrer intensiven Nutzung (nachfolgende Emission vorausgesetzt) besonders starke *umweltgeochemische Anomalien* ausbilden können.

Tabelle 1.20 Index des Relativen Verschmutzungspotenzials für die Pedosphäre (Förstner u. Müller 1973) und Technophilie-Index (Nikiforova u. Smirnova 1975)

	Verbrauch x t/a	Bodengehalt in mg/kg TS (Bowen 1966)	Index des relativen Verschmutzungspotenzials	Technophilie-Index (x 10^7)
Eisen	400000	38000	1	5
Mangan	9200	850	1	5
Kupfer	6400	20	30	110
Zink	4600	50	10	54
Blei	3500	10	35	160
Chrom	1700	100	2	20
Nickel	493	40	1	9
Zinn	232	10	2	–
Cadmium	15	0,06	25	–
Quecksilber	10	0,03	30	150

Umfangreiches Datenmaterial über *globale Metallemissionen* findet man in den Büchern (über Blei, Kupfer, Zink, Nickel, Cadmium) und Zeitschriftenartikeln von *Jerome O. Nriagu* (Nriagu 1979, 1988; Nriagu u. Pacyna 1988). Tabelle 1.21 nach einer zusammenfassenden Darstellung von Nriagu (1990) zeigt einige interessante Entwicklungen im globalen Maßstab (unabhängig von unsichereren Annahmen z.B. hinsichtlich der Verweilzeiten von Gütern im Verbrauchszyklus):

- der *Bergbau* produziert ein Mehrfaches der bei der natürlichen Verwitterung mobilisierten Metalle – von Faktor 4 für Cadmium bis Faktor 17 für Kupfer;
- die Einträge aus der *Industrie* in die Böden und Gewässer betragen für Chrom, Blei, Kupfer und Zink jeweils 15-20% der Bergbauproduktion; bei Cadmium

und Quecksilber übersteigen die heutigen Einträge aus der Industrie die aktuell gewonnenen Metallmengen, da der Bergbau auf Cadmium und Quecksilber inzwischen stark zurückgegangen ist;
- die *Verhüttung* von Erzen ist mit höheren Luft- als Gewässereinträgen verbunden, während bei der Industrieproduktion die Einträge in die Gewässer meist deutlich über den Emissionen in die Atmosphäre liegen (Ausnahme: Blei);
- *die Böden* sind bei allen Metallen schon heute das mit Abstand wichtigste Aufnahmemedium und diese Verhältnisse werden sich wahrscheinlich mittelfristig noch verstärken.

Tabelle 1.21 Industrielle und natürliche Freisetzung von Spurenelementen (in 1000 Tonnen/Jahr) (Adriano 1986, Nriagu 1988, Nriagu u. Pacyna 1988)

	Erzgewinnung ges.[a]	Erzaufbereitung			Produktion		Verwitterung[c]
		Atmosphäre	Wasser	Industrie gesamt[b]	Atmosphäre	Wasser	
Blei	3077	46,5	7	565	15,7	14	180
Cadmium	19	5,4	2	24	0,6	2,4	4,5
Chrom	6800	-	12	1010	17	51	810
Kupfer	8114	23,2	14	1048	2	34	375
Quecks.	6,8	0,13	0,10	11	-	2,1	0,9
Zink	6040	72	29	1427	33,4	85	540

[a] Nur ein Teil der jährlichen gewonnenen Metalle gelangt im selben Jahr in die Umwelt
[b] Die industriellen Emissionen wurden ermittelt aus den Einträgen in den Boden und in das Wasser abzüglich der Emissionen in die Atmosphäre
[c] Die Metallfreisetzung aus natürlichen Verwitterungsprozessen wurde berechnet aus der Feststofffracht der Flüsse von 15 Mrd. Tonnen/Jahr. Die gelösten Metallfrachten sind wesentlich niedriger als die Metallfrachten an Feststoffen

Die *globalen Boden-Einträge* von ausgewählten Metallbeispielen sind in Tabelle 1.22 (Nriagu u. Pacyna 1988) für wichtige anthropogene Quellen aufgeführt. Bei den meisten Beispielen dominiert die Herkunftsart „Gebrauchsgüter", gefolgt von „Verbrennungsresten" (Kohleaschen). Charakteristische Quellen für die Zinkbelastung im Boden sind landwirtschaftliche Abfälle und für Cadmium der Hausmüll. Über atmosphärische Emissionen gelangte früher bevorzugt Blei und Cadmium in den Boden; beide Elemente waren in der städtischen Luft durchschnittlich hundertfach gegenüber Reinluftgebieten angereichert (Adriano 1986). Nach wie vor stellt *Cadmium* wegen seiner vielfältigen und intensiven Einträge in den Boden – auch durch Phosphordüngemittel –, wegen seiner relativ hohen Mobilität bereits bei normalen pH-Bedingungen und wegen des leichten Übergangs in die Nahrungskette ein besonderes Problem dar; es wird geschätzt, dass weltweit etwa 250.000 bis 500.000 Menschen durch erhöhte Cadmiumgehalte an Nierenschäden leiden (Nriagu 1988).

1.4 Umweltgeochemie – Grundlagen und Anwendungen   73

Tabelle 1.22 Weltweite Einträge von Spurenelementen in Böden (in 1000 t/a) (Nriagu 1990 nach Nriagu u. Pacyna 1988)

	Land-wirtsch.	Holz-abfälle	häusl. Abfall	Klär-schlamm	Kohle-aschen	Gebrauchs güter [a)]	Luft einträge
Blei	24	7,4	40	7,1	144	292	232
Cadmium	2,2	1,1	4,2	0,2	7,2	1,2	5,3
Kupfer	67	28	26	13	214	592	25
Zink	316	39	50	3,9	298	465	92

a) Metalle aus industriellen Einrichtungen und dauerhaften Gütern unter den Annahmen einer definierten Produktlebenszeit und einer konstanten Art des Eintrags in die Umwelt

Typische *Zink- und Cadmiumkonzentrationen* in den verschiedenen Umweltmedien zeigt Tabelle 1.23 (aus Kümmel u. Papp 1990). In den Böden, Sedimenten und Gesteinen sind die Gehalte von Zink durchschnittlich um zwei Größenordnungen höher als die Cadmiumgehalte. Für beide Metalle ist charakteristisch, dass der anthropogene Stofffluss in der Atmosphäre die natürlichen Emissionen (hauptsächlich vulkanisch bedingt) um mindestens eine Größenordnung übersteigt.

Die Zink- und Cadmiumgehalte in den Feststoffen (Erdkruste, Tiefsee- und Flusssediment, Boden) schwanken in einem relativ weiten Bereich; sie hängen vor allem von den akkumulierenden Matrixphasen (Eisenoxide, Tonminerale, organische Substanzen) ab.

Tabelle 1.23 Typische Zink- und Cadmiumkonzentrationen in Umweltmedien (Kümmel u. Papp 1990); Beispiel Bergwerkabwässer: Sztola/Polen (Pasternak 1974)

Medium	Zink	Cadmium	Einheit
Erdkruste	75	0,1	mg/kg
Tiefseesediment	165	0,4	mg/kg
Flusssediment	350	1,0	mg/kg
Boden	60	0,6	mg/kg
Flusswasser	10	0,1	µg/l
Luft (urban-industriell)	300	3,0	ng/l
Luft (Durchschnitt)	10	0,3	ng/l
Bergwerkabwässer	5000	120	mg/l

Die Konzentrationen beider Elemente im normalen Flusswasser kann durch Zuflüsse aus Minenhalden mit extrem niedrigen pH-Werten um 3 bis 4 Größenordnungen großräumig erhöht sein. In ausreichend gepufferten Gewässern werden auch bei relativ starker Belastung die kritischen Schwermetallgehalte für eine Gewinnung von Brauch- und Trinkwasser nur selten überschritten. Dies zeigt die praktische Bedeutung der geochemischen Stabilitätsbarrieren mit dem pH-Wert als „Mastervariable" (Abschn. 1.2.3.2).

Die Untersuchung von Spurenelementen in *Wasserproben* wurde zuerst bei der Exploration von Lagerstätten eingesetzt. Seit Anfang der 60er Jahre wurden auch Abwasserproben aus dem Abraum von Bergbau und Verhüttung analysiert; seit Mitte der 70er Jahre gehören Metalluntersuchungen zum Standardprogramm der amtlichen Gewässerüberwachung. Man muss jedoch die Richtigkeit und folglich auch Aussagekraft der meisten dieser frühen Analysenergebnisse anzweifeln, da – wie zuerst die Untersuchungen von Patterson und Mitarbeitern (1976) für das Beispiel des Bleis im Meerwasser gezeigt haben – die Art der Probenahme einen entscheidenden Einfluss auf die Qualität der gewonnenen Daten ausübt.

1.4.1.2 Regionaler Stoffhaushalt – Beispiel Metalle

Ansätze für ein *praxisbezogenes Stoffmanagement* (Abschn. 1.2) kann man vorrangig von „regionalen Stoffstromanalysen" erwarten. Pionierarbeit für dieses Konzept, das auf den Erfahrungen mit globalen Stoffkreisläufen aufbaut, hat vor allem der Lehrstuhl für Stoffhaushalt und Entsorgungstechnik der Eidgenössischen Technischen Hochschule in Zürich geleistet. Unter dem Begriff „Metabolismus der Anthroposphäre" (Baccini u. Brunner 1991) konzentrieren sich die Untersuchungen in erster Linie auf die Stoffflüsse in dicht besiedelten Gebieten. Auf den ersten Blick im Widerspruch zu den gängigen Postulaten der Umweltforschung, wonach das Globale, das Ganze anzustreben sei, kommt den Regionen besondere Bedeutung zu, „denn hier findet die aktive Auseinandersetzung mit der Umwelt, mit konkreten Ansätzen für eine nachhaltige Ressourcenbewirtschaftung, statt".

Die *Stoffhaushaltsmodelle* sollen Instrumente sein, um Entscheidungsgrundlagen für die Steuerung anthropogener Stoffwechselprozesse zu schaffen. Sie sollen vor allem zur Früherkennung von möglichen und für die Region relevanten stofflichen Veränderungen beitragen. Insbesondere können die mit der Einführung neuer Güter verbundenen stofflichen Veränderungen abgeschätzt über entsprechende Schlüsselgrößen des Systems abgeschätzt werden (Baccini u. Bader 1996).

In dem *Projekt RESUB* (regionaler Stoffhaushalt im Unteren Buenztal/Aargau, CH) wurden verschiedene Schad- und Belastungsstoffe bilanziert. Ein Beispiel für den regionalen „Flux" eines potentiellen Schadstoffs, nämlich Zink, wird in Abb. 1.21 wiedergegeben. Der anthropogene Input ist etwa um zwei Zehnerpotenzen höher als der geogene. Die größte Senke ist das Subsystem "Haushalt/Industrie/-Gewerbe", dessen Zink-Zwischenlager um 5-6 kg pro Einwohner und Jahr wächst. Die zweitwichtigste Senke bilden die *Deponien*. An dritter Stelle steht der *landwirtschaftlich genutzte Boden*, gefolgt vom *Wald*. Ein wichtiger Transportweg führt über die Atmosphäre, d.h. in die Luft emittiertes Zink gelangt durch Deposition wieder in die terrestrischen Systeme. Die jährliche Zinkbilanz für die ganze Region sagt aus, dass weniger als 1% des gesamten Zinkeintrags wieder exportiert wird und, gemessen am anthropogenen Input, weniger als 10% in die Umweltkompartimente gelangen.

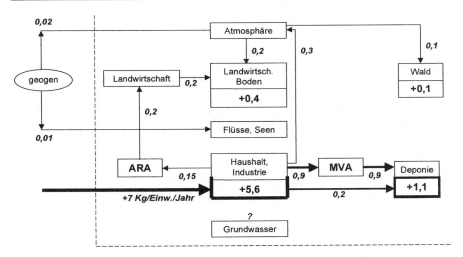

Abb. 1.20 Zinkströme (in kg/Einwohner/Jahr) einer Region im Schweizer Mittelland (Brunner 1990)

Diese Daten lassen folgendes Fazit für die *Bewertung und Steuerung* des regionalen Metallhaushaltes (Baccini u. Bader 1996) zu:

1. Der regionale Metallhaushalt ist nur dann ökologisch sinnvoll zu bewerten, wenn der *Bezug zu den langfristig verfügbaren Erzlagerstätten* hergestellt wird. Eine grobe ökotoxikologische Beurteilung regionaler Zinkemissionen ist nicht geeignet, die stoffliche Dynamik dieses Elements in genügendem Umfang räumlich und zeitlich zu erfassen.
2. Für Metalle wie Zink, die schon seit mehreren Menschengenerationen in Gebrauch sind, ist die *Quantifizierung und Qualifizierung des aufgebauten Lagers* in der Anthroposphäre die schwierigste Aufgabe. Dieses Wissen ist notwendige Voraussetzung dafür, die eigentlichen Steuerungsstrategien auf regionaler Stufe zu entwickeln.
3. Es ist möglich, sich auf der Basis von Stoffflussdaten einzelner Prozesse und Subsysteme einen ersten Überblick über die Größenordnungen eines regionalen Metallhaushalts zu verschaffen. Dieser Überblick genügt, um die *Schlüsselprozesse und -güter* zu erkennen.

Auch die weitere Verwendung dieser Daten wird von Baccini u. Bader (1996) diskutiert. Neben dem *toxikologischen Ansatz* mit der Strategie der Grenzwerte und dem *Ökobilanz-Ansatz* mit der Strategie der Selektion ressourcenschonender Güter und Prozesse wird ein „geologischer Ansatz" vorgeschlagen: Er besteht darin, die geogen gewachsenen Stoffflüsse als Qualitätsziele bzw. als Referenzwerte für den anthropogenen Stoffwechsel zu setzen. Das bedeutet im wesentlichen, die Emissionsmengen bzw. die dadurch verursachten anthropogenen Konzentrationen in den verschiedenen Kompartimenten (Boden, Wasser, Luft) mit den u.a. im

Abschn. 1.4.1.1 „Globale Stoffflüsse" dargestellten geogenen Daten zu vergleichen.
Im Unterschied zu den toxikologisch abgeleiteten Grenzwerten ist der geologische Ansatz bislang noch nicht eingeführt worden. Als Beispiel einer Annäherung der Ansätze geben Baccini u. Bader (1996) die Festlegung neuer *Qualitätsziele für Schwermetalle in Fließgewässern* (Tabelle 1.24 nach Behra et al. 1994). Die ersten Qualitätsziele in der Schweiz von 1975 stützten sich auf humantoxikologische und fischtoxikologische Befunde. Diese erlaubten Konzentrationswerte für Kupfer und Zink, die um ein bis zwei Größenordnungen über den geochemisch begründeten Konzentrationen liegen. Untersuchungen über die Wirkung dieser Metalle auf das Algenwachstum ergaben, dass die Einzeller in den Gewässern schon auf Erhöhungen innerhalb einer Größenordnung mit Wachstumsstörungen reagieren. Eine Revision der Qualitätsziele nähert sich den geologischen Grenzwerten.

Tabelle 1.24 Festsetzung neuer Qualitätsziele für Schwermetalle mit Hilfe toxikologischer und geologischer Argumente (alle Angaben in µg/l für gelöste Fraktion) (Baccini u. Bader 1996, nach Behra et al. 1994), a) VO Abwasser 1975

Metall	Geologischer Bereich	Gehalte im Fließgewässer	Ökotoxikologische Konzentration	Qualitätsziele von 1975 a)	Neue Qualitätsziele: Vorschlag
Cu	0,2–6	2	0,05–2	10	10
Zn	0,5–30	5	5–10	200	5

Allerdings wird es auch mit den kombinierten toxikologischen und geochemischen Daten nur möglich sein, kritische Belastungspfade von gefährlichen Stoffen zu identifizieren und ggf. Emissionsbeschränkungen auszulösen. Für den eigentlichen Schritt der Rückkopplung zu den Herstellungsprozessen und Produkten bedarf es eines stoffpolitischen Ansatzes, wie ihn die z.B. die Ökobilanz repräsentiert. Es wurde bereits von der Enquete-Kommission „Schutz des Menschen und der Umwelt" (Anon. 1994a) kritisch angemerkt, dass das Schadstoffrecht die technik- und medienorientierten Aspekte betont, aber die stoffbezogenen Gesichtspunkte vernachlässigt. Insbesondere mangelt es an einer Strategie gegen indirekte Freisetzungen gefährlicher Stoffe über Produkte und im Hinblick auf einen geringeren Einsatz von kritischen Stoffen.

Dennoch zeigt das Beispiel von Cadmium, wie sich bei einem sehr gefährlichen Stoff eine generelle Tendenz hin zu *kontrollierten Anwendungen* entwickeln kann (Tabelle 1.25). Der Einsatz von Cadmium in den Problembereichen Pigmente, Stabilisatoren und Galvanotechnik ist stark zurückgegangen, während er z.B. bei der Verwendung in Batterien, durch die ein Kreislauf für Cadmium aufgebaut werden kann, deutlich zugenommen hat. Die Enquete-Kommission schlägt hierzu eine Bepfandung der Akkus vor. Der Eintrag von Cadmium über Phosphatdünger soll außer durch den Grenzwert für Cadmium in der Düngemittel-Verordnung auch durch Aufbringungsvorschriften verringert werden, da heute in der Regel noch eine Überdüngung mit Phosphaten stattfindet (Abschn. 1.4.1.1). Seit einigen Jahren ist der Cadmiumrestgehalt im Zink, das z.B. für Leitungsrohre, Dachrinnen usw. eingesetzt wird, durch entsprechende Normen geregelt. Insgesamt ist festzustellen, dass mit einer Reihe von Maßnahmen die weitere Anreicherung von Cadmium in der Umwelt verhindert werden kann. Durch die starken und vielfältigen Einträge während der vergangenen fünfzig Jahre hat sich jedoch ein hohes Gefahrenpotenzial in vielen Böden angesammelt, das über einen langen Zeitraum wirksam bleiben wird und in einigen Gebieten zu Beschränkungen beim Anbau von bestimmten Nutzpflanzen führen kann.

Eine hinreichende Kontrolle des Stoffstroms Cadmium lässt sich insgesamt nur über eine enge Zusammenarbeit zwischen dem Staat, der Zinkindustrie, den Herstellern Cd-haltiger Produkte und dem Handel erreichen (Friege 1998). Der Aufwand für die wirtschaftlichen Akteure würde sich dabei im großen und ganzen auf eine vernünftige Dokumentation der Cd-haltigen Stoffsströme und die Organisation der Kreislaufführung der verbleibenden Anwendungsbereiche beschränken.

Tabelle 1.25 Cadmium in Produkten und dadurch verursachte Umweltbelastung bei Gebrauch (G) oder Entsorgung (E). (Friege, unveröffentlicht, nach Daten der Enquete-Kommission Schutz des Menschen und der Umwelt", Anonym 1994a)

	Inland (t/a) 1980	1989	Umweltbelastung	Kreislauf schließfähig?	Notwendige Maßnahmen
Pigmente	548	282	G/E	nein	Verzicht
Stabilisatoren	490	94	Entsorgung	schwierig	Verzicht
Galvanotechnik	266	35	G/E	nein	Verzicht
Batterien/Akkus	238	427	Entsorgung	ja	Pfand
Legierungen	44	21	Entsorgung	nein	Verzicht
Cd in Zink	55	1	Gebrauch	nein	keine
Cd in Dünger	35	28	Gebrauch	nein	Grenzwert

1.4.1.3 Sedimente als Verschmutzungsindikatoren

Sedimente stellen einen integrierenden Faktor für Schadstoffemissionen über die Zeit dar. Der „Dokumentationseffekt" von Gewässerablagerungen (Züllig 1956) macht es möglich, auch solche Fälle noch nachträglich zu erfassen, in denen eine kurzfristige oder zeitlich zurückliegende Verschmutzung durch Wasseranalysen nicht mehr oder nur unzureichend deutlich nachzuweisen ist. Untersuchungen an Feststoffproben können deshalb sinnvoll eingesetzt werden bei der Ermittlung von Verschmutzungsursachen und Auswahl kritischer Probenahmestellen für Routine-Wasseranalysen.

Mit Hilfe von Sedimentanalysen wurde zuerst die Ausbreitung von *künstlichen Radionukliden* im Columbia- und Clinch-Fluss in den USA verfolgt (Sayre et al. 1963). Ende der sechziger Jahre begannen die Untersuchungen zur *Schwermetallverschmutzung*, zuerst am Rhein (De Groot 1966, Hellmann 1970), später vor allem hinsichtlich der Quecksilberbelastung von Seesedimenten in Kanada (Thomas 1972) und Schweden (Hakanson 1973), schließlich mit systematischen Untersuchungen zur Metallbelastung wichtiger Flüsse in der Bundesrepublik Deutschland (Förstner u. Müller 1974). Die Analyse von Sedimenten auf *Organochlorpestizide und polychlorierten Biphenylen* wurde seit Beginn der siebziger Jahre vor allem an den Großen Seen Nordamerikas weiträumig durchgeführt (Frank et al. 1977). Die ersten systematischen Untersuchungen von *Chlorbenzolen und polychlorierten Dibenzodioxinen* stammen vom Niagara-Fluss (Allan et al. 1983), in den die Sickerwässer aus der Industriealtlast von Love Canal gelangt waren.

Ablagerungen der vergangenen 100-200 Jahre werden heute routinemäßig mit *radiometrischen Verfahren*, vorzugsweise auf der Basis des Blei-210-Isotops, datiert (Alderton 1985). Auf der Basis einer Literaturauswertung solcher Profildaten hat Müller (1981) die zeitliche Entwicklung typischer Umweltchemikalien nachgezeichnet; Abb. 1.20 zeigt das Beispiel des Bodensees aus einer jüngeren Untersuchung (Müller 1991).

- Eine Gruppe von Substanzen, die sich vor allem mit der *Verbrennung von Kohle* in Zusammenhang bringen lässt, nimmt seit etwa 1850 zunächst langsam, seit 1940 immer stärker zu – die *Schwermetalle*, die *polyzyklischen aromatischen Kohlenwasserstoffe* (PAK) und die *Rußpartikel*. Sie gehen seit Mitte der sechziger Jahre wieder zurück. *Ölprodukte* treten etwas später in die Umwelt ein als die kohlebürtigen Substanzen; ihr Anstieg ist noch nicht gebremst. Zu dieser Stoffgruppe gehören auch die Emissionen, die bei der Gewinnung und beim Transport von Öl und Gas entstehen.
- Ebenfalls bis in die vor-industrielle Zeit kann das Auftreten von *Coprostanol*, ein häufiges (5β-)Stanol, das in den Exkrementen von Säugetieren und des Menschen auftritt und damit einen Indikator für den Eintrag von Fäkalien von höheren Lebewesen darstellt, zurückdatiert werden.

Es folgt ein zeitlicher Sprung bis zum Auftreten neuer Umweltchemikalien, die unter dem Begriff „xenobiotisch" = „lebensfremd" zusammengefasst werden:

- Es sind dies z.B. die *polychlorierten Biphenyle*, die bis zu Beginn der siebziger Jahre eine weite Anwendung als Weichmacher für Kunststoffe, als Klebstoffe, Gießharze, Imprägniermittel, Schweröl und als Flammschutzmittel gefunden hatten; weiter finden sich *Pflanzenschutzmittel* wie DDT und nachfolgend Lindan, die inzwischen durch andere, leichter abbaubare Stoffe ersetzt werden.
- Eine andere Gruppe synthetischer organischer Substanzen sind die Phthalate, die u.a. als Weichmacher in Kunststoff eingesetzt werden und bei der PVC-Produktion als Zwischenprodukt anfallen. Sie treten ab etwa 1950 verstärkt in die Umwelt ein und z.T. auch schon im Grundwasser auf (Schiedek 1996).

Schließlich ist die Gruppe der *künstlichen Radionuklide* zu nennen, deren „Einstieg" in die Sedimente auf 1952/1953 als Folge der oberirdischen Atombombentests zurückdatiert werden kann. Die Radionuklidemissionen aus der Tschernobyl-Katastrophe lassen sich weltweit in Sedimentkernen nachweisen. Für die Wissenschaft ergibt sich die Möglichkeit, mit Hilfe dieser Radionuklide die komplexen Wechselwirkungen von Schad- und Belastungsstoffen mit den verschiedenen Feststoffen und insbesondere auch medienübergreifend zu untersuchen. Dies gilt speziell für Transport-, Umlagerungs- und Freisetzungsvorgänge an Schwebstoffen und in Sedimenten (Santschi, 1988).

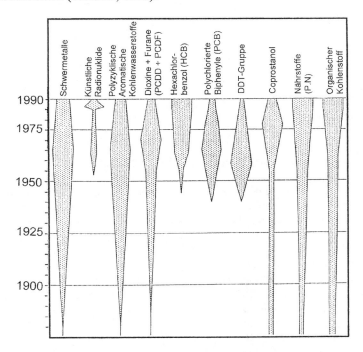

Abb. 1.21 Entwicklung der Schadstoffbelastung, dokumentiert durch ein datiertes Sedimentprofil aus dem Bodensee (Müller 1991)

Für die *Klassifizierung der Sedimentbelastung* in Oberflächengewässern hat Müller (1979) einen Index der Geoakkumulation „I_{geo}" vorgeschlagen: Auf der Basis eines mittleren Tongesteinswertes des bestimmten Elementes, der wegen der inhärenten Schwankungen mit dem Faktor 1,5 multipliziert wird, baut sich die I_{geo}-Skala jeweils über eine Verdopplung auf (Tabelle 1.26). In den belasteten Abschnitten vieler Flüsse zeigen die Metalle Cadmium, Blei, Zink und Quecksilber relativ hohe Anreicherungsfaktoren. Es besteht eine gewisse Übereinstimmung mit anderen Wasserqualitätskriterien, die teilweise auf biologischen Untersuchungen begründet sind.

Tabelle 1.26 Vergleich der Wassergüteklassen (auf der Basis von biochemischen Daten) des Internationaler Vereins der Rheinwasserwerke (IAWR) mit dem Index der Geoakkumulation (I_{geo}) für Spurenmetalle in den Sedimenten des Rheins (Müller 1979)

IAWR Index	IAWR Wassergüteklassen	Sediment-Akkumulation	I_{geo} Gruppe	Metallbeispiele oberer Rhein	unterer Rhein
4	sehr stark belastet	>5	6		Cd
3-4	stark bis sehr stark	>4-5	5		
3	stärker belastet	>3-4	4		Pb, Zn
2-3	mäßig bis stärker	>2-3	3	Cd, Pb	Hg
2	mäßig belastet	>1-2	2	Zn, Hg	Cu
1-2	schwach bis mäßig	>0-1	1	Cu	Cr, Co
1	praktisch unbelastet	<0	0	Cr, Co	

1.4.2 Untersuchung mobilisierender Einflussfaktoren

Neben der Untersuchung der *Ausbreitung und Anreicherung* von Schadstoffen ist die Beschreibung ihrer *Mobilität* ein zweiter Pfeiler der Umweltgeochemie. Es ist zwar bis heute nicht gelungen, bei der praktischen Bewertung von kontaminierten Feststoffen dem Kriterium der Remobilisierbarkeit denselben Stellenwert wie der Schadstoffakkumulation einzuräumen (Abschn. 1.4.4), doch gibt es aus der Grundlagenforschung eine Reihe neuer Erkenntnisse, die in der Umweltschutzpraxis – von der Raumplanung bis zur Technikentwicklung – berücksichtigt werden sollten. Dazu werden nachfolgend drei Bereiche dargestellt: (1) der Einfluss von Kolloiden auf den Schadstofftransport im Grundwasser, (2) die Aufschlüsselung der wichtigsten Einflussfaktoren auf die Remobilisierbarkeit von Schwermetallen aus kontaminierten Feststoffen und (3) die Anwendung des Konzepts der gekoppelten geochemischen Systemfaktoren (Abschn. 1.2.2) auf die Langzeitprognosen zur Metallmobilisierung aus kontaminierten Böden. Während die Erfahrungen in den beiden erstgenannten Bereichen vor allem für die in diesem Buch beschriebenen Techniken „Natürlicher Abbau und Rückhalt" (Kap. 2) und „Stabilisierung von Massenabfällen" (Kap. 3) umgesetzt werden, lassen sich mit dem Systemansatz (3) auch Aufgaben bspw. im Rahmen einer vorsorgenden Flächenbewirtschaftung angehen.

1.4.2.1 Schadstofftransport durch Kolloide

Die konventionellen Ansätze zur Beschreibung und Vorhersage der Schadstoffausbreitung im Grundwasser behandeln dieses Medium als ein Zweiphasensystem, in dem sich die Verschmutzungen zwischen immobilen Feststoffen und mobilen wässrigen Phasen aufteilen. Solche Schadstoffe, die in Wasser schwerlöslich sind und eine starke Neigung zur Feststoffbindung aufweisen, werden als wenig beweglich angesehen und werden nach allgemeiner Auffassung im Untergrund stark zurückgehalten. Kolloide, die ein Teil der Feststoffphase darstellen und als solche vergleichbare Bindungs- und Sorptionseigenschaften wie die vorgenannten Materialien aufweisen, können hingegen im Untergrund mobil sein. Sie können als „dritte Phase" wirken, mit der ein intensiver Transport auch der schwerlöslichen Komponenten im Grundwasserbereich vonstatten geht (s.a. Abschn. 2.2.4). Eine Vernachlässigung dieses Transportmechanismus kann zu gravierenden Fehleinschätzungen im Hinblick auf die Beweglichkeit von Schadstoffen führen (McCarthy u. Zachara 1989).

Kolloide im Grundwasser treten in verschiedenen Formen auf: Als *makromolekulare Komponenten* des gelösten organischen Kohlenstoffs (DOC), wie z.B. die Humussubstanzen; als *Biokolloide*, z.B. Mikroorganismen und deren Teile; als *Mikroemulsionen* in der Art von nichtwässrigen Flüssigkeitsphasen, als *Mineralfällungen* und Verwitterungsprodukte, als *Gesteins- und Mineralfragmente*, und als *direkte Ausfällungen von Elementen*. Man kann eine relativ variable Zusammensetzung erwarten, je nach Ausgangsgestein und den später ablaufenden Reaktionen. Da die meisten Aquifermaterialien eine negative Ladung tragen, sind negativ geladene Kolloide mobiler als solche mit positiver Ladung. Die Adsorption von Humussubstanzen kann eine negative Oberflächenladung auch auf solche Kolloide übertragen, die positiv geladen sind, wie z.B. Aluminiumoxid oder Calciumkarbonat, und sie kann dadurch die Stabilität und Mobilität dieser Substanzen fördern. Die Vorhersage typischer Ausbreitungspfade ist oft wegen der Heterogenität des Untergrundes nicht möglich. Das einzige, was man feststellen kann, ist, dass „immer dann, wenn die Wasserchemie abrupt geändert wird, man mit der Bildung von Kolloiden rechnen kann" (Rees 1991). Das gilt insbesondere beim Eintrag von erhöhten Gehalten an organischen Substanzen. Es gibt erste Versuche einer Modellierung von kolloidalen Transportprozessen in ungesättigten porösen Medien. Erfolgreich war vor allem die Prognose für den Durchbruch von kolloidale Bakterien (Corapcioglu u. Choi 1996) auf der Basis einer Konvektion-Dispersionsgleichung mit folgenden Komponenten: (1) Ablagerung und Freisetzung von Kolloiden an der Feststoff/Wassergrenzfläche, (2) Ablagerung und Freisetzung von Kolloiden an der Gas/Wassergrenzfläche (Kretzschmar et al. 1999).

Wichtige Hinweise auf die *Rolle des partikel-/kolloidgebundenen Transports* von Schadstoffen im Untergrund von Deponien geben die Untersuchungen zur Infiltration von Oberflächenwasser, die im Rahmen des DFG-Schwerpunktprogramms „Schadstoffe im Grundwasser" auf dem Testgelände „Insel Hengsen" im Ruhrtal bei Schwerte durchgeführt wurden (Schulte-Ebbert u. Schöttler 1995). Die zusammengefassten Ergebnisse in Tabelle 1.27 führen zuerst die *Enterobakterien* auf, die sich – wie einige andere Mikroorganismen – als Partikel auch aktiv bewegen können und somit nicht direkt von der Grundwasserströmung abhängig sind.

Bei den *Schwermetallen* werden Eisen und Mangan vorwiegend gelöst transportiert. Kupfer hingegen wird zu einem erheblichen Anteil partikulär/kolloidal verfrachtet. Die übrigen untersuchten Schwermetalle zeigen einen gleichbedeutenden Anteil gelöster und partikulär/kolloidal gebundener Spezies. Die *polyzyklischen aromatischen Kohlenwasserstoffe* (PAK) werden vornehmlich partikel- oder kolloidgebunden, die „kleinen" PAK wie Fluoranthen wegen ihrer höheren Wasserlöslichkeit stärker in gelöster Form im Grundwasser transportiert. Das völlige Fehlen von *Triazinen* an der festen Phase des Aquifers und ihre hohe Wasserlöslichkeit deuten auf weitgehenden Lösungstransport hin. Die untersuchten *biogenen Substanzen* werden vorrangig partikel-/kolloidgebunden transportiert. Die Untersuchungen der *leichtflüchtigen halogenierten Kohlenwasserstoffe* (LHKW) ergeben keine Auskunft über das gelöst/partikuläre/kolloidale Transportverhalten dieser Stoffe. Ihre relativ hohe Wasserlöslichkeit deutet auf einen überwiegend gelösten Transport hin. Die Mobilisierung von partikel-/kolloidgebundenen Stoffen, die besonders bei Schadstoffgruppen mit einem hohen Anteil an nicht gelösten Spezies wirken, erfolgt in Bereichen des Aquifers, der vor einer betriebsbe-

Tabelle 1.27 Gelöster und partikulär/kolloidal gebundener Transport von Schadstoffen bei Infiltration und Untergrundpassage im Untersuchungsgebiet „Insel Hengsen" (Schulte-Ebbert u. Schöttler 1995)

Stoffgruppe	Stoff	Stofftransport	
		Gelöst	Kolloidal/-partikulär
Mikroorganismen	Enterobakterien	-	xxxx[a]
Schwermetalle	Fe, Min	xxx	x
	Cd, Ni, Pb, Zn	xx	xx
	Cu	x	xxx
PAK	Fluoranthen (4 Ringe)	xx	xx
	Benzo(a)pyren (5 Ringe)	x	xxx
	Indeno(1,2,3-cd)pyren (6 Ringe)		xxx
Triazine	Atrazin	xxxx[b]	-[b]
	Desethylatrazin	xxxx[b]	-[b]
	Simazin	xxxx[b]	-[b]
Biogene Stoffe	Toluol	x	xxx
	m-Xylol	x	xxx
	Geosmin	x	xxx
	Pentadecen-1	x	xxx
	Methylsulfide	x	xxx
LHKW	Tetrachlorethan	?	?
	Trichlorethan	?	?
	Vinylchlorid	?	?

[a] auch aktive Bewegung möglich
[b] die Nichtnachweisbarkeit von Triazinen in Feststoffproben aus dem Untersuchungsgebiet spricht für einen dominierenden gelösten Transport

- = nicht oder nur sehr gering
x = gering
xx = bedeutend
xxx = sehr bedeutend
xxxx = dominant

? = kann aus den vorliegenden Untersuchungen nicht beantwortet werden. Hohe Wasserlöslichkeit deutet auf überwiegend gelösten Transport hin

dingten Grundwassererhöhung nicht wassererfüllt war und wird vor allem durch Lösungs- und Fällungsreaktionen in einem anaeroben Grundwassermilieu ausgelöst. Im übrigen wassererfüllten Bereich ist eine zeitweise Erhöhung des partikulären/kolloidalen Transports durch Turbulenzen infolge wechselnder Fließrichtungen und durch Änderungen der Scherkräfte bei hohen Strömungsgeschwindigkeiten möglich (Schulte-Ebbert u. Schöttler 1995).

1.4.2.2 Remobilisierbarkeit von Schadstoffen

Löslichkeit, Mobilität und Bioverfügbarkeit feststoffgebundener Schadstoffe werden durch Milieufaktoren verändert. Bei Metallen sind folgende Vorgänge wichtig (Förstner u. Salomons 1991, Hirner et al. 2000):

- *pH*-Erniedrigung, lokal: Bergbauwässer, regional: saure Niederschläge,
- Erhöhung der *Salzkonzentration* durch Konkurrenzeffekte bei der Oberflächenadsorption und die Bildung löslicher Chlorokomplexe einiger Spurenmetalle,
- erhöhte Gehalte an natürlichen und synthetischen *Chelatbildnern*, die lösliche Komplexe mit Metallen bilden, die sonst an Oberflächen adsorbiert würden,
- wechselnde *Redoxbedingungen* (z.B. nach Landablagerung kontaminierter anoxischer Baggerschlämme)
- Organisches Material bei organischen Schadstoffen (s. Abschn. 2.1 und 2.3)

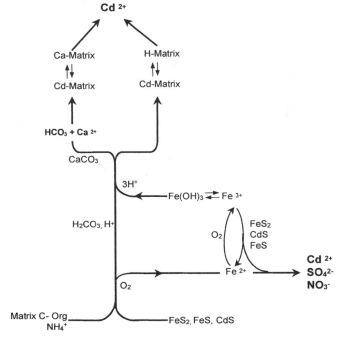

Abb. 1.22 Schematische Darstellung der Auswirkung von Oxidationsprozessen auf die Cadmium-Mobilisierung in gut gepufferten Sedimenten (Peiffer 1997)

Bei praktischen Fragestellungen – z.B. Sickerwässer aus Deponien und Bergehalden, Umlagerung von Gewässersedimenten – ist zu beachten, dass die *Einflussfaktoren und Prozesse miteinander verknüpft* sind. Das Beispiel in Abb. 1.22 (Peiffer 1997) zeigt die Wirkung von Oxidationsprozessen auf die Cadmium-Mobilisierung in gut gepufferten, neutralen Sedimenten. Zufuhr von Sauerstoff führt zur Oxidation von Sulfiden, Ammonium und organischer Substanz. Es entsteht Azidität in Form von Kohlensäure und Protonen, die im System unter Auflösung von Calcit bzw. Austausch von freigesetztem Calcium und Protonen mit dem in der Matrix gebundenen Cadmium teilweise verbraucht werden. Außerdem entsteht bei der Reaktion von Eisensulfiden mit Sauerstoff Fe(III), welches in der Lage ist, die Eisensulfide weiter zu oxidieren. Dabei entsteht wieder Azidität, wie auch durch Hydrolyse von Fe(III). Wichtig ist hierbei, dass diese Freisetzung auch in kalkreichen Sedimenten stattfindet – durch die *Verdrängung von Cadmium aus Sorptionsplätzen* an der Matrix. Die Geschwindigkeit der Cadmiumfreisetzung wird durch die Geschwindigkeit der Oxidationsvorgänge bestimmt. Sie wird letztlich nur limitiert durch die Auflösungsrate von Calcit bzw. die Zeit, die für die Einstellung des Gleichgewichts der Konkurrenzreaktion zwischen Cadmium und Calcium notwendig ist (Peiffer 1997).

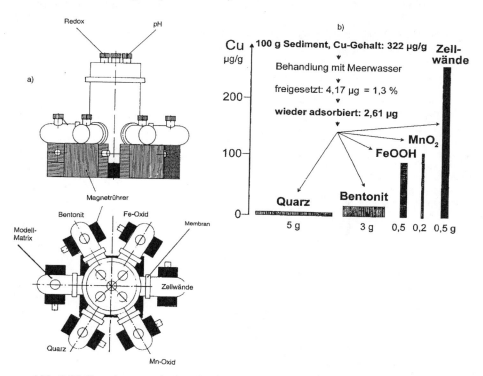

Abb. 1.23 Experimente mit dem Harburger Mehrkammernsystem (Calmano et al. 1988), a) Frontansicht und Aufsicht des Systems, b) Beispiel der Freisetzung und Readsorption von Kupfer an Modellmatrizes

Die freigesetzten Metalle können *wieder an Feststoffe adsorbiert* werden. Für naturnahe, simultane Untersuchungen der Freisetzungsprozesse von Belastungs- und Schadstoffen aus dem Porenwasser, der Desorption von sedimentären Phasen, der Readsorption an Modellsubstrate und der Aufnahme in biologische Matrices bietet sich ein Mehrkammernsystem an, das in Experimenten zum Einfluss von salzreichen Lösungen sowie von Redox- und pH-Änderungen auf die Desorption von Schwermetallen aus Baggerschlämmen eingesetzt wurde (Calmano et al. 1988). Mit diesem System, in dem sowohl die hydrochemischen Bedingungen als auch die Art und Konzentration der Modellsubstrate – in den Seitenkammern durch Membrane von der Zentralkammer getrennt (Abb. 1.23a) – variiert werden können, lassen sich Konkurrenzeffekte verfolgen, die unter Feldbedingungen nur als Summenergebnis oder überhaupt nicht nachzuweisen sind. Das Beispiel in Abb. 1.23b zeigt, dass Kupfer aus Hafenschlick bei Behandlung mit Meerwasser zwar nur zu etwa 1% freigesetzt, dieser kleine Anteil jedoch an dem organischen Modellsubstrat (Algenzellwände) auf über 250 mg/kg akkumuliert wird. Es ist zu erwarten, dass solche Transferprozesse letztlich zu entsprechenden Anreicherungseffekten auch in der Nahrungskette führen.

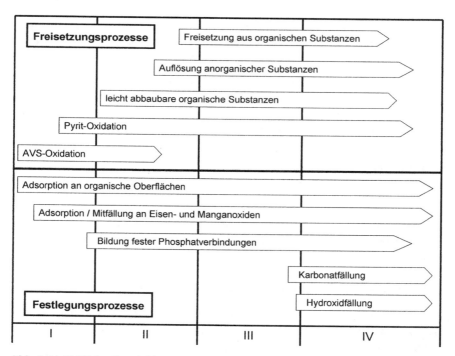

Abb. 1.24 Zeitliche Entwicklungsstadien bei der Freisetzung und Wiederfestlegung von Metallen bei der Resuspension von Sedimenten (nach Hong 1995)

Die komplexen Vorgänge bei der *Freisetzung und Bindung* von Schad- und Belastungsstoffen sind in Abb. 1.24 schematisch für Schwermetalle dargestellt. Danach werden typische Metalle wie Cadmium, Zink und Kupfer in einer frühen Phase vor allem aus labilen Sulfidmineralen (AVS = acid volatile sulfide) und nachfolgend aus den beständigeren FeS_2(Pyrit-)Mineralen freigesetzt. Bereits in diesem Stadium erfolgt eine Wiederadsorption an organischen Feststoffen und an (teilweise neugebildeten) Eisen- und Manganoxiden; bei höheren Phosphorgehalten kann später auch eine Fällung von Schwermetallen als Phosphatminerale stattfinden. Langfristig sind die Karbonat- und Hydroxidfällung wichtige Mechanismen zur Entfernung von Schwermetallen aus der Lösungsphase.

In der Praxis gilt das Interesse vor allem der *Rücklösung von Schadstoffen* aus dem Sediment oder Boden in den Wasserkörper. Entsprechend den zu erwartenden *Zeitskalen* können folgende Fälle unterschieden werden:

a) Kurzfristige Mobilisierung von Schadstoffen (innerhalb von Stunden) wie sie z.B. beim Verklappen von Baggergut oder bei Umlagerungen im Gewässer auftreten kann. Hier können im Labor durch Ansetzen von entsprechenden Wasser-Sediment-Suspensionen die typischen Verhältnisse (pH-Wert, Salzgehalt, Temperatur, Sauerstoffgehalt) im natürlichen Gewässer angenähert simuliert werden.

b) Mittelfristige Mobilisierung von Schadstoffen (innerhalb weniger Wochen), wie sie z.B. für Cadmium aus anoxischen Süßwassersedimenten beim Verbringen in Salzwasser beobachtet wurden. Bei Langzeit-Schüttel- und Säulenversuchen können u.a. die Flüssigkeits-/Feststoffverhältnisse variiert werden, und so einerseits die maximal möglichen Konzentrationen im Eluat und andererseits die maximale Eluierbarkeit erfassen. Während diese Experimente bisher meist im Labormaßstab durchgeführt wurden, können die natürlichen Umgebungsbedingungen am besten in großvolumigen Tankexperimente (in-situ) simuliert werden (Schulz-Baldes et al. 1983, Santschi 1985).

c) Langfristige Veränderungen der Schadstoffbindung, z.B. durch diagenetische Effekte. Das Langzeitverhalten von Schadstoffen in Schlämmen lässt sich durch die Anteile typischer Bindungsformen besser charakterisieren als durch die Gesamtkonzentration des betreffenden Schadstoffs. Eine Abschätzung von Langzeiteffekten, die von diesen Substanzen ausgehen können, erfordert neben bestimmten Annahmen über mobilisierende Faktoren die Kenntnis der wichtigsten „Pools" an kritischen Schadstoffen (Abschn. 1.4.3).

1.4.2.3 Langzeiteinflüsse auf kontaminierte Böden

Für Prognosen zum künftigen Verhalten von kontaminierten Feststoffen sind neben der aktuellen Zusammensetzung der Matrices und den Bindungsformen der Schadstoffe auch Informationen über die *potentiell mobilisierenden Umweltfaktoren* erforderlich. Nachfolgend wird am Beispiel von kontaminierten Böden dargestellt, wie mit dem Konzept der Kopplung geochemischer Systemfaktoren (Abschn. 1.2.2) langfristige Einflüsse auf die Remobilisierbarkeit von Schadstoffen abgeschätzt werden können.

1.4 Umweltgeochemie – Grundlagen und Anwendungen

Besonders komplex stellt sich der mögliche Ablauf einer Schadstoffremobilisierung unter *Berücksichtigung überregionaler Einflussfaktoren* dar. Das Schema von Stigliani (1991) in Abb. 1.25 zeigt als primären Auslösemechanismus einen globalen oder sehr großräumigen Klimawechsel, der über die Änderung von Temperatur, Niederschlag und jahreszeitlicher hydrologischer Bilanz längerfristige Modifikationen der mikrobiellen Prozesse, der Bodenfeuchtigkeit und daraus wiederum der Organikgehalte, der Nitrifikationsprozesse und des Wasserabflusses verursacht, aus denen schließlich über die Veränderungen der Bodenstruktur, der Kationenaustauschkapazität, des pH-Werts, des Redoxpotenzials und einer Versalzung eine verstärkte Mobilisierung der im Boden oder in Feuchtgebieten zwischengespeicherten Schadstoffe erfolgt.

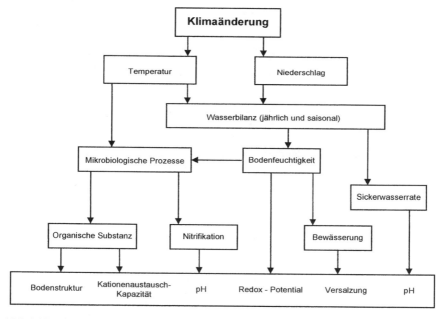

Abb.1.25 Auswirkungen einer Klimaänderung auf die Mobilität von Schwermetallen in Böden und Feuchtgebieten (Stigliani 1991)

Erste Signale für *globale und regionale Veränderungen der Schwermetallflüsse* sind von den atmosphärischen Säureeinträgen zu erwarten. Dazu haben Stigliani u. Jaffe (1993) ein Beispiel für die großräumige Cadmiummobilisierung aus Ackerböden im Einzugsgebiet des Rheins gegeben, das gleichzeitig auch die (öko)toxikologischen Konsequenzen dieser langfristigen Veränderungen zeigt (Abb. 1.26): Die anhaltende Versauerung der Böden kompensiert den Rückgang der Cd-Einträge aus verschiedenen Quellen. Nach diesem Modell wird zwischen 1950 und 2010 die wöchentliche Cadmiumaufnahme (PTWI = provisional tolerable weekly intake) von etwa 120 µg auf 265 µg gestiegen sein und es ist eine weiter steigende

Aufnahme mit der menschlichen Nahrung bis über das Jahr 2010 hinaus zu erwarten. Unter ungünstigen (aber realistischen) Bedingungen könnte auch die von der Weltgesundheitsorganisation vorgeschlagene Obergrenze für die wöchentlich tolerierbare Cadmiumaufnahme von 400-500 µg überschritten werden.

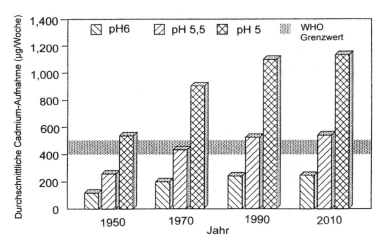

Abb. 1.26 Geschätzte durchschnittliche Cadmiumaufnahme mit Nahrungsmitteln aus dem Einzugsgebiet d. Rheins als Funktion von Zeit und Boden-pH (unter der Annahme, dass die gesamte Nahrung aus diesem Gebiet stammt; Stigliani u. Jaffe 1993)

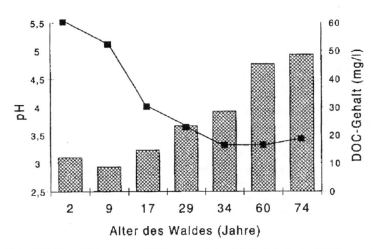

Abb. 1.27 Entwicklung der pH-Werte und der DOC-Gehalte in Wäldern unterschiedlichen Alters in den Niederlanden (Salomons 1995)

Einen langfristigen Einfluss auf die Mobilität von Spurenelementen könnte auch die *Umwidmung von landwirtschaftlichen Flächen* in eine forstliche Nutzung nach den Untersuchungen von Salomons und Mitarbeitern (Salomons 1995) ausüben. Schon heute liegen bspw. die Gehalte von Cadmium und Zink in den Bodenlösungen von Wäldern um das drei- bis vierfache über den entsprechenden Gehalten von Ackerböden (bei den Bodenkonzentrationen sind die Verhältnisse umgekehrt). In Abb. 1.27 ist nach diesen niederländischen Untersuchungen (Salomons 1995) dargestellt, dass die beiden wichtigsten Faktoren für eine Metallmobilisierung, die Lösungsgehalte an organischen Komplexbildnern und an Protonen, innerhalb der Wachstumsperiode eines Waldes zunehmen.

Die Schwermetallmobilisierung aus Böden durch Säure und Komplexbildner ist nur ein Beispiel für die Funktionsweise gekoppelter geochemischer Systeme, vor allem für die Rolle von kapazitätsbestimmenden Eigenschaften (s. Abschn. 1.2.2.3). Andere bodenkundliche Erfahrungen mit „verzögerten Antworten" sind die Freisetzung von *Phosphor* (Behrendt u. Boekhold 1993), *Pestiziden* (Kuhnt 1995) und *Versalzungseffekte* (Scholten u. Szabolcs 1993). Besonderes Interesse verdienen die organischen Subsysteme, die u.a. auch den Schwermetallhaushalt in Böden wesentlich beeinflussen: Neben der Speicherfunktion von organischen Substanzen (Schulin et al. 1993) sind es vor allem biologische Abbauprozesse, die in dem „goldenen Dreieck" zwischen Mikroflora, Struktur und Eigenschaft der organischen Substanzen sowie durch die Umweltbedingungen (pH, Eh, T, Nährstoffe, Feuchtigkeit) geregelt werden; dabei können die Schwermetalle sowohl als essentielle Spurenelemente als auch als Giftstoffe wirken (Doelman 1995).

Wie lässt sich bei einer Gefährdungsabschätzung das Konzept der kapazitätsbestimmenden Eigenschaften mit der Grenzwertphilosophie verbinden? Diese Frage wurde im Rahmen des internationalen Projektes „Chemical Time Bomb", das solche Langzeiteffekte erstmals umfassend dokumentiert hatte, diskutiert (Hekstra 1993). Bislang lassen sich vor allem die Auswirkungen von pH-Absenkungen auf die Grenzwerte deutlich nachweisen. Beispielhaft zeigen die Daten in Tabelle 1.28 (Bergema u. Van Straalen 1991), dass das Risiko aus einer Schwermetallverschmutzung in Abhängigkeit vom pH-Wert stark differieren kann.

Tabelle 1.28 Geschätzte Konzentrationen von Cadmium und Blei in Böden, bei denen 95% der Würmer- und Schnecken-Spezies überleben, als Hinweis auf die pH-abhängige Verfügbarkeit von Metallen im Boden (Bergema u. Van Straalen 1991)

pH	Cadmium ($\mu g/g$)	Blei ($\mu g/g$)
6,0	0,68	207,0
4,5	0,60	57,6
3,5	0,52	16,6

Aus diesen Befunden zu großräumigen Einflüssen auf die Schadstoffmobilität sind Entscheidungen über mittel- bis langfristigen Lösungen zu treffen. *Stigliani* (1995) hat am Beispiel der Cadmiumproblematik im Einzugsgebiet des Rheins (s.o.; Abb. 1.26) dargestellt, wie solche *Bewirtschaftungsoptionen* beschaffen sein könnten:

1. Zunächst ist festzustellen, dass die Standards für die Luft- und Bodenqualität aufeinander abgestimmt werden müssen, da es wenig Sinn macht, wenn trotz der Einhaltung von Luftgrenzwerten die Exposition über den Bodenpfad weiterhin kritisch ist.
2. Für die Verringerung von Cadmiumeinträgen in Ackerböden erscheint es am kostengünstigsten, Cadmium aus den Phosphatdüngemittel zu extrahieren. Dies würde den Preis der Phosphatdüngung um 0,4 % bis 1,5 % erhöhen, doch sind diese Kosten langfristig um ein Vielfaches geringer als die Wertverluste, die anderenfalls durch die Verkürzung der Nutzungszeiten der Böden bei weiterhin erhöhten Cadmiumeinträgen auftreten würden (Forsell u. Stigliani 1994).
3. Falls entsprechend des McSharry-Plans ein Teil der Ackerfläche der Nahrungsmittelproduktion entzogen und in Waldfläche umgewandelt wird, müssen dennoch die Kalkungsmaßnahmen fortgeführt werden, wenn man einen verstärkten Austrag von Metallen in das Grundwasser verhindern möchte. Es könnte aber auch versucht werden, diesen Prozess in einem bestimmten pH-Bereich definiert ablaufen zu lassen, um die relativ hohe Belastung der Böden rascher abzubauen. Dabei müssen die lokalen Verhältnisse berücksichtigt werden.

Solche weitreichenden Überlegungen erfordern einen ganzheitlichen Ansatz, der die verschiedenen Expeditionspfade für Pflanzen, Tiere und Menschen ebenso wie die ingenieurgeochemischen Parameter, insbesondere die langfristigen kapazitativen Eigenschaften der Böden, berücksichtigt (Stigliani 1995).

1.4.3 Natürliche Demobilisierung von Schadstoffen

Es gibt eine Reihe von Befunden, dass durch Prozesse wie z.B. einer „resistierenden" Sorption bei organischen Schadstoffen und Mitfällung/Okklusion bei anorganischen Schadstoffen zusammen mit einer mechanischen Verfestigung die Reaktivität und biologische Verfügbarkeit dieser Substanzen mit zunehmender Lagerungsdauer signifikant abnimmt (Alexander 2000). Erfahrungen der Sedimentpetrographie, die diese Prozesse über geologische Zeiträume in der Form der „Gesteinsbildung" aus tonigen, sandigen und karbonatischen Ablagerungen verfolgt (Heling in Füchtbauer 1988), lassen sich nur begrenzt auf die Effekte übertragen, die sich in der geologisch sehr kurzen Geschichte der anthropogenen Schadstoff-/Boden-Wechselwirkungen abgespielt haben bzw. die in überschaubaren Zeiten zu erwarten sind. Es wird eine besondere Herausforderung im Rahmen der künftigen Diskussionen um das Konzept des natürlichen Rückhaltes sein, solche Effekte, die u.U. durch kostengünstige technische Maßnahmen unterstützt werden können, über einen Zeitraum von einigen Zehnern von Jahren zu quantifizieren. Nachfolgend wird ein Überblick über die wichtigsten Phänomene der natürlichen Demobilisierung von organischen und anorganischen Schadstoffen gegeben, die sowohl für die Gefährdungsabschätzung als auch für technische Problemlösungen an kontaminierten Böden und Sedimenten eine zunehmende Rolle spielen.

1.4.3.1 Organische Schadstoffe

Seit Mitte der neunziger Jahre verdichten sich die Befunde, dass die verschiedenen Bestandteile der Bodenmatrix in einem sehr weiten Rahmen hinsichtlich der Sorptionskinetik und -intensität, der Konkurrenz um Bindungsplätze sowie der Eluierbarkeit der angelagerten Schadstoffe variieren (Pignatello u. Xing 1996). In dem Ansatz von Luthy et al. (1997), der in Tabelle 1.29 zusammengefasst dargestellt ist, werden verschiedene „Geosorbentien" nach ihren Eigenschaften bei der Sorption von nicht-wässrigen organischen Flüssigkeiten (NAPL) unterschieden: Absorption in (a) amorphen „weichen" und (b) verdichteten „harten" organischen Substanzen sowie Adsorption (c) an Mineraloberflächen und (d) in mikroporösen Mineralen. Die Sorptionskinetik und -intensität, die Konkurrenz um Bindungsplätze, Hysterese- und Alterungseffekte sowie die Eluierbarkeit der Schadstoffe variieren in einem weiten Rahmen. Die Absorption in harten organischen Substanzen und Adsorption in Feinporen erfolgt jeweils in einer nicht-linearen Sorptionskurve (s. ausführliche Diskussion für organische Schadstoffe in Abschn. 2.1).

Tabelle 1.29 Reversible und irreversible Sorption von unpolaren organischen Schadstoffen an „Geosorbentien" (nach Daten von Luthy et al. 1997 aus Förstner u. Gerth 2001)

	Absorption in amorpher organischer Substanz	Absorption in verdichteter organischer Substanz	Adsorption an wasserfeuchten Oberflächen von Mineralen	Adsorption in mikroporösen Mineralen, z.B. Zeolithen
Sorptionskinetik	schnell (<min)	langsam (>Tage) Hysterese-Effekt	schnell (<min)	langsam (>Tage) Hysterese-Effekt
Sorptionsisotherme	linear	nicht-linear[a]	linear[b]	nicht-linear[a]
Sorptionswärme	niedrig	mäßig bis hoch[c]	niedrig	mäßig bis hoch[d]
Konkurrenz	nein	ja	nein	ja
Sorbat	sterische Effekte nicht bedeutend	sterische Effekte bedeutend[e]	sterische Effekte bedeutend	sterische Effekte bedeutend[f]
Lösungsextraktion	hoch	gering	hoch	gering

[a] bei variabler Porengröße, [b] wegen H_2O-Konkurrenz, [c] Zunahme mit der Dichte der organischen Substanz, [d] Zunahme mit abnehmender Feinporengröße, [e] für Matrixdiffusion, [f] Diffusion durch bestimmte Porenkonfigurationen ermöglicht

Die praktische Bedeutung dieser Vorgänge ist von Chen et al. (2000) für das Beispiel von Sedimentqualitätskriterien dargestellt worden (Abb. 1.28), die in den USA teilweise aus Wasserqualitätskriterien abgeleitet werden (aus Toxizitätstests gewonnen) Nimmt man z.B. eine Lösungskonzentration von 0,2 mg/l für 1,4-Dichlorbenzol als Grenzwert für eine chronische Schädigung von Organismen, so errechnet sich über das Gleichgewichtsmodell ein Feststoffgrenzwert von etwa 4 µg/g. Wenn aber die Anlagerung von 1,4-Dichlorbenzol weitgehend irreversibel ist, d.h. die Desorptions- von der Adsorptionskurve abweicht, erhöht sich folgerichtig dieser Feststoffgrenzwert. In diesem Fall wäre er etwa 100 mal höher als nach dem Gleichgewichtsmodell. Der in Abb. 1.28 gezeigte Effekt geht bei organischen Schadstoffen allerdings in vielen Fällen auf eine sehr langsame Sorptions-/Desorptionskinetik zurück, d.h. es handelt sich um keine echte „Irreversibilität", sondern um Artefakte in Kurzzeit-Laborexperimenten wie von Altfelder et al. (2000) gezeigt werden konnte.

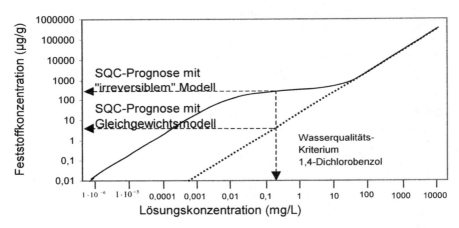

Abb. 1.28 Prognose von Sedimentqualitätskriterien – Bedeutung irreversibler Prozesse (nach Chen et al. (2000)

Da sich die Schadstoffwirkung letztlich nur über biologische Testmethoden feststellen und bewerten lässt, müssen verbesserte Kriterienansätze für Sedimente vorrangig die Frage der Bioverfügbarkeit von Kontaminanten in Abhängigkeit von physiko-geochemischen Eigenschaften der Sedimente lösen (Ahlf u. Förstner 2001; vgl. Kasten S. 51). Einfluss haben nicht nur Redoxbedingungen, Korngröße und organischer Gehalt als Einzelfaktoren, sondern das Zusammenwirken dieser Faktoren in Kombination mit Aktivitäten der Organismen. Durch hydrologische Einflüsse können die Beziehungen verändert werden. Die Bestimmung des Wirkpotenzials einer Kontamination muss daher bestimmt werden in Abhängigkeit von (1) der vorhandenen Matrix, (2) der Sedimenttiefe (Alterung) und (3) den chemisch-physikalischen Parametern (pH-Wert, Redoxpotenzial). Gleichzeitig muss auch die Aktivität der autochtonen Mikroflora analysiert werden, um die ökologische Grundlage eines potenziellen Abbauvermögens für organische Schadstoffe zu charakterisieren.

1.4.3.2 Anorganische Schadstoffe

Für anorganische Schadstoffe, insbesondere für Schwermetalle und Arsen, besteht die Wirkung der *natürlichen Demobilisierung* vor allem in einem verstärkten Rückhalt durch Prozesse wie Sorption, Fällung, Mitfällung, Einbau in Speichermineralen und Einschluss (Okklusion). Die „diagenetischen" Vorgänge, die neben diesen chemischen Prozessen auch mit einer zunehmenden (mechanischen) Verfestigung der Boden- und Sedimentbestandteile durch Kompaktion, Wasserverlust und Mineralausfällungen in den Porenräumen einhergehen, bewirken insgesamt mit zunehmender Zeitdauer eine verringerte Reaktivität der Feststoffmatrizes und damit auch eine mehr oder weniger starke Abnahme der Mobilität bzw. Mobilisierbarkeit der Schadstoffe.

Bereits 1976 fanden Ros Vicent u. Duursma bei *Extraktionsexperimenten an Sedimentproben*, die über sieben Monate mit Metallen behandelt worden waren, dass Strontium und Cadmium überwiegend in austauschbaren Positionen blieben, während z.B. Zink, Caesium, und Kobalt verstärkt im Kristallgitter eingeschlossen wurden. Bei Untersuchungen zum frühen Diagenesestadium von Rheinsedimenten stellte Salomons (1980) fest, dass der von NaCl in Meerwasserkonzentration nicht freisetzbare Cadmiumanteil von 24 % nach 1-tägiger auf 40 % nach 60-tägiger Adsorptionszeit anstieg. An Sedimentproben aus der Stauhaltung Vallabreques/-Rhône, in die künstliche Radionuklide gelangt waren, fanden Förstner u. Schoer (1984) vor allem in den reduzierenden Extraktionsschritten große Unterschiede bei der Eluierbarkeit von geogenen und anthropogenen Mangan-Isotopen.

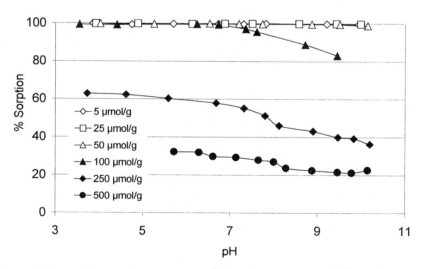

Abb. 1.29 Einfluss der Verdünnung auf die Arsenbindung an Eisenoxidoberflächen (Gerth et al. 2001)

Proben aus oxidierten Feinsedimenten aus der südlichen San Francisco Bay zeigten nach pH-geführter Adsorption bei Cadmium eine ca. 90%ige, bei Blei dagegen nur 20%ige Desorption innerhalb von 24 Stunden (Lion et al. 1982). Als Ursache für die beobachtete *Irreversibiltät der Metallsorption* wurde der Anteil an fester organischer Substanz vermutet. Dies wurde an ausgewählten Materialien für Kupfer – weniger ausgeprägt für Nickel und Cadmium – experimentell bestätigt (Förstner 1991). Andere Befunde zeigen einen zeitabhängig verstärkten Einbau von Schwermetallen in Tonmineralien (Helios-Rybicka u. Förstner 1986). Für die verstärkte Festlegung der Elemente Zink, Nickel, Cadmium und Arsen im Kontakt mit unterschiedlichen Bodenkomponenten wurde von Brümmer, Gerth und Tiller (Brümmer et al. 1988, Gerth 1990, Gerth et al. 1993) u.a. eine langfristige Diffusion von Metallen und Metalloiden in das Kristallgitter des Goethit verantwortlich gemacht. Für mögliche Mechanismen, die bei einem Einsatz des Konzepts „Natural Attenuation" eine Rolle spielen, werden zwei Beispiele von Wechselwirkungen zwischen Arsen und Eisenoxiden dargestellt (Gerth et al. 2001):

Das Entfernen von Schadstoffen aus der Lösung durch *Wechselwirkungen mit Eisenoxidoberflächen* geschieht zunächst durch Adsorption. In Abb. 1.29 ist die relative Adsorption von Arsenat an Goethit bei unterschiedlichem Metallangebot und in Abhängigkeit vom pH-Wert dargestellt. Bei geringeren Anfangskonzentrationen von Arsenat werden über den gesamten untersuchten pH-Bereich 100 % des vorgelegten Arsens gebunden. Erst bei einer Anfangskonzentration von 10^{-4} mol/L wird weniger als 100 % adsorbiert. Der gebundene Anteil nimmt dann mit zunehmendem Metallangebot immer weiter ab. Diese Ergebnisse zeigen, dass bei geringen Schadstoffkonzentrationen eine vollständige Bindung durch Eisenoxidphasen erfolgen kann.

Eine 100%ige Bindung von Arsenat bei geringer Anfangskonzentration erfolgt relativ schnell. In zwei Versuchsansätzen bei 16 h und 1 Woche Reaktionszeit werden unterschiedslos im gesamten untersuchten pH-Bereich 100 % gebunden (Abb. 1.30). Dabei bestehen jedoch qualitative, auf den ersten Blick nicht sichtbare Unterschiede. Nach Ende der Reaktionszeit wurde versucht, die gebundenen Anteile mit 0,5 molarer Natronlauge während einer 1stündigen Extraktionszeit zu mobilisieren. In der Abbildung sind diejenigen Anteile in Abhängigkeit vom pH-Wert in der wässrigen Lösung des Adsorptionsexperiments dargestellt, die bei dieser Behandlung nicht mobilisiert wurden. Hier zeigen sich deutliche Unterschiede in Abhängigkeit von der Reaktionszeit. Bei der längeren einwöchigen Reaktionszeit ist der nicht mobilisierbare Anteil deutlich größer. Die Ergebnisse zeigen, dass im Anschluss an die Adsorption langsame Festlegungsvorgänge ablaufen, die eine Immobilisierung des Schadstoffs bewirken.

Als Fazit stellt Gerth (2000) fest, dass man sich auf den natürlichen Rückhalt von anorganischen Schadstoffen als Sanierungskonzept nicht verlassen sollte. Hierbei sind sehr viel längere Zeiträume zu berücksichtigen als bei abbaubaren organischen Schadstoffen. Die Immobilisierung ist insgesamt schwer einschätzbar. Gerade bei geringen Schadstoffkonzentrationen kommt es zu sehr festen Bindungen. Aber auch die fest gebundenen Anteile sind unter dem Aspekt der Langfristigkeit als potenziell mobilisierbar anzusehen. Außerdem können die geochemischen Verhältnisse nicht als dauerhaft stabil angenommen werden und sich evtl. in der Weise verändern, dass die sorptionsaktive Matrix aufgelöst wird. Als einziger verlässlicher Mechanismus der Abmilderung bleibt somit langfristig nur die Verdünnung. Bei einem Sanierungs-/Sicherungskonzept für anorganische Schadstoffe, das auf natürlichen Rückhaltemechanismen basiert, sollten daher stets Maßnahmen zur Sicherung und Verbesserung des Schadstoffrückhaltepotenzials berücksichtigt werden.

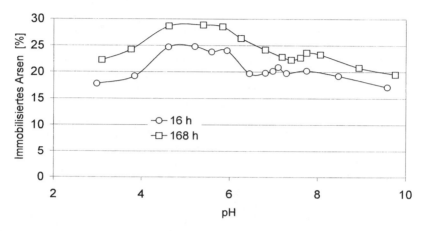

Abb. 1.30 Einfluss der Kontaktzeit auf die Bindung von Arsen an Eisenoxidoberflächen (Gerth et al. 2001)

1.4.4 Chemische Bewertung kontaminierter Feststoffe

Bei umweltgeochemischen Untersuchungen treten spezifische, über die tradionelle Analytische Chemie und Geochemie hinausgehende Probleme auf (Hirner et al. 2000):

- Analytische Probleme, die in der *Komplexität der Proben* liegen – (1) Mengen- und Matrixprobleme, (2) Quantitative Molekülanalytik an Umweltproben und (3) Durchführung von Speziesanalytik;
- Probleme bei der *umweltchemischen Interpretation*, u.a. aus der Komplexität der physikalischen Prozesse – (1) Interpretation der Analysendaten, (2) Unkenntnis der geogenen Hintergrundbelastung, (3) Simulation der Exposition, (4) Mangel an umweltchemischem und -medizinischem Wissen, (5) vergleichende Risikoabschätzung (Bewertungsfragen) und (6) Extrapolation in die Zukunft.

Am deutlichsten werden die Probleme der umweltgeochemischen Analyse und Interpretation bei kontaminierten Feststoffen – Sedimente, Böden, Altlasten, Klärschlämme, Abfälle, aber auch partikuläres Material in der Atmosphäre (Staub). Diese Festkörper verfügen zudem in vielen Fällen über ein beträchtliches Puffervermögen, so dass Belastungen u.U. lange Zeit verborgen bleiben. Auf der anderen Seite können sie bestimmte Eigenschaften speichern, wie z.b. die Säurebildungspotenziale von Sulfidmineralen in anaeroben Sedimenten, und unter veränderten äußeren Bedingungen teilweise kurzfristig mobilisieren („Chemical Time Bomb"; Abschn. 1.2.1).

Die Interpretation bei Feststoffen wird auch dadurch erschwert, dass die Kontaminationen, z.B. in Böden, auf zweifache Weise wirken können (Hirner et al. 2000): Zum einen können die Stoffe selbst unmittelbar für Pflanzen, ggf. direkt für Tiere und den Menschen schädlich sein. Zum anderen können die Stoffe aus dem Boden ausgewaschen werden und ins Grund- und Oberflächenwasser gelangen. Besonders für den zweitgenannten Transferpfad lassen sich kaum standardisierte Bedingungen für eine belastbare Interpretation einführen und der Langzeitcharakter dieser Effekte macht eine Prognose noch schwieriger als sie bspw. bei kurz- bis mittelfristigen ökotoxikologischen Untersuchungen ist.

Während Luft und Wasser verhältnismäßig einheitliche Medien mit einer weitgehend definierten Zusammensetzung darstellen, sind kontaminierte Feststoffe i.A. komplexe, heterogene Systeme aus mineralischen und organischen Bestandteilen. Eine Charakterisierung umfasst viele Kenngrößen, teilweise auch Summenparameter wie z.B. Partikelgrößenverteilung, pH-Wert des wässrigen Auszugs, Gehalt an Trockensubstanz, Wassergehalt und -kapazität, Porosität, Adsorptionskapazität, Ionenaustauschkapazität, usw. Böden und Sedimente besitzen sorptionsaktive Komponenten wie z.B. Tonminerale mit strukturbedingten unterschiedlichen Eigenschaften und hochvariable organische Bestandteile wie Humussubstanzen, die von klimatischen und geographischen Faktoren abhängen (Hirner et al. 2000).

Für die Praxis der Gefährdungsabschätzung besteht das Dilemma, dass sich auf der einen Seite diese Faktoren, Prozesse und Kenngrößen nicht in einem Zahlenwert aufsummieren lassen, und dass auf der anderen Seite die aktuelle Bindung eines Schadstoffs an die Feststoffmatrix (noch) nicht eindeutig bestimmt werden kann. Zwar gibt es für relativ hohe Schwermetallkonzentrationen direkte Methoden der Speziesanalyse, z.B. hochauflösenden Röntgenspektroskopie in der Form von EXAFS (extrended X-ray absorption fine structure) und XANES (X-ray absorption near-edge structure), doch sind diese Methoden noch weit von einem Routineeinsatz für die Bewertung oder gar Langzeitprognose von feststoffgebundenen Schadstoffen entfernt. So bleiben derzeit nur indirekte Abschätzungen über Auslaugungsverfahren, die im Abschn. 3.1 beschrieben werden.

1.4.4.1 Strategien für Langzeitprognosen

Eine umweltgeochemische Handlungsstrategie besteht darin, die *kurzfristigen Ansätze* einer wirkungsbezogenen Umweltüberwachung (Wasseranalytik; biologische Tests und Indikatoren; Elutionstests, Frühwarnindikatoren, Abschn. 1.3.3.1) mit dem *Leitbild der Nachhaltigkeit* (Abschn. 1.2) in Einklang zu bringen. Die Frage lautet:

„Wie lange können die kapazitativen Eigenschaften der Feststoffe den mobilisierenden Systemfaktoren Widerstand leisten, bevor es zum Durchbruch von gelösten Schadstoffen kommt?"

Die Strategien für Langzeitprognosen zum Verhalten von partikelgebundenen Schadstoffen und die Verküpfung mit dem Leitbild „Nachhaltigkeit" sind in Abb. 1.31 dargestellt. Das Schema zeigt die Einbettung der wirkungsbezogenen Feststoffanalytik in ein zeitlich dynamisches System von Einflußfaktoren auf die Schadstoffmobilität, die teilweise aus Zeitrafferexperimenten ermittelt werden können, für deren Langzeitverhalten jedoch das Verhältnis von „Steuerpotenzialen" (Abschn. 1.2.2.2) und „kapazitativen Matrixeigenschaften" (Abschn. 1.2.2.3) maßgebend ist.

Aus diesen Beziehungen lässt sich auch abschätzen, wann Belastungsgrenzen im Sinne der Nachhaltigkeit überschritten sind – Verbrauch von Säure-, Redox- und Sorptionskapazität. Der Begriff „Bioverfügbarkeit" weist darauf hin, dass sich die Wirkungen – kurz- oder langfristig – weniger aus den chemischen Daten als vielmehr aus ökotoxikologischen Befunden ableiten bzw. extrapolieren lassen.

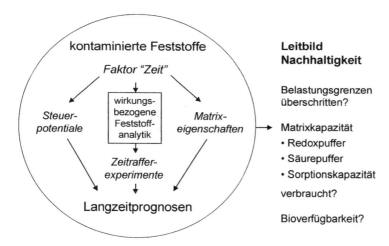

Abb. 1.31 Schematische Darstellung der Einbettung von kurzfristigen Ansätzen einer wirkungsbezogenen Feststoffanalytik in ein System von langfristigen Prognoseparametern (Zeitrafferexperimente, Steuerpotenziale und Matrixkapazitäten)

1.4.4.2 Untersuchung und Bewertung von Alterungseffekten

Die jüngste umweltgeochemische Diskussion behandelt die Frage, inwieweit ein Risiko von feststoffgebundenen Schadstoffen durch Nichtbeachtung von Alterungseffekten (Abschn. 1.4.3) überschätzt wird. Diese Fragestellung ist vor allem wichtig bei Entscheidungen über die Rangfolge von Sicherungs- oder Sanierungsmaßnahmen für Altlasten und spielt auch eine praktische Rolle bei der wissenschaftlichen Begründung von Umweltqualitätskriterien.

Zur Erfassung dieser Einflüsse auf eine reduzierte Schadstoffmobilität sind *methodische Ansätze* verbunden, die hier beispielhaft genannt werden:

- *Auswahl des „experimentellen Designs"* bei der Bestimmung der Schadstofffreisetzungsraten aus Böden (Opdyke u. Loehr 1999)
- *Untersuchung von konkurrierenden Effekten* bei der Readsorption von Metallen, die aus kontaminierten Sedimenten freigesetzt wurden: Harburger Mehrkammernsystem (Förstner et al. 1989)
- *Abschätzung der verringerten Bioverfügbarkeit von organischen Schadstoffen in gealterten Proben* mit chemisch-extraktiven (Kelsey et al. 1997; Feststoff-Mikroextraktion [SPME] Mayer et al. 2000, Verbruggen et al. 2000) und biologischen Methoden (Chung u. Alexander 1999).
- *Schadstofftransport durch Kolloide*. In situ-Mobilisierung (Grolimund et al. 1998). Trennverfahren (FFF) und Detektion (v.d. Kammer u. Förstner 1998)
- Charakterisierung der längerfristigen Reaktivität und Bioverfügbarkeit von Schwermetallen in Sedimenten über die *effektiven Säurebildungspotenziale* (Kersten u. Förstner 1991), die Verhältniswerte von *säureflüchtigen Sulfiden* (AVS) und den gleichzeitig extrahierten Metallen (SEM; DiToro et al. 1992) sowie die *Redoxpufferkapazitäten* aus den festen Eisenspezies (Heron u. Christensen 1995)
- Statistische Analyse der Zusammenhänge zwischen physikalisch-geochemischen Sedimenteigenschaften und *den toxischen Wirkungen bzw. der Bioverfügbarkeit* (Ahlf u. Gratzer 1999)

1.4.4.3 Fazit für geochemische Untersuchungen

Die wesentlichen Kriterien für technische Maßnahmen im Bereich „Abfall und Boden" und für künftige Entscheidungen über die Wiedernutzung von industriellen Brachflächen anstelle der Erschließung neuer gewerblicher Grundstücke („Flächenrecycling") erfordern Langzeitprognosen, die sich i.Allg. nicht aus direkten Geländebefunden ableiten lassen.

1. *Strategien für Feststoffuntersuchungen*. Die Untersuchung von Feststoffen (Mobilisierbarkeit, Bioverfügbarkeit, Speziation von Schadstoffen) ist auf längerfristige Wirkungen ausgerichtet. Für die Interpretation der schadstoffanalytischen Daten sind die dynamischen Wechselbeziehungen zwischen den Steuerpotenzialen und Matrixeigenschaften der Feststoffe entscheident. Der Verbrauch von Pufferkapazität stellt ein Maß für „Nachhaltigkeit" dar (Abschn. 1.2).
2. *Prüfverfahren für kontaminierte Feststoffe*. Prüfverfahren für die realistische Einschätzung von natürlichen Rückhaltemechanismen bei Altlasten und Massenabfällen umfassen biologische und chemisch-extraktive Labormethoden und hydrologische Modelle. Praxisnahe Entwicklungen finden u.a. in dem BMBF-Verbundprojekt „Sickerwasserprognose" statt (Abschn. 3.1).
3. *Methoden für Langzeitprognosen*. Für die Erfassung von Langzeiteffekten sind nicht nur die unter Abschn. 1.4.4.2 aufgeführten Methoden geeignet; in den meisten Fällen sind problemspezifische Zeitrafferexperimente erforderlich, z.B. durch Variation der Feststoff/Lösungsmittel-Verhältnisse oder Überdosierung von Reagenzien („ingenieurgeochemisches Handlungskonzept", Abschn. 1.5.3).

1.5 Ingenieurgeochemie und Abfallwirtschaft

Schwerpunktaufgabe für die Geochemie im Umweltschutz ist die Bewertung des Langzeitverhaltens von Abfällen und insbesondere deren Schadstoffe. Die Ingenieurgeochemie entwickelt darüber hinaus naturnahe Verfahren, mit denen Abfälle dauerhaft sicher gelagert und Altlasten kostengünstig saniert werden können. Im Sinne der Kreislaufwirtschaft kann die geochemische Abfallkonditionierung auch zu verwertbaren Rohstoffen oder Produkten führen. Schließlich lassen sich mit geochemisch begründeten Verfahrensansätzen in prozessintegrierten und nachgeschalteten Maßnahmen die Schadstoffeinträge in die Umwelt reduzieren.

Den wichtigsten Beitrag zur Abfallvermeidung kann die Geochemie am Beginn der Wertschöpfungskette leisten – bei der Gewinnung von Rohstoffen. Das Verhältnis von Endverbraucherabfall zu den vorher entstandenen Bergbau- und Produktionsabfällen ist häufig 1:10 und kleiner. Die alleinige Betrachtung der Abfallprobleme von Dienstleistungsgesellschaften lässt nicht erkennen, welche gewaltigen Güter und Abfallmengen zur Aufrechterhaltung des „Metabolismus" einer Dienstleistungsgesellschaft erzeugt werden (Moser 1996). Im Abschn. 1.5.1 wird an zwei Beispielen dargestellt, wie kritische Abfallkomponenten bei der Erzgewinnung verwertet und wie durch neue Verfahren gleichzeitig die Rohstoffausbeute erhöht und gefährliche Abfälle vermieden werden können.

Sowohl die Bergbautätigkeit am Beginn als auch die Abfallbeseitigung am Ende des Produktzyklus sind Technologien in der „äußeren Umwelt". Hier finden Prozesse statt, die i.A. weniger übersichtlich und kontrollierbar sind als jene in der innerbetrieblichen Praxis. Nach der kurzen und intensiven Phase des Technikeinsatzes folgen lange Zeitperioden, in denen die Abfälle mit den natürlichen Umweltmedien, insbesondere mit der Biosphäre, weiter in Kontakt stehen. Diese Reaktionen dauerhaft so verträglich wie möglich zu gestalten ist u.a. die Aufgabe der Ingenieurgeochemie. Im Abschn. 1.5.2 wird eine Klassifizierung dieser Techniken aus dem Konzept der gekoppelten Systemfaktoren abgeleitet und mit Beispielen beschrieben.

1.5.1 Abfallvermeidung bei der Rohstoffgewinnung

Ronald J. Allan, Leiter des nationalen Wasserforschungszentrums von Kanada in Burlington/Ontario, hat die geochemischen Gemeinsamkeiten zwischen Exploration, Rohstoffgewinnung und Umweltschutz folgendermaßen charakterisiert:

„Both the exploration and environmental geochemist can be looking for the same type of areas, those with high metal concentrations, but obviously from a different motivation" (Geol. Surv. Can. 1974)

„In terms of effluents and wastes, mining is largely a local issue but one of global importance" (J. Geochem. Explor. 1997)

Das wichtigste Argument für die Beschäftigung der Ingenieurgeochemie mit dem Bereich „Bergbau" ist die Erfahrung, dass die insgesamt – nach Menge und Schadpotenzial – schwierigsten Abfälle am Beginn des Produktionszyklus auftreten. Nach einer Übersicht über die aktuellen Umweltprobleme im Erzbergbau (Abschn. 1.5.1.1) werden zwei Beispiele von Vermeidungsstrategien für Metallemissionen beschrieben, zum einen durch die Verlagerung von Erzmineralabfällen bei der Kupfergewinnung aus dem Abraum in den weiteren Produktionsprozess (Abschn. 1.5.1.2) und zum anderen durch die Substitution eines abfallintensiven Aufbereitungsverfahrens bei der Zinkgewinnung (Abschn. 1.5.1.3). Am Ende des Kapitels „Rohstoffgewinnung" steht die Frage, mit welchem Nachdruck ein Ersatz der geogenen Rohstoffvorkommen durch die zwischenzeitlich entstandenen „anthropogenen Lager" verfolgt werden sollte (Abschn. 1.5.1.4).

1.5.1.1 Umweltbelastung durch Bergbau

In den fünf Jahrzehnten seit dem 2. Weltkrieg wurden mehr metallische Rohstoffe gewonnen als über die gesamte davor liegende Menschheitsgeschichte. Während sich die Weltbevölkerung zwischen 1959 und 1990 verdoppelt hat, ist die Förderung bei den sechs wichtigsten Basismetallen (Aluminium, Blei, Kupfer, Nickel, Zink und Zinn) um mehr als das achtfache angestiegen. Im Gegensatz zu den Prognosen aus der Zeit zwischen 1950 bis zur Mitte der achtziger Jahre sind bei den meisten Erzen keine wesentlichen Versorgungsengpässe aufgetreten. Ein wichtiger Faktor für die Verfügbarkeit von metallischen Rohstoffen ist jedoch das in den vergangenen drei Jahrzehnten stark gestiegene Umweltbewusstsein, zunächst in den Industriestaaten, inzwischen aber auch in den Entwicklungsländern (Hodges 1995).

Bergbau und die Verhüttung von Erzen gehörten von Beginn an zu den wichtigsten Ursachen von Verschmutzungsproblemen. In mancher Hinsicht scheint sich daran seit dem Mittelalter, als die Bergbauindustrie in Europa anfing, Erze aus immer größerer Tiefe zu fördern (zuerst umfassend beschrieben von *Georg Agricola* in seinem 1556 erschienen Buch „De Re Metallica"), bis heute wenig geändert zu haben, wenn man bspw. die primitive Verwendung von Quecksilber bei der aktuellen Goldgewinnung in Brasilien betrachtet.

Heute liegen die Hauptprobleme bei den *Abfällen aus sulfidhaltigen Erzen*. Die dazu gehörenden Lagerstätten ruhten über geologische Zeiten praktisch unverändert unter Deckgebirge. Als sie jedoch in Kontakt mit Sauerstoff kamen, begann sich Säure zu entwickeln; die sauren Sickerwässer lösten Schwermetalle aus dem Erz und Nebengestein. Abhängig von der Pufferkapazität der Bergbauabfälle und den verschiedenen chemischen Rückhaltemechanismen erzeugen nicht alle Lagerstätten dieselben Umweltprobleme. In Anlehnung an das Konzept der verknüpften geochemischen Systemfaktoren (Abschn. 1.2.2) würde ein besonders ungünstiges Zukunftsszenario so aussehen, dass über längere Zeiträume die Pufferkapazität verbraucht wird und dann schlagartig ein Durchbruch der Schwermetalle in die Sickerlösungen erfolgt (Salomons 1995).

Schadstoffbelastungen aus Bergbauaktivitäten beeinflussen ganze Regionen noch lange Jahre nach dem Ende der Rohstoffgewinnung. Ein Beispiel ist der Bleibergbau in *West-Wales*, der schon von den Römern angelegt und im 19ten Jahrhundert stark ausgedehnt wurde. Die Abfälle waren damals einfach in die Gewässer verklappt worden. Dadurch wird noch heute die wirtschaftliche Entwicklung des wallisischen Küstengebiets viele Kilometer flussabwärts des eigentlichen Bergbaugebietes nachhaltig behindert (Allan 1995). Ein anderes Beispiel ist die Urangewinnung in *Sachsen und Thüringen*, die mit einer Förderung von 220.000 Tonnen nach dem 2. Weltkrieg die Uranproduktion in Australien und Südafrika weit übertraf (vermutlich auch die Sowjetunion, die als „Eigentümer" der Wismut-Bergbaugesellschaft bis 1990 vor allem während der ersten Nachkriegsjahre für eine in jeder Hinsicht rücksichtslose Ausbeutung dieser Uranvorkommen verantwortlich war). Nach der Öffnung des Eisernen Vorhangs wurde klar, dass ein wirtschaftlicher Erzbergbau nach westlichem Standard dort nicht mehr möglich war. Das Sanierungsprojekt Wismut wurde 1992 vom Deutschen Bundestag verabschiedet und ist bei einem Finanzumfang von rund 7,5 Mrd. € weltweit eines der größten Umweltprogramme (Mager 1996).

Auch in den noch aktiven Bergbaugebieten tritt der *Sanierungsaspekt* immer mehr in den Vordergrund. Das größte Forschungsprojekt auf dem Gebiet der Modellierung und Charakterisierung von geochemischen Prozessen in Absetzanlagen und im Grundwasser, das von sauren Sickerlösungen beeinflusst wird, war das kanadische Mine Environment Neutral Drainage (MEND) Programm (1988 bis 1997). Auf der Grundlage dieser Erfahrungen wurde auch in Schweden das Projekt „Mitigation of the Environmental Impact of Mining Waste" von sechs Universitäten gemeinsam mit der Bergbauindustrie unter finanzieller Förderung in dem „MISTRA"-Programm der Regierung begonnen. Eines der wichtigsten Forschungsziele ist es, Strategien für eine wirkungsvolle Kombination von verschiedenen Vorsorge- und Überwachungsmethoden zu entwickeln; dazu gehört der Einsatz von physikalischen und hydraulischen Barrieresystemen, die Konzeption geochemischer Techniken und die Untersuchung von geeigneten biochemischen Bedingungen zur Verringerung der Emissionen im Umfeld der teilweise abgeschlossenen, teilweise noch laufenden Bergbauaktivitäten.

Im Abschn. 3.3 wird über den zweiten Schwerpunkt, die Konzeption und Anwendung ingenieurgeochemischer Methoden, vor allem nach Abschluss des Bergbaus, ausführlich berichtet.

1.5.1.2 Abfälle aus dem Erzbergbau

Bei der Übersicht über die stoffwirtschaftlichen Prioritäten im Leitbild Nachhaltigkeit wurde deutlich, dass in der Abfolge der Wertschöpfung (Rohstoff-/Grundstoffgewinnung, Vorprodukt-, Zwischenprodukt-, Endproduktherstellung) jeder Prozess Umweltbelastungen in Form von Ressourcenverbrauch, Emissionen und Abfall verursacht – der „ökologische Rucksack" eines Produktes (Schmidt-Bleek 1994).

Die Massen, die in diesen Rucksäcken stecken, wiegen sehr oft viel schwerer als die Produkte selbst. Um 1 g Platin zu gewinnen, müssen z.B. 300.000 g Gestein bewegt werden. 2-3 g Platin enthält ein *Katalysator*, dazu hochwertige Stähle, Keramik und anderes. Umgerechnet ist der ökologische Rucksack des Katalysators, also die insgesamt für seinen Bau bewegte Menge Material, etwa 1 t Umwelt wert. Das bedeutet, dass der Katalysator sozusagen jedem Auto eine Last an Umwelt aufbürdet, die dem Gewicht des Autos selbst entspricht (anders sieht die Rechnung aus, wenn aus Altkatalysatoren wiedergewonnenes Platin verwendet wird). Die „Rucksäcke" bei den einzelnen Rohstoffarten können in Abhängigkeit von den geologischen Verhältnissen und dem Entwicklungsstand der eingesetzten Technologien stark schwanken (Schmidt-Bleek 1994).

Am Beispiel der *Kupfergewinnung* lässt sich dieser Zusammenhang zwischen Rohstoffgewinnung und Abfallentstehung darstellen (Abb. 1.32 nach Sutter 1991): Im Tagebau werden in einem ersten Schritt aus 1000 t Gestein sulfidische Kupfererze mit einem Kupfergehalt von etwa 0,5 % gewonnen, wobei 800 t Abraum anfallen. Fast alle sulfidischen Kupfererze werden in der nächsten Stufe durch Flotation aufbereitet. Dadurch wird die Trennung der erzbildenden Mineralien vom tauben Gestein (Gangart) und eine Anreicherung der Metallgehalte in den Konzentraten auf etwa 25 % erreicht. Die Aufbereitung erfolgt in der Nähe des Bergwerkes. Die entwässerten Konzentrate mit einem Bruchteil des Roherz-Gewichtes werden sodann zur Verhüttung zu den Kupferhütten transportiert, wo in einer ersten Prozessstufe (Röstung) der Schwefel abgetrennt wird. Die Entfernung so großer Mengen an Schwefel kann nur durch Anwendung einer Verwertungstechnologie wirtschaftlich betrieben werden. Die NE-Metallhütten werden damit zu bedeutenden Produzenten von Schwefelprodukten (Schenkel u. Reiche 1994).

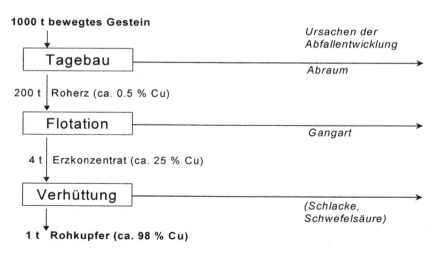

Abb. 1.32 Anreicherungsstufen und Rückstandsmengen bei der Gewinnung von Rohstoffen am Beispiel Rohkupfer (Sutter 1991)

Aus diesem grundlegenden Ablaufschema wird zwar das ungünstige Mengenverhältnis zwischen Rohstoff und Abfall deutlich, jedoch nicht die Probleme mit den Schadstoffemissionen, die bei der Frage nach der Nachhaltigkeit im Vordergrund stehen sollten. Diese Probleme hängen vor allem damit zusammen, dass in der Masse des Abraums noch Komponenten vorhanden sind, die langfristig in der Umwelt reagieren können; dabei steht die Säurebildung aus Sulfiden mit gleichzeitiger Metallmobilisierung im Vordergrund (s.o.). Es muss deshalb ein vorrangiges Ziel des vorbeugenden Umweltschutzes in der künftigen Rohstoffgewinnung sein, diese reaktiven Anteile zu erfassen, bevor sie in die „äußere" Umwelt gelangen, d.h. in weniger kontrollierte Verhältnisse. Dies sollte vorzugsweise durch Einbeziehung in den weiteren Produktionsprozess erfolgen.

1.5.1.3 Abfallvermeidung bei der Aufbereitung

Sulfidische Kupfererze aus o.g. Beispiel enthalten neben dem Gestein auch Verunreinigungen bzw. *Begleitstoffe*: Häufigere Begleitmetalle sind Eisen, Nickel, Blei, Zink, Arsen, Antimon; die selteneren Elemente sind Selen, Tellur, Wismut, Silber, Gold und Platinmetalle. Die meisten dieser Elemente gehören zu den besonders gefährlichen Schadstoffen. In Tabelle 1.30 sind die wichtigsten Minerale der 13 Metallbeispiele in der Prioritätsliste der amerikanischen Umweltbehörde EPA aufgeführt (Novotny 1995). Befinden sich diese Minerale im Rohstoffstrom (nicht im Abraum) werden die entsprechenden Hauptmetalle und die Nebenbestandteile der Minerale bei der Verhüttung in den weiteren Stufen als Rückstände ausgetragen, wobei die Rückstände wiederum teilweise aufgearbeitet und zur Gewinnung der Metalle genutzt werden können. Die Verfahrensschritte, die zur Anreicherung und Gewinnung von Wertmetallen aus Roh- oder Reststoffen eingesetzt werden, lassen sich den drei Gruppen der mechanischen, der pyrometallurgischen und der nasschemischen Methoden zuordnen. Jede Methode hat hinsichtlich ihrer Umweltverträglichkeit typische Vor- und Nachteile (Gock et al. 1996).

Bei der Erzaufbereitung wird die Herstellung hochprozentiger *Metallerzkonzentrate* und *metallfreier Abgänge* angestrebt. Der Verfahrensweg wird dabei entscheidend bestimmt vom Wertstoffgehalt, von dem erreichbaren korngrößenabhängigen Aufschluss der Wertmineralkomponenten, deren chemischen Bindungsmechanismen und der Zahl der Wertmineralträger (Gock et al. 1996). Generell wird versucht, die physikalischen Grundoperationen der Stoffanreicherung, wie Dichtetrennung, Magnetabscheidung, Elektrosortierung und Flotation anzuwenden. Bei komplexen oder ärmeren Erzen, bei denen eine physikalische Trennung nicht möglich oder bei denen diese nicht wirtschaftlich realisierbar ist, sind oft nasschemische Grundoperation wie Laugung, Fällung und Extraktion eine Alternative. Im allgemeinen sind die nasschemischen Grundoperationen der Erzaufbereitung auch wesentlicher Bestandteil der hydrometallurgischen Anreicherung und Weiterverarbeitung der Erzkonzentrate. Die bemerkenswertesten Fortschritte in bezug auf den produktionsintegrierten Umweltschutz sind in den letzten Jahren auf diesem Gebiet gemacht worden. Dazu wird hier das Beispiel einer *Verfahrensänderung bei der Zinkgewinnung* gegeben.

Tabelle 1.30 Natürliche Herkunft von Metallen und Elementen, die auf der U.S.EPA Prioritätenliste für gefährliche Stoffe stehen (Novotny 1995)

Element	natürliche Herkunft von Metallen und metallhaltigen Mineralen
Antimon	Antimonit (Sb_2S_3), geothermische Quellen, Minenabwässer
Arsen	Metallarsenide und -arsenate, Sulfiderze (Arsenschwefelkies), Arsenit ($HAsO_2$), vulkanische Gase, geothermische Quellen.
Beryllium	Beryll ($Be_3Al_2Si_6O_{16}$), Phenazit (Be_2SiO_4)
Blei	Bleiglanz (PbS)
Cadmium	Zinkcarbonat- und Sulfiderze
Chrom	Chromite ($FeCr_2O_4$), Chromoxid (Cr_2O_3)
Kupfer	gediegenes Metall (Cu^0), Kupfersulfid (CuS_2)
Nickel	Ferromagnesium-Minerale, eisenhaltige Sulfiderze, Pentlandit
Quecksilber	gediegenes Metall (Hg^0), Zinnober (HgS)
Selen	freies Element (Se^0), Ferroselenit ($FeSe_2$), Uranlagerstätten, Schiefergesteine; Schwefel-, Nickel-, Kupferkieslagerstätten
Silber	gediegenes Metall (Ag^0), Silberchlorid ($AgCl_2$), Argentit (AgS_2); Kupfer-, Blei- und Zinkerze
Thallium	Kupfer-, Blei- und Silbererzabfälle
Zink	Zinkblende (ZnS), Willemit ($ZnSiO_4$), Galmei ($ZnCO_3$); Minenabwässer

Das wirtschaftlich wichtigste Zinkmineral ist die Zinkblende (ZnS). Die Zinkblenden sind durch Eisen verunreinigt und das zentrale metallurgische Problem ist daher die Abtrennung des Eisens. Üblicherweise wird Reinzink nach folgendem verfahrenstechnischen Weg gewonnen: (1) Röstung, (2) mehrstufige schwefelsaure Laugung, (3) Neutralisation und Eisenfällung als Jarosit, (4) Laugenreinigung durch Zementation von Cu, Ni, Co und Cd mit Zinkstaub; (5) Zinkelektrolyse. Das dabei traditionell eingesetzte *Jarosit-Verfahren* weist vor allem aus der Sicht des Umweltschutzes zwei wesentliche Mängel auf (v. Röpenack 1991, Gock et al. 1996):

- Staub- und Schwefeldioxidemissionen in der Röststufe
- Belastung des Jarosits durch Zink, Blei, Cadmium, Arsen, Thallium u.a.

Die Ruhr-Zink GmbH hat als erste Zinkhütte in Europa ein Konzept umgesetzt, das diese beiden Mängel beseitigt (Veltman u. Weitz 1982). Es benutzt eine schwefelsaure, oxidierende Drucklaugung von Zinksulfid, bei der Eisen(III)ionen durch ständige Oxidation mit Sauerstoff eine katalytische Rolle übernehmen. Der anfallende Elementarschwefel kann in flüssiger oder in fester Form aus den Rückständen der Drucklaugung gewonnen werden. Zur Deckung des Schwefelsäurebedarfs des Verfahrens ist auch Pyrit (FeS_2) geeignet, der ohnehin meist als Begleitmineral auftritt.

Mit diesem *Hämatitverfahren* lässt sich die Stufe der „Jarositfällung" vermeiden (v. Röpenack 1982): Nach der Reduktion des Eisen(III) mit Hilfe von Zinkblendekonzentrat und nach der Abtrennung der gelösten Wertmetalle wird das zweiwertige zum dreiwertigen Eisen oxidiert und in Form von *Hämatit ausgefällt*. In der Abb. 1.33 werden die mittleren Wertmetallausbeuten beim Jarosit- und beim Hämatitverfahren gegenübergestellt. Die erzeugte Qualität des Hämatit lässt eine Verwertung in der *Zementindustrie* als Farbstoff zu. Für den Einsatz in der Stahlindustrie muss noch der Zinkgehalt von 1 % auf 0,1 % gesenkt werden.

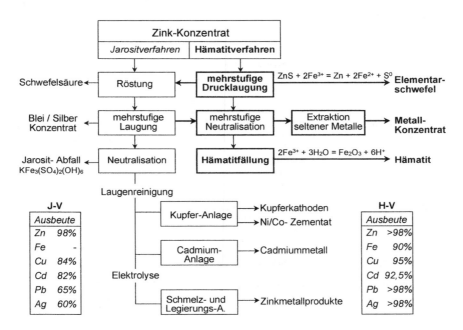

Abb. 1.33 Vergleich der Verfahrensschemata der hydrometallurgischen Zinkgewinnung bei Ausfällung des Eisens als Jarosit und bei direkter Drucklaugung von Zinkerzkonzentrat mit Ausfällung des Eisens als Hämatit. Gegenüberstellung des durchschnittlichen Wertmetallausbringens beim Jarosit- und Hämatitverfahren (v. Röpenack 1991, verändert nach Gock et al. 1996)

Neben diesen grundlegenden Verbesserungen durch Änderung des Verfahrensansatzes sind in Tabelle 1.31 eine Reihe weiterer Maßnahmen aufgeführt, mit denen sich die Emissionen bei der Verhüttung von Erzen nachhaltig reduzieren lassen (Elgersma et al. 1995). Für die Verringerung der Luftbelastungen durch

Schwermetalle kommt vor allem der Einsatz von hochwirksamen Gewebefiltern an Stelle der elektrostatischen Staubabscheidern in Frage; die Entfernung von Quecksilber z.B. durch organische Schwefelverbindungen verbessert den Wert der gewonnenen Säure als wichtigem Nebenprodukt. Eine ingenieurgeochemisch interessante Problemlösung bietet sich für die festen Rückstände aus dem Wälzofenprozess an: Bei einer noch wirtschaftlich und technisch akzeptablen Erhöhung der Temperatur können die Schwermetallgehalte in den Schlacken soweit verringert werden, dass diese als Baustoffe einsetzbar sind (Elgersma et al. 1995). Die Verbesserungen setzen an den festen Abfällen an. So kann der Cadmium/Kobalt-/Kupfer-Zement aus der elektrolytischen Reinigung zu reinem Cadmiummetall und Kupferzement aufgearbeitet werden; die Rückgewinnung dieser Metalle kann wesentlich zur Wirtschaftlichkeit des Gesamtprozesses beitragen. Die Kosten für den Umweltschutz hängen auch von der Vermarktung der Recyclingprodukte ab! (Elgersma et al. 1995).

Tabelle 1.31 Betriebliche Verbesserungen zur Verringerung der Schwermetallemissionen einer Blei-Zink-Hütte und damit verbundene Vorteile (Elgersma et al. 1995)

Emission	Verbesserung	Finanzieller Nutzen
Staub in Speicherabschnitten	Besprühen mit Wasser; Minimierung des Materialeinsatzes	Verringerter Materialeinsatz, geringere Zinszahlungen
SO_2 aus der Schwefelsäureanlage	Doppelkontaktsäureanlage Ammoniakabscheider Hochleistungskatalysator	Wertvolleres Nebenprodukt (Säure), Ammoniaksulfat als Nebenprodukt
Hg in Abgasen	Hg-Abscheidungsanlage	Wertvollere Nebenprodukte
Cd/Co/Cu-Abfälle (Zement)	Optimierte Rückgewinnung	Höhere Gehalte, wertvolleres Material (Cd/Co/Cu)
Zink in Gipsresten	Zinkrückgewinnung	Erweiterter Zinkverkauf
Wälzofenschlacke	Höhere Temperatur	Kommerzielle Verwertung als Baumaterial

1.5.1.4 Nutzung der anthropogenen Lager

Bei den Untersuchungen zum regionalen Stoffhaushalt fanden Baccini u. Bader (1996), dass die wichtigsten Zinklager im Modellgebiet „Metaland" durch anthropogene Akkumulation in den Bereichen „Haushalt/Industrie/Gewerbe" und „Boden", gefolgt von der Deponie, gebildet wurden (s. Abb. 1.21). Der wesentliche Unterschied der anthropogenen gegenüber den geogenen Lagern besteht darin, dass die ersteren wesentlich höhere Zinkkonzentrationen aufweisen. Würde Zink als Zinkerz deponiert, so stände bereits eine regionale Reserve für den Bedarf von rund 10 Jahren zur Verfügung. In Abb. 1.34 sind die globalen geogenen und anthropogenen Lager von Zink und Kupfer gegenübergestellt (Lichtensteiger 2000). Bei den anthropogenen Lagern sind die Deponien miteinbezogen; der Hauptanteil der anthropogenen Zink- und Kupferlager befindet sich im bestehenden Gebäude- und Fahrzeugpark.

Das Beispiel der geogenen und anthropogenen Metallressourcen besitzt in der Frage der Nachhaltigkeit (noch) keine hohe Priorität (s. auch Abschn. 1.2.1). Dagegen gibt es bereits heute regionale Knappheitssymptome bei den quantitativ wichtigsten Baumaterialien *Kies und Sand* (Tabelle 1.32 nach Baccini 1992). Die im Quartär durch fluvio-glaziale Erosion und Akkumulation entstandenen Kieslagerstätten des Modellgebietes zeigen eine mittlere Bildungsrate, die etwa zwei Zehnerpotenzen kleiner ist als die mittlere Nutzungsrate des Menschen seit der zweiten Hälfte des letzten Jahrhunderts. Der Transfer ist zwar erst etwa 15 % des theoretisch verfügbaren Lagers; durch andere Bedürfnisse der Raumnutzung bzw. deren Einschränkung (z.B. Grundwasserschutz, Forstwirtschaft etc.) hat das anthropogene Lager jedoch inzwischen die gleiche Größe wie das noch verfügbare geogene Lager erreicht. Würde die heutige Nutzungsrate, die drei- bis viermal größer ist als die mittlere, fortgeführt, so wäre in dreißig bis vierzig Jahren das noch verfügbare geogene Lager aufgebraucht.

Geogene Erze (Lager in 1000 t)	Metallflüsse (in 1000 t/Jahr)	Erze der Anthroposphäre (Lager in 1000 t)
500.000	Zink 7.000 →	200.000
600.000	Kupfer 10.000 →	300.000

Abb. 1.34 Grobe Abschätzung der globalen Lagerbestände für Zink und Kupfer (Lichtensteiger 2000). Die Pfeile sind jährliche Fluxe entsprechend den Weltproduktionszahlen. Als „geogene Lager" sind die heute als abbauwürdig eingeschätzten vorwiegend terrestrischen Erzvorkommen bezeichnet.

Aus diesen Beispielen kann die Hypothese abgeleitet werden, dass die moderne urbane Infrastruktur ein Rohstofflager darstellt, welches in den vergangenen Jahrzehnten und Jahrhunderten derart mit Stoffen angereichert wurde, dass in Zukunft der Bergbau reduziert werden kann und teilweise durch die Ausbeutung der Lager der Anthroposphäre ersetzt werden kann. Zukünftig sollen anstelle der Ausbeutung von Rohstoffen der Erdkruste die Rohstoffe der Anthroposphäre (Gebäude, Netzwerke, Investitionsgüter und Gebrauchsgüte) abgebaut und vielfach genutzt werden. Ein solcher teilweiser Ersatz des „Bergbaus" durch den „Stadtbau" muss frühzeitig auf breiter Front untersucht und sukzessive in die Wege geleitet werden (Moser 1996).

Tabelle 1.32 Kiesbildung und Kiesnutzung in der Schweiz (Baccini 1992)

	Geogen	Anthropogen
Zeitperiode	100.000 – 10.000 v.u.Z.	1850 – 1990
Dauer	10^5 Jahre	10^2 Jahre
Bildungsrate	10^5 m³/ Jahr	
Nutzungsrate		10^7 m³/Jahr
Lager	10^{10} m³ (1850)	10^9 m³ (1990)
„verfügbar" (1990) [a]	10^9 m³	

[a] gemäß heutigen Nutzungsplänen   v.u.Z.: vor unserer Zeitrechnung

Erste Impulse gehen auch hier vom Lehrstuhl für Stoffhaushalt und Entsorgungstechnik der ETH Zürich aus, u.a. von dem Projekt: „Ressourcen im Bau – Aspekte einer nachhaltigen Ressourcenbewirtschaftung im Bauwesen" (Lichtensteiger 1998). Grundsätzlich werden zwei Quellen von Sekundärressourcen unterschieden (Lichtensteiger et al. 1998):

1. Das *Bauwerk* selbst, d.h. die bereits verbauten Materialien lassen sich über Rückbau und Bauteilbörsen sowie über geeignete Aufbereitungstechniken wieder erschließen.
2. Ressourcenquellen *außerhalb des eigentlichen Baubereichs*. Dazu gehören: (a) Produktionsabfälle wie z.B. Gießereisande, Papierschlämme oder Hüttensande, (b) Rückstände aus Kraftwerksanlagen wie Aschen, Flugstäube oder Schmelzprodukte, und (c) Produkte aus der Behandlung nichtbauspezifischer Abfälle oder nicht ausschließlich bauspezifischer Abfälle wie z.B. thermisch nutzbare Güter wie Kunststoffe oder Altöl, aber auch anorganische Produkte z.B. aus der hochthermischen Abfallbehandlung.

Das Interesse gilt vor allem der *Weiterentwicklung der thermischen Abfallbehandlung* dahin, die klassischen Zufallsprodukte (Schlacken, Aschen) heterogener Zusammensetzung, im Sinne eines Designs, durch definiertere Produkte zu ersetzen. Anstelle der Rostfeuerungsanlagen oder in Ergänzung werden Schmelzanlagen entwickelt, die bei höheren Temperaturen arbeiten und metallurgische Prozessschritte miteinbeziehen (Lichtensteiger 1997). Damit können z.B. Müllverbrennungsanlagen auch die Funktion von Wertmetallaufkonzentrierungsanlagen übernehmen (Abschn. 1.5.2.5).

In der Bauwirtschaft gibt es eine Reihe von praktischen Ansätzen für eine ökologische Optimierung von Stoffkreisläufen. Der bislang aussichtsreichste Sektor ist die Zementproduktion, doch sind in den vergangenen Jahren vor allem in der Schweiz wichtige Impulse auch in anderen Gebieten der Bautechnik entstanden (de Quervain 1998). In den folgenden vier Bereichen besitzt die Baustoffindustrie selbst wesentliche Einflussmöglichkeiten:

- *Verminderung des Einsatzes fossiler Brennstoffe* in der Zementindustrie (bis vor kurzem gingen 80 % der Schweizer Kohlenimporte in Zementwerke) durch den Einsatz geeigneter Abfallbrennstoffe wie Altholz, Trockenklärschlamm und Altreifen; bei der Initiativfirma "HCB stammte 1997 bereits ein Viertel der benötigten thermischen Energie aus diesen Alternativbrennstoffen.
- *Einsatz von alternativen mineralischen Rohstoffen*: Ein mit einem speziellen Aktivkoksfilter ausgerüstetes Zementwerk verwertet bspw. Ölunfallerde und Bodenmaterial, das mit Kohlenwasserstoffen und Polyaromaten verunreinigt ist (die bei den hohen Prozesstemperaturen vernichtet werden).
- *Verminderung des Anteils an Klinker* (gebranntes Zwischenprodukt) durch stoffliche Verwertung von geeigneten Abfallstoffen in der Zementproduktion. Geprüft wird der außerhalb der Schweiz bereits gängige Einsatz von Flugasche aus Kohlekraftwerken und Hochofenschlacken oder ähnlich wirkende Sekundärressourcen als Zusatzstoffe.
- *Multiplizierung der Einsatzmöglichkeiten für Recyclingbeton:* Hier geht es darum, die Zusammensetzung von Zement und Beton so zu steuern, dass sich der Beton am Ende seines Ersteinsatzes problemlos recyclieren lässt; dies heißt insbesondere, dass problematische Inhaltsstoffe gemieden werden.

Die Steigerung der Ressourceneffizienz, die hier am Beispiel der Zementproduktion verdeutlicht wurde, setzt ein tiefgreifendes Prozessverständnis in einer Kombination natur- und ingenieurwissenschaftlicher Vorgehensweisen mit Verfahrenstechnik voraus (Lichtensteiger et al. 1998). Im Abschn. 1.2.5.3 wurde als Instrument für diese Verknüpfung der Ansatz der „petrologischen Evaluation" dargestellt, der bereits bei der Prozessoptimierung in der thermischen Abfallbehandlung praktisch erprobt wurde (Belevi 1995, Lichtensteiger 1996, Zeltner 1997). Die dabei gewonnenen Erkenntnisse lassen sich auch auf andere Prozesse übertragen, so z.B. auf die Behandlung bestimmter separat gesammelter Abfälle (Lichtensteiger et al. 1998).

1.5.2 Langzeitstabilisierung von Abfall

Bei der Beseitigung von Abfällen besitzt das ingenieurgeochemische Kriterium der Langzeitstabilität oberste Priorität. Ausgehend von den drei Gruppen von *Prognoseparametern* „Säurebildungspotenziale", „kapazitätsbestimmende Eigenschaften" und „Auslaugungs-/Schmelzverhalten" wird in Abb. 1.35 eine Klassifikation naturnaher Techniken zur Reinigung, Sanierung und Sicherung von Abfällen und Altlasten vorgenommen. In den Abschn. 1.5.2.1 bis 1.5.2.5 werden Beispiele aus den einzelnen Bereichen dieser Systematik dargestellt.

In den beiden Extremfällen wird der Abfall entweder so abgelagert, dass aufgrund der vorgegebenen Milieubedingungen keine Freisetzung in die Biosphäre möglich ist; oder die Behandlung erfolgt in einer Weise, dass die Schadstoffe aus der umgebenden Matrix entfernt werden. Im zweiten Fall liegt eine Verwertung nahe, doch müssen dann ggf. andere, meist noch strengere Maßstäbe hinsichtlich der Umweltverträglichkeit der Produkte angelegt werden.

In dem Bereich zwischen den Extremen erfolgt eine *Stabilisierung durch Zuschlagstoffe*. Im günstigsten Fall bewirkt die Stabilisierung eine Festlegung des Schadstoffes bei allen denkbaren, realistischen Umweltbedingungen; dann kann man von einer „Immobilisierung" sprechen. Oder die Schadstoffausbreitung wird deutlich reduziert; dann sollte man von einer „Demobilisierung" sprechen (Förstner 1987). Bei der Stabilisierung bzw. Demobilisierung gibt es verschiedene Vorgehensweisen, die auch kombiniert werden können:

1. Durch Auswahl günstiger Milieubedingungen im Ablagerungsgebiet, insbesondere im Hinblick auf die Bildung schwerlöslicher Verbindungen,
2. durch Bereitstellung einer ausreichenden langfristigen Pufferkapazität entsprechend den Umweltbedingungen,
3. durch Neubildung von Speichermineralen, die die potentiellen Schadstoffe in ihrer Kristallstruktur aufnehmen, und
4. durch die Verringerung der Durchlässigkeit für gelöste Schadstoffe, indem – bspw. durch sekundäre Mineralbildungen oder Gelinjektionen – der Porenraum im Abfallkörper teilweise verschlossen wird.

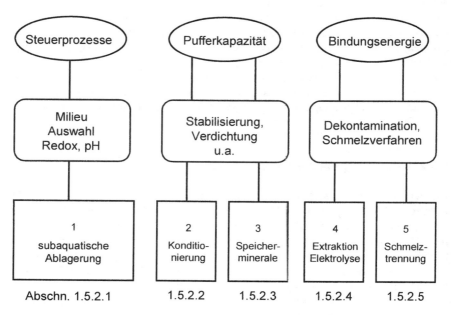

Abb. 1.35 Systematik der ingenieurgeochemischen Techniken (mit Hinweis auf die Beispiele im Abschn. 1.5.2)

1.5.2.1 Subaquatische Lagerung

Am Beginn steht die Methode „Auswahl von günstigen Milieubedingungen für eine langfristige Ablagerung". Vor allem bei Massenabfällen wie Baggerschlick handelt es sich auch meist um die kostengünstigste Alternative, die technisch gut realisierbar und umweltfreundlich ist, so dass man solchen Lösungen besonders gute Perspektiven zuschreiben kann (Abschn. 3.4).

Anfang der achtziger Jahre wurden von der Arbeitsgruppe von Salomons (Kerdijk 1981) im *Rheinmündungsgebiet* Versuche durchgeführt, bei denen Süß-, Brack- und Meerwassersedimente in Becken (80 x 30 x 6 m) ausgebracht wurden. Es wurde die Verfestigung und die Porenwasserchemie über ein Jahr hin untersucht. Dabei ergab sich eine relativ feste Einbindung der Übergangselemente als Sulfide, während Chrom, Arsen und Phosphat mobilisiert wurden.

Umfangreiche Daten liegen vom *U.S. Corps of Engineers* vor. Zu nennen ist hier die Untersuchung von Brannon et al. (1984), die nachweisen konnten, dass eine etwa 1m-mächtige Lage von frischem Sediment die Freisetzung von Schadstoffen über das Porenwasser, z.B. durch Bioturbation, ausreichend unterbindet. Bereits 1980 hat *Morton*, basierend auf den Erfahrungen aus einem großen Verklappungsgebiet im Long Island Sound, bei einer Anhörung des U.S. Kongresses eine günstige Einschätzung dieser Techniken gegeben. Es wurde vorgeschlagen, küstennahe Auskiesungen zu verfüllen und anschließend mit Sediment abzudecken. Die Methode wurde für so vorteilhaft angesehen, dass es sich sogar lohnen würde, spezielle Vertiefungen im Küstenvorfeld anzulegen (Bokuniewiscz 1983).

Am norwegischen *Sörfjord* wurden etwa 200.000 m^3 Abfälle aus der Zinkgewinnung in einer Meeresbucht deponiert, mit einer Plastikfolie abgedeckt und darüber Muschelsand aufgebracht; auf dieser Sandschicht konnte sich wieder die früher vorhandene Biozönose entwickeln (Skei 1992).

In Europa finden sich die größten Erfahrungen in den Niederlanden, wo bislang etwa 10 Sedimentdeponien an Land und unter Wasser eingerichtet wurden und weitere subaquatische Lager geplant sind. Über die Kombination eines Inseldepots mit zwei offenen Lagern im Holland Deep (insgesamt 30 Mio. m^3) findet zzt. ein Entscheidungsprozess statt. Dabei werden folgende Argumente für eine subaquatische Deponierung angeführt: (1) Umweltfreundliche und dauerhafte Lösung, (2) umfangreiche Erfahrungen mit dem Planungsprozess, (3) einfache technische Realisierbarkeit, (4) preiswerter als die Verwertung. Die Emissionen sind gut kontrollierbar und die Belästigung der Umgebung durch subaquatische Lager ist verhältnismäßig. Im Vergleich zu einem Inseldepot entfällt bei einer Lagerung auf dem Gewässerboden die störende Sichtbehinderung.

Die Ablagerung unter permanent anoxischen Bedingungen, wie sie bspw. in Fjorden oder in tieferen Lagen des *Schwarzen Meers* vorliegen, bewirkt u.a. eine Festlegung von toxischen Spurenelementen in sehr schwer löslichen Sulfiden. Abbildung 1.36 zeigt, dass im Extremfall des Kupfers zwölf Größenordnungen zwischen der Sulfid- und Hydroxidlöslichkeit liegen und selbst im ungünstigeren Fall des Zinks sind es noch mindestens sieben Größenordnungen.

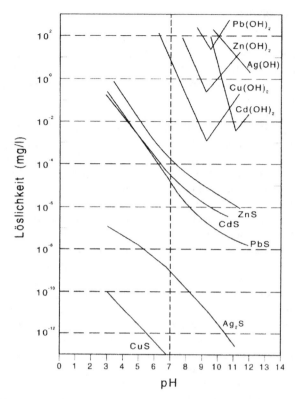

Abb. 1.36 Löslichkeit von Metallsulfiden und -oxiden in Abhängigkeit vom pH-Wert (n. Ehrenfeld u. Bass 1983)

Im Prinzip beruht die chemische Stabilität der Schlickablagerungen von Rotterdam und Hamburg ebenfalls auf der Schwerlöslichkeit von Sulfidmineralen. Der Unterschied zum Schwarzen Meer oder zu einem Fjord ist eine geringere mechanische Stabilität dieser Strukturen, z.B. gegen Erosion und Setzungserscheinungen. Die Abb. 1.37 zeigt Querschnitte der Schlicklager von Rotterdam und Hamburg. Rotterdam muss jährlich etwa 20 Mio. m^3 baggern – etwa das Zehnfache von Hamburg – und es wurde bald klar, dass im Umfeld Rotterdams kein Gelände zu finden war, das diese Mengen längerfristig aufnehmen konnte.

Für die künstliche *Schlickinsel* vor der Rheinmündung wurde eine 20 m tiefe Grube ausgehoben und mit dem Aushubmaterial wurde ein etwa 18 m hoher Ringschutzwall aufgespült (Slufter). Die so entstandene Fläche von 300 ha mit einer Nutztiefe von 32 m hat ein Fassungsvermögen von etwa 90 Mio. m^3. Durch die Konsolidierung des Schlicks im Laufe der Zeit wird es möglich, insgesamt etwa 150 Mio. m^3 Nassschlamm einzubringen. Eingespült wird der Schlick über eine 2 km lange Rohrleitung; das Rücklaufwasser wird nach einem Klärprozess in das Hafengebiet eingeleitet.

Rotterdam: 300 ha, 32 m Nutztiefe, 90 Mio m³

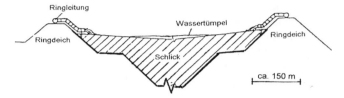

Hamburg: 100 ha, 38 m Nutzhöhe, 6 Mio m³

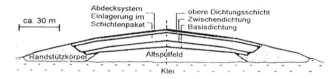

Abb. 1.37 Querschnitte durch die Schlicklager von Rotterdam und Hamburg

In Hamburg wird die abgetrennte *Feinfraktion* in einer Schlicklagerstätte untergebracht. Auf alten Spülfeldern wird eine Basisdichtung errichtet, die u.a. aus einer 1,5 m mächtigen Schlickdichtung besteht. Darauf folgt eine Einlagerung im Schichtenpaket: jeweils 1,5 m starke Schlickschichten werden von 30 cm starken Drän-Schichten eingefasst. Für Letztere wie auch für den Randstützkörper wird der größte Teil des abgetrennten Sandes verwendet. Ähnlich wie in Rotterdam werden diese Kapazitäten zwischen 2005 und 2010 erschöpft sein.

Für die Unterbringung des Hamburger Hafenschlicks wurde auch eine untertägige Ablagerung diskutiert. Günstige Voraussetzungen bieten die *Salzkavernen*, z.B. die Kaverne der DOW Chemical Stade bei Ohrensen, aus der in 1000-2000 m Tiefe die Salzsole ausgelaugt wird. Der Realisierung dieses Konzepts stehen neben Fragen der möglichen Qualitätsminderung des Salzes vor allem auch die Probleme beim 40 km langen Transport der Schlicksuspensionen entgegen. Dennoch wird die Untertagedeponie (UTD) in jeder Hinsicht als vorteilhaft gegenüber einer obertägigen Deponierung (OTD) und auch einer subaquatischen Lagerung (SAD) angesehen (Tabelle 1.33; Abschlussbericht des Niedersächsischen Elbschlick-Forums, Anonym 1994b):

„Hinsichtlich der *Langzeitsicherheit* kann bei allen Unterbringungsformen nur von Prognosen ausgegangen werden, da entsprechende Erfahrungen mit der Ablagerung von Schlick über einen langen Zeitraum noch nicht vorliegen. Die Prognosen können sich also nur auf die unterschiedlichen Konzepte beziehen. Keine OTD kann in dieser Hinsicht für sich in Anspruch nehmen, langzeitsicher zu sein, denn das verwendete Dichtungssystem wird nach heutigem Kenntnisstand nach 60-150 Jahren versagen und damit zu einer Veränderung des Zustandes der Deponie führen, mit dem Risiko, dass Schadstoffe austreten. Auch bei der SAD wird nicht davon ausgegangen werden können, dass es dauerhaft zu keinem Austritt von Schadstoffen aus dem Deponiekörper kommen wird. Allerdings zeigen die für diesen Fall angestellten Modellrechnungen (z.B. am niederländischen Slufter), dass eine Ausbreitung nur weniger Schadstoffe erfolgen wird und diese auch nur mit einer sehr großen zeitlichen Verzögerung. Bei der UTD müssen alle Wege der Schadstofffreisetzung für geologisch bemessbare Zeiträume auszuschließen sein, damit diese überhaupt genehmigt werden kann. Unter Berücksichtigung der Faktoren „Aufwand" (Technik, Kosten), „Risiko" (Austritt von Schadstoffen) und „Langzeitsicherheit" (ohne Nachsorge) bietet die untertägige Form der Unterbringung (unter der Voraussetzung, dass alle erforderlichen Nachweise erbracht werden können) in jeder betrachteten Hinsicht die besten Möglichkeiten für die Ablagerung des Schlicks" Anonym 1994b, S. 159/160).

Tabelle 1.33 Bewertung verschiedener Möglichkeiten der Unterbringung von Baggerschlick (Niedersächsisches Elbschlick-Forum, Anon. 1994)

	Obertägige Unterbringung	Subaquatische Unterbringung	Untertägige Unterbringung
Aufwand (Technik, Kosten)	hoch	gering	gering
Risiko (Schadstoffaustritt)	vorhanden	gering	nicht vorhanden
Langzeitsicherheit (keine Nachsorge)	nicht gegeben	wahrscheinlich	gegeben

1.5.2.2 Konditionierung von Abfallstoffen

Stabilisierungs- und Verfestigungsverfahren an Abfällen haben folgende Ziele: (1) Die Handhabarkeit und physikalischen Eigenschaften zu verbessern, (2) die freie Oberfläche, durch die ein Schadstoffverlust auftreten kann, zu verringern, und (3) die Löslichkeit gefährlicher Inhaltsstoffe zu begrenzen (Anon. 1986a).

Grundsätzlich steht bei der chemischen Stabilisierung die Verbesserung der kapazitätsbestimmenden Feststoffeigenschaften im Vordergrund. Wenn es um die Säurepufferung geht, ist Kalk in den meisten Fällen das optimale Konditionierungsmittel. Am Beispiel der Stabilisierung von Hafenschlick wurde festgestellt, dass bei der Zugabe von Zement und Flugasche, beides Additive mit hohem Anfangs-pH-Wert, Geruchsbelästigungen durch die Bildung von Ammonium bei der Zersetzung der organischen Substanzen auftreten (Calmano 1988). Die Titrationskurven in der Abb. 1.38 zeigen, dass die langfristig verfügbare Pufferkapazität von Zement und Flugasche wesentlich geringer ist als die Zugabe von festem Calciumkarbonat.

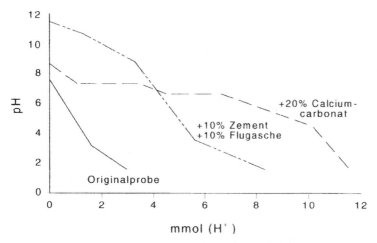

Abb. 1.38 Titrationskurven von unbehandeltem Baggerschlick und nach Behandlung mit Zement/Flugasche bzw. Kalziumkarbonat (Calmano et al. 1990)

Bei der Behandlung von Abfällen muss darauf geachtet werden, dass sich anfänglich positive Effekte nicht langfristig umkehren, weil bestimmte Anteile der Zuschlagstoffe verzögerten Reaktionen unterworfen sind. Dies gilt besonders für industrielle Abfälle, wenn deren Vermischung aus vordergründigen Motiven – z.B. Einsparung schadstoffspezifischer Fremdadditive – als immissionsneutrale Stabilisierung oder gar als Inertisierung deklariert wird.

So wurden bspw. zinkreiche Abfälle aus der Pigmentindustrie mit einem hoch-pH-Zuschlagstoff stabilisiert, der in einem anderen Bereich als Mischabfall auftrat (Förstner et al. 1991). Auslaugungsexperimente mit einem Zirkulationssystem, das einen *Zeitraffereffekt* von etwa 1.000–10.000 durch Senkung des pH-Wertes und Erhöhung des Wasser-/Feststoffverhältnisses aufwies, deuteten zunächst Vorteile dieser Behandlung an. Längerfristig nahm jedoch die Mobilität des Zinks in der behandelten Probe deutlich zu und übertraf schließlich die Freisetzungsrate von Zink in dem unbehandelten Abfall (Abb. 1.38). Dieser Effekt ließ sich damit erklären, dass in dem Zuschlagstoff in relativ geringen Anteilen – etwa 1 % – oxidierbare Schwefelkomponenten vorhanden waren, die langsam Säure bildeten, die ihrerseits die Freisetzung von Zink aus dem Abfall bewirkte. Solche Effekte müssen bei der Abschätzung der langfristigen Stabilität von schadstoffhaltigen Abfällen berücksichtigt werden. Außerdem wird aus diesem Beispiel klar, dass derartige Auswirkungen nur mit einem entsprechend langfristig ausgelegten Prüfverfahren verfolgt werden können.

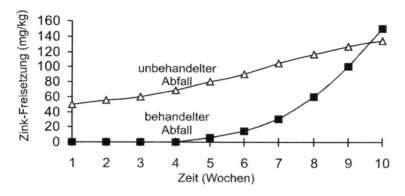

Abb. 1.39 Langzeitverhalten eines Abfallgemisches aus der Pigmentproduktion (Förstner et al. 1991)

1.5.2.3 Festlegung in Speichermineralen

Schadstoffbelastungen von Feststoffen werden zunächst durch Messungen der Gesamtgehalte ermittelt. Um Hinweise über ihr künftiges Verhalten unter veränderten äußeren Bedingungen oder auf geeignete Behandlungstechniken zu erhalten, ist die Kenntnis ihrer Bindungsformen in dem Feststoff erforderlich, die meist durch Elutionsmethoden indirekt abgeschätzt wird. Bei hohen Konzentrationen, z.B. bei Schwermetallen in Bergbauabfällen, kann die Art der Einbindung direkt bestimmt oder in Kenntnis der kristallinen Strukturen relativ sicher einer bestimmten Mineralspezies zugeordnet werden. Das Konzept von Bambauer (1991) einer „mineralogischen Speziation" dient dazu, die Gesetzmäßigkeiten der natürlichen Elementanreicherungen für technische Zwecke der Schadstoff-Fixierung zu nutzen.

In Erweiterung der Tabelle 1.30, in der Minerale mit hohe Gehalten an prioritären anorganischen Schadstoffen zusammengestellt sind, gibt Tabelle 1.34 (n. Bambauer u. Pöllmann 1998) eine Übersicht über Mineralphasen, die in unterschiedlichen Temperaturbereichen für eine Anreicherung oder Speicherung von Spurenelementen in Frage kommen. Anthropogene „Träger"-Minerale sind kristalline Substanzen, häufig aus atmosphärischen Emissionen, die einen Schadstoff als Haupt- oder Spurenbestandteil enthalten (z.B. Calciumphosphat mit hohen Anteilen an Vanadium oder Thalliumchlorid [TlCl]); auch Glaskügelchen aus Calciumalkali-Aluminiumsilikat können eine wichtige Rolle als Träger von Spurenelementen (Ti, V, Cr, Co, Ni, Cu) spielen. Ein Trägermineral kann zum *Speichermineral* werden, ebenso wie eine Mineralneubildung, die in der Lage ist, in einem (metall-)schadstoffhaltigen Milieu diese Substanzen während des Wachstums in ihre Kristallstruktur einzubauen.

Die wichtigsten Eigenschaften dieser Speicherminerale, z.B. für die Abfallablagerung, sind nach Bambauer u. Pöllmann (1998):

1. Hohe Stabilität und geringe Löslichkeit im geochemischen Kreislauf eines technischen oder geologischen Ablagerungsmilieus;
2. Variable chemische Zusammensetzung, durch die eine Fixierung bzw. ein Einbau verschiedener Schadelemente ermöglicht wird;
3. Bildung nach Möglichkeit aus dem Abfallmaterial selbst (oder unter Einsatz geringfügiger Zumischungen)

Tabelle 1.34 Beispiele von Träger- und Reservoirmineralen für Metalle in verschiedenen Abfallstoffen (Bambauer u. Pöllmann 1998)

Verbindung	Element	Vorkommen
I. Hoch- bis Mitteltemperaturbildungen mit isomorphem Ersatz		
Chlorellestadit $Ca_{10}Cl_2[SO_4,SiO_4]_3$	Zn, Cd, Pb, Sr, Ba, V, As, Se	Thermische Nachbehandlung von MVA-RGRR[a]
Alumosilikat-Glaskügelchen	V, Cr, Mn, Co, Ni, Cu, Sr, Ba, usw.	Flugasche von Kohleverbrennungsanlagen
II. Niedertemperaturphase mit isomorphem Ersatz		
Calcit $CaCO_3$	Mn, Co, Ni, Cu, Zn, Cd	Stabilisiertes Baggergut
Jarosit $KFe_3[(OH)_6SO_4]$	Tl, As, Pb	Ablagerungen von Pyritabfällen, vor allem bestehend aus Hämatit
Ca-Monosulfat-Aluminat-Hydrat	Verschiedene Anionen; Schwermetalle: Cd, Cr, usw.	Stabilisierte Reste von Braunkohleverbrennungsanlagen
Ettringit-Typ: $[Ca_6Al_2(OH)_{12}\cdot 24H_2O]^{6+}$ $[(SO_4)_3\cdot 2H_2O]^{6-}$	Verschiedene Anionen; Schwermetalle: Cr, Mn, Co, Ni, Zn, Sr, Pb, As	Stabilisierte Reste von Braunkohleverbrennungsanlagen
Substanz	Anwendung	
III. Intrakristalline und Oberflächensorption		
Bentonit	Additive zur Abdichtung und Abfallstabilisierung	
Zeolithe (natürlich, synthetisch)	Zuschlagstoffe bei der Abwasserreinigung und Abfallbehandlung: „Aktive Barriere-Systeme"	
Calciumsilikat-Hydrat	Sorbent für Chlorid-Ionen und Schwermetalle	

[a] Rauchgasreinigungsreste aus Müllverbrennungsanlagen

Das *Prinzip der Immobilisierung* besteht darin, dass ein hydraulisches Bindemittel oder latent hydraulisches Material mit einem alkalischen oder erdalkalischen Anreger bei gleichzeitiger Zugabe von Wasser chemisch reagiert und erhärtet. Dabei werden die anfallenden Abfallprodukte durch Veränderung des Phasenbestands und anschließende hydraulische Reaktion in ein möglichst auslaugsicheres Gemisch von Speichermineralen umgewandelt. Wesentlich ist die chemische und mineralogische Optimierung der Abmischungen verschiedener Reststoffe zur Erzielung einer maximalen Speichermineralbildung.

Bei der *Ex-situ-Anwendung von Speichermineralien* werden die Abfallprodukte durch Veränderung des Phasenbestands und anschließende hydraulische Reaktion in ein möglichst auslaugsicheres Mineralgemisch umgewandelt (Pöllmann 1994). Im ersten Fall wirken die primären Speicherminerale, die nicht hydraulisch reagieren, als inerter Füllstoff. Im Fall der sekundären Speicherminerale ist es eine zweite Generation von Mineralbildungen, die sowohl Schadstoffe aufnehmen kann, als auch zu einer Verdichtung, d.h. Verringerung der Wasserdurchlässigkeit, beiträgt (Abb. 1.40). Grundvoraussetzung für die Langzeitbeständigkeit ist eine fortgeschrittene Reaktion des Stabilisats und eine ausreichende alkalische Pufferkapazität.

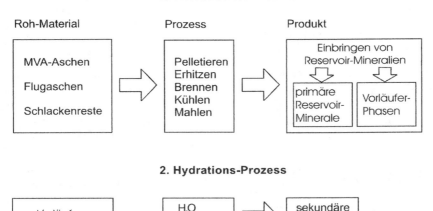

Abb. 1.40 Arbeitsschritte bei der Einbindung von Schwermetallen aus Abfällen in Speicherminerale (Pöllmann 1994)

Eine wichtige Anwendung wurde von Bambauer (1992) für Reststoffe aus der Braunkohleverbrennung entwickelt. Diese bestehen aus Gips, Inertstoffen und REA-Abwässern sowie Nassaschen verschiedener Reinigungsstufen. Bringt man alle diese Stoffe zusammen, so entsteht eine sich langsam verfestigende Masse, in der vor allem die Ettringit-Phasen in der Lage sind, Chlorid-Anteile und Schwermetalle aus der Lösungsphase aufzunehmen. Noch langsamer kristallisieren die Calciumsilikat-Hydratphasen aus, eine zweite Generation von Speichermineralen, die auch zu einer Gefügeverdichtung führt (Abb. 1.41).

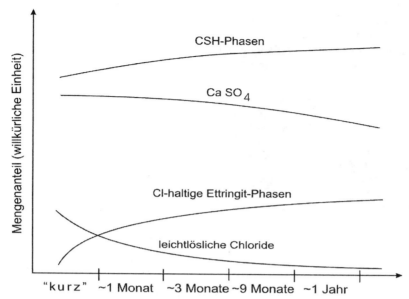

Abb. 1.41 Schema der Schadstoffimmobilisierung in Stabilisaten aus Braunkohlenasche und Rauchgasentschwefelungsprodukten (Bambauer et al. 1988)

Diese methodischen Ansätze aus der Ingenieurgeochemie gelten sowohl für die Sicherung von Altlasten als auch für die Konditionierung von neu anfallenden Reststoffen, insbesondere Massenabfälle wie Baggergut, Verbrennungsresten und Bergbauabfällen. Ein typisch ingenieurgeochemischer Ansatz wurde von Driehaus (1994) für die Behandlung von arsenhaltigen Lösungen dargestellt:

Arsen ist inzwischen das meistdiskutierte Problemelement in der Wasserwirtschaft. Seit 1996 gibt es einen neuen Trinkwassergrenzwert bei 10 µg/l. In einigen Kluftgrundwasserleitern, vor allem des Sandsteinkeupers und des Buntsandsteins liegen die geogenen Gehalte relativ hoch. Man findet aber erhöhte Arsengehalte auch im Abstrom von Deponien, wo sie vermutlich durch Redoxprozesse mobilisiert werden (Abschn. 1.3.4).

Die *Arsenentfernung* ist ein zweistufiger Prozess. Zuerst muss Arsenat(III) zu Arsenat(V) oxidiert werden. Das erfolgt entweder mit den Dosiermitteln Ozon oder Wasserstoffperoxid, bzw. chemikalienlos durch UV-Strahlung oder durch Pulveraktivkohle katalysiert. Die anschließende Adsorption von Arsenat wird normalerweise durch Flockung/Fällung mit Fe(III)-Salzen bzw. Bindung an Aktivtonerde vorgenommen. Untersuchungen von Driehaus (1994) zeigten, dass δ-Manganoxid (Birnessit) als Oxidationsmittel für Arsenat(III) sehr wirkungsvoll ist. Mangan(IV) in der Hauptschicht wird reduziert und das dabei gebildete Mangan(II) wird von dieser sehr aufnahmefähigen Struktur in der Zwischenschicht adsorbiert (Ladungsausgleich durch Alkalien und Erdalkalien). Für die Aufnahme der oxidierten Arsenatspezies eignet sich ebenfalls eine relativ offene Mineralstruktur, diesmal die eines Eisenoxidhydrats. β-FeOOH hat eine sog. Tunnelstruktur, die z.B. durch Chlorid-Anionen aufrecht erhalten wird (Abb. 1.42)). Bei höheren Anteilen dieser β-Modifikation nimmt die Arsenatsorption zu, allerdings besteht auch eine Konkurrenz durch Phosphationen.

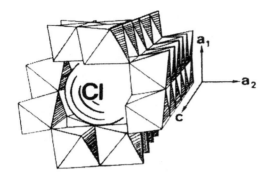

Abb. 1.42 Aufnahme von As-Spezies durch Eisenoxid-Speicherminerale (Driehaus 1994)

1.5.2.4 Chemische und biologische Extraktion

Die meisten Extraktionsmethoden für Abfälle sind Weiterentwicklungen von verfahrenstechnischen Anwendungen im Bereich von fest/fest- bzw. fest/flüssig-Trennungen. Am weitesten vorangeschritten sind die Waschverfahren mit Wasser, bei denen die feinkörnigen Reststoffe anschließend deponiert werden. Bei den Verfahren mit Säureextraktion gibt es Beispiele im Technikumsmaßstab; an der Methode von Müller u. Riethmayer (1982) ist vor allem die Reinigung der Metalllösungen durch Karbonatfällung als ein grundlegend ingenieurgeochemischer Ansatz hervorzuheben. Die elektrochemischen Verfahren zur Schwermetallentfernung aus kontaminierten Böden, Schlämmen und Rückständen beruhen auf den Wirkungsprinzipien der Elektrolyse, Elektrophorese und der Elektroosmose (Roos 1995).

Am nächsten zum Begriff „Ingenieurgeochemie" steht die Technik des *Bioleaching*, der bakteriellen Laugung von metallreichen Feststoffen. Die Methode ist aus der Aufbereitung von Erzen bekannt; sie wird eingesetzt, wenn traditionelle hydro- oder pyrometallurgische Verfahren nicht mehr wirtschaftlich sind. In diesen Fällen wird durch die Oxidation von Schwefel und von Sulfiden unter Vermittlung von Schwefelbakterien Schwefelsäure erzeugt, die wiederum Metalle wie Kupfer freisetzt. Abbildung 1.43 zeigt das Schema einer Pilotanlage des Umweltforschungszentrums Leipzig-Halle. Mit dieser Technik sollen Sedimente der Weißen Elster soweit gereinigt werden, dass sie in alten Tagebauen der Braunkohle, die zur Rekultivierung anstehen, abgelagert werden können (Seidel et al. 1995).

Nach den Erfahrungen aus der Uran- und Pyritlaugung wurde das System als Festbett-Reaktor konzipiert, bei dem die Lösungen durch das Sediment hindurchsickern. Zur Optimierung der chemischen Betriebsbedingungen gehört die Einstellung der Lebensbedingungen für die Thiobakterien, einmal durch Veränderung der pH-Werte und zum anderen durch Zugabe von Schwefel, Thiosulfat und Eisensulfat zu einem geeigneten Nährmedium.

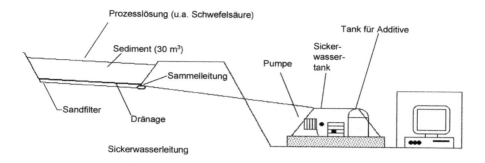

Abb. 1.43 Schema für eine Pilotanlage zum Bioleaching von Sedimenten der Weißen Elster (Umweltforschungszentrum Leipzig-Halle; nach Seidel et al. 1995)

1.5.2.5 Schmelzverfahren

Zu den Trennverfahren, mit denen eine Dekontamination erreicht werden kann, zählt im weiteren Sinne auch die thermische Behandlung. Es gibt eine große Vielfalt von Schmelzverfahren für Rückstände, einige bereits mit großtechnischen Erfahrungen, andere in verschiedenen Entwicklungs- und Pilotstadien. Beim ABB-Verfahren bspw. werden die Flugstäube in einem Elektroofen bei 1200° C eingeschmolzen und im Wasserbad granuliert. Das Abgas wird aus dem Ofen abgesaugt und mit Kaltluft gekühlt. Dadurch kondensieren oder desublimieren die Schwermetallverbindungen aus dem Gas und können in einem Filter abgeschieden und später aufgearbeitet werden. Besonders interessant im ingenieurgeochemischen Sinne sind selbständige Hochtemperaturverfahren zur Schmelzdifferentiation von besonders problematischen Fraktionen, z.B. der Filteraschen aus der Müllverbrennung.

In einem Verfahren, das von der TU Berlin zusammen mit der Bundesanstalt für Materialprüfung (BAM) entwickelt wurde (Faulstich et al. 1992), werden die aufbereitete Schlacke und der zugemischte Flugstaub einem elektrischen Lichtbogenofen zugeführt und unter reduzierenden Bedingungen geschmolzen. Ähnlich wie im magmatischen Geschehen erfolgt eine weitergehende Auftrennung von Silikat-, Metall- und Kondensationsprodukten (Tabelle 1.35). Nach dem reduzierenden Schmelzen entsteht ein Metallprodukt mit den hochsiedenden Elementen Kupfer, Chrom, Nickel und Eisen, welches im „Metallsumpf" abgezogen und der Weiterverwertung zugeführt wird. Das Kondensat enthält die leichtflüchtigen Metalle und die Chloridfracht. Die hohen Gehalte an Zink und Blei bieten auch hier eine metallurgische Aufbereitung in einer Buntmetallhütte an (Tabelle 1.36).

Tabelle 1.35 Elemente in Fraktionen des RedMelt-Verfahrens (Faulstich et al. 1992)

	Input Masse-%	Produkte (Masse-Prozent)		
		Silicat	Metall	Kondensat
Silicium	22,0	26,3	3,4	6,4
Aluminium	5,5	6,8	0,2	0,5
Calcium	9,0	10,6	0,6	0,8
Natrium	3,9	4,2	0,08	13,7
Eisen	10,1	4,5	85,0	1,4
Kupfer	0,3	0,03	4,4	0,3
Chrom	0,04	0,04	0,2	0,03
Nickel	0,01	0,006	0,3	0,001
Zink	0,6	0,09	0,08	14,5
Blei	0,2	<0,01	<0,001	6,3
Cadmium	0,004	<0,00001	<0,001	0,1
Quecksilber	0,0001	$<3 \times 10^{-6}$	<0,001	0,002
Chlor	1,3	0,3	0,03	23,5

Tabelle 1.36 Möglichkeiten der Verwertung von Fraktionen des RedMelt-Verfahrens (Faulstich et al. 1992)

Produkt	Entstehung	Anteil (%)	Hauptkomponenten	Verwertungsmöglichkeiten
Silicat	Schmelze bei allen Verfahren	80–85	Silicium, Aluminium Calcium, Natrium, Magnesium	Straßenbaustoff, Betonzuschlag; Sandersatz, Stahlmittel, Zement
Metall	Schrottabtrennung n. Abfallpyrolyse, Dichtetrennung von Schmelze	5–10	Eisen, Kupfer Phosphor, Silicium Schwefel, Nickel	Eisen, (Hochöfen, Stahlwerke), Kupfer, Eisen, (Schachtofen-Konverter)
Kondensat	Abgasfiltration bei nachgeschalteten Verfahren	2–5	Chlor, Natrium, Kalium, Blei, Zink, Schwefel	Zink, Blei (Imperial-Smelting), NaCl, KCl (Aluminiumindustrie)

Das Silicatprodukt stellt mit etwa 80 % bei allen thermischen Inertisierungsverfahren mit Schmelzen den Hauptanteil der entstehenden festen Produkte dar. Der Gehalt an Schwermetallen ist vom Input und den Redoxbedingungen abhängig. Beim reduzierenden Schmelzen sind die Schwermetallkonzentrationen geringer als beim oxidierenden Schmelzen; die Eluatwerte sind sehr günstig. Da das Silicatprodukt bei dieser Behandlung den größten Anteil ausmacht, ist dessen Verwertung vordringlich. Es hat ähnliche Eigenschaften wie die Schmelzkammergranulate aus den Kohlekraftwerken und deshalb können ähnliche Einsatzgebiete ins Auge gefasst werden – Straßen- und Wegebau, Zuschlag zu Betonwaren, Strahlmittel, Drainagen, usw. Da die Schmelzverfahren jedoch relativ energieaufwendig sind, sollten aus der Schmelze vorrangig Produkte hergestellt werden, deren konventionelle Produktion ähnlich energieaufwendig ist. Beispielsweise ist das Silicatprodukt aus dem reduzierenden Schmelzen mit seinen geringen Schwermetallgehalten besonders gut geeignet, um daraus hochwertige Baustoffe wie Platten, Bimse, Schaumgläser, Mineralfasern usw. herzustellen.

1.5.2.6 Kostenvergleich der Verfahren

Am Ende dieses Kapitels soll versucht werden, einen Kostenvergleich für einige ausgewählte Techniken anzustellen (Tabelle 1.37). Solche Vergleiche haben ihre Tücken, ergeben aber auf der anderen Seite auch Hinweise auf existierende Defizite und mögliche Weiterentwicklungen.

Die hier aufgeführten Parameter sind „Kosten" als Hauptfaktor mit den Unterfaktoren „Rückstand", „Energieverbrauch" und „Chemikalienverbrauch" (nach Roos 1995). Bei der Deponierung von Baggerschlick liegen die Kosten bei weniger als 3 €/t für die Direkteinspülung via Pipeline und 50 € nach Aufbereitung, d.h. Korngrößenabtrennung mittels Hydrozyklon und Aufstromklassierung mit nachfolgender Entwässerung über Bandfilter der Feinfraktion. Bei den einfacheren Waschverfahren fallen je nach Rückstandsqualität überwiegend Deponiekosten zwischen 75 € und 225 € an. Bei den Reinigungsverfahren variieren die Rückstandsmengen in Abhängigkeit von der physikalisch-chemischen Beschaffenheit des kontaminierten Materials und des eingesetzten Extraktionsmittels. Ihre Entsorgung verursacht bei der Extraktion mit Säure und synthetischen Komplexbildnern etwa ebenso hohe Kosten wie die Bereitstellung der erforderlichen Chemikalien und Energie. Es wird immer deutlicher, dass der Aufwand für Chemikalien, Energie und die Reststoffentsorgung zusammen mit den meist unzulänglichen Reinigungsraten[1] einer Anwendung von Extraktionsverfahren insbesondere bei Massenabfällen entgegensteht.

Bei dem Elektrolyseverfahren ist der zu entsorgende Rückstand relativ gering; dafür steigen die Energiekosten stark an. Noch höhere Energiekosten fallen bei der thermischen Behandlung von Filterstäuben und anderen festen Rückständen an. Auf der anderen Seite ergibt sich aber hier die Möglichkeit, die entstandenen Produkte nahezu restlos wieder zu nutzen. In diesem Fall wären auch die Vermeidungseffekte an anderer Stelle, bspw. die Schonung von Kiesabbaugebieten, in die Bewertung einzubeziehen.

---

[1] Roos (1995) zitiert Befunde aus Laboruntersuchungen, bei denen der Säureangriff auf die Matrixbestandteile stärker als auf die Schadstoffkomponenten war. Daraus resultierte eine relative Anreicherung der Schadstoffe in den festen Auslaugungsrückständen.

Tabelle 1.37 Kostenvergleich für Behandlungsverfahren (nach Roos 1995, erweitert)

	Groß-Deponie	Waschverfahren	Säureextraktion	Thermisch
Rückstand (kg/t)	1.000	300 – 500	120 – 280	20 – 40
Energie (kWh/t)		10 – 20	10 – 20	>1.000
Chemikalien (kg/t TS)			500 HCl 150 CaO	
Kosten (Euro/t)	<3[a]-50[b]	75 – 225	180 – 265	≈ 500
Anwendung		Baggerschlick	Böden, Schlämme	Rückstände, Schlämme	Filterstäube, Schlämme

[a] Rotterdam (Direkteinspülung)
[b] Hamburg (nach Aufbereitung)

In Tabelle 1.38 sind Beispiele von Projekten zur Untersuchung, Bewertung und Behandlung kontaminierter Feststoffe zusammengestellt, die vom Arbeitsbereich Umweltschutztechnik der Technischen Universität Hamburg-Harburg im Rahmen von Einzel- und Verbundprogrammen u.a. der Deutschen Forschungsgemeinschaft, des Bundesforschungsministeriums und der Deutschen Bundesstiftung Umwelt durchgeführt wurden. Methoden der Technischen Geochemie werden vorrangig in den Beispielen der beiden Säulen „Reinigungsverfahren" und „Stabilisierung, Verfestigung" eingesetzt. Schwerpunkte der Ingenieurgeochemie im engeren Sinne sind die Stabilisierungsmethoden (3. Säule in Tabelle 1.38). Beispiele zum Thema Stabilisierung und Verfestigung werden in Kap. 3 beschrieben: Prüfverfahren zur Langzeitwirkung von Baustoffen sind der zentrale Aspekt der Übersicht von J. Gerth in Abschn. 3.1. Die Inertisierung von Schwermetallen in Müllschlacken und die entsprechenden Langzeitprüfverfahren werden von G. Hirschmann in Abschn. 3.2 behandelt. Über die Untersedimentdeponierung von Baggerschlämmen und über den Einsatz von Materialien für aktive Barrierensystem zur Abdeckung von Sedimenten berichtet P. Jacobs in Abschn. 3.4.

1.5.3 Ingenieurgeochemisches Handlungskonzept

Aufbauend auf den Beiträgen aus den Grundlagenfächern „Geochemie", „Umweltchemie" und „Umweltgeochemie" wird abschließend ein Handlungskonzept für das neue Fachgebiet „Ingenieurgeochemie" entwickelt. Ein solches Konzept muss sich an den praktischen Schwerpunktaufgaben und der Abfolge von Arbeitsschritten in geowissenschaftlichen Großprojekten wie z.B. der Erkundung des Untergrundes von Deponien und Altlasten (Wilken u. Knödel 1999) oder der Sanierung und Renaturierung des Altbergbaus orientieren. Als Beispiel wird hier das schwedische Verbundvorhaben „Mitigation of the Environmental Impact from Mining Waste" verwendet.

Tabelle 1.38 Untersuchung, Bewertung und Behandlung kontaminierter Feststoffe – Beispiele für F+E-Projekte am Arbeitsbereich Umweltschutztechnik der Technischen Universität Hamburg-Harburg

Untersuchung und Bewertung	Reinigungsverfahren	Stabilisierung, Verfestigung
Aufspüren von Schadstoffen mit dem Kanalspion	Integrierte Bodenbehandlung nach „Container"-Prinzip	Materialien für „aktive Barrierensysteme" (ABS), z.B. Zeolithe
Screeningprogramme zur Beurteilung von Umweltchemikalien	Bakterielle Laugung und Readsorption an organische Matrices	Inertisierung von Schwermetallen in Müllschlacken
Ökotoxikologische Bewertung von Böden und Sedimenten	Bodenwäsche und Wasserreinigung mit Magnetit	Stabilisierung von Chrom- und Arsenhaltigen Abfällen
Altablagerungen HH Georgswerder, Ihlenberg M-V	Schwermetallabtrennung aus Extraktionslösungen durch Ionenflotation	Langzeitwirkung von Dichtwandmaterialien und Zuschlagstoffen
Industriealtlasten Niederwallach und Ffm.-Heddernheim	Elektrolyseverfahren bei der Abfallbehandlung, TBT in Sedimenten	Untersedimentdeponierung von Baggerschlämmen Abdeckung (Capping)

1.5.3.1 Abfolge von Arbeitsschritten – Beispiel „Altbergbau"

Für den Bergbau besitzt der Vorsorge-Aspekt einen besonders hohen Stellenwert, da schon bei der Erschließung neuer Minen die späteren Rekultivierungs- und Sanierungsmaßnahmen technisch und finanziell abgesichert werden müssen. Es ist jedoch auch für andere Bereiche der Abfall- und Altlastenproblematik vorteilhaft, bereits in der Phase der Diagnose einen wissenschaftlichen Brückenschlag zu den bestmöglichen Methoden der Behandlung und Nachsorge vorzunehmen. Insgesamt wird künftig im Rahmen einer nachhaltigen Bewirtschaftung des Grundwassers die Bedeutung der langfristigen Funktions- und Erfolgskontrolle stark zunehmen. Fragen nach den chemischen und biologischen Sekundär- und Tertiäreffekten, wie z.B. die Mobilisierung von Stoffen, Änderungen der Sorptionsmechanismen oder biologische Selektionsprozesse und deren langfristigen Auswirkungen auf die Grundwasserbeschaffenheit müssen bei der Formulierung von Soll- und Zielgrößen einer Sanierungsmaßnahme berücksichtigt und auch nach Ende einer Maßnahme verfolgt werden können. Es werden folgende Schwerpunktaufgaben und Arbeitsschritte unterschieden:

1. **Feldstudien und Charakterisierung**
   Die erste Phase umfasst die Erstellung von Stoffbilanzen auf der Basis von Feldstudien und die Charakterisierung der wichtigsten Prozesse bei der Schadstoffausbreitung. Daraus werden Untersuchungs- und Bewertungsmethoden entwickelt, mit denen geeignete Sanierungsmaßnahmen bereits bei der Exploration neuer Erzbergbaugebiete vorgeplant werden können, z.B. trockene oder nasse Abdeckungen. Als praktisches Handlungskonzept sieht diese Stufe vor allem die Quantifizierung von Schäden vor, d.h. die Erfassung der Kontaminationspfade und der Austragsraten der einzelnen Schadstoffe.

2. **Laboruntersuchungen**
   Zentraler Aspekt dieses zweiten Projektabschnitts ist die Erforschung des Schadstoffrückhalts. Dazu gehört die Untersuchung der Mechanismen, die als chemische, physikalische und mikrobiologische Barrieren die weitere Ausbreitung von gelösten oder kolloidal gebundenen Schadstoffen begrenzen. Diese Mechanismen stehen im Mittelpunkt des Konzepts des kontrollierten natürlichen Abbaus und Rückhalts (s. Kap. 2).

3. **Prognosemodelle**
   Unter diesem Stichwort nennt der MiMi-Ansatz vor allem Modelle, die das Prozessverständnis im Hinblick auf die Langfristigkeit verbessern, sowie Modelle, die zur Quantifizierung und Optimierung von Maßnahmen dienen. Der typische ingenieurgeochemische Ansatz in diesem Teilschritt ist auf eine langfristige Prognose ausgerichtet und erfordert daher die Charakterisierung der „Steuerprozesse" (z.B. über das Säurebildungspotenzial) und der „kapazitativen Eigenschaften", letztere besonders für die Feststoffmatrices.

4. **Sanierung**
   Die ingenieurgeochemischen Sanierungsansätze sind grundsätzlich auf die Einsparung von Material und der eingeschlossenen Energie ausgerichtet. Charakteristisch sind passive Sanierungsmaßnahme, z.B. Reaktionswände oder die Verfüllung von Gruben mit sorptionsaktiven Abfallstoffen. Auch durch die Vegetation oder naturnahe ökologische Systeme kann die mechanische und chemische Mobilisierung von Schadstoffen reduziert werden.

5. **Nachsorge**
   Charakteristische ingenieurgeochemische Maßnahmen wie die Ablagerung inertisierter Abfallstoffe oder die Lagerung unter permanent anoxischen Bedingungen sollten praktisch nachsorgefrei sein. Bei weniger dauerhaften Entsorgungs- oder Verwertungsverfahren ist es sinnvoll, ein Frühwarnsystem zu installieren, bei dem über die Messung typischer geochemischer Parameter nachteilige Entwicklungen, vor allem resultierend aus einer Überlastung der Puffersysteme, abgeleitet werden können.

6. Wissensvermittlung und Vermarktung

Der ingenieurgeochemische Ansatz ist relativ neu, verspricht aber durch seine Naturnähe langfristige Umweltverträglichkeit und relativ geringe Kosten. Die Mess-, Modellierungs-, Sanierungs- und Nachsorgemethoden erfordern ein breites Prozesswissen. Typisch ist der ganzheitliche Ansatz von Prozessstudien und den Problemlösungen. Ein Beispiel ist die Entwicklung aktiver Barrieresysteme für kontaminierte Sedimente und Bergbaureste in einem deutsch-australischen Kooperationsprogramm zur Wassertechnologie; wenn dieser Ansatz zur Marktreife gediehen ist, soll das theoretische und praktische Know-how im südostasiatischen und osteuropäischen Raum angeboten werden.

1.5.3.2 Entwicklung eines Handlungskonzeptes

Ein Handlungskonzept für die Ingenieurgeochemie gründet sich auf vier Pfeilern (Tabelle 1.39): (i) Analyse und Bewertung des Stoffinventars, (ii) Analyse der regionalen Stoffflüsse mit der Entwicklung von Steuerungsinstrumenten, (iii) die Durchführung von Langzeitprognosen für die Schadstoffmobilität auf der Grundlage des Konzeptes der Kopplung geochemischer Systemfaktoren und (iv) die Entwicklung und der Einsatz von technischen Systemen zur Langzeitstabilisierung von Abfällen und geochemischen In-situ-Sanierung von Altlasten. Auf die Punkte (iii) und (iv) wurde bereits in den Abschn. 1.2.2 und 1.5.2 eingegangen; hier soll vor allem die Bedeutung der umweltgeochemischen Ansätze zum „Stoffinventar" und zur „Stoffflussanalyse" im Rahmen des Handlungskonzept dargestellt werden.

I. Analyse und Bewertung des Stoffinventars

Die für Abfalluntersuchungen in Frage kommenden Prüfverfahren stammen zum überwiegenden Teil aus den Fachgebieten der Bodenmechanik, Bauphysik, physikalischen Chemie sowie Mineralogie und wurden bislang vor allem für die Untersuchung von Verfestigungsprodukten angewandt. Die TA-Sonderabfall (Anonym 1991) sieht im Rahmen der Deklarationsanalyse für Abfälle (Anhang D und B) Untersuchungen zur Festigkeit, zum Elutionsverhalten sowie die Bestimmung des Glühverlustes und der extrahierbaren Stoffe vor.

Aus ingenieurgeochemischer Sicht interessiert im Rahmen einer Untersuchung des Feststoffinventars vor allem die mineralogische Speziesanalyse wegen der Informationen zu (a) der Einbindung sehr hoher Metallkonzentrationen in Erzmineralen (Tabelle 1.30) und thermisch behandelten Abfällen (Tabelle 1.34) und (b) der Möglichkeit, die Speicherkapazität bestimmter Mineralstrukturen für die Anreicherung von Metallen aus Feststoffen (Abschn. 1.5.2.3) und Lösungen (bspw. „Reaktive Barrieresysteme") zu nutzen. Die konzeptionellen Ansätze wurden von Bambauer (1991) und Bambauer u. Pöllmann (1998) unter dem Begriff „Innere Barrieresysteme" (Abschn. 1.2.3.4) beschrieben.

UMWELTGEOCHEMIE

Stoffinventaranalyse

Mineralogische Speziesanalyse
(BAMBAUER 1991)

1) Träger- und Reservoir-Minerale
2) Haupt- und Spurenelemente
3) Analytik: REM/EDAX, PIXE
4) Mikrostruktur, Poren, Aggregate

Geochemische Speziesanalyse
(HIRNER et al. 2000)

1) Analytik, Zeitrafferexperimente
2) Sequentielle chem. Extraktion
3) Einzel-Elutions- u. pH_{stat}-Tests
4) rechnerische Modellierung
5) Sickerwasserprognose: 3) + 4)

Stoffflussanalyse
(BACCINI u. BADER 1996)

1) Systemauswahl
2) Messung der Güterflüsse und Stoffkonzentrationen der Güter
3) Berechnung der Stoffflüsse
4) Darstellung und Interpretation:

⇒ *Quellen/Senken eines Stoffes*
⇒ *für den Stoffumsatz relevante Prozesse*
⇒ *resultierende theoretische Steuerungsmöglichkeiten:*

– toxikologisch: Grenzwerte
– Ökobilanzierung: Selektion
– geologisch: Referenzwerte

INGENIEURGEOCHEMIE

Kopplung geochemischer Systemfaktoren (SALOMONS 1993)

Geochemische Steuerprozesse

1) Säurebildungspotenziale
2) Abbau organischer Substanzen
3) Reduktionspotenziale (Fe, Mn)

Kapazitative Eigenschaften

1) Kationenaustauschkapazität
2) Säure-/Basen-Pufferkapazität
3) Redoxpufferkapazität
4) Speicherkapazität
5) Bodenstruktur und -textur
6) mikrobiologische Aktivität

Langzeitstabilisierung

1) Milieubedingungen und Pufferkapazität langfristig vorgeben
2) reaktive Komponenten entfernen
3) Ausfällung bzw. Kristalleinbau gegenüber Sorption bevorzugen
4) Durchlässigkeit verringern
5) Behandlung mit dem Ziel der Verwertung von Inertmaterial

⇒ *Subaquatische Unterbringung*
⇒ *Konditionierung mit Additiven*
⇒ *Extraktion, Schmelztrennung*
⇒ *Reaktive Barrierensysteme*
⇒ *Natürlicher Abbau u. Rückhalt*

Abb. 1.44 Komponenten eines ingenieurgeochemischen Handlungskonzeptes

Charakteristische Bestimmungsmethoden neben der Polarisationsmikroskopie an Dünnschliffpräparaten sind die Rasterelektronenmikroskopie mit energiedispersivem Röntgenfluoreszens-Analysensystem (EDAX) und die Protonenmikrosonde PIXE (Proton Induced X-ray Emission) als eine zerstörungsfreie qualitative und quantitative Elementaranalysenmethode, mit der Verteilung von Spurenmetallen im ppm-Bereich in einer submikroskopischen Feststoffmatrix dargestellt werden kann. Insbesondere für die Anwendung des Konzeptes des natürlichen Abbaus und Rückhaltes von Schadstoffen (Kap. 2) interessieren darüber hinaus auch die Mikrostrukturen, Porenkonfigurationen und Aggregatbildungen von mineralischen und organischen Feststoffen.

Ein Schwerpunkt der angewandten Umweltgeochemie, die geochemische Speziesanalyse an Feststoffproben, wird von Hirner et al. in dem Buch „Umweltgeochemie" (2000) umfassend und praxisorientiert dargestellt. Die analytischen Methoden schließen an die mineralogischen Speziationstechniken an, gelten aber vorzugsweise den Bindungsformen auf molekularer Ebene. So wurde mit EXAFS (extended X-ray absorption fine structure) in mit Tetraalkylblei belasteten Böden die Bindung von Blei an salicylat- und catecholartigen funktionellen Gruppen von Humussubstanzen nachgewiesen (Manceau et al. 1996). Mit Hilfe der Röntgenfluoreszenzanalyse (RFA) können u.a. die festen Rückstände nach den einzelnen Schritten einer sequentiellen Extraktion, im Sinne eines Ausschlusskriteriums überprüft werden (Hirner et al. 2000). In den standardisierten chemischen Bewertungsverfahren für kontaminierte Feststoffe werden nahezu ausschließlich einstufige Elutionstests eingesetzt; als Ausdruck der Quellstärke bilden die Testergebnisse zusammen mit einer rechnerischen Modellierung der nachfolgenden Ausbreitung die Grundlage der sog. „Sickerwasserprognose", die im Abschn. 3.1.3 vertieft behandelt wird.

II. Regionale Stoffflussanalyse und Entwicklung von Steuerungsinstrumenten

Am Beispiel des Schwermetalls Zink wurden im Abschn. 1.4.1 ein Ergebnis von Stoffflussmessungen auf regionaler Ebene und die Möglichkeiten der Umsetzung in der Praxis dargestellt. Bei der Stoffflussanalyse handelt es sich um ein naturwissenschaftliches Verfahren, um für einen definierten Raum in einer bestimmten Zeitperiode (Systemgrenzen) den Stoffumsatz zu quantifizieren; sie umfasst vier Schritte (Baccini u. Bader 1996): (1) das ausgewählte *System* wird beschrieben durch Güter, Prozesse und einen oder mehrere Stoffe; (2) im zweiten Schritt werden die Güterflüsse und die Stoffkonzentrationen (bzw. Energieinhalte) der Güter erfasst; daraus werden (3) die Stoffflüsse berechnet. (4) Im vierten Schritt – schematische Darstellung und Interpretation der Resultate – werden die wichtigen Quellen und Senken eines Stoffes, die für den Stoffumsatz relevanten Prozesse und die sich daraus ergebenden theoretischen Möglichkeiten zur Steuerung identifiziert (Tabelle 1.39).

Es bietet sich an, die inzwischen umfangreichen Erfahrungen bei einer ingenieurgeochemischen und abfallwirtschaftlichen Fragestellung von hoher Priorität einzusetzen: Wie bei den traditionellen Entsorgungskonzepten ist auch beim Endlagerkonzept die Frage nach den „umweltverträglichen Restemissionen" entscheidend für den Aufwand bei der Konditionierung der Restabfälle und bei der Erstellung der Hülle zur Sicherung gegen einen nicht kalkulierbaren Schadstoffaustritt. Zur Beantwortung dieser Frage gibt es in der Stoffflussanalyse nach Baccini u. Bader (1996) drei Ansätze: (1) Grenzwerte aus toxikologischen Daten, (2) Auswahl einer Verfahrensalternative nach Erstellung einer Ökobilanz und (3) Referenzwerte aus natürlichen Stoffflüssen. Der erste Ansatz ist wenig aussichtsreich, da wegen der Langfristigkeit der Prozesse in einer solchen Ablagerung eine Vielzahl von Bedingungen experimentell überprüft werden müssten. Auch der zweite Ansatz ist zunächst nicht zielführend, weil es zu dem Prinzip eines Endlagers aus thermisch behandelten Abfällen praktisch keine Alternative gibt. Der dritte – „geologische" – Ansatz für die Festlegung von Qualitätszielen, mit einem Vergleich der geogenen und anthropogenen *Prozesse* in den verschiedenen Umweltmedien, erscheint insgesamt als die am besten geeignete Prüfstrategie für langfristige Problemlösungen im regionalen Maßstab. Wenn die Langzeitperspektiven grundsätzlich bekannt sind, könnte dann auch der zweite Ansatz – Ökobilanzen zur Auswahl von Konditionierungsvarianten – zum Zuge kommen. Dabei sind neben den Sachbilanzen auch Wirkungsbilanzen auf der Basis von biologischen Daten erforderlich, womit letztlich wiederum der Ansatz (1) in die Prüfstrategie einbezogen wird.

III. Langzeitprognosen für die Schadstoffmobilität

Die meisten offiziellen Elutionstests für die Abschätzung der potentiellen Schadstoff-Freisetzung aus Abfällen, die sich in den Analysenvorschriften der nationalen und internationalen Organisationen befinden (DIN, LAGA; ASTM, U.S. EPA, IAEA, ICES, usw.), sind hinsichtlich der Aussagefähigkeit für langfristige Veränderungen stark eingeschränkt, da weder die natürlichen Abläufe noch die zeitliche Komponente in den zugrundeliegenden Konzepten ausreichend berücksichtigt sind. Das Langzeitverhalten bereits abgelagerter bzw. noch zu deponierender Stoffe hinsichtlich der Belastung vor allem von Grundwasservorräten kann in Laborversuchen simuliert werden durch (Schoer u. Förstner 1987):

- realistische experimentelle Anordnungen zur Beschreibung der Feststoff/-Grundwasser-Wechselwirkungen, z.B. Umströmung, Durchströmung und freie Aufschlämmung und
- kontrollierte und registrierte Überdosierung mobilisierender Umgebungsparameter wie Säurekonzentration, Redoxpotenzial, Temperatur usw. („Zeitraffereffekte").

Weitere Hinweise zur Abschätzung von Langzeiteffekten gibt die Charakterisierung der wichtigsten „Pools" an kritischen Schadstoffen in den Ablagerungen, z.B. durch eine Auslaugungsfolge mit verschiedenen Lösungsmitteln (Abschn. 1.4.2.3). Der Vorteil dieses Ansatzes gegenüber einfachen Elutionstests besteht darin, dass nicht nur aus der Löslichkeit einzelner Substanzen, sondern bereits durch Verschiebungen innerhalb des Spektrums an Bindungsformen bestimmte Trends zu einer verstärkten oder geschwächten Einbindung des Schadstoffes in seine Matrix erkennbar sind. Über die Anwendung von „Zeitraffer"-Methoden wird in Abschn. 3.1 („Sickerwasserprognose) und in Abschn. 3.2.3 („Ablagerung von Müllschlacken") berichtet.

Bei der Langzeitprognose für Entsorgungsstrategien ist die Möglichkeit von verzögerten Freisetzungsprozessen besonders zu beachten. Die Erfahrungen aus der Stoffflussanalyse, die i.A. nur relativ kurzfristige Prozesse bilanziert, benötigen eine Erweiterung durch die Erfassung der langfristig möglichen Steuerprozesse und der Pufferkapazitäten in kritischen Bereichen des (regionalen) Systems; dazu zählen vor allem Stoffübergänge zwischen den Umweltmedien (Abschn. 1.3.4). Die kapazitativen Eigenschaften der einzelnen Subsysteme sind ein Maß für die Nachhaltigkeit des Gesamtsystems. Die Erfassung dieser Systemfaktoren und ihrer Wechselwirkungen bildet eine wichtige Grundlage für die Entscheidung über technische Problemlösungen, insbesondere für ingenieurgeochemische Ansätze.

IV. Langzeitstabilisierung von Abfällen und geochemische In-situ-Sanierung von Altlasten

Die ingenieurgeochemischen Problemlösungen in der Abfallwirtschaft basieren auf folgenden Prinzipien (zitierte Beispiele im Kap. 1):

- Auswahl geeigneter Milieubedingungen oder langfristige Vorgabe von Pufferkapazität – Abb. 1.36 bis 1.38 (Calmano et al. 1990)
- Entfernung reaktiver oder reaktionsvermittelnder Komponenten – z.B. organische Substanzen durch thermische Behandlung, lösliche Salze durch Waschverfahren oder biologische Laugung unter Nutzung der Sulfide zur Säurebildung – Abb. 1.43 nach Seidel et al. (1995)
- Ausfällung bzw. Kristalleinbau gegenüber Sorption bevorzugen – Abb. 1.11 nach Salomons (1995) und Tabelle 1.10 „Schadstoffrückhaltevermögen" (Wienberg 1998)
- Durchlässigkeit verringern – z.B. Verdichtung durch eine zweite Generation von Mineralbildungen, Abb. 1.40 nach Bambauer et al. (1988)
- Behandlung mit dem Ziel der Verwertung von Inertmaterial – Produkte aus Schmelzverfahren in Tabelle 1.36 (Faulstich et al. 1992)

Aus diesen ingenieurgeochemischen Prinzipien lassen sich fünf Gruppen von technischen Anwendungen ableiten, die in den vorangegangenen oder nachfolgenden Kapiteln anhand von Praxisbeispielen beschrieben werden:

1. *Subaquatische Lagerung* von Sedimenten unter permanent anoxischen Bedingungen (Abschn. 1.5.2.1) mit „Capping", d.h. einer horizontalen Abdeckung, die den Durchtritt von Schadstoffen in das überstehende Wasser durch Einsatz von geochemischen Barrieren – Sorption, Fällung, Speicherminerale – verhindert oder stark reduziert wird (Abschn. 3.4.4);
2. *Konditionierung der Matrix und Einbindung von Schadstoffen* durch Zuschlagstoffe (Abschn. 1.5.2.2) und Speicherminerale (Abschn. 1.5.2.3). Ein Beispiel

aus dem Bereich Bergbaualtlasten ist die „In-situ-Stabilisierung in stillgelegten Grubenbauen" (Abschn. 3.3.2);
3. *Extraktion* (Abschn. 1.5.2.4) *und Schmelztrennung* (Abschn. 1.5.2.5) sind Reinigungsverfahren mit dem Ziel einer wiederverwertbaren oder einfacher abzulagernden Matrix. Am Beispiel von Müllverbrennungsschlacken wird im Abschn. 3.2.3 „Ablagerung von thermisch behandelten Abfällen" die Kombination der geochemischen Bedingungen in Verbrennungsanlagen und in Deponien beschrieben.
4. *Reaktive Barrierensysteme.* Durchströmte Reinigungs- oder Reaktionswände dienen der Adsorption, zur Rückhaltung, chemischen Umwandlung oder dem mikrobiologischen Abbau von Schadstoffen im Grundwasser. Die Entwicklung von Materialien, die als Füllung einer Reaktionswand eingesetzt werden können, stellt dabei den vordringlichsten Forschungsaspekt dar .
5. *Natürlicher Abbau und Rückhalt.* Dieses naturnahe Sanierungskonzept befasst sich mit der Erkundung, Probenahme, Analytik, Modellierung des Transportverhaltens, den Abbaubilanzen und Restrisiken von Schadstoffen im Grundwasser. Ein geochemischer Schwerpunkt ist die Integration zwischen Schadstoffwechselwirkung und Geomedium (Kap. 2).

Literatur

1 Technische Geochemie – Konzepte und Praxis

Baccini P, Bader H-P (1996) Regionaler Stoffhaushalt – Erfassung, Bewertung und Steuerung. Spektrum, Heidelberg

Lichtensteiger T (2001) Die petrologische Evaluation als Ansatz zu erhöhter Effizienz im Umgang mit Rohstoffen. In: Huch M, Matschullat J, Wycisk P (Hrsg) Im Einklang mit der Erde – Geowissenschaften für die Zukunft. S. 193-208. Springer, Berlin Heidelberg New York

Moser F (1996) Kreislaufwirtschaft und nachhaltige Entwicklung. In: Brauer H (Hrsg) Handbuch des Umweltschutzes und der Umweltschutztechnik. Band 2: Produktions- und produktintegrierter Umweltschutz. S. 1059-1153. Springer, Berlin Heidelberg New York

Ringwood AE, Kesson SE (1988) Synroc. In: Lutze W (Ed) Radioactive waste forms for the future, pp. 233-239. North Holland Amsterdam

Stief K (1986) Das Multibarrierenkonzept als Grundlage von Planung, Bau, Betrieb und Nachsorge von Deponien. Müll u. Abfall 18: 15-20

1.1 Ingenieurgeochemie – Einführung

Belevi H (1998) Environmental engineering of municipal solid waste incineration. Habilitationsschrift EAWAG/ETH Zürich. Vdf Hochschulverlag AG an der ETH Zürich

Bliefert C (1994, 1997) Umweltchemie. VCH-Wiley, Weinheim [1. bzw. 2. Auflage]

Ding M, Geusebroek M, van der Sloot HA (1998) Interface precipitation affects the resistance to transport in layered jarosite/fly ash. J Geochem Explor 62: 319-323

Förstner U (1995) Umweltschutztechnik – eine Einführung. 5. Auflage, 594 S. Springer, Berlin Heidelberg New York

Gaballah I, Kilbertus G (1998) Recovery of heavy metal ions through decontamination of synthetic solutions and industrial effluents using modified barks. J Geochem Explor 62: 241-286

Hirner AV, Rehage H, Sulkowski M (2000) Umweltgeochemie – Herkunft, Mobilität und Analyse von Schadstoffen in der Pedosphäre. Steinkopff Darmstadt

Kersten M, Förstner U (1991) Ingenieurgeochemie – ein neues Forschungsgebiet für den Umweltschutz. Geowiss 9: 215-220

Mason B, Moore CB (1985) Grundzüge der Geochemie. Enke, Stuttgart

Meima JA, Comans RNJ (1998) Reducing Sb-leaching from municipal solid waste incinerator bottom ash by addition of sorbent minerals. J Geochem Explor 62: 299-304

Mol G, Vriend SP, van Gaans PFM (1998) Future trends, detectable by soil monitoring networks? J Geochem Explor 62: 61-66

Salomons W (1998) Biogeodynamics of contaminated sediments and soils: perspectives for future research. J Geochem Explor 62: 37-40

Salomons W, Förstner U (eds; 1988) Environmental management of solid waste – dredged material and mine tailings. Springer, Berlin Heidelberg New York

Schoonen MAA, Xu Y, Strongin DR (1998) An introduction to geocatalysis. J Geochem Explor 62: 201-215

Schuiling RD (1986) A method for neutralizing waste sulfuric acid by adding a silicate. Utrecht University, European Patent Application No. 8590343.5

Schuiling RD (1989) Environmental technologies based on geochemical processes (1988 Staring Memorial Lecture). Geologie Mijnb 68: 271-275

Schuiling RD (1990) Geochemical engineering: some thoughts on a new research field, Appl Geochem 5: 251-262

Schuiling RD (1998) Geochemical engineering; taking stock. J Geochem Explor 62: 1-28

Schuiling RD, Andrade A (1988) Recovery of nutrients from organic waste streams by struvite formation (abstract). Chem Geol 70: 2

Steenbruggen G, Hollman GG (1998) The synthesis of zeolites from fly ash and the properties of the zeolite products. J Geochem Explor 62: 305-309

Stief K (1987) Zukünftige Anforderungen an die Deponietechnik und Konsequenzen für die Sickerwasserbehandlung. In: Umweltbundesamt (Hrsg) Deponiesickerwasserbehandlung. UBA Materialien 1/87. S. 27-36. Erich Schmidt, Berlin

Van Gaans PFM (1998) The role of modelling in geochemical engineering – a (re)view. J Geochem Explor 62: 41-55

Voronkevich SD (1994) Engineering geochemistry: problems and applications. Appl Geochem 9: 553-559

Vriend SP, Zijlstra JJP (eds; 1998) Geochemical engineering: current applications and future trends. J Geochem Explor, Vol 62 Nos 1-3

Yanful EH, Quigley RM, Nesbitt WH (1988) Heavy metal migration at a landfill site, Sarnia, Ontario, Canada – 2: metal partitioning and geotechnical implications. Appl Geochem 3: 623-629

1.2 Geochemie im Leitbild „Nachhaltigkeit"

Andreae MO, Asami T, Bertine KK, Buat-Ménard PE, Duce RA, Filip Z, Förstner U, Goldberg ED, Heinrichs H, Jernelöv AB, Pacyna JM, Thornton I, Tobschall HJ, Zoller WH (1984) Changing biogeochemical cycles. In: Nriagu JO (ed) Changing metal cycles and human health. Dahlem Konferenzen, Life Sciences Research Report 28: 359-373. Springer Berlin Heidelberg New York 1984

Anonym (1983) Umwelt – weltweit. Bericht des Umweltprogramms der Vereinigten Nationen (UNEP) 1972-1982. Erich Schmidt, Berlin

Anonym (1986) Leitbild für die schweizerische Abfallwirtschaft, Schriftenreihe Umweltschutz Nr. 51. Eidgen. Kommission für Abfallwirtschaft, Bundesamt für Umweltschutz Bern

Anonym (1991) Immobilisierung von Rauchgasreinigungsrückständen aus Kehrichtverbrennungsanlagen (Projekt IMRA). Amt für Gewässerschutz und Wasserbau des Kanton Zürich

Anonym (1992) Emissionsabschätzung für Kehrichtschlacke (Projekt EKESA). MBT Umwelttechnik Zürich/EAWAG, Abteilung Abfallwirtschaft und Stoffhaushalt, Dübendorf

Anonym (1994) Die Industriegesellschaft gestalten – Perspektiven für einen nachhaltigen Umgang mit Stoff- und Materialströmen. Bericht der Enquete-Kommission „Schutz des Menschen und der Umwelt – Bewertungskriterien und Perspektiven für umweltverträgliche Stoffkreisläufe in der Industriegesellschaft" des 12. Deutschen Bundestages. Economica, Bonn

Anonym (1997) Abfallentsorgung in Zementwerken – Thesenpapier. Umwelt-Materialien Nr. 70, Abfälle. Bundesamt für Umwelt, Wald und Landschaft (BUWAL), Bern

Anonym (1998) Entsorgung in Zementwerken – Richtlinie. Vollzug Umwelt. Dokumentationsdienst Bundesamt für Umwelt, Wald und Landschaft (BUWAL), 3003 CH-Bern

Baccini P (ed; 1989) The landfill - reactor and final storage. Lecture Notes in Earth Sciences No 20, Springer, Berlin Heidelberg New York

Baccini P, Bader H-P (1996) Regionaler Stoffhaushalt – Erfassung, Bewertung und Steuerung. Spektrum, Heidelberg

Baccini P, Lichtensteiger T (1989): Conclusions and outlook. In: Baccini P (ed) The landfill – reactor and final storage. Lecture Notes in Earth Sciences 20: 427-431. Springer, Berlin Heidelberg New York

Baccini P, Belevi H, Lichtensteiger T (1992) Die Deponie in einer ökologisch orientierten Volkswirtschaft. Gaia 1: 34-49

Bambauer HU, Pöllmann H (1998) Concepts and methods for applications of mineralogy to environmental management. In: Marfunin AS (ed) Mineral matter in space, mantle, ocean floor, biosphere, environmental management, and jewelry. Advanced Mineralogy, vol 3: 279-292. Springer, Berlin Heidelberg New York

Benecke P (1987) Die Versauerung bewaldeter Wassereinzugsgebiete. Geowiss in unserer Zeit 5: 19-26

Bourg ACM, Loch JPG (1995) Mobilization of heavy metals as affected by pH and redox conditions. In: Salomons W, Stigliani WM (eds) Biogeodynamics of pollutants in soils and sediments. Risk assessment of delayed and non-linear responses, pp. 87-102. Springer, Berlin Heidelberg New York

Busch K-F, Uhlmann D, Weise G (1989) Ingenieurökologie. Gustav Fischer, Jena

Christensen TH, Bjerg PL, Banwart SA, Jakobsen R, Heron G, Albrechtsen H-J (2000) Characterization of redox conditions in groundwater contaminant plumes. J Contam Hydrol 45: 165-241

Christensen TH, Kjeldsen P, Albrechtsen H-J, Heron G, Nielsen PH, Bjerg PL, Holm PE (1994) Attenuation of pollutants in landfill leachate polluted aquifers. Crit Rev Environ Sci Technol 24: 119-202

De Quervain B (1998) Neupositionierung von Baustoffen im Umfeld der Abfallwirtschaft. In: Lichtensteiger T (Hrsg) Ressourcen im Bau – Aspekte einer nachhaltigen Ressourcenbewirtschaftung im Bauwesen. S. 51-67. Vdf Hochschulverlag AG an der ETH Zürich

Eijsackers H. (1995) How to manage accumulated contaminants. In: Salomons W, Stigliani WM (eds) Biogeodynamics of pollutants in soils and sediments. Risk assessment of delayed and non-linear responses, pp. 309-329. Springer, Berlin Heidelberg New York

Faulstich F, Weber G (1999) Ressourcenschonung in Bayern. Forschungs- und Entwicklungsbedarf im BayFORREST-Bereich 1. Schlußbericht für das Bayerische Staatsministerium für Wissenschaft, Forschung und Kunst, München

Förstner U (1996) Langzeitprognosen und naturnahe Dauerlösungen – ingenieurgeochemische Konzepte für Schadstoffe in Abfällen auf Deponien und in Böden. Geowiss 14: 169-172

Förstner U (2000) Transferprozesse durch Sedimentresuspension. In: Guderian R, Gunkel G (Hrsg) Aquatische Systeme – Biogene Belastungsfaktoren, organische Stoffeinträge, Verhalten von Xenobiotika. Handbuch der Umweltveränderungen und Ökotoxikologie. Band 3B, S. 432-449. Springer, Berlin Heidelberg New York

Förstner U, Calmano W, Ahlf W (1999a) Sedimente als Schadstoffsenken und -quellen: Gedächtnis, Schutzgut, Zeitbombe, Endlager. In: Frimmel FH (Hrsg) Wasser und Gewässer – ein Handbuch, S. 250-279. Spektrum, Heidelberg

Förstner U, Gerth J, Wilken H (1999b) Schadstoffrückhaltevermögen. In: Wilken H, Knödel K (Hrsg) Handlungsempfehlungen für die Erkundung der geologischen Barriere bei Deponien und Altlasten. Handbuch zur Erkundung des Untergrundes von Deponien und Altlasten. Band 7, S. 164-252. Springer, Berlin Heidelberg New York

Förstner U, Kersten M, Wienberg R (1989) Geochemical processes in landfills. In: Baccini P (ed) The landfill – reactor and final storage. Lecture Notes in Earth Sciences 20: 39-81. Springer, Berlin Heidelberg New York

Fortescue JAC (1980) Environmental geochemistry – a holostic approach. Springer, New York Heidelberg Berlin

Geller W, Klapper H, Salomons W (eds; 1998) Acidic mining lakes – acid mine drainage, limnology and reclamation. Springer, Berlin Heidelberg New York

Goldschmidt VM (1937) The principles of distribution of chemical elements in minerals and rocks. J Chem Soc London pp. 655-673

Hanselmann K (1989) Rezente Seesedimente – Lebensräume für Mikroorganismen. Geowiss 7: 98-112

Herman R, Ardekani SA, Ausubel J (1989) Dematerialization. In: Ausubel JE, Sladovich HE (Ed) Technology and environment, pp. 50-69. National Academy of Engineering Washington D.C.

Heron G, Christensen TH (1995) Impact of sediment-bound iron on redox buffering in a landfill leachate polluted aquifer (Vejen, Denmark). Environ Sci Technol 29: 187-192

Heron G, Christensen TH, Tjell JCh (1993) Oxidation capacity of aquifer sediments. Environ Sci Technol 28: 153-158

Heron G, Crozet C, Bourg ACM, Christensen TH (1994) Speciation of Fe(II) and Fe(III) in contaminated aquifer sediments using chemical extraction techniques. Environ Sci Technol 28: 1698-1705

Hesterberg D, Stigliani, WM, Imeson AC (eds; 1992) Chemical time bombs: linkage to scenarios of socioeconomic development. Executive Report 20 (CTB Basic Document 2), IIASA, Laxemburg/Österreich

Hirner AV, Rehage H, Sulkowski M (2000) Umweltgeochemie – Herkunft, Mobilität und Analyse von Schadstoffen in der Pedosphäre. Steinkopff Darmstadt

Hunt CD, Smith DL (1983) Remobilization of metals from polluted marine sediments. Can J Fish Aquat Sci 40: 132-142

Jänicke M (1995) Kriterien und Steuerungsansätze ökologischer Ressourcenpolitik – ein Beitrag zum Konzept ökologisch tragfähiger Entwicklung. In: Jänicke M, Bolle HJ, Carius A (Hrsg) Umwelt global – Veränderungen, Probleme, Lösungsansätze. S. 120-136. Springer, Berlin Heidelberg New York

Johnson CA, Kaeppeli M, Brandenberger S, Ulrich A, Baumann W (1999) Hydrological and geochemical factors affecting leachate composition in municipal solid waste incinerator bottom ash, Part II: The geochemistry of leachate from landfill Lostorf, Switzerland. J Contam Hydrol 40: 239-259

Johnson CA, Richner GA, Vitvar T, Schittli N, Eberhard M (1998) Hydrological and geochemical factors affecting leachate composition in municipal solid waste incinerator bottom ash, Part I: The hydrology of landfill Lostorf, Switzerland. J Contam Hydrol 33: 361-376

Kersten M (1996) Emissionspotential einer Schlackenmonodeponie. Schwermetalle im Sickerwasser von Müllverbrennungsschlacken – ein langfristiges Umweltgefährdungspotential. Geowiss 14: 180-185

Kersten M, Förstner U (1991) Geochemical characterization of potential trace metal mobility in cohesive sediment. Geo-Mar Lett 11: 184-187

Kersten M, Johnson CA, Moor Ch (1995) Emissionspotential einer MV-Schlackendeponie für Schwermetalle. Müll u. Abfall 11: 748-758

Kersten M, Schulz-Dobrick B, Lichtensteiger T, Johnson A (1998) Speciation of Cr in leachates of a MSWI bottom ash landfill. Environ Sci Technol 32: 1398-1403

Klapper H (1992) Eutrophierung und Gewässerschutz. Fischer, Stuttgart

Krumbein WC, Garrels RM (1952) Origin and classification of chemical sediments in terms of pH and oxidation-reduction potentials. J Geol 60: 1-33

Kytzia S (1998) Wie kann man Stoffhaushaltssysteme mit ökonomischen Daten verknüpfen? Ein erster Ansatz am Beispiel der Wohngebäude. In: Lichtensteiger T (Hrsg) Ressourcen im Bau – Aspekte einer nachhaltigen Ressourcenbewirtschaftung im Bauwesen. S. 69-79. Vdf Hochschulverlag AG an der ETH Zürich

Lichtensteiger T (1996) Müllschlacken aus petrologischer Sicht. Geowiss 14: 173-179

Lukas W, Saxer A (1995) Die Verwendung von Reststoffen für die Anlage von Langzeitlagern (Deponiebau). Waste Report 01/95: 35-47. Fachgebiet Abfallwirtschaft, Universität für Bodenkultur Wien

Maaß B, Miehlich G (1988) Die Wirkung des Redoxpotentials auf die Zusammensetzung der Porenlösung in Hafenschlickspülfeldern. Mitt Dtsch Bodenk Ges 56: 289-294

Mackenzie FT, Wollast R (1977) Thermodynamic and kinetic controls of global chemical cycles of the elements. In: Stumm W (ed) Global chemical cycles and their alteration by man. Dahlem Konferenzen, Physical and Chemical Sciences Report 2, pp. 45-59. Verlag Chemie, Weinheim

Mason B, Moore CB (1985) Grundzüge der Geochemie. Enke, Stuttgart

Moser F (1996) Kreislaufwirtschaft und nachhaltige Entwicklung. In: Brauer H (Hrsg) Handbuch des Umweltschutzes und der Umweltschutztechnik. Band 2: Produktions- und produktintegrierter Umweltschutz. S. 1059-1153. Springer, Berlin Heidelberg New York

Obermann P, Cremer S (1992) Mobilisierung von Schwermetallen in Porenwässern von belasteten Böden und Deponien: Entwicklung eines aussagekräftigen Elutionsverfahrens. Materialien zur Ermittlung und Sanierung von Altlasten. Band 6. Landesamt für Wasser und Abfall Nordrhein-Westfalen, Düsseldorf

Peiffer S, Becker U, Hermann R (1994) The role of particulate matter in the mobilization of trace metals during anaerobic digestion of solid waste material. Acta hydrochim hydrobiol 22: 130-137

Perel'man AI (1967) Geochemistry of epigenesis. Plenum, New York

Pöllmann H (1994) Immobile Fixierung von Schadstoffen in Speichermineralen. In: Matschullat J, Müller G (Hrsg) Geowissenschaften und Umwelt. S. 331-340. Springer, Berlin Heidelberg New York

Salomons W (1993) Non-Linear and delayed responses of toxic chemicals in the environment. In: Arendt F, Annokée GJ, Bosman R, van den Brink WJ (eds) Contaminated Soil '93, pp. 225-238. Kluwer, Dordrecht

Salomons W (1995) Long-term strategies for handling contaminated sites and large-scale areas. In: Salomons W, Stigliani WM (eds) Biogeodynamics of pollutants in soils and sediments. Risk assessment of delayed and non-linear responses, pp. 1-30. Springer, Berlin Heidelberg New York

Salomons W (1998) Biogeodynamics of contaminated sediments and soils: perspectives for future research. J Geochem Explor 62: 37-40

Salomons W, de Rooij NM, Kerdijk H, Bril J (1987) Sediments as a source of contaminants? In: Thomas R, Evans R, Hamilton A, Munawar M, Reynoldson T, Sadar H (eds) Ecological effects of in situ sediment contaminants. Kluwer, Dordrecht Boston Lancaster

Sauerbeck D (1985) Funktionen, Güte und Belastbarkeit des Bodens aus agrikulturchemischer Sicht. In: Rat von Sachverständigen für Umweltfragen (Hrsg) Materialien zur Umweltforschung, Band 10. Kohlhammer, Stuttgart Mainz

Schenkel W, Reiche J (1993) Abfallwirtschaft als Teil der Stoffflußwirtschaft. In: Schenkel W (Hrsg) Recht auf Abfall? S. 59-110. Erich Schmidt, Berlin

Schmidt-Bleek F (1994) Wieviel Umwelt braucht der Mensch? MIPS – das Maß für ökologisches Wirtschaften. Birkhäuser, Berlin Basel Boston

Schöpel M, Thein J (1991) Stoffaustrag aus Bergehalden. In: Wiggering H, Kerth M (Hrsg) Bergehalden des Steinkohlebergbaus. S. 115-128. Vieweg, Braunschweig

Schüring J, Schulz HD, Fischer WR, Böttcher J, Duijnisveld WHM (Eds, 2000) Redox – fundamentals, processes and applications. Springer, Berlin Heidelberg New York

Stigliani WM (1988) Changes in values „capacities" of soils and sediments as indicators of nonlinear and time-delayed environmental effects. Environ Monit Assessm 10: 245-307

Stigliani WM (1991) Chemical time bombs: definition, concepts, and examples. Executive Report 16 (CTB Basic Document), IIASA, Laxemburg/Österreich

Sutter H, Mahrwald B, Grosse-Ophoff M (1994) Die Bedeutung der ökologischen Rangfolge im neuen Kreislaufwirtschafts- und Abfallgesetz. Umwelttechnologie aktuell 6/94: 427-436

Van Breemen N (1987) Effects of redox processes on soil acidity. Neth J Agric Sci 35: 271-279

Van der Sloot HA, Heasman L, Quevauviller Ph (Eds., 1997) Harmonization of Leaching/-Extraction Tests. Studies in Environmental Science 70, Elsevier, Amsterdam

Weterings RAPM. Opschoor JB (1992) The Ecocapacity as a challenge to technological development. Advisory Council for Research on Nature and Environment (RMNO). RMNO Publ No 74a. Rijswijk NL

Wienberg R (1998) Schadstoffrückhaltevermögen. In: Hiltmann W, Stribrny B (Hrsg) Tonmineralogie und Bodenphysik. Handbuch zur Erkundung des Untergrundes von Deponien und Altlasten. Band 5, S. 11-26. Springer, Berlin Heidelberg New York

Zeltner C (1998) Petrologische Evaluation der thermischen Behandlung von Siedlungsabfällen über Schmelzprozesse. Dissertation ETH Zürich Nr. 12688

1.3 Umweltchemie – Technologische Aspekte

Alloway BJ, Ayres DC (1996) Schadstoffe in der Umwelt – Chemische Grundlagen zur Beurteilung von Luft-, Wasser- und Bodenverschmutzungen. Spektrum, Heidelberg, 382 S.

Annighöfer F (1991) Umweltrisiken ausgewählter Branchen und beispielhafte Lösungsansätze. Manager Magazin Spezial 2/91, S. 30-31. Hamburg

Anonym (1990) Altlasten. Der Rat von Sachverständigen für Umweltfragen. Sondergutachten Dezember 1989. Metzler-Poeschel, Stuttgart, 302 S.

Anonym (1995) Altlasten II. Der Rat von Sachverständigen für Umweltfragen. Sondergutachten Februar 1995. Metzler-Poeschel, Stuttgart, 281 S.

Anonym (1996) Häufigkeit von Schadstoffen bei Grundwasserschadensfällen. Landesanstalt für Umweltschutz Baden-Württemberg, Karlsruhe

Anonym (1997) Chemie und Biologie der Altlasten. Fachgruppe Wasserchemie in der GDCh (Hrsg.). VCH-Wiley, Weinheim, 466 S.

Arneth JD, Milde G, Kerndorff H, Schleyer R (1989) Waste deposits influences on ground water quality as a tool for waste type and site selection for final storage quality. In: Baccini P (ed) The landfill – reactor and final storage. Lecture Notes in Earth Sciences 20: 399-416. Springer, Berlin Heidelberg New York

Arnold H (1997) Chemisch-dynamische Prozesse in der Umwelt. B.G. Teubner, Stuttgart Leipzig, 198 S.

Batel W (1996) Integrierter Umweltschutz bei der Agrarproduktion. In: In: Brauer H (Hrsg) Handbuch des Umweltschutzes und der Umweltschutztechnik. Band 2: Produktions- und produktintegrierter Umweltschutz. S. 654-688. Springer, Berlin Heidelberg New York

Berndt J (1996) Umweltbiochemie. UTB Gustav Fischer, Stuttgart, 278 S.

Bliefert C (1997) Umweltchemie. Wiley-VCH, Weinheim, 2. Aufl. 510 S.

Calvillo YM, Alexander M (1996) Mechanism of microbial utilization of biphenyl sorbed to polyacrylic beads. Appl Microbiol Biotechnol 45: 383-390

Christensen TH, Bjerg PL, Banwart SA, Jakobsen R, Heron G, Albrechtsen H-J (2000) Characterization of redox conditions in groundwater contaminant plumes. J Contam Hydrol 45: 165-241

Christensen TH, Kjeldsen P, Bjerg PL, Jensen DL, Christensen JB, Baun A, Albrechtsen H-J, Heron G (2001) Biogeochemistry of landfill leachate plumes. Appl Geochem 15: 659-718

Fabian P (1992) Atmosphäre und Umwelt. Springer-Verlag, Berlin Heidelberg New York, 4. Aufl. 144 S.

Fellenberg G (1997) Chemie der Umweltbelastung. B.G. Teubner, Stuttgart Leipzig, 3. Aufl. 273 S.

Förstner U (2001) Frühwarnindikatoren und Langzeitprognosen – Geochemie im Leitbild Nachhaltigkeit. Statusseminar „Umwelt- und problemorientierte Strategien und Parameter für eine wirkungsbezogene Umweltüberwachung". 12.06.01, Niedersächsisches Landesamt für Ökologie, Hildesheim

Förstner U, Müller G (1975) Hydrochemische Beziehungen zwischen Flußwasser und Uferfiltrat. Monatliche Messungen 1972/73 an der Meßstation Heilbronn/Neckar. GWF-Wasser/Abwasser 116: 74-79

Förstner U, Wittmann GTW (1979) Metal pollution in the aquatic environment. Springer, Berlin Heidelberg New York, 486 p.

Gellenbeck K, Regener D, Gallenkemper B (1996) Aufbereitung und Verwendung von Baureststoffen und Müllverbrennungsaschen. In: Brauer H (Hrsg) Handbuch des Umweltschutzes und der Umweltschutztechnik. Band 2: Produktions- und produktintegrierter Umweltschutz. S. 1000-1036. Springer, Berlin Heidelberg New York

Gock E, Kähler J, Vogt V (1996) Produktionsintegrierter Umweltschutz bei der Aufbereitung und Aufarbeitung von Rohstoffen. In: Brauer H (Hrsg) Handbuch des Umweltschutzes und der Umweltschutztechnik. Band 2: Produktions- und produktintegrierter Umweltschutz. S. 79-237. Springer, Berlin Heidelberg New York

Graedel TE, Crutzen PJ (1994) Chemie der Atmosphäre – Bedeutung für Klima und Umwelt. Spektrum, Heidelberg, 511 S.

Heintz A, Reinhardt GA (1996) Chemie und Umwelt – Ein Studienbuch für Chemiker, Physiker, Biologen und Geologen. Vieweg, Braunschweig, 4. Aufl. 366 S.

Hites RA (2001) Evaluating environmental chemistry textbooks. Environ Sci Technol 35: 32A-38A

Hulpke H, Koch HA, Wagner R (Hrsg; 1993). Römpp Lexikon Umwelt. Georg Thieme, Stuttgart, 856 S.

Jeschar R, Dombrowski G, Hoffmann G (1996) Produktionsintegrierter Umweltschutz bei Industrieofenprozessen unter besonderer Berücksichtigung der Stahlindustrie. In: Brauer H (Hrsg) Handbuch des Umweltschutzes und der Umweltschutztechnik. Band 2: Produktions- und produktintegrierter Umweltschutz. S. 323-443. Springer, Berlin Heidelberg New York

Johnson SE, Herman J.S, Mills AL, Hornberger GM (1999) Bioavailability and desorption og aged, nonextractable atrazine in soil. Environ Toxico. Chem 18: 1747-1754

Jugel W (1978) Umweltschutztechnik. VEB Deutscher Verlag für Grundstoffindustrie, Leipzig

Kerndorff (1997) Chemische und humantoxikologische Grundlagen. In: Fachgruppe Wasserchemie (Hrsg) Chemie und Biologie der Altlasten. S. 1-42. VCH Weinheim

Kerndorff H, Milde G, Schleyer R, Arneth J-D, Dieter H, Kaiser U (1988) Grundwasserkontaminationen durch Altlasten. Erfassung und Möglichkeiten der standardisierten Bewertung. In: Wolf K, Van den Brink WJ, Colon FJ (Hrsg) Altlastensanierung '88. Band 1, S. 129-145. Kluwer, Dordrecht

Knoch W (1991) Wasserversorgung, Abwasserreinigung und Abfallentsorgung. Chemische und analytische Grundlagen. VCH, Weinheim, 387 S.

Koch R (1995) Umweltchemikalien. Physikalisch-chemische Daten, Toxizitäten, Grenz- und Richtwerte, Umweltverhalten. VCH, Weinheim, 3. Aufl. 421 S.

Koppe P (1983) Schadstoffelimination in Abwässern vor Einleitung in eine öffentliche Abwasseranlage unter Berücksichtigung der zulässigen Gehalte im Klärschlamm. Gewässerschutz Wasser Abwasser 59: 159-176

Korte F (Hrsg; 1992): Lehrbuch der Ökologischen Chemie – Grundlagen und Konzepte für die ökologische Beurteilung von Chemikalien. Georg Thieme, Stuttgart, 3. Aufl. 373 S.

Koß V (1997) Umweltchemie – Eine Einführung für Studium und Praxis. Springer Berlin, 288 S.

Kümmel R, Papp S (1990) Umweltchemie – Eine Einführung. Deutscher Verlag für Grundstoffindustrie, Leipzig, 2. Aufl. 312 S.

Lawrence A (1993) Groundwater situations requiring early warning. Vortrag anl. GEMS/Water Expert Consultation, 21.-25. Juni 1993. Koblenz

Lipphard G (1999) Produktionsintegrierter Umweltschutz. In: Görner K, Hübner K (Hrsg) Hütte – Umweltschutztechnik. S. E1-E12. Springer, Berlin Heidelberg New York

Lühr H-P, Hahn J (1984) Welche Modelle sind denkbar, um den Gewässerschutz in Zukunft zu verbessern? Vortrag anl. Tagung am 21./22.05.84 am Gottlieb Duttweiler-Institut, Schweiz. Cit. nach Pohle (1991)

Matthess G (1989) Protection of water, water management measures and safeguarding of evidence. In: Proc Int Workshop on Purification of Contaminated Aquifers, Hamburg. International Water Supply Association.

Milde G, Kerndorf H, Schleyer R, Voigt HJ (1990) Zur Bewertung hydrogeologischer Barrieren – welche Möglichkeiten bietet der Großraum Berlin. In: Proc Abfallwirtschafts-Symposium Berlin

Neumaier H, Weber HH (Hrsg; 1996) Altlasten – Erkennen, Bewerten, Sanieren. Springer, Berlin Heidelberg New York, 519 S.

Plumb RH jr, Pitchford AM (1985) Volatile organic scans: implications for groundwater monitoring. Proc Nat Water Well Assoc/Amer Petrol Inst Conf on Petroleum Hydrocarbons and Organic Chemical in Groundwater, 13-15 November 1985, Houston, Texas, pp. 1-15

Pohle H (1991) Chemische Industrie – Umweltschutz, Arbeitsschutz, Anlagensicherheit. 781 S., VCH Weinheim

Rönnpagel K, Ahlf W, Liss W (1995) Microbial bioassays to assess the toxicity of soil-associated contaminants. Ecotox Environ Saf 31: 99-103

Rump HH, Scholz B (1995) Untersuchung von Abfällen, Reststoffen und Altlasten. Praktische Anleitung für chemische, physikalische und biologische Methoden. Wiley-VCH, Weinheim 453 S.

Sablic A (1987) On the prediction of soil sorption coefficients of organic pollutants from molecular structure: application of molecular topology model. Environ Sci Technol 21: 358-366

Scheffer F, Schachtschabel P (1997) Lehrbuch der Bodenkunde. Enke, Stuttgart, 14. Aufl. 491 S.

Schleyer R, Arneth J-D, Kerndorff H, Milde G (1988) Haupt- und Prioritätskontaminanten bei Abfallablagerungen: Kriterien zur Auswahl mit dem Ziel einer Bewertung auf dem Grundwasserpfad. In: Wolf K, Van den Brink WJ, Colon FJ (Hrsg) Altlastensanierung '88. Band 1, S. 249-253. Kluwer, Dordrecht

Schwedt G (1996) Taschenatlas der Umweltchemie. Georg Thieme, Stuttgart, 248 S.

Sigg L, Stumm W (1994) Aquatische Chemie. Eine Einführung in die Chemie wässriger Lösungen und natürlicher Gewässer. Verlag der Fachvereine, Zürich u. B.G. Teubner, Stuttgart, 3. Aufl. 498 S.

Stumm W, Schwarzenbach R, Sigg L (1983) Von der Umweltanalytik zur Oekotoxikologie – ein Plädoyer für mehr Konzept und weniger Routinemessungen. Angew Chem 95: 345-355

Tang J, Alexander M (1999) Mild extrability and bioavailability of polycyclic aromatic hydrocarbons in soil. Environ Toxicol Chem 18: 2711-2714

Tang W-C, White JC, Alexander M (1998) Utilization of sorbed compounds by microorganisms specifically isolated for that purpose. Appl Microbiol Biotechnol 49: 117-V.

Voigt H-J (1990) Hydrogeochemie – eine Einführung in die Beschaffenheitsentwicklung des Grundwassers. Springer, Berlin, 310 S.

Walter G, Gallenkemper B (1996) Verwertung von Steinkohlen- und Braunkohlenaschen. In: Brauer H (Hrsg) Handbuch des Umweltschutzes und der Umweltschutztechnik.

Band 2: Produktions- und produktintegrierter Umweltschutz. S. 1037-1058. Springer, Berlin Heidelberg New York

White JC, Alexander M, Pignatello JJ (1999) Enhancing the bioavailability of organic compounds sequestered in soil and aquifer solids. Environ. Toxicol Chem 18: 182-187

Wienberg R, Förstner U (1990) Chemische Umwandlungsvorgänge in Altlasten – Mobilisierung von Schadstoffen. In: Franzius V, Stegmann R, Wolf K (Hrsg) Handbuch der Altlastensanierung. 6. Lieferung 8/90. Kap. 1.2.1. Schenck, Heidelberg

Wilmoth RC, Hubbard SJ, Burckle JO, Martin JF (1991) Production and processing of metals: their disposal and future risks. In: Merian E (ed) Metals and their compounds in the environment – occurrence, analysis and biological relevance. Chapter 1.2, pp. 19-65. VCH, Weinheim

Winter G (Hrsg; 1987) Das umweltbewußte Unternehmen. Ein Handbuch der Betriebsökologie mit 22 Check-Listen für die Praxis. C.H. Beck, München

Worch E (1997) Wasser und Wasserinhaltsstoffe – Eine Einführung in die Hydrochemie. B.G. Teubner, Stuttgart Leipzig, 205 S.

Zlokarnik M (1996) Produktionsintegrierter Umweltschutz in der chemischen Industrie. In: Brauer H (Hrsg) Handbuch des Umweltschutzes und der Umweltschutztechnik. Band 2: Produktions- und produktintegrierter Umweltschutz. S. 444-515. Springer, Berlin Heidelberg New York

1.4 Umweltgeochemie – Grundlagen und Anwendungen

Adriano DC (1986) Trace elements in the terrestrial environment. Springer, New York Berlin Heidelberg

Ahlf W, Förstner U (2001) Managing contaminated sediments – I. Improving chemical and biological criteria. J Soils Sediments 1: 30-36

Ahlf W, Gratzer H (1999) Erarbeitung von Kriterien zur Ableitung von Qualitätszielen für Sedimente und Schwebstoffe - Entwicklung methodischer Ansätze. UBA Texte 41/99, 171 S. Berlin

Alderton DHM (1985) Sediments. In: Historical Monitoring, pp. 1-95. Technical Report 31, Monitoring and Assessment Research Centre (MARC), University of London.

Alexander M (2000) Aging, bioavailability, and overestimation of risk from environmental pollutants. Environ Sci Technol 34: 4259-4265

Allan RJ, Mudroch A, Munawar M (eds; 1983). The Niagara River - Lake Ontario pollution problem. J Great Lakes Res 9: 109-340

Altfelder S, Streck T, Richter J (2000) Nonsingular sorption of organic compounds in soil: The role of slow kinetics. J Environ Qual 29: 917-925

Andreae MO, Asami T, Bertine KK, Buat-Ménard PE, Duce RA, Filip Z, Förstner U, Goldberg ED, Heinrichs H, Jernelöv AB, Pacyna JM, Thornton I, Tobschall HJ, Zoller WH (1984) Changing biogeochemical cycles. In: Nriagu JO (ed) Changing metal cycles and human health. Dahlem Konferenzen, Life Sciences Research Report 28: 359-373. Springer Berlin Heidelberg New York 1984

Anonym (1994) Die Industriegesellschaft gestalten – Perspektiven für einen nachhaltigen Umgang mit Stoff- und Materialströmen. Bericht der Enquete-Kommission „Schutz des Menschen und der Umwelt – Bewertungskriterien und Perspektiven für umweltverträgliche Stoffkreisläufe in der Industriegesellschaft" des 12. Deutschen Bundestages. Economica, Bonn

Baccini P, Bader H-P (1996) Regionaler Stoffhaushalt – Erfassung, Bewertung und Steuerung. Spektrum, Heidelberg

Baccini P, Brunner PH (1991) Metabolism of the Anthroposphere. Springer, Berlin Heidelberg New York

Behra R, Genoni GP, Sigg L (1994) Festlegung von Qualitätszielen für Metalle in Fließgewässern. EAWAG-News 36: 19-21

Behrendt H, Boekhold A (1993) Phosphorus saturation in soils and groundwater. Land Degrad Rehabil 4: 233-243

Bergema WF, Van Straalen NM (1991) Ecological risks of increased availability of Cd and Pb due to soil acidification (in niederländischer Sprache). Rapport Technische Commissie Bodembescherming 91/04 R (Zit. Hekstra [1993]).

Bowen HJM (1966) Trace elements in biochemistry. Academic Press London

Brümmer G, Gerth J, Tiller KG (1988) Reaction kinetics of the adsorption and desorption of nickel, zinc, and cadmium by goethite. I. Adsorption and diffusion of metals. J Soil Sci 39: 37-52 (1988)

Brunner, PH (Hrsg; 1990) RESUB: Der regionale Stoffhaushalt im unteren Bünztal – die Entwicklung einer Methodik zur Erfassung des regionalen Stoffhaushaltes. Abt. Stoffhaushalt und Entsorgungstechnik, EAWAG Dübendorf/Schweiz

Calmano W, Ahlf W, Förstner U (1988) Study of metal sorption/desorption processes on competing sediment components with a multi-chamber device. Environ Geol Water Sci 11: 77-84

Calmano W (1988) Stabilization of dredged mud. In: Salomons W, Förstner U (eds) Environmental management of solid waste - dredged material and mine tailings, pp. 80-98. Springer, Berlin Heidelberg New York

Chen W, Kan AT, Tomson MB (2000) Irreverible adsorption of chlorinated benzenes to natural sediments: Implications for sediment quality criteria. Environ Sci Technol 34: 385-392

Chung N, Alexander M (1999) Effect of concentration on sequestratation and bioavailability of two polycyclic aromatic hydrocarbons. Environ Sci Technol 33: 3605-3608

Corapcioglu MY, Choi H (1996) Modeling colloid transport in unsaturated porous media and validation with laboratory column data. Water Resour Res 32: 3437-3450

De Groot AJ (1966). Mobility of trace metals in deltas. In: Jacks GV (ed) Meeting Int Comm Soil Sciences, Aberdeen, Trans Comm II & IV, pp. 267-297

DiToro DM, Mahony JD, Hansen DJ, Scott KJ, Carlson, AR, Ankley GT (1992) Acid volatile sulfide predicts the acute toxicity of cadmium and nickel in sediments. Environ Sci Technol 26: 96-101

Doelman P (1995) Microbiology of soil and sediments. In: Salomons W, Stigliani WM (eds) Biogeodynamics of pollutants in soils and sediments. Risk assessment of delayed and non-linear responses, pp. 31-52. Springer, Berlin Heidelberg New York

Forsell O, Stigliani WM (1994) Costs and benefits of removing cadmium from phosphate fertilizer. IIASA Laxenburg/Österreich. Cit. Stigliani (1995)

Förstner U (1987) Demobilisierung von Schwermetallen in Schlämmen und festen Abfallstoffen. In: Straub H, Hösel G, Schenkel W (Hrsg) Handbuch Müll- und Abfallbeseitigung, Nr. 4515, 20 S., Erich Schmidt Verlag Berlin

Förstner U, Gerth J (2001) Natural attenuation – non-destructive processes. In: Stegmann R, Brunner G, Calmano W, Matz G (eds) Treatment of contaminated soils – fundamentals, application and analysis. S. 567-586. Springer Verlag Berlin Heidelberg New York

Förstner U, Müller G (1973) Heavy metal accumulation in river sediments: a response to environmental pollution. Geoforum 14: 53-61

Förstner U, Müller G (1974) Schwermetalle in Flüssen und Seen als Ausdruck der Umweltverschmutzung. Springer, Berlin Heidelberg New York

Förstner U, Salomons W (1991) Mobilization of metals from sediments. In: Merian E (ed) Metals and their compounds in the environment – occurrence, analysis and biological relevance. Chapter I.7e, pp. 379-398. VCH, Weinheim

Förstner U, Schoer J (1984) Diagenesis of chemical associations of Cs-137 and other artificial radionuclides in river sediments. Environ Technol Lett 5, 295-306 (1984)

Förstner U, Ahlf W, Calmano W (1989) Transfer of heavy metals between sedimentary phases and importance of salinity. In: Branica M, Kniewald G (eds) Physico-chemical characteristics of the aquatic systems. Mar Chem 28: 145-158

Frank R, Holdrinet M, Braun HE, Thomas RL, Kemp ALW, Jaquet JM (1977) Organochlorine insecticides and PCBs in sediments of Lake St. Clair (1970 and 1974) and Lake Erie. Sci Total Environ 8: 205-227

Friege H (1998) Stoffstrommanagement für Cadmium. In: Friege H, Engelhardt C, Henseling KO (Hrsg) Das Management von Stoffströmen. S. 82-85. Springer Verlag Berlin Heidelberg New York

Füchtbauer H (Hrsg, 1988) Sedimente und Sedimentgesteine. U.a. Kapitel 5.3 Diagenese von Ton- und Siltsteinen, S. 203-217 (Autor: D. Heling). E. Schweizerbart'sche Verlagsbuchhandlung (Nägele u. Obermiller) Stuttgart

Garrels RM, Mackenzie FT, Hunt C (1975) Chemical cycles and the global environment. William Kaufman, Los Altos/CA

Gerth J (2000) Natural retention of inorganic pollutants. In: Wasser Berlin 2000. CD-ROM der Messe Berlin

Gerth J, Brümmer GW, Tiller KG (1993) Retention of Ni, Zn and Cd by Si-associated goethite. Z. Pflanzenernähr Bodenk 156: 123-129

Gerth J, Dankwarth F, Förstner U (2001) Natural attenuation of inorganic pollutants – a critical view. In: Stegmann R, Brunner G, Calmano W, Matz G (eds) Treatment of contaminated soils – fundamentals, application and analysis. S. 603-614. Springer Verlag Berlin Heidelberg New York

Grolimund D, Elimelech M, Borkovec M, Kretzschmar R, Sticher H (1998) Transport of in situ mobilized colloidal particles in packed soil columns. Environ Sci Technol 32: 3562-3569

Hakanson L (1973) Mercury in some Swedish lake sediments. Ambio 3: 37-43.

Hekstra GP (1993) Ecological sustainability and the use of chemicals: iß ecotoxicological risk assessment doing its job properly? An introduction to chemical time bombs. Land Degrad Rehabil 4: 207-221

Heling D (1988) Ton- und Siltgesteine - Diagenese. In: Füchtbauer H (Hrsg) Sedimente und Sedimentgesteine. Kap. 5.3, S. 203-217. Schweizerbart, Stuttgart

Helios-Rybicka E, Förstner U (1986) Effect of oxyhydrate coatings on the binding energy of metals by clay minerals. In Sly PG (Ed) Sediment and Water Interactions, Proc 3rd Symp Geneva. pp 381-385. Springer New York

Hellmann H (1970). Die Absorption von Schwermetallen an den Schwebstoffen des Rheins - eine Untersuchung zur Entgiftung des Rheinwassers. Deutsche Gewässerkundl Mitt 14: 42-47.

Heron G, Christensen TH (1995) Impact of sediment-bound iron on redox buffering in a landfill leachate polluted aquifer (Vejen, Denmark). Environ Sci Technol 29: 187-192

Hesterberg D (1993) Effects of stopping liming on abandoned agricultural land. Land Degrad Rehabil 4: 257-267
Hirner AV, Rehage H, Sulkowski M (2000) Umweltgeochemie – Herkunft, Mobilität und Analyse von Schadstoffen in der Pedosphäre. Steinkopff Darmstadt
Hong J (1995) Characteristics and mobilization of heavy metals in anoxic sediments of the Elbe River during resuspension/oxidation. Dissertation Technische Universität Hamburg-Harburg
Huang W, Weber WJ jr (1997) A distributed reactivity model for sorption by soils and sediments. 10. Relationships between desorption, hysteresis, and the chemical characteristics of organic domains. Environ Sci Technol 31: 2562-2569
Kelsey JW, Kottler BD, Alexander M (1997) Selective chemical extractants to predict bioavailability of soil-aged organic chemicals. Environ Sci Technol 31: 214-217
Kersten M, Förstner U (1991) Geochemical characterization of the potential trace metal mobility in cohesive sediment. Geo-Mar Lett 11: 184-187
Kretzschmar R, Borkovec M, Grolimund D, Elimelech M (1999) Mobile subsurface colloids and their role in contaminant transport. Adv Agron 66: 121-195
Kuhnt G (1995) Long-term fate of pesticides in soil. In: Salomons W, Stigliani WM (eds) Biogeodynamics of pollutants in soils and sediments. Risk assessment of delayed and non-linear responses, pp. 123-133. Springer, Berlin Heidelberg New York
Kümmel R, Papp S (1990) Umweltchemie – Eine Einführung. Deutscher Verlag für Grundstoffindustrie, Leipzig
Lion LW, Altman RS, Leckie JO (1982) Trace metal adsorption characteristics of estuarine particulate matter: Evaluation of contribution of Fe/Mn oxide and organic surface coatings. Environ Sci Technol 16: 660-666
Luthy RG, Aiken GR, Brusseau ML, Cunningham SD, Gschwend PM, Pignatello JJ, Reinhard M, Traina SJ, Weber WJ jr, Westall JC (1997) Sequestration of hydrophobic organic contaminants by geosorbents. Environ Sci Technol 31: 3341-3347
Mayer P, Vaes WHJ, Wijnker F, Legierse KCHM, Kraaij R, Tolls J, Hermens JLM (2000) Sensing dissolved sediment porewater concentrations of persistent and bioaccumulative pollutants using disposable solid-phase microextraction fibers. Environ Sci Technol 34: 5177-5183
McCarthy JF. Zachara JM (1989) Subsurface transport of contaminants. Mobile colloids in the subsurface environment may alter the transport of contaminants. Environ Sci Technol 23: 496-502
Müller G (1979) Schwermetalle in den Sedimenten des Rheins – Veränderungen seit 1971. Umschau 79: 778-783
Müller G (1981) Heavy metals and other pollutants in the environment. A chronology based on the analysis of dated sediments. In: Ernst WHO (ed) Proc int conf heavy metals in the environment, Amsterdam, pp. 12-17. CEP Consultants, Edinburgh
Müller G (1991) Eine erträgliche Zukunft für den Planeten Erde? Freedom from smoke! Internationale Fachmesse und Kongreß Geotechnica. Kongreßhandbuch S. 42-44. Köln
Nikiforova EM, Smirnova RS (1975) Metal technophility and lead technogenic anomalies. Abstr Int Conf Heavy Metals in the Environment, Toronto, Part C, pp 94-96
Nriagu JO (1979) Global inventory of natural and anthropogenic emissions of trace metals to the atmosphere. Nature 279: 409-411
Nriagu JO (1988) A silent epidemic of environmental metal poisoning? Environ Pollut 50: 139-161

Nriagu JO (1990) Global metal pollution – poisoning the biosphere? Environment 32 (7): 7-33

Nriagu JO, Pacyna JM (1988) Quantitative assessment of worldwide contamination of air, water and soils with trace metals. Nature 333: 134-139

Obermann P, Cremer S (1992) Mobilisierung von Schwermetallen in Porenwässern von belasteten Böden und Deponien: Entwicklung eines aussagekräftigen Elutionsverfahrens. Materialien zur Ermittlung und Sanierung von Altlasten. Band 6. Landesamt für Wasser und Abfall Nordrhein-Westfalen, Düsseldorf

Opdyke DR, Loehr RC (1999) Determination of chemical release rates from soils: Experimental design. Environ Sci Technol 33: 1193-1199

Pasternak K (1974) The influence of the pollution of a zinc plant at Miasteczki Slaskie on the content of micro-elements in the environment of surface waters. Acta Hydrobiol 16: 273-297

Patterson CC, Settle D, Schaule B, Burnett M (1976) Transport of pollutant lead to the ocean and within ocean ecosystems. In: Windom HL, Duce RA (eds) Marine pollution transfer, pp. 23-38. DC Heath Lexington

Peiffer S (1997) Umweltgeochemische Bedeutung der Bildung und Oxidation von Pyrit in Gewässersedimenten. Bayreuther Forum Ökologie, Band 47, 105 S. Universität Bayreuth

Pignatello JJ, Xing B (1996) Mechanisms of slow sorption of organic chemicals to natural particles. Environ Sci Technol 30: 1-11

Rees TF (1991) Transport of contaminants by colloid-mediated processes. In: Hutzinger O (ed) The handbook of environmental chemistry. Vol 2, part F, pp. 165-184. Springer, Berlin Heidelberg New York

Ros Vicent J: cit Duursma EK (1976) Radioactive tracers in estuarine studies. In: Burton JD, Liss PS (eds) Estuarine chemistry. pp 159-183. Academic, London

Salomons W (1980) Adsorption processes and hydrodynamic conditions in estuaries. Environ Technol Lett 1: 356-365

Salomons W (1995) Long-term strategies for handling contaminated sites and large-scale areas. In: Salomons W, Stigliani WM (eds) Biogeodynamics of pollutants in soils and sediments. Risk assessment of delayed and non-linear responses, pp. 1-30. Springer, Berlin Heidelberg New York

Santschi PH (1985) The MERL mesocosm approach for studying sediment-water interactions and ecotoxicology. Environ Technol Lett 6: 335-350

Santschi PH, Bollhalder S, Farrenkothen K, Lueck A, Zingg S, Sturm M (1988) Chernobyl radionuclides in the environment: tracers for the tight coupling of atmospheric, terrestrial and aquatic geochemical processes. Environ Sci Technol 22: 510-516

Sayre WW, Guy HP, Chamberlain AR (1963) Uptake and transport of radionuclides by stream sediments. US Geol Surv Prof Paper 433-A, 23 S. Washington DC

Schiedek T (1996) Vorkommen und Verhalten von ausgewählten Phthalaten in Wasser und Boden. Tübinger Geowiss Abh Reihe C, Nr. 33, 112 S. Geol Paläontol Inst Univ Tübingen

Scholten MCTh, Szabolcs I (1993) Salinization of groundwater and the mobilization of micropollutants: effect on the food chain. Land Degrad Rehabil 4: 253-256

Schulin R, Geiger G, Furrer G (1995) Heavy metal retention by soil organic matter under changing environmental conditions. In: Salomons W, Stigliani WM (eds) Biogeodynamics of pollutants in soils and sediments. Risk assessment of delayed and non-linear responses, pp. 53-85. Springer, Berlin Heidelberg New York

Schulte-Ebbert U, Schöttler U (1995) Systemanalyse des Untersuchungsgebietes „Insel Hengsen". In Schöttler U, Schulte-Ebbert U (Hrsg) Schadstoffe im Grundwasser. Band 3: Verhalten von Schadstoffen im Untergrund bei der Infiltration von Oberflächenwasser am Beispiel des Untersuchungsgebietes „Insel Hengsen" im Ruhrtal bei Schwerte, S. 475-513. Wiley-VCH, Weinheim

Schulz-Baldes, M., Rehm, E. und Farke, H.: Field experiments on the fate of lead and chromium in an intertidal benthic mesocosm, the Bremerhaven Caisson. Mar. Biol. 74, 307-318 (1983).

Stigliani WM (1991) Chemical time bombs: definition, concepts, and examples. Executive Report 16 (CTB Basic Document). 23 p. IIASA Laxenburg/Österreich

Stigliani WM (1995) Global perspectives and risk assessment. In: Salomons W, Stigliani WM (eds) Biogeodynamics of pollutants in soils and sediments. Risk assessment of delayed and non-linear responses, pp. 331-343. Springer, Berlin Heidelberg New York

Stigliani WM, Jaffe PR (1993) Industrial metabolism and river basin studies: a new approach for the analysis of chemical pollution. Res Rep 93-6, IIASA, Laxenburg/Österreich

Thomas RL(1972) The distribution of mercury in the sediments of Lake Ontario. Can J Earth Sci 9: 636-651

Verbruggen EMJ, Vaes WHJ, Parkerton TF, Hermens JLM (2000) Polyacrylate-coated SPME fibers as a tool to simulate body residues and target concentrations of complex organic mixtures for estimation of baseline toxicity. Environ Sci Technol 34: 324-331

Zeien H, Brümmer GW (1991) Chemische Extraktionen zur Bestimmung von Schwermetallbindungsformen in Böden. Mitt Dt Bodenk Ges 59:

Züllig H (1956) Sedimente als Ausdruck des Zustandes eines Gewässers. Schweiz Z Hydrol 18: 7-143

1.5 Ingenieurgeochemie und Abfallwirtschaft

Allan RJ (1974) Metal content of lake sediment cores from established mining areas: an interface of exploration and environmental geochemistry. Geol Surv Can 74-1/B: 43-49

Allan RJ (1995) Introduction: sustainable mining in the future. In: Allan RJ, Salomons W (eds) Heavy metal aspects of mining pollution and its remediation. J Geochem Explor 52: 1-4

Allan RJ (1997) Introduction: mining and metals in the environment. In: Allan RJ, Salomons W (eds) Mining and metals in the environment. J Geochem Explor 58: 95-100

Anonym (1991) Zweite allgemeine Verwaltungsvorschrift zum Abfallgesetz (TA Abfall). Teil 1: Technische Anleitung zur Lagerung, chemisch/physikalischen, biologischen Behandlung, Verbrennung und Ablagerung von besonders überwachungsbedürftigen Abfällen. GMBl. S. 139, ber. S. 469 vom 12. März 1991. Bonn

Anonym (1994) Niedersächsisches Elbschlick-Forum. Abschlußbericht. 185 S. Lüneburg

Baccini P (1992) Vom Abfall zum Stein der Weisen. Einführungsvorlesung 20. Mai 1992. 18 S. Eidgenössische Technische Hochschule Zürich

Baccini P, Bader H-P (1996) Regionaler Stoffhaushalt – Erfassung, Bewertung und Steuerung. Spektrum, Heidelberg

Bambauer HU (1991) The application of mineralogy to environmental management. An overview. Proc ICAM 91, vol 1. Pretoria

Bambauer HU (1992) Mineralogische Schadstoffimmobilisierung in Deponaten - Beispiel: Rückstände aus Braunkohlenkraftwerken. BWK Umwelt-Spezial März 1992: S29-S34. Düsseldorf

Bambauer HU, Pöllmann H (1998) Concepts and methods for applications of mineralogy to environmental management. In: Marfunin AS (ed) Mineral matter in space, mantle, ocean floor, biosphere, environmental management, and jewelry. Advanced Mineralogy, vol 3: 279-292. Springer, Berlin Heidelberg New York

Bambauer HU, Gebhard, G, Holzapfel Th, Krause Ch, Willner G (1988) Schadstoff-Immobilisierung in Stabilisaten aus Braunkohleaschen und REA-Produkten. Fortschr Miner 66: 253-278

Belevi H (1995) Dank Spurenstoffen ein besseres Prozessverständnis in der Kehrichtverbrennung. EAWAG news, Heft 40, S. 19-22. EAWAG Dübendorf

Bokuniewiscz HJ (1983) Submarine borrow pits as containment sites for dredged sediments: In: Kester DR, Ketchum BH, Duedall IW, Park PK (eds) Wastes in the ocean. Vol 2: Dredged-material disposal in the ocean, pp 215-227. Wiley, New York

Calmano W (1988) Stabilization of dredged mud. In: Salomons W, Förstner U (eds) Environmental management of solid waste - dredged material and mine tailings, pp 80-98. Springer, Berlin Heidelberg New York

Calmano W, Ahlf W, Förstner U (1990) Exchange of heavy metals between sediment components and water. In: Broekaert JAC, Gücer S, Adams F (eds) Metal speciation in the environment. NATO ASI Ser, Vol G. 23, pp 503-522 Springer Verlag Berlin Heidelberg New York

De Quervain B (1998) Neupositionierung von Baustoffen im Umfeld der Abfallwirtschaft. In: Lichtensteiger T (Hrsg) Ressourcen im Bau – Aspekte einer nachhaltigen Ressourcenbewirtschaftung im Bauwesen. S. 51-67. Vdf Hochschulverlag AG an der ETH Zürich

Driehaus W (1994) Arsenentfernng mit Mangandioxid und Eisenhydroxid in der Trinkwasseraufbereitung. Fortschrittberichte VDI, Serie 15 Umwelttechnik. Nr. 133. 117 S. VDI-Verlag, Düsseldorf

Ehrenfeld J, Bass J (1983) Handbook for evaluating remedial action technology pans. Municipal Environmental Research Laboratory Cincinnati. EPA 600/2-83-076. Cincinnati/Ohio

Elgersma F, Schinkel JN, Weijnen MPC (1995) Improving environmental performance of a primary lead and zinc smelter. In: Salomons W, Förstner U, Mader P (eds) Heavy metals – problems and solutions. pp. 193-207. Springer Verlag Berlin Heidelberg New York

Faulstich M, Freudenberg A, Köcher P, Kley G (1992) RedMelt-Verfahren zur Wertstoffgewinnung aus Rückständen der Abfallverbrennung. In: Faulstich M (Hrsg) Rückstände aus der Müllverbrennung, S. 703-727. EF-Verlag für Energie- und Umwelttechnik, Berlin

Förstner U (1987) Demobilisierung von Schwermetallen in Schlämmen und festen Abfallstoffen. In: Straub H, Hösel G, Schenkel W (Hrsg) Handbuch Müll- und Abfallbeseitigung. Nr. 4515, 20 S. Erich Schmidt, Berlin

Förstner U, Calmano W, Kienz W (1991) Assessment of long-term metal mobility in heat-processing wastes. Water Air Soil Pollut 57-58: 319-328

Gock E, Kähler J, Vogt V (1996) Produktionsintegrierter Umweltschutz bei der Aufbereitung und Aufarbeitung von Rohstoffen. In: Brauer H (Hrsg) Handbuch des Umweltschutzes und der Umweltschutztechnik. Band 2: Produktions- und produktintegrierter Umweltschutz. S. 79-237. Springer, Berlin Heidelberg New York

Hirner AV, Rehage H, Sulkowski M (2000) Umweltgeochemie – Herkunft, Mobilität und Analyse von Schadstoffen in der Pedosphäre. Steinkopff Darmstadt

Hodges CA (1995) Mineral resources, environmental issues and land use. Science 268, 2 June 1995

Kerdijk HN (1981) Groundwater pollution by heavy metals and pesticides from a dredge spoil Ddmp. In: Fuyenboden W van, Glasbergen P, Lelyveld H van (eds) Quality of groundwater, pp 279-286. Elsevier, Amsterdam

Lichtensteiger T (1996) Müllschlacken aus petrologischer Sicht. Geowiss 14: 173-180

Lichtensteiger T (1997) Produkte der thermischen Abfallbehandlung als mineralische Zusatzstoffe in Zement und Beton – ein Beispiel für Produktdesign in der Abfallwirtschaft. Müll u. Abfall 29(2): 80-84

Lichtensteiger T (Hrsg, 1998) Ressourcen im Bau – Aspekte einer nachhaltigen Ressourcenbewirtschaftung im Bauwesen. 129 S. Vdf Hochschulverlag AG an der ETH Zürich

Lichtensteiger T (2000) Die petrologische Evaluation als Ansatz zu erhöhter Effizienz im Umgang mit Rohstoffen. Tagungsband Umwelt 2000 – Geowissenschaften für die Gesellschaft. 22.-25. Sept. 1999, Halle, 8 S. (in: Huch M, Matschullat J, Wycisk P [Hrsg] Im Einklang mit der Erde – Geowissenschaften für die Zukunft. S. 193-208. Springer-Verlag, Berlin Heidelberg New York 2001)

Lichtensteiger T, Kruspan P, Zeltner C (1998) Design von Sekundärressourcen – Konzepte und Methoden. In: Lichtensteiger T (Hrsg) Ressourcen im Bau – Aspekte einer nachhaltigen Ressourcenbewirtschaftung im Bauwesen. S. 31-50. Vdf Hochschulverlag AG an der ETH Zürich

Mager D (1996) Das Sanierungsprojekt WISMUT: Internationale Einbindung, Ergebnisse und Perspektiven. Geowiss 14: 443-447

Manceau A, Boisset M-C, Sarret G, Hazemann J-L, Mench M, Cambier P, Prost R (1996) Direct determination of lead speciation in contaminated soils by EXAFS spectroscopy. Environ Sci Technol 30: 1540-1552

Morton RW (1980) Capping procedures as an alternative technique to isolate contaminated dredged material in the marine environment. Hearing House of Representatives, Dumping Dredged Spoil, 96th Congress USGPO, Ser 96-43, pp 623-652. Washington DC

Moser F (1996) Kreislaufwirtschaft und nachhaltige Entwicklung. In: Brauer H (Hrsg) Handbuch des Umweltschutzes und der Umweltschutztechnik. Band 2: Produktions- und produktintegrierter Umweltschutz. S. 1059-1153. Springer, Berlin Heidelberg New York

Müller G, Riethmayer S (1982) Chemische Entgiftung: das alternative Konzept zur problemlosen Entsorgung schwermetallbelasteter Baggerschlämme. Chem-Ztg 106: 289-292

Novotny V (1995) Diffuse sources of pollution by toxic metals. In: Salomons W, Förstner U, Mader P (eds) Heavy metals – problems and solutions. pp. 33-52. Springer Verlag Berlin Heidelberg New York

Pöllmann H (1994) Immobile Fixierung von Schadstoffen in Speichermineralen. In: Matschullat J, Müller G (Hrsg) Geowissenschaften und Umwelt. S. 331-340. Springer Verlag Berlin Heidelberg New York

Roos H-J (1995) Schwermetallentfernung aus Böden und Rückständen mit Hilfe organischer Komplexbildner. Dissertation an der Fakultät für Bauingenieur- und Vermessungswesen der Rheinisch-Westfälischen Technischen Hochschule Aachen, 221 S.

Röpenack A von (1982) Hämatit – die Lösung eines Deponieproblems – am Beispiel aus der Zinkindustrie. Erzmetall 35: 534

Röpenack A von (1991) Integrierter Umweltschutz – die Aufgabe der Zukunft. Erzmetall 44: 67-74

Salomons W (1995) Long-term strategies for handling contaminated sites and large-scale areas. In: Salomons W, Stigliani WM (eds) Biogeodynamics of pollutants in soils and sediments. Risk assessment of delayed and non-linear responses, pp. 1-30. Springer Verlag Berlin Heidelberg New York

Schenkel W, Reiche J (1994) Abfallwirtschaft als Teil der Stoffflußwirtschaft. In: Schenkel W (Hrsg) Recht auf Abfall? S. 59-110. Erich Schmidt, Berlin

Schmidt-Bleek F (1994) Wieviel Umwelt braucht der Mensch? MIPS – das Maß für ökologisches Wirtschaften. Birkhäuser, Berlin Basel Boston

Schoer J, Förstner U (1987) Abschätzung der Langzeitbelastung von Grundwasser durch die Ablagerung metallhaltiger Feststoffe. Vom Wasser 69: 23-32

Seidel H, Ondruschka J, Stottmeister U (1995) Heavy metal removal from contaminated sediments by bacterial leaching: a case study on the field scale. In: Van den Brink WJ, Bosman R, Arendt F (eds) Contaminated soil '95, pp 1039-1048. Kluwer, Dordrecht

Skei J (1992) A review of assessment and remediation strategies for hot spot sediments. Hydrobiologia 235/236: 629-638

Sutter H (1991) Vermeidung und Verwertung von Sonderabfällen. Grundlagen, Verfahren, Entwicklungstendenzen. 3. Auflage. Erich Schmidt Verlag Berlin

Veltman H, Weitz DR (1982) Die industrielle Anwendung der Sherrit-Gordon Drucklaugungstechnologie. Erzmetall 35: 67

Wilken H, Knödel K (Hrsg, 1999) Handlungsempfehlungen für die Erkundung für die Erkundung der geologischen Barriere bei Deponien und Altlasten. Handbuch zur Erkundung des Untergrundes von Deponien und Altlasten. Band 7. Springer Verlag Berlin Heidelberg New York

Zeltner C (1997) Petrologische Evaluation der thermischen Behandlung von Siedlungsabfällen. Projekt PETRA. Abt. VIII EAWAG Dübendorf. Dissertation an der ETH Zürich Nr. 12688 (1998).

2 Natürlicher Abbau und Rückhalt von Schadstoffen

Natürlicher Abbau und Rückhalt von Schadstoffen beruht im wesentlichen auf zwei Prozessen: 1) dem biologischen oder abiotischen Abbau von organischen Verbindungen und 2) der Wechselwirkung von Schadstoffen mit den festen Bodenbestandteilen, die in der Regel jedoch nur eine temporäre Festlegung (Sorption/Desorption) und damit einen verlangsamten Transport im Untergrund bewirkt (Retardation). Dispersion führt lediglich zur einer (lokal oft nur geringen) „Verdünnung" der Schadstoffkonzentrationen bei ungeminderter Schadstoff-Fracht. Im folgenden werden die zum Verständnis der reaktiven Transportprozesse wichtigen Grundlagen eingeführt. Dabei werden im wesentlichen organische Schadstoffe angesprochen – die dargestellten Modelle sind z.T. aber auch auf anorganische Stoffe anwendbar.

2.1 Rückhalt/Sorption organischer Schadstoffe im Untergrund (Grundlagen)

2.1.1 Sorptionsmechanismen und -isothermen

Bei der Anreicherung von Schadstoffen in Böden und Sedimenten kann zwischen *Adsorption* und/oder *Absorption* unterschieden werden. *Adsorption* beschreibt die Anlagerung von Molekülen auf einer Oberfläche bzw. Grenzfläche (z.B. fest/flüssig; fest/gasförmig; flüssig/gasförmig), während die *Absorption* eher einen Lösungsprozess beschreibt (Aufnahme im Sorbenten; Abb. 2.1.1). Da aufgrund der Heterogenität (im Sinne ihrer lithologischen Zusammensetzung) von Böden und Sedimenten beide Phänomene parallel auftreten können und eine Unterscheidung experimentell oft nicht möglich ist, wird hier der Begriff Sorption übergeordnet verwendet. Sorptiv und Sorbat bezeichnen die im Wasser gelösten oder gasförmigen (zu sorbierenden) bzw. sorbierte Verbindungen (Abb. 2.1.1).

Die Sorption organischer Verbindungen in Böden und Sedimenten kann auf verschiedene Anziehungskräfte zwischen Sorbat und Sorbent bzw. Sorptiv und Lösemittel (hier Wasser) zurückgehen. Es können chemische, physikalische und elektrostatische (Coulomb-)Wechselwirkungen zwischen Sorbat und Sorbent auftreten. Chemische Wechselwirkungen beinhalten beispielsweise kovalente oder Wasserstoffbrücken-Bindungen. Elektrostatische Kräfte sind bei der Sorption von Ionen (z.B. Ionenaustausch) und Molekülen mit Dipolcharakter ausschlaggebend.

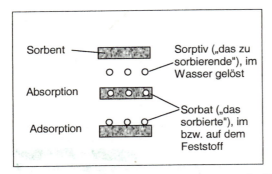

Abb. 2.1.1 Definitionen zur „Sorption" gelöster Stoffe

Die Sorption der häufig in Boden und Grundwasser vorkommenden nichtionischen bzw. hydrophoben organischen Schadstoffe (chlorierte Lösemittel, BTEX-Aromaten, polyzyklische aromatische Kohlenwasserstoffe, PCB, etc.) geht im Wesentlichen auf relativ schwache physikalische Wechselwirkungen zwischen Sorptiv bzw. Sorbat und Sorbent zurück („Van-der-Waals- bzw. London-Dispersions-Kräfte"). Dazu zählen Dipol-Dipol-Wechselwirkungen, dipol-induzierte Dipole sowie momentane dipol-induzierte Interaktionen (aufgrund von Fluktuationen in der Elektronenhülle können auch zwischen unpolaren Molekülen momentane Anziehungskräfte auftreten).

Als wesentliches Element bei der Sorption nichtionischer organischer Verbindungen aus der wässerigen Phase wird die sog. „hydrophobe Bindung" angesehen. Es handelt sich dabei um eine entropiegesteuerte Interaktion, bei der man annimmt, dass im Wasser gelöste organische Moleküle von einem „Käfig aus strukturiertem Wasser" umgeben sind („iceberg effect" Frank u. Evans 1945), was zu einer Entropieanomalie führt (höherer „Ordnungsgrad" des Wassers). Bei der Sorption (Entfernung des organischen Moleküls aus der wässerigen Lösung) wird dieses „strukturierte" Wasser nicht mehr benötigt, was wiederum zu einer Zunahme der Entropie führt und thermodynamisch begünstigt wird.

Die Sorption organischer Schadstoffe in Böden und Sedimenten, welche wie oben ausgeführt im Wesentlichen auf relativ schwache physikalische Wechselwirkungen zurückgeht, ist in der Regel reversibel. Gelegentlich finden sich Berichte in der Literatur, in welchen Schwierigkeiten bei der Entfernung von Schadstoffen aus Böden auf irreversible Sorption bzw. eine Sorptions-/Desorptionshysterese zurückgeführt werden (z.B. Ditoro u. Horzempa 1982; Koskinen et al. 1979; Chen et al. 2000). Altfelder et al. (2000) konnten jedoch zeigen, dass in vielen Fällen eine langsame Desorptionskinetik (siehe Abschn. 2.1.6) für die beobachteten Irreversibilitäts-Effekte verantwortlich ist (d.h. es handelt sich dabei um experimentelle Artefakte). Pignatello (1989) unterscheidet zwischen resistenter, d.h. langsamer aber vollständig reversibler und irreversibler Sorption. Bei resistenter Sorption ist nach gegebener Zeit eine vollständige Desorption möglich, während bei irreversibler Sorption die Verbindung aufgrund einer chemischen Umwandlung (Reaktion) nicht in ihrer ursprünglichen Zusammensetzung wiedergewonnen werden kann. Letzteres kann beispielsweise auf eine Komplexbildung zwischen phenolischen Verbindungen und natürlichem organischen Material zurückgehen (Isaacson u. Frink 1984), was aber für die bei Untergrundverunreinigungen am häufigsten vorkommenden organischen Schadstoffe eher nicht zu erwarten ist. Durch die Aufnahme organischer Verbindungen können sich jedoch Änderungen in der Struktur (Konfiguration) des organischen Materials ergeben (z.B. durch Quellvorgänge), die nicht mehr ohne weiteres oder nur sehr langsam wieder reversibel sind und dadurch eine Sorptions-/Desorptionshysterese verursachen (Zhao et al., 2001).

Die Schadstoffsorption in Böden oder Sedimenten (aus wässeriger Lösung oder aus der Gasphase) wird durch Sorptionsisothermen beschrieben, welche die Konzentration des Sorbats im Sorbenten (C_s) der Konzentration des Sorptivs unter Gleichgewichtsbedingungen (C_{eq}) der im Wasser gelösten oder der gasförmigen Verbindung) bei konstanter Temperatur gegenüberstellen. Im Folgenden werden die konventionellen Modelle für Sorptionsisothermen kurz eingeführt (für eine umfassende Zusammenstellung siehe Hinz 2001). Der neuere Ansatz, eine „universell", d.h. für viele verschiedene Verbindungen einsetzbare Sorptionsisotherme über die Potenzialtheorie bzw. das „partitioning"-Konzept herzuleiten, wird in den kommenden Abschnitten behandelt. Im einfachsten Fall wird die Sorptionsisotherme als eine lineare Beziehung zwischen C_s und C_{eq} beschrieben:

$$C_s = K_d \, C_{eq} \qquad (2.1\text{-}1)$$

K_d [L kg^{-1}] beschreibt hier einfach das Konzentrationsverhältnis zwischen gelösten und sorbierten Molekülen. Bei einer linearen Sorption ergibt sich K_d aus der Steigung der Sorptionsisotherme. Verläuft die Sorption nichtlinear, dann hängt der K_d-Wert von der Konzentration (C_s, C_{eq}) ab. Das am häufigsten verwendete Modelle zur Beschreibung der nichtlinearen Sorption von organischen und anorganischen Stoffen in Böden, Sedimenten und anderen Materialien wie z.B. Aktivkohlen ist die Freundlich-Sorptionsisotherme (Freundlich 1909):

$$C_s = K_{Fr} \, C_{eq}^{1/n} \qquad (2.1\text{-}2)$$

K_{Fr} bezeichnet den Freundlich-Sorptionskoeffizienten und $1/n$ ist ein empirischer Exponent. Für $1/n = 1$ entspricht das Freundlich-Modell Gl. (2.1-1). Die Abhängigkeit des K_d von der Konzentration ergibt sich bei Vorliegen einer Freundlich-Isotherme aus den Gln. (2.1-1) und (2.1-2):

$$K_d = \frac{C_s}{C_{eq}} = \frac{K_{Fr} \, C_{eq}^{1/n}}{C_{eq}} = K_{Fr} C_{eq}^{1/n - 1} \qquad (2.1\text{-}3)$$

Für $C_{eq} = 1$ gilt $K_{Fr} = K_d$. K_{Fr} hängt bei Verwendung von Gl. (2.1-2) von den verwendeten Konzentrationseinheiten ab, was beim Vergleich von Sorptionsdaten aus verschiedenen Studien beachtet werden muss. Weiterhin ist festzustellen, dass das Freundlich-Modell nach Gl. (2.1-2) bei Exponenten $1/n \neq 1$ inkonsistent bzgl. der für Konzentrationen verwendeten Einheiten ist (z.B. mg L^{-1} bei C_{eq}). Deshalb wird hier eine Normierung von C_{eq} auf die Wasserlöslichkeit empfohlen (siehe auch Manes 1998; Carmo et al. 2000):

$$C_s = K_{Fr}^* \left(\frac{C_{eq}}{S}\right)^{1/n} \qquad (2.1\text{-}4)$$

S steht hier für die Wasserlöslichkeit der zu sorbierenden Verbindung (bei der Adsorption aus der Gasphase würde man hier die Sättigungskonzentration in Luft verwenden). K_{Fr}^* ist der modifizierte Freundlichkoeffizient, der die Einheiten von C_s trägt und mittels K_{Fr} und S hergeleitet werden kann ($K_{Fr}^* = K_{Fr} \, S^{1/n}$). Die in den Gln. (2.1-1) bis (2.1-4) verwendeten Sorptionskoeffizienten können einfach ineinander überführt werden: $C_s = K_d \, C_{eq} = K_{Fr} \, C_{eq}^{1/n} = K_{Fr}^* \, (C_{eq}/S)^{1/n}$.

Der Vollständigkeit halber werden hier neben der Freundlich-Sorptionsisotherme noch zwei weitere, klassische Sorptionsmodelle, die Langmuir- und BET-Isotherme vorgestellt. Beide wurden ursprünglich für die Adsorption von Gasen auf Festkörperoberflächen entwickelt. Beim Langmuir-Modell wird eine maximale Belegung (z.B. eine mono-molekulare Lage) der Oberflächen ($C_{s,max}$) eingeführt:

$$C_s = \frac{K_L \, C_{s,max} \, C_{eq}}{1 + K_L \, C_{eq}} \qquad (2.1\text{-}5)$$

K_L steht hier für den Langmuir-Sorptionskoeffizienten. Für sehr geringe Konzentrationen ($K_L C_{eq} \ll 1$) ergibt Gl. (2.1-5) eine lineare Beziehung analog zu Gl. (2.1-1) ($K_L \, C_{s,max} = K_d$). Bei hohen Konzentrationen ($K_L \, C_{eq} \gg 1$) wird die maximal mögliche Beladung erreicht ($C_s = C_{s,max}$). Das von Brunauer et al. (1938) entwickelte BET-Modell stellt eine Erweiterung der Langmuir-Isotherme (inklusive Adsorption in multimolekularen Lagen bis zur Kondensation) dar:

$$C_s = \frac{K \, C_{s,max} \, C_{eq}}{(C_{sat} - C_{eq}) \, (1 + (K-1) \, C_{eq}/C_{sat})} \qquad (2.1\text{-}6)$$

C_{sat} bezeichnet die Sättigungskonzentration in der Gasphase (bzw. die Wasserlöslichkeit). Für $C_{eq} \ll C_{sat}$ gilt ebenfalls eine lineare Beziehung zwischen Sorptiv- und Sorbatkonzentration. Mit der Annäherung von C_{eq} an C_{sat} wird C_s unendlich groß ($\approx$ „Kondensation" aus der Gasphase, „Cluster"-Bildung in wässeriger Lösung).

Die Freundlich-Isotherme lässt sich auch aus der Superposition verschiedener Langmuir-Isothermen herleiten (z.B. Addition mehrerer Sorptionsisothermen vom Langmuir-Typ; siehe hierzu auch eine neue, alternative Herleitung in Abschn. (2.1.4). Der Freundlich-Exponent $1/n$ kann dann als Heterogenitätsparameter interpretiert werden. Darüber hinaus gibt es noch eine Anzahl weiterer Modelle für Sorptionsisothermen, die z.T. noch mehr Fittingparameter haben und sich deshalb gut an gemessene Daten anpassen lassen. Abbildung 2.1.2 zeigt einige

Beispiele für die hier aufgeführten Sorptionsmodelle (Gln. (2.1-1) bis (2.1-6)), die in begrenzten Konzentrationsbereichen ähnlich verlaufen können. Sorptionsbestimmungen in Bodenproben, welche oft relativ große Fehlerspannen aufweisen, lassen daher meist keine eindeutige Zuordnung einer bestimmten Sorptionsisotherme zu.

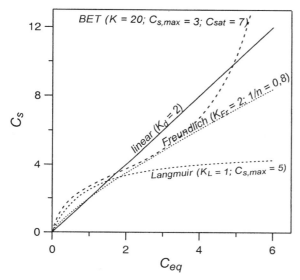

Abb. 2.1.2 Beispiele für Sorptionsisothermen (Modelle)

Sorption in Mikroporen – die Polanyi-Potenzialtheorie

Bei den in Abb. 2.1.2 gezeigten Sorptionsisothermen handelt es sich um Modelle zum „fitting" experimenteller Daten, die in Böden und Sedimenten meist keine mechanistische Bedeutung haben. Ausgehend von dem auf Polanyi (1916) zurückgehenden Adsorptionspotenzial leitete Dubinin (1975) eine auf einem Porenfüllungsmechanismus beruhende Sorptionsisotherme ab (Polanyi-Dubinin-Gleichungen). Dabei wird angenommen, dass die Adsorption vorwiegend in sog. „Mikroporen" (= Nanoporen) stattfindet (Tabelle 2.1.1). Dieser Ansatz hat vor allem bei der Adsorption in Aktivkohlen, Zeolithen und anderen Molekularsieben eine weite Verbreitung gefunden (s.a. Abschn. 2.1.5).

Tabelle 2.1.1 Klassifizierung der Mikroporen (International Union of Pure and Applied Chemistry; Sing et al. 1985)

Porenart	Porengröße [nm]
Mikroporen	< 2
Mesoporen	2–50
Makroporen	> 50

Nach der Polanyi-Potenzialtheorie ist das Adsorptionspotenzial ε = R T ln (P^o/P) (P, P_o: Partial- bzw. Sättigungsdampfdruck) als die freie Energie [kJ mol^{-1}] definiert, die benötigt wird, um eine Verbindung von einer Potenzialfläche zu entfernen. Bei der Füllung der Poren wird wie beim Langmuir-Ansatz eine maximale Sorptionskapazität erreicht, die hier durch das zur Verfügung stehende Porenvolumen gegeben ist (V_{max} [cm^3 g^{-1}]). Daraus resultiert ebenfalls eine stark nicht-lineare Sorptionsisotherme, deren Verlauf vom Grad der Porenfüllung abhängt (Polanyi-Dubinin oder Dubinin-Astakhov-Isotherme):

$$V_s = V_{max} \exp\left[-K\left(RT \ln\frac{P^o}{P}\right)^2\right] \qquad (2.1\text{-}7)$$

V_s bezeichnet das sorbierte Volumen der organischen Verbindung. K ist hier eine Konstante, die nach Sontheimer et al. (1988) in Aktivkohlen bei ca. 3 x 10^{-9} mol^2 J^{-2} liegt. Eine allgemeinere Form (Dubinin-Radushkevich-Isotherme) von Gl. (2.1-7) lautet (Dubinin u. Astakhov 1971):

$$V_s = V_{max} \exp\left[-\left(\frac{RT \ln\frac{P^o}{P}}{E}\right)^n\right] \qquad (2.1\text{-}8)$$

Der empirische Exponent n ist in der Regel nahe bei 2 (siehe Gl. (2.1-7)) – kann aber bei besonders enger Porengrößenverteilung auch bei 3 liegen (z.B. bei Zeolithen). Die massenbezogene Konzentration C_s [μg kg^{-1}] kann aus V_s durch Multiplikation mit der Dichte des Sorptivs ρ_o [g cm^{-3}] berechnet werden ($C_s = V_s \rho_o$). E steht für die charakteristische Adsorptionsenergie und liegt für Benzol in Aktivkohle beispielsweise in der Größenordnung von ca. 20 kJ mol^{-1} (siehe Wood, 2001; bei K = 3 x 10^{-9} mol^2 J^{-2} in Gl. (2.1-7) und n = 2 in Gl. (2.1-8) ergibt sich E = 18 kJ mol^{-1}). Oft wird die Adsorptionsenergie (E_o) einer Standardverbindung (z.B. Benzol) verwendet, um mittels eines Affinitätskoeffizienten (β) die Sorption anderer Verbindungen abzuschätzen (E = β E_o). Nach Wood (2001) kann β aus dem Verhältnis des molaren Volumens oder des Parachors zwischen Standardverbindung (z.B. Benzol) und Sorptiv abgeschätzt werden (für benzolähnliche Verbindungen ist β nahe 1). Condon (2001) konnte basierend auf der Quantenmechanik zeigen, dass die Polanyi-Dubinin-Gleichungen (Gln. (2.1-7 und 2.1-8) für einen weiten Konzentrationsbereich und generell auch für flache Oberflächen gelten. Bei einer Log-Normalverteilung der Adsorptionsenergie mit einer Standardabweichung (σ) von 0.25 ergibt sich die Dubinin-Astakov-Isotherme (Gl. (2.1-7) mit b = 2); für σ = 0.5 erhält man die Freundlich-Isotherme (b = 1) und wenn zusätzlich $E = R T$ gilt, wird die Isotherme linear („Henry"). Dass Gl. (2.1-8) über einen weiten Konzentrationsbereich und nicht nur in

Mikroporen gilt, wurde inzwischen durch viele Untersuchungen zur Adsorption in Aktivkohlen bestätigt.

Manes und Mitarbeiter (siehe z.B. Manes 1998) haben die Polanyi-Dubinin-Theorie weiterentwickelt und auf wässerige Systeme angewendet. Nach Manes (1998) liegt der entscheidende Unterschied zwischen der Adsorption aus der Gasphase und aus dem Wasser darin, dass im wässerigen System das Sorbat ein gleiches Volumen Wasser verdrängen muss. Das *D*ubinin-*P*olanyi-*M*anes (DPM)-Model (DPM) definiert das AdsorptionsPotenzial als: $\varepsilon_{sw} = RT \ln (S/C_{eq})$. In Gl. (2.1-7) und (2.1-8) kann damit $\ln (P^o/P)$ durch $\ln (S/C_{eq})$ ersetzt werden:

$$V_s = V_{max} \exp\left[-\left(\frac{RT \ln \frac{S}{C_{eq}}}{\beta E_o}\right)^n\right] \qquad (2.1-9)$$

Damit hängt die Beladung des Sorbenten in erster Linie von der relativen Konzentration (S/C_{eq}) des Sorptivs (Gl. (2.1-7) bis (2.1-9)) ab und ist unabhängig von Stoffeigenschaften wie der Wasserlöslichkeit oder dem Dampfdruck. Das heißt, dass sich zumindest für ähnliche Verbindungen (gleiches ß bzw. *E*) eine bei einer gegebenen relativen Konzentration gleiche Beladung des Sorbenten bzw. deckungsgleiche Sorptionsisothermen (Abb. 2.1.3) ergeben, wenn V_s gegen C_{eq}/S aufgetragen wird (vgl. auch Gl. (2.1-4): die normierte Freundlich-Isotherme; beachte: $\ln (S/C_{eq}) = - \ln (C_{eq}/S)$). Durch die Einführung weiterer Normierungsfaktoren wie z.B. dem molaren Volumen wird die Deckung der Sorptionsisothermen weiter verbessert. Man erhält sog. Korrelationskurven, die spezifisch für einen Sorbenten sind und für eine Vielzahl von Stoffen gelten (es reicht die Bestimmung der Isotherme eines Stoffes – die Sorption anderer, zumindest ähnlicher Verbindungen kann dann aus S und ggf. V_m abgeleitet werden; siehe auch Abschn. 2.1.5). Ein weiterer wichtiger Vorteil deckungsgleicher Isothermen ist, dass K_d-Werte verschiedener Stoffe, die bei der gleichen relativen Konzentration (z.B. bei 10% der Wasserlöslichkeit) berechnet werden, invers proportional zur Wasserlöslichkeit der betrachteten Verbindungen sind (Abb. 2.1.4 und 2.1.8).

158 2 Natürlicher Abbau und Rückhalt von Schadstoffen

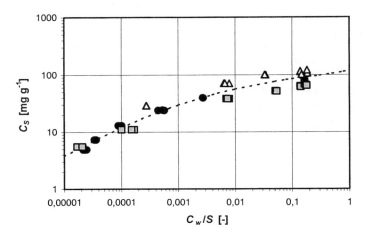

Abb. 2.1.3 Beispiel für S-normierte Sorptionsisothermen für Trichlorethen (Kreise), 1,2-Dichlorbenzol (Quadrate) und 1,4-Dichlorbenzol (Dreiecke). Linie: Gl. (2.1-9) (für Trichlorethen gefittet); nach Daten aus Kleineidam et al. (2000)

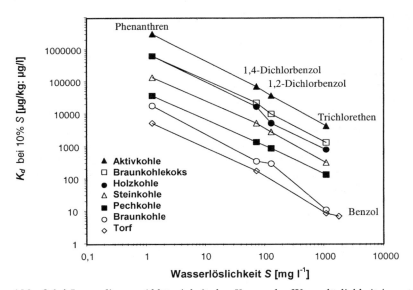

Abb. 2.1.4 Invers lineare Abhängigkeit des K_d von der Wasserlöslichkeit in unterschiedlichen Sorbenten (Grathwohl u. Kleineidam, 2001). K_d-Werte wurden bei 10% der Wasserlöslichkeit der ausgewählten Schadstoffe berechnet

2.1.2 Einfluss des natürlichen organischen Materials auf die Sorption

Wie viele Untersuchungen in der Vergangenheit zeigten, ist die Sorption hydrophober organischer Verbindungen in Böden und Sedimenten im Wesentlichen auf das darin enthaltene organische Material zurückzuführen (Lambert et al. 1965; Lambert 1966; 1967; Briggs 1969; 1981; Karickhoff et al. 1979; Karickhoff 1984; Grathwohl 1990; Kleineidam et al. 1999; Karapanagioti et al. 2000). Da in der Natur vorkommende Materialien (Böden und Sedimente) in der Regel immer etwas organischen Kohlenstoff enthalten und Adsorptionsplätze auf Mineraloberflächen unter natürlichen Bedingungen im Boden durch Wasser belegt sind, ist davon auszugehen, dass bei nichtionischen hydrophoben organischen Verbindungen allein das organische Material im Boden für die Sorption ausschlaggebend ist (Kleineidam et al. 1998).

Das in der Umwelt vorkommende organische Material ist sehr unterschiedlich bzw. heterogen zusammengesetzt. Dies hat im Wesentlichen zwei Gründe: 1. es stammt aus stark unterschiedlichen Quellen und 2. es kann sich im Boden und Sedimenten in unterschiedlicher Art und Weise verändern (Taylor et al. 1998). Autochthones organisches Material geht in Sedimenten vorwiegend auf Bakterien, in Wasser auf Phytoplankton und in Böden auf Pflanzenreste zurück. In Böden und Sedimenten finden sich aber auch erhebliche Anteile an allochthonem organischem Material, thermisch veränderte organische Materialien wie Kohlen, Holzkohlen oder Ruß aus Inkohlungs- bzw. Verbrennungsprozessen. Sie spielen bei der Sorption organischer Stoffe eine besonders wichtige Rolle. Bei höheren Temperaturen verändern sich Struktur und Zusammensetzung des organischen Materials, was zu einem dramatischen Anstieg der Sorptionskapazität für organische Verbindungen führt. Da die Inkohlung (= Kohlebildung) besonders gut verstanden ist, sollen im Folgenden die strukturellen und chemischen Veränderungen von organischem Material diskutiert werden, die letztendlich einen entscheidenden Einfluss auf die Sorption organischer Schadstoffe ausüben. Es sei hier darauf hingewiesen, dass die unterschiedlichen Disziplinen (Bodenkunde, organische Petrologie/Geochemie) unterschiedliche Definitionen für feste organische Substanzen verwenden.

„Typisches" organisches Material in Böden (SOM: „Soil Organic Matter")

Das organische Material in Böden besteht zu 85% aus toter organischer Substanz (= Humus, humifizierte pflanzliche und tierische Reste), zu 10% aus Pflanzenwurzeln und zu 5% aus Endaphon (lebende Flora und Fauna; Kuntze et al. 1994). In der Bodenkunde wird organisches Material allgemein definiert als „abgestorbene tierische und pflanzliche Reste und deren Metaboliten" (Scheffer et al. 1998). Nach Sposito (1989) bezeichnet Humus organisches Material in Böden mit der Ausnahme erkennbarer pflanzlicher und tierischer Reste. In Abhängigkeit von Klima und Vegetation existieren eine Vielzahl unterschiedlicher Humustypen auf der Erde.

Huminstoffe sind Verbindungen, die nicht direkt am Stoffkreislauf der Biomasse beteiligt sind (Sposito 1989). Es handelt sich um polymere Verbindungen, die auf Mikroorganismen zurückgehen, sich aber von Biopolymeren hinsichtlich ihrer chemischen Struktur und ihrer Persistenz unterscheiden (sie sind biol. refraktär). Drei unterschiedliche Huminstofftypen werden rein operationell unterschieden (Scheffer et al. 1998):

1. Fulvosäuren
2. Huminsäuren
3. Humine

Fulvosäuren lösen sich im Alkalischen und können nicht sauer gefällt werden. Sie haben ein relativ geringes Molekulargewicht und einen hohen Anteil an funktionellen, vorwiegend Karboxyl-Gruppen; der Anteil an Polysacchariden kann bis zu 30% betragen - aromatische Strukturen fehlen nahezu ganz. Huminsäuren werden im Gegensatz zu den Fulvosäuren aus alkalischen Bodenextrakten durch starke Säuren gefällt (H_2SO_4, HCl); sie haben ein hohes Molekulargewicht, einen höheren Anteil aromatischer Strukturen und CH_2-Gruppen sowie weniger Polysaccharide als die Fulvosäuren. Humin bezeichnet schließlich denjenigen Anteil der Huminstoffe, der im stark alkalischen Milieu (Natronlauge) nicht löslich ist (meist mit sehr hohem Molekulargewicht und höherem Anteil aromatischer Strukturen).

Organische Geopolymere–Inkohlung: Die Evolution organischer Substanz während der Diagenese und Katagenese von Sedimenten (Organische Petrologie)

In Sedimenten bilden sich organische „Geopolymere" infolge der Kondensation von Biopolymeren während der Humifizierung und Diagenese unter zunehmendem Druck und Temperatur (Taylor et al. 1998). Diese organischen Rückstände werden in der organischen Petrologie ebenfalls als organisches Material bezeichnet. Sie umfassen z.B. Humine in Böden, Kohlen in terrestrischen Sedimenten und Kerogen in marinen/lacustrinen Sedimentgesteinen.

Kohlen sind Sedimentgesteine, die nahezu vollständig aus organischem Material bestehen, das auf eine Vielzahl von Pflanzenbestandteilen wie z.B. Zellulose, Lignin, Harze, Sporen, Blätter und Holz zurückgeht. Bei zunehmender Temperatur unterliegt dieses organische Material Veränderungen, die durch die Inkohlungsreihe beschrieben werden (siehe Tabelle 2.1.2). Vor der eigentlichen Inkohlung bildet sich durch die Tätigkeit anaerober Bakterien in relativ geringen Tiefen von z.B. 0,5 m Torf. In diesem Bereich geringerer Temperaturen und Drücke dominieren chemische Umwandlungen. Steinkohlen sind thermisch veränderte Rückstände höherer Pflanzen. Im Gegensatz zur Braunkohlebildung bei ca. 40°C entstehen sie bei Temperaturen zwischen 40°C und 100°C. Die Metagenese beginnt oberhalb 100/150°C (Kerogen und Kohlen setzen Gase frei, es bildet sich schließlich Anthrazit; Kerogen bleibt als feinverteilte Partikel in Tonsteinen und Schiefertonen erhalten; Einsele 1992). Während der Metamorphose bildet sich als Endstadium der Inkohlung elementarer Kohlenstoff (komplette Mineralisierung zu Grafit; bei ausreichend hohen Drücken entsteht Diamant).

Steinkohlen bestehen aus einem makromolekularen 3-dimensionalen Netzwerk kondensierter Aromaten und einer molekularen Phase, die in organischen Lösemitteln löslich ist. Ab einer bestimmten Temperatur von ca. 330°C gehen die harten Kohlen in einen gummiartigen Zustand über (van Krevelen 1993).

Tabelle 2.1.2 Veränderung organischen Materials während der Inkohlung (nach Taylor et al. 1998); Angaben zur Dichte aus van Krevelen (1993)

Inkohlungsreihe	Inkohlungsstufe Dichte	Prozesse/physikochemische Veränderungen
Torfbildung	Torf ca. 1,45 g cm^{-3}	Humifizierung, Gelbildung, Fermentation, Aufkonzentration refraktärer Substanzen, Bildung von Huminstoffen, ansteigende Aromatizität
Dehydrierung	Braunkohlen bis Steinkohle ca. 1,35 g cm^{-3}	Dehydrierung, Abspaltung von COOH-Gruppen, Ausgasung von CO_2 und H_2O, allgemein abnehmendes O/C-Verhältnis
Bituminisierung ≈ 60 - ≈ 150°C	Flammkohle ca. 1,3 g cm^{-3}	Bildung und Rückhaltung von Kohlenwasserstoffen, Depolymerisierung, Abnahme der Dichte, Anstieg der Härte; Porenfüllungen aus Bitumen (kann beim Verkoken frei werden); spezifische Oberfläche: 25 - 40 m^2 g^{-1}
Entbituminisierung - ≈ 200 °C	Anthrazit ca. 1,3 g cm^{-3}	„Cracken", Ausgasung von Methan, abnehmendes H/C-Verhältnis; Porosität und spezifische Oberfläche nehmen weiter zu
Grafitbildung - ≈ 300 °C	Anthrazit ca. 1,3 - 1,7 g cm^{-3}	„Koaleszenz" und Bildung von „grafitähnlichen" aromatischen Lamellen, Abgabe von Wasserstoff und Stickstoff; weitere Abnahme der H/C-Verhältnisse, Kondensation; Oberflächen erreichen bis zu 300 m^2 g^{-1}; Bildung von vor allem schlitzförmigen Mikroporen

Kohlen sind per Definition heterogen – sie bestehen aus mindestens zwei Mazeralgruppen („Kohlenbestandteile"), wie z.B.:

I. Liptinit oder Exinit (aus wasserstoffreichen Pflanzenresten wie z.B. Pollen, Wachsen, Fetten und Ölen)

II. Huminite und Vitrinite (das Inkohlungsprodukt von Huminsubstanzen wie z.B. Lignin und Zellulose)

III. Inertinite (gleicher Ursprung wie Vitrinit und Liptinit, aber unterschiedliche Primärtransformation, die zu geringen H/C-Verhältnissen und höherem Aromatisierungsgrad führt; hierzu gehören auch die Pyrofusinite: verkohlte Pflanzenreste aus Waldbränden)

Diese Mazeralgruppen untergliedern sich in die Kohlenmazerale wie z.B.: Textinit, Gelinit, Sporinit, Kutinit, Resinit, Alginit, Bituminit, Pyrofusinit, Fungosclerotinit, Inertodendrinit und viele andere (Taylor et al. 1998). Alle diese Mazerale haben einen unterschiedlichen Habitus, unterschiedliche physikalischchemische Eigenschaften und chemische Zusammensetzungen.

Kerogen, Bitumen, Erdöl (organisches Material in Sedimentgesteinen)

In Sedimentgesteinen feinverteiltes organisches Material, das unlöslich in nichtoxidierenden Säuren, Basen und organischen Lösemitteln ist, wird als Kerogen bezeichnet (Hunt 1979). Kerogen gilt als dasjenige organische Material, das für die Erölbildung verantwortlich ist. Erdöl entsteht aus Kerogen bei Temperaturen zwischen 60(-80)°C und 120(-150)°C (Ölfenster). Kerogene unterscheiden sich von den Kohlen in ihrer chemischen Zusammensetzung durch das höhere H/C-Verhältnis und das niedrigere O/H-Verhältnis (Betrand et al. 1986; Taylor et al. 1998). Ähnlich wie bei den Kohlen werden verschiedene Kerogentypen unterschieden: I. Liptinit, II. Exinit, III. Vitrinit und IV. Inertinit. Liptinit enthält amorphes organisches Material mariner oder lakustriner Herkunft mit einem relativ hohen H/C-Verhältnis und ist eine wichtige Quelle für Gas und Öl (z.B. bituminöse Schiefertone). Exinit kommt in Sedimentgesteinen am häufigsten vor und ist terrestrischer (Sporen, Pollen, Harze, Wachse) oder mariner Herkunft (Phyto-, Zooplankton) mit relativ hohen H/C- und O/C-Verhältnissen. Vitrinit geht auf Reste höherer Pflanzen zurück und hat einen hohen Sauerstoffgehalt. Inertinit hat einen hohen Kohlenstoffgehalt und besteht aus opaken Partikeln, bei denen es sich entweder um oxidierte (Fusinite, z.B. Pflanzenbestandteile) oder thermisch veränderte organische Materialien handelt. Dazu zählen die Pyrofusinite, wie z.B. die Holzkohlen.

Nur ein kleiner Teil des organischen Materials in Sedimentgesteinen – das Bitumen – ist löslich in organischen Lösemitteln. Bitumen umfasst auch die Asphalte, welche z.B. auf Öllagerstätten zurückgehen.

Ruß und Holzkohle

Erst in jüngster Zeit wurde erkannt, dass in hoch-industrialisierten Gegenden (z.B. Ruhrgebiet) kohlige Partikel als Beimengung in Oberböden und Sedimenten vorkommen (siehe z.B. Schmidt u. Noak 2000). Diese kohligen Partikel umfassen Stein- und Braunkohlen, Holzkohlen und Ruß. Letztere werden auch als „black carbon" bezeichnet; sie entstehen bei der unvollständigen Verbrennung (> 200°C unter Luftabschluss oder ungenügender Sauerstoffzufuhr) von fossilen Rohstoffen oder Biomasse (Goldberg 1985). Holzkohlen sind z.B. aus Oberböden Amazoniens (Glaser et al. 2000) und Australiens (Skjemstad et al. 1998) sowie aus marinen Sedimenten (äolisch verfrachtet; Masiello u. Druffel 1998) bekannt; sie treten in Podsolen und Schwarzerden auf (Schmidt et al. 1999). Ruß („soot") tritt ubiquitär auf und gelangt über die atmosphärische Deposition in die Böden und Sedimente. „Black carbon" ist bei gemäßigten Temperaturen chemisch inert und wird oft von aromatischen und aliphatischen (C_{17}–C_{37}) Kohlenwasserstoffen sowie Heteroverbindungen (O-, N-haltige „Kohlenwasserstoffe") begleitet. Diese Art von „organischem Material" tritt weitverbreitet in Böden und Sedimenten auf und wird als wichtiger Bestandteil des globalen Kohlenstoffkreislaufes angesehen (Kuhlbush 1998). Bis zu 12%–31% des organischen Kohlenstoffs in Tiefseesedimenten (Masiello u. Druffel 1998) besteht aus „black carbon" und rezente marine Sedimente zeigen verhältnismäßig hohe Kohlenstoffgehalte, die höchstwahrscheinlich anthropogen verursacht sind (Bird u. Cali 1998).

2.1.3 „Partitioning" in natürlichem organischem Material

Organisches Material in Böden und Sedimenten, das nicht thermisch verändert ist, zeigt meist eine lineare Sorption hydrophober Schadstoffe, die über einen Verteilungskoeffizienten beschrieben werden kann. Der oft zu beobachtende Anteil an nicht-linearer Sorption kann auf Beimengungen stark adsorbierender Kohlepartikel zurückgehen (Sorptionsisotherme nach dem Polanyi-Dubinin-Manes Modell bzw. der Potenzial-Theorie; siehe Abschn. 2.1.2). Die Verteilung organischer Verbindungen zwischen dem natürlichen Material in Böden und Wasser kann nach Chiou et al. (1979; 1981; 1983; 1985) analog zur Lösung einer Verbindung in einem geeigneten Lösemittel, z.B. Oktanol (Chiou 1989), behandelt werden. Die Sorption wird dann durch einen konzentrationsunabhängigen Verteilungskoeffizienten K_{om} beschrieben:

$$K_{om} = \frac{C_{om}}{C_w} \quad [\text{L kg}^{-1}] \qquad (2.1\text{-}10)$$

C_{om} und C_w bezeichnen hier die Konzentrationen in der organischen bzw. wässerigen Phase. Der Verteilungskoeffizient hängt von den Aktivitätskoeffizienten der jeweiligen Verbindung in der wässerigen (γ_w) und organischen (γ_{om}) Phase ab; er kann analog zum Raoult'schen Gesetz hergeleitet werden (siehe auch Schwarzenbach et al. 1993 und Abschn. 2.3.3):

$$K_{om} = \frac{\gamma_w V_w}{\gamma_{om} V_{om} \rho_{om}} = \frac{\gamma_w M_w}{\gamma_{om} M_{om} \rho_w} \qquad (2.1\text{-}11)$$

V_w und V_{om} bezeichnen das molare Volumen des Wassers ($\cong 0.018$ L mol^{-1} $\cong M_w/\rho_w$) bzw. der organischen Phase [L mol^{-1}]. ρ_{om} ist die Dichte des organischen Materials [kg L^{-1}]. V_w, V_{om} und ρ_{om} beziehen sich auf Eigenschaften des Wassers bzw. des organischen Materials und sind für verschiedene organische Schadstoffe gleich. Der Aktivitätskoeffizient in der organischen Phase (γ_{om}) liegt bei Verbindungen, für die das organische Material ein geeignetes Lösemittel darstellt, nahe bei 1 (er kann mit zunehmendem Molekulargewicht zunehmen). Unterschiedliche Werte für K_{om} hängen damit hauptsächlich von γ_w ab. Für hydrophobe organische Verbindung mit geringen Wasserlöslichkeiten (unendlich verdünnte Lösungen) ist der Wert für γ_w praktisch unabhängig von der Konzentration im Wasser (C_w), d.h., er gilt auch noch bei Erreichen der Sättigungslöslichkeit im Wasser ($\gamma_w = \gamma_{w,sat}$). γ_w und damit auch K_{om} sind umgekehrt proportional zur Wasserlöslichkeit S [mol L^{-1}] einer Verbindung ($S \cong 1/(\gamma_w V_w)$).

$$K_{om} = \frac{1}{\gamma_{om} V_{om} \rho_{om} S} \qquad (2.1\text{-}12)$$

Bei Verbindungen, die bei Raumtemperatur in kristalliner Form vorliegen, muss in Gl. 2.1-12 die Wasserlöslichkeit der unterkühlten Flüssigkeit (S_{scl}: „subcooled liquid") verwendet werden, die höher als die Löslichkeit der kristallinen Substanz ist (aufgrund der interkristallinen Kräfte lösen sich Kristalle im Wasser in geringerem Maße als die entsprechende Flüssigkeit). Das „Partitioning"-Konzept lässt über einen weiten Konzentrationsbereich eine lineare Beziehung zwischen der Stoffkonzentration in der organischen Phase und der wässerigen Phase erwarten (vorausgesetzt γ_{om} ist konzentrationsunabhängig).

Da der Gehalt an organisch gebundenem Kohlenstoff (f_{oc}) in Boden- und Sedimentproben leichter zu messen ist als der Gehalt an organischem Material, wird statt dem oben beschriebenen Verteilungskoeffizienten K_{om} in der Regel der K_{oc}-Wert, der auf die einfacher zugängliche Messgröße f_{oc} bezogene Verteilungskoeffizient, verwendet:

$$K_{oc} = \frac{C_{oc}}{C_w} = \frac{K_{om}}{f_{oc}} \left[\text{L kg}^{-1} \right] \qquad (2.1\text{-}13)$$

C_{oc} bezeichnet die Schadstoffkonzentration bezogen auf den Gehalt an organisch gebundenem Kohlenstoff (C_s/f_{oc}). K_{oc} kann aus dem Oktanol/Wasser-Verteilungskoeffizienten (K_{ow}), der für viele organische Verbindungen bekannt ist, mittels empirischer Beziehungen berechnet werden. K_{ow} wird deshalb häufig verwendet, weil er für eine Vielzahl von Verbindungen bekannt ist und weil für kristalline Verbindungen die Löslichkeit der unterkühlten Flüssigkeit (S_{scl}) nicht abgeschätzt werden muss (Seth et al. 1999). K_{ow} kann analog zu Gl. (2.1-11) hergeleitet werden und ist ebenfalls invers proportional zu S (Gl. (2.1-12)). Empirische Beziehungen zwischen K_{oc} und K_{ow} haben die allgemeine Form:

$$\log K_{oc} = a \log K_{ow} - b \qquad (2.1\text{-}14)$$

Tabelle 2.1.3 gibt eine Übersicht zu den Konstanten a und b, die je nach untersuchter Stoffgruppe und verwendeten Böden etwas unterschiedlich ausfallen können. Die Konstante a liegt oft nahe 1, d.h. es ergibt sich eine nahezu lineare Beziehung zwischen K_{oc} und K_{ow}. Seth et al. (2000) empfehlen als Faustregel K_{oc} = 0.35 K_{ow} mit einer Streuung um Faktor 2,5. Karickhoff et al. (1979) fanden für PAK in Sedimenten etwas höhere K_{oc}-Werte mit: K_{oc} = 0.62 K_{ow}. Wie Gl. (2.1-12) zeigt, kann K_{oc} auch aus der Wasserlöslichkeit direkt abgeschätzt werden:

$$\log K_{oc} = -a \log S + b \qquad (2.1\text{-}15)$$

Gleichung (2.1-15) gilt analog auch zur Abschätzung von K_{ow} aus S. Tabelle 2.1.3 listet einige Beispiel für a und b auf. Die Konstanten a zur Abschätzung von K_{oc} sind in der Regel kleiner als 1, was darauf hindeutet, dass mit zunehmendem molaren Volumen der Verbindungen (und dem damit verbundenen Rückgang der Wasserlöslichkeit) γ_{om} bzw. $\gamma_{Oktanol}$ zunehmen (zunehmende Inkompatibilität des Sorptivs mit der organischen Phase). Dies ist bei der Beziehung $K_{ow} - S$ weniger ausgeprägt (*a* näher bei 1), weil entweder der Aktivitätskoeffizient im organischen Material mit abnehmender Wasserlöslichkeit (höherem molaren Volumen) organischer Verbindungen schneller zunimmt als im Oktanol oder weil bei den geringlöslichen Verbindungen – was eher wahrscheinlich ist - experimentelle Artefakte auftreten (z.B. mangelnde Gleichgewichtseinstellung oder Verluste durch Sorption in Dichtungen etc. in Batchexperimenten). Abbildung 2.1.5 zeigt, dass die unterschiedlichen Korrelationen zur Bestimmung von K_{oc} aus den unterschiedlichsten Quellen relativ nahe zusammenliegen (innerhalb von Faktor 2) und deshalb gut zur Abschätzung von K_{oc}-Werten verwendet werden können.

Tabelle 2.1.3 Konstanten *a* und *b* zur Berechnung von K_{oc} bzw. K_{ow} (Gl. (2.1-14) u. Gl. (2.1-15)); S in mol L^{-1} sofern nicht anders angegeben#; fett: wichtigste Korrelationen

a	*b*	R²	n	Verbindungen	Quelle
\multicolumn{6}{c}{log K_{oc} = a log K_{ow} – b}					
0,99 – 1,08	0,81 – 0.41			PAK, PCB,	Seth et al. 2000*
1,03	**0,61**	**0,98**	**117**	Pestizide	
1,00	0,21			PAK	Karickhoff et al. 1979
0,699	- 0,755	0,692	148	Div. org. Verbindungen	Chu u. Chan 2000
\multicolumn{6}{c}{log K_{oc} = - a log S + b}					
0,634	0,794	0,865		Halog. Aliphaten	Chu u. Chan 2000
0,639	0,669	0,856		PAK	Chu u. Chan 2000
0,532	1,056	0,692	148	Div. org. Verbindungen	Chu u. Chan 2000
0,557	0,698	0,988	15	PCBs, halogenierte Alkane, DDT, Lindan	Chiou et al. 1979 K_{oc} = 1.72 K_{om}
0,729	0,001	0,996	12	Benzol, ChlorBenzol, PCB	Chiou et al. 1983 K_{oc} = 1.72 K_{om}
1,06	**-0,119**	**0,96**	**4**	Benzol, ChlorBenzol, PAH, Carbofuran	**Rahman u. Grathwohl 2002***
1,06#	5,4#				
1#	5,2#			Div. org. Verbindungen	Allen-King et al. 2000*
\multicolumn{6}{c}{log K_{ow} = - a log S + b}					
0,856	0,66	0,96	124	Div. org. Verbindungen	Schwarzenbach et al. 1993
0,862	0,710	0,994	36	BTEX, halogenierte Benzole, PCB, PAK	Chiou et al. 1982
0,894	-0,055	0,708	148	Div. org. Verbindungen	Chu und Chan 2000

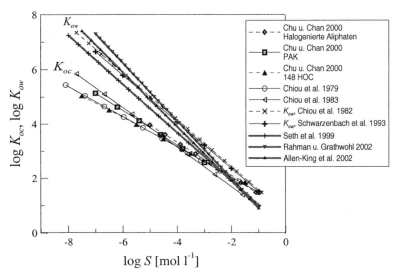

Abb. 2.1.5 Vergleich von empirischer Beziehungen zur Abschätzung von K_{oc} (Linien) bzw. K_{ow} (Symbole) aus der Wasserlöslichkeit S (siehe Tabelle 2.1.3; K_{oc}–S nach Seth et al. 1999 wurde aus K_{oc}–K_{ow} (Seth at al. 1999) und K_{oc}–K_{ow} nach Schwarzenbach et al. 1993 berechnet).

Limitierung des K_{oc}-Konzepts

Die empirischen Korrelationen (Gln. (2.1-13–2.1-15)) berücksichtigen allerdings nicht, dass sich die Variabilität in Struktur und Zusammensetzung des organischen Materials auf die K_{oc}-Werte auswirkt. Nkedi-Kizza et al. (1983) z.B. beobachteten in Oberböden nur eine relativ geringe Variabilität des K_{oc} (bzw. K_{om}) in etwa um den Faktor 1,5. Auch innerhalb der gelösten organischen Substanzen (Humin- und Fulvosäuren) wurden Variationen der K_{oc}-Werte für Pyren um Faktor 10 beobachtet, die mit der Aromatizität der organischen Substanzen zunehmen (Gauthier et al. 1987). Nach McCarthy et al. (1989) geht die Sorption von Benzo(a)pyren durch gelöste organische Substanzen auf unpolare Bereiche innerhalb der natürlichen organischen Makromoleküle zurück und hängt damit ebenfalls von deren Zusammensetzung bzw. chemischen Eigenschaften ab. Für organisches Material in Sedimentgesteinen wurden K_{oc}-Werte für halogenierte Kohlenwasserstoffe beobachtet, die bis zu zwei Größenordnungen über den nach dem Partitioning-Konzept zu erwartenden Werten lagen. Die Zunahme des K_{oc} konnte ansatzweise mit abnehmendem Gehalt an hydrophilen (sauerstoffhaltigen) funktionellen Gruppen der festen natürlichen organischen Substanz, bzw. zunehmendem H/O-Verhältnis erklärt werden (Grathwohl 1989, 1990). Wie Abb. 2.1.6 zeigt, treten aber auch K_{oc}-Werte auf, die deutlich über dem K_{ow} und sogar über den nach Gl. (2.1-12) max. zu erwartenden, d.h. idealen Verteilungskoeffizienten liegen. Diese stark sorbierenden Materialien weisen im Gegensatz zum Verteilungsprinzip („Partitioning") ausgeprägt nichtlineare Sorptionsisothermen auf, was den Schluss zulässt, dass in Böden und Sedimenten neben einem reinen „Partitioning" (d.h. Lösung im organischen Material) zusätzliche bzw. andere Sorptionsmechanismen auftreten. Kleineidam (1998) konnte erstmalig belegen, dass diese erhöhte Sorption auf Kohlepartikel (fossile Holzkohlen, erodierte Steinkohlen), die in Sedimentgesteinen vorkommen können, zurückgeht. Diese ausgeprägte Heterogenität des organischen Materials muss bei der Modelllierung der Sorption von Schadstoffen in Böden und Sedimenten durch eine Superposition der verschiedenen Prozesse („partitioning" und Adsorption bzw. „pore-filling"), wie im Folgenden beschrieben, berücksichtigt werden.

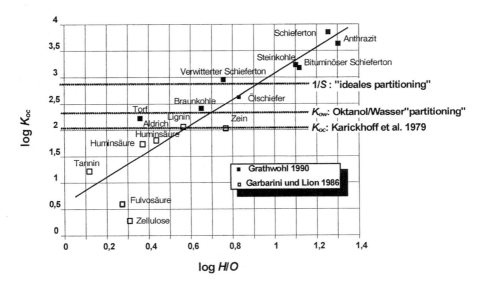

Abb. 2.1.6 Log K_{oc} in Abhängigkeit vom atomaren Wasserstoff/Sauerstoffverhältnis (H/O) des organischen Materials. K_{oc}-Werte können die nach dem „Partitioning-Konzept" zu erwartenden Werte um Größenordnungen übertreffen (aus Grathwohl; 1989 bzw. Grathwohl und Kleineidam 2000).

2.1.4 Sorption in heterogenen Materialien

Die eingangs vorgestellten Sorptionsisothermen (Abschn. 2.1.1) haben hinsichtlich ihrer Anwendung zur Beschreibung der Sorption in Böden rein empirischen Charakter, d.h. es sind mathematische Modelle, die mit Ausnahme des aus dem Raoult'schen Gesetz abgeleiteten Partitioning-Modells und dem Polanyi-Dubinin-Manes-Modell zumindest in natürlichen Böden keine direkte thermodynamische Basis haben. Das „Partitioning"-Modell erklärt zwar einige der beobachteten Sorptionsphänomene (z.B. lineare Sorptionsisothermen), versagt aber, wenn hohe Sorptionskapazitäten bei meist bei geringen Konzentrationen auftreten, die zudem mit ausgeprägt nichtlinearen Sorptionsisothermen einhergehen (Grathwohl 1999). Wie neuere Untersuchungen zeigen (Kleineidam et al. 1999; Büchi u. Gustafsson 2000) geht letzteres auf kohlige Partikel bzw. Ruß zurück, die besonders in anthropogen überprägten Böden (kohleverarbeitende Betriebe, Kokereien) und Sedimenten (z.B. Hafenschlick) vorkommen. Über die Erosion von Kohlenflözen können Stein- und Braunkohlepartikel auch in anthropogen unbeeinflussten Sedimenten auftreten (Kleineidam 1998; Karapanagioti et al. 2000). Insbesondere Holzkohlen, Ruß und die thermisch stärker überprägten Kohlen (Steinkohlen, Anthrazit) weisen eine sehr hohe Affinität für hydrophobe organische Schadstoffe auf. Ihnen ist eine rel. hohe spezifische Oberfläche und zumindest z.T. das Auftreten von Mikroporen gemeinsam. Beides, die hohen inneren Oberflächen und Mikroporen kennzeichnen auch Aktivkohlen und deshalb können Sorptions-Modelle, die für Aktivkohlen entwickelt wurden, auch für thermisch überprägtes organisches Material mit Erfolg eingesetzt werden. Die Adsorption auf Oberflächen von Rußpartikeln kann in mono- bis multimolekularen Schichten erfolgen, während die Adsorption in Mikroporen durch Porenfüllung erfolgt (Polanyi-Dubinin-Manes-Modell; Abschn. 2.1.1). In heterogenen Materialien muss bei der Sorption beides berücksichtigt werden: Partitioning und Adsorption:

$$C_s = K_p\, C_{eq} + C_{ads} \qquad (2.1\text{-}16)$$

K_p ist der Verteilungs-(bzw- „Partitioning"-)Koeffizient und C_{ads} steht für die adsorbierte Konzentration. Für die Sorption von Gasen in synthetischen Polymeren wurde von Barrer (1958; siehe auch van Krevelen, 1997) das „*dual mode*" Sorptionsmodell vorgeschlagen, das von Xing und Pignatello (1997) und Weber et al. (1992) auch auf organisches Material in Böden angewendet wurde. Dabei wird angenommen, dass sowohl Partitioning- als auch Adsorptionsdomänen im organischen Material auftreten („*distributed reactivity*" Modelle). Als ein Argument für die Anwendbarkeit des Polymer-Modells wird u.a. die Tatsache angeführt, dass Huminsäuren bei einer bestimmten Temperatur von einem glasartigen in einen gummiartigen Zustand übergehen können (Leboef u. Weber 1997). Weiterhin wurde in spektroskopischen Studien (NMR) festgestellt (Hu et al. 2000), dass organisches Material beides gleichzeitig enthalten kann, glasartig harte und gummiartig weiche Domänen (ähnlich synthetischen Polymeren; van Krevelen 1998). Im „dual mode Modell" wird C_{ads} generell durch eine Langmuir-Isotherme beschrieben.

Ein weiteres Modell wurde erstmals von Xia und Ball (1999) vorgeschlagen und von Grathwohl und Kleineidam (2000) erfolgreich eingesetzt. Dieses Modell koppelt wie in Gl. (2.1-16) Partitioning und Adsorption, verwendet aber das Polanyi-Dubinin-Manes-Modell zur Beschreibung von C_{ads} (siehe auch Alle-King et al. 2002). Dabei wird davon ausgegangen, dass in Böden und Sedimenten eine heterogene Mixtur verschiedener Typen von organischem Material vorkommt, z.B. Huminstoffe, die eher ein Partitioning-Medium darstellen und kohlige, mikro- bis mesoporöse Partikel, die hohe Schadstoffmengen bis zu Erschöpfung der max. Sorptionskapazität bereits bei relativ niederen Konzentrationen aufnehmen können. Die Sorptionsisotherme ist damit durch die Fraktion des „Partitioning" organischen Materials (z.B. Abschätzung des K_{om} aus K_{oc} z.B. nach Seth et al. 2000; siehe auch Tabelle 2.1.3) und dem in kohligen Partikeln vorhandenem Mikro- und Mesoporenvolumen gegeben. Wie Abbildung 2.1.7 zeigt, folgt die Kombination aus beidem weitestgehend einer Feundlich-Isotherme. Ein weiterer und entscheidender Vorteil dieser Kombinationsisotherme liegt darin, dass beide Modelle – "Partitioning" und "Pore-Filling" – von der relativen, d.h. der auf die Wasserlöslichkeit normierten Konzentration der Schadstoffe abhängen (vgl. die normierte Freundlichisotherme, Gl. (2.1-4)). Damit ist es möglich, eine für einen Stoff gemessene Sorptionsisotherme auf Verbindungen mit ähnlichem physikalisch-chemischen Eigenschaften zu übertragen (Konzept der chemischen Sonde). Der Grad der Nicht-Linearität der gemessenen Kombinationsisotherme (z.B. Freundlich-Modell) ist dabei durch den Anteil und das Porenvolumen (= Adsorptionskapazität) der Adsorptions-/Porenfüllungskomponente gegeben. Im Vergleich zum „*distributed reactivity*" oder „*dual mode*" Modell wird dieser neue Ansatz sowohl der Heterogenität der im Boden vorkommenden Sorbenten als auch den tatsächlichen Sorptionsmechanismen besser gerecht. Die Gleichung für diese Kombinationsisotherme kann wie folgt definiert werden:

$$C_s = a\frac{C_w}{S} + V_{max}\rho_o \exp\left(-\left(b\left(-\ln\frac{C_w}{S}\right)\right)^n\right) \quad (2.1\text{-}17)$$

Die Konstante a beinhaltet hier den auf „partitioning" zurückgehenden Anteil der Sorption (a kann in erster Näherung aus $K_{oc} f_{oc}$ abgeschätzt werden); $V_{max} \rho_o$ (= $C_{s,max}$) bezeichnet den durch „pore-filling" maximal erreichbaren Sorptionsanteil (muss gemessen werden), b repräsentiert den „Polanyi-Energieparameter" ($R\,T\,\beta^{-1}$ E_o^{-1}) (wegen ln (S/C_w) = - ln (C_w/S) wird ein zusätzliches Minuszeichen in der Klammer notwendig, vgl. Gl. (2.1-9)); n ist der Dubinin-Astakhov-Exponent (meist nahe bei 2).

Bei Verbindungen, die bei Umgebungsdruck und -temperatur als Feststoff (z.B. kristallin) vorliegen, ist bislang nicht klar, ob als Referenzzustand für die Porenfüllung die Löslichkeit der kristallinen Substanz (S), wie von Manes (1998) und Xia und Ball (1999) vorgeschlagen, oder die der unterkühlten Flüssigkeit (S_{scl}) gewählt werden soll. Bei der Sorption organischer Verbindungen an Partikeln aus der Gasphase wird generell der Dampfdruck der unterkühlten Flüssigkeit verwendet (de Seze et al. 2000; Dachs u. Eisenreich 2000; Cousins u. Mackay 2001; Goss u. Schwarzenbach 2001). Wird zur Beschreibung der Adsorption die Löslichkeit der festen Substanz verwendet, dann muss die normierte Konzentration C' im „partitioning" Teil von Gl. (2.1-17) mit S/S_{scl} korrigiert werden.

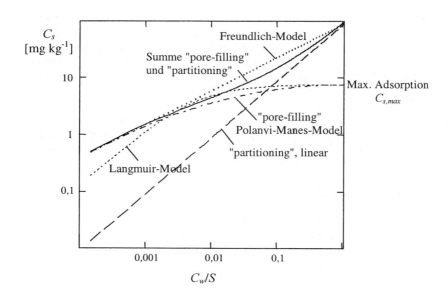

Abb. 2.1.7 Beispiel für die Kombination Porenfüllung und „Partitioning". Die maximale Kapazität des „Pore-Filling"-Mediums wird bereits bei einer Konzentration von ca. 10% der Wasserlöslichkeit der Verbindung erreicht ($C_w/S = 0{,}1$); das „Partitioning"-Medium dominiert nur bei sehr hohen Konzentrationen nahe der Wasserlöslichkeit bei $C_w/S \gg 0{,}1$; die Addition von beiden (durchgezogene Linie) wird relativ gut durch das Freundlich-Modell beschrieben (gepunktete Linie). Der Grad der Nicht-Linearität der Freundlich-Isotherme ist dabei durch den Beitrag des Porenfüllungsmediums bei niedrigen Konzentrationen gegeben. Da beide Isothermen – „partitioning" und „pore-filling" – gegen die S-normierte Konzentration aufgetragen werden, ist zu erwarten, dass die kombinierte Isotherme repräsentativ für eine ganze Gruppe ähnlicher Verbindungen ist (z.B. PAK, chlorierte Aliphaten/Aromaten etc.). Die Langmuir-Sorptionsisotherme (gepunktete Linie) kann den Verlauf bei niedrigen Konzentrationen nicht exakt beschreiben.

2.1.5 Adsorption organischer Verbindungen durch Aktivkohlen

Aktivkohlen werden seit Jahrzehnten erfolgreich zur Wasserbehandlung – sowohl für die Trinkwasseraufbereitung als auch zur Grundwasser- und Abwasserreinigung - eingesetzt. Aktivkohlen bestehen hauptsächlich aus Kohlenstoff – sie werden von manchen Autoren (Hurt u. Chen 2000) zur Grafitfamilie hinzugezählt, die auch Koks, Ruß und Kohlefasern umfasst. Die hohe Adsorptionskapazität der Aktivkohlen geht auf eine ungeordnete Nanostruktur von grafitähnlichen Blättchen zurück, die Hohlräume (= Mikroporen) ausbilden, welche anderen Molekülen zugänglich sind. Die innere Oberfläche von Aktivkohlen kann bis zu 1500 m^2 g^{-1} betragen (die maximale, beidseitige spezifische Oberfläche eines einzelnen „Nano"-Grafitblättchen würde max. 2600 m^2 g^{-1} betragen). Aktivkohlen können durch Erhitzen aus verschiedenen organischen Materialien

(Holz, Kohle, Pech, Polymere, Kokosnussschalen, etc.) hergestellt werden. Die Prozesse bei der Herstellung von Aktivkohlen ähneln denjenigen der natürlichen Inkohlung. Beim Erhitzen unter Luftausschluss werden chemische Bindungen aufgebrochen, gasförmige Verbindungen (H_2, CH_4, CO_2, etc.) freigesetzt und schließlich neue, vorwiegend aromatische Bindungen gebildet (in erster Näherung analog zur natürlichen Inkohlung). Diese hochkondensierten neuen Bindungen weisen eine relativ hohe thermische Stabilität auf. Sie bilden planare oder scheibenförmige Strukturen aus, die beim Erhitzen von einem flüssigkristallähnlichen, geschmolzenen in einen glasigen, festen Zustand übergehen, wobei die für die Adsorption wichtigen Nanostrukturen (= Mikroporen) erhalten bleiben (Hurt u. Chen 2000). Flüssigkristallbildung in der Natur wurde zum ersten Mal auch bei Untersuchungen zur Inkohlung des Wongawilli-Kohleflözes in New South Wales, Australien nachgewiesen (Taylor u. Brooks 1965). Aktivkohlen unterscheiden sich von natürlichen Kohlen durch die höhere Intrapartikelporosität und innere Oberfläche und dadurch, dass sie keine bituminösen oder flüchtigen Anteile mehr enthalten.

Die Adsorption organischer Verbindungen wird oft mittels des Freundlich-Modells beschrieben. Besser geeignet ist das Polanyi-Dubinin-Manes- (oder Dubinin-Astakhov)-Modell. Abbildung 2.1.8 zeigt, dass auch bei den Aktivkohlen, wie bereits oben beschrieben (Abb. 2.1.4), eine invers lineare Beziehung zwischen dem bei einer bestimmten relativen Konzentration (z.B. 10% von S) berechneten K_d-Wert und der Wasserlöslichkeit auftritt. Für die Adsorption von im Wasser gelösten Stoffen lassen sich sog. Korrelationskurven verwenden, die aus der Polanyi-Manes-Potenzialtheorie abgeleitet sind. Crittenden et al. (1999) empfehlen folgende Gleichung:

$$V_s = V_{max} \exp\left(-a\left(\frac{RT \ln S/C_w}{N}\right)^n\right) \qquad (2.1\text{-}18)$$

V_s und V_{max} bezeichnen das sorbierte Volumen bzw. das max. zur Verfügung stehende Porenvolumen. a und n sind materialspezifische empirische Konstanten. N stellt einen Normierungsparameter dar, der das molare Volumen, die Polarisierbarkeit, den Parachor etc. des Sorbats beinhalten kann.

2.1.6 Sorptionskinetik

Der eigentliche Vorgang der Sorption (z.B. Festlegung auf einer Oberfläche) ist ein relativ rascher Prozess (bei organischer Verbindungen, die nur einer schwachen physikalischen Wechselwirkung unterliegen, verläuft dieser Schritt im Millisekundenbereich). Die in Böden und Sedimenten sehr oft beobachtete sehr langsame Sorptions- und Desorptionskinetik geht auf den langsamen diffusiven Transport zum bzw. vom Sorptionsplatz zurück, der innerhalb eines porösen Partikels oder Aggregats liegen kann (Intrapartikeldiffusion z.B. in Fragmenten von Sedimentgesteinen, Kohlen, Tonaggregaten). Damit stellt die Porendiffusion

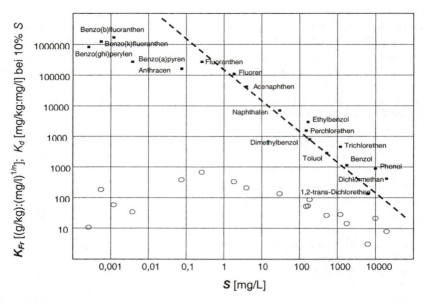

Abb. 2.1.8 Für die granulare Aktivkohle F300 aus Freundlich-Adsorptionsisothermen für eine Konzentration von 10 % der Wasserlöslichkeit (S) der jeweiligen Verbindung berechnete Verteilungskoeffizienten (K_d: Quadrate). K_{Fr}: Freundlich-Sorptionskoeffizienten (offene Kreise); Daten aus: American Water Works Association (1990) und Sontheimer et al. (1985). Da die Schüttdichte von Aktivkohlen und die Porositäten bei ca. 0,5 liegen, entsprechen die K_d-Werte in etwa den unter Gleichgewicht zu erwartenden Retardationsfaktoren (Maximalwerte)

den geschwindigkeitsbestimmenden Schritt dar (Abb. 2.1.9). Die Diffusion in porösen Partikeln kann analog zur Matrixdiffusion in Gesteinen beschrieben werden - der einzige Unterschied liegt in der Größenskala und evtl. Geometrie des Gesteinskörpers. In wassergesättigten porösen Medien kann der scheinbare Diffusionskoeffizient D_a [m² s⁻¹] ausgehend von der freien Diffusion in Wasser (D_{aq}), dem Verteilungskoeffizienten unter Gleichgewicht und den Porenraumcharakteristika folgendermaßen definiert werden (Abb. 2.1.9):

$$D_a = \frac{D_{aq}\varepsilon\delta}{(\varepsilon + K_d\rho)\tau_f} = \frac{D_{aq}\varepsilon^{m-1}}{R_p} \qquad (2.1\text{-}19)$$

ε bezeichnet die (Intrapartikel-)Porosität, wobei davon ausgegangen wird, dass die Diffusion nur im Porenraum stattfinden kann (keine Festkörperdiffusion). Falls Poren vorhanden sind, die den diffundierenden Molekülen nicht zugänglich sind, ist ε kleiner als die Gesamtporosität (Lever et al. 1985). Über die dimensionslosen Faktoren τ_f und δ wird die Tortuosität ($\tau_f > 1$) bzw. die Konstriktivität ($\delta \leq 1$) der Poren berücksichtigt. δ wird erst dann wichtig, wenn die Porengröße in der

Größenordnung des Durchmessers des diffundierenden Moleküls liegt. Für die hier besprochenen Verbindungen sind dies nur Poren mit Durchmessern im unteren nm-Bereich. τ_f ergibt sich aus dem quadratischen Verhältnis zwischen tatsächlichem tortuosen Diffusionspfad und der Länge des direkten Weges (Abb. 2.1.9). τ_f kann in natürlichen porösen Medien i. d. R. nicht direkt erfasst werden und wird daher meist aus der Porosität mittels empirischer Beziehungen, z.B. mittels des empirischen Exponenten m in Gl. (2.1-19), berechnet (Wakao u. Smith 1962; Probst u. Wohlfahrt 1979). Der Wert für m liegt in natürlichen porösen Medien (z.B. Sedimentgesteine) erfahrungsgemäß zwischen 1,5 und 2,5 (meist nahe 2; Grathwohl 1992; Rügner et al. 1999; Boving u. Grathwohl 2001). Der Poren-Retardationsfaktor R_p in Gl. (2.1-19) ergibt sich aus dem Quotienten ($\varepsilon + K_d \rho)/\varepsilon$ (retardierte Porendiffusion).

Die zur Berechnung von D_a notwendigen molekularen Diffusionskoeffizienten im Wasser (D_{aq}) werden im Wesentlichen von der dynamischen Viskosität des Wassers und der Molekülgröße (bzw. dem molaren Volumen) der diffundierenden Substanz bestimmt. In verdünnten Lösungen sind die Diffusionskoeffizienten unabhängig von der Konzentration und sonstigen Spureninhaltsstoffen. D_{aq} kann nach verschiedenen Methoden, die auf der Molekülgröße und der Viskosität des Wassers basieren, berechnet werden (Wilke u. Chang 1955; Hayduk u. Laudie 1974). Nach Worch (1993) kann D_{aq} auch einfach über das Molekulargewicht (m_s [g mol^{-1}]), die Temperatur (T [K]) und die Viskosität (η [N s m^{-2}]) bestimmt werden:

$$D_{aq} = \frac{3.595 E - 14\, T}{\eta\, m_s^{0.53}} \left[\text{m}^2\, \text{s}^{-1} \right] \quad (2.1\text{-}20)$$

Die Viskosität des Wassers ist temperaturabhängig und beträgt bei 293 K (= 20 °C) 1.002E-3 N s m^{-2} (= Pa s = J s m^{-3} = 1.002 centiPoise). D_{aq} beträgt damit für Dichlormethan, Trichlorethen, Toluol, Naphthalin, Phenanthren und Benz(a)pyren ca. 1 x 10^{-9}, 0,79 x 10^{-9}, 0,89 x 10^{-9}, 0,8 x 10^{-9}, 0,67 x 10^{-9} bzw. 0,56 x 10^{-9} m^2 s^{-1}.

Intrapartikeldiffusion

Wie oben ausgeführt, wird die Austauschrate von Schadstoffen zwischen der festen, immobilen Phase des Boden und einer mobilen Phase (Grundwasser, Sickerwasser, Bodenluft) von der molekularen Diffusion bestimmt. In granularem Material kann die Intrapartikel-Diffusion (poröse Aggregate, Lithofragmente, organisches Material) mittels des 2. Fick'schen Gesetz in Radialkoordinaten beschrieben werden:

$$\frac{\partial C}{\partial t} = D_a \left[\frac{\partial^2 C}{\partial r^2} + \frac{2}{r} \frac{\partial C}{\partial r} \right] \quad (2.1\text{-}21)$$

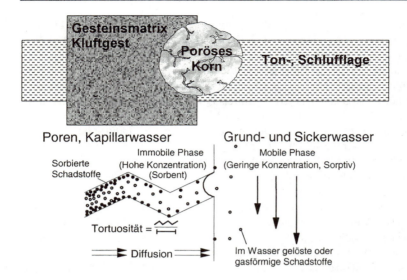

Abb. 2.1.9 Retardierte Porendiffusion in geringdurchlässigen feinkörnigen (tonigen) Lagen, in der Gesteinsmatrix und in feinporösen Partikeln bzw. Aggregaten.

C, t und r bezeichnen hier Konzentration, Zeit und radialen Abstand vom Kornmittelpunkt (Abb. 2.1.10). Für konzentrationsunabhängige scheinbare Diffusionskoeffizienten D_a (d.h. lineare Sorptionsisothermen) existieren für verschiedene Anfangs- und Randbedingungen einfache analytische Lösungen für Gl. (2.1-21). Damit können beispielsweise Sorptions- und Desorptionsraten bzw. Desorptionszeiten berechnet werden. Für nichtlineare Sorptionsisothermen sind numerische Lösungen notwendig.

Herrscht während der Sorption bzw. Desorption eine konstante Konzentration an der Kornoberfläche (z.B. $C = 0$ während der Desorption) und war die Konzentration innerhalb des Korns zuvor ausgeglichen (z.B. $C = C_{eq}$ vor der Desorption oder $C = 0$ vor der Sorption), dann gilt folgende analytische Lösung für die zum Zeitpunkt t ins Korn hinein- oder herausdiffundierte (sorbierte bzw. desorbierte) Schadstoffmasse (Crank 1975):

$$\frac{M}{M_{eq}} = 1 - \frac{6}{\pi^2} \sum_{n=1}^{\infty} \frac{1}{n^2} \exp\left[-n^2 \pi^2 \frac{D_a}{a^2} t\right] \qquad (2.1\text{-}22)$$

Der Term $D_a t/a^2$ wird als dimensionslose Zeit oder Fourier-Zahl bezeichnet. M_{eq} ist die unter Gleichgewichtsbedingungen im Korn aufgenommene Schadstoffmasse [mg kg^{-1}], die sich aus der Gleichgewichtskonzentration im Wasser C_{eq} [mg L^{-1}] berechnen lässt:

$$M_{eq} = C_{eq} \frac{\alpha}{\rho} \qquad (2.1\text{-}23)$$

α bezeichnet einen Kapazitätsfaktor (vgl. Abschn. 2.2.1), der sich in porösen Medien aus der Porosität (ε - hier Intrapartikelporosität) und dem K_d-Wert ergibt ($\alpha = \varepsilon + K_d \rho$). ρ ist die Trockenraumdichte des porösen Mediums $(1 - \varepsilon)\, d_s$ (d_s: Korndichte [kg L^{-1}]). Die zu bestimmten (dimensionslosen) Zeiten sich ergebenden Konzentrationsprofile im Korn sind in Abb. 2.1.10 dargestellt.

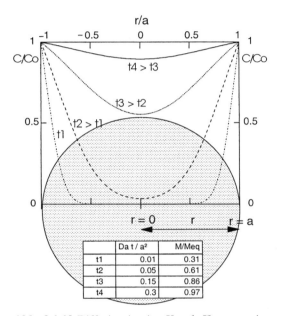

Abb. 2.1.10 Diffusion in eine Kugel: Konzentrationsprofile nach unterschiedlichen Zeiten t1 bis t4. Die Tabelle zeigt Fourier-Zahlen (dimensionslose Zeiten) mit entsprechenden Werten für M/M_{eq}; a = Kornradius

Für lange Zeiten ($D_a t/a^2 > 0.1$) können die höheren Glieder (n > 1) der Reihenentwicklung in Gl. (2.1-22) vernachlässigt werden - die Diffusionsrate (Ableitung von Gl. (2.1-22) nach der Zeit) folgt dann einer Exponentialfunktion mit einer Steigung von $-\pi^2 D_d/a^2$ in halblogarithmischer Darstellung. Die Zeit, die notwendig ist, um mehr als 50% zu sorbieren bzw. desorbieren, kann aus der Langzeitnäherung für Gl. (2.1-22) abgeschätzt werden:

$$t = \left(-0.233 \log\left[1 - \frac{M}{M_{eq}}\right] - 0.05\right) \frac{a^2}{D_a} \qquad (2.1\text{-}24)$$

90% von M_{eq} werden z.B. nach $D_a t/a^2 = 0.183$ erreicht. Für kurze Zeiten mit $D_a t/a^2 < 0.15$ kann folgende Näherungslösung verwendet werden:

$$\frac{M}{M_{eq}} = 6\sqrt{\frac{D_a t}{\pi a^2}} - 3\frac{D_a t}{a^2} \qquad (2.1\text{-}25)$$

Für Fourier-Zahlen < 0.1 kann der letzte Term in Gl. (2.1-25) vernachlässigt werden. Die Diffusionsrate hängt dann nur noch von der Quadratwurzel der Zeit ab. Abbildung 2.1.11 zeigt einen Vergleich zwischen der analytischen Lösung (Reihenentwicklung) und den verschiedenen Näherungslösungen. Die entsprechenden Sorptions- bzw. Desorptionsraten ergeben sich einfach aus der Ableitung der Gln. (2.1-22) und (2.1-25) nach der Zeit.

Die Zeit, die notwendig ist, um einen bestimmten Sorptions- bzw. Desorptionsgrad zu erreichen, kann mittels der in Abb. 2.1.11 aufgetragenen Kurven einfach abgeschätzt werden.

$$t'_{M/M_{eq}} = \frac{a^2 t}{D_a} \qquad (2.1\text{-}26)$$

$t'_{M/Meq}$ steht hier für die dimensionslose Zeit, die in Abb. 2.1.11 einem bestimmten Wert von M/M_{eq} zugeordnet ist (z.B. 1E-2 bei M/M_{eq} von ca. 0,3). Bei bekanntem Korndurchmesser und scheinbaren Diffusionskoeffizienten (D_a) kann dann die Zeit t einfach berechnet werden.

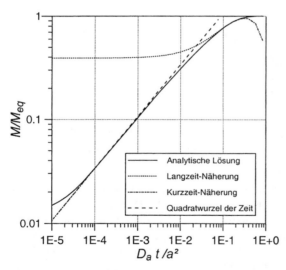

Abb. 2.1.11 Analytische Lösung (50 Glieder der Reihenentwicklung in Gl. (2.1-22) im Vergleich zur Kurzzeit- (Gl. (2.1-25)) und Langzeitnäherung (1. Glied in Gl. (2.1-22)). M/M_{eq}: Masse (relativ zur unter Gleichgewichtsbedingungen in der Kugel befindlichen Masse M_{eq}), die bei konstanter Oberflächenkonzentration (infinites Bad) nach der Zeit t in die Kugel hinein oder aus der Kugel heraus diffundiert ist.

Diffusion in organischem Material

Wie oben beschrieben enthalten Böden z.T. auch größere Mengen an partikulärem organischem Material (z.B. Pflanzenreste), das ebenfalls Schadstoffe über die Diffusion aufnehmen kann. Nkedi-Kizza et al. (1989) bspw. schlossen aus vergleichenden Transportexperimenten mit hydrophoben organischen Verbindungen und ^{45}Ca in Bodensäulen, dass die Nichtgleichgewichtssorption auf die langsame Diffusion in organischem Material zurückgeht („intra-organic matter" bzw. Intrasorbent-Diffusion). Poren in Sedimentgesteinen, die reich sind an natürlicher organischer Substanz, können z.T. mit organischem Material (z.B. Bitumen in Schiefertonen oder in Steinkohlen) gefüllt sein - die Sorptions-/Desorptionskinetik von organischen Schadstoffen hängt dann von der Diffusion im organischen Material ab (Abb. 2.1.12). In ähnlicher Weise wird auch die Aufnahme von polyzyklischen aromatischen Kohlenwasserstoffen in Aerosolen von der molekularen Diffusion in der organischen Phase bestimmt (Rounds et al. 1993).

Da die Struktur der natürlichen organischen Substanzen meist unbekannt ist – man nimmt an, dass es sich um komplexe dreidimensionale polymere Netzwerke handelt – ist im Vergleich zur Diffusion in Wasser oder Luft eine „a priori" Abschätzung der Diffusionskoeffizienten (Gl. (2.1-20)) nicht ohne weiteres möglich. Die Diffusionskoeffizienten in der organischen Phase können deutlich niedriger als im Wasser sein.

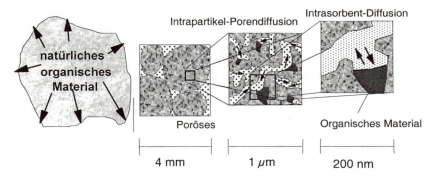

Abb. 2.1.12 Intrasorbent („intra-organic matter")-Diffusion (links) bzw. Poren- und Intrasorbent-Diffusion kombiniert (nach Mattes 1993).

Die Modellierung der Sorptions-, Desorptionskinetik in organischem Material kann wie oben beschrieben ebenfalls durch radiale Diffusionsmodelle erfolgen (Zhao et al. 2001). Oft werden jedoch einfachere „First Order" Modelle verwendet. Die damit ermittelten Ratenkonstanten erster Ordnung zeigen auch bei organischem Material eine log-log lineare inverse Abhängigkeit von den Sorptions- („partitioning")koeffizienten (Brusseau et al. 1990). Zur Modellierung der

Sorptionskinetik organischer Verbindungen (polychlorierte Biphenyle: PCB) in Flusssedimenten wurden auch Polymerpermeations- bzw. GelverteilungsModelle verwendet (Carroll et al. 1994; Freeman u. Chang 1981). Bei Experimenten zur Aufnahme organischer Verbindungen durch Steinkohlen beobachteten Barr-Howell et al. (1986) eine Veränderung der Transporteigenschaften (bzw. der Diffusionskoeffizienten) durch quellendes organisches Material mit zunehmender Konzentration. Dadurch tritt eine anomale (Nicht-Fick'sche) Diffusion auf (Frisch 1980); die Sorptionskinetik wird dann oft durch eine einfache Potenzfunktionen beschrieben:

$$\frac{M}{M_{eq}} = k_r \, t^n \qquad (2.1\text{-}27)$$

k_r ist eine makromolekulare Relaxationskonstante, die von der Struktur des organischen Polymers und den Eigenschaften der diffundierenden Verbindung abhängt. n ist ein empirischer Exponent, der bei Fick'scher Diffusion und $M/M_{eq} <$ 0.5 den Wert von ½ annimmt (Kurzzeitlösung - M/M_{eq} nimmt mit der Wurzel der Zeit zu). Bei Werten von $n > ½$ hängt die Diffusion vom Fortschreiten des Übergangs zwischen gequollenem („gummiartigen") und nicht gequollenem („glasigen") Kern im Sorbenten ab (Frisch 1980).

2.2 Stofftransport im Grundwasser Advektion/Retardation, Dispersion, Abbau

In der folgenden kurzen Übersicht sollen nur die für „Natural Attenuation" (Natürlicher Abbau und Rückhalt) wesentlichen Aspekte des Stofftransports im Grundwasser zusammengefasst werden. Die Ausführungen beschränken sich auf homogene Grundwasserleiter und einfach zu handhabende analytische Lösungen zur Abschätzung von Stoffkonzentrationen und Transportgeschwindigkeiten.

2.2.1 Advektion und Retardation

Die Strömung des Grundwassers läst sich mittels dem Gesetz von Darcy (1856) beschreiben:

$$q = k_f \, i \qquad (2.2\text{-}1)$$

wobei q die Filtergeschwindigkeit [m s^{-1}], k_f den hydraulischen Durchlässigkeitsbeiwert [m s^{-1}] und i den hydraulischen Gradienten [-] bezeichnet. Die Filtergeschwindigkeit gibt an wieviel m^3 Wasser pro Zeit durch eine Fläche von 1 m^2 senkrecht zur Grundwasserfließrichtung strömt (m^3 m^{-2} s^{-1} = m s^{-1}). Die Transportgeschwindigkeit (v_a [m s^{-1}]) gelöster Substanzen, die keiner Wechselwirkung (z.B. Sorption) mit dem Aquifermaterial unterliegen, ergibt sich aus dem Quotienten von q und der transport-effektiven Porosität n_e. Sorbierende Substanzen werden gegenüber dem Grundwasser retardiert, ihre Transportgeschwindigkeit ergibt sich aus:

$$\frac{v_a}{R} = \frac{q}{R\, n_e} = \frac{k_f\, i}{R\, n_e} \qquad (2.2\text{-}2)$$

Der Retardationsfaktor (R) ergibt sich aus dem Verhältnis der Transportgeschwindigkeit des Tracers (v_a) zur Geschwindigkeit der reaktiven d.h. retardierten Substanz (v_r) bzw. dem Verhältnis zwischen Kapazitätsfaktor und transporteffektiver Porosität:

$$R = \frac{v_a}{v_r} = \frac{n + K_d\, \rho}{n_e} \approx 1 + K_d\, \frac{\rho}{n} \qquad (2.2\text{-}3)$$

Die Näherungslösung (rechts) ergibt sich wenn n_e gleich der Porosität n ist. Mit dem Kapazitätsfaktor ($n + K_d\, \rho$; ρ: Trockenraumdichte) kann berechnet werden wie viel Schadstoff bei einer bestimmten Konzentration im Wasser (C_w) pro Einheitsvolumen poröses Medium im Wasser gelöst und am Feststoff sorbiert vorliegt ($C_w\, \alpha$). Der Sorptionskoeffizient K_d kann unter Gleichgewichtsbedingungen aus der Sorptionsisotherme berechnet werden (s. Abschn. 2.1.1). Bei einer kontinuierlichen Quelle (= persistenter Schadensherd) führt die Retardation nur zu einem verzögerten Schadstofftransport – ein Rückgang der Konzentrationen im Grundwasser ist damit nicht verbunden, d.h. die Schadstoffe würden zwar erst nach einer gewissen Zeit, dann aber mit unverminderter Konzentration am Rezeptor (z.B. Trinkwasserfassung) eintreffen.

2.2.2 Dispersion und Verdünnung

Dispersion führt zur Verdünnung von Schadstoffkonzentrationen im Aquifer. Eine zusätzliche Verdünnung kann in Brunnen bzw. Grundwasserentnahmestellen stattfinden, z.B. wenn sich schadstoffbelastetes Wasser beim Pumpen mit unbelastetem Wasser mischt. Die Abnahme der Schadstoffkonzentration durch Dispersion hängt von der Geometrie des Schadstoffherdes und davon ab, in welche Raumrichtungen eine Dispersion möglich ist.

Im eindimensionalen Fall (1D) ist Dispersion nur in longitudinaler Richtung möglich; die 1D-Advektions-/Dispersionsgleichung lautet:

$$\frac{\partial C}{\partial t} = \frac{D_l}{R}\, \frac{\partial^2 C}{\partial x^2} - \frac{v_a}{R}\, \frac{\partial C}{\partial x} \qquad (2.2\text{-}4)$$

D_l bezeichnet den longitudinalen Dispersionskoeffizienten [m^2 s^{-1}]. Die Dispersion wird hier analog zu einem Diffusionsprozess (2. Fick'sches Gesetz) beschrieben. Im Feldmaßstab kommt die an einer Meßstelle zu beobachtende Dispersion jedoch durch die differentielle Advektion (d.h. Unterschiede in den Fließgeschwindigkeiten z.B. in unterschiedlich durchlässigen Schichten) zustande. Wichtig ist, dass es im 1D-Fall und bei einer kontinuierlichen Quelle nach erfolgtem Durchbruch der Schadstofffahne an einem bestimmten Punkt nicht zu einer Reduzierung der Konzentration kommt (siehe Abb. 2.2.1). Deshalb soll die

:rsion hier zunächst nicht weiter behandelt werden. Eine Verdünnung
ner kontinuierlichen Quelle nur auf, wenn zusätzlich eine Dispersion in
.ler Richtung, d.h. senkrecht zur Fließrichtung, erfolgt. Abbildung 2.2.2
zeigt die im Folgenden behandelten Szenarien.

Im Abstrom einer quasi punktförmigen, kontinuierlichen Quelle (Linie in Abb. 2.2.2) gilt für den stationären Fall (t → ∞; dC/dt = 0) der dispersiven Ausbreitung von Schadstoffen in transversaler, d.h. y- und z-Richtung (siehe Fried et al. 1979):

$$v_a \frac{\partial C}{\partial x} = D_t \left(\frac{\partial^2 C}{\partial y^2} + \frac{\partial^2 C}{\partial z^2} \right) \qquad (2.2\text{-}5)$$

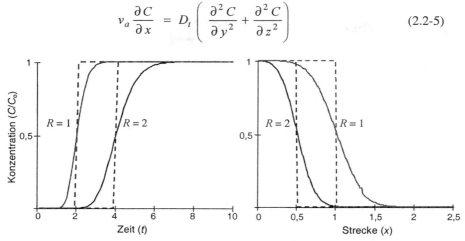

Abb. 2.2.1 Zeitlicher Durchbruch (links) und räumliche Ausbreitung (rechts) einer von einer kontinuierlich wirkenden Quelle ausgehenden Schadstofffront im eindimensionalen Fall (gestrichelt: ohne Dispersion; durchgezogen, sigmoidal: mit Dispersion). Auch mit Retardation ($R = 2$) wird nach dem Durchbruch am Beobachtungspunkt die maximale an der Quelle anliegende Konzentration (C_o) erreicht.

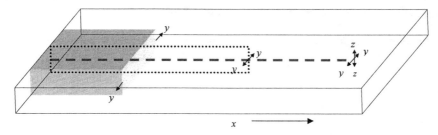

Abb. 2.2.2 Mögliche Richtungen der Dispersion bei Punktquellen (gestrichelte Linie, 3D-Transport: Strömung in x-, Dispersion in y- und z-Richtung), vertikalen Linienquellen (schraffierte Rechteck, 2D-Transport: Strömung in x-, Dispersion in y-Richtung) und räumlich ausgedehnten Flächenquellen (Box, grau unterlegt). Bei der kontinuierlichen Punkt- und Linienquelle ist die Dispersion in 2 (y, z) bzw. nur in einer Raumrichtung (y) möglich. Bei der Flächenquelle wirkt sich die Dispersion zunächst nur am Rand aus.

D_t bezeichnet hier den transversalen Dispersionskoeffizienten [m² s⁻¹]:

$$D_t = \alpha_t v_a + D_p \qquad (2.2\text{-}6)$$

wobei α_t die transversale Dispersivität [m] bezeichnet, die sehr viel kleiner als die longitudinale Dispersivität ist und meist nur einen Bruchteil der mittleren Korngröße ausmacht (3/16 des Korndurchmessers nach De Josselin de Jong 1958; Klenk 2000; Eberhard u. Grathwohl 2002; Klenk u. Grathwohl 2002). D_p ist der Porendiffusionskoeffizient [m² s⁻¹], der sich in erster Näherung aus dem Diffusionskoeffizienten im Wasser und der Porosität ergibt ($D_p = n\, D_{aq}$: für viele Stoffe im Grundwasser ca. $0{,}3 \cdot 5\times 10^{-10}$ m² s⁻¹ = $1{,}5\times 10^{-10}$ m² s⁻¹). Bei Grundwasserfließgeschwindigkeiten über 0,1 m d⁻¹ dominiert der hydrodynamische Dispersionskoeffizient ($\alpha_t v_a$) gegenüber D_p (bei α_t = 0,2 mm und v_a = 0,1 m d⁻¹ ergibt sich bereits ein hydrodynamischer Dispersionskoeffizient von $2{,}3 \times 10^{-10}$ m² s⁻¹). Sehr kleine transversale vertikale Dispersivitäten von < 1 mm wurden nicht nur in Laborexperimenten gemessen, sondern auch in Felduntersuchungen gefunden (siehe z.B. Klenk u. Grathwohl 2002; Jensen et al. 1993). In transversal horizontaler Richtung können durch Änderungen in der Fließrichtung des Grundwassers größere Dispersivitäten beobachtet werden.

Die analytische Lösung für Gl. (2.2-5) lautet (C in Abhängigkeit von x, y, z; siehe Fried et al. 1979):

$$C(x,y,z) = \frac{F_o}{4\pi D_t x} \exp\left(\frac{-v_a\left(y^2 + z^2\right)}{4 D_t x}\right)$$

oder in Radialkoordinaten ($y^2 + z^2 = r^2$): (2.2-7)

$$C(x,r) = \frac{F_o}{4\pi D_t x} \exp\left(\frac{-v_a\left(r^2\right)}{4 D_t x}\right)$$

bezeichnet hier den radialen Abstand zum Konzentrationsmaximum in der Mitte der Fahne („centerline of plume"). Dabei wird angenommen, dass sich die Schadstofffahne ungehindert transversal (infinit in y- und z-Richtung) ausdehnen kann, was aufgrund der geringen Dispersivitäten und bei kleinräumigen Quellen in mächtigen Aquiferen durchaus gegeben ist (siehe hierzu Tabelle 2.2.1 mit Beispielen zur transversalen Ausbreitung von Schadstoffen). F_o ist die Schadstofffreisetzungsrate aus der Quelle [z.B. mg d⁻¹]. F_o kann aus der Konzentration im Grundwasser im unmittelbaren Abstrom der Quelle (C_o), der senkrecht zur Fließrichtung von der Quelle eingenommenen Fläche (A) und der Filtergeschwindigkeit (= $v_a n_e$) berechnet werden:

$$F_o = C_o v_a n_e A \qquad (2.2\text{-}8)$$

Für den Ansatz der punktförmigen Quelle muss A klein im Vergleich zur transversalen Ausdehnung des Aquifers sein. Die maximale Konzentration (C_{max}) herrscht im Zentrum der Schadstofffahne ($y = z = 0$):

$$C(x, y = 0, z = 0) = C_{max} = \frac{F_o}{4\pi D_t x} \qquad (2.2\text{-}9)$$

Aus Gl. (2.2-8) und Gl. (2.2-9) folgt bei Überwiegen der Querdispersion über die Porendiffusion ($\alpha_t v_a \gg D_p$ in $D_t = \alpha_t v_a + D_p$), dass die maximale Konzentration unabhängig von v_a wird:

$$C_{max} = \frac{C_o n_e A}{4\pi \alpha_t x} \qquad (2.2\text{-}10)$$

Im 2D-Fall (z.B. eine quasi linienförmige Quelle vertikal zur Fließrichtung, z.B. in den Aquifer versickerte chlorierte Lösemittel; Abb. 2.2.2: Dispersion nur in eine Raumrichtung) gilt statt Gl. (2.2-7):

$$C(x, y) = \frac{F_o}{\sqrt{4\pi D_t \frac{x}{v_a}}} \exp\left(\frac{-v_a (y^2)}{4 D_t x}\right) \qquad (2.2\text{-}11)$$

Für $y = 0$ bzw. bei Überwiegen der Querdispersion im Vergleich zur Porendiffusion kann analog zu Gl. (2.2-9) bzw. (2.2-10) die max. Konzentration im Zentrum der Fahne abgeleitet werden. F_o errechnet sich in diesem Fall aus einer Konzentration C_o, welche in den Einheiten Masse pro Fläche (z.B. mg m^{-2}) angegeben wird. Die maximalen Konzentrationen im Zentrum der Fahne klingen im 2D- bzw. 3D-Fall unterschiedlich schnell ab: 2D mit 1/Wurzel(x) und 3D mit 1/x (siehe Abb. 2.2.3 und 2.2.4).

Die radiale Ausbreitung einer Konzentrationsfront in der abströmenden Fahne kann über das mittlere Verschiebungsquadrat berechnet werden:

$$r^2 = 2 D_t \frac{x}{v_a}$$

oder bei Überwiegen der Querdispersion: $\qquad (2.2\text{-}12)$

$$r^2 = 2 \alpha_t x$$

Gleichung (2.2-12) gibt an, wie weit sich die relative Konzentration $C/C_{max} = 0{,}607$ radial vom Zentrum der Fahne entfernt. Tabelle 2.2.1 gibt einen Überblick zum radialen Abstand anderer Konzentrationsfronten (die 2 in Gl. (2.2-12) wird dann durch andere Zahlen ersetzt). Abbildung 2.2.4 zeigt die Lage der Konzentrations-

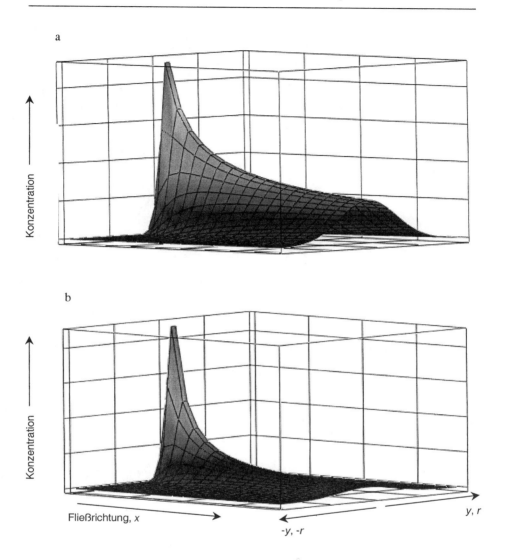

Abb. 2.2.3 Abnahme (Dispersion) der Schadstoffkonzentrationen (vertikale Achse) im Abstrom einer kontinuierlichen linien- (2D-Transport, a) und punktförmigen (3D-Transport, b) Schadstoffquelle (siehe Abb. 2.2.2). Bei der punktförmigen Quelle (unten) ist die Dispersion in 2 Raumrichtungen möglich, was zu einem rascheren Abklingen der Schadstoffkonzentrationen führt. r bezeichnet den radialen Abstand zum Zentrum der Fahne.

fronten im Abstrom. Die Schadstofffronten breiten sich mit der Wurzel der Zeit ($t = x/v_a$) bzw. mit der Wurzel der Fließstrecke (x) aus. Bei Überwiegen der Querdispersion wird r unabhängig von der Fließgeschwindigkeit ($r^2 \propto \alpha_t x$).

Wie bereits angeführt, gelten die Gln. (2.2-5–2.2.12) für den stationären Fall, d.h., auch für sorbierende, retardierte Stoffe (im stationären Zustand sind alle Sorptionsplätze bereits belegt). Mit zunehmender Sorption ist jedoch mehr Zeit bis zum Erreichen des stationären Zustandes notwendig.

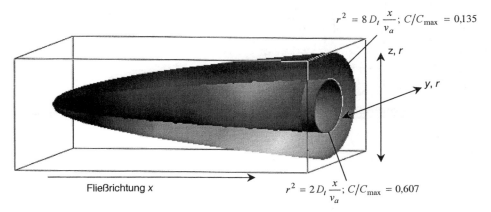

Abb. 2.2.4 Ausbreitung von Konzentrationsfronten (Flächen gleicher relativer Konzentrationen, innen: $C/C_{max} = 0{,}607$; außen: $C/C_{max} = 0{,}135$) im Grundwasserabstrom einer punktförmigen, kontinuierlichen Schadstoffquelle (ohne Grundwasserneubildung); siehe auch Tabelle 2.2.1.

Tabelle 2.2.1 Relative Konzentrationen C/C_{max} in Abhängigkeit vom radialen Abstand von der Maximalkonzentration (C_{max}) entlang der Mittellinie der Schadstofffahne ($r = 0$)

Radialer Abstand r vom Konzentrationsmaximum (rechts bei Überwiegen von $\alpha_t v_a$)	C/C_{max}	r [m] bei $\alpha_t = 0{,}5$ mm und $x = 200$ m ($\alpha_t x = 0{,}1$ m^2)
$0 = r$	$1 (= \exp(0))$	0
$(2 D_t x/v_a)^{0,5} = r = (2\,\alpha_t x)^{0,5}$	$0{,}607 (= \exp(-1/2))$	0,447
$2 (D_t x/v_a)^{0,5} = r = (4\,\alpha_t x)^{0,5}$	$0{,}368 (= \exp(-1))$	0,632
$2 (2 D_t x/v_a)^{0,5} = r = (8\,\alpha_t x)^{0,5}$	$0{,}135 (= \exp(-2))$	0,894
$3 (D_t x/v_a)^{0,5} = r = (9\,\alpha_t x)^{0,5}$	$0{,}105 (= \exp(-9/4))$	0,949
$4 (D_t x/v_a)^{0,5} = r = (16\,\alpha_t x)^{0,5}$	$0{,}018 (= \exp(-4))$	1,265
$3 (2 D_t x/v_a)^{0,5} = r = (18\,\alpha_t x)^{0,5}$	$0{,}011 (= \exp(-9/2))$	1,342
$5 (D_t x/v_a)^{0,5} = r = (25\,\alpha_t x)^{0,5}$	$0{,}00193 (= \exp(-25/4))$	1,581
$4 (2 D_t x/v_a)^{0,5} = r = (32\,\alpha_t x)^{0,5}$	$0{,}0003355 (= \exp(-8))$	1,789
$6 (D_t x/v_a)^{0,5} = r = (36\,\alpha_t x)^{0,5}$	$0{,}0001234 (= \exp(-9))$	1,897

Flächenhafte Schadstoffquellen

Flächenhafte Schadstoffquellen können z.B. im Abstrom von Deponien auftreten, die häufig mehr als 100 m breit sind und z.B. bei Verfüllungen von Kiesgruben auch in den Aquifer hinein reichen können. Die Dispersion findet hier nur vom Rand her statt (Abb. 2.2.2) und führt zunächst nicht zu einer Abnahme der Konzentrationen im Zentrum der Fahne wie bei den oben beschriebenen Punktquellen (Abb. 2.2.4). Für die Dispersion am Rand einer ebenen Quelle, die vom Grundwasser durchströmt wird (siehe Abb. 2.2.2), gilt folgende analytische Lösung (stationärer Fall; Harleman u. Rumer 1963):

$$\frac{C}{C_o} = \frac{1}{2} \operatorname{erfc}\left(\frac{y}{2\sqrt{\frac{D_t x}{v_a}}}\right) \qquad (2.2\text{-}13)$$

y bezeichnet hier die Raumkoordinate senkrecht zur Strömungsrichtung x ($y = 0$ am Rand der Quelle bei $x = 0$; siehe Abb. 2.2.2). Für $x > 0$ gilt $C/C_o = 0.5$ bei $y = 0$. erfc steht hier für das komplementäre Gauß'sche Fehlerintegral („errorfunction"; siehe Abb. 2.2.5). Die Konzentration am Rand der Fahne bei $y = 0$ beträgt immer 50% der Anfangskonzentration. Zur Abschätzung des Eindringens der Verdünnungsfront in die Fahne bzw. des Vorschreitens der Schadstofffront transversal zur Strömungsrichtung kann wieder das mittlere Verschiebungsquadrat herangezogen werden, wobei im Abstand vom Rand der Fahne von $y = (D_t x/v_a)^{1/2}$ bzw. $(\alpha_t x)^{1/2}$ ca. die halbe Randkonzentration ($C/C_{0,5} = 0{,}4795$, d.h. $C/C_o = 0{,}24$) herrscht.

Pulsförmige Eingabe – „Kurzzeit"-Quellen

Im Gegensatz zu kontinuierlichen Quellen wirkt sich bei kurzfristig wirksamen Schadstoffquellen (z.B. bei einer einmaligen Infiltration von kontaminiertem Wasser oder bei rasch löslichen Stoffen) auch die longitudinale Dispersion hinsichtlich einer Verdünnung der Schadstoffkonzentrationen aus (Abb. 2.2.6). Die analytische Lösung von Gl. (2.2-4) für eine pulsförmig eingegebene Schadstoffmasse (Dirac-Puls) lautet für den 1D-Transport:

$$C(t,x) = \frac{M_o}{n\sqrt{4\pi D_l t}} \exp\left(-\frac{(x - v_a t)^2}{4 D_l t}\right) \qquad (2.2\text{-}14)$$

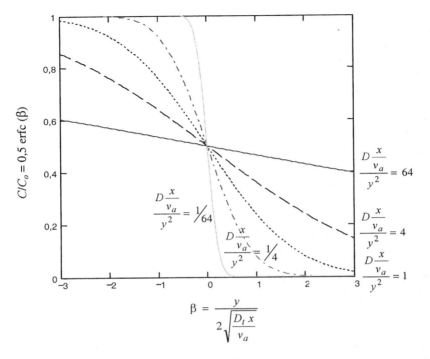

Abb. 2.2.5 Abflachen der Konzentrationsgradienten am Rand einer Fahne mit zunehmender Fließstrecke bzw. Zeit (= x/v_a) nach Gl. (2.2-13); β: Argument der komplementären Gauß'schen Fehlerfunktion (erfc); $D\,x/v_a/(y^2)$: dimensionslose Zeit bzw. Strecke; bei Überwiegen von $\alpha_t\,v_a$ gegenüber D_p gilt $\alpha_t\,x/y^2$, d.h. die Konzentrationsprofile werden unabhängig von der Fließgeschwindigkeit.

M_o bezeichnet die ins Grundwasser momentan eingebrachte Schadstoffmasse (Einheit: Masse pro Fläche, vertikal senkrecht zur Strömungsrichtung). Für die Abnahme des Konzentrationsmaximums mit der Zeit bzw. mit der Strecke ($v_a\,t = x$) gilt:

$$C_{max} = \frac{M_o}{n\sqrt{4\pi D_l\,t}} = \frac{M_o}{n\sqrt{4\pi D_l\,\dfrac{x}{v_a}}} \cong \frac{M_o}{n\sqrt{4\pi \alpha_l\,x}} \qquad (2.2\text{-}15)$$

Die Schadstoffkonzentrationen nehmen bei pulsförmiger Eingabe im 1D-Fall beim Transport also mit $1/\sqrt{x}$ ab. Im 2D- und 3D-Fall nehmen die Konzentrationen mit $1/x$ bzw. $1/(x)^{3/2}$ ab; die Konzentrationsmaxima werden also schneller

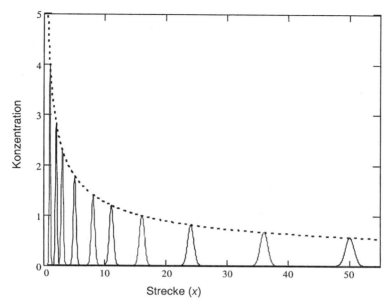

Abb. 2.2.6 Abflachen der Konzentrationsspitzen im Laufe des Transports im Abstrom einer momentan eingegebenen Schadstoffmasse (Dirac-Impuls; Gl. (2.2-14)). Die gestrichelte Linie steht für die Dämpfung des Konzentrationsmaximums (C_{max}, Gl. (2.2-15)).

gedämpft, weil 2 bzw. 3 Raumrichtungen für eine Verdünnung zur Verfügung stehen. Der 2D-Fall entspricht einer momentanen Linienquelle (M_o in Masse pro Länge), während der 3-D Fall für eine Punktquelle gilt (M_o = Masse). Eine weitere Reduzierung der Konzentration im Wasser findet bei sorbierenden Stoffen statt (n im Nenner von Gl. (2.2-15) wird dann mit R multipliziert).

2.2.3 Schadstoffabbau: Stationäre Fahnen

Die oben diskutierte Dispersion führt zwar zu einer Abnahme der Schadstoffkonzentrationen (Verdünnung), die Schadstofffrachten bleiben jedoch konstant. Für eine Abnahme der Schadstofffrachten ist ein biologischer oder abiotischer Abbau der Schadstoffe notwendig. Dazu müssen geeignete Reaktionspartner für die Schadstoffe zur Verfügung stehen (siehe Tabelle 2.2.2). Für den Fall einer Reaktion 1. Ordnung des Schadstoffs (Elektronendonatoren wie z.B. Kohlenwasserstoffe) mit einem entweder im Grundwasser oder im Aquifermaterial vorhandenen Reaktionspartner (Elektronenakzeptoren wie z.B. Sauerstoff, Nitrat, Sulfat oder Eisenhydroxide) wird für den stationären Zustand (t $\to \infty$; d.h. keine Änderungen der Schadstoffkonzentrationen mit der Zeit) oft folgende analytische

Lösung der Stofftransportgleichung für die Konzentrationsabnahme im Abstrom des Schadensherdes verwendet:

$$C(x) = C_o \exp(-\lambda\, t) = C_o \exp\left(-\lambda\, \frac{x}{v_a}\right) \qquad (2.2\text{-}16)$$

λ steht hier für die Abbauratenkonstante 1. Ordnung [t^{-1}]; nach einer Zeitspanne t von $1/\lambda$ beträgt $C/C_o = 0{,}368$, d.h. 63,2% des Schadstoffs sind nach dieser Transportzeit abgebaut. Gelegentlich wird auch vorgeschlagen, die Längsdispersivität α_l bei der Ausbreitung unter stationären Bedingungen zu berücksichtigen (z.B. Wiedemaier et al. 1999):

$$C(x) = C_o \exp\left[\left(\frac{x}{2\alpha_l}\right)\left[1-\left(1+\frac{4\,\lambda\,\alpha_l}{v_a}\right)^{\frac{1}{2}}\right]\right] \qquad (2.2\text{-}17)$$

Die Dispersion wirkt in Gl. (2.2-17) als zusätzlicher Transportmechanismus in longitudinaler Richtung, was zu einer geringfügig weiteren Ausbreitung als im nicht-dispersiven Fall (Gl. (2.2-16)) führt, wie Abb. 2.2.7 zeigt. Es sei hier darauf verwiesen, dass die longitudinale Dispersion in Gl. (2.2-17) als Diffusionsprozess behandelt wird und damit zusätzlich zur Advektion zum Transport beiträgt (die longitudinale Dispersion in heterogenen Grundwasserleitern geht auf die differentielle Advektion zurück).

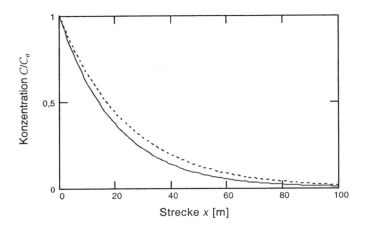

Abb. 2.2.7 Konzentrationsabnahme im Abstrom einer kontinuierlich wirkenden Schadstoffquelle durch Abbau 1. Ordnung unter stationären Bedingungen mit (gestrichelte Linie, Gl. (2.2-17)) und ohne Berücksichtigung der Längsdispersion (durchgezogene Linie, Gl. (2.2-16)): $\alpha_l = 5$ m; $\lambda = 0{,}05$ Tag^{-1}; $v_a = 1$ m Tag^{-1}

Die Gln. (2.2-16) und (2.2-17) gelten nur, wenn in der Fahne gleichzeitig mit dem Schadstoff (Elektronendonator) eine ausreichende Menge Elektronenakzeptoren (O_2 bei aerobem Abbau oder Nitrat, Sulfat, Eisenhydroxide, etc.) vorhanden sind, d.h., dass für den Abbau keine Zufuhr externer Reaktionspartner notwendig ist. Vor allem bei relativ großen Schadensherden wie z.b. Deponien oder großflächigen Ölverunreinigungen des Untergrundes im Grundwasserschwankungsbereich werden jedoch bereits im Schadensherd die für einen Abbau der Schadstoffe benötigten Elektronenakzeptoren verbraucht. Das heißt, dass ein weiterer Abbau in der Schadstofffahne nur dann stattfinden kann, wenn das Aquifermaterial Elektronenakzeptoren bereitstellen kann (intrinsische Elektronenakzeptoren wie z.B. Eisenhydroxide) oder eine externe Zufuhr von Elektronenakzeptoren über Querdispersion stattfindet. Es sei hier darauf verwiesen, dass eine dauerhaft stationäre Schadstofffahne nur dann zustande kommen kann, wenn eine ständige Zufuhr von Elektronenakzeptoren gewährleistet ist. Bei Grundwasserverunreinigungen im Spurenbereich kann der Vorrat an intrinsischen Elektronenakzeptoren im Abstrombereich so groß sein, dass man im Vergleich zur in der Fahne vorhandenen Schadstoffmasse von einem „quasi" unendlichen Reservoir ausgehen kann. In vielen Fällen, vor allem bei hohen Schadstoffkonzentrationen, kann jedoch die Rate der Zulieferung externer Reaktionspartner für die Ausbildung der stationären Fahne ausschlaggebend sein (bei hohen Konzentrationen können intrinsische Elektronenakzeptoren rasch verbraucht werden und damit wächst die Schadstofffahne mit der sich ausdehnenden Reduktionszone).

Tabelle 2.2.2 Beispiele zu wichtigen Elektronenakzeptoren und -donatoren im Grundwasser (zu Redoxprozessen im Grundwasser siehe auch Christensen et al. 2000 und Wiedemaier et al. 1999)

	Elektronendonatoren	Elektronenakzeptoren
Schadstoffe	Mineralölkohlenwasserstoffe, BTEX-Aromaten, Phenole, PAK, Ammonium etc.	Halogenierte Kohlenwasserstoffe, z.B. chlorierte Lösemittel, PCB, Nitrat
intrinsische Reaktionspartner (in der Festphase gebunden)	org. Material, Eisensulfide	Eisenhydroxide und Manganoxide
mobile, im Grundwasser gelöste Stoffe; externe Reaktionspartner	H_2, Ammonium, Huminstoffe (DOC)	O_2, Nitrat, Sulfat

Bislang stehen keine einfachen analytischen Modelle zur Verfügung, um die Länge stationärer Schadstofffahnen unter Berücksichtigung der verschiedenen Abbaureaktionen zuverlässig vorhersagen zu können. Deshalb muss hier auf numerische Modelle zurückgegriffen werden. Abbildung 2.2.8 zeigt hierzu exemplarisch die Ausdehnung einer stationären Ammoniumfahne im Grundwasser, die durch Sauerstoffzulieferung über Grundwasserneubildung biologisch abgebaut wird (Umwandlung von Ammonium zu Nitrat). Wie der Verlauf der Konzentrationsprofile und die Verteilung der Biomasse zeigen, findet der Abbau in einer relativ eng begrenzten Zone statt. Sensitivitätsanalysen zeigen, dass in solchen Fällen die Zulieferung der Elektronenakzeptoren (bzw. -donatoren) und nicht die Abbauratenkonstante entscheidend ist. Das heißt, dass die Ausdehnung der Fahne von der transversalen Dispersion, den Konzentrationsverhältnissen Elektronenakzeptor/-donator und der Schadensherdgeometrie abhängt. Die geringen transversal vertikalen Dispersivitäten führen dazu, dass sich extrem steile Konzentrationsprofile von Elektronenakzeptoren und -donatoren ausbilden und der Abbau auf eine enge Zone beschränkt ist (Abb. 2.2.9). Vergleichbare Fälle sind aus der marinen Geochemie bekannt (Methanabbau durch Sulfatreduktion in

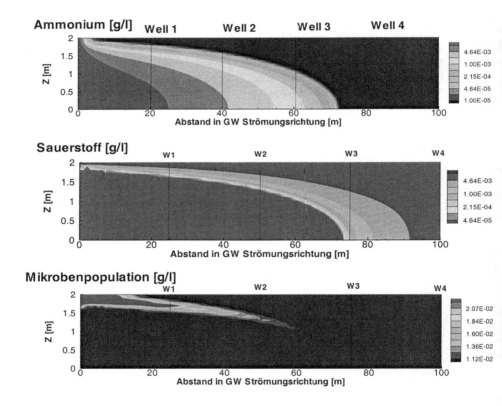

Abb. 2.2.8 Numerische Simulation zum Abbau einer Ammoniumfahne im Grundwasser; oben: Ausdehnung der Ammoniumfahne im stationären Zustand; mitte: Ausdehnung der Sauerstoffzehrungsregion; unten: Konzentration der Biomasse in biologisch aktiven Zonen (Maier et al. 2001)

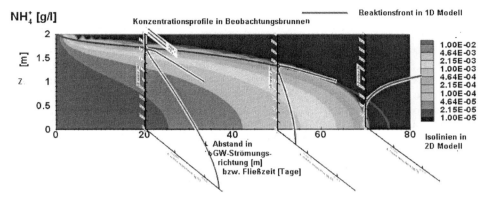

Abb. 2.2.9 Steile vertikale Sauerstoff- und Ammoniumkonzentrationsprofile im Verlauf einer stationären Fahne (Maier et al. 2001)

marinen Sedimenten: Neiwöhner et al. 1998; Zabel u. Schulz 2000); hier bestimmt die Porendiffusion analog zur Querdispersion im Grundwasser die Abbauraten.

2.2.4 Transportvermittlung: Kosolventen/DOC/Kolloide/Partikel

Organische Schadstoffe können sich an im Grundwasser suspendierte, d.h. mobile Partikel bzw. Kolloide anlagern und mit diesen zusammen transportiert werden. Dies kann zu einem beschleunigten „partikel- bzw. kolloidgetragenen" Transport von Schadstoffen im Grundwasser führen. Des weiteren kann durch den sogen. Kosolventeffekt, hervorgerufen durch hohe Konzentrationen anderer gelöster Kohlenwasserstoffe (z.B. Alkohole) im Wasser der Schadstofftransport beschleunigt werden. Ein nennenswerter Kosolventeffekt ist jedoch nur dann zu erwarten, wenn der Volumenanteil des Kosolventen im Wasser mehrere % bis 10er % erreicht (siehe Abschn. 2.4.3).

Die Aufnahme organischer Schadstoffe durch gelöste bzw. kolloidale organische Substanzen im Grundwasser (DOC wie z.B. Humin- Fulvosäuren, Tensid-Mizellen, kohlige Partikel) verläuft meistens linear und kann über „Partitioning", d.h. das K_{oc}-Konzept abgeschätzt werden (siehe Abschn. 2.2.3). Die damit einhergehende Reduzierung der Sorptionskoeffizienten, welche dann zu einer Reduzierung der Retardationsfaktoren bzw. Erhöhung der Schadstoffmobilität im Wasser führt, lässt sich wie folgt berechnen:

$$K_{d,DOC} = \frac{K_d}{1 + f_{DOC} K_{DOC}} \qquad (2.2\text{-}19)$$

K_d, $K_{d,DOC}$, f_{DOC} und K_{DOC} bezeichnen den Sorptionskoeffizienten ohne bzw. bei Anwesenheit von gelöster organischer Substanz, den Gehalt an gelöstem organischen Kohlenstoff [kg L^{-1}] im Wasser bzw. den auf den gelösten organischen Kohlenstoff bezogenen Verteilungskoeffizienten, der in der Regel konzentrationsunabhängig ist und über $K_{oc} - K_{ow}$ relativ gut abgeschätzt werden kann (siehe 2.1.3). Gl. (2.2-19) gilt auch für die Anlagerung an anorganische Partikel (statt K_{DOC} und f_{DOC} müssen dann die Sorptionskoeffizienten bzw. die Gewichtsfraktion der anorganischen Partikel im Wasser verwendet werden).

Da f_{DOC} im Grundwasser relativ niedrig ist (meist < 0,0001 = 100 mg L^{-1}) ist eine nennenswerte Solubilisierung bzw. Transportvermittlung nur für Verbindungen zu erwarten, die K_{DOC}-Werte über 10 000, d.h. K_{ow}-Werte über 100 000 oder Wasserlöslichkeiten unter ca. 1 mg L^{-1} (ca. 0,01 mmol L^{-1}; siehe Abb. 2.1.3) aufweisen. Dabei wird angenommen, dass die Sorption auf den kolloidalen bzw. mobilen Partikeln im Gleichgewicht ist. Seit kürzerer Zeit gibt es allerdings Hinweise darauf, dass die Gleichgewichtsannahme beim Transport organischer Feinpartikel (z.B. kohlige Partikel) nicht immer erfüllt ist (Weiß 1998). D.h., dass Schadstoffe unter Umständen zu langsam von mobilen Partikeln desorbieren und deshalb vergleichsweise mobil sind. Dies betrifft insbesondere z.B. den partikelgetragenen Transport von Schadstoffen durch permeable reaktive Wände, wo kurze Kontaktzeiten bei hohen Fließgeschwindigkeiten auftreten. Hohe Konzentrationen mobiler Partikel im Grundwasser sind besonders nach Baumaßnahmen, wie z.B. der Installation von Funnel&Gate-Systemen und Bohrungen zu erwarten.

2.3 Schadstoff-Freisetzung (Desorptionskinetik, Lösungskinetik)

Organische Verbindungen wie z.B. leichtflüchtige chlorierte Kohlenwasserstoffe (LCKW), aromatische und polyzyklische aromatische Kohlenwasserstoffe (BTEX und PAK) sind die bei Grundwasserverunreinigungen am häufigsten auftretenden Schadstoffe (nach Angaben der LfU, Baden-Württemberg, traten bis 1996 LCKW in 64,8%, Mineralölkohlenwasserstoffe in 20,3% und PAK in 8% aller Grundwasserschadensfälle auf). Alle diese organischen Verbindungen sind biologisch abbaubar, aber dennoch im Untergrund sehr persistent, d.h. sie sind viele Jahrzehnte (bei Gaswerken z.T. über 100 Jahre) nach Entstehen der Verunreinigung noch vorhanden und können durch konventionelle Sanierungsmaßnahmen (z.B. „pump&treat") oder durch natürliche Abbauprozesse nicht ohne weiteres wieder entfernt werden (Travis u. Doty 1990). Gründe für die Persistenz sind langsame Lösungsprozesse der Schadstoffe aus residualen Flüssigphasen, langsame Diffusion aus geringdurchlässigen Schichten, die über lange Zeiträume Schadstoffe anreichern konnten, oder eine resistente Desorption bei stark sorbierenden Verbindungen (Abb. 2.3.1). Diese langsamen Prozesse limitieren auch die Bioverfügbarkeit, und deshalb können selbst biologisch gut abbaubare Stoffe im Boden und Grundwasser sehr persistent bleiben.

In diesem Abschnitt werden nach einer Einführung in die Grundlagen zum Stoffübergang zwischen mobiler und immobiler Phase folgende Prozesse der Schadstoff-Freisetzung aus kontaminiertem Erdreich diskutiert:

1. Lösungskinetik aus feinverteilter residualer Schadstoff-Flüssigphase (Lösemittel, Kraftstoffe, Teeröl etc.)

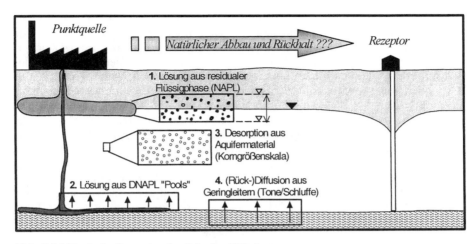

Abb. 2.3.1 Typische Szenarien der Schadstoff-Freisetzung

2. Diffusiv/dispersiver Schadstoffeintrag aus kohärenten Schadstoff-Flüssigphasen („Pools" wie z.B. DNAPL-Lachen auf Stauern, Ölschwimmschichten auf dem Grundwasser)
3. Diffusionskontrollierte Desorption aus granularem Material
4. Diffusion aus geringdurchlässigen Schichten (Matrixdiffusion)

Im Abschn. 2.4 werden dann die mit diesen Prozessen verbundenen typischen Zeitskalen vorgestellt.

2.3.1 Stoffübergang zwischen mobiler und immobiler Phase

Die spezifische Schadstoff-Freisetzungsrate F [M t^{-1} L^{-2}] kann generell mittels eines Stoffübergangskoeffizienten k [L t^{-1}] und dem Konzentrationsgefälle zwischen Kontaktfläche und Grundwasser berechnet werden (Abb. 2.3.2):

$$F = k\left(C_o - C\right) \tag{2.3-1}$$

C_o und C bezeichnen die Konzentration [M L^{-3}] an der Grenzfläche (Kontaktfläche) bzw. die sich auf der Fließstrecke einstellende Konzentration im Grundwasser. Die Stoffübertragung findet dabei transversal zur Fließrichtung statt. Die Definition des Stoffübertragungskoeffizienten k hängt davon ab, ob die Schadstoff-Freisetzung von einer Oberfläche ausgeht (z.B. bei der Lösung von residualer Flüssigphase) oder durch die Diffusion in der stationären, d.h. immobilen Phase limitiert wird (Diffusion der Schadstoffe in feinporösen Partikeln oder in einer geringdurchlässigen Matrix). Im letzteren Fall kann k mit der Zeit abnehmen, wenn z.B. die Diffusionsstrecke mit fortschreitender Desorption zunimmt (siehe Gl. (2.3-5)). Für den einfachsten Fall der Filmdiffusion (Abb. 2.3.2) ergibt sich k als Verhältnis zwischen Diffusionskoeffizienten im Wasser und der wirksamen Filmdicke.

Wird ein quasi-homogen kontaminierter Bereich vom zunächst nicht kontaminiertem Grundwasser durchströmt, dann findet eine kontinuierliche Anreicherung der Schadstoffe im Grundwasser statt, bis schließlich ein Gleichgewicht zwischen den Schadstoffkonzentrationen in der mobilen und immobilen Phase erreicht wird (=Konzentrationsausgleich). Die Gleichgewichtskonzentration bzw. Sättigungskonzentration der Schadstoffe im Wasser stellt eine Maximalkonzentration dar. Sie ist bei der Sorption/Desorption vom Verteilungskoeffizienten K_d [l kg^{-1}] und der sorbierten Konzentration (C_s) abhängig ($C_w = K_d/C_s$). Bei der Lösung aus residualer Flüssigphase kann der Verteilungskoeffizient aus ihrer Zusammensetzung und der Wasserlöslichkeit der Einzelverbindung analog zum Raoult'schen Gesetz berechnet werden (siehe Abschn. 2.3.3; Gl. (2.3-21)). Die Zunahme der Schadstoffkonzentration im Grundwasser während der Durchströmung eines kontaminierten Bereichs lässt sich mit einer einfachen analytischen Lösung beschreiben (siehe auch Abb. 2.3.3):

$$\frac{C}{C_o} = 1 - \exp\left(\frac{-k A_o x}{v_a n_e}\right) \qquad (2.3-2)$$

A_o bezeichnet hier die spezifische Kontaktfläche [L^2 L^{-3}], die pro Einheitsvolumen des porösen Mediums zur Stoffübertragung zur Verfügung steht. n_e ist hier die durch den von residualer Flüssigphase eingenommenen Porenraumanteil

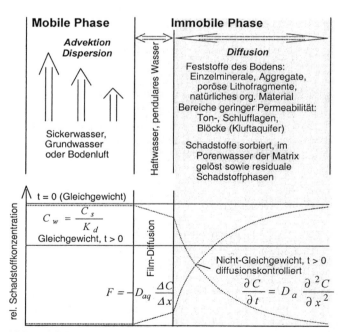

Abb. 2.3.2 Stoffübergang und Konzentrationsprofile zwischen mobiler (Grundwasser) und immobiler (Feststoff-)Phase

reduzierte durchflusswirksame Porosität. Mit zunehmender Fließgrenze x nehmen die Freisetzungsraten infolge zunehmender Abflachung des Konzentrationsgradienten zwischen mobiler und immobiler Phase immer mehr ab bis C_o (die max. mögliche Konzentration oder Sättigung) erreicht wird ($C = C_o$; $C/C_o = 1$).

Bei Vernachlässigung der Änderung des Konzentrationsgefälles in Gl. (2.3-1) ergibt sich eine lineare Zunahme der Schadstofffracht F mit zunehmender Fließstrecke x:

$$F = k\, A_o\, x\, C_o \qquad (2.3\text{-}3)$$

F bezeichnet hier die Schadstofffracht pro senkrecht zur Grundwasserfließrichtung durchströmter Fläche (z.B. in mg s^{-1} m^{-2}). Daraus resultiert eine ebenfalls lineare Zunahme der Schadstoffkonzentration mit der Fließstrecke (Abb. 2.3.3):

$$\frac{C}{C_o} = \frac{k\, A_o\, x}{v_a\, n_e} \qquad (2.3\text{-}4)$$

Mittels Gl. (2.3-4) lässt sich sehr einfach eine Strecke X_S, die sog. „Sättigungslänge" nach Schulz (1988) oder im angloamerikanischen Sprachraum „length of mass transfer zone", definieren, nach der sich die maximale Schadstoffkonzentration ($C = C_o$) im Grundwasser einstellt:

$$\frac{C}{C_o} = 1 = \frac{k A_o X_S}{v_a n_e} \quad \Rightarrow \quad X_S = \frac{v_a\, n_e}{k\, A_o} \qquad (2.3\text{-}5)$$

Wie Abb. 2.3.3 zeigt, liegt die sich nach einer Fließstrecke von $x = X_S$ im Grundwasser tatsächlich einstellende Konzentration nur bei $C/C_o = 0.632$ (in Gl. (2.3-2): $\ln(1-0.632) = -1$). Bis $C/C_o = 0.3$ ergibt sich noch eine relativ gute Übereinstimmung zwischen linearer Approximation nach Gl. (2.3-5) und Gl. (2.3-2) (Freisetzung unter maximalem Konzentrationsgefälle – die Abflachung des Konzentrationsgefälles spielt für $x < 1/3\, X_S$ noch keine Rolle). Eine Stoffübertragung findet in erster Linie innerhalb der Sättigungslänge statt. Für Fließstrecken > X_S stellt sich im Wasser C_o ein; der Konzentrationsgradient ist ausgeglichen und es findet keine weitere Schadstoff-Freisetzung mehr statt (es gelten Gleichgewichtsbedingungen).

Wie Gl. (2.3-5) zeigt, ist die Sättigungslänge unabhängig von C_o. Wichtigste Parameter zur Bestimmung von X_S sind k und A_o, die je nach wirksamem Prozess (Lösung aus residualer Phase, Desorption, Diffusion aus der Bodenluft ins Sicker- und Grundwasser) unterschiedlich definiert sind (in Tabelle 2.3.1 sind die wichtigsten Definitionen zusammengefasst). Die tatsächliche Länge von X_S (in m) wird in den folgenden Abschnitten für die verschiedenen Szenarien berechnet.

Ist der kontaminierte Bereich viel länger als X_S, dann kann angenommen werden, dass die Schadstoff-Freisetzung unter Gleichgewichtsbedingungen stattfindet. Die tiefengemittelte Schadstoffkonzentration im Grundwasser im Abstrom eines kontaminierten Bereiches C_A ergibt sich dann aus der durchströmten Mächtigkeit des Schadensherdes z_o, der Aquifermächtigkeit h und C_o:

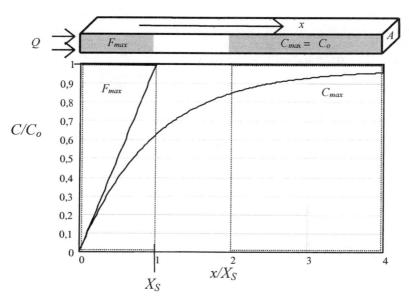

Abb. 2.3.3 Zur Definition der Sättigungslänge X_s: Bei Fließstecken unterhalb von X_s findet die Schadstoff-Freisetzung unter maximal möglicher Rate F_{max} statt (Ungleichgewicht). Bei Fließstrecken $> X_s$ wird die maximal mögliche Konzentration C_{max} im Grundwasser erreicht (C_o steht dann für die Gleichgewichtskonzentration bei der Desorption bzw. für die Löslichkeit der Schadstoffe bei Anwesenheit von residualer Phase).

$$C_A = C_o \frac{z_o}{h} \qquad (2.3\text{-}6)$$

Nach Entfernung der Schadstoffe vom Rand (Zustrom) des kontaminierten Bereiches ($x = 0$) wird die Stoffübertragungszone mobil und bewegt sich bis zur vollständigen Abreinigung durch den kontaminierten Bereich hindurch. Die Zeit, welche mindestens bis zur Entfernung der Schadstoffe notwendig ist, kann unter Gleichgewichtsbedingungen einfach mittels des Retardationsfaktors aus der Fließgeschwindigkeit berechnet werden (Eberhardt u. Grathwohl 2002). Der für die Lösung aus residualer Phase wirksame Retardationsfaktor ist in Abschn. 2.4 definiert. Bei der Desorption und Lösung aus zusammenhängender Flüssigphase (= „Pools") herrschen meist Ungleichgewichtsbedingungen, so dass die Zeit bis zur annähernd vollständigen Schadstoffentfernung mittels effektiver Ratenkonstanten berechnet werden muss, die je nach Prozess unterschiedlich definiert sind (Tabelle 2.3.1 und folgende Abschnitte). Für die Lösung aus Pools kann eine vertikale Grenzschicht z_s angegeben werden, innerhalb der das Gleichgewicht mit der residualen Phase angenommen werden kann (Abschn. 2.3.4).

Tabelle 2.3.1 Definition der Parameter bei Schadstoff-Freisetzungsprozessen (Angaben zu δ bzw. $k\,A_o$ beruhen auf stark vereinfachenden Annahmen); eine detailliertere Diskussion der Parameter findet sich in den nachfolgenden Abschn. bzw. Grathwohl 1997a.

Prozess	k [m s^{-1}]	δ [m]	A_o [m^2 m^{-3}]	$k\,A_o$ [s^{-1}]
Lösung aus feinverteilter tröpfchenförmiger residualer Phase	D_{aq}/δ	$\approx r_b \approx a/2$	$3\,n\,S°/r_b$	$6\,D_{aq}\,S°\,n\,/a^2$
Lösung aus oberflächen-benetzender Phase (Film)	D_{aq}/δ	$\ll a$	$(1-n)\,3/a$	$3\,D_{aq}\,(1-n)/(a\,\delta)$
Desorption aus kugeligen Aggregaten (stationär)[a]	D_e/δ	$\approx a/2$	$(1-n)\,3/a$	$6\,D_e\,(1-n)/a^2$
Lösung aus „Pools" Eintrag aus der Bodenluft	D/δ	$z_s \cong \overline{z} = \sqrt{Dt_c}$	1	$D\,A_o/\overline{z}$

[a]: im instationären Fall werden δ und damit k zeitabhängig
k: Stoffübergangskoeffizient (zur Berechnung von Raten = k x (Konzentrationsgefälle)
δ: effektive Diffusionsstrecke bzw. Filmdicke (1. Fick'sches Gesetz)
A_o: spezifische Oberfläche (zur Berechnung von Ratenkonstanten($k\,A_o$) oder normierter Raten, z.B. Masse pro Volumen und Zeit)
a: mittlerer Kornradius
r_b: Tröpfchenradius bei residualer Phase
D_e, D_{aq}: effektiver Diffusionskoeffizient, Diffusionskoeffizient im Wasser
D: Dispersionskoeffizient
z_s: „Sättigungshöhe"
$\overline{z}$: mittleres Verschiebungsquadrat

2.3.2 Lösungskinetik feinverteilter residualer Phasen

Unter residualer Phase werden immobile Phasen nicht wässeriger, meist flüssiger Schadstoffe (NAPL: „*n*on-*a*queous *p*hase *l*iquids") wie z.B. „Öle" verstanden, die zumindest unter dem aktuell geltenden hydraulischen Gradienten als einzelne feinverteilte Tröpfchen („blobs") im porösen Medium durch Kapillarkräfte gefangen sind (nicht benetzend). Nur in seltenen Fällen tritt die Ölphase auch als die Kornoberflächen benetzender Film auf. Die Lösungsrate von Schadstoffen aus residualer Phase (F_b) kann als Filmdiffusion (stationäre Diffusion: 1. Fick'sches Gesetz; Abb. 2.3.2) mittels des Stoffübergangskoeffizienten k beschrieben werden. Die Gesamt-Lösungsrate im porösen Medium hängt vom Volumen der tröpfchenförmig-verteilten residualen Phase bzw. von deren spezifischer Oberfläche A_o (= Kontaktfläche pro Einheitsvolumen poröses Medium) ab. Die spezifische Oberfläche ergibt sich aus dem mittleren Radius der Tröpfchen r_b und dem von der residualen Schadstoffphase eingenommenen Teil des Porenvolumens θ:

$$A_o = \frac{3\,\theta}{r_b} \qquad (2.3\text{-}7)$$

θ kann aus dem Sättigungsgrad des Porenraums $S°$ (= Volumen Schadstoffphase/Porenvolumen) und der Porosität n berechnet werden:

$$\theta = n\, S° \qquad (2.3\text{-}8)$$

Für $S° = 0{,}05$ (5%), $n = 30\%$ und einen mittleren „Tröpfchen"-Radius von 1 mm ergibt sich beispielsweise eine spezifische Oberfläche (A_o) von 45 m^2 m^{-3}. Tatsächlich wird im porösen Medium jedoch nicht die gesamte Oberfläche mit dem strömenden Wasser in Kontakt stehen, so dass A_o zur Berechnung der Gesamt-Lösungsrate korrigiert werden muss.

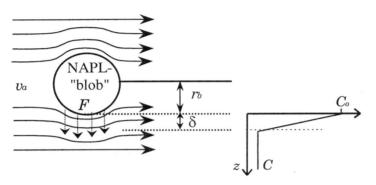

Abb. 2.3.4 Stark vereinfachtes Schema zur Schadstofflösung aus einem kugelförmigen NAPL-Tröpfchen; r_b: effektiver Radius der in Poren kapillar gefangenen Schadstofftröpfchen; δ: effektive Filmdicke für den Stoffübergang

Der Stoffübergangskoeffizient k hängt von der Diffusion, der transversalen Dispersion, der Fließgeschwindigkeit v_a sowie der Verteilung der residualen Phase im porösen Medium ab und er kann nicht ohne weiteres bestimmt werden. Aus der Verfahrenstechnik sind jedoch Methoden z.B. zur Berechnung des Stoffübergangs in durchströmten Hauffwerken, Wärmeübertragung bei Rohrströmung etc. bekannt, die eine Berechnung von k über die dimensionslose Sherwood-Zahl Sh erlauben:

$$Sh = \frac{k\, d}{D_{aq}} \qquad (2.3\text{-}9)$$

d steht hier für eine charakteristische Länge, die in porösen Medien der Korngröße (z.B. geometrisches Mittel) gleichgesetzt wird. Sh ist eine Funktion der Fließgeschwindigkeit, der Porosität, des Sättigungsgrades mit NAPL und der Viskosität des Wassers (bzw. der Diffusionsgeschwindigkeit der zu lösenden Verbindung im Wasser). Nach Abb. 2.3.4 kann Sh auch als Verhältnis zwischen charakteristischer Länge d und der Filmdicke δ interpretiert werden (meistens größer 1). D_{aq} bezeichnet hier den freien Diffusionskoeffizienten im Wasser, der von der Größe (bzw. dem Volumen) des diffundierenden Moleküls und der Viskosität des Wassers abhängt. D_{aq} kann für verschiedene im Wasser gelöste organische Schadstoffe relativ genau berechnet werden (z.B.: Hayduk u. Laudie 1974; Worch 1993;

siehe auch Abschn. 2.1.6 Gl. (2.1-20)) und liegt für viele Schadstoffe bei Grundwassertemperatur (ca. 10°C) zwischen ca. 4 x 10^{-10} m^2 s^{-1} und ca. 8 x 10^{-10} m^2 s^{-1}.

Die Sherwoodzahl ihrerseits kann mittels empirischer Korrelationen aus anderen dimensionslosen Größen wie der Schmidtzahl *Sc* und der Reynoldszahl *Re* berechnet werden. Für laminares Fließen in porösen Medien gilt beispielsweise (Fitzer et al. 1995):

$$Sh = 1.9 \, Sc^{1/3} \, Re^{1/2} \qquad (2.3\text{-}10)$$

Sc bezeichnet das Verhältnis zwischen der kinematischen Viskosität ν des Wassers und dem Diffusionskoeffizienten der gelösten Verbindung:

$$Sc = \frac{\nu}{D_{aq}} \qquad (2.3\text{-}11)$$

Sc kann im Wasser in Abhängigkeit von der Temperatur für viele organische Verbindungen nahezu als Konstante mit einem Wert von ca. 2600 angesehen werden (z.B. bei 10°C ist ν = 1,3 x 10^{-6} m^2 s^{-1}; D_{aq} = ca. 0,5 x 10^{-9} m^2 s^{-1}).

Die Reynoldszahl in porösen Medien wird aus dem Korndurchmesser *(d)* (geometrisches Mittel), der Fließgeschwindigkeit (Abstandsgeschwindigkeit v_a) und der kinematischen Viskosität gebildet:

$$Re = \frac{d \, v_a}{\nu} \qquad (2.3\text{-}12)$$

Re liegt im Grundwasser bei natürlicher Strömung meist unter 1. Für eine Fließgeschwindigkeit von 2 m d^{-1} und *d* = 2 mm *(Re = 0,036)* beträgt *Sh* nach Gl. (2.3-10) ca. 5. In diesem Fall entspräche die Filmdicke δ (Gl. (2.3-9); Abb. 2.3.4) in etwa einem Fünftel des Korndurchmessers. Ähnliche Korrelationen wurden auch für die Lösung von Schadstoffen in sandigem Material zusammengestellt (siehe Miller et al. 1990; Powers et al. 1991). Powers et al. (1994) fanden bei Experimenten zur Lösung von Naphthalin-Kugeln in Säulenexperimenten folgende empirische Beziehung:

$$Sh = 36{,}8 \, Re^{0{,}654} \qquad (2.3\text{-}13)$$

Daraus ergibt sich für *Re* = 0,036 ein Wert für *Sh* von 4,2. Bei dieser Betrachtungsweise der Lösungskinetik bleibt die tatsächliche Kontaktfläche (A_o), die meist nicht genau bekannt ist, unberücksichtigt. D.h. man erhält die Lösungsrate in Masse pro Zeit pro Kontaktfläche Öl/Wasser, wobei letztere wieder unbekannt ist. Um dieses Problem zu umgehen und um die Lösungsraten direkt berechnen zu können, kann eine modifizierte Sherwoodzahl *Sh'* verwendet werden, welche die unbekannte spezifische Oberfläche *(A_o)* bereits enthält:

$$Sh' = \frac{k \, A_o \, d^2}{D_{aq}} \qquad (2.3\text{-}14)$$

Nach Miller et al. (1990) ergibt sich für die Lösung organischer Phasen folgende Korrelation zwischen Re und Sh':

$$Sh' = 12 Re^{0,75} \theta^{0,6} Sc^{0,5} \qquad (2.3\text{-}15)$$

Mit $Sc = 2600$ folgt daraus $Sh' = 612\, Re^{0,75}\, \theta^{0,6}$. Imhoff et al. (1993) verwendeten folgende Beziehung:

$$Sh' = 150\, Re^{0,87}\, \theta^{0,79} \qquad (2.3\text{-}16)$$

Weitere, ähnliche empirische Korrelationen zur Berechnung der Lösungsraten finden sich z.B. in Mayer u. Miller (1996) sowie Imhoff u. Miller (1996). Diese empirischen Korrelationen gelten jeweils für ein bestimmtes poröses Medium und sind nicht ohne weiteres auf andere Verhältnisse übertragbar.

Wie Abb. 2.3.5 zeigt, können die aus obigen Korrelationen in Abhängigkeit von der Grundwasserfließgeschwindigkeit errechneten Sättigungslängen z.T. erheblich voneinander abweichen. Dennoch kann festgehalten werden, dass bei Grundwasserfließgeschwindigkeiten unter 10 m Tag^{-1} und $S°$ von ca. 5% die Sättigungslängen unter einem Meter liegen. Dies wird auch durch Säulenexperimente im Labormaßstab bestätigt, bei denen Sättigungslängen im Bereich von 1 cm - 2 cm (Imhoff et al. 1996), unter 14 cm (Powers et al. 1994) bzw. unter 10 cm (Geller u. Hunt 1993; Eberhardt u. Grathwohl 2002) gefunden wurden. Für den Fall, dass die residuale Phase die Kornoberflächen (z.B. als „Ölfilm") benetzt, ist mit größerer spezifischer Oberfläche (bzw. Kontaktfläche) und damit noch kürzeren Sättigungslängen zu rechnen.

In heterogenen Sedimenten mit entsprechend heterogener Verteilung der residualen Phase kann es in Abhängigkeit vom betrachteten Maßstab auch zu einer unregelmäßigen Lösungsfront („dissolution fingering") und damit größeren Sättigungslängen unter Feldbedingungen kommen (Mayer u. Miller 1996; Imhoff u. Miller 1996; Imhoff et al. 1996; Eberhardt u. Grathwohl 2002).

Aufgrund der relativ kurzen Sättigungslängen (Abb. 2.3.5) kann davon ausgegangen werden, dass die Lösungskinetik bei tröpfchenförmig-verteilter residualer Schadstoffphase z.B. in einer „Schmierzone" im Grundwasserschwankungsbereich oder allgemein in Bereichen mit hohem Sättigungsgrad $S°$ in den meisten Fällen unter Gleichgewichtsbedingungen abläuft. Die Schadstoffkonzentration, die sich im direkten Abstrom des mit residualer Phase kontaminierten Bereiches einstellt, entspricht dann der Wasserlöslichkeit der jeweiligen Schadstoffe. Bei komplexen Mischungen organischer Schadstoffe (z.B. Teeröl) muss C_o (= $C_{i,sat}$ s. Abschn. 2.3.3) berechnet werden.

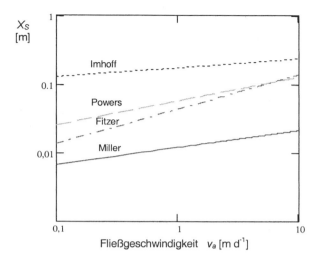

Abb. 2.3.5 X_S berechnet nach verschiedenen Methoden: Gl. (2.3-16), Imhoff et al. (1993); Gl. (2.3-13), Powers (1994); Gl. (2.3-10), Fitzer et al. (1995); Gl. (2.3-15), Miller et al. (1990); alle Berechnungen mit gleichen Parametern: $d = 2$ mm; $r_b = d/4$ (zur Berechnung von A_o); $\theta = n\, S° = 0{,}35 \times 0{,}05 = 0{,}0175 \Rightarrow A_o = 105$ m^2 m^{-3}; $n_e = n - \theta$ bzw. $n\,(1 - S°) = 0{,}3325$).

2.3.3 Löslichkeit und Lösungskinetik

Bei komplexen Gemischen organischer Verbindungen, z.B. bei Teerölen (Abb. 2.3.6, Tabelle 2.3.2), Benzin oder Diesel (Tabellen 2.3.3 und 2.3.4) ist die Sättigungslöslichkeit der einzelnen Komponenten im Wasser $C_{i,sat}$ [in g l^{-1} bzw. mol l^{-1}] von der Zusammensetzung des Gemisches abhängig (Banerjee 1984; Mackay et al. 1991; Lane u. Loehr 1992; Lee et al. 1992). Sie ist immer geringer als die Wasserlöslichkeit der Einzelsubstanzen und kann in flüssig/flüssig-Gemischen analog zum Raoult'schen Gesetz mit hinreichender Genauigkeit bestimmt werden (Pyka 1994; Loyek u. Grathwohl 1996; Reckhorn et al. 2001; Grathwohl u. Eberhardt, 2002):

$$C_{i,sat} = \chi_{i,o}\, \gamma_{i,o}\, S_i \qquad (2.3.\text{-}17)$$

$C_{i,sat}$ entspricht der Maximal- oder Gleichgewichtskonzentration C_{max} bzw. C_o in den Abschn. 2.3.1 und 2.3.2 bei der Lösung von Verbindungen aus Multikomponentengemischen. $\gamma_{i,o}$, $\chi_{i,o}$ und S_i bezeichnen den Aktivitätskoeffizienten, den Molenbruch der Komponente i im Gemisch [$n_{i,o}\,/\,\Sigma\, n_i$] und die Wasserlöslichkeit der Einzelkomponente i (Reinsubstanz) in g l^{-1} bzw. mol l^{-1} (ggf. die Löslichkeit der unterkühlten Flüssigkeit bei Verbindungen, die bei den herrschenden

Druck- und Temperaturbedingungen in festem Zustand vorliegen würden in der Mischung aber flüssig sind, z.B. PAK in Teeröl oder Diesel). Der Aktivitätskoeffizient $\gamma_{i,o}$ beschreibt das Abweichen vom idealen Verhalten in der organischen Phase. Für ein ideales Gemisch gilt $\gamma_{i,o} = 1$ und damit:

$$C_{i,sat} = \chi_{i,o} \, S_i \qquad (2.3\text{-}18)$$

Der Molenbruch χ_i kann maximal den Wert 1 annehmen; er lässt sich aus dem mittleren Molekulargewicht der Mischung (M_o [g mol^{-1}]), dem Molekulargewicht von i (M_i [g mol^{-1}]) und der Fraktion von i an der Mischung ($f_{i,o}$ bzw. Gew.-%/100) einfach berechnen:

$$\chi_{i,o} = f_{i,o} \frac{M_o}{M_i} \, ; \text{ für: } M_o \cong M_i \text{ gilt } \chi_{i,o} \cong f_{i,o} \qquad (2.3\text{-}19)$$

(in vielen Fällen gilt: $0,5 < M_o/M_i < 1,5$)

Damit gilt für die Löslichkeit aus organischen Gemischen (bei $\gamma_{i,o} = 1$):

$$C_{i,sat} = f_{i,o} \frac{M_o}{M_i} S_i \qquad (2.3\text{-}20a)$$

und in erster grober Näherung ($M_o/M_i \cong 1$):

$$C_{i,sat} = \frac{\text{Gew.-\%}_{i,o}}{100} S_i \qquad (2.3\text{-}20b)$$

$C_{i,sat}$ ist immer kleiner als die Löslichkeit der Reinsubstanz (auch wenn die Löslichkeit der unterkühlten Flüssigkeit höher ist als die Löslichkeit der festen Reinsubstanz). Die Abb. 2.3.7 und 2.3.8 zeigen, dass der sehr einfache Ansatz nach Gl. (2.3-20) eine für die meisten Fälle hinreichend genaue Abschätzung von $C_{i,sat}$ selbst bei zunehmender „Alterung" der organischen Mischung (Abb. 2.3.8) erlaubt. Die Tabellen 2.3.3 und 2.3.4 zeigen einige Beispielrechungen für $C_{i,sat}$ von Benzin- bzw. Dieselbestandteilen.

Da $f_{i,o}$ die Konzentration von i in der organischen Mischphase darstellt (in kg kg^{-1}), lässt sich aus dem Raoult'schen Gesetz auch sehr einfach ein Verteilungskoeffizient ($K_{o/w}$) zwischen organischer Mischphase und Wasser ableiten:

$$K_{o/w} = \frac{C_{i,o}}{C_{i,sat}} = \frac{f_{i,o}}{f_{i,o} \frac{M_o}{M_i} S_i} = \frac{1}{\frac{M_o}{M_i} S_i} \qquad (2.3\text{-}21)$$

Für reines Lösemittel („1-Komponenten"-Phase z.B. Toluol: $C_{i,o} = 1$ kg kg^{-1}; $C_{i,sat} = S_i$) gilt $M_o = M_i$ und damit ist der Verteilungskoeffizient z.B. zwischen Toluol und Wasser einfach $1/S_i$.

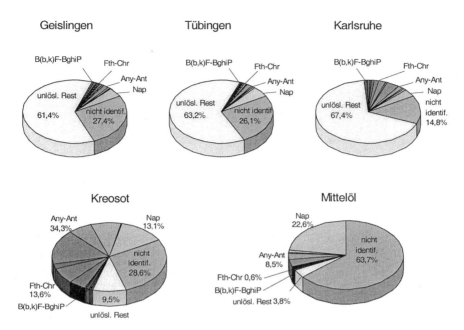

Abb. 2.3.6 Zusammensetzung von 3 Steinkohlenteeren von ehemaligen Gaswerken und zwei Teeröldestillaten (Kreosot und Mittelöl); Abkürzungen: siehe Tabelle 2.3.3

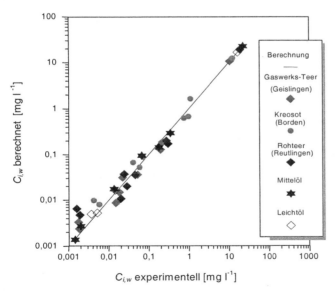

Abb. 2.3.7 Vergleich berechneter (analog zum Raoult'schen Gesetz: Gl. (2.3-20a)) und gemessener Werte für $C_{i,sat}$ von PAK aus Teeröl und Teeröldestillaten (siehe auch Abb. 2.3.6; nach Loyek 1998)

Tabelle 2.3.2 Zusammensetzung von Teerölen und Teerölderivaten (in Gew.-%; aus Loyek, 1998)

	Pech[4]	Stein-kohlenteer[1]	Roh-teer[2]	Stein-kohlenteer[3]	Roh-teer[4]	Mittel-.Öl[4]	Kreosot[5]	Anthra-cen-Öl[2]
Nap	0,00	4,49	12,31	5,37	11,87	22,55	9,49	0,37
Any	0,00	0,24	1,88	0,60	1,02	1,09	0,00	0,00
Ace	0,00	0,07	0,08	0,10	0,11	0,48	6,07	1,98
Fln	0,00	0,80	1,46	0,46	1,47	2,97	4,41	5,18
Phe	0,35	1,65	4,44	1,58	3,76	3,61	11,51	17,01
Ant	0,14	0,58	0,75	0,35	0,74	0,35	0,81	0,92
Fth	0,78	0,69	2,08	0,66	1,57	0,18	4,95	7,52
Py	0,59	0,44	1,28	0,48	0,86	0,10	3,14	4,31
BaA	0,92	0,47	0,77	0,25	0,63	0,20	2,06	0,48
Chr	0,98	0,37	0,75	0,18	0,57	0,09	2,12	0,31
Bbf-BkF	1,35	0,71	1,00	0,29	0,66	0,38	3,36	0,58
BaP	0,47	0,22	0,37	0,11	0,26	0,10	1,63	0,18
Indeno	0,19	0,17	0,24	0,05	0,12	0,14	1,29	0,29
DahA	0,46	0,14	0,19	0,05	0,13	0,17	2,40	0,26
BghiP	0,34	0,20	0,22	0,09	0,17	0,15	1,00	0,19
Rest	65,06	61,37	52,86	63,29	59,46	3,79	6,97	11,95
n.i.	28,38	27,40	19,32	26,10	16,62	63,66	38,79	48,48

[1] ehemaliges Gaswerk Geislingen
[2] Rütgers VFT AG
[3] ehemaliges Gaswerk Tübingen
[4] Stadtwerke Reutlingen (ehemaliges Gaswerk)
[5] Borden, Kanada
Nap: Naphthalin; Any: Acenaphthylen; Ace: Acenaphthen; Fln: Fluoren; Phe: Phenanthren; Ant: Anthracen; Fth: Fluoranthen; Py: Pyren; BaA: Benz(a)anthracen; Chr: Chrysen; BbF-BkF: Benzo(b + k)fluoranthen; BaP: Benz(a)pyren; Indeno: Ideno(1,2,3-cd)pyren; DahA: Dibenzo(a,h)anthracen; BghiP: Benzo(g,h,i)perylene; Rest: in Cyclohexan unlöslicher Rest; n.i.: nicht identifiziert

Tabelle 2.3.3a Typische Kohlenwasserstoff-Zusammensetzung [%] von Ottokraftstoffen nach Aral (2002)

Kohlenwasserstoffe	C-Zahl	M [g mol^{-1}]	Normal	Super	Super Plus
Propan	3	44,09	<0,1	<0,1	<0,1
i-Butan / n-Butan	4	58,14	4,7	5	6,7
i-Pentan / n-Pentan	5	72,15	17,8	15,4	10,6
i-Hexan / n-Hexan	6	86,17	17,3	13,7	9
i-Heptan / n-Heptan	7	100,2	6,8	4,5	6,6
i-Octan / n-Octan	8	114,23	7,9	8	16,6
Nonan	9	128,25	1,3	1,3	0,8
Decan	10	142,28	2,5	1,1	1,1
ΣAlkane (Parafine)			58,3	49	51,4
Buten	4	56,1	2,5	0,3	1,3
Penten	5	70,13	3,3	3	3,8
Hexen	6	84,16	2,2	2	3,1
Hepten	7	98,19	0,9	0,8	0,8
Octen	8	112,22	0,4	0,4	0,3
Nonen	9	126,24	1,2	1	0,7
Decen	10	140,19	1,2	0,8	0,4
ΣAlkene (Olefine)			11,7	8,3	10,4
Benzol	6	78,11	0,7	0,8	0,5
Toluol	7	92,13	0,69	10,9	8,4
o-, p-Xylol	8	106,17	5,5	6	8,1
Ethylbenzol	8	106,2	1,4	2,1	2,2
Trimethylbenzol	9	120,19	9,3	12,3	7
ΣAromaten		134,21	17,59	32,1	26,2
Methyltertiärbutylether (MTBE)	5	88,15	0-1,1	0-5,4	0-13,5
Σ Kohlenwasserstoffe			88,69	94,8	100
Σ Kohlenwasserstoffe ohne MTBE			87,59	89,4	86,5

Tabelle 2.3.3b $C_{i,sat}$ [mg l^{-1}] für Benzinkohlenwasserstoffe inkl. Methyltertiärbutylether (MTBE); Zusammensetzung siehe Tabelle 2.3.3a.

Kohlenwasserstoffe	C-Zahl	S^1 (25°C) [mg l^{-1}]	Normal	Super	Super Plus
Propan	3	62,4			
i-Butan / n-Butan	4	61,4	4,4	4,8	6,4
i-Pentan / n-Pentan	5	39,5	8,6	7,6	5,2
i-Hexan / n-Hexan	6	9,47	1,7	1,4	0,9
i-Heptan / n-Heptan	7	2,93	0,17	0,12	0,17
i-Octan / n-Octan	8	0,66	0,04	0,04	0,09
Nonan	9	0,122	0,0011	0,0011	0,0007
Decan	10	0,022	0,00034	0,00015	0,00015
ΣAlkane (Paraffine)			14,8	13,9	12,7
Buten	4	222	8,7	1,1	4,6
Penten	5	148	6,1	5,7	7,2
Hexen	6	50	1,2	1,1	1,7
Hepten	7	14,1	0,11	0,10	0,10
Octen	8	2,7	0,008	0,009	0,006
Nonen	9	0,63	0,005	0,004	0,003
Decen	10	0,1	0,0008	0,0005	0,0003
ΣAlkene (Olefine)			16,1	8,0	13,6
Benzol	6	1780	14,0	16,4	10,2
Toluol	7	515	3,4	54,8	42,1
o-, p-Xylol	8	166 ^{2}	7,6	8,4	11,4
Ethylbenzol	8	161,4	1,9	2,9	3,0
Trimethylbenzol	9	57 ^{3}	3,9	5,2	3,0
Σ Aromaten			30,8	87,8	69,7
MTBE	5	48000 ^{4}	0-527,1	0-2646,4	0-5865,2
Σ Kohlenwasserstoffe			588,8	2756	5961,2
Σ Kohlenwasserstoffe ohne MTBE			61,7	109,6	96
Mittleres Molekulargewicht ^{5} [g/mol]			88	90	89,76

[1] Wasserlöslichkeit aus: Brookman, G.T., Flanagan, M., Kebe, J.O. (1995). Literature Survey: Hydrocarbon Solubility and Attnuation Mechanisms. Am. Petroleum Inst., Washington, DC, Pub. No. 441.
[2] Mittelwert Wasserlöslichkeit von o-Xylol (175 mg/l) und p-Xylol (157 mg/l)
[3] Mittelwert Wasserlöslichkeit von 1,2,3-Trimethylbenzol (65,3 mg/l), 1,2,4-Trimethylbenzol (57 mg/l) und 1,3,5-Trimethylbenzol (48,2 mg/l)
[4] aus Rippen (1997= Handbuch der Umweltchemikalien. Stoffdaten, Prüfverfahren, Vorschriften. - Loseblattsammlung, 7 Bd., 41. Ergänzungslieferung.
[5] Mittleres Molekulargewicht abgeschätzt

Tabelle 2.3.4 Kohlenwasserstoffe in Diesel (nach Hellmann 1995 und ARAL 1995) und $C_{i,sat}$ für ausgewählte Verbindungen inkl. PAK (25 °C; mittleres Molekulargewicht von Diesel ca. 200 g mol^{-1}, nach Lee et al. 1992)

Kohlenwasserstoffe			M [g mol^{-1}]	S [mg l^{-1}]	Gew. % Diesel	$C_{i,sat}$ [mg l^{-1}]
Alkane						
	n-/ i-Alkane					
		Methylheptan	142,28	0,79	7	0,09060
		n-Decan	142,28	0,052	7	0,00596
		n-Dodecan	170,33	0,0037	8	0,00041
		n-Tetradecan	198,38	0,0022	8	0,00021
		n-Octadecan	254,49	0,0023*	8	0,0001687
		n-Eicosan	282,55	0,0025*	8	0,0001652
	>C25	n-Hexacosan	366,71	0,0036*	2#	0,0000451#
Summe C10 - C26					46-50#	0,0975
Cycloalkane						
	Monocyclen				9-15#	
		Cyclopentan	70,14	156	3	15,6
		Cyclohexan	84,16	55	4	6,09
		Cycloheptan	96,17	30	3	2,18
		Cyclooctan	110,2	7,9	3	0,50
	Dicyclen				7-9#	
	Tri-/Polycyclen				1,5-4#	
Summe Cycloalkane					10-30#	24,3#
Alkene						
		Hexen	84,16	50	2	2,77
		Decen	140,27	0,1	3	0,005
Summe Alkene					0,1-5#	2,8#
Aromaten		Benzol	78,11	1780	-	-
		Toluol	92,13	520	-	-
		o-, m-,p-Xylol	106,17	159	1	3,49
		Ethylbenzol	106,2	161,2	1	3,54
		C9-Aromat./Alkylbenz.	120,19	ca. 55*	12 (9-15)	12,8
		Indan/Tetraline	118,2	ca. 109	5 (4-6)	10,7
		Inden	116,2	100#	0,3 (0,1-0,5)	0,6
	PAK	Naphthalin	128	106,4*	0,2 (0,1-0,4)	0,39
		Acenaphthen	154	17,8*	0,7 (0,5-0,9)	0,19
	Alkylnaphthaline				5-8#	
		1-/2-Methylnaphthalin	142,2	28*	3	1,38
		Dimethylnaphthalin	156,2	9*	3	0,40
Summe Aromaten					10-30#	33,5

* Löslichkeit der unterkühlten Flüssigkeit; # Schätzwerte

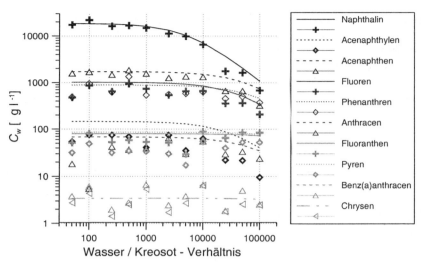

Abb. 2.3.8 Veränderung von $C_{i,sat}$ bei der Auslaugung von Teeröl am Beispiel des Kreosots; Vergleich zwischen gemessenen Konzentrationen und nach Gl. (2.3-20) berechneten Werten (nach Pyka 1994)

Die Lösungskinetik einzelner Komponenten aus einer Mischung kann durch das Doppelfilm-Diffusionsmodell beschrieben werden (Abb. 2.3.9). Dabei kann die Lösungskinetik im Unterschied zur Lösung einer reinen Phase (z.B. Toluol oder Trichlorethen, siehe Abschn. 2.3.2) auch durch einen zusätzlichen „Film" in der organischen Mischphase limitiert werden.

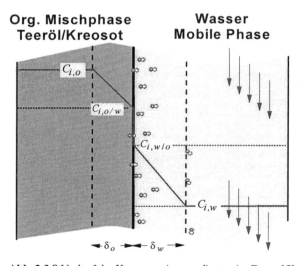

Abb. 2.3.9 Verlauf der Konzentrationsgradienten im Doppelfilmdiffusionsmodell (Loyek 1998)

Die Lösungskinetik der Substanz *i* hängt vom Transport über die Grenzfläche organische Mischphase und Wasser ab, der durch den diffusiven Fluss im Wasserfilm *($F_{i,w}$)* und im Film der organischen Mischphase *($F_{i,o}$)* bestimmt wird. Da beide Filme hintereinander geschaltet sind, müssen beide Flüsse gleich sein:

$$F_{i,w} = -\frac{D_{i,w}}{\delta_w}\left(C_{i,w} - C_{i,w/o}\right) = F_{i,o} = -\frac{D_{i,o}}{\delta_o}\left(C_{i,o/w} - C_{i,o}\right) \qquad (2.3\text{-}22)$$

Die unbekannten Konzentrationen an der Grenzfläche ($C_{i,w/o}$ u. $C_{i,o/w}$) lassen sich mittels des Verteilungskoeffizienten der Komponente *i* zwischen organischer Mischphase und Wasser eliminieren - direkt an der Grenzfläche gelten Gleichgewichtsbedingungen, d.h.: $K_{o/w} = C_{i,o/w} / C_{i,w/o}$:

$$F_i = F_{i,w} = F_{i,o} = \frac{C_{i,o} - C_{i,w} K_{o/w}}{\dfrac{\delta_w K_{o/w}}{D_{i,w}} + \dfrac{\delta_o}{D_{i,o}}} \qquad (2.3\text{-}23)$$

Da die Verteilungskoeffizienten von z.B. PAK zwischen Teerölen und Wasser sehr groß sind ($K_{o/w} \gg 1000$) und unter der Annahme, dass die Diffusionskoeffizienten sowie die Filmdicken im Wasser und im Teeröl in der gleichen Größenordnung liegen ($D_{i,w} \approx D_{i,o}$ und $\delta_w \approx \delta_o$), kann davon ausgegangen werden, dass der Stoffübergang nach Gl. (2.3-23) hauptsächlich durch den Wasserfilm limitiert wird (dies gilt auch für Benzin und Diesel). Die Lösungsrate kann dann vereinfacht wie folgt berechnet werden:

$$F_i = \frac{C_{i,o} - C_{i,w} K_{o/w}}{\dfrac{\delta_w}{D_{i,w}} K_{o/w}}$$

und für $C_{i,w} \ll C_{i,sat}$ (d.h. $C_{i,w} \approx 0$): \qquad (2.3-24a/b)

$$F_i = \frac{D_{i,w}}{\delta_w} \frac{C_{i,o}}{K_{o/w}} = \frac{D_{i,w}}{\delta_w} C_{i,wsat}$$

Wenn man den Stoffübergang über die zwei Filme als eine Reihenschaltung von Geschwindigkeiten (v_i) darstellt, dann wird leicht ersichtlich, dass der Verteilungskoeffizient eine wesentliche Rolle spielt und den Widerstand immer in Richtung der Phase verschiebt, in der die geringste Anreicherung des betrachteten Stoffes auftritt (hier Wasser):

$$\frac{1}{v_i} = \frac{1}{v_{i,w}} + \frac{1}{v_{i,o}} = \frac{\delta_w K_{o/w}}{D_{i,w}} + \frac{\delta_o}{D_{i,o}} \qquad (2.3\text{-}25)$$

2.3.4 Schadstofflösung aus „Pools"

Organische Flüssigphasen können im Untergrund durch geringdurchlässige Schichten gestaut werden, sie breiten sich dadurch lateral aus und bilden sogenannte „Pools" (= Lachen). Bei Flüssigkeiten, die leichter sind als Wasser (LNAPL: „*l*ight *n*on-*a*queous *p*hase *l*iquids", z.B. Mineralöle), kann sich auf der Grundwasseroberfläche eine Schwimmschicht ausbilden, die bei Schwankungen des Grundwasserspiegels in eine Schmierschicht (feinverteilte residuale Öltröpfchen) übergehen kann. Flüssigkeiten, die dichter als Wasser sind (DNAPL: „*d*ense *n*on-*a*queous *p*hase *l*iquids", z.B. chlorierte organische Verbindungen, Teeröle) können in den Grundwasserkörper eindringen und sich auf der undurchlässigen Aquiferbasis oder auf geringleitenden Schichten im Aquifer stauen. Die Mächtigkeit der sich bildenden Pools wird durch die Kapillarkräfte zwischen Wasser und der organischen Flüssigkeit bestimmt. Unter stationären Bedingungen (d.h. keine Bewegung der organischen Phase) betragen die in gut durchlässigen Aquiferen zu erwartenden Schichtdicken nur wenige cm, d.h. sie sind bei gestörter Probennahme in Bohrungen kaum auszumachen. Die Lösung von Schadstoffen aus solchen Pools lässt sich mit dem Ansatz der Diffusion in ein semi-infinites poröses Medium berechnen (Abb. 2.3.10). Das Konzentrationsprofil, das sich während der Über-, Unterströmung des Pools in Fließrichtung ($x = v_a\,t$) bzw. in der Zeit t im Grundwasser senkrecht zur Pool- bzw. Grundwasseroberfläche einstellt, ist durch eine analytische Lösung des 2. Fick'schen Gesetzes (Diffusion ins semi-infinite Medium mit konstanter Randkonzentration C_o bzw. $C_{i,sat}$) gegeben:

$$\frac{C}{C_o} = erfc\left(\frac{z}{2\sqrt{D t_c}}\right) = erfc\left(\frac{z}{2\sqrt{D\frac{x}{v_a}}}\right) \qquad (2.3\text{-}26)$$

z [L] steht für den vertikalen Abstand des Konzentrationsprofils zur Grundwasser- bzw. Pooloberfläche. D bezeichnet den Diffusions- bzw. Dispersionskoeffizienten. C_o steht für die Schadstoff-Konzentration an der Grenzfläche zur organischen Phase, die der Löslichkeit des Schadstoffs entspricht (bei Kohlenwasserstoffgemischen gilt die Sättigungskonzentration nach dem Raoult'schen Gesetz; Abschn. 2.3.3). Die Kontaktzeit t_c (des Grundwassers mit dem Pool während der Überströmung) ergibt sich aus der Länge des Pools L_p und der Grundwasserfließgeschwindigkeit v_a: ($t_c = L_p / v_a$). D [L^2 t^{-1}] setzt sich aus dem Porendiffusionskoeffizienten D_p (in erster Näherung $\cong D_{aq}\,n$; n: Porosität) und zusätzlich dem transversal vertikalen Dispersionskoeffizienten ($\alpha_t\,v_a$) zusammen:

$$D = D_p + \alpha_t v_a \qquad (2.3\text{-}27)$$

Die Eindringtiefe einer bestimmten Konzentrationsfront ist von der Quadratwurzel der Zeit abhängig. Das mittlere Verschiebungsquadrat $\bar{z}$ [L] gibt den vertikalen Abstand der relativen Konzentration von $C/C_o = 0{,}48$ von der Grenzfläche an:

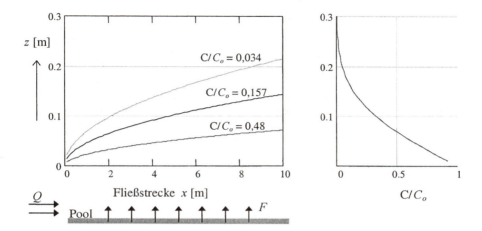

Abb. 2.3.10 Ausbildung von Konzentrationsgleichen und des Konzentrationsprofils im Grundwasser während bzw. nach Überströmen eines Pools (Fließgeschwindigkeit 1 m d^{-1}; α_t = 0,5 mm; D_p = 1,75 x 10^{-10} m^2 s^{-1})

$$\bar{z} = \sqrt{D\,t} = \sqrt{D\frac{x}{v_a}} \qquad (2.3\text{-}28)$$

Die mittlere Eindringtiefe nimmt mit der Wurzel der Fließstrecke zu und ist bei Überwiegen der Querdispersion (siehe Gl. (2.3-27)) unabhängig von der Fließgeschwindigkeit ($\bar{z} = (\alpha_t\, x)^{0,5}$).

Die von der Pool-Kontaktfläche (= Länge x Breite: $L_p \cdot B_p$) in der Kontaktzeit t_c ins überströmende bzw. unterströmende Grundwasser diffundierte Schadstoffmasse M lässt sich mittels einfacher analytischer Lösungen des 2. Fick'schen Gesetzes berechnen:

$$M = 2\,C_o\,n\sqrt{\frac{D\,t_c}{\pi}}\,L_p\,B_p \qquad (2.3\text{-}29)$$

Für die mittlere Lösungsrate F_p eines Pools bestimmter Länge gilt dann:

$$F_p = 2\,C_o\,n\sqrt{\frac{D}{\pi t_c}}\,L_p\,B_p = 2\,C_o\,n\sqrt{\frac{D}{\pi\frac{L_p}{v_a}}}\,L_p\,B_p = 2\,C_o\,n\sqrt{\frac{D\,L_p\,v_a}{\pi}}\,B_p \qquad (2.3\text{-}30)$$

Die hier vorgestellte Methode der semi-infiniten Diffusion zur Bestimmung der Schadstofflösung aus Pools und zum Stoffeintrag aus der Bodenluft lässt sich auch durch Äquivalentmodelle darstellen (Abb. 2.3.11). Da es sich hier um einen unter stationären Bedingungen ablaufenden Prozess handelt, lässt sich Gl. (2.3-30) auch über das 1. Fick'sche Gesetz herleiten:

$$F_p = D\, n \frac{C_o}{\delta} L_p B_p \quad \text{mit} \quad \delta = \sqrt{D\, t_c \frac{\pi}{4}} \qquad (2.3\text{-}31)$$

Der mittlere effektive Stoffübertragungskoeffizient [m s^{-1}] ergibt sich aus dem Dispersionskoeffizienten D, der Filmdicke δ und der Porosität (siehe auch Guedes de Carvalho u. Delgado 1999):

$$k = n\sqrt{\frac{4}{\pi} \frac{D}{L_p/v_a}} \qquad (2.3\text{-}32)$$

Anschaulicher ist es, die Lösungsrate über eine äquivalente „Sättigungshöhe" (Z_s) innerhalb welcher C_o gilt und dem anteiligen Grundwasservolumenstrom Q [m^3 s^{-1}] zu berechnen (Abb. 2.3.11):

$$F_p = \frac{C_o}{Q} = \frac{C_o}{v_a\, n_e\, B_p\, Z_S}$$

mit

$$Z_S = \sqrt{\frac{4}{\pi} D\, t_c} = \frac{2 C_o\, n\sqrt{\frac{D L_p v_a}{\pi}}}{C_o\, v_a\, n} \qquad (2.3\text{-}33)$$

und

$$Q = B_p\, Z_S\, v_a\, n)$$

Z_s wird auch als Grenzschichtdicke bezeichnet. In beiden Fällen entsprechen δ bzw. Z_s in etwa dem mittleren Verschiebungsquadrat ($\delta = \bar{z}\sqrt{\pi/4}$; $Z_s = \bar{z}\sqrt{4/\pi}$). Die tiefengemittelte Konzentration im Grundwasserabstrom eines Schadstoffpools kann für eine bestimmte Aquifermächtigkeit (h) sehr einfach mittels Z_s berechnet werden: $C_A = C_o Z_s / h$ (h = Mächtigkeit des Grundwasserleiters).
Die transversal vertikale Dispersivität α_t, die zur Berechnung der Lösungsrate bzw. D benötigt wird, ist in der Regel nicht genau bekannt, aber deutlich kleiner als die longitudinale Dispersivität und beträgt nach De Josselin de Jong (1958) 3/16 des Korndurchmessers. Nach Tank-Experimenten von Schwille (1984) zur Lösung von Perchlorethen aus Pools in einem Sand und Modellierung der Daten durch Johnson u. Pankow (1992) beträgt die Dispersivität in einem Sand 0,23 mm. Ähnliche Werte fanden Chrysikopoulos et al. (1994) für die Lösung von Trichlorethen-Pools in Laborexperimenten (α_t = 0,73 mm). Neue Ergebnisse zur Lösung von PAK aus einem 2.5 m langen Teerölpool belegen, dass selbst in einem Grobsand α_t deutlich unter 0.1 mm liegen kann (Eberhard u. Grathwohl 2002). Nach Jensen et al. (1993) und Fiori u. Dagan (1999) liegen die Werte auch

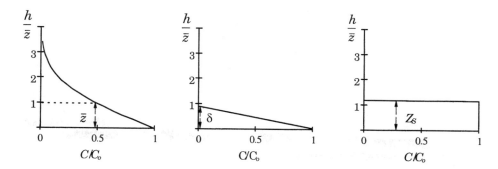

Abb. 2.3.11 Äquivalente Modelle zur Berechnung von Lösungsraten aus Pools (links: semi-infinite Diffusion mit dem mittleren Verschiebungsquadrat $\bar{z}$; mitte: 1. Fick'sches Gesetz mit der „Filmdicke" δ; rechts: Sättigungskonzentration innerhalb der Sättigungshöhe bzw. Grenzschichtdicke Z_s); h bezeichnet den vertikalen Abstand vom Pool.

im Feld unter 1 mm. Abbildung 2.3.12 zeigt, dass selbst bei niedrigen Fließgeschwindigkeiten und Querdispersivitäten von nur 0,2 mm die Lösungsrate von der transversal vertikalen Dispersion dominiert wird. Deshalb kann D_p bei der Abschätzung von D in den meisten Fällen vernachlässigt werden. Daraus ergibt sich die Konsequenz, dass die Lösungsraten proportional der Fließgeschwindigkeit sind und dass das Konzentrationsprofil, welches sich im den Pool überströmenden Grundwasser einstellt, unabhängig von der Fließgeschwindigkeit ist.

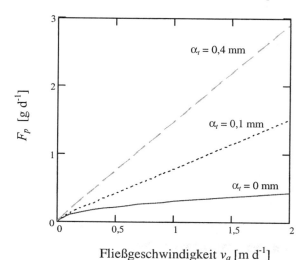

Abb. 2.3.12 Abhängigkeit der Lösungsrate F_p eines Perchlorethen-Pools von 2 m Länge (auf 1 m Breite) von der Fließgeschwindigkeit bei unterschiedlichen Beiträgen der transversalen Dispersion (α_t): $D_p = 2 \times 10^{-10}$ m^2 s^{-1}; $C_o = 150$ mg l^{-1} (= Perchlorethen, bei höherer Löslichkeit erhöht sich die Lösungsrate entsprechend).

2.3.5 Schadstoff-Freisetzung durch diffusionslimitierte Desorption

Eine langsame Freisetzung sorbierter Schadstoffe geht auf die Porendiffusion in Partikeln (Ball u. Roberts 1991; Grathwohl u. Reinhard 1993; Farrell u. Reinhard 1994), Aggregaten (Pignatello et al. 1993) oder generell auf die Matrixdiffusion in gering permeablen Bereichen (z.B. Ton-, Schlufflagen; Festgesteine in Kluftgrundwasserleitern) zurück. Je nach Matrixeigenschaften und Sorptionsneigung schreitet die Schadstofffront im Partikel bzw. in der Matrix während der Desorption mehr oder weniger langsam fort (Abb. 2.3.13). Generell gilt, dass die Schadstoff-Freisetzung umso schneller erfolgt desto kleiner die Diffusionsstrecken bzw. die Aggregat- oder Korngröße ist.

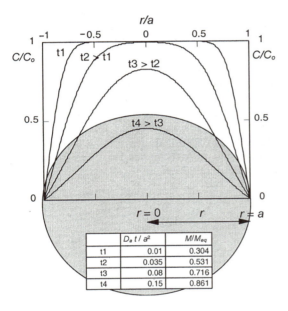

Abb. 2.3.13 Konzentrationsprofile bei der diffusionskontrollierten Desorption aus einer Kugel (Matrixdiffusion). M/M_{eq} bezeichnet die Schadstoffmasse zur Zeit t, die relativ zur unter Gleichgewicht sorbierten Masse M_{eq} aus dem Korn herausdiffundiert ist. $D_a\, t/a^2$ steht für die dimensionslose Zeit; D_a bezeichnet den scheinbaren Diffusionskoeffizienten [cm^2 s^{-1}], siehe auch Abschn. 2.1.6.

Die Porendiffusion hängt von zwei wichtigen Größen, dem effektiven Diffusionskoeffizienten D_e und dem Kapazitätsfaktor α ab. Der Quotient D_e/α wird als scheinbarer Diffusionskoeffizient bezeichnet. D_e berücksichtigt die Intrapartikel- bzw. Matrixporosität ε und den Tortuositätsfaktor τ_f. τ_f lässt sich nicht direkt bestimmen, dagegen kann D_e jedoch relativ zuverlässig aus der Porosität mittels empirischer Korrelationen abgeschätzt werden (z.B. durch *Archie's Law*; Archie 1942):

$$D_e = D_{aq}\frac{\varepsilon}{\tau_f} = D_{aq}\varepsilon^m \qquad (2.3\text{-}34)$$

Der empirische Koeffizient m liegt in natürlichen porösen Medien (Sedimentgesteine, poröse Gesteinsfragmente, Ton/Schluff) bei ca. 2 oder etwas darüber (Grathwohl 1992; Grathwohl u. Kleineidam 1995; Grathwohl 1997a; Rügner et al. 1997; Boving u. Grathwohl 2001).

Der Kapazitätsfaktor α kann als Speicherkoeffizient interpretiert werden, der sowohl die im intrapartikulären Porenraum (Matrix) gelöste als auch die durch den Feststoff sorbierte Schadstoffmasse berücksichtigt:

$$\alpha = \varepsilon + K_d\,\rho \qquad (2.3\text{-}35)$$

ρ bezeichnet die Trockenraumdichte des porösen Mediums [$(1-\varepsilon)$ (Mineraldichte)]. $C_o\,\alpha$ ergibt damit die Gesamtschadstoffmasse im porösen Medium (gelöst und sorbiert). Der Sorptions- bzw. Verteilungskoeffizient K_d kann für hydrophobe Verbindungen näherungsweise aus dem organischen Kohlenstoffgehalt des Bodens und dem Oktanol/Wasser-Verteilungskoeffizienten der organischen Verbindung berechnet werden (siehe Abschn. 2.1.1). Bei starker Sorption ist ε viel kleiner als $K_d\,\rho$ und kann damit in Gl. (2.3-35) vernachlässigt werden ($\alpha = K_d\,\rho$).

Die diffusionslimitierte Desorptionsrate (F_{Des}) lässt sich für kurze Zeiten (bis ca. 50% Desorption) über die „Quadratwurzel-der-Zeit"-Beziehung für Körper unterschiedlicher Geometrie aus deren Oberflächen-/Volumenverhältnis (A_o) und ihrem Feststoffvolumenanteil $(1-n)$ im porösen Medium berechnen (A_o: für Kugeln = 3/a $(1-n)$; Zylinder = 2/a $(1-n)$; Schicht = 2/b $(1-n)$; a bezeichnet den Kugel- bzw. Zylinderradius und b die Schichtmächtigkeit). Pro Einheitsvolumen (z.B. ein m^3 poröses Medium) ergibt sich für F_{Des} [M L^{-3} t^{-1}] (analytische „Kurzzeit"-Lösung des 2. Fick'schen Gesetzes):

$$F_{Des} = C_o\sqrt{\frac{D_e\alpha}{t\,\pi}}\,A_o \qquad (2.3\text{-}36)$$

Für einen bestimmten Desorptionsgrad (z.B. 53% der ursprünglichen Schadstoffmasse sind bereits aus dem Sorbenten herausdiffundiert: $M/M_{eq} = 0.53$) kann die Diffusionsrate auch mittels des 1. Fick'schen Gesetzes beschrieben werden („quasistationär": in diesem Fall ist F_{Des} unabhängig von der Sorptionskapazität - nur die Zeit bis zum Erreichen des stationären Zustandes hängt von α ab):

$$F_{Des} = C_o\frac{D_e}{\delta}A_o = C_o\,k\,A_o \qquad (2.3\text{-}37)$$

δ steht hier für die effektive Diffusionsstrecke und kann z.B. bei Kugelgeometrie als Funktion vom Kornradius a angegeben werden. Je nachdem wieweit die Konzentrationsfront bereits fortgeschritten ist, ergeben sich unterschiedliche dimensionslose Zeiten ($D_a\,t/a^2$) bzw. M/M_{eq} (Abb. 2.3.13). Für $\delta = a/2$ gilt beispielsweise:

$$F_{Des} = \frac{D_e}{a} 2 C_o (1-n) \frac{3}{a} = \frac{D_e 6}{a^2} C_o (1-n) \quad (2.3\text{-}38)$$

Die bis zu diesem Zeitpunkt ($D_a t / a^2 = 0{,}035$) desorbierte relative Schadstoffmasse beträgt ca. 53% (siehe Abb. 2.3.13, t2). Da bei dieser Betrachtungsweise δ unabhängig vom Schadstoff bzw. dessen Sorption ist, hängt die Sättigungslänge X_s nur vom Kornradius und dem Intrapartikel-Diffusionskoeffizienten ($D_e \approx D_{aq} \varepsilon^2$) ab:

$$X_S = \frac{v_a n_e a^2}{6 D_e (1-n)} \quad (2.3\text{-}39)$$

Berücksichtigt man in Gl. (2.3-38), dass v_a ebenfalls mit der Korngröße (und zwar quadratisch) zunimmt, dann ergeben sich für grobes Material sehr große Sättigungslängen (> 100 m; siehe Abb. 2.3.14). In Ton- und Schlufflagen sowie in Kluftgesteinen (Matrixdiffusion) treten zudem relativ lange Diffusionsstrecken δ (im Vergleich zu Kies und Sandkörnern) auf, was auch bei höheren D_e (hohe Porosität) zu entsprechend großen Sättigungslängen führt.

Bei fortschreitender Desorption nimmt δ (in Gl. (2.3-37)) zunächst mit der Wurzel der Zeit zu. Der Stoffübergangskoeffizient k wird damit ebenfalls abhängig von der Zeit bzw. nimmt mit der Wurzel der Zeit ab (Gl. (2.3-36)):

$$k = \sqrt{\frac{D_e \alpha}{t \pi}} \quad (2.3\text{-}40)$$

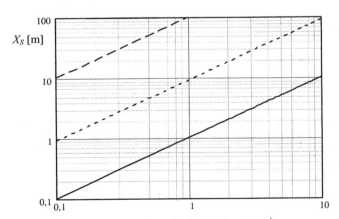

Abb. 2.3.14 Sättigungslängen in Abhängigkeit von der Fließgeschwindigkeit bei einen Desorptionsgrad von ca. 53% der unter Gleichgewicht sorbierten Schadstoffmasse (quasistationär) für Kornradien (Diffusionsstrecken $\delta = a/2$) von 5 mm (gestrichelt), 1,5 mm (gepunktet) und 0,5 mm (durchgezogen); berechnet nach Gl. (2.3-39) mit: $\varepsilon = 0{,}02$, $D_e = 2 \times 10^{-13}$ m^2 s^{-1}, $n_e = 0{,}3$.

X_s ergibt sich damit ebenfalls als Funktion der Zeit und nimmt mit zunehmender Sorptionsneigung der Schadstoffe ab ($\alpha = K_d \rho$) und mit der Wurzel der Zeit zu:

$$X_S = \frac{v_a n_e}{k A_o} = \frac{v_a n_e}{\sqrt{\frac{D_e \alpha}{t \pi}} A_o} = \frac{v_a n_e \sqrt{t \pi}}{\sqrt{D_e \alpha} \, A_o} \qquad (2.3\text{-}41)$$

Nimmt man Kugelgeometrie an, so ergibt sich bei konstanter Fließgeschwindigkeit eine lineare Zunahme von X_s mit dem Kornradius a:

$$X_S = \frac{v_a n_e}{3\sqrt{\frac{D_e \alpha}{t \pi a^2}}} = \frac{v_a n_e a \sqrt{t \pi}}{3\sqrt{D_e \alpha}} \qquad (2.3\text{-}42)$$

Berücksichtigt man weiterhin, dass die Fließgeschwindigkeit bei konstantem hydraulischen Gradienten in erster Näherung mit dem Quadrat der Korngröße zunimmt, ergeben sich für grobkörnige Grundwasserleiter extrem große Sättigungslängen (Abb. 2.3.14).

Die zunächst vielleicht überraschende Feststellung, dass die Sättigungslänge zu einer bestimmten Zeit für stark sorbierende Verbindungen (hohe Sorptionskapazität) relativ kurz ist, hängt damit zusammen, dass Schadstoffe mit geringer Sorptionsneigung rasch desorbieren. Dies führt bereits nach kurzer Zeit zu einer deutlichen Abflachung des Konzentrationsgradienten im Korn (bzw. langer Diffusionsstrecke δ). Wenn mehr als 68% von M_{eq} desorbiert wurde, nimmt die Schadstoffkonzentration im Korn schließlich exponentiell ab, was zu einem weiteren Anwachsen von X_s führt (wird hier nicht betrachtet).

Auch hier können Gleichgewichtsbedingungen angenommen werden, wenn der kontaminierte Bereich viel länger ist als die Sättigungslänge X_s. Die Geschwindigkeit der Desorptionsfront ergibt sich dann einfach aus v_a/R (mit $R = 1 + K_d \rho/n$).

Wie Abb. 2.3.15 zeigt, werden bei grobem Material (Kies) und hohen Sorptionskapazitäten jedoch bereits nach kurzer Zeit (z.B. nach 100 Tagen) Sättigungslängen von mehr als 100 m erreicht.

Generell kann festgehalten werden, dass die Desorption bei grobem Material (Sand u. Kies) in kleinskaligen Laborexperimenten (z.B. in Säulenexperimenten) und in vielen Fällen auch unter Feldbedingungen im Ungleichgewicht stattfindet. In Säulenexperimenten wird daher in der Regel die maximal mögliche Desorptionsrate bestimmt, die dann unabhängig von der Fließgeschwindigkeit des Wassers ist.

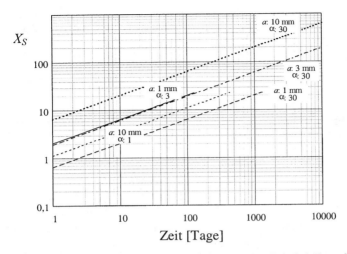

Abb. 2.3.15 Zunahme von X_s mit der Wurzel der Zeit bei Berücksichtigung der Zeitabhängigkeit von k bzw. δ für unterschiedliche Kombinationen von a bzw. α ($v_a = 1$ m d^{-1}; $\varepsilon = 0{,}01$). Maximale Sättigungslängen wurden mit Gl. (2.3-43) für kurze Zeiten ($D_a t / a^2 < 0.15$) berechnet – für längere Zeiten (über 60% Desorption) würde X_s schließlich exponentiell zunehmen.

2.3.6 Rückdiffusion aus Geringleitern (Ton- und Kohlelagen)

Schadstoffe können über die molekulare Diffusion in geringdurchlässige, feinkörnige Schichten (z.B. die Aquiferbasis) eindringen, wenn dazu genügend Zeit zur Verfügung steht. Die Diffusion einer Schadstoff-Front aus einem konstanten Reservoir in ein semi-infinites Medium hinein (anfangs schadstofffrei) kann mittels einer einfachen analytischen Lösung des 2. Fick'schen Gesetzes beschrieben werden. Für die Konzentrationsverteilung nach einer bestimmten Zeit t gilt (siehe auch Abb. 2.3.16):

$$\frac{C}{C_o} = \text{erfc}\left[\frac{x}{2\sqrt{D_a t}}\right] \qquad (2.3\text{-}43)$$

Für die Schadstoffmasse, die nach einer bestimmten Zeit t ins semi-infinite Medium eingedrungen ist, gilt:

$$M = 2 C_o \, \alpha \sqrt{\frac{D_a t}{\pi}} \quad \left[\text{M L}^{-2}\right] \qquad (2.3\text{-}44)$$

Die Ableitung von Gl. (2.3-44) nach der Zeit ergibt die Schadstoff-Fracht:

$$F = C_o \, \alpha \sqrt{\frac{D_a}{\pi t}} \quad \left[\text{M L}^{-2} \, \text{t}^{-1}\right] \qquad (2.2\text{-}45)$$

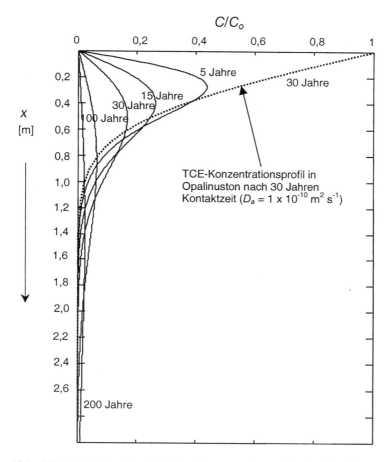

Abb. 2.3.16 Trichlorethen (TCE) - Konzentrationsprofile in einer Tonschicht nach 30 Jahren Kontaktzeit (gestrichelt) mit anschließender Rückdiffusion nach 5, 15, 30, 100 und 200 Jahren Abbildung 2.3.16 zeigt das vertikale Konzentrationsprofil von Trichlorethen, das sich nach 30 Jahren Diffusion in einer Tonschicht einstellt (Opalinuston). Geht die Schadstoffkonzentration am Rand der geringdurchlässigen Zone nach einer bestimmten Zeit wieder zurück (z.B. infolge Sanierung), dann findet eine Rückdiffusion in den Aquifer statt. Für die Rückdiffusion nach einer bestimmten Kontaktzeit (t_e) gelten folgende Anfangs- und Randbedingungen:

Abbildung 2.3.16 zeigt das vertikale Konzentrationsprofil von Trichlorethen, das sich nach 30 Jahren Diffusion in einer Tonschicht einstellt (Opalinuston). Geht die Schadstoffkonzentration am Rand der geringdurchlässigen Zone nach einer bestimmten Zeit wieder zurück (z.B. infolge Sanierung), dann findet eine Rückdiffusion in den Aquifer statt. Für die Rückdiffusion nach einer bestimmten Kontaktzeit (t_e) gelten folgende Anfangs- und Randbedingungen:

Anfangsbedingung: $t = 0$; $x > 0$; $C/C_o = \text{erfc}\,[x\,(4\,D_a\,t_e)^{-0{,}5}]$

Randbedingungen: $t > 0$; $x = 0$; $C = 0$ und $t > 0$; $x = \infty$; $C = 0$

Unter diesen Bedingungen gelten folgende analytische Lösungen für die Rückdiffusionsraten F bzw. die kumulativen Massen M nach einer gegebenen Expositionszeit t_e (Liedl 1994; Bear et al. 1994):

$$F = C_o\,\alpha\,\sqrt{\frac{D_a}{\pi\,t}}\left(1 - \frac{1}{\sqrt{1 + t_e/t}}\right) \quad [\text{M L}^{-2}\,\text{t}^{-1}] \qquad (2.3\text{-}46)$$

$$M = 2\,C_o\,\alpha\,\sqrt{\frac{D_a\,t}{\pi}}\left(1 - \sqrt{1 + t_e/t} + \sqrt{t_e/t}\right) \quad [\text{M L}^{-2}] \qquad (2.3\text{-}47)$$

Die zu M_{te} relativen Massen und Frachten sind unabhängig von den Diffusionskoeffizienten, für M/M_{te} gilt:

$$\frac{M}{M_{te}} = 1 - \left(\sqrt{1 + t/t_e} - \sqrt{t/t_e}\right)$$

und für $t \gg t_e$

$$\frac{M}{M_{te}} = 1 - \left(\sqrt{t_e/4t}\right)$$

(2.3-48)

Die Langzeitlösung ($t \gg t_e$) für die normierten diffusiven Frachten lautet:

$$\frac{F}{M_{te}} = \frac{1}{4}\sqrt{\frac{t_e}{t^3}} \qquad (2.3\text{-}49)$$

Wie Abb. 2.3.16 zeigt, tritt bei der Rückdiffusion eine „Pseudo"-Hysterese auf, d.h. die Rückdiffusion dauert länger als Zeit für das Eindringen des Schadstoffs zur Verfügung stand. Selbst bei geringmächtigen Tonschichten von wenigen Metern Mächtigkeit, dauert die Rückdiffusion Jahrhunderte (Abschn. 2.4).

Abbildung 2.3.17 zeigt den zeitlichen Verlauf der Diffusionsraten in ein semiinfinites Medium hinein sowie die Freisetzungsraten nach einer bestimmten Expositionszeit. Die Freisetzungsraten nehmen bei der Rückdiffusion zunächst mit $t^{-1/2}$ und später mit $t^{-3/2}$ ab. Trotz der sehr geringen Rückdiffusionsraten können selbst tiefengemittelte Konzentrationen in einem darüber liegenden Aquifer die Prüfwerte über einen Zeitraum von mehreren Jahrzehnten überschreiten (siehe Abschn. 2.4).

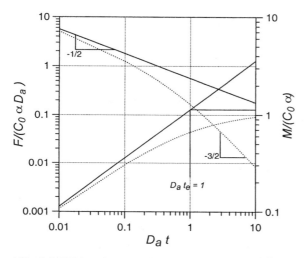

Abb. 2.3.17 Normierte Frachten (linke Skala, absteigende Linien) und kumulative Massen (rechte Skala, aufsteigende Linien) für die Diffusion in ein semi-infinites Medium hinein (durchgezogene Geraden) und aus dem Medium heraus (gestrichelte Kurven): Pseudohysterese

2.4 Zeitskalen im Schadensherd und Natural Attenuation

Dieser Abschnitt diskutiert anhand typischer Szenarien (siehe Abb. 2.3.1) die Zeitskalen, die unter natürlichen Bedingungen, aber auch bei der in-situ Schadensherdsanierung für eine Abreinigung des Untergrundes zu erwarten sind. Bei langsamer Schadstoff-Freisetzung kann die Entfernung der Schadstoffe mehrere Jahrzehnte bis Jahrhunderte dauern. Eine In-situ-Sanierung des Schadensherdes ist dann unter ökonomischen, aber auch ökologischen Gesichtspunkten nicht immer verhältnismäßig. In solchen Fällen muss die Sanierungsstrategie darauf abzielen, eine Ausbreitung der Schadstoffe weit über den Schadensherd hinaus zu verhindern. Wenn beispielsweise gezeigt werden kann, dass eine Schadstofffahne im Grundwasser aufgrund natürlich ablaufender Prozesse angemessen kurz bleibt, dann kann dies z.B. auch nach der Bundesbodenschutz- und Altlastenverordnung von 1999 (BBodSchV) bei der Entscheidung über die Notwendigkeit und die Ziele von Sanierungsmaßnahmen berücksichtigt werden (Prüfung der Verhältnismäßigkeit von Untersuchungs- und Sanierungsmaßnahmen BBodSchV §4, 7).

2.4.1 Zeitskalen der Lösung residualer Flüssigphasen

Bei der Lösung tröpfchenförmig-feinverteilter residualer Ölphasen z.B. in „Schmierzonen" im Grundwasserschwankungsbereich kann angenommen werden, dass sich im durchströmenden Wasser nach relativ kurzer Fließstrecke das

Gleichgewicht einstellt, d.h. es werden die Sättigungskonzentrationen der organischen Verbindungen erreicht (Abschn. 2.3.1). In diesem Fall kann die Zeit, die zur Lösung von residualen Schadstoffphasen mindestens notwendig ist, aus der Länge des kontaminierten Bereiches, der Grundwasserfließgeschwindigkeit und der Retardation der Lösungsfront berechnet werden. Der Retardationsfaktor R der Lösungsfront ergibt sich aus dem Verhältnis der Gesamt-Schadstoffmasse im porösen Medium zum mobilen Schadstoffanteil (= gelöste Schadstoffe):

$$R = 1 + \frac{\rho_{NAPL}\, n\, S^{\circ}}{S\, n_e} \cong \frac{\rho_{NAPL}\, S^{\circ}}{S} \qquad (2.4\text{-}1)$$

ρ_{NAPL}, n, n_e, S° und S bezeichnen hier die Dichte [M L^{-3}] der Ölphase („*non-aqueous phase liquid*": NAPL), die Porosität, die effektive Porosität (die um den Anteil des NAPL gefüllten Porenvolumens kleiner als n ist), den Sättigungsgrad des Porenraums ($n_e = n\,(1 - S^{\circ})$) bzw. die Wasserlöslichkeit der organischen Verbindung [M L^{-3}]. Die Approximation gilt bei hohen Retardationsfaktoren (>> 1) und kleinen Werten für S° ($S^{\circ} < 0,1$: $n \cong n_e$). Die Gleichung gilt auch bei der Lösung aus organischen Mischungen unter der Annahme, dass die Aktivitätskoeffizienten in der organischen Phase bei 1 liegen und die Molekulargewichte der zu lösenden Substanz und der organischen Mischphase gleich sind. Ansonsten muss statt der Wasserlöslichkeit der reinen Substanz die analog zum Raoult'schen Gesetz zu erwartende Sättigungskonzentration ($C_{i,sat}$; auf das Subskript i wird im Folgenden verzichtet) statt S sowie der Anteil der Verbindung in der Mischung ($f_{i,o}\, \rho_{NAPL}$) im Zähler verwendet werden (siehe Abschn. 2.3.3).

Der Retardationsfaktor ist gleich der Zahl der Porenvolumina, die bis zur Auflösung der Schadstoffe getauscht werden müssen. Tabelle 2.4.1 zeigt einige Beispiele für Retardationsfaktoren der Lösungsfront bei verschiedenen Schadstoffphasen (reine Lösemittel und Teeröl) sowie die zugehörigen Zeitskalen (t_{Lsg}) unter der Annahme, dass der kontaminierte Bereich (x_{kont}) 10 m lang ist und die Grundwasserfließgeschwindigkeit 0,5 m Tag^{-1} beträgt ($t_{Lsg} = x_{kont}\, R/v_a$). Sehr lange „Sanierungszeiten" werden in diesem Szenario nur für geringlösliche Stoffe wie z.B. PAK erreicht.

Wie Tabelle 2.4.1 zeigt, könnten verhältnismäßig gut lösliche Stoffe wie z.B. chlorierte Lösemittel aus einer „Schmierzone" im Grundwasserschwankungsbereich relativ rasch, d.h. in wenigen Jahren bis 10er Jahren gelöst werden. Flüssigphasen, die wie die chlorierten Lösemittel dichter sind als Wasser, können jedoch in den Grundwasserleiter eindringen, bis zur Aquiferbasis bzw. bis zu geringer durchlässigen Schichten absinken und dort Lachen, sog. „Pools" bilden. In einem solchen Fall verlängert sich die Zeit zur Lösung aufgrund der relativ kleinen Kontaktfläche zwischen Pool und Grundwasser dramatisch. Die Lösungsrate einer Verbindung aus einem Pool lässt sich wie in Abschn. 2.3.3 beschrieben in erster Näherung über das 2. Fick'sche Gesetz berechnen. Daraus lässt sich bei bekannter Länge des Pools L_p eine Grenzschichtdicke Z_s (vertikale „Mischzone") ableiten, innerhalb welcher die Löslichkeit bzw. die Sättigungskonzentration C_{sat} gilt:

Tabelle 2.4.1 Retardationsfaktoren der Lösungsfront in einer „Schmierzone" (R) und Dekontaminations- bzw. Lösungszeiten (t_{Lsg}) für den besten Fall der Lösung residualer Phasen (d.h. Gleichgewicht). C_{sat}: Löslichkeit oder Sättigungskonzentration der entsprechenden Verbindung als Reinsubstanz bzw. aus der Teerölmischung (berechnet analog zum Raoult'schen Gesetz, Loyek 1998; Abschn. 2.3.3); Aquiferporosität: $n = 40\%$; Residualsättigung: $S° = 5\%$; TCE und PCE liegen als reine Phasen vor (Dichte: 1465 und 1623 kg m^{-3}); PAK (Nap-Bap) lösen sich aus einer Teerölmischung (Dichte = 1100 kg m^{-3}).

Schadstoffe	log K_{OW}	Anteil %[a]	Masse[b] (kg m^{-3})	C_{sat} (mg l^{-1})	R	t_{Lsg}[c] (Jahre)
Trichlorethen (TCE)	2,42	100	22	1 200	65	3,56
Perchlorethen (PCE)	2,88	100	24	150	570	31,2
Naphthalen (Nap)	3,37	4,5	0,74	10,6	247	13,5
Acenaphthen (Ace)	4,33	0,07	0,012	0,02	2 030	111
Phenanthren (Phen)	4,46	1,7	0,28	0,2	4 920	270
Pyren (Py)	5,32	0,44	0,073	0,02	12 700	696
Benz(a)pyren (Bap)	6,04	0,22	0,036	0,0003	425 000	23 300

[a] Gewichtsprozent der jeweiligen Verbindung im Teeröl;
[b] Schadstoffmasse, die in 1 m^3 poröses Medium (Aquifer) enthalten ist;
[c] Zeit, die zur Lösung der Lösemittel bzw. Teerölinhaltsstoffe mindestens notwendig wäre, wenn die Länge des kontaminierten Bereiches 10 m beträgt und die Fließgeschwindigkeit im Bereich mit residualer Phase bei 0,5 m d^{-1} liegt (in Bereichen mit residualer Phase ist die hydraulische Durchlässigkeit gegenüber dem Aquifer reduziert).

$$Z_s = 2 \sqrt{\frac{(D_p + \alpha_t v_a) L_p}{\pi v_a}} \qquad (2.4\text{-}2)$$

Bei hohen Fließgeschwindigkeiten (v_a) bzw. hoher Querdispersivität (α_t) dominiert die Dispersion gegenüber der molekularen Diffusion (Porendiffusionskoeffizient: D_p) und damit wird Z_s unabhängig von v_a:

$$Z_s = 2 \sqrt{\frac{\alpha_t L_p}{\pi}} \approx \sqrt{\alpha_t L_p} \qquad (2.4\text{-}3)$$

Wie Abb. 2.4.1 zeigt, werden bei Überwiegen der transversalen Dispersion die Lösungsraten und damit auch die tiefengemittelten Konzentrationen im Grundwasser unabhängig von der Fließgeschwindigkeit (die tiefengemittelte, d.h. verdünnte Konzentration im Grundwasserleiter ergibt sich aus dem Verhältnis von

Grundwasserleitermächtigkeit und Z_S). Bei geringen Fließgeschwindigkeiten (z.B. << 1 m Tag^{-1}) hängt die Zeit zur Lösung bzw. die Lösungsrate von der Quadratwurzel der Fließgeschwindigkeit ab. Trotz der geringen Lösungsraten (und der deshalb so langen Sanierungszeit) werden in diesem Szenario die Prüfwerte im Grundwasser weit überschritten. Die Zeit bis zur Lösung eines Pools kann bei bekannter Lösungsrate einfach berechnet werden:

$$t_p = \frac{H_p B_p L_p \rho_o n S°}{C_{sat} n v_a z_s B_p} = \left(\frac{\text{Schadstoffmasse im Pool}}{\text{Lösungsrate}} \right) \quad (2.4\text{-}4)$$

B_p und H_p bezeichnen die Breite und Höhe des Pools. $S°$ steht für den Sättigungsgrad des Poolbereichs mit NAPL, der unter 1 liegt (wegen der Residualsättigung mit Wasser, die in Sand bei 5%–20% liegen kann).

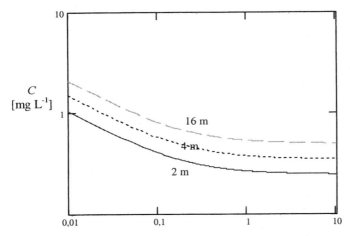

Abb. 2.4.1 Tiefengemittelte Konzentrationen im Abstrom eines PCE-Pools in Abhängigkeit von der Fließgeschwindigkeit bei Pool-Längen von 2 m, 4 m und 16 m (Aquifermächtigkeit = 10 m; $C_{sat,PCE}$ = 150 mg l^{-1}, D_p = 2 × 10^{-6} cm^2 s^{-1}; α_t = 0.1 mm; n = 0,3). Für Verbindungen mit höherer Löslichkeit würden die Konzentrationen entsprechend höher liegen (der Prüfwert für PCE liegt nach BBodSchV bei 10 µg l^{-1}).

2.4.2 Diffusionslimitierte Desorption

Die Geschwindigkeit der Schadstoff-Freisetzung hängt von der effektiven Diffusionsstrecke ab. An kleinen Partikeln oberflächlich anhaftende bzw. sorbierte Schadstoffe können relativ rasch desorbiert werden, während die Diffusion aus gering durchlässigen Bereichen (Schluff-, Tonlagen, dichte Sedimentgesteine – Matrixdiffusion) wegen der langen Diffusionsstrecken sehr lange dauern kann. Auch in granularem Material hängt die Geschwindigkeit der Desorption in vielen

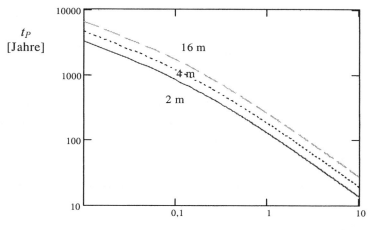

Abb. 2.4.2 Zeit (t_p) bis zur Lösung von 2 m, 4 m und 16 m langen PCE-Pools in Abhängigkeit von der Grundwasserfließgeschwindigkeit (Dichte PCE = 1623 kg m^{-3}; Sättigung im Pool = 0,9; Poolhöhe = 4 cm; andere Parameter siehe Abb. 2.4.1).

Fällen von der Schadstoffdiffusion im Intrapartikelporenraum ab (z.B. bei Kalksanden, -schottern). Die für die Desorption von z.B. 90% der Schadstoffe notwendige Zeit (t_{90}) nimmt mit dem Quadrat der Diffusionsstrecke (= Radius kugeliger Partikel) zu und kann basierend auf analytischen Lösungen des 2. Fick'schen Gesetzes in Kugelkoordinaten berechnet werden (Grathwohl 1998):

$$t_{90} = 0{,}183 \frac{a^2}{D_a} \qquad (2.4\text{-}5)$$

Der scheinbare Diffusionskoeffizient D_a nimmt wie in den Abschn. 2.1.6 und 2.3.5 beschrieben mit zunehmender Sorption ab. Abbildung 2.4.3 zeigt mittels einer analytischen Lösung des 2. Fick'schen Gesetzes (siehe Grathwohl 1998) berechnete Desorptionsraten von PAK. Als Anfangsbedingung wurde dabei eine gleichmäßige Schadstoffverteilung im Korn angenommen (= Gleichgewicht). Die in diesem Beispiel angenommene Gleichgewichtskonzentration entspricht der Sättigungskonzentration bei der Lösung von PAK aus Teer (siehe Tabelle 2.4.1).

In diesem Szenario („worst-case" bzgl. der hohen Konzentrationen) nehmen die Schadstoff-Freisetzungsraten im Korn rasch ab und bereits nach relativ kurzer Zeit (< 1000 Tage) könnten Prüfwerte im Grundwasser, wenn auch nur lokal begrenzt, unterschritten werden (bei großräumig kontaminierten Bereichen kommt es allerdings zu einer Anreicherung der Schadstoffe im Grundwasser bis max. zur Gleichgewichtskonzentration; siehe die Abschn. 2.3.1 und 2.3.5). Wesentlich längere Zeiten treten auf, wenn die Diffusionsstrecken länger werden (wie Gl. (2.4-5) zeigt, nimmt die Zeit quadratisch mit zunehmender Strecke zu).

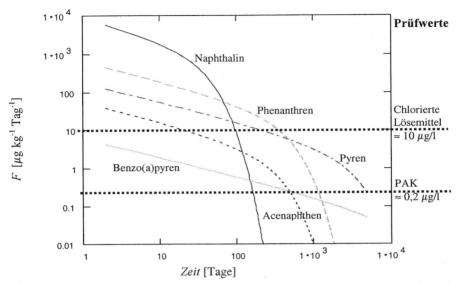

Abb. 2.4.3 Zeitlicher Verlauf der Freisetzungsraten (F) bei der Desorption verschiedener PAK aus granularem Material mit einem Kornradius a = 1 mm; Intrapartikel-Porosität ε = 5%; D_{aq} = 5 × 10^{-6} cm^2 s^{-1}, m = 2; K_d-Werte wurden berechnet mittels der $K_{ow} - K_{oc}$ Korrelationen nach Karickhoff et al. (1979): K_{oc} = 0,63 K_{ow} für einen f_{oc} von 0,005 in Böden; K_d = 7,3 (Nap), = 66 (Ace), = 89 (Phen), = 650 (Py) bzw. = 3400 (Bap). Bei Vorliegen kohliger organischer Substanz können die K_d-Werte bei gleichem f_{oc} um bis zu Faktor 100 höher liegen (Kleineidam et al. 1999, siehe auch Abschn. 2.1). Die Konzentrationen im Feststoff [mg kg^{-1}] vor der Desorption wurden mittels K_d aus den Sättigungskonzentrationen im Wasser berechnet (siehe Tabelle 2.4.1): 77 (Nap), 1,4 (Ace), 17 (Phen), 9,7 (Py), bzw. 1,1 (Bap). Die Freisetzungsraten F (μg kg^{-1} Tag^{-1}) entsprächen Konzentrationen im Wasser [μg l^{-1}], wenn eine Tonne kontaminierten Materials mit 1 m^3 Grundwasser pro Tag in Kontakt käme (v_a ca. 2 m Tag^{-1}). Die Desorption für Trichlorethen würde um rund Faktor 10 schneller verlaufen als für Naphthalin

Abbildung 2.4.4 zeigt eine Übersicht zu Zeiten, die notwendig sind, um 90% bzw. 99% Trichlorethen aus verschiedenen Materialien zu entfernen. Dabei wurde angenommen, dass sich vor Beginn der Desorption ein Gleichgewicht eingestellt hatte. Die verwendeten Diffusionsratenkonstanten beruhen auf Laborwerten für Trichlorethen. Bei stärker sorbierenden Stoffen (z.B. PAK) dauert es entsprechend länger. Erst bei Diffusionsratenkonstanten von unter 1 × 10^{-8} s^{-1} werden für die Desorption Zeiträume von über einem Jahr benötigt.

Wenn vor Beginn der Sanierung (Desorption) kein Gleichgewicht erreicht wurde, wie z.B. bei der Diffusion in mehrere m mächtige Tonschichten, dann tritt bei der „Rück"-Diffusion eine Hysterese auf, d.h. es dauert wesentlich länger den Schadstoff zu entfernen als Zeit für die Kontamination zur Verfügung stand (siehe Abschn. 2.3.6 und Abb. 2.3.16 und 2.3.17). Die Zeitskalen für die „Rück"-Diffusion nach einer 10jährigen „Kontaminationszeit" liegen in der Größenordnung von Jahrhunderten (Abb. 2.4.5). Die Prüfwerte werden für das gezeigte Szenario erst nach mehreren Dekaden unterschritten.

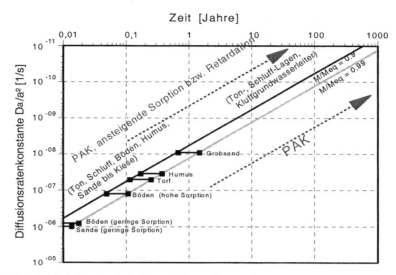

Abb. 2.4.4 Zeitskalen der diffusionslimitierten Desorption

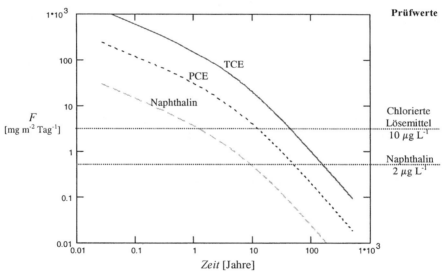

Abb. 2.4.5 Zeitlicher Verlauf der Freisetzungsraten (F) bei der Rückdiffusion von 3 organischen Schadstoffen aus einer Tonschicht nach einer Kontaktzeit von 10 Jahren. Porosität der Tonschicht = 0,45; f_{oc} = 0,01; D_{aq} = 7 × 10^{-6} cm^2 s^{-1}; K_d (l kg^{-1}, nach Karickhoff et al. 1979) = 1,6 (TCE), 4,7 (PCE) bzw. 14,5 (Naphthalin). Nach 10 Jahren Kontaktzeit mit schadstoffgesättigtem Grundwasser (Sättigungskonzentrationen = 1200, 150 und 10,6 mg l^{-1}, siehe Tabelle 2.4.1) sind 481 g TCE, 97 g PCE und 12 g Naphthalin pro m^{-2} in die Tonschicht hineindiffundiert. Die tiefengemittelte Konzentration in einem 10 m mächtigen darüber liegenden Aquifer würde nach 10 Jahren Rückdiffusion – z.B. während einer „Grundwassersanierung" – noch bei 64, 13 und 1,6 μg l^{-1} für TCE, PCE bzw. Naphthalin liegen (Länge des kontaminierten Bereiches: 10 m; Grundwasserfließgeschwindigkeit: 1 m Tag^{-1}; n_e = 0,3)

2.4.3 Wirkung von Lösungsvermittlern zur beschleunigten Sanierung von Schadensherden

Lösungsvermittler können sowohl zur Beschleunigung der Desorption als auch der Lösung von Schadstoffen aus residualer Flüssigphase eingesetzt werden. Als Lösungsvermittler wirken sog. Kosolventen, wie z.B. Alkohole, und Tenside oder gelöste organische Substanzen (z.B. DOC) im Wasser. Bei der Lösung aus residualer Flüssigphase führen Lösungsvermittler zu einer Erhöhung der Sättigungskonzentrationen der Schadstoffe im Wasser (die Löslichkeit steigt scheinbar an). Bei der Desorption reduziert sich der Sorptionskoeffizient (z.B. K_d) und zwar analog zur Erhöhung der Wasserlöslichkeit. Beim Einsatz von Lösungsvermittlern bei residualen Phasen muss zwischen der Mobilisierung der organischen Phase („Öl") und der Solubilisierung einzelner Substanzen (z.B. PAK aus Teeröl) unterschieden werden. Bei ausreichender Konzentration bewirken Tenside und Alkohole auch eine Reduzierung der Grenzflächenspannung zwischen organischer Phase und Wasser und damit kann ihr Einsatz zu einer Mobilisierung der residualen Phase führen. Insbesondere bei Teerölen und chlorierten Lösemitteln, die beide dichter sind als Wasser, birgt dies die Gefahr einer unerwünschte Tiefenverlagerung im Grundwasser (auch in der ungesättigten Zone können Tenside zu einer Tiefenverlagerung von Mineralölen führen, die jedoch nicht in den Aquifer eindringen können). Durch Einsatz von speziellen Tensid-Alkohol-Salzmischungen können auch Mikroemulsionen gebildet werden. In diesem Fall ist keine klare Trennung zwischen Mobilisierung und Solubilisierung mehr möglich. Theorie und Praxis des Einsatzes von Lösungsvermittlern zur Mobilisierung von Ölphasen wird ausführlich z.B. von Sabatini et al. (1995) und Brusseau et al. (1999) behandelt.

Bei der Erhöhung der Wasserlöslichkeit durch den Kosolventeffekt muss zwischen vollständig und nur teilweise mit Wasser mischbaren Kosolventen unterschieden werden. Vollständig mischbar („CMOS": completely *m*iscible *o*rganic *s*olvents) sind z.B. Methanol und Alkohol; nur teilweise mischbar („PMOS"–„*p*artially *m*iscible *o*rganic *s*olvents") sind z.B. Benzol, Toluol, o-Kresol etc.. Die relative Erhöhung der Löslichkeit durch Kosolventen lässt sich mittels der Solubilisierungskonstanten σ (= „cosolvent power") und dem Anteil des Kosolventen im Wasser f_{co} [-] berechnen:

$$\frac{C_{Co,sat}}{C_{sat}} = 10^{\,\sigma f_{Co}} \qquad (2.4\text{-}6)$$

wobei $C_{co,sat}$ die Sättigungskonzentration einer Verbindung in der Kosolvent/Wasser-Mischung bezeichnet. Die Solubilisierungskonstante σ [-] nimmt mit abnehmender Wasserlöslichkeit des Kosolventen sowie der zu lösenden Substanz zu (zunehmender hydrophober Charakter bzw. K_{ow}). Pinal et al. (1990) geben für Methanol als vollständig mit Wasser mischbaren Kosolventen (CMOS) Werte für σ von 3,42, 4,06, 4,73 und 4,93 für Naphthalin, Anthracen, Fluoranthen bzw. Pyren an. Bei nichtvollständig mischbaren Kosolventen wie z.B. o-Kresol liegen die Werte für σ bei 4,87, 5,61 und 5,44 für Anthracen, Fluoranthen bzw.

Pyren. Der wesentliche Unterschied zwischen PMOS und CMOS liegt darin, dass für PMOS wie z.B. o-Kresol f_{Co} nur ca. 0,02 erreichen kann (bei Benzol und Toluol liegt f_{Co} nur bei 0,00178 bzw. 0,00052 g L^{-1}), während für CMOS ohne weiteres Alkohol-Anteile von über 10 % ($f_{Co} > 0.1$) eingesetzt werden können. Damit ist eine wesentliche Erhöhung (z.B. um mehr als eine Größenordnung) nur durch den Einsatz von Alkoholen im Wasser möglich (sog. „Alcohol-Flooding").

Die solubilisierende Wirkung von im Wasser gelösten Huminstoffen lässt sich analog zur Sorption von organischen Verbindungen in natürlichem organischen Material beschreiben (hier kommt das organische Material gelöst im Wasser vor):

$$\frac{C_{DOC,sat}}{C_{sat}} = 1 + f_{DOC} \, K_{DOC} \qquad (2.4\text{-}7)$$

$C_{DOC,sat}$ steht hier für die Konzentration einer Verbindung in Abhängigkeit des Anteils von gelöstem organischem Kohlenstoff im Wasser f_{DOC} [kg l^{-1}]. K_{DOC} ist der auf den organischen Kohlenstoffgehalt normierte Sorptionskoeffizient. Analog zum in Abschn. 2.1 beschriebenen Verteilungskoeffizienten K_{oc} nimmt K_{DOC} mit abnehmender Wasserlöslichkeit (steigendem K_{ow}) der zu lösenden organischen Verbindung zu. In der Regel gilt: $K_{DOC} \leq K_{ow}$.

Tenside sind organische Moleküle, die ein hydrophiles und hydrophobes Ende besitzen (siehe Abb. 2.4.6). Sie bilden ab einer bestimmten Konzentration, der CMC („critical micelle concentration") kugelförmige Aggregate, sog. Mizellen, aus, die einen hydrophoben Kern haben, in welchem sich organische Verbindungen wie in einer organischen Phase lösen können. Die relative Erhöhung der Löslichkeit organischer Verbindungen ist abhängig von der Konzentration der Tensid-Monomere (C_{mono} [kg L^{-1}]) und Tensid-Mizellen (C_{mic} [kg L^{-1}]) sowie den entsprechenden Verteilungskoeffizienten K_{mono} und K_{mic} [L kg^{-1}]:

$$\frac{C_{Ten,sat}}{C_{sat}} = 1 + C_{mono} \, K_{mono} + C_{mic} \, K_{mic} \qquad (2.4\text{-}8)$$

$C_{Ten,sat}$ bezeichnet hier die Sättigungskonzentration einer organischen Verbindung in einer Tensid/Wasser-Mischung. Bei Tensidkonzentrationen, die weit über der CMC liegen, reicht es aus, die Wirkung der Mizellen zu berücksichtigen:

$$\frac{C_{Ten,sat}}{C_{sat}} = 1 + C_{mic} \, K_{mic} \qquad (2.4\text{-}9)$$

Gleichung (2.4-9) ist damit analog zu Gl. (2.4-7). Auch hier gilt, dass K_{mic} mit abnehmender Wasserlöslichkeit (zunehmendem K_{ow}) der zu lösenden organischen Verbindung zunimmt (Abb. 2.4.7). Mit zunehmender Tensid- bzw. Mizellenkonzentration werden auch besser lösliche Verbindungen solubilisiert – die Konzentrationen verschiedener Verbindungen erreichen damit mehr und mehr das gleiche Niveau (Abb. 2.4.8). Tenside zeigen daher bei gut löslichen Verbindungen erst ab sehr hohen Konzentrationen eine signifikante Wirkung.

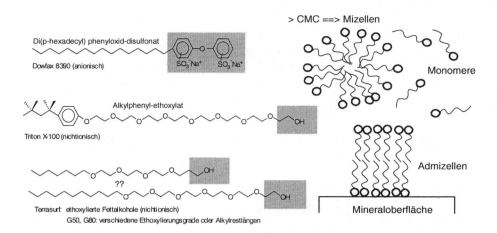

Abb. 2.4.6 Übersicht zur Struktur verschiedener Tenside sowie zur Ausbildung von Mizellen und Admizellen (auf Mineraloberflächen adsorbierte Tensidlagen); nach Danzer (1998).

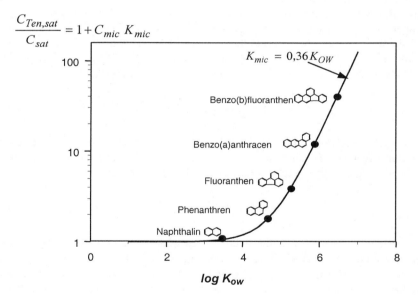

Abb. 2.4.7 Relative Zunahme der Löslichkeit von PAK mit zunehmendem Oktanol/Wasser-Verteilungskoeffizienten (K_{ow}) bei einer Tensidkonzentration von 1 g l^{-1} (Triton X-100); nach Pyka (1994).

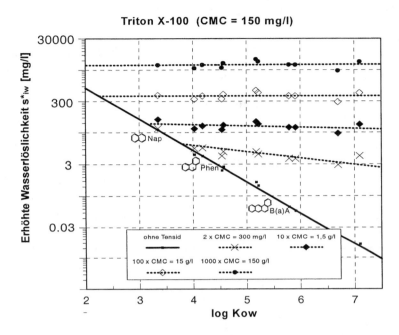

Abb. 2.4.8 Scheinbare Erhöhung der Wasserlöslichkeit ausgewählter PAK (Reinsubstanzen) in mg l^{-1} bei verschiedenen Tensidkonzentrationen (nach Loyek 1998).

2.4.4 Fazit: „Natural Attenuation" im Schadensherd

Die oben diskutierten Beispiele verdeutlichen, dass vor allem Schadstoffe in residualer Flüssigphase zu einer sehr lange anhaltenden Kontamination des Untergrund im Schadensherd führen können. Ähnlich lange Zeitspannen, aber niedrigere Konzentrationen können bei der Rückdiffusion von Schadstoffen aus geringdurchlässigen Lagen (Tone, Schluffe oder auch Braunkohleflöze) auftreten. Die Desorption von Schadstoffen im Kornmaßstab (z.B. bei Böden oder Sanden) verläuft dagegen verhältnismäßig schnell (und erklärt nicht die langen Sanierungszeiten, die für chlorierte Lösemittel und BTEX-Aromaten in der Praxis beobachtet werden und die vermutlich meist durch residuale Phasen verursacht werden). Tabelle 2.4.2 fasst die für eine Dekontamination zu erwartenden Zeiträume, Konzentrationsverläufe und die Auswirkung vom Maßnahmen auf Freisetzungsprozesse, zusammen. Wenn die Schadstoff-Freisetzung durch Diffusionsprozesse limitiert wird, dann führt die Erhöhung der Fließgeschwindigkeit nicht zu einer beschleunigten Grundwassersanierung.

Wie oben diskutiert liegt der Grund für die oft beobachtete langwierige in-situ Dekontamination von Schadensherden in den geringen Diffusions- bzw. Lösungsraten der Schadstoffe (oder auch in der Unkenntnis über die exakte Lage des

Tabelle 2.4.2 Szenariospezifische Desorptions-/Diffusions- bzw. Lösungszeiten für relativ gut-lösliche (z.B. LCKW und BTEX) und schwer-lösliche organische Schadstoffe (z.B. PAK)

Szenario	LCKW; BTEX	PAK
Gelöste bzw. sorbierte organische Schadstoffe		
Zeitskala im Kornmaßstab*: Diffusionslimitierte Desorption	< 1 Jahre	1 – 100 Jahre
Zeitskala bei geringdurchlässigen Schichten: Matrixdiffusion	> 10 Jahre	> 100 Jahre
Zeitlicher Verlauf von Freisetzungsraten / Konzentrationen	Diffusive Flüsse bzw. Schadstoffkonzentrationen im Grundwasser nehmen von Anfang an ab (zunächst mit $\sqrt{t}$, dann exponentiell; Konzentrationen liegen meist weit unter der Sättigung; je nach Größe des kontaminierten Bereiches werden Prüfwerte relativ rasch unterschritten	
Möglichkeit der Beschleunigung der Diffusionsraten*	Temperaturerhöhung (ca. Faktor 2 bei 10°C) Verkürzen der Diffusionsstrecken (Zerkleinern des Materials)	
Residuale organische Flüssigphasen		
Zeitskala bei der Lösung aus "Schmierzonen"	1 - > 10 Jahre	10 - > 100 Jahre
Zeitskala bei der Lösung aus "Pools"	> 10 - 1000 Jahre	> 1000 Jahre
Zeitlicher Verlauf von Freisetzungsraten / Konzentrationen	Lösungsraten sind über längere Zeiträume konstant. Die Prüfwerte werden lokal immer weit überschritten (Sättigungskonzentrationen in der Grenzschicht zur organischen Flüssigphase)	
Möglichkeit der Beschleunigung der Lösungsraten[#]	1. Erhöhung der Fließgeschwindigkeit 2. Einsatz von Kosolventen (Alkohole) oder Tensiden zur Solubilisierung und Mobilisierung der residualen Phasen	

* gilt nur für einzelne Körner (sobald längere Strecken in Grundwasser, d.h. viele Körner hintereinander, kontaminiert sind, wird die Advektion geschwindigkeitsbestimmend
[#] dies setzt voraus, dass die Bereiche mit residualer Phase genau bekannt und zugänglich sind

Schadensherdes). Die im Grundwasser auftretenden Schadstoff-Frachten führen in vielen Fällen zwar zu Konzentrationen, welche die Prüfwerte zumindest lokal überschreiten, sie sind insgesamt gesehen aber verhältnismäßig niedrig (z.B. sehr dünne Fahnen bei der Lösung von „Pools"). Dadurch können schon relativ langsam ablaufende natürliche Abbauprozesse im Abstrom ausreichen, um die Schadstofffahne in ihrer Ausdehnung lokal zu begrenzen, was nach BBodSchV §4, 7 bei der Entscheidung über Verhältnismäßigkeit und Ziele von Sanierungsmaßnahmen berücksichtigt werden kann. „Natural Attenuation" setzt nach dieser Interpretation also in erster Linie im Abstrom persistenter Schadensherde an – das Alter vieler Untergrundverunreinigungen belegt, dass natürlich ablaufende Prozesse im Schadensherd selbst nicht greifen. Sollten die natürlichen Abbauprozesse im Abstrom nicht ausreichen, die Konzentrationen im zulässigen Rahmen zu halten, dann kann versucht werden, den Abbau in-situ zu beschleunigen, um damit die Fahne auf eine angemessene Länge zu verkürzen („Enhanced Natural von „Reaktiven Wänden").

Literatur

Allen-King R, Grathwohl P, Ball WP (2002) New Modeling Paradigms for the Sorption of Hydrophobic Organic Chemicals to Heterogeneous Carbonaceous Matter in Soils, Sediments, and Rocks. Advances in Water Research (Invited Paper for Anniversary Issue, in print)

Altfelder S, Streck T, Richter J (2000) Nonsingular sorption of organic compounds in soil: The role of slow kinetics. J Environ Qual 29: 917-925

Aral (2002) www.aral.de/corporate/_struktur/

Archie GE (1942) The electrical resistivity log as an aid in determining some reservoir characteristics. Trans.AIME 146: 54-62

Ball WP, Roberts PV (1991) Long-term sorption of halogenated organic chemicals by aquifer material. 2. Intraparticle diffusion. Environ Sci Technol 25 (7): 1237-1249

Banerjee S (1984) Solubility of organic mixtures in water. Environ Sci Techno. 18 (8): 587-591

Barr-Howell BD, Peppas NA, Winslow DN (1986) Transport of penetrants in the macromolecular structure of coals. II. Effect of porous structure on pyridine transport mechanisms. Chem Eng Comm 43 (4-6): 301-315

BBodSchV (1999) Bundes-Bodenschutz- und Altlastenverordnung vom 16. Juli 1999. Bundesgesetzblatt Jahrgang 1999, Teil I Nr.36: 1554-1682

Bear J, Nichols E, Ziagos J, Kulshrestha A (1994) Effect of contaminant diffusion into and out of low-permeability zones. UCRL-ID-115626, Lawrence Livermore National Laboratory, University of California

Bird, MJ, Cali, JA (1998) A million year record of fire in sub-Saharan Africa. Nature, 394: 767-769

Boving T Grathwohl P (2001) Matrix diffusion coefficients in sandstones and limestones: Relationship to permeability and porosity. J Cont Hydro 53 (1-2): 85-100

Briggs GG (1969) Molekular structure of herbicides and their sorption by soils. Nature, 223: 1288

Brookman, G.T., Flanagan, M., Kebe, J.O. (1995) Literature Survey: Hydrocarbon Solubility and Attenuation Mechanisms. Am Petroleum Inst, Washington, DC, Pub. No. 441.

Brusseau ML, Jessup RE, Rao PSC (1990) Sorption kinetics of organic chemicals: Evaluation of gas-purge and miscible-displacement techniques. Environ Sci Technol 24: 727-735

Brusseau ML, Jessup RE, Rao PSC (1991) Nonequilibrium sorption of organic chemicals: Elucidation of rate-limiting processes. Environ Sci Technol 25: 134-142

Brusseau M, Sabatini DA., Gierke J, Annable M, eds. (1999) Field Testing of Innovative Subsurface Remediation and Characterization Technologies. ACS Symposium Series, American Chemical Society, Washington, D.C., 299 pp.

Büchi TG, Gustafsson Ö (2000) Quantification of the soot-water distribution coefficient of PAHs provides mechanistic basis for enhanced sorption observations. Environ Sci Technol 34: 5144-5151

Carmo AM, Hundal LS, Thompson ML (2000) Sorption of hydrophobic organic compounds by soil materials: application of unit equivalent Freundlich coefficients. Environ Sci Technol 34: 4363-4369

Carroll KM, Harkness MR, Bracco AA, Balarcel RR (1994) Application of a permeant/polymer diffusional model to the desorption of polychlorinated biphenyls from Hudson River sediments. Environ Sci Technol 28 (2): 253-258

Chen W, Kan AT, Tomson MB (2000) Irreversible adsorption of chlorinated benzenes to natural sediments: Implications for sediment quality criteria. Environ Sci Technol 34, 3, 385-392

Chiou CT (1989) Theoretical considerations of the partition uptake of nonionic organic compounds by soil organic matter. SSSA 22: 1-29

Chiou CT, Peters LJ, Freed VH (1979) A physical concept of soil-water equilibria for nonionic organic compounds. Science 206, 830-832

Chiou CT, Peters LJ, Freed VH (1981): Soil-water equilibria for nonionic organic compounds. Science 213 (8): 683-684

Chiou CT, Schmedding DW, Manes M (1982): Partitioning nonionic organic compounds in octanol-water systems. Environ Sci Technol 16: 4-10

Chiou CT, Porter PE, Schmedding DW (1983) Partition equilibria of nonionic organic compounds between soil organic matter and water. Environ Sci Technol 17: 227 – 231

Chiou CT, Shoup TD, Porter PE (1985): Mechanistic roles of soil humus and minerals in the sorption of nonionic organic compounds from aqueous and organic solutions. Org Geochem 8 (1): 9-14

Christensen TH, Bjerg PL, Banwart SA, Jakobsen R, Heron G, Albrechtsen H-J (2000) Characterisation of redox conditions in groundwater contaminant plumes. J Cont Hydrol 45: 165 241

Chrysikopoulos CV, Voudrias EA, Fyrillas MM (1994): Modeling of contaminant transport resulting from dissolution of nonaqueous phase liquid pools in saturated porous media. Transport in Porous Media 16: 125-145.

Chu W, Chan K-H (2000) The prediction of partitioning coefficients for chemicals causing environmental concern. The science of the total environment. 248: 1-10

Cousins IT, Mackay D (2001) Gas particle partitioning of organic compounds and its interpretation using relative solubilities. Environ Sci Technol 35 (4): 643-647

Crank J (1975) The Mathematics of Diffusion, 2nd ed.- Oxford, U.K. (University Press)

Crittenden JC, Sanongraj S, Bulloch JL, Hand DW, Rogers TN, Speth TF, Ulmer M (1999) Correlation of aqueous-phase adsorption isotherms. Environ Sci Technol 33 (17): 2926-2933

Dachs J, Eisenreich SJ (2000) Adsorption onto aerosol soot carbon dominates gas-particle partitioning of polycyclic aromatic hydrocarbons. Environ Sci Technol 34, (17): 3690-3697

Danzer J (1998) Transport of Surfactants and Coupled Transport of Polycyclic Aromatic Hydrocarbons (PAHs) and Surfactants in Natural Aquifer Material - Laboratory Experiments.- Tübinger Geowissenschaftliche Arbeiten (TGA), Reihe C, Nr. 49, 75 S

Darcy H (1856) Les fontaines publiques de la ville de Dijon. Victor Dalmont, Paris.

De Josselin de Jong G (1958) Longitudinal and transverse diffusion in granular deposits, Transactions, American Geophysical Union, 39: 67-74

de Seze G, Valsraj KT, Reible DD, Thibodeaux LJ (2000) Sediment-air equilibrium partitioning of semi-volatile hydrophobic organic compounds. Part 2. Saturated vapor pressures, and the effects of sediment moisture content and temperature on the par-

titioning of polyaromatic hydrocarbons. The Science of the Total Environment 253: 27-44
Ditoro DM, Horzempa LM (1982) Reversible and resistant components of PCB adsorption - desorption isotherms. Environ Sci Technol 16 (9): 594-602
Dubinin MM (1975) Physical Adsorption of gases and vapors in micropores. Progr. Surface Membran Sci. (1975c): 1-71
Dubinin MM, Astakhov VA (1971) Development of concepts of volume filling of micropores in adsorption of gases and vapors by microporous adsorbents. Izv. Akad. Nauk SSSR, Ser. Khim 1: 5-11
Eberhardt C, Grathwohl P (2002) Time scales of pollutants dissolution from complex organic mixtures: blobs and pools. J Cont Hydrol (Special Issue on Site Remediation, in print)
Einsele G (1992) Sedimentary Basins. Springer, 628 p.
Farrell J, Reinhard M (1994) Desorption of halogenated organics from model solids, sediments, and soil under unsaturated conditions. 1. Isotherms. 2. Kinetics. Environ Sci Technol 28 (1): 53-72
Reckhorn FSB, Zuquette LV, Grathwohl P (2001) Experimental investigations of oxygenated gasoline. Journal of Environmental Engineering 27 (3): 208 - 216
Fiori A, Dagan G, (1999) Concentration fluctuations in transport by groundwater: Comparison between theory and field experiments. Water Resources Research 35 (1): 105-112
Fitzer E, Fritz W, Emig G (1995) Technische Chemie. Einführung in die chemische Reaktionstechnik. 4. Aufl., 541 S.; Springer, Heidelberg.
Frank H, Evans M (1945) Free Volume and Entropy in condensed Systems. III. Mixed Liquids. J Chem Phys 13: 507-532
Freeman DH, Chang LS (1981): A gel partition model for organic desorption from a pond sediment. Science 214: 790-792
Freundlich H (1909) Kapillarchemie.- Leipzig (Akademische Verlagsgesellschaft m.b.H.), 591 p
Fried JJ, Muntzer P, Zilliox L (1979) Ground-water pollution by transfer of oil hydrocarbons. Ground Water 17 (6): 586-594
Frisch HL (1980) Sorption and transport in glassy polymers - A review. Polymer Engineering and Science 20 (1): 2-13
Garbarini DR, Lion LW (1986) Influence of the nature of soil organics on the sorption of toluene and trichloroethylene. Environ Sci Technol 20 (12): 1263-1269
Gauthier TH, Seitz WR, Grant CL (1987) Effects of structural and compositional variation of dissolved humic materials an Pyren-K_{oc} values. Environ Sci Technol 21 (3): 243-248
Geller JT, Hunt JR (1993) Mass transfer from nonaqueous phase liquids in water-saturated porous media. Water Resources Research 29: 833-845.
Goldberg ED (1985) Black carbon in the environment. John Wiley and Sons, New York, 187 pp
Glaser B, Balashov E, Haumaier L, Guggenberger G, Zech W (2000) Black carbon in density fractions of anthropogenic soils of the Brazilian Amazon region. Organic Geochemistry 31: 669-678
Goss K-U, Schwarzenbach RP (2001) Linear free energy relationships used to evaluate equilibrium partitioning of organic compounds. Environ Sci Technol 35 (1): 1-9

Grathwohl P (1989) Verteilung unpolarer organischer Verbindungen in der wasserungesättigten Bodenzone am Beispiel leichtflüchtiger aliphatischer Chlorkohlenwasserstoffe:Modellversuche.- Tübinger Geowissenschaftliche Arbeiten (TGA), Reihe C, Nr. 1, 102 S.

Grathwohl, P. (1990) Influence of organic matter from soils and sediments from various origins on the sorption of some chlorinated aliphatic hydrocarbons: Implications on K_{oc}-correlations. Environ Sci Technol 24 (11): 1687-1693

Grathwohl P (1992) Diffusion controlled desorption of organic contaminants in various soils and rocks. In Kharaka, K.Y., Maest, A.S. (Hrsg.): Water-Rock Interaction.- (Proceedings of the Utah Conference): 283-286.

Grathwohl P (1997) Gefährdung des Grundwassers durch Freisetzung organischer Schadstoffe: Methoden zur Berechnung der in-situ Schadstoffkonzentrationen. Grundwasser 4: 157-166

Grathwohl P (1997b) Grundlagen der Sorption/Desorption hydrophober organischer Schadstoffe in Aquifermaterial und Sedimenten. In Matschullat, J, Tobschall, H.J., Voigt, H.-J. (Hrsg.): Geochemie und Umwelt. Springer Verlag, S. 409-424

Grathwohl P (1998) Diffusion in Natural Porous Media: Contaminant Transport, Sorption/Desorption and Dissolution Kinetics. Kluwer Academic Publishers, 224 p.

Grathwohl P (1999) Limitierungen in der Anwendbarkeit empirischer Korrelationen zur Sickerwasserprognose. Bodenschutz 2: 44-45

Grathwohl P, Rahman M (2002) Partitioning and pore-filling: Solubility-normalized sorption isotherms of nonionic organic contaminants in soils and sediments. Israel J. of Chemistry (Invited Paper for Anniversary Issue, in print)

Grathwohl P, Reinhard M (1993) Desorption of trichloroethylene in aquifer material: Rate limitation at the grain scale. Environ Sci Technol 27 (12): 2360-2366

Grathwohl P, Kleineidam S (1995) Impact of heterogeneous aquifer materials on sorption capacities and sorption dynamics of organic contaminants. In Kovar, K., Krásný, J. (Hrsg.): Groundwater Quality: Remediation and Protection.- (Proceedings of the Prague Conference, May 1995), IAHS Publ. no. 225: 79-86

Grathwohl P, Merkel P, Einsele G (1996) Release of Organic Pollutants from Contaminated Soils and their Impact on Groundwater Quality. Abschlußbericht der PWAB Projekte 89081 und 92113: Gefährdung des Grundwassers durch Elution organischer Schadstoffe aus kontaminiertem Erdreich. Lehrstuhl für Angewandte Geologie der Universität Tübingen, 122 S., Tübingen

Grathwohl P, Reisinger C (1996) Formulierung einer Verfahrensempfehlung zur Bestimmung der Emission leichtflüchtiger organischer Schadstoffe (LCKW, BTEX etc.) aus kontaminierten Böden (Berechnungsverfahren und Methoden). Abschlußbericht, Landesanstalt für Umweltschutz, Baden Württemberg, 84 S.

Grathwohl P, Kleineidam S (2001) Sorption of Hydrophobic Organic Compounds in Soils and Sediments. Special Session on "Mechanistic Aspects of Retention of Hydrophobic Organic Compounds by Soils and Sediments", Soil Science Society of America (SSSA) Annual Meeting, October 21-25, 2001 in Charlotte, North Carolina

Guedes de Carvalho, D. (1999) Mass transfer from a large sphere buried in a packed bed along which liquid flows. Chem Eng Sci 54 1121-1129

Harleman DRF, Rumer RR (1963) Longitudinal and lateral dispersion in an isotropic porous medium. Fluid Mech 16: 385 – 394

Hayduk W, Laudie H (1974) Prediction of diffusion coefficients for nonelectrolytes in dilute aqueous solutions. American Institute of Chemical Engineers, Journal 20 (3): 611-615

Hellmann H (1995) Umweltanalytik von Kohlenwasserstoffen. VCH Weinheim, 260 S.

Hinz C (2001) Description of sorption data with isotherm equations. Geoderma 99: 225-243

Hu W-G, Mao J, Xing B, Schmidt-Rohr K (2000) Poly(methylene) crystallites in humic substances detected by nuclear magnetic resonance. Envrion Sci Technol 34 (3): 530-534

Hunt JM (1979) Petroleum geochemistry and geology. W.H. Freeman and Company, San Francisco, 617 p.

Hurt RH, Chen Z-Y (2000) Liquid crystals and carbon materials. Physics Today (03/2000): 39-44

Imhoff PT, Jaffe PR, Pinder GF (1993) An experimental study of complete dissolution of a nonaqueous phase liquid in saturated porous media. Water Resources Research 30 (2): 307-320

Imhoff PT, Miller CT (1996) Dissolution fingering during the solubilization of nonaqueous phase liquids in saturated porous media. 1. Modell predictions. Water Resources Research 32 (7): 1919-1928.

Imhoff PT, Thyrum GP, Miller CT (1996) Dissolution fingering during the solubilization of nonaqueous phase liquids in saturated porous media. 2. Experimental observations. Water Resources Research 32 (7): 1929-1942.

Isaacson PJ, Frink CR (1984) Nonreversible sorption of phenolic compounds by sediment fractions: The role of organic matter. Environ Sci Technol 18: 43-48

Jensen KH, Bitsch K, Bjerg PL (1993) Large-scale dispersion experiments in a sandy aquifer in Denmark: Observed tracer movements and numerical analyses, Water Resources Research 29 (3): 673-696

Johnson RL, Pankow J.F. (1992) Dissolution of dense chlorinated solvents into groundwater. 2. Source functions for pools of solvent. Environ Sci Technol 26 (5): 896-901

Karapanagioti H, Sabatini D, Kleineidam S, Grathwohl P (2000) Impacts of heterogeneous organic matter on phenanthrene sorption: Equilibrium and kinetic studies with aquifer material. Environ Sci Technol 34 (3): 406-414

Karickhoff SW (1984) Organic pollutant sorption in aquatic systems. Journal of Hydraulic Engineering 10 (6): 707-735, New York

Karickhoff SW, Brown DS, Scott TA (1979) Sorption of hydrophobic pollutants on natural sediments. Water Research 13 (3): 241-248

Kleineidam S (1998) Der Einfluß von Sedimentologie und Sedimentpetrographie auf den Transport gelöster organischer Schadstoffe im Grundwasser. Tübinger Geowissenschaftliche Arbeiten (TGA), Reihe C, Nr. 41, 82 S.

Kleineidam S, Rügner H, Ligouis B, Grathwohl P (1999) Organic matter facies and equilibrium sorption of phenanthrene. Environ Sci Technol 33 (10): 1637-1644

Kleineidam S, Rada H, Grathwohl P (2000) Charakterisierung von Adsorbermaterialien zur in-situ Abreinigung von Grundwasser.- Unveröff. Forschungsbericht LAG 00-01/460-04, Universität Tübingen

Klenk ID (2000) Transport of volatile organic compounds (VOCs) from soil-gas to groundwater. Tübinger Geowissenschaftliche Arbeiten (TGA), Reihe C, Nr. 55, 70 S.

Klenk ID, Grathwohl P (2001) Transverse vertical dispersion in groundwater and the capillary fringe. J. Cont. Hydrology: 58, 111-128

Koskinen WC, O'Connor GA, Cheng HH (1979) Characterization of hysteresis in the desorption of 2,4,5-T from soils. Soil Sci Soc. Am J 43: 871-874

Kuhlbusch TAJ (1998) Black carbon and the carbon cycle. Science 280: 1903-1904

Kunze H, Niemann J, Röschmann G, Schwerdtfeger G (1994) Bodenkunde. Ulmer, Stuttgart

Lane WF, Loehr RC (1992) Estimating the equilibrium aqueous concentration of polynuclear aromatic hydrocarbons in complex mixtures.- Environ Sci Technol 26 (5): 983-990

Lambert SM (1966) The influence of soil - moisture on herbizidal response. Weeds 14: 273-275

Lambert SM (1967) Functional relationship between sorption in soil and chemical structure. J Agric Food Chem 15: 572-576

Lambert SM, Porter PE, Schieferstein H (1965) Movement and sorption of chemicals applied to the soil. Weeds 13: 185-190

Lebouef EL, Weber Jr. WJ (1997) A distributed reactivity model for sorption by soils and sediments. 8. Sorbent organic domains: discovery of a humic acid glass transition and an argument for a polymer based model. Environ Sci Technol 31: 1697-1702

Lee LS, Rao SP, Okuda J (1992) Equilibrium partitioning of polycyclic aromatic hydrocarbons from coaltar into water.- Environ Sci Technol 26 (11): 2110-2115

Lever DA, Bradbury MH, Hemingway SJ (1985) The effect of dead end porosity on rock matrix diffusion. J Hydrology 80: 45-76

Liedl R (1994) Persönliche Kommunikation

Loyek D (1998) Die Löslichkeit und Lösungskinetik von polyzyklischen aromatischen Kohlenwasserstoffen (PAK) aus der Teerphase. Tübinger Geowissenschaftliche Arbeiten (TGA), Reihe C, Nr. 44, 81 S.

Loyek D, Grathwohl P. (1996) PAK-Freisetzung aus der residualen Teerphase und Erhöhung der Freisetzungsraten durch den Einsatz von Tensiden.- In Kreysa, G., Wiesener, J. (Ed.): 12. Dechema-Fachgespräch Umweltschutz "Möglichkeiten und Grenzen der Reinigung kontaminierter Grundwässer", 8-10. Okt. 1996, Leipzig, 511-524

Mackay D, Shiu WY, Maijanen A, Feenstra S (1991). Dissolution of non-aqueous phase liquids in groundwater. J Cont Hydrology 8: 23-52.

Maier U, Eberhardt Ch, Grathwohl P (2001) Ausbreitungsverhalten von PAK in der gesättigten Bodenzone: Ausbildung stationärer Schadstofffahnen im Grundwasser. In: "Sanierung und Entwicklung teerkontaminierter Standorte" Dechema Workshop, Dresden, 20/21.3. 2001

Manes M (1998) "Activated Carbon Adsorption Fundamentals". In: Meyers, R. A. (Editor), Encyclopedia of Environmental Analysis and Remediation. John Wiley, New York.

Masiello CA, Druffel ERM (1998) Black carbon in deep-sea sediments. Science 280: 1911-1913

Mattes A (1993) Vergleichende Untersuchungen zur Sorption und Sorptionsdynamik organischer Schadstoffe (Trichlorethen) in Aquifersanden aus geologisch unterschiedlichen Liefergebieten. Unveröff. Diplomarbeit, Institut für Geologie und Paläontologie der Universität Tübingen

Mayer AS, Miller CT (1996) The Influence of mass transfer characteristics and porous media heterogeneity on non-aqueous phase dissolution. Water Resources Research 32 (5): 1551-1567

McCarthy JF, Robertson LE, Burns LW (1989) Association of Benzo(a)pyrene with dissolved organic matter: prediction of K_{dom} from structural and chemical properties of the organic matter. Chemosphere 19 (12): 1911-1920

McCarthy KA, Johnson RL (1993) Transport of Volatile Organic Compounds Across the Capillary Fringe. Water Resources Research 29 (6): 1675-1683

Miller CT, Poirier-McNeill MM, Mayer AS (1990) Dissolution of trapped nonaqueous phase liquids: Mass transfer characteristics. Water Resources Research 26 (11): 2783-2796

Niewöhner C, Hensen C, Kasten S, Zabel M, Schulz HD (1998) Deep sulfate reduction completely mediated by anaerobic methane oxidation in sediments of the upwelling area off Namibia. Geochimica et Cosmochimica Acta 62 (3): 455-464

Nkedi-Kizza P, Rao PSC, Johnson JW (1989) Adsorption of Diuron and 2,4,5-T on soil particle-size separates. J Environ Qual 12: 195-197

Pignatello JJ (1989) Sorption dynamics of organic compounds in soils and sediments. In: (Eds.):Sawhney, B.L., Brown, K Reactions and Movement of organic Chemicals in soils, 474 S. Madison, Wisconsin, USA (Soil Science Society of America), p 45-81

Pignatello JJ, Ferrandino FJ, Huang LQ (1993) Elution of aged and freshly added herbicides from a soil. Environ Sci Technol 27 (8): 1563-1571

Pinal R, Rao PSC, Lee LS (1990) Cosolvency and sorption of organic chemicals. Environ Sci Technol 24 (5): 647-654

Polanyi M (1916) Adsorption von Gasen (Dämpfen) durch ein festes nichtflüchtiges Adsorbens. Ber. Deutsche Phys Ges 18: 55-80

Poole SK, Poole CF (1996) Model for the sorption of organic compounds by soil from water. Analytical Communications 33: 417-419

Powers SE, Abriola LM, Dunkin JS, Weber WJ Jr. (1994) Phenomenological models for transient NAPL-water mass-transfer processes. J Cont Hydrol 16: 1-33

Powers SE, Loureiro CO, Abriola LM, Weber WJ Jr. (1991) Theoretical study of the significance of nonequilibrium dissolution of nonaqueous phase liquids in subsurface systems. Water Resources Research 27 (4): 463-477

Probst K, Wohlfahrt K (1979) Empirische Abschätzung effektiver Diffusionskoeffizienten in porösen Systemen. Chem-Ing-Tech 1 (7): 737-739

Pyka W (1994): Freisetzung von Teerinhaltstoffen aus residualer Teerpahse in das Grundwasser: laborutersuchungen zur Lösungsrate und Lösungsvermittlung.- Tübinger Geowissenschaftliche Arbeiten (TGA), Reihe C, Nr. 21, 76 S.

Rippen G (1997) Handbuch der Umweltchemikalien. Stoffdaten, Prüfverfahren, Vorschriften. - Loseblattsammlung, 7 Bd., 41.

Rounds SA, Tiffany BA, Pankow JF (1993) Description of gas/particle sorption kinetics with an intraparticle diffusion model: desorption experiments. Environ Sci Technol 27 (2): 366-377

Rügner H, Kleineidam S, Grathwohl P (1997) Sorptions- und Transportverhalten organischer Schadstoffe in heterogenen Materialien am Beispiel des Phenanthrens. Grundwasser 3: 133-138.

Sabatini DA, Knox RC, Harwell JH, eds. (1995) Surfactant Enhanced Subsurface Remediation: Emerging Technologies. ACS Symposium Series 594, American Chemical Society, Washington, D.C., 312 pp.

Scheffer F, Schachtschabel P (1998) Lehrbuch der Bodenkunde. 14. Aufl., 494 S.; Stuttgart (Enke)

Schmidt MW, Noack AG (2000) Black carbon in soils and sediments: Analysis, distribution, implicatiosn, and current challenges. Global Biogeochemical Cycles 14 (3): 777-793

Schmidt MWI, Skjemstad JO, Gehrt E, Kögel-Knabner I (1999) Charred organic carbon in German chernozemic soils. European Journal of Soil Science 50: 351-365

Schulz HD, Zabel M (2000) Marine Geochemistry. Springer, Berlin, Heidelberg, New York. 455 p.

Schulz HD (1988) Labormessungen der Sättigungslänge als Maß für die Lösungskinetik von Karbonaten im Grundwasser.- Geochimica et Cosmochimica Acta 52: 2651-2657.

Schwarzenbach RP, Gschwend PM, Imboden DM (1993) Environmental Organic Chemistry. Wiley, New York.

Schwille F (1984) Leichtflüchtige Chlorkohlenwasserstoffe in porösen und klüftigen Medien. Modellversuche. Besondere Mitteilungen zum deutschen gewässerkundlichen Jahrbuch, Nr. 46; Koblenz.

Seth R, Mackay D, Muncke J (1999) Estimating the organic carbon partition coefficient and its variability for hydrophobic chemicals. Environ Sci Technol 33 (14): 2390-2394

Sing KSW, Everett DH, Hanel RAW, Moscou L, Pierotti RA, Rouquerol J, Siemieniewska T (1985) Reporting physisorption data for gas/solid systems with special reference to the determination of surface area and porosity. Pure and Appl Chem 57 (4): 603-619

Skjemstad JO, Janik LJ, Taylor JA (1998) Non-living soil organic matter: what do we know about it?" Aust J Exp Ag 38: 667-680.

Sontheimer H, Frick BR, Fettig J, Hörner G, Hubele C, Zimmer G (1985) Asorptionsverfahren zur Wasserreinigung. DVGW-Forschungstelle am Engler-Bunte-Institut der Univ. Karlsruhe.

Taylor GH, Brooks JD (1965) Nature 206: 697

Taylor GH, Teichmüller M, Davis A, Diessel CFK, Littke R, Robert P (1998) Organic petrology. Gebrüder Bornträger, Berlin, Stuttgart, 704 p.

Travis C T, Doty CB(1990) Can contaminated aquifers at Superfund sites be remediated? Environ Sci Technol 24: 1464-1466.

van Krevelen DW (1993): Coal. 3rd ed., Elsevier, Amsterdam

van Krevelen DW (1997): Properties of Polymers. 3rd ed. (paperback), Elsevier, 875 p

VwV (1993) Verwaltungsvorschrift über Orientierungswerte für die Bearbeitung von Altlasten und Schadensfällen. Ministerium für Arbeit, Gesundheit und Sozialordnung, Umweltministerium Baden-Württemberg, Stuttgart.

Wakao N, Smith JM (1962) Diffusion in catalyst pellets. Chem Eng Sci 17: 825-834

Weber Jr. WJ, McGinley PM, Katz LE (1992) A distributed reactivity model for sorption by soils and sediments. 1. Conceptual basis and equilibrium assessments. Environ Sci Technol 26: 1955-1962

Weiß T (1998) Einfluß des partikelgetragenen Schadstofftransports auf die Wirkung von in-situ Reaktionswänden. Unveröff. Diplomarbeit, Lehrstuhl für Angewandte Geologie, Universität Tübingen

Wiedemeier TH, Rifai HS, Newell CJ u. Wilson JT (1999) Natural attenuation of fuels and chlorinated solvents in the subsurface. Wiley, New York, 615 pp.

Wilke CR, Chang P (1955) Correlation of diffusion coefficients in dilute solutions.- AIChE J 1: 264-270

Wood GO (2001) Affinity coefficients of the Polanyi/Dubinin adsorption isotherm equations. A review with compilations and correlations. Carbon 39: 343-356

Worch E. (1993) Eine neue Gleichung zur Berechnung von Diffusionskoeffizienten gelöster Stoffe. Vom Wasser 81: 289-297

Xia G, Ball WP (1999) Adsorption-Partitioning Uptake of Nine Low-Polarity Organic Chemicals on A Natural Sorbent. Environ Sci Technol 33 (2): 262-269

Xing B, Pignatello JJ (1997) Dual-mode sorption of low polarity compounds in glassy polyvinylchloride and soil organic matter. Environ Sci Technol 31: 792-799

Zhao D, Pignatello JJ, White JC, Braida W, Ferrandino F (2001) Dual-mode modeling of competitive and concentration-dependent sorption and desorption kinetics of polycyclic aromatic hydrocarbons. Water Resources Research 37: 2205-2212

3 Ingenieurgeochemie im Boden- und Gewässerschutz – Praxisbeispiele und rechtlicher Rahmen

Konzeptionelle und praktische Entwicklungen im Umweltschutz sind in vielen Fällen durch neue oder novellierte rechtliche Bestimmungen ausgelöst worden. Dies gilt auch für die Konzepte, Methoden und Verfahren, wie sie typisch für die Ingenieurgeochemie sind. Hier waren es vor allem die neuen oder wesentlich erweiterten Gesetze im Bodenschutz, bei der Vermeidung, Verwertung und Beseitigung von Abfällen und für den flussgebietsübergreifenden Gewässerschutz, die entweder direkt oder durch ihre untergesetzlichen Regelwerke ein verstärktes Interesse an naturnahen und relativ kostengünstigen Technologien hervorriefen.

Damit verbunden war seit 1998 eine deutlich intensivierte *Förderung dieser Themenschwerpunkte* insbesondere durch die Abteilung Regionale Umweltforschung des Bundesministerium für Bildung und Forschung (BMBF). Projekte der Technischen Geochemie werden jedoch auch von anderen Drittmittelgebern, z.B. der Deutschen Forschungsgemeinschaft (DFG), der Deutschen Bundesstiftung Umwelt (DBU) und – in einigen Fällen – auch durch Landesbehörden gefördert. Für die Finanzierung des weltweit größten Bergbausanierungsprojekts, der Sanierung der Uranerzbergbau- und -aufbereitungsstandorte der ehemaligen Sowjetisch-Deutschen Aktiengesellschaft (SDAG) Wismut in Thüringen und Sachsen, ist seit Inkrafttreten des Wismutgesetzes am 12. Dezember 1991 das Bundesministerium für Wirtschaft (BMWi) zuständig. Außerdem finden die hier vorgestellten Themen zunehmend europaweit Interesse und werden auch bereits im fünften EU-Forschungsrahmenprogramm gefördert.

Mit dem *Bodenschutzgesetz*, das im März 1999 in Kraft getreten ist, sollte der bisherige Maßstab der Gefahrenabwehr durch einen anspruchsvolleren Vorsorgeansatz abgelöst werden. Vordergründiges Motiv war, angesichts der enormen Kostenerwartungen die Sanierung von Altdeponien und Industriestandorten bundeseinheitlich zu regeln und darauf zu achten, dass „aus volkswirtschaftlicher Sicht nur die tatsächlich erforderlichen Maßnahmen durchgeführt werden" (Anonym 1997). Inzwischen wird immer deutlicher, dass in der Mehrzahl der wirklich schwerwiegenden Kontaminationen „letztlich der Wirkungspfad Boden-Grundwasser den Ausschlag dafür gibt, über welche Größenordnung des finanziellen Aufwands man mit den Sanierungspflichtigen redet" (Salzwedel 1999). Daraus folgt zunächst, dass nur ein vertieftes Verständnis der chemischen Prozesse an der Grenzfläche Feststoff-Wasser zu belastbaren Entscheidungskriterien führen kann.

Gleichzeitig können solche Erkenntnisse auch die *Grundlage kostengünstiger naturnaher Sanierungsverfahren* bilden, wie Beispiele in den USA, in Kanada und in den Niederlanden zeigen. Im Vordergrund stehen dabei die passiven In-situ-Methoden – das sind Behandlungsverfahren direkt im Untergrund ohne Energieeintrag und mit geringem Gefährdungspotenzial für das Personal. Typisches Beispiele für die technischen Entwicklungen auf dem Gebiet der passiven Grundwassersanierungsverfahren sind die durchströmten, reaktiven Wände.

Reinigungswände

Durchströmte Reinigungs- oder Reaktionswände dienen der Adsorption, zur Rückhaltung, der chemischen Umwandlung oder dem mikrobiologischen Abbau von Schadstoffen im Grundwasser (Anonym 1998a). Diese Wände werden unterirdisch senkrecht zur Grundwasserfließrichtung erstellt und mit Füllmaterialien beschickt. Je nach Wahl des Füllmaterials unterscheidet man Adsorberwände mit schadstoffrückhaltender Wirkung und Reaktionswände mit austauschender oder reaktiver Funktion. Konstruktion und Anlage der permeablen Behandlungswände richten sich nach Flurabstand und Mächtigkeit des betroffenen Grundwasserleiters sowie nach Lage und Ausdehnung der Schadstofffahne (Gavaskar et al. 2000).

Reinigungswände sind ein *vollwertiger Sanierungsansatz* mit Langzeitwirkung bei gleichzeitiger Sicherung gegen Schäden ohne wesentliche Beeinflussung des ursprünglichen Grundwasserregimes. Insbesondere für großflächige Chemiestandorte wie Bitterfeld-Wolfen, Leuna und Buna in Sachsen-Anhalt, aber auch für viele ehemalige Gaswerksstandorte, Gerbereistandorte, Raffineriegelände und andere Industrieanlagen in Deutschland erscheinen Reinigungswände als sinnvolle Lösung für die Abscheidung der Schadstoffe im Untergrund (Teutsch et al. 1996, Dahmke 1997, Burmeier 1998).

Aus einer BMBF-Ausschreibung wurden bis Mitte 2002 neun Projekte für das Schwerpunktprogramm „Reinigungswände und -barrieren im Netzwerkverbund (RUBIN)" ausgewählt (http://www.rubin-online.de). U.a. wurden folgende Ziele definiert (Burmeier et al. 2002): (1) Durch die Aufnahme von Projekten, die bereits bestehende Bauwerke dem Verbund beisteuern, sollen Untersuchungen zu ersten Langzeitstudien ermöglicht werden; (2) es sollen Qualitätsstandards und ein möglichst allgemein anwendbares und übertragbares Qualitätsmanagement für den Bau, den Betrieb und das Monitoring ausgearbeitet werden; (3) die tatsächlichen Investitionskosten der Bauwerke sollen die Grundlage für genauere Ansätze zu Wirtschaftlichkeitsberechnungen und zu Vergleichen mit herkömmlichen Pump-and-Treat-Technologien bilden.

Weltweit stellt die *Entwicklung von Materialien*, die bei der Füllung von Reinigungs- oder Reaktionswänden eingesetzt werden können, den vordringlichsten Forschungsaspekt dar (Scherer et al. 2000, Simon u. Meggyes 2000). Am bekanntesten sind die Fe^0-Reaktionswände, die von der Arbeitsgruppe um Professor Gillham (University of Waterloo, Kanada) entwickelt wurden und vornehmlich zur Dehalogenierung von aliphatischen chlorierten Kohlenwasserstoffen (z.B. Trichlorethylen) sowie zur Reduktion und Fällung von Spurenmetallverbindungen (z.B. Chromat) bereits an mehr als zwanzig Feldstandorten eingesetzt werden.

Die Mechanismen „Chemische Reduktion" bspw. mit Magnesium, Zinn und Zink, „mikrobieller Abbau" mit Sauerstoff oder nitratfreisetzenden Stoffen und „Sorption" an tensidmodifizierten Tonen und Zeolithen sowie an Kohle, Aktivkohle, Torf und Sägemehl kommen vor allem für die Eliminierung organischer Grundwasserkontaminanten in Frage. Für den Rückhalt anorganischer Schadstoffe – As, Cd, Cr, Cu, Hg, Mo, Ni, Se, Ti, U, V, Sulfate – steht ein immer größeres Spektrum an Sorptionsmaterialien zur Verfügung (Abb. 3-1). Beispiele aus dem BMBF-Netzwerkverbund RUBIN sind in der Tabelle 3-1 aufgeführt (Birke et al. 2002).

3 Ingenieurgeochemie im Boden- und Gewässerschutz   245

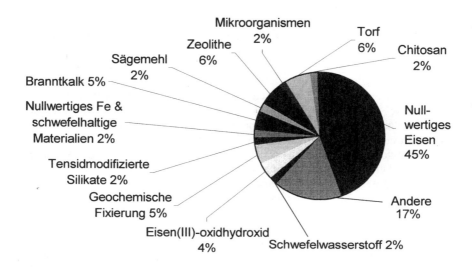

Abb. 3-1 Materialien für die Anwendung in Reaktiven Wänden (Birke 2001). Die Prozentangaben basieren auf insgesamt 124 Projekten (Birke et al. 2001).

Tabelle 3-1 Standortprojekte im RUBIN-Netzwerk (Burmeier et al. 2002)

Standort	Thema, Kontamination	Wandsystem	Reaktormaterial
Bernau	In-situ-Abreinigung von TCE, regenerierbare Eisen-Reaktoren in horizontaler Durchströmung	Funnel-and-Gate (F&G), bis 11 m tief	Nullwertiges Eisen
Tübingen*	LCKW-Kontaminationen in einem Gewerbegebiet	200 m breit, 3 Gates, 10 tief	Nullwertiges Eisen
Denkendorf	Innovative Abstromsanierung einer LCKW-Kontamination, Gelände eines Gewerbeparks	Drain and Gate bis zu 6 m tief	Palladiumdotierte Zeolithe, hydrophob u. pelletiert
Offenbach	Reaktor und Reinigungswand, Abreinigung v. BTEX u. PAK	Funnel-and-Gate	Mikrobiologie, Aktivkohle
Rheine	Langzeitverhalten einer Reaktiven Eisen-Wand zur Sanierung eines LCKW-Schadens	vollflächig durchströmte Wand, ca. 6 m	Eisenschwamm u. Graugußeisen-Perlkies-Gemisch
Wiesbaden	Reaktionswandsysteme für eine Arsen-Altlast in einem Rhein-Aquifer	Reaktionswand im *Zu*-, F&G im *Ab*strom	*Zu*: oxidable, org C-, Sulfatphasen; *Ab*: As(V)/Fe-Ox

* seit 1998 privat installiert, im RUBIN-Netzwerk für Langzeit-Monitoring eingesetzt

Sickerwasserprognose

Der wichtigste Paradigmenwechsel des neuen Bodenschutzrechts gilt dem Wasser in der ungesättigten Bodenzone und manifestiert sich in der sog. Sickerwasserprognose. Auch wenn nach wie vor vom Wasserrecht bestimmt wird, welchen Schutz ein Grundwasservorkommen erhalten soll, ist es nun Sache des Bodenschutzrechts festzustellen, mit welcher Wahrscheinlichkeit die Schadstoffe aus einer Altlast die gesättigte Zone erreichen (Salzwedel 1999). Nach der *Bundes-Bodenschutz- und Altlastenverordnung (BBodSchV)* vom 12. Juli 1999 ist der „Ort der Gefahrenbeurteilung" für das Grundwasser der Übergangsbereich von der ungesättigten zur wassergesättigten Zone. Bei der Prognose sind unter anderem zu berücksichtigen: das Bindungsvermögen der Bodenschichten, die Migrationsgeschwindigkeit, chemische Umwandlungsprozesse und biologische Abbauprozesse, nicht zuletzt aber auch Verdünnungseffekte durch weitere Niederschläge oder den seitlichen Zustrom von unbelastetem Sickerwasser.

Angesichts der hohen Umweltbedeutung und finanziellen Konsequenzen von Entscheidungen, die aufgrund der Sickerwasserprognose zu treffen sind, muss das Prognoseergebnis eine wissenschaftlich ausreichende Basis haben und „wirklichkeitsnahe" Werte liefern (Eberle u. Oberacker 2001). Dafür ist vor allem auch eine Verifikation durch den quantifizierenden Vergleich von Laborergebnissen mit Messungen im Feld erforderlich.

Der erste Vorschlag einer Ad-hoc-Arbeitsgruppe der Länderarbeitsgemeinschaften Wasser, Abfall und Boden wies entscheidende Mängel bei der Probenahme, der Beurteilung der Abbau- und Rückhaltewirkung sowie bei der Anwendung von Elutionsdaten auf. Bodenparameter wie der Tonanteil, Gehalt an organischer Substanz und pH-Wert wurden nicht in Rechnung gestellt. Zum Anspruch an eine Sickerwasser-„Prognose" fehlte sowohl die räumliche als auch insbesondere die für das Medium Boden entscheidende zeitliche Dimension (Förstner 1999).

Im Rahmen eines BMBF-Förderschwerpunktes „Prognose des Schadstoffeintrages in das Grundwasser mit dem Sickerwasser" werden seit Ende 2000 die weitergehenden wissenschaftlichen Grundlagen für einen fachlich begründeten und möglichst breit anwendbaren, konsensfähigen Verfahrensvorschlag zur Durchführung der Sickerwasserprognose nach der Bundes-Bodenschutz- und Altlastenverordnung erarbeitet. Das übergeordnete Ziel besteht darin, diesen in die Novellierung der Verordnung, die für das Jahr 2005 geplant ist, einfließen zu lassen. Die Bearbeitung soll so ausgerichtet werden, dass eine Validierung der entwickelten Methoden und Verfahren im Rahmen der Projektlaufzeit möglich ist; dabei stehen mineralische Abfälle zur Verwertung (Bauschutt, Verbrennungsrückstände und umzulagerndes Bodenmaterial) im Vordergrund der Untersuchungen (Rudek u. Eberle 2001).

Die Schwerpunktsetzung auf verwertbare Abfälle und Produkte ist ein Resultat des neuen *Schutzgutansatzes*, nach dem es grundsätzlich keine Rolle spielt, ob die potentiell wassergefährdende Substanz aus einer Altlast, aus einem Baustoff oder aus einem Abfall zur Verwertung stammt. Die Sickerwasserprognose wird so zum zentralen Instrument bei der Entscheidung über die Verwertung und den Einsatz von Materialien im Hinblick auf den Schutz des Grundwassers (Anonym 1999).

- Der Beitrag von *Dr. Joachim Gerth* (Technische Universität Hamburg-Harburg), Abschn. 3.1, basiert auf dem Gemeinschaftsprojekt „Entwicklung eines Verfahrens zur experimentellen Quantifizierung der Schadstoff-Quellstärke für Lockermaterial" in diesem BMBF-Verbund, das zusammen mit der Universität Karlsruhe (Engler-Bunte-Institut für Wasserchemie) und der Deutschen Vereinigung des Gas- und Wasserfachs (Technologiezentrum Wasser Karlsruhe) bearbeitet wird; der Teil 1 dieses Vorhabens befasst sich speziell mit der „CO_2-beeinflussten Mobilisierung von anorganischen Schadstoffen". Dr. J. Gerth ist Mitglied im DIN-Normenausschuss Wasserwesen I2/UA5 „Eluierungsverfahren" sowie im Arbeitskreis „Kontaminierte Standorte" der Wasserchemischen Gesellschaft.

Langzeitverhalten von Abfällen und Produkten im Boden
Eine nach dem Vorsorgeprinzip und dem damit eng verbundenen Leitbild der Nachhaltigkeit ausgerichtete Abfallwirtschaft erfordert die Bewertung der anthropogenen Stoffkreisläufe auf der Grundlage von natürlichen bio-/geogenen Vergleichen. Das 1996 in Kraft getretene *Kreislaufwirtschafts- und Abfallgesetz* hat zum Ziel, die Kreislaufwirtschaft zur Schonung der natürlichen Ressourcen zu fördern und die umweltverträgliche Beseitigung von Abfällen zu sichern. Das Ziel der Umweltverträglichkeit für die oberirdische Deponierung ist in der Technischen Anleitung Siedlungsabfall damit beschrieben, dass „die Ablagerung so erfolgen soll, dass die Entsorgungsprobleme von heute nicht auf zukünftige Generationen verlagert werden".

Das kann letztlich nur über die Erzeugung inerter, also endlagerfähiger Reststoffe erreicht werden, da die Funktionstüchtigkeit von Deponiesicherungsbauwerken zeitlich begrenzt ist. Bei einer hinreichenden Inertisierung kommt jedoch grundsätzlich der Aspekt einer *Verwertung* ins Spiel. In beiden Fällen – Ablagerung und Verwertung – ist eine *Bewertung des Langzeitverhaltens* der Feststoffe und vor allem der darin enthaltenen Schadstoffe notwendig. Diese Gefährdungsabschätzung erfordert über die Materialcharakterisierung weit hinausgehende Erkenntnisse, wobei auch die äußeren Randbedingungen sowie deren Änderung mit der Zeit zu berücksichtigen sind. Hilfreich sind dabei geochemische Erfahrungen, die auf der Untersuchung von natürlich vorkommenden Mineralassoziationen, der Bildungsbedingungen und ihrem Verhalten während der Verwitterung und Diagenese beruhen (Hirschmann 1999). Hier spielt die Ingenieurgeochemie eine Schlüsselrolle bei der Wahl und Optimierung sowohl von Inertisierungsmethoden als auch von aussagefähigen Prüfverfahren (Kersten u. Förstner 1991).

Müllverbrennungsschlacken
Als Grenzwerte für die *oberirdische Deponierung* gibt die *TA Siedlungsabfall* im Anhang B als Zuordnungswerte für die Deponieklassen I (DK I) und II (DK II) neben bauphysikalischen und Eluatwerten auch Feststoffgehalte für den organischen Kohlenstoff (3 [DK II] und 1 Gew.-% [DK I] bzw. für den Glühverlust (5 [DK II] und 3 Gew.-% [DK I]) vor (Anonym 1993). Damit soll erreicht werden, dass die oberirdisch abgelagerten Abfälle nur geringe Organikgehalte und damit geringe Reaktivität aufweisen. Diese Zuordnungswerte werden nur von thermisch

behandeltem Abfall (z.B. Müllverbrennungsschlacke) eingehalten. Durch die Novellierung der TA Siedlungsabfall (Anonym 2001) wird zwar die direkte Ablagerung von biologisch-mechanisch vorbehandelten Abfällen mit höheren Organikgehalten zugelassen, langfristig ist aber zu erwarten, dass die Müllverbrennung als lang erprobtes Verfahren die dominierende Behandlungsmethode für Siedlungsabfälle und die Müllverbrennungsschlacken das Hauptdeponiegut darstellen wird.

Die Anforderungen sowohl bauphysikalischer als auch ökologischer Art, die an eine *Verwertung* gestellt werden, sowie die Einsatzmöglichkeiten und -beschränkungen sind in den *Technischen Regeln der Länderarbeitsgemeinschaft Abfall* (LAGA) Nr. 20/1 „Anforderungen an die stoffliche Verwertung von mineralischen Reststoffen/Abfällen" (Anonym 1998b), dem LAGA-Merkblatt Nr. 19 „Merkblatt über die Entsorgung von Abfällen aus Verbrennungsanlagen für Siedlungsabfälle" (Anonym 1994a), den Technischen Lieferbedingungen für Mineralstoffe im Straßenbau (TLMin-StB; Anonym 2000), dem „Merkblatt über die Verwendung von industriellen Nebenprodukten im Straßenbau; Teil Hausmüll-Verbrennungsasche" der Forschungsgesellschaft für Straßen- und Verkehrswesen im Entwurf vom März 1996 (Anonym 1996), dem FGSV-Arbeitspapier Nr. 28/1 „Umweltverträglichkeit von Mineralstoffen, Teil: Wasserwirtschaftliche Verträglichkeit (Anonym 1994b) und den „Technischen Lieferbedingungen für Hausmüllverbrennungs-Aschen (TLHMVA-StB 95; Anonym 1995) festgehalten.

- Der Artikel von *Dr.-Ing. Günther Hirschmann* (Behörde für Umwelt und Gesundheit Freie und Hansestadt Hamburg) im Abschn. 3.2 zum Thema „Langzeitverhalten von Deponien" basiert auf einem Forschungsvorhaben „Langfristiges Deponieverhalten von Müllverbrennungsschlacken" als Teilvorhaben 1 des BMBF Verbundvorhabens Deponiekörper, das im Zeitraum vom 1.12.1993 bis zum 31.3.1997 an der Technischen Universität Hamburg-Harburg durchgeführt wurde (Förstner u. Hirschmann 1997). Das Projekt umfasste auch die Auswertung einer Umfrage bei den Müllverbrennungsanlagen in Deutschland zur Behandlung und dem Verbleib der Schlacken und zur durchschnittlichen Feststoffzusammensetzung und den Eluatwerten nach DIN 38414-S4; an der Umfrage vom November 1996 bis März 1997 nahmen 25 der 50 Müllverbrennungsanlagen in Deutschland teil. Die Befunde in diesem Projekt sind auch für den neuen BMBF-Verbund „Sickerwasserprognose" (s.o.) von Interesse, da die „Müllverbrennungsschlacke" wegen ihrer anfallenden Mengen und umweltchemischen Bedeutung als eine der drei Referenzmaterialien ausgewählt wurde.

Erzbergbaualtlasten
Für den Bergbau selbst besitzt daher der Vorsorge-Aspekt einen besonders hohen Stellenwert, da schon bei der Erschließung neuer Minen die späteren Rekultivierungs- und Sanierungsmaßnahmen technisch und finanziell abgesichert werden müssen. Es ist jedoch auch für andere Bereiche der Abfall- und Altlastenproblematik vorteilhaft, bereits in der Phase der Diagnose einen wissenschaftlichen Brückenschlag zu den bestmöglichen Methoden der Behandlung und Nachsorge vorzunehmen. Fragen nach den chemischen und biologischen Sekundär- und Tertiäreffekten müssen bei der Formulierung von Soll- und Zielgrößen einer Sa-

nierungsmaßnahme berücksichtigt und auch nach Ende einer Maßnahme verfolgt werden können.

Minenabfälle und aufgelassene Gruben stellen schon aufgrund der enormen Feststoff- und Wassermengen prioritäre Umweltprobleme dar. Besondere Aufmerksamkeit gilt jedoch weltweit jenen Erzbergbau-Altlasten, in denen sich bei der Oxidation von Sulfidmineralen saure Lösungen bilden, die vor allem durch die Mobilisierung von Schwermetallen sowohl die Oberflächen- als auch Grundwässer teilweise sehr intensiv und langfristig belasten. Beispielsweise werden in Kanada für 750 Mio. t säurebildende Gesteinsabfälle mittelfristig Folgekosten von 1–2,5 Mrd. € erwartet und weltweit wird in den kommenden Jahren mit einem Kostenaufwand von etwa 10 Mrd. € für die Behandlung saurer Bergbauabwässer gerechnet (Paktunc 1999).

Auch von den rund 6,5 Mrd. €, die vom Bundeswirtschaftsministerium für die Sanierung der Hinterlassenschaften des ehemaligen Uranbergbaus in Sachsen und Thüringen über einen Zeitraum von etwa 20 Jahren eingeplant sind (Mager 1996), entfällt ein wesentlicher Anteil auf die Beherrschung der vorhandenen Beeinträchtigungen der Umweltmedien Grund- und Oberflächenwasser (Vogel et al. 1996). Die Bildung der Sowjetischen Aktiengesellschaft (SAG) Wismut erfolgte 1947 durch Überführung deutscher Bergwerksunternehmen in sowjetisches Eigentum zur Abdeckung von Reparationsansprüchen. Am 1.1.1954 begann die Arbeit der Sowjetisch-Deutschen Aktiengesellschaft (SDAG) Wismut als zweistaatliches Unternehmen auf der Grundlage eines Abkommens zwischen den Regierungen der UdSSR und der DDR, das 1975 bis zum Jahr 2000 verlängert wurde. Bis 1990 gab es weder nennenswerte konzeptionelle Vorarbeiten noch Bildung von Rücklagen für die Sanierungstätigkeit. Am 1.1.1991 beendete die SDAG Wismut die planmäßige Uranerzgewinnung. Es begannen die Arbeiten zur Stilllegung, Verwahrung, Verwahrung und Wiedernutzbarmachung mit der Aufstellung erster Standortsanierungskonzepte mit Grobkostenschätzung (1991), der Erarbeitung von Grundsatzentscheidungen für dominierende Sanierungsobjekte (1991-1997) sowie der Vorbereitung und Durchführung von Sanierungsmaßnahmen einschließlich Erfolgskontrolle, Monitoring und Abschlussdokumentation. Der Abschluss der Sanierungsarbeiten ist nach dem Jahr 2010 vorgesehen. Die dabei gewonnenen Erfahrungen werden sich weltweit bei der Aufarbeitung von Bergbaualtlasten einsetzen lassen.

Der Artikel von *Dr. Michael Paul* (Wismut GmbH, Chemnitz), Abschn. 3.3, basiert auf den praktischen Erfahrungen die im Rahmen der Sanierung der WISMUT-Altlasten an den thüringischen und sächsischen Standorten gesammelt wurden. Michael Paul (geb. 1962) erwarb 1988 den Diplomabschluss in Geologie an der Ernst-Moritz-Arndt-Universität Greifswald und promovierte 1994 in Mineralogie. Im Jahre 1991 trat er in die Unternehmensleitung der WISMUT GmbH ein und ist seither im Rahmen der konzeptionellen Vorbereitung und ingenieurtechnischen Begleitung der Sanierung der Gewinnungs- und Aufbereitungsstandorte des Uranerzbergbaus in Sachsen und Thüringen tätig. Seit dem Jahre 2001 leitet er die dortige Abteilung Engineering. Er ist Autor oder Koautor von über 40 Fachpublikationen zu Fragen der Bergbausanierung.

Ökotechnologien für Oberflächengewässer

Der Beitrag „Geochemische In-situ-Stabilisierung von Bergbaualtlasten" berichtet in dem Abschn. „Verwahrung von Untertagebergwerken und Tagebauen" von großangelegten Flutungsmaßnahmen und stellt dabei die Verbindung her zu den naturnahen Techniken, die vorrangig dem Schutz der Oberflächengewässer dienen. Man fasst die Verfahren, die die Mechanismen der Selbstoptimierung, Pufferung und Stabilisierung in biologischen Systemen zur Verbesserung der Wasserbeschaffenheit nutzen, unter dem Begriff „Ingenieurökologie" zusammen (Busch et al. 1989). Ein schwerpunktmäßiger Anwendungsbereich dieser Techniken ist die Sanierung der Braunkohlerestseen in der Lausitz und in Sachsen-Anhalt. In einigen Tagebauen finden sich Deponie-Altlasten, die bei einer Flutung in den Wasser- oder Grundwasserbereich gelangen. Neben den Problemen der Eutrophierung und der Schadstoffdeponien finden sich lebensfeindliche schwefelsaure Wässer. Die für viele Jahrzehnte zu erwartende Säureabgabe aus den Tagebaukippen kann nur durch eine Umkehr der jetzigen Schwefeloxidation in eine Sulfatreduktion, d.h. durch eine sulfidische Festlegung von Schwefel und Eisen, erreicht werden (Geller et al. 1998; Mudroch et al. 2002).

Unter den vielfältigen ökotechnologischen Maßnahmen zur Steuerung des Stoffhaushaltes in Gewässern, die vor allem von *Klapper* (1992, 2002) zusammenfassend beschrieben wurden, gibt es auch Methoden zur „Sedimentkonditionierung", d.h. zur Verbesserung der Sedimentbeschaffenheit bezüglich der Nähr- und Schadstoffbindung sowie der Besiedelbarkeit für Makrozoen und Makrophyten. Die am häufigsten verfolgte Strategie zielt auf eine Erhöhung des Redoxpotenzials in der obersten Sedimentschicht, d.h. in der Schlamm-Wasser-Kontaktzone. Aus den tieferen, stets anaeroben Sedimentschichten aufsteigende Fe^{2+}- und Mn^{2+}-Ionen werden oxidiert und bilden eine Sperrschicht für Phosphor, hindern ihn am Austritt ins überstehende Wasser; zugleich werden die Lebensbedingungen für Fischnährtiere verbessert. Zur Restauration versauerter Seen hat sich die Einarbeitung von Natriumkarbonat als langzeitig wirkendes Neutralisationsmittel gegenüber der Alkalisierung mittels Branntkalk als überlegen erwiesen. Die verschiedenen Möglichkeiten der *In-situ*-Sanierung und E*x-situ*-Behandlung von Bergbaurestseen werden von Klapper (2002) dargestellt.

Sedimente und Baggergut

Trotz Rückgang der Schadstoffeinleitungen sind vielerorts Flusssedimente in beachtlichem Maße mit Schadstoffen belastet und Biotestergebnisse, z.B. an Sedimenten entlang der Elbe, weisen eher auf eine Zunahme ihrer Giftwirkung hin. Die Verschmutzungen stammen aus diffusen Lufteinträgen und Einleitungen von Abwässern, z.B. auch bei der Flutung von Bergwerken. Wir erinnern uns an die katastrophalen Deichbrüche in Bergbauregionen von Spanien 1999 und Rumänien 1999/2000; es sind aber auch „normale" Hochwasserereignisse, durch die beispielsweise dioxinbelastete Feststoffe aus dem Bitterfelder Chemierevier bis in den Hamburger Hafen verfrachtet wurden. Besonders betroffen ist die Gewässerbewirtschaftung im Mündungsbereich der großen Flüsse, da sie letztlich für alle früheren, heutigen und künftigen Fehlleistungen der Oberlieger aufkommen muss.

Die systematische Erforschung kontaminierter Schwebstoffe und Sedimente hat 1970 mit dem Schwerpunktprogramm „*Schadstoffe im Wasser*" der Deutschen Forschungsgemeinschaft begonnen. Die Ergebnisse dieser Arbeiten, zusammen mit den Aktivitäten an der Bundesanstalt für Gewässerkunde, bildeten die wichtigste Grundlage für die Flussgebietsüberwachungsprogramme der Länder. Deutschland erlangte auf den Forschungsgebieten der Sedimenthydraulik und -chemie eine international anerkannte Stellung.

Die Initiativen des ATV-DVWK-Arbeitskreises „Sedimenttransport in Fließgewässern" und der Wasserchemischen Gesellschaft führten zur Einrichtung des interdisziplinären BMBF-Verbundprogramms „*Feinsedimentdynamik und Schadstoffmobilität in Fließgewässern* (SEDYMO)", das im Mai 2002 zunächst mit den hydrodynamisch ausgerichteten Teilprojekten seine Arbeit aufnahm. In diesem Forschungsverbund werden die grundlegenden Wirkungsmechanismen verschiedener Phänomene und Prozesse in Sedimenten untersucht, um damit die Aufgaben in vier praktischen Arbeitsschwerpunkten zu unterstützen:

Umlagerung. Die Beurteilung der Erosionsstabilität von verklapptem Baggergut sowie der durch die Baggerung freigelegten Sedimente ist derzeit noch nicht mit der erforderlichen Genauigkeit möglich. Bei der Optimierung der Unterhaltungsbaggerungen sind vor allem Techniken mit einer möglichst geringen Aufwirbelung und Dispersion kontaminierter Sedimente zu untersuchen.

Überflutungssedimente. Vor dem Hintergrund der bestehenden Erfolgsrisiken sowie unter dem Aspekt, dass die Maßnahmen dem Grundsatz der Verhältnismäßigkeit entsprechen sollen, erscheint es sinnvoll, verschiedene Einzelmaßnahmen zu kombinieren und schrittweise umzusetzen (s. Abschn. „Einzugsgebiet übergreifende Maßnahmen an kontaminierten Sedimenten").

Sedimentausräumungen. Die Durchführung von Sedimentausräumungen ist wie die Bewirtschaftung von kontaminierten Überflutungssedimenten bislang wenig erforscht; auch hier können nur interdisziplinäre technische und raumplanerische Ansätze zum Ziel führen.

Subaquatische Lagerung/Capping. Für ausgebaggerte Gewässersedimente mit ihrer meist breiten Schadstoffpalette bedeutet Sicherung in erster Linie die Ablagerung in natürlichen oder künstlichen Vertiefungen unter permanent anoxischen und strömungsarmen Verhältnissen. Zur weiteren Absicherung gegen einen Schadstoffübergang in den überliegenden Wasserkörper kann entweder die natürliche Sedimentation genutzt oder künstliche *In-situ*-Abdeckungen.

- Der Beitrag von *Dipl.-Geol. Patrick Jacobs* (TUHH), Abschn. 3.4, basiert auf Arbeiten im Rahmen der australisch-deutschen Sedimentallianz ConSed. In einer ersten Phase des seit 1997 laufenden Projekts an der TUHH wurden die verschiedenen Zuschlagstoffe – u.a. Zeolithminerale – für eine aktive Barriere getestet. Während der zweiten Phase wurde unter Realbedingungen ein Monitoringsystem entwickelt, das die Migration von Schwermetallen durch eine aktive Barriere anzeigt. In der dritten Projektphase soll an dem Beispiel eines verschlickten Sportboothafens die gewässerschonende Überführung des kontaminierten Sediments in ein subaquatisches Depot und die Wirksamkeit der aktiven Abdeckung („Active Capping") demonstriert werden.

Wasserrahmenrichtlinie und Gewässersedimente – offene Fragen

Das Projekt „Subaquatisches Depot/Aktives Capping" markiert einen Wandel in der administrativen Behandlung von lokalen Schlickproblemen, die bislang meist durch eine „Rückverlagerung" des mehr oder weniger stark kontaminierten Sedimentes in das Gewässer gelöst wurden. In der wasserrechtlichen Plangenehmigung der vorliegenden Sanierungsmaßnahme sind die technischen Verfahren und die Überwachungsmethoden detailliert aufgeführt; der Zeitplan für die Baggerarbeiten und für den Einbau der Sedimente berücksichtigt die ökologischen Verhältnisse im Vorfluter.

Mit der neuen Europäischen Wasserrahmenrichtlinie (EG-WRRL) rückt eine flussgebietsübergreifende Verantwortung auch für die Sedimentqualität stärker ins Bewusstsein der Öffentlichkeit. Die EG-WRRL reformiert die bisherige Europäische Wassergesetzgebung – sowohl in Bezug auf Umweltaspekte als auch die administrativen Prozesse betreffend: Das Mittel hierzu ist ein integriertes Wassermanagement für Flusseinzugsgebiete, das sich über bestehende administrative und politische Grenzen hinwegsetzt und sich auf die hydrologischen Probleme konzentriert.

Sedimentuntersuchungen können für die Ermittlung und Bewertung des chemischen Zustands und zur Überwachung der noch festzulegenden Qualitätsnormen für prioritäre Stoffe eingesetzt werden (Artikel 21 Abs. 6 WRRL). Diese Funktion würde noch verstärkt, wenn bei der Anwendung der Wasserrahmenrichtlinie in Deutschland weitere Umweltqualitätsnormen für Sedimente festgelegt werden. Die Umweltqualitätsnormen sollen u.a. auf ökotoxikologischen Untersuchungen basieren (Anhang V, Kapitel 1.2.6 WRRL). Der ökologische und chemische Zustand der Oberflächengewässer ist anhand relevanter Parameter in einem Monitoring-Programm zu überwachen (Anhang V, Kap. 1.3 WRRL).

Indirekte Bezüge gibt es zu den Fragen der Sedimentstabilität und den Auswirkungen von Erosionsereignissen, denn eine Veränderung dieser Stabilität führt nicht nur zwangsläufig zu Materialverlust und Umlagerung, einhergehend mit der erosiven Zerstörung bzw. Überschüttung des Benthos, sondern beeinflusst durch die erhöhte Trübung direkt die Benthosgemeinschaft, deren Monitoring ein fester Bestandteil der WRRL ist. Bei all diesen Fragen werden während der praktischen Umsetzung der Richtlinie mit Sicherheit Nachbesserungen am Untersuchungsprogramm erforderlich.

Ein grundsätzliches Defizit ist schon heute offenkundig: Bei dem flussgebietsübergreifenden Ansatz der WRRL ist nicht nur die Immission in die Wasserkörper über diffuse oder Punktquellen zu berücksichtigen, sondern auch die Re-Immission durch das Sediment. Eine Vernachlässigung der Sedimente führt aber zu einer falschen Risikoanalyse bzgl. des – angeblich – guten Zustandes!

Die Vielzahl an offenen Fragen zur Rolle der Sedimente in einem flussgebietsübergreifenden Ansatz und die Notwendigkeit einer fachübergreifenden Zusammenarbeit der wissenschaftlichen, technischen und administrativen Akteure führte zu einer Initiative für eine gemeinsame Plattform zur Sedimentforschung und -praxis in Europa. Seit Januar 2002 gibt es ein EU-finanziertes „SedNet" („Demand Driven, European Sediment Research Network"; http://www.SedNet.org), das inzwischen mehr als 400 Teilnehmer aus 250 Organisationen umfasst.

Einzugsgebietsübergreifende Maßnahmen an kontaminierten Sedimenten
Zu den künftigen Aufgaben eines Flusseinzugsgebiet übergreifenden Sedimentmanagements zählen Bestandsaufnahmen der direkten Einträge, aber vor allem der Zwischenlager wie Buhnenfelder, Überflutungszonen und Stauhaltungen, und die Erforschung naturnaher Behandlungsmethoden, Nutzung von Rückhalteprozessen in Bergwerken, Restlöchern, *In-situ*-Stabilisierung von kontaminierten Sedimenten. Ähnlich wie bei der WRRL sollte auch eine Beratung der Öffentlichkeit bei Entscheidungen über sedimentrelevante wasserbauliche Projekte erfolgen, beispielsweise bei großräumigen Baggerungen und bei der Anlage von Staustufen.

Die bisher bei kontaminierten Gewässersedimenten eingesetzten Techniken weisen gravierende *Nachteile* auf: (1) eine Reinigung, z.B. durch chemische Extraktion oder biologischen Abbau von Schadstoffen, kommt wegen der sedimenttypischen Heterogenität der Schadstoffmixturen nur in Ausnahmefällen in Frage; (2) die großflächige Entnahme und Ablagerung ist kostenintensiv; der Verbleib des anfallenden Baggergutes ist abfall- und bodenschutzrechtlich abzusichern.

Eine besonders gut geeignete Region für ein übergreifendes Projekt ist das *Niederungsgebiet Spittelwasser* im Abstrom des Bitterfelder Chemiereviers mit seinen teilweise hochbelasteten Auenböden und -sedimenten (dargestellt in Abschn. 3.4): Hier wurde anlässlich der Konferenz ConSoil 2000 ein internationaler Fallstudienvergleich durchgeführt, beim dem eine Fülle offener Fragen identifiziert wurden. Neben der Entwicklung innovativer Sicherungsverfahren sind vorrangig die administrativen Zuständigkeiten in der Grauzone zwischen dem Schutz der Oberflächenwässer und der Sanierung der Böden und Grundwässer zu klären.

Die in diesem Kapitel beschriebenen und zitierten Praxisbeispiele zeigen verschiedene *geochemische Engineeringmethoden*, die in einem künftigen Flusseinzugsgebietsmanagement eingesetzt werden können. Neben den im Abschn. 3.3 dargestellten *In-situ*-Verfahren zur Sanierung der Uranerzbergbau- und -aufbereitungsstandorte der ehemaligen SDAG Wismut in Thüringen und Sachsen gibt es weitere durchgeführte oder geplante Untersuchungen mit dem Ziel, die Einträge von Schwermetallen aus der großräumigen früheren Bergbautätigkeit vor-Ort zu reduzieren. In einem BMBF-Projekt der Bergakademie TU Freiberg und der Technischen Universität Hamburg-Harburg wurden aktive Barrieren entwickelt, die direkt in einen Grubenschacht eingebracht werden können (Zoumis et al. 2000).

Die langzeitsichere Deponierung von Baggerschlämmen, die in Abschn. 3.4 dargestellt wird, ließe sich ergänzen durch die Nutzung vorhandener oder speziell angelegter *Senken für kontaminierte Sedimente und Schwebstoffe*. Beispiele sind Flussstauseen im Unterlauf hochbelasteter Teileinzugsgebiete, die als Flusskläranlagen für sanierungsbedürftige Gewässer dienen können. So fand eine Studie der Sächsischen Akademie der Wissenschaften, dass ohne die rückhaltende Wirkung des Bitterfelder Muldenstausees die Belastung der unteren Elbe und des Hamburger Hafen in den Jahren 1993 bis 1997 bei Cadmium um 60 bis 121 % und bei Blei um 39 bis 91 % höher gewesen wäre (Anonym 1998c). Aus übergeordneter Sicht wird deshalb empfohlen zu prüfen, „inwiefern es ökonomisch sinnvoll und ökologisch vertretbar ist, weitere noch zu flutende Braunkohlentagebaue in der Prozess der Schadstoffrückhaltung einzubeziehen".

Integrierte geochemische Techniken im Boden- und Grundwasserschutz
Ab dem Jahr 2020 sollen in Deutschland alle Abfälle verwertet werden. Das bedeutet, dass ein größerer Anteil an schadstoffbelasteten Materialien in Kontakt mit dem Boden und Grundwasser gelangen wird als dies bei einer langzeitsicheren Deponierung der Fall wäre. (Bei einer Gesamtbetrachtung der ökologischen Konsequenzen ist allerdings zu berücksichtigen, dass die bisherige Form der Abfallablagerung alles andere als nachhaltig war.) Ob und inwieweit dies letztlich zu einer erhöhten Belastung der Böden und Grundwässer führt, hängt in erster Linie von der Mobilität der feststoffgebundenen Schadstoffe ab.

Der Blick richtet sich künftig verstärkt auf verwertete Abfälle und Produkte wie z.B. (Anonym 1999): (i) mineralische Abfälle aus industriellen Prozessen (Schlacken, Aschen etc.) und (ii) der Bautätigkeit (Bauschutt), Bodenaushub, Baggergut, Böden aus Bodenbehandlungsanlagen, (iii) organische Abfälle, (iv) Baustoffe (Asphalt, Beton, Injektionsmaterialien), Bauhilfsstoffe, wenn sie in grundwasserrelevanten Einsatzbereichen verwendet werden, z.B. in Straßenbau, Rekultivierung, Landschaftsbau, Landwirtschaft, Verfüllung von Trocken- und Nassabgrabungen, Tagebauen und unterirdischen Hohlräumen, Tiefbauprojekten, Bauwerksgründungen und Untergrundabdichtungen.

Der ingenieurgeochemische Ansatz zeichnet sich dadurch aus, dass er die Bewertung der Risiken für das Grundwasser mit naturnahen, kostengünstigen Maßnahmen für die Demobilisierung von potentiellen Schadstoffen kombiniert. Dabei sind künftig verschiedene Handlungsoptionen zu berücksichtigen, die gestuft von (1) einer weitergehenden Vermeidungsstrategie, (2) der Lagerung unter günstigen Milieubedingungen (z.B. als Bergversatz), über eine (3) nachhaltige Bilanz von Schadstoffein- und -austrägen, bis zu (4) der vorläufig tolerierten Anreicherung von Schadstoffen reichen werden. Die Sickerwasserprognose (Abschn. 3.1) kann grundsätzlich für alle Handlungsoptionen eingesetzt werden.

Insbesondere das vertiefte Prozessverständnis des „Natural Attenuation"-Ansatzes stellt für alle Behandlungs- und Überwachungsstrategien für kontaminierte Grundwässer, Böden und Sedimente grundsätzlich ein beträchtliches wirtschaftliches Potenzial dar. Es ist zu erwarten, dass die intrinsischen Stabilisierungsprozesse in kontaminierten Böden und Sedimenten von Niederungsgebieten in den kommenden Jahren im Zuge des flussgebietsübergreifenden Gewässermanagements eine verstärkte Aufmerksamkeit erhalten wird. Dabei wird der Umgang mit derartigen Kontaminationen im Einklang mit anderen regionalen Umweltschutz- und Sanierungsmaßnahmen und in interdisziplinärer Zusammenarbeit mit anderen Fachleuten erfolgen.

Die nachfolgend dargestellten *Praxisbeispiele* stehen für das gesamte Spektrum an ingenieurgeochemischen Methoden und Verfahren – von der Bewertung des kurz-, mittel- und langfristigen Verhaltens von konditionierten und recyclingfähigen Reststoffen über mesoskalige Demonstrationsobjekte bis hin zu großräumigen Sicherungs- und Sanierungsmaßnahmen. Die Beispiele umfassen Labormethoden, die später unter Realbedingungen zu verifizieren sind, und komplexe Feldanwendungen, bei denen bereits eine enge Kooperation mit Genehmigungsbehörden und Industriefirmen in verschiedenen Stadien der Bauausführung und verfahrenstechnischen Umsetzung stattfindet.

3.1 Sickerwasserprognose für anorganische Schadstoffe

3.1.1 Anforderungen nach Bundes-Bodenschutzverordnung

3.1.1.1 Anwendungsbereich

Zur Bewertung der von Verdachtsflächen oder altlastverdächtigen Flächen ausgehenden Gefahren für das Grundwasser ist gemäß Bundes-Bodenschutz- und Altlastenverordnung (BBodSchV vom 16.06.1999) eine Sickerwasserprognose zu erstellen. Dieser Begriff wird in § 2 Abs. 5 definiert als „Abschätzung der von einer Verdachtsfläche, altlastverdächtigen Fläche, schädlichen Bodenveränderung oder Altlast ausgehenden oder in überschaubarer Zukunft zu erwartenden Schadstoffeinträge über das Sickerwasser in das Grundwasser, unter Berücksichtigung von Konzentrationen und Frachten und bezogen auf den Übergangsbereich von der ungesättigten zur wassergesättigten Zone". Dabei soll *abgeschätzt* und *bewertet* werden, inwieweit in absehbarer Zeit zu erwarten ist, dass die Schadstoffkonzentration im Sickerwasser den Prüfwert am Ort der rechtlichen Beurteilung überschreitet. Ort der rechtlichen Beurteilung ist der Bereich des Übergangs von der ungesättigten in die gesättigte Zone (§ 4 Abs. 3, s. Abb. 3.1-1).

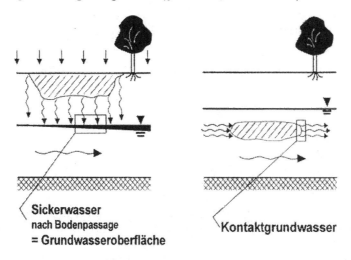

Abb. 3.1-1 Ort der Beurteilung bei der Sickerwasserprognose (Ruf 1999)

Anhang 1 Satz 1 begründet die Anwendung der Sickerwasserprognose auf Bodenmaterial und sonstige Materialien, die bereits abgelagert oder zum Auf- und Einbringen vorgesehen sind (z.B. Müllverbrennungsschlacke, Bauschutt, Baggergut). Die Sickerwasserprognose ist damit auch als Instrument zur Gefahrenbeurteilung bei *Abfallverwertung und Produkteinsatz* im Rahmen des vorbeugenden Grundwasserschutzes vorgesehen.

Die Gefahrenbeurteilung schließt neben der wasserungesättigten Zone (eigentliche Sickerwasserprognose) auch den *wassergesättigten Bereich* mit ein. Bei der Ablagerung kontaminierter Stoffe im Grundwasser wird entsprechend die Schadstoffkonzentration im Kontaktgrundwasser abgeschätzt. In beiden Fällen wird gefordert, dass die Konzentration im Übergangsbereich *abzuschätzen* ist.

3.1.1.2 Prüfwertkonzept

Maßstab der Gefahrenbeurteilung sind die in der BBodSchV für organische und anorganische Schadstoffe für den Wirkungspfad Boden-Grundwasser jeweils festgelegten Prüfwerte (Anhang 2, Nr. 3.1).

Tabelle 3.1-1 Beispiele für Prüfwerte nach BBodSchV

Anorganische Stoffe	Prüfwert µg/L
Quecksilber	1
Cadmium	5
Chromat	8
Arsen	10
Selen	10
Antimon	10
Cyanid, leicht freisetzbar	10
Blei	25
Nickel	50
Organische Stoffe	Prüfwert µg/L
PCB, gesamt	0,05
Aldrin	0,1
DDT	0,1
PAK, gesamt	0,2
Benzol	1
Naphthalin	2
LHKW	10

Die Prüfwerte entsprechen Geringfügigkeitsschwellen für Schadstoffkonzentrationen im Grundwasser, die sich an Trinkwasserwerten und ökotoxikologischen Kriterien orientieren. Sie sind ausdrücklich *nicht* als Grundwasserqualitätsziel zu verstehen, sondern gelten nur am Ort der rechtlichen Beurteilung. Damit wird verhindert, dass Grundwasser im Abstrom von schadstoffemittierenden Flächen bis zur Geringfügigkeitsschwelle mit Schadstoffen angereichert werden darf. Mit dem Kriterium „Ort der Beurteilung" wird also das „Auffüllprinzip" unterbunden (Ruf 1999).

Gleichzeitig wird jedoch bei Ablagerung von kontaminierten Stoffen an der Oberfläche der darunter liegende Boden (Sickerstrecke) als Reaktions- und Rückhalteraum betrachtet. Insbesondere beim Rückhalt nicht abbaubarer Schadstoffe wird für die Sickerstrecke das Auffüllprinzip angewandt. Denn auch bei geringer Schadstoffkonzentration im Sickerwasser kommt es im Boden bei Vorliegen einer bestimmten Lösungskonzentration (Intensität) und andauernder Nachlieferung zum „Auffüllen" der Bindungskapazität (Quantität) entsprechend der jeweils gültigen Quantitäts-/Intensitäts-Beziehung.

Für zahlreiche anorganische und insbesondere organische Schadstoffe wurden sehr niedrige Prüfwerte festgelegt (Tabelle 3.1-1). Damit ist bei einer Kontamination mit diesen Stoffen die Wahrscheinlichkeit einer Prüfwertüberschreibung am Ort der Beurteilung auch unter Berücksichtigung von Rückhalte- und Abbauvorgängen grundsätzlich als hoch zu bewerten.

3.1.1.3 Möglichkeiten der Abschätzung nach BBodSchV

Die Stoffkonzentrationen am Ort der Beurteilung können entweder durch repräsentative Beprobung des Sickerwassers direkt bestimmt oder auch abgeschätzt werden. Eine direkte Bestimmung ist technisch aufwändig und erfordert die Installation von Entnahmesonden im Übergangsbereich gesättigte/ungesättigte Zone. Dieser ist jedoch nicht immer exakt zu lokalisieren und unterliegt jahreszeitlichen Schwankungen. Von größerer Bedeutung ist die Beprobung von Sicker- oder Grundwasser an anderer Stelle mit *nachfolgender* Abschätzung (Transportprognose) der Sickerwasserkonzentration am Ort der Beurteilung. Die Transportprognose kann

1. durch Rückrechnung der Sickerwasserkonzentration aus der Konzentration im abstromigem Grundwasser,
2. auf der Grundlage von In-situ-Untersuchungen oder
3. auf der Grundlage von Materialuntersuchungen im Labor

auch unter Einsatz von Stofftransportmodellen *annäherungsweise* erfolgen (Anhang 1 Nr. 3.3).

Verfahren 1 basiert auf einem Vergleich der Konzentration von Grundwasseranstrom und Grundwasserabstrom unter Berücksichtigung der Verdünnung sowie des Schadstoffverhaltens unter wassergesättigten und ungesättigten Verhältnissen. Voraussetzung ist dabei, dass die Schadstoffe die ungesättigte Zone bereits durchdrungen haben und weitgehend stationäre Bedingungen bezüglich der Teilprozesse Mobilisierung im Quellbereich, Sorption, Abbau und Transport vorliegen. Der Einsatz dieses Verfahrens wird bei Altablagerungen mit inhomogen abgelagerten Abfällen und bei Altstandorten mit ungleichmäßiger Schadstoffverteilung gefordert. Materialuntersuchungen zur Sickerwasserprognose sind in diesen Fällen nicht zweckmäßig (Anhang 2, Nr. 3.2 c).

Zur Gewinnung von Sickerwasser In-situ (Verfahren 2) werden Saugkerzen eingesetzt. Durch Ansaugen der Lösung kann je nach Intensität der Förderung das Sorptionsgleichgewicht gestört werden. Der zur Absaugung erforderliche Unterdruck beeinflusst die Konzentration von insbesondere flüchtigen organischen Stoffen. Bei der relativ aufwändigen Beprobung lassen sich, wenn überhaupt, meist nur über längere Beprobungszeiten die zur Bestimmung gelöster organischer Schadstoffe erforderlichen größeren Probenvolumina gewinnen. Dieses Verfahren ist allenfalls für anorganische und schwerflüchtige organische Schadstoffe geeignet.

Materialuntersuchungen im Labor (Verfahren 3) sind wesentlich einfacher und kommen dann in Betracht, wenn stofflich homogenes Substrat vorliegt oder repräsentative Proben gewonnen werden können. Für Material, das zum Auf- und Einbringen vorgesehen ist (Verwertung/Produkteinsatz), sind Laboruntersuchungen die einzige Möglichkeit zur Kennzeichnung des Schadstoffaustrags.

Die Vorhersage der Sickerwasserbeschaffenheit für den Übergangsbereich von der ungesättigten zur gesättigten Zone (Transportprognose) soll auf einer *Abschätzung* mit Verfahren beruhen, die mit Erfolg bei praktischen Fragestellungen angewendet worden sind. Der Einsatz von Stofftransportmodellen kann dabei zweckmäßig sein, wird aber nicht vorgeschrieben. Genauere Vorgaben zur Methodik werden nicht gemacht. Zur Vorgehensweise sind im Einzelfall gutachterliche Feststellungen zu treffen. Bei der Transportprognose ist insbesondere die *Abbau- und Rückhaltewirkung* der ungesättigten Zone zu berücksichtigen. Maßgebende Kriterien sind Grundwasserflurabstand, Bodenart, Gehalt an organischer Substanz, pH-Wert, Grundwasserneubildungsrate/Sickerwasserrate sowie Mobilität und Abbaubarkeit der Stoffe (Anhang 1, Nr. 3.3).

3.1.2 Materialuntersuchung

Ergebnis der Materialuntersuchung ist lediglich ein Maß für die *Quellstärke* des kontaminierten Materials, d.h. die von der jeweiligen Stoffquelle pro Zeit- und Flächeneinheit ausgehende Stoffmenge (Boochs et al. 1999). Liegt die Konzentration unterhalb des jeweiligen Prüfwertes, wird davon ausgegangen, dass auch am Ort der Beurteilung keine Prüfwertüberschreitung stattfindet. Der Verdacht einer für das Grundwasser schädlichen Bodenveränderung oder Altlast ist dann ausgeräumt. Wird der Prüfwert am Ort der Probennahme überschritten, ist zu ermitteln, ob am Ort der Beurteilung ebenfalls eine Prüfwertüberschreitung vorliegt (§ 4, Abs. 2). Im Rahmen der Transportprognose wird abgeschätzt, inwieweit sich die Schadstoffkonzentration im Sickerwasser auf dem Fließweg durch die ungesättigte Zone bis zum Eintritt ins Grundwasser verändert. Grundlage und, bei Anwendung mathematischer Modelle, Eingangsgröße für diese Abschätzung ist die Quellkonzentration, die daher so „wirklichkeitsnah" wie möglich ermittelt werden muss.

3.1.2.1 Verfahren nach BBodSchV

Es ist davon auszugehen, dass die Materialuntersuchung im Labor zukünftig als die in der Routine geeignetste Methode zur Quellstärkebestimmung angesehen wird (Lichtfuss 2000). Für die Ermittlung der Quellstärke werden experimentelle Verfahren vorgeschrieben. Standard-Laborverfahren für anorganische Schadstoffe ist der Bodensättigungsextrakt (Anhang 1 Nr. 3.1). Zulässig ist auch die Extraktion mit Wasser nach DIN 38414-4 (S4-Test) und mit Ammoniumnitrat nach DIN 19730 sowie die Anwendung nicht näher spezifizierter anderer Verfahren. Dabei muss die Gleichwertigkeit der Ergebnisse durch Bezug auf den Bodensättigungsextrakt sichergestellt sein. Wenn ein Zutritt von sauren Sickerwässern oder Lösevermittlern bzw. eine Änderung des Redoxpotenzials zu erwarten ist, sind weitere entsprechend angepasste Extraktionsverfahren anzuwenden. Für organische Stoffe kann die Stoffkonzentration im Sickerwasser aus Säulenversuchen unter Berücksichtigung der Standortbedingungen am Ort der Entnahme, insbesondere im Hinblick auf die Kontaktzeit, ermittelt werden (Anhang 1, Nr. 3.3). Technische Anleitungen zur Durchführung von Säulenversuchen unter gesättigten Verhältnissen sind im Normenentwurf DIN V 19736 sowie im Merkblatt Nr. 20 des Landesumweltamtes Nordrhein-Westfalen (Odensaß u. Schroers 2000) dargelegt. Dabei handelt es sich um Säulenuntersuchungen unter wassergesättigten Verhältnissen mit Wasser/Feststoff-Kontaktzeiten von mindestens 24 Stunden. Die Vornorm DIN 19736 sieht eine Unterscheidung zwischen Gleichgewichts- und Ungleichgewichtsbedingungen bei der Elution vor. Nach Erfahrungen von Odensaß und Schroers (2000) ist diese Unterscheidung schwer zu treffen. Außerdem kann eine Gleichgewichtseinstellung nach einem 24stündigen Zeitintervall als weitgehend abgeschlossen gelten.

Der für anorganische Stoffe als Standardverfahren festgelegte Bodensättigungsextrakt und die Alternativ-Methoden Ammoniumnitratextraktion nach DIN 19730 und Wasserelution nach DIN 38414-4 (S4-Test) sind relativ einfach und schnell durchführbar. Der für die Untersuchung von Schlämmen konzipierte S4-Test ist zudem ein seit langem etabliertes Verfahren. Ein Nachweis für die geforderte Gleichwertigkeit der Alternativ-Methoden durch Bezug der Ergebnisse auf den Bodensättigungsextrakt wurde bisher jedoch nicht erbracht. Im Gegenteil konnte gezeigt werden, dass nach statistischen Kriterien kein verwertbarer funktionaler Zusammenhang zwischen den Ergebnissen des Bodensättigungsextraktes und denjenigen der beiden anderen Methoden besteht. Die Gleichwertigkeit der Methoden ist nicht gegeben (Lichtfuss 2000).

Als einzige derzeit anwendbare Methode für anorganische Schadstoffe bleibt damit der Bodensättigungsextrakt. Dieses Verfahren wurde ursprünglich zur Bestimmung des Versalzungsgrades von Böden entwickelt (Anonymus 1954). Da die absoluten und relativen Gehalte an gelösten Stoffen im Extrakt vom Wasser/Feststoff (W/F)-Verhältnis bei der Extraktion abhängen, muss die Aufsättigung der Probe mit Wasser standardisiert sein. Dieser Aufsättigungs-Standard ist die Fließgrenze, d.h. dasjenige W/F-Verhältnis, bei dem sich eine glänzende Oberfläche bildet und eine Spachtelkerbe zerfließt. Die Fließgrenze ist das kleinste reproduzierbar einstellbare W/F-Verhältnis (allerdings nur bei Korngrößenfraktionen < 2 mm), bei dem durch Zentrifugation oder Anlegen eines Vakuums genügend Wasser zur Durchführung von Messungen anorganischer Inhaltsstoffe gewonnen werden kann (Rhoades 1982), und steht in Beziehung zur Wasserhaltekapazität des Bodenmaterials. Mit gröber körnigen Substraten wie Reststoffen aus der Müllverbrennung oder Bauschutt lässt sich keine definierte Aufsättigung herstellen. Bei diesen Stoffen müsste bis zum Austritt freien Wassers aufgesättigt werden, da das Kriterium „Fließgrenze" nicht anwendbar ist. Unklar ist bisher, ob dabei reproduzierbare Konzentrationen im Extrakt erhalten werden.

Auch bei Anwendbarkeit des Kriteriums „Fließgrenze" bleibt noch nachzuweisen, dass die ermittelten Konzentrationen auf Sickerwasserverhältnisse übertragbar sind. Nach Lichtfuss (2000) fehlt insbesondere für Oberbodenhorizonte bindiger und humusreicher Böden bisher der Nachweis der Vergleichbarkeit von

Schwermetallkonzentrationen im Bodensättigungsextrakt mit solchen im Bodenwasser.

Das zu prüfende Material wird zunächst mit bidestilliertem Wasser vorbefeuchtet und 24 h bei 5 °C gelagert. Anschließend wird bis zum W/F-Verhältnis „Fließgrenze" aufgesättigt und für weitere 24 Stunden bei 5°C inkubiert. Die niedrige Temperatur erfordert einen besonderen Versuchsaufwand, ist aber zur Unterdrückung von mikrobiellen Umsetzungen und reduktiver Schadstoffmobilisierung erforderlich. Außerdem werden damit die Bedingungen der kühlen Jahreszeit nachgebildet, unter denen eine hohe Versickerungs- und Grundwasserneubildungsrate vorherrscht.

Nachteilig ist die kurze Wasser-/Feststoff-Kontaktzeit, die zur Einstellung von Gleichgewichtsverhältnissen wahrscheinlich nicht ausreicht, wenn an der Schadstoffmobilisierung nicht nur Adsorption-/Desorptions-, sondern zusätzlich auch Diffusionsvorgänge beteiligt sind. Mit der Aufsättigung werden außerdem Bedingungen simuliert, die für die ungesättigte Zone eher untypisch sind. So bleiben die Wechselwirkungen mit der Bodenluft und dem perkolierenden Wasser (Säureeinfluss) unberücksichtigt.

3.1.2.2 Verfahrensentwicklungen für anorganische Schadststoffe

Übertragbarkeit und Reproduzierbarkeit
Die Prüfwerte der BBodSchV markieren die jeweils zulässige Schadstoffkonzentration am Ort der Beurteilung. Das Prüfwertkonzept fordert damit die Beurteilung von In-situ-Verhältnissen. Für die Materialuntersuchung zur Bestimmung des Quellterms ergibt sich daraus, dass nur solche Verfahren eingesetzt werden können, die auf In-situ-Bedingungen übertragbare Ergebnisse liefern. Andere Verfahren (Konventionsverfahren), für die eine Übertragbarkeit nicht nachgewiesen ist, kommen nicht in Betracht. Nachweise für die Übertragbarkeit sind aber schwer zu führen, da In-situ-Verhältnisse durch einen ständigen Wechsel von Temperatur und Feuchtigkeit mit saisonalen und regionalen Schwankungen gekennzeichnet sind. Der Einfluss wechselnder Bedingungen kann durch Langzeit-Untersuchungen mit Freiland-Lysimetern am Ort der geplanten Ablagerung erfasst werden. Derartig aufwändige Versuchsanstellungen dienen jedoch allenfalls als Referenzsystem bei der Entwicklung einfacher und für den Routinebetrieb geeigneter Laborverfahren. Dabei wird ermittelt, ob und wie die Ergebnisse von Laborverfahren, z.B. durch Anwendung von Umrechnungs- oder Skalierungsfaktoren, auf „wirklichkeitsnahe" Verhältnisse übertragbar sind.

Im Rahmen von Laborversuchen lässt sich der Einfluss wechselnder Bedingungen zur Nachbildung natürlicher Verhältnisse nicht simulieren. Zum einen ist nicht klar, was denn für wie lange nachgebildet werden soll, zum anderen wäre der technische und zeitliche Aufwand extrem hoch. Wesentliche Anforderung an ein Laborverfahren ist eine hohe Reproduzierbarkeit, die sich am ehesten mit einem möglichst einfachen Versuchsansatz erfüllen lässt. Diese Forderung impliziert den Einsatz aufbereiteten Materials, d.h. das entnommene Probenmaterial wird luftgetrocknet, homogenisiert, ggfs. gesiebt und mit Hilfe eines Probenteilers für Parallelansätze, ergänzende Untersuchungen und die Herstellung von Rückstellproben geteilt. Dabei ist nicht zu vermeiden, dass sich einzelne Komponenten, insbesondere Huminstoffe, durch Wasserentzug und mechanische Einwirkungen geringfügig verändern. Diese Vorgehensweise ist nur anwendbar auf Material, das unter belüfteten Verhältnissen abgelagert wurde bzw. abgelagert werden soll und das keine flüchtigen Schadstoffe enthält.

Säulenversuche zur Simulation „wirklichkeitsnaher" Bedingungen
Zielgröße ist ein Schätzwert für die Sickerwasserkonzentration, der unter „wirklichkeitsnahen" Bedingungen zu ermitteln ist, d.h. bei langer Wasser/Feststoff-Kontaktzeit und wasserungesättigten Verhältnissen im Säulenversuch. Dieser Versuchsansatz stellt die weitest gehende Annäherung an In-situ-Verhältnisse dar, die im Rahmen eines Laborversuch erreichbar ist. Einfachheit bedeuten hier stationäre Verhältnisse bezüglich der Wasserbewegung und des Gasaustausches sowie konstante Versuchstemperatur. Der Säulenversuch sollte im Sinne einer verbesserten Prognosesicherheit bei zwei Parameterkombinationen durchgeführt werden, die jeweils geeignet sind, besonders günstige („best case") bzw. ungünstige Bedingungen („worst case") zu simulieren. Auf diese Weise kann die Bandbreite der Sickerwasserkonzentration geschätzt werden. Der günstige Fall ließe sich z.B. durch gute Belüftung, geringe Durchfeuchtung und geringen Protoneneintrag, der ungünstige z.B. durch stärkere Durchfeuchtung und einen erhöhten Protoneneintrag darstellen. Besondere Bedeutung kommt dem Mengenverhältnis Wasser/Feststoff (W/F) sowie dem sich im Versuch einstellenden pH-Wert zu. Diese beiden Variablen werden von van der Sloot (1996) als Haupteinflussgrößen auf die mobilitätsbestimmenden Prozesse Lösung, Desorption und Diffusion angesehen. Vor allem bei anorganischen Schadstoffen wird die Freisetzung in starkem Maße durch Diffusionsvorgänge kontrolliert (van der Sloot et al. 1997). Daher ist, um Gleichgewichtsverhältnisse zu erzielen, eine ausreichend lange Kontaktzeit des Sickerwassers mit dem Material erforderlich. Im Säulenversuch unter wasserungesättigten Verhältnissen herrschen in dieser Hinsicht günstige Bedingungen vor, da die Kontaktzeit zumeist mehrere Tage und Wochen beträgt.

Wesentliches Konstruktionsmerkmal einer Säulenversuchsapparatur für wasserungesättigte Verhältnisse ist ein Filterelement am Säulenboden zum Absaugen der Sickerlösung und zur Übertragung der von außen angelegten Saugspannung. Dazu kann eine poröse Keramikplatte oder auch eine Membran-Filterfolie eingesetzt werden. Der effektive Porendurchmesser ist mit 0,1 µm so ausgelegt, dass bei dem angelegten Unterdruck kein Lufteintritt stattfindet und das Filterelement dauerhaft wassergesättigt ist. Das Wasser im Filterelement hat unmittelbaren Anschluss an das Porenwasser des aufliegenden Materials, so dass sich die Saugspannung auf den wassergesättigten Porenraum des eingebauten Substrats überträgt. Dabei treten jedoch Übertragungsverluste auf. Die Porenluft wird durch den Unterdruck nicht beeinflusst, da nur Wasser, aber keine Luft angesaugt wird. Bei kontinuierlicher Wasseraufgabe und Absaugung am Säulenboden über einen geregelten Unterdruck stellen sich stationäre Verhältnisse ein.

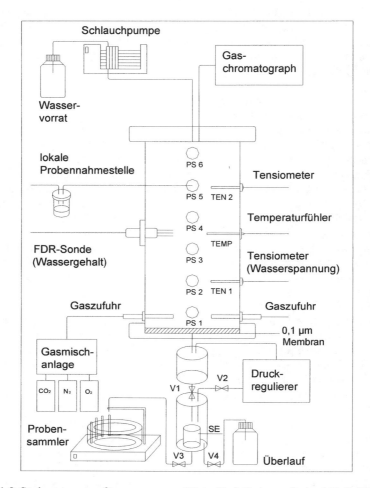

Abb. 3.1-2 Säulenapparatur für wasserungesättigte Verhältnisse mit der Möglichkeit zur kontrollierten Begasung des Porenraums (PS = Probennahmestelle, TEN = Tensiometer, TEMP = Temperaturfühler, FDR = frequency domain reflectance, SE = Sammelgefäß für Eluat, V1 – V4 = steuerbare Ventile für Beprobung; Konstruktion: Firma UIT, Dresden)

Eine Anlage mit automatischer Beprobungseinrichtung kann folgendermaßen aufgebaut sein (Abb. 3.1-2): die wässrige Phase wird von oben aufgegeben; nach Passage durch das Substrat gelangt die Sickerlösung durch ein Filterelement am Säulenboden zunächst in eine Vorkammer und dann in ein Sammelgefäß. Zur Beprobung wird ein zwischen Vorkammer und Sammelgefäß befindliches Ventil (V1) geschlossen und im Sammelgefäß Überdruck eingestellt, so dass das Lösungsaliquot über eine Auslaufschleuse (V3) in ein Probengefäß gelangen kann.

Zuvor wird der Eluatüberlauf über Ventil V4 in ein Sammelgefäß befördert. Der Unterdruck in der Säule und in der damit verbundenen Vorkammer bleibt während der Beprobung unverändert. Nach Schließen des Auslaufs und Wiederherstellung des Unterdrucks im Sammelgefäß wird die Verbindung zu Vorkammer und Säule wiederhergestellt. Anstelle von gesteuerten Ventilen und automatischer Beprobung lassen sich auch manuell zu betätigende Absperrhähne und Probenflaschen als Auffanggefäße verwenden. Wird gröberes Material untersucht, kann eventuell ganz auf Unterdruck verzichtet und die Elution als Sickerversuch durchgeführt werden.

Bei der in Abb. 3.1-2 skizzierten Säulenapparatur kann zusätzlich auch die Zusammensetzung der Gasphase im Porenraum durch Gaslanzen in Bodennähe des Säulenkörpers kontrolliert und z.B. eine für die jeweiligen Ablagerungsverhältnisse typische CO_2-Konzentration eingestellt werden. Über Probenahmeöffnungen in unterschiedlicher Höhe können sowohl Gas- als auch Wasserproben entnommen werden. Das über den Säulendeckel abströmende Gas wird in einem Gaschromatographen analysiert. Schwankungen in der Wasserspannung und im Wassergehalt werden durch Tensiometer und eine FDR-Sonde kontrolliert.

3.1.2.3 Beispiele zur Quelltermermittlung durch Säulenversuche

Chrom- und Arsen-belastetes Bodenmaterial

Die Eignung von Säulenversuchen zur Quelltermermittlung soll beispielhaft anhand von Bodenproben unterschiedlichen Stoffbestandes von Rieselfeldern einer Gerbereialtlast demonstriert werden. Probe „Ah-Horizont" ist durch einen hohen Gehalt an Huminstoffen, Probe „C-Horizont" durch einen hohen Anteil an Eisenoxiden und Probe „Carbonatisches Sediment" durch einen hohen Gehalt an Carbonat sowie Huminstoffen gekennzeichnet. Ausgewählte Kenndaten des luftgetrockneten und auf 2 mm abgesiebten Bodenmaterials sind in Tabelle 3.1-2 zusammengestellt. Die Proben sind mit z.T. sehr hohen Gehalten an Chrom und Arsen belastet.

Tabelle 3.1-2 Kenndaten von Rieselfeldproben unterschiedlichen Stoffbestandes

Substrat	Bodenart	pH-Wert	Fe mg/kg[1]	C_{org} %[2]	Carbonat %[3]	Chrom mg/kg[4]	Arsen mg/kg[4]
Carbonatisches Sediment	U, s	7,8	n.b.	5,0	39,8	7120	109
Ah-Horizont	S	7,0	2400	4,5	0,3	2550	46
C-Horizont	S, u	4,6	12400	0,1	0	52	96

[1]: Ascorbinsäure/Oxalat-Extrakt
[2]: Verbrennung im Sauerstoffstrom bei 1350 °C nach Auflösung des Carbonats
[3]: errechnet aus anorg. C als $CaCO_3$,
[4]: wellenlängendispersive Röntgenfluoreszenzanalyse

Versuchvarianten
Die Säulenelution wurde bei Raumtemperatur mit zwei verschiedenen Versuchsansätzen vorgenommen:

- Versuchsvariante I: Säulen mit Querschnittsfläche 79 cm², Beregnung mit 1800 mm/a, Füllvolumen 2 L
- Versuchsvariante II: Säulen mit einer Querschittsfläche von 434 cm² entsprechend Abb. 3.2, Beregnung mit 500 mm/a, Füllvolumen 22 L.

Die Niederschlagsrate am Standort liegt bei 800 mm/a bei einer Grundwasserneubildungsrate von ca. 250 mm/a. Bei Variante I lag die W/F-Kontaktzeit je nach Material zwischen 9 und 16 Tagen, bei Variante II aufgrund der geringen Beregnungsrate und des großen Füllvolumens bei 9–14 Wochen. Variante I ist für den praktischen Einsatz konzipiert, wobei von einer ausreichend langen Kontaktzeit zur Einstellung von Gleichgewichtsbedingungen ausgegangen wird. Mit Variante II sollten „natürliche" Bedingungen nachgebildet und Labor-Referenzwerte für die Sickerwasserkonzentration ermittelt werden. Nach Einbau des zunächst bis zur Sättigung angefeuchteten Materials ergaben sich bei Anlegen einer äußeren Saugspannung von −500 hPa wasserungesättigte Verhältnisse mit Spannungen von je nach Material zwischen −40 und −120 hPa. Variante I wurde ohne aktive Beeinflussung des Porengases betrieben. Der Säulendeckel war ohne dichtende Verbindung aufgelegt, so dass Luft in den überstehenden Gasraum hinein diffundieren konnte. Variante II wurde dagegen mit einem 10/90 O_2/N_2-Gemisch beaufschlagt. Versuchsziel war die Bestimmung einer „wirklichkeitsnahen" Quellkonzentration unter Laborbedingungen.

Erforderliche Versuchsdauer
Je nach Versuchsbedingungen ergeben sich unterschiedliche Zeitverläufe der untersuchten Parameter. Die Arsenkonzentration erreicht in beiden Ansätzen erst nach ca. 60 Tagen stabile Werte, während dies für Chrom nur bei Probe „Ah-Horizont" nach ca. 80 Tagen annähernd der Fall ist (Abb. 3.1-3). Die Chromkonzentration ist bei den übrigen Ansätzen auch nach längerer Versuchsdauer noch abfallend mit Ausnahme von Variante I mit Probe „C-Horizont", die innerhalb von 80 Tagen ein permanenten Anstieg dieses Parameters zeigt.

Die Ergebnisse der Proben „Carbonatisches Sediment" und „Ah-Horizont" lassen außerdem einen Zusammenhang zwischen der Chromkonzentration und dem gelösten organischen Kohlenstoff (DOC) erkennen (nicht dargestellt). Arsen wird durch DOC nicht beeinflusst. Damit werden nur beim Arsen, allerdings erst nach längerer Versuchsdauer, konstante Eluatwerte erreicht. Die elektrische Leitfähigkeit ist bei den nach Variante I untersuchten Proben erst nach ca. 60 Tagen stabil. Probe „A-Horizont" zeigt eine Phase des Anstiegs und Wiederabfalls mit einem Maximum bei 20 Tagen. Vergleichbare „Phasen" deuten sich auch bei Variante II an: die Leitfähigkeit nimmt bei Probe „Carbonatisches Sediment" kontinuierlich zu; bei Probe „Ah-Horizont" erreichen die Werte bereits ein Plateau. Wegen des größeren Probenvolumens und der geringeren Beregnungsrate ist der zeitliche Verlauf von Umsetzungsprozessen bei dieser Variante sehr viel langwieriger.

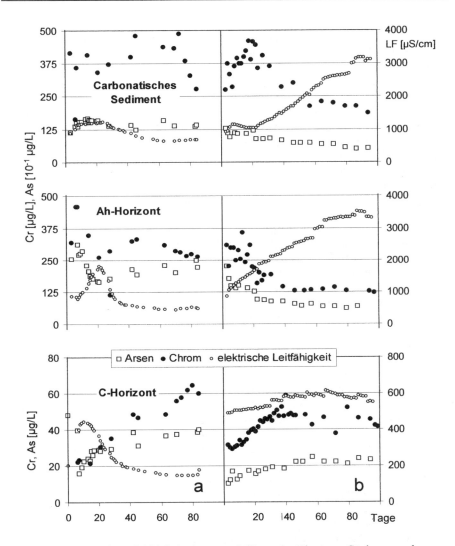

Abb. 3.1-3 Elektrische Leitfähigkeit, Arsen und Chrom im Eluat von Säulenversuchen unter wasserungesättigten Verhältnissen mit drei Bodenproben als Funktion der Beregnungsdauer bei unterschiedlicher Beregnungsrate a) 1800 mm/a und b) 500 mm/a

Der Anstieg der elektrischen Leitfähigkeit wird durch mikrobiellen Abbau von Teilen der organischen Bodensubstanz sowie durch Reaktion der entstehenden Kohlensäure mit der in beiden Proben enthaltenen Carbonatfraktion unter Freisetzung von Ionen hervorgerufen. Bei der carbonatfreien Probe „C-Horizont" mit geringem Anteil an organischer Substanz ist die Leitfähigkeit im Eluat entsprechend niedriger und nahezu konstant. Damit werden stabile Konzentrationen im Eluat unter „wirklichkeitsnahen" Beregnungsverhältnissen erst nach relativ langen Versuchszeiten erreicht. Diese können sogar mehreren Wochen und Monate betragen, insbesondere bei großvolumigen Ansätzen von Bodenproben mit umsetzbarer organischer Substanz.

Einfluss der elektrischen Leitfähigkeit
Die elektrische Leitfähigkeit ist neben ihrer Funktion als Indikator für Umsetzungsvorgänge auch für die Schadstoffkonzentration selbst von großer Bedeutung. Mit zunehmender Leitfähigkeit nimmt insbesondere die Arsenkonzentration im Eluat ab. Dieser Effekt ist auf eine Potenzialerniedrigung auf negativ geladenen Oberflächen zurückzuführen, so dass durch verminderte Abstoßung vermehrt Anionen gebundenen werden können (Dankwarth und Gerth 2002). Bei Variante II und den Proben „Carbonatisches Sediment" und „Ah-Horizont" liegt die Arsenkonzentration anfänglich bei $c_{As} > 10$ µg/L und nach 80 Tagen bei $c_{As} = 5-7$ µg/L. Mit dem Absinken geht ein steter Anstieg der elektrischen Leitfähigkeit auf Werte von 2700 bzw. 3400 µS/cm einher. Das Eluat aus Probe „C-Horizont" ohne Carbonat enthält nach 80 Tagen 23 µg/L Arsen bei einer Leitfähigkeit von 550 µS/cm. Abbildung 3.3 zeigt, dass bei Variante I mit höherer Beregnungsrate (1800 mm/a) stets eine geringere elektrische Leitfähigkeit gemessen wird als bei Variante II (500 mm/a) und daher die Arsenkonzentrationen im Eluat höher liegen. Auch beim Bodensättigungsextrakt bestätigt sich dieser Effekt (Tabelle 3.1-3). Chrom wird von der Leitfähigkeit ähnlich beeinflusst wie Arsen und liegt in dreiwertiger Form vor. Die pH-Werte der Eluate liegen zwischen pH = 6,5 und pH = 8, so dass von $Cr(OH)_3^0$ als vorherrschender Spezies auszugehen ist. Der Rückhalteeffekt ist nur erklärbar, wenn angenommen wird, dass an der Oberfläche eine weitere Hydroxylierung stattfindet und Chrom(III) als $Cr(OH)_4^-$-Anion gebunden wird. Bei der Bindung von kationischen Schadstoffen führt eine Potenzialerniedrigung auf negativ geladenen Oberflächen durch erhöhte Leitfähigkeit zu einem verminderten Rückhalt und folglich zu einer erhöhten Lösungskonzentration. Abbildung 3.1-4 zeigt die gleichgerichteten Verläufe der Bleikonzentration und der elektrischen Leitfähigkeit im Säuleneluat vom Oberboden eines Schießplatzes mit einer ausgeprägten Phase des mikrobiellen Stoffabbaus zwischen dem 5. und dem 30. Tag. Je nach Leitfähigkeit ergeben sich Bleikonzentrationen zwischen ca. 400 und 1200 µg/L.

Bei Vorliegen einer Mischkontamination mit einem kationischem und einem anionischem Schadstoff ist nicht eindeutig festlegbar, welche Versuchsbedingungen den „best case" und welche den „worst case" darstellen. Eine durch hohe Beregnungsrate erzielte geringe elektrische Leitfähigkeit begünstigt, wie dargestellt, die Mobilität von Anionen und umgekehrt. Wird die Geringfügigkeitsschwelle im ersten Fall nur vom Anion, im zweiten Fall nur vom Kation überschritten, ist es naheliegend eine mittlere Beregnungsrate zu wählen, bei der sich für beide Schadstoffe eine Eluatkonzentration in Prüfwertnähe ergibt.

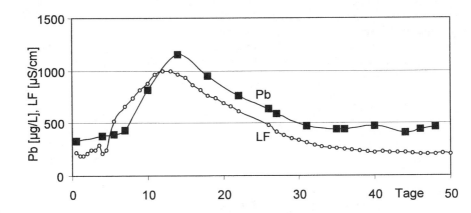

Abb. 3.1-4 Elektrische Leitfähigkeit und Blei im Eluat eines Oberbodens mit ca. 7 % metallischem Blei als Funktion der Beregnungsdauer (Beregnung: 500 mm/a)

Gleichgewichtsbedingungen
Zeitkonstante Eluatwerte lassen keine Rückschlüsse darüber zu, ob bei der Elution Sorptions-/Desorptionsgleichgewichte erreicht werden. Dieser Zustand ist für einen Test im Sinne der Reproduzierbarkeit und Übertragbarkeit unbedingt anzustreben, denn es ist zunächst einmal davon auszugehen, dass unter In-situ-Verhältnissen zumindest „quasi"-Gleichgewichte vorherrschen. Bei einer mehrwöchigen Kontaktzeit sollte diese Bedingung für anorganische Schadstoffe in jedem Fall erfüllt sein. Gleichgewichtsbedingungen lassen sich überprüfen, indem die Kontaktzeit variiert (durch Variation der Säulenlänge oder der Fließrate), das zu prüfende Substrat durch einen inerten Stoff verdünnt oder der Konzentrationsverlauf des Schadstoffs in der wässrigen Phase über die Sickerstrecke gemessen wird. Abbildung 3.1-5 zeigt den Konzentrationsverlauf über die Sickerstrecke von Probe „Ah-Horizont". Dabei steigt die elektrische Leitfähigkeit und mit dieser die Calcium-Konzentration bis zum Säulenauslauf linear an. Arsen weist nach kurzer Sickerstrecke mit 15 µg/L die höchste Konzentration auf und nimmt linear auf 7 µg/L im Säulenauslauf ab. Die Chromkonzentration erreicht erst nach 20 Zentimetern mit 190 µg/L ein Maximum, fällt dann über die restliche Sickerstrecke auf ca. 120 µg/L ab. Für beide Schadstoffe ist hinsichtlich der Kontaktzeit die Einstellung von Gleichgewichtsbedingungen gewährleistet. Jedoch ist nicht vermeidbar, dass sich durch Zunahme der elektrischen Leitfähigkeit die Reaktionsverhältnisse auf dem Sickerweg verändern. Beim Arsen wird in diesem Fall dadurch sogar die Geringfügigkeitsschwelle unterschritten. Eine ähnliche Zunahme der Leitfähigkeit ergab sich bei „Carbonatisches Sediment" und auch „C-Horizont" mit entsprechendem Einfluss auf die Schadstoffkonzentration im Eluat. Hier ist anzumerken, dass auch unter natürlichen Bedingungen mit diesem Effekt zu rechnen ist und stabile Reaktionsgleichgewichte eher die Ausnahme als die Regel darstellen. Ein Testverfahren kann sich aber nur auf definierte Zustände beziehen. Dazu gehören neben dem

Reaktionsgleichgewicht sorptionsbeeinflussende Lösungsparameter wie die elektrische Leitfähigkeit. Beide Schadstoffe zeigen ihre maximale Konzentration bei geringer elektrischer Leitfähigkeit. Zur Abbildung des „worst case" kommt demnach eine Säulenelution mit relativ kurzer Sickerstrecke (20 cm) in Betracht. Für Arsen ist eine kurze, für Chrom eine deutlich längere Reaktionszeit erforderlich.

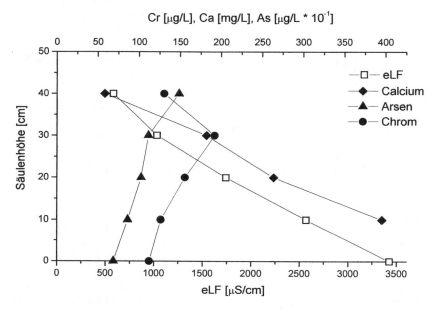

Abb. 3.1-5 Arsen, Chrom, Calcium und elektrische Leitfähigkeit im Sickerwasser der Probe „Ah-Horizont" von Position 0 cm (= Eluat) bis Position 40 cm; Gesamt-Füllhöhe des Materials im Säulengefäß: 50 cm

Bei kationischen Schadstoffen wie Blei wird der „worst case" bei maximaler Leitfähigkeit angezeigt, die substrattypisch ist und von der Sickerstrecke im Quellmaterial abhängt. Auch hierfür kann eine kurze Sickerstrecke gewählt werden, wenn das Beregnungswasser bereits auf die maximal anzunehmende Leitfähigkeit eingestellt ist. Diese lässt sich relativ aufwändig über eine Leitfähigkeitsfunktion mit der Sickerstrecke ermitteln. Einfacher wäre es, in Anlehnung an Untersuchungsbefunde maximale elektrische Leitfähigkeiten für verschiedene Substrattypen festzulegen, wie z.B. 1000 µS/cm für carbonatfreies Oberbodenmaterial oder 3500 µS/cm für carbonatgepuffertes Substrat.

Die in Tabelle 3.1-3 zusammengestellten Werte zeigen, dass für die Quelltermbestimmung von *Arsen* der Säulenversuch gegenüber dem Bodensättigungsextrakt (BSE) keine Vorteile bringt. Die 24-stündige Kontaktzeit ist bei diesem Schadstoff ausreichend. Dabei werden sogar „worst-case"-Bedingungen erreicht. Anders liegen die Verhältnisse beim *Chrom*: der BSE-Wert ist bei Probe „Ah-Horizont" und vor allem „C-Horizont" geringer als bei den Säulenversuchen und zeigt, dass die relativ kurze Extraktionsdauer von 24 Stunden für diesen Schadstoff zur Einstellung von Gleichgewichtsbedingungen nicht ausreichend ist. Die erforderlichen Kontaktzeiten sind substrat- und schadstoffabhängig zu ermitteln. Dabei können Maximalwerte von mehreren Tagen angenommen werden.

Tabelle 3.1-3 Ergebnisse des Bodensättigungsextrakts und 80-Tage-Werte der Säulenelution

	LF µS/cm	As µg/L	Cr µg/L
Carbonatisches Sediment			
Bodensättigungsextrakt	945	9	334
Variante I (1800 mm/a)	720	15	350
Variante II (500 mm/a)	3400	5	188
Ah-Horizont			
Bodensättigungsextrakt	315	30	85
Variante I (1800 mm/a)	530	20	270
Variante II (500 mm/a)	2700	7	110
C-Horizont			
Bodensättigungsextrakt	172	28	15
Variante I (1800 mm/a)	160	38	65
Variante II (500 mm/a)	550	23	40

Die Forderung nach Gleichgewichtsbedingungen bezieht sich bei wasserungesättigten Verhältnissen zusätzlich auf die Gasphase, insbesondere das CO_2, das den pH-Wert beeinflusst und die Auflösung von carbonatischen Komponenten beschleunigt. Problematisch ist hierbei nicht das Gas/Wasser-Lösungsgleichgewicht, das sich schnell einstellt, sondern die Beaufschlagung des Porenraums mit einer in allen Zonen des Porenraums konstanten CO_2-Konzentration. In Versuchsvariante II wurde ein 10/90 O_2/N_2-Gemisch durch drei Filterkerzen in Bodennähe des Säulenkörpers (10 cm oberhalb des Säulenbodens) mit einer Rate von 10 mL/min eingeleitet, so dass ein der Wasserbewegung entgegengerichteter Gasstrom von unten nach oben entstand. Auf eine Direktbeaufschlagung mit CO_2 wurde dabei verzichtet, weil durch mikrobiellen Umsatz leicht zersetzbarer organischer Bestandteile vor allem in der Anfangsphase des Versuchs bis zu 7 Volumenprozent CO_2 entstanden. Nach Abklingen dieser ca. 20-tägigen Initialphase entwickelte sich immer noch ein beträchtlicher CO_2-Anteil, der nach mehreren Wochen noch 2,1 % („Carbonatisches Sediment"), 1,5 % („Ah-Horizont") und 0,3 % („C-Horizont") betrug. Die Einstellung der CO_2-Konzentration in der Porenluft ist in Gegenwart abbaubarer organischer Substanz direkt mit der O_2-Zugabe gekoppelt. Diese lässt sich jedoch nicht beliebig vermindern, da sich zumindest bei Bodenmaterial mit abbaubarer organischer Substanz reduzierende Verhältnisse einstellen und verstärkt anorganische Schadstoffe mobilisiert würden. Ein Anteil von 10 % O_2 in der Porenluft entspricht dem Gehalt in der Bodenluft von mäßig bis schlecht O_2-versorgten Böden. In Abbildung 3.1-6 ist die CO_2-Entwicklung über die Säulenhöhe dargestellt. Der CO_2-Gehalt der Porenluft nimmt mit dem Gehalt des Probenmaterials an organischer Substanz und jeweils mit dem durchströmten Porenraum zu.

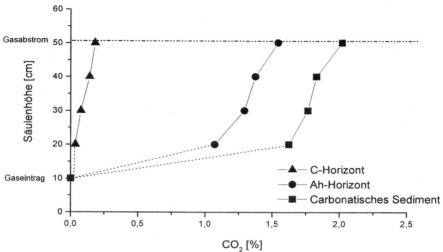

Abb. 3.1-6 CO_2-Verteilung im Säulenprofil der drei untersuchten Substrate bei Einleitung eines 10/90 O_2/N_2-Gemisches, Gasstrom von unten (Gaszugabe) nach oben (Gasabzug)

Bis zur Oberfläche des Säulenkörpers ist eine deutliche Zunahme zu beobachten. Nach mehrwöchiger Durchströmung stellen sich zwar konstante CO_2-Gehalte in der Abluft ein, die CO_2-Verteilung im Säulenkörper bleibt aber ungleichmäßig. Bei alkalisch reagierenden Materialien (z.B. Bauschutt) und Beaufschlagung mit CO_2 ist unter diesen Versuchsbedingungen ebenfalls mit der Ausbildung eines Gradienten zu rechnen, wobei jedoch das CO_2 mit dem Material reagiert und über die Fließstrecke abnimmt. CO_2-Gradienten lassen sich durch höhere Gas-Fließraten und kleinere Säulenvolumina reduzieren, aber nicht vollständig vermeiden.

3.1.3 Zeitliche Entwicklung des Quellverhaltens

Mit der Quellkonzentration wird eine Größe erfasst, die z.B. bei abzulagerndem Material den möglichen Schadstoffaustrag zu Beginn der Ablagerung repräsentiert. Für die Schadstoffkonzentration am Ort der Beurteilung ist jedoch auch die zeitliche Entwicklung der Freisetzung und die Kapazität der Quelle von Bedeutung (Schneider und Stöven 2002). So ist zu berücksichtigen, dass bei sehr langsamem Vordringen der Schadstofffront eine zunächst über dem Prüfwert liegende Konzentration durch Abnahme des Eintrags aus der Quelle am Ort der Beurteilung auf Werte unterhalb der Geringfügigkeitsschwelle absinken kann. Das „Abklingen" der Quellkonzentration lässt sich im einfachsten Fall mit einer Abbaukinetik 1. Ordnung beschreiben, d.h. die Konzentration nimmt je Zeiteinheit um den gleichen Anteil des jeweiligen Restgehaltes ab. Dabei ist im Einzelfall zu prüfen, ob der nach DIN ISO 11466 (Königswasserextrakt) bestimmte „Gesamt"-Schadstoffgehalt zugrunde gelegt oder ob zwischen einem mobilisierbaren und einem immobilen Anteil unterschieden werden kann. Andererseits kann die Quellkonzentration für anorganische Schadstoffe auch zunehmen, sobald puffernde und stabilisierend wirkende Komponenten durch Protoneneintrag aufgelöst worden sind. Außerdem können komplexierend wirkende Stoffe wie z.B. DOC oder Chlorid-Ionen eingetragen werden.

Ergänzend zur Quelltermbestimmung sollten daher zusätzlich Testverfahren in Betracht gezogen werden, mit denen die potentielle Schadstofffreisetzung erfasst und diejenigen Komponenten bestimmt werden können, die für die Schadstoffrückhaltung wirksam sind. Dazu zählen unterschiedliche Methoden der Kategorie „compliance"- und „basic characterization"-Test (van der Sloot *et al.* 1997), die zur stofflichen Kennzeichnung des Materials eingesetzt, aber auf das Konzept der Geringfügigkeitsschwelle nicht angewendet werden können. Besonders geeignet sind Methoden mit „Zeitraffer"-Ansatz, wobei durch Überdosierung mobilisierender Parameter wie z.B. der Protonenaktivität eine beschleunigte Auflösung labiler Phasen hervorgerufen wird. Mit dem pH_{stat}-Verfahren (Obermann und Cremer 1992) wird z.B. durch Konstanthalten des pH-Wertes bei pH = 4 die Säureneutralisationskapazität bestimmt und die Schadstofffreisetzung unter diesen Bedingungen simuliert. Beim Schweizer TVA-Test (Anonym 1990) wird das Material in CO_2-gesättigtem Wasser bei pH 4 eluiert. Mit dem pH dependence leaching test des CEN Technical Committee 292 (Anonym 1999) wird die pH-Abhängigkeit der Mobilisierung anorganischer Schadstoffe erfasst. Nach Van der Sloot (2002) kommt diesem Test eine besondere Bedeutung zu, da er wie kein anderes Verfahren geeignet ist, die Schadstofffreisetzung für unterschiedliche Expositionsbedingungen auch von komplexen Matrizes wie organikreiche Schlämme und Bodenmaterialien abzuschätzen. In Kombination mit geochemischer Modellierung lassen sich daraus quantitative Informationen zur Schadstoffspeziation, zur Löslichkeit von Mineralphasen und zu Wechselwirkungen von Schadstoffen mit der organischen Substanz ableiten. Zusätzlich werden aber auch dynamische Tests in Form von Perkolations- oder Säulentests als unerlässliche Komponente für quantitative Abschätzungen zur Schadstoffmobilisierung angesehen.

Die ungesättigte Zone unterliegt wechselnden Feuchtigkeitsverhältnissen, so dass im kleinräumigen Maßstab periodisch auch reduzierende Verhältnisse auftreten können. Dabei kommt es zur teilweisen Auflösung von schlecht kristallinen Metalloxiden unter Freisetzung daran gebundener Schadstoffe. Über diesen Mechanismus werden bei Vorliegen in der entsprechenden Bindungsform insbesondere Oxyanionen wie Arsenat mobilisiert (Cummings et al. 1999). Methoden zur Kennzeichnung dieser wenig stabilen oxidischen Anteile werden seit langem bei der Untersuchung von Böden angewandt und sind Bestandteil von sequentiellen Extraktionsverfahren (Förstner und Calmano 1982, Zeien und Brümmer 1989). Als Extraktionsmittel werden Hydroxylamin für Manganoxide und Ammoniumoxalat für Eisenoxide eingesetzt. Postma (1993) verwendet Ascorbinsäure zur Bestimmung der leicht reduzierbaren Eisenoxidfraktion.

Die zeitliche Entwicklung des Quellverhaltens kann jedoch auch bei Anwendung dieser Methoden nur modellhaft unter Annahme bestimmter Szenarien grob geschätzt werden. Die Freisetzung im Quellbereich wird durch die Bindungsform des Schadstoffs bestimmt. Die Übergänge zwischen reversibel und irreversibel gebundenen Schadstoffen sind fließend. Die Bindung ist zudem abhängig von der Stabilität der sorptiven Feststoffkomponenten, die Abbau- und Umbauvorgängen unterliegen. Bei Reststoffen wie z.B. Bauschutt und Müllverbrennungsschlacken kommt hinzu, dass sie thermodynamisch instabil sind, bei entsprechender Exposition starken Verwitterungsvorgängen ausgesetzt sind und sich langfristig vollständig umsetzen.

3.1.4 Anmerkungen zum Prüfwertkonzept

Anorganische Schadstoffe werden nicht abgebaut und können sich bei der Durchsickerung in der ungesättigten Zone anreichern. Diese Anreicherung wird bei der Ablagerung von kontaminiertem Material in Kauf genommen. Ziel ist die Einhaltung der Prüfwerte im Sickerwasser beim Verlassen der Sickerzone, nicht der Schutz des Bodens auf der Sickerstrecke. Im Gegenteil ermöglicht das Prüfwertkonzept die Ablagerung von umso stärker kontaminiertem Material, je höher die Bindungskapazität des Bodens ist. Mit „Bodenschutz" ist dieses Konzept nicht vereinbar. Bodenschutz und Grundwasserschutz sind aber keine gegensätzlichen Ziele und können nur gemeinsam erreicht werden. Die Schadstoffbeladung des Bodens unterhalb der Ablagerung kann selbst bei Anwendung der Prüfwerte auf die Quellkonzentration beträchtlich sein. Dabei findet eine Verlagerung der Quelle statt, denn die aufgenommen Schadstoffe sind überwiegend reversibel gebunden und gelangen von dort, wenn auch nur verzögert, ebenfalls in das Grundwasser. Sinnvoller wäre es, zusätzlich zu den Prüfwerten für das Sickerwasser Belastungsgrenzen für den Boden der Sickerstrecke festzulegen. Zusätzlich setzt das Rückhaltevermögen in diesem Bereich bestimmte geochemische Bedingungen voraus, von denen sich nicht vorhersagen lässt, ob sie dauerhaft stabil sind. In jedem Fall sollten neben der Schadstofffracht auch andere Stoffeinträge aus dem Quellbereich berücksichtigt werden, so dass mögliche Änderungen der E/pH-Bedingungen oder die Wirkung komplexierend wirkender Lösungskomponenten auf die Sorptionseigenschaften der Bodenmatrix abgeschätzt werden können.

Anders als bei organischen Schadstoffen mit der Möglichkeit des Abbaus wird mit dem Prüfwertkonzept bei anorganischen Stoffen das Verdünnungsprinzip praktiziert. Die Verdünnung ist aber nicht in jedem Fall garantiert, denn nach Übergang in den gesättigten Bereich können Schadstoffe an anderer Stelle wieder gebunden und sogar angereichert werden. So bilden sich z.B. bei Änderung der geochemischen Bedingungen, etwa beim Austritt des Grundwassers im Uferbereich eines Gewässers, hoch reaktive Eisenoxidausfällungen, die Schadstoffe anreichern. Andererseits sind anorganische Schadstoffe meist mit einer natürlichen Hintergrundkonzentration in der Feststoffmatrix vertreten, so dass sich über Verdünnung näherungsweise natürliche Verhältnisse erreichen lassen.

3.2 Langzeitverhalten von Deponien

Deponien von Siedlungsabfällen, die vor 30-40 Jahren angelegt wurden, zeigen schon heute großräumige Auswirkungen auf den Untergrund und seine Wasservorräte. In Abschn. 1.2 dieses Buchs finden sich folgende Hinweise auf Reaktionen im Deponiekörper und Untergrund, die vor allem von *T.H. Christensen* und Mitarbeitern gewonnen wurden (Christensen et al. 1994, 2000, 2001):

- Abbaubare organische Substanzen fördern die *Ausbildung von Reduktionszonen* im Untergrund der Abfalldeponien und beeinflussen dadurch die Wechselwirkungsprozesse mit den gelösten Schadstoffen (Abschn. 1.2.2.2).
- Beim Eintritt von *Deponiesickerwässer in den Untergrund* finden drastische geochemische und mikrobiologische Veränderungen statt (Abschn. 1.2.3.3).
- Die kritischen Prozesse setzen bereits in einer *frühen Phase der Redoxabfolge* ein und sind dort besonders aktiv; dabei reichen schon geringe Konzentrationen an organischen Substanzen im Sickerwasser aus (Abschn. 1.2.3.3).
- Die neugebildeten Eisenverbindungen stellen die wesentlichen *Reduktionspotenziale* dar, die bei einer Wiederherstellung der Ausgangsbedingungen im Zuge einer Untergrundsanierung überwunden werden müssten (Abschn. 1.2.3.3).

Aus dem relativ kurzen Zeitraum, in dem diese Veränderungen stattgefunden haben, kann man folgern, dass ähnliche Effekte auch bei wesentlich geringeren Organikfrachten, aber entsprechend längeren Einwirkungszeiten auftreten können (Abschn. 1.2.3.2). Diese Befürchtung bezieht sich vor allem auf die Auswirkungen von mechanisch-biologisch vorbehandelten Abfallstoffen, die nach der Novellierung der TA Siedlungsabfall alternativ zu thermisch behandelten Abfällen direkt abgelagert werden dürfen.

Entsprechend umstritten war diese Novellierung. Weder das Umweltbundesamt (UBA, Anonym 1999) noch der Umweltrat (Anonym 2000) sahen eine Notwendigkeit, die Ablagerungskriterien der TASi zu verändern. Im Gegenteil, das UBA votierte dafür, die direkte Ablagerung mechanisch-biologisch vorbehandelter Abfälle auch nach Abtrennung der heizwertreichen Fraktion lediglich für einen überschaubaren Zeitraum zu akzeptieren, langfristig aber keine Ablagerung von Abfallfraktionen aus Siedlungsabfällen ohne thermische Vorbehandlung zuzulassen.

Das UBA geht sogar weiter und erwähnt neben der Müllverbrennung auch thermische Verfahren mit schmelzflüssigem Schlackenabzug (Hochtemperaturverfahren), die zu vollständig inhärent ungefährlichen Rückständen für eine Verwertung oder Ablagerung führen und damit die Überwindung der scheinbar zwangsläufigen Restabfallablagerung auf Deponien möglich erscheinen lassen (Anonym 1999).

In dem vorliegenden Kapitel werden die geochemischen Fakten, die in dieser Kontroverse eine Rolle spielen, wiedergegeben. Nach einer Übersicht über die gesetzlichen Regelungen für Deponien in Europa, über Maßnahmen zur Emissionsminderung an Altdeponien und über die Wirksamkeit mechanisch-biologischer Vorbehandlungsverfahren (Abschn. 3.2.1) folgt eine Darstellung zum Langzeitverhalten von Reaktordeponien, in der über Befunde an Altdeponien und aus Langzeitversuchen sowie Modellszenarien berichtet, die Perspektiven für die Ablagerung mechanisch-biologisch behandelter Abfälle aufgezeigt und ein Managementkonzept für organische Deponien dargelegt wird (Abschn. 3.2.2). In Abschn. 3.2.3 über die Ablagerung von thermisch behandelten Abfällen werden wichtige Teilschritte des ingenieurgeochemischen Handlungskonzeptes aus Abschn. 1.5.3 – Inventaranalyse, Kopplung von Systemfaktoren, Schmelztrennung – exemplarisch beschrieben.

3.2.1 Regelungen und Maßnahmen zur Emissionsminderung

3.2.1.1 Gesetzliche Regelungen für Deponien in Europa

1972 wurde in der *Bundesrepublik Deutschland* das Gesetz über die Beseitigung von Abfällen erlassen, in dem die Abfallbeseitigung zur öffentlichen Aufgabe des Umweltschutzes erklärt wurde. Mit dem Abfallgesetz von 1986 wurde die Abfallbeseitigung zur Abfallwirtschaft weiterentwickelt und das Gebot der Vermeidung vor der Verwertung sowie vor der Verbringung eingeführt. Trotz erheblicher Fortschritte in der Deponietechnik mit mittlerweile aufwendigen Maßnahmen zur Abdichtung, Sickerwassererfassung und -reinigung sowie Deponiegaserfassung und -nutzung war die herkömmliche Deponierung von Abfällen jedoch nach wie vor als langfristig unbefriedigend anzusehen (Bergs 1993). Seit 1993 ist die TA Siedlungsabfall (TASi) in Kraft. Ziel ist die weitgehend nachsorgefreie Deponie durch Inertisierung, Mineralisierung und Homogenisierung des Restabfalls und durch Schadstoffzerstörung bzw. -aufkonzentrierung, um neue Altlasten in Zukunft zu verhindern. Nach dem Stand der Technik erfüllt nur thermisch vorbehandelter Restabfall diese Kriterien.

Durch die Novellierung der TASi in Form der Artikelverordnung über die umweltverträgliche Ablagerung von Siedlungsabfällen und über biologische Abfallbehandlungsanlagen vom 20. Februar 2001 (Art. 1: Abfallablagerungsverordnung (AbfAblV)) können Siedlungsabfälle und Abfälle von § 2 Nr. 2 (die wie Siedlungsabfälle entsorgt werden können) durch mechanisch-biologische Behandlung aufbereitet (Zerkleinern, Sortieren), umgewandelt (Rotte, Vergärung) und als Teilstrom unter Einhaltung der Zuordnungskriterien für die Deponieklasse II in Anhang 2 direkt abgelagert werden. Der Teilstrom resultiert aus der vorgeschriebenen Abtrennung der heizwertreichen Abfälle zur Verwertung oder thermischen Behandlung sowie sonstiger verwertbarer oder schadstoffhaltiger Fraktionen. Zusätzlich zu den Dichtungssystemen zielen spezielle Einbauanforderungen während des Deponiebetriebs zur Reduzierung der Wasserdurchlässigkeit im Anhang 3 auf die Konservierung des Deponiekörpers.

Österreich geht mit der Deponieverordnung von 1996 (Anonym 1996), die zwar den TOC-Gehalt des Deponiegutes auf 5 Masse-% beschränkt, aber mit der Ausnahmeregelung in § 5 Abs. 7f die Ablagerung von mechanisch-biologisch behandelten Abfällen in einem gesonderten Bereich einer Massenabfalldeponie ermöglicht, einen vergleichbaren Weg.

Die *Schweiz* verfolgt dagegen strikt das Ziel der Deponie als anorganisches Endlager. Im Leitbild der schweizerischen Abfallwirtschaft, das 1985/86 von der Eidgenössischen Kommission für Abfallwirtschaft mit Vertretern aus Wissenschaft, Wirtschaft und Verwaltung im Konsens mit Umweltschutzorganisationen erarbeitet wurde (Schweizer Bundesamt für Umwelt, Wald und Landschaft; www.buwal.ch), ist die Behandlung der Abfälle entweder zu verwertbaren Stoffen oder zu endlagerfähigen Reststoffen vorgegeben (Abschn. 1.2.5). Als endlagerfähig gilt ein Abfall dann, wenn er auch ohne Maßnahmen zur Sickerwasser- und Gasbehandlung auf einer Deponie nur eine tolerierbare Umweltbelastung verursacht. Ein zentraler naturwissenschaftlich-technischer Grundsatz des Leitbildes lautet: *„Organische Stoffe gehören nicht in ein Endlager"*.

Nach einer mehrjährigen Übergangszeit wurde die Jahrtausendwende zu einem „epochalen Wandel" genutzt. Ab 01.01.2000 ist die Ablagerung brennbarer Abfälle (Siedlungsabfälle, brennbare Anteile von Bauabfällen und nicht recyclierbare Klärschlämme) grundsätzlich verboten, so dass die thermische Behandlung obligatorisch wird. In der Technischen Verordnung über Abfälle (TVA; Anonym 1990) ist in Artikel 11 sogar die Verpflichtung zur Verbrennung der Siedlungsabfälle vorgegeben. Die Müllverbrennungsschlacken sind allerdings gem. TVA nicht endlagerfähig, d.h. sie genügen den Anforderungen weder an eine Inertstoffdeponie noch an eine Reststoffdeponie. Die Ablagerung von MV-Schlacken erfolgt in der Schweiz daher auf gesicherten Reaktordeponien. Zzt. Zeit laufen Vorbereitungen zur Änderung der TVA mit dem Ziel, die Vorschriften dem geänderten Stand der Technik z.B. hinsichtlich Schlackenverglasung anzupassen.

Die Entwicklungen und Zielsetzungen der *EU-Deponierichtlinie* lassen sich wie folgt skizzieren (Bilitewski 2000):

- Die Abfallvermeidung, -wiederverwendung und -verwertung sowie die Verwendung wiedergewonnener Materialien und Energie soll gefördert werden. Dabei wird die Reduktion der biologisch abbaubaren Substanzen des zu deponierenden Abfalls angestrebt.
- Es sind geeignete Maßnahmen zu treffen, um die unkontrollierten Ablagerungen, Ableitung und Beseitigung von Abfällen zu verhindern. Hierzu müssen die Deponien hinsichtlich der in den Abfällen enthaltenen Stoffe beherrschbar sein. Diese Stoffe sollten, soweit möglich, nur in vorhersehbarer Weise reagieren.

Die Mitgliedsstaaten der Europäischen Union werden in Artikel 5 aufgefordert bis Sommer 2001 ihre Strategie zur Verringerung der für die zur Deponie bestimmten biologisch abbaubaren Abfälle festzulegen. Die Verordnung fordert als Mindesterfüllung folgende Reduktionen der Gesamtmengen an biologisch abbaubarer Substanz: (1) 25 % bezogen auf das Jahr 1995 für das Jahr 2006, (2) 50 % bis spätestens zum Jahre 2009, (3) 65 % bis spätestens zum Jahre 2016.

3.2.1.2 Beschleunigte Stabilisierung der Deponieinhalte

Deponien werden vor allem in Europa, Japan und den USA immer mehr als Bauwerke gesehen, um die Emissionen Gas und Wasser zu fassen, ggf. zu nutzen bzw. schadlos zu beseitigen. Die Deponietechnik hat sich im Laufe der Zeit im wesentlichen von un- bzw. schwachverdichteten Deponien (Kippkantenbetrieb, Einbau mit Raupen etc.) zu hochverdichteten Deponien weiterentwickelt. Dadurch konnten Volumen eingespart werden und Probleme wie Brände, Rattenplagen, Gerüche, und Verwehungen von Papier- und Kunststoffen signifikant reduziert werden (Stegmann et al. 2000a).

Die in den siebziger und achtziger Jahren oft unkontrollierte Sickerwasserkreislaufführung, die hauptsächlich zur Sickerwassermengenreduktion eingesetzt wurde, ist in Deutschland nicht genehmigungsfähig, obwohl eine Vielzahl von Untersuchungen den positiven Einfluss der kontrollierten Sickerwasserkreislaufführung sowohl auf die Sickerwassermengenreduktion als auch auf die Beschleunigung der biologischen Abbauprozesse gezeigt hat (Stegmann 1981). Frühzeitige Emissionsreduktionen können durch den Betrieb von „flushing bioreactor", semiaeroben und aeroben Deponien sowie durch eine In-situ-Belüftung erzielt werden (Stegmann et al. 2000a):

- Beim *Flushing Bioreactor*-Konzept, das in den USA und England intensiv diskutiert wird. soll durch eine verstärkte Wasserrückführung einmal eine Beschleunigung der biologischen Abbauprozesse und zum anderen ein Auswaschen von Stoffen aus dem Abfall erreicht werden. Durch diese Maßnahmen soll das Emissionspotenzial einer Deponie nach etwa 30–50 Jahren so gering sein, dass die Deponie sich selbst überlassen werden kann.
- In Deutschland gab es in den siebziger und achtziger Jahren einige wenige *Rottedeponien* („semiaerobe Deponien"). Obwohl dieser Deponietyp zu einer deutlich schnelleren Umsetzung der organischen Stoffe führt, konnte er sich nicht durchsetzen, einmal wegen des massenhaften Auftretens von Ungeziefer, zum anderen wegen der Gefahr von Deponiebränden. In Japan werden schon seit über 10 Jahren aerobe bzw. semiaerobe Deponien betrieben. Die Gründe für eine möglichst schnelle biologische Stabilisierung von Deponien liegen in der hohen Bevölkerungsdichte und der hohen Grundstückspreise (Hanashima 1999).
- Die In-situ-Belüftung hat ihren Ursprung in der Vorbereitung von Deponierückbaumaßnahmen. Das Ziel besteht darin, die Deponie aus Gründen des Arbeits- und Emissionsschutzes bereits vor der Aufgrabung innerhalb eines möglichst kurzen Zeitraums auf ein aerobes Milieu umzustellen. Verschiedene Verfahren wurden bislang auch großtechnisch umgesetzt, z.B. eine kombinierte Druck-/Saugbelüftung im alternierenden Betrieb (Marbach et al. 1993) oder eine Druckstoßbelüftung mit Luftabsaugung (Bio-Puster-Verfahren; Reisner 1995). Speziell auf die langfristige Stabilisierung von Altdeponien und Altablagerungen zugeschnittenen ist das Niederdruck-Belüftungsverfahren (Heyer et al. 2000). In einer ersten großtechnischen Umsetzung des Verfahrens auf einer niedersächsischen Altdeponie wird von einer Stabilisierungsdauer von ca. 2 Jahren ausgegangen. Wie bei nahezu allen In-situ-Verfahren spielt die Heterogenität des Materials auch bei diesem Verfahren die entscheidende Rolle für den Erfolg der Maßnahme. Um den gesamten Deponiekörper zu stabilisieren, müssen sämtliche Bereiche ausreichend mit Feuchtigkeit und Sauerstoff versorgt werden und nicht nur die Umgebung der bevorzugten Ausbreitungswege,

die in Altdeponien nach mehreren Jahrzehnten ohnehin bereits weitgehend biologisch umgesetzt ist. Ob es mit einem angemessenen Aufwand gelingt, den gesamten Deponiekörper langfristig zu aerobisieren, müssen die ersten Praxisanwendungen zeigen.

3.2.1.3 Mechanisch-biologische Vorbehandlung (MBV)

Die mechanisch-biologische Vorbehandlung von Siedlungsabfällen verfolgt das Ziel, alle mikrobiell leicht verfügbaren organischen Komponenten vor der Deponierung zu mineralisieren und damit eine möglichst geringe Restaktivität bzw. Restemission der Rückstände zu erreichen. Im Rahmen eines BMBF-Verbundforschungsvorhabens wurden die verschiedenen MBV-Verfahren und ihre Produkte eingehend untersucht (Soyez et al. 2000).

Nach der mechanisch-biologischen Aufbereitung des Siedlungsabfalls (Zerkleinerung, Siebung, ggf. weitergehende Stofftrennung) stehen biologische Verfahren der Rotte (aerob), der Vergärung (anaerob) und des anaeroben/aeroben Wechsels zur Verfügung. Die Vergärung, die je nach Verfahren ein- oder mehrstufig, flüssig oder trocken sowie thermo- oder mesophil ablaufen kann, erzeugt ein Biogas mit ca. 60 % Methananteil. Die Rotte kann sowohl statisch als auch dynamisch in der Regel im Durchluftbetrieb erfolgen.

Anhand der Ergebnisse des Forschungsverbundes (Soyez et al. 2000) wird die Abtrennung der heizwertreichen Fraktion des Hausmülls (Kunststoffe) generell als Vorteil angesehen. Im Gegensatz zu den aeroben Verfahren erfordern die Vergärungsverfahren eine aufwendigere Stofftrennung und erzeugen Abwasser. Die Reststoffe der Vergärung sind von geringer Menge und gut stabilisiert, so dass bei mehrstufigen Verfahren auf eine aerobe Nachbehandlung verzichtet werden kann. Sowohl die Vergärungs- als auch die Rotteverfahren produzieren relevante gasförmige Emissionen. Gekapselte Anlagen und geschlossene Abluftfassungen mit einer Gasreinigung, -verbrennung bzw. im Falle von Methan-haltigen Gasen mit einer energetischen Nutzung sind notwendig. Sämtliche untersuchten Verfahren sind in der Lage, weitgehend stabile Produkte zu erzeugen, wobei gesteuerte Intensivrotteverfahren am schnellsten zum entscheidenden Massenverlust der Organik führen. Dafür wird ein Zeitraum von 12–16 Wochen benötigt. Durch die MB-Vorbehandlung wird in der Regel gegenüber unbehandelten Siedlungsabfällen sowohl das Gasbildungspotenzial als auch die Sickerwasserbelastung um ca. 90 % reduziert, die Freisetzung von TOC über den Sickerwasserpfad vermindert sich um 90–98 %, die Ammoniumfracht im Sickerwasser um ca. 90 %. Dabei bestätigt sich vor allem der signifikante Rückgang der organisch leicht abbaubaren Bestandteile sowie der Cellulosefraktion (Kasten).

Stabilität von organischen Substanzen – Humifizierungsprozesse während der mechanisch-biologischen Vorbehandlung

Als Maßstab für die Stabilität der organischen Reststoffe wurden in die AbfAblV folgende Parameter und Werte aufgenommen: biologischer Sauerstoffverbrauch in 4 Tagen (AT_4): ≤ 5 mg O_2/gTS, Gasbildung in 21 Tagen (GB_{21}): ≤ 20 l/kgTS und TOC-Gehalt im Eluat nach DIN 38414-S4: ≤ 250 mg/l. Die Festlegung der abzutrennenden heizwertreichen Fraktion erfolgt durch den oberen Heizwert ≤ 6000 KJ/kg bzw. den TOC im Feststoff ≤ 18 Masse-% TS.

Pichler (1999) und Pichler u. Kögel-Knabner (1999) untersuchten die Humifizierungsprozesse während der mechanisch-biologischen Vorbehandlung genauer. Die organische Substanz (OS) des frischen Hausmülls wird von Kohlenhydraten (Cellulose und nichtcellulosische Kohlenhydrate wie Stärke, Hemicellulose, Saccharose etc.) dominiert (durchschnittlich 43 % der OS). Proteine, Lipide und Lignin machen zusammen durchschnittlich 24 % der OS aus. In dem restlichen Anteil der OS, der nasschemisch nicht identifizierbar ist, wurden mittels Festkörper-NMR-Spektroskopie u.a. die Kunststoffe Polypropylen, Polyamid, Polyethylen und Polystyrol erkannt. Während der Rotte laufen die Teilprozesse Mineralisierung (Cellulose, nichtcellulosische Kohlenhydrate, Proteine, Lipide), mikrobielle Resynthese (nichtcellulosische Kohlenhydrate, Proteine, Lipide), cometabolische Mineralisierung (Lignin) und selektive Anreicherung (alle Stoffgruppen, vor allem Kunststoffe und Lignin) ab. Die für das Emissionsverhalten hauptsächlich verantwortlichen Kohlenhydrate werden durch die MBV-Verfahren bis zu 90 % mineralisiert und machen dann noch durchschnittlich 10 % (nichtcellulosische Kohlenhydrate) bzw. 13 % (Cellulose) der organischen Restsubstanz aus. Lignin wird aufgrund der geringsten Abbaurate nur zu durchschnittlich 30 % mineralisiert. Die Massenverluste nehmen in der Reihenfolge Cellulose > nichtcellulosische Kohlenhydrate > Lipide > Proteine > Lignin ab. Das führt zu einer Anreicherung schwer abbaubarer Komponenten der Organik verbunden mit einer Zunahme des Kohlenstoffanteils. Auch ein erheblicher Kunststoffanteil bleibt erhalten (20–40 % des TOC). Der Vergleich verschiedener aerober Verfahren ergab, dass eine belüftete Intensivrotte zu einem deutlich beschleunigten Massenverlust der OS führt und daher nachdrücklich zu empfehlen ist. Das Gesamtabbaupotenzial des TOC wird während der MBV unter optimalen Verfahrensbedingungen zu 95–99 % ausgeschöpft. Die Verringerung der mikrobiellen Abbaubarkeit der OS während der MBV kann über Atmungsmessungen (AT_4) verfolgt werden, wobei die Abnahme des Verhältnisses basale/potentielle Atmung zwischen 9 und 45 % beträgt. Die Atmungsaktivitäten des MBV-Materials (1,1–15,0 mg O_2/g TS) entsprechen dann denjenigen von humifizierter OS in organischen Auflagehorizonten von Waldböden (O-Horizont). In den Eluaten des MBV-Materials wurden mittels NMR-Spektroskopie vor allem Alkyl-C- und O-Alkyl-C-Signale gefunden. Die Spektren sind vergleichbar mit denen von Eluaten anderer humifizierter Substanzen wie Kompost oder Boden. Durch diese Vergleiche schließen die Autoren auf einen ähnlichen Humifizierungsstatus und damit ähnliche Stabilität der organischen Restsubstanz in MBV-Material.

3.2.2 Langzeitverhalten von organischen Deponien

3.2.2.1 Altdeponien

Mit der Prognose des Langzeitverhaltens organischer Deponien, das durch den abbaubaren Organikanteil gesteuert wird, tut man sich nach wie vor sehr schwer. Das liegt vor allem daran, dass die vielfältigen Steuermechanismen und -prozesse bei weitem noch nicht verstanden werden. Ein Ansatz dem Prozessverständnis näher zu kommen liegt in der Untersuchung von Altdeponien. Im Verbundvorhaben Deponiekörper wurde zum einen der Zustand von Deponiematerial nach mehreren Jahrzehnten der Ablagerung untersucht und zum anderen das Material längerfristigen Versuchen in Deponiesimulationsreaktoren (DSR) unter Zeitrafferbedingungen unterzogen (Kabbe et al. 1997; Heyer u. Stegmann 1997). Die Ergebnisse zeigen, dass auch nach Ablagerungsräumen von rund 30 Jahren noch ein reaktives Emissionspotenzial in den Altdeponien und Altablagerungen vorhanden ist. Das biochemisch verfügbare Restpotenzial wurde in Abhängigkeit der Ablagerungsdauer auf Werte zwischen 20 und 32 %, bezogen auf die gesamte Abfallfraktion zum Zeitpunkt der Ablagerung bestimmt. Die Restemissionspotenziale der Feststoffproben liegen für die organischen Bestandteile in Abhängigkeit des Ablagerungszeitraums und der Deponiemilieubedingungen zwischen 15 % und 50 % bezogen auf das (geschätzte) Ausgangspotenzial. Die biologische Aktivität der Feststoffproben liegt im Respirationstest bei 2 bis 30 % und im Gärtest nur bei 1 bis 30 % der Ausgangsaktivität, so dass von einem weitgehenden Abbau der leicht abbaubaren organischen Verbindungen auszugehen ist.

Durch Extrapolation der Sickerwasserkonzentrationen aus DSR-Versuchen in die Zukunft ergibt sich auf der Basis der Parameter CSB, BSB_5, Stickstoff und TOC eine Langzeitabschätzung, die bis zum Erreichen von umweltverträglichen Emissionen einen Zeitrahmen von Jahrhunderten vorhersagt (Kruse 1994; Kabbe et al. 1997; Heyer u. Stegmann 1997). Zu ähnlichen Ergebnissen über die Dauer der Nachsorgephase kommen auch Belevi u. Baccini (1989) anhand von Stoffflussermittlungen sowie Krümpelbeck u. Ehrig (2000) auf der Grundlage der Auswertung von Deponieüberwachungsdaten. Während Kruse (1994) zusätzlich zu Ammonium auch den AOX (Organohalogene) im Sickerwasser als zeitbestimmend ansieht, gehen Belevi u. Baccini (1989) von organischen Stoffen (TOC) als maßgeblichen Komponenten aus. Die Gasproblematik spielt in diesen Zeiträumen offensichtlich nur noch eine untergeordnete Rolle. Am schwierigsten ist die Stickstofffreisetzung zu prognostizieren, die letztlich wohl den Zeitrahmen bestimmt. Heyer u. Stegmann (1997) weisen ausdrücklich darauf hin, dass die Sickerwasseremissionen in den ersten Jahren/Jahrzehnten der Deponienachsorgephase wesentlich schneller abnehmen als es in späteren Zeiträumen zu erwarten ist.

Der Maßstab für umweltverträgliche Emissionen orientiert sich zzt. an den Grenzwerten des 51. Anhangs der Rahmen-Abwasser-Verwaltungsvorschrift. Aquatische Ökotoxizitätstests sind zwar im 51. Anhang berücksichtigt, spielen aber bislang bei der Bewertung von Deponiematerialien keine Rolle. Kördel et al. (1995) erachten entsprechende Tests gerade für die Beurteilung von biologischen Abbauprozessen wie z.B. MBV als unbedingt notwendig, da ein Risikopotenzial der Reststoffe durch Einzelstoffanalytik nur schwer zu erfassen ist. Kabbe et al. (1997) stellen auf der Grundlage von Toxizitätstests (Daphnien- und Leuchtbakterientest) fest, dass Sicker- und Bohrlochwässer aus bis zu 30 Jahre alten Deponien noch ein erhebliches toxisches Potenzial in sich bergen. Insofern sollten ökotoxikologische Testreihen verstärkt in die Umweltverträglichkeitsprüfung einbezogen werden, obwohl ihre Aussagekraft derzeit noch umstritten ist.

3.2.2.2 Langzeitversuche und Modellszenarien

Trotz der verschiedenen Langzeitstudien in DSR-Versuchen bleiben nach wie vor die Prozesse, die für die langfristige Schadstofffreisetzung aus organischen Deponien vor allem hinsichtlich des Milieuwechsels im Übergang von der Methan- zur Huminstoffphase eine entscheidende Rolle spielen können, ungeklärt: der Schadstofftransport durch Mikropartikel (Kolloide), die Bildung und Verflüchtigung metallorganischer Verbindungen, die Auswirkungen der Oxidation der Sulfide bei Aerobisierung, das langfristige Schwermetallverhalten, die Zusammensetzung und das Abbauverhalten der stabilen huminstoffähnlichen Restorganik, die Auswirkungen der Heterogenität des Deponiekörpers oder die Rolle bevorzugter Sickerwege. Bozkurt et al. (2000) beschreiben ein Langzeitmodell, das die bislang bekannten Hauptprozesse berücksichtigt, und kommen nach Modellierung verschiedener Szenarien zu einer Prognose, die auch geologische Zeiträume berücksichtigt:

- Im Übergang der Methan- in die Huminstoffphase (postmethanogene Phase der Aerobisierung) geht der Abbau der Organik und damit die Methanproduktion zurück. Durch infiltrierendes sauerstoffreiches Regenwasser und Eindringen von Luft kommt es zu einer Sauerstoffzufuhr in den Deponiekörper. Um den eindringenden Sauerstoff zu verbrauchen ist der Anteil an abbaubarer Organik zu gering und/oder die Geschwindigkeit der Abbaureaktionen zu langsam.
- Durch den eingedrungenen Sauerstoff werden die Sulfide und Teile der Huminstoffe oxidiert, was die Freisetzung der entsprechend gebundenen Schwermetalle sowie Säurebildung zur Folge hat. Langfristig wird die Metallbindung im Deponiekörper wesentlich durch die Huminstoffe und damit durch deren Abbaubarkeit bestimmt. Die Huminstoffoxidationsrate wird als gering angenommen, vergleichbar der Oxidationsrate von Torf.
- Die geringste Zeitspanne, in der die Huminstoffe vollständig oxidiert werden, wurde von Bozkurt et al. (2000) bei einer 10 m mächtigen, nur teilweise wassergesättigten Deponie ohne Oberflächenabdichtung, mit einer Sauerstoffinfiltrationsfluss von 1,5 kg O_2/m^2 im Jahr, einem Huminstoffreservoir von 100 kg/m^3 und einem Sulfidreservoir von 2,8 kg/m^3 auf 600 Jahre berechnet. Zeitbestimmend ist dann die Sauerstoffinfiltrationsrate und nicht die Huminstoffoxidationsrate.
- Die Säurepufferkapazität von 2 mol H^+/kg TS Abfall infolge der Karbonatgehalte reicht aus, die Sulfidoxidation, das Eindringen sauren Regens (0,02 mol H^+/m^2 im Jahr) und die Bedingungen eines gegenüber der Atmosphäre erhöhten CO_2-Partialdrucks infolge Organikabbau mehrere Jahrtausende abzupuffern.

Ein massiver Schwermetallaustrag infolge der Oxidationsprozesse ist demnach über Jahrtausende nicht zu erwarten. Bozkurt et al. (2000) kommen zu dem Schluss, dass zur langfristigen Erhaltung der reduzierenden geochemischen Bedingungen und damit der Huminstoffe das günstigste Ablagerungsszenario die vollständige Wassersättigung darstellt. Fragen z.B. nach dem Kolloidtransport, der Metallmobilisierung durch Komplexierungsprozesse (vergl. Peiffer 1989) und der Heterogenität des Deponiekörpers hinsichtlich Wasser- und Gaswegsamkeit beantwortet das Modell trotz Betrachtung verschiedenster Prozesse nicht.

3.2.2.3 MBV-Deponien

Im Falle des Einbaus biologisch-mechanisch vorbehandelter Abfälle setzt die Deponieentwicklung voraussichtlich im fortgeschrittenen Methanstadium ein. Somit werden die biologischen Umsetzungsprozesse, die üblicherweise die erste Phase der Ablagerung dominieren, deutlich reduziert.

Pichler (1999) untersuchte das Langzeitverhalten von MBV-Rückständen unter Zeitrafferbedingungen in Laborablagerungsversuchen (entsprechen den DSR-Versuchen). Das MBV-Material zeigt noch ein gewisses Restmineralisierungs- und Emissionspotenzial (AT_4- nach DSR-Versuch durchschnittlich 0,7 mg O_2/g TS; AT_4-Abnahme im DSR-Versuch durchschn. 58 %, (s. Kasten S. 288). Der Autor schließt daraus, dass eine aus mikrobiellen Ab- und Umbauprozessen resultierende Emission von MBV-Material nur noch in geringem Umfang zu erwarten ist.

Über die langfristige Stabilität der huminstoffähnlichen Restorganik und damit deren Rolle bei der Schwermetallfestlegung, Bindung organischer Schadstoffe, Kolloidbildung, Säurepufferung etc. kann – vor allem vor dem Hintergrund geologischer Zeiträume – nach wie vor keine klare Aussage gemacht werden. Urban (1995) weist ausdrücklich darauf hin, dass es nicht genügt, die Stabilität durch geringe TOC-Gehalte im Sickerwasser zu begründen, sondern dass auch die konkrete Zusammensetzung und Mobilität klar sein muss. Refraktive humusähnliche Substanzen unterliegen weiterhin Reaktionsprozessen, auch mit Schadstoffen, und können so eine Transportfunktion ausüben.

Die Deponierung von mechanisch-biologisch vorbehandelten Abfällen verkürzt zwar die Entwicklung einer herkömmlichen Deponie mit unbehandelten Siedlungsabfällen um Jahrzehnte, letztlich wird aber praktisch eine gesicherte „Altdeponie" gebaut, in der nach wie vor auch langfristig Emissionen zu erwarten sind, zumal nach AbfAblV zunächst eine Konservierung und damit keine weitergehende Reduzierung des Gefährdungspotenzials durch Fortsetzung der biologischen Prozesse verfolgt wird.

3.2.2.4 Managementkonzept für organische Deponien

Ein im Rahmen des Leitbildes Altdeponie von Stegmann et al. (2000b) vorgestelltes Gesamtmanagementkonzept für organische Deponien sieht grundsätzlich keine Konservierung des Deponiekörpers sondern die Nutzung als Bioreaktor vor. Für zukünftige Deponien wird die Bioreaktion durch die mechanisch-biologische Vorbehandlung weitestgehend vorweg genommen. In laufenden Deponien mit unbehandeltem Hausmüll sollte nach Deponieabschluss eine In-situ-Belüftung durchgeführt werden. Die In-situ-Stabilisierung wird auch für Altdeponien als entscheidender Baustein des Leitbildes Altdeponie aufgeführt (Abschn. 3.2.1.2).

Im Anschluss an eine Stabilisierung des Deponiekörpers sind im wesentlichen passive Systeme zur Oxidierung möglicher geringer Restmengen an Methan sowie zur Reinigung der reduzierten Mengen des schwach belasteten Sickerwassers vorzusehen. Alternative Oberflächenabdeckungen sollen durch entsprechende Mächtigkeit, Bodenaufbau und Bepflanzung ggf. Restmethan oxidieren und einen autarken Wasserhaushalt erreichen, der nur noch eine Sickerwassermenge in Höhe von 10–15 % des Niederschlags erzeugt. Diese Sickerwässer benötigen lediglich noch eine Behandlung der Parameter CSB, Stickstoff und ggf. AOX. Mit Ausnahme des CSB kann diese Reinigung auch mit kostengünstigen und wartungsarmen biologischen Systemen (Teiche, Pflanzanlagen) erfolgen. Bei nicht an der Basis gedichteten Altdeponien muss sichergestellt werden, dass das Grundwasser nicht nachteilig belastet wird, wobei für eine Einschätzung auch die Erkenntnisse des Natural Attenuation herangezogen werden sollten. Langfristig sind die erforderlichen dauerhaften Emissionsschutzmaßnahmen auf der Grundlage einer Gefährdungsabschätzung festzulegen. Das Ziel des Managementkonzepts besteht darin, organische Deponien nach 25–50 Jahren sich selbst zu überlassen, wobei die restlichen Emissionen akzeptabel sein müssen. Entscheidend erscheint jedoch dann auch eine zuverlässige Kontrolle des Emissionsverhaltens der Altdeponien.

Für die sichere Langzeitprognose einer organischen Deponie auf der Basis eines Prozessverständnisses sind zzt. aber noch zu viele Fragen offen. Obwohl die Prozesse in weitgehend anorganischen Abfällen wie MV-Schlacken auch noch nicht bis in das letzte Detail geklärt sind, können die maßgeblichen Steuerprozesse doch aufgezeigt werden (Abschn. 3.2.3). Von einer kontrollierten Entwicklung ist im Fall der MVB-Deponie bei jetzigem Kenntnisstand nicht auszugehen. Trotzdem ermöglicht die Novellierung der TASi zukünftig auch die Ablagerung von mechanisch-biologisch vorbehandeltem Abfall, der bis zu 18 Masse-% TOC enthält. Eines der ursprünglichen Hauptziele der TASi, die Reduzierung des Emissionspotenzials durch weitgehende, zumindest organische Schadstoffentfrachtung des Deponiegutes und damit eine hohe aktive Gefährdungsminderung zu erreichen, wird damit aufgegeben. Persistente organische Stoffe sind durch biologische Behandlung grundsätzlich nicht zu entfernen und bleiben in MVB-Rückständen erhalten.

Da noch nicht klar ist, wie lange die Nachsorgephase einer MBV-Deponie sein wird, ist es fraglich, ob die MBV-Deponie als Endglied einer nachhaltigen Stoffwirtschaft geeignet ist, in der jede Generation ihre stoffliche (Abfall-)Probleme selber löst und Nachsorgepflichten für abgelagerte Abfälle über mehrere Generationen grundsätzlich vermieden werden. Konzepte, die eine Nachsorgedauer von mehr als 100 Jahren beinhalten, erfüllen die notwendige Voraussetzung einer nachhaltigen Stoffwirtschaft nicht (Anonym 1999). Durch die Verlagerung von der aktiven zur passiven Gefährdungsminderung (Dichtungssysteme) resultiert für die MBV-Deponien nicht nur ein aufwendigerer Regelungs- und Überwachungsaufwand, sondern auch ein höheres langfristiges Emissionsrisiko im Vergleich zu Schlackedeponien. Die Emission klimarelevanter Treibhausgase und die mögliche energetische Verwertung werden zwar bei beiden Vorbehandlungsverfahren ähnlich bewertet. Eine gesamtökologische Bewertung des mechanisch-biologischen Vorbehandlungsverfahrens, wie sie von Hellweg u. Hungerbühler (1999) für thermische Verfahren durchgeführt wurde, hat bislang nicht stattgefunden.

3.2.3 Ablagerung von thermisch behandelten Abfällen

Neben der seit über 100 Jahren betriebenen Müllverbrennung werden seit einigen Jahren *Hochtemperaturverfahren* sowohl zur direkten Behandlung von Siedlungsabfällen als auch einer Müllverbrennung nachgeschaltet zur Behandlung der Filterstäube oder Schlacken angeboten. Diese Schmelzverfahren befinden sich allerdings noch weitgehend in der Entwicklung und können einen Dauerbetrieb im großtechnischen Maßstab bislang nicht vorweisen (Kanczarek u. Schneider 1996; Stahlberg 1994; Ponto u. Spanke 1996; Ebert 1996; Lichtensteiger 1997). Als bekannteste Verfahren sind das Siemens/KWU-Schwelbrennverfahren, das Noell-Konversionsverfahren, das HSR-Verfahren (Hochtemperatur-Schmelz-Redox) der Firmen Holderbank Management und Von Roll Umwelttechnik, das Thermoselect-Verfahren und das 2SV-Verfahren (Sauerstoff-Schmelz-Verfahren) der Mitteldeutschen Feuerungs- und Umwelttechnik zu nennen. Hinsichtlich der großtechnischen Umsetzung in Europa hat das Schwelbrennverfahren eine Anlage in Fürth vorzuweisen, die nach einem Gasunfall allerdings nicht in Betrieb ging. Das HSR-Verfahren wird seit 1996 integriert in das RCP-Verfahren (Recycled Clean Products) in Bremerhaven angewendet und das Thermoselect-Verfahren wird in Karlsruhe betrieben. Weitere Thermoselect-Anlagen befinden sich in Ansbach im Bau sowie in Hanau in der Genehmigungsphase. Die erste großtechnische Anlage des 2SV-Verfahrens wird zzt. in Rothenburg/Lausitz gebaut.

Mit Ausnahme des 2SV-Verfahrens, das den vorzerkleinerten Abfall direkt in den aus der Kupolofentechnik stammenden Hochtemperaturbereich einführt, laufen die übrigen Schmelzverfahren in der Regel zweistufig. Der Abfall wird in einem ersten Schritt bei Temperaturen von 200–600 °C unter Luftabschluss pyrolysiert. Der entstandene Pyrolysekoks wird entweder direkt oder nach Aufbereitung (z.B. Abtrennung von Eisenmetall bzw. Inertmaterialien) in den Hochtemperaturreaktor gegeben. Dort erfolgt das Schmelzen bei Temperaturen zwischen 1300 und 2000°C unter oxidierenden Bedingungen (Sauerstoff- bzw. Luftzufuhr). Während das Schwelbrennverfahren diese Schmelze direkt abzieht, erfolgt bei den anderen Verfahren zusätzlich eine Trennung der Schmelze in Silikat- und Metallphase. Die Schmelzphasen trennen sich aufgrund ihrer unterschiedlichen Dichte durch mechanische Absaigerung der gegenüber der Silikatphase schwereren reduzierten Metallphase (z.B. durch Schmelzhomogenisierung und anschließende Schockkühlung im Thermoselect-Verfahren). Im HSR-Verfahren wird die Reduktionswirkung der Metallschmelze noch durch Graphitelektroden verstärkt.

Der entscheidende Vorteil der Schmelztrennung besteht darin, dass damit eine weitergehende Metallabtrennung auch der höhersiedenden Metalle Cr, Cu und Ni aus der silikatischen Glasschmelze in die Metalllegierungsschmelze erreicht wird. Ohne Abtrennung verbleiben die Metalle ansonsten in einer eisenreichen

Schmelzschlacke. In Abhängigkeit des Abtrennungsgrades wird eine völlig unproblematische Silikatschlacke erzeugt. Angesichts des dafür notwendigen hohen Aufwands ist die uneingeschränkte Verwertung oder Weiterverarbeitung nicht nur der Metallschmelze sondern auch der Silikatschlacke das Ziel (Abschn. 3.2.4.3). Für die Schmelzschlacken ohne weitergehende Schwermetallabtrennung ist generell die Frage nach der langfristigen Schadstofffreisetzung zu beantworten, da ein vollständiger Einschluss aller Schwermetalle in die Glasphase nicht ohne weiteres möglich ist und entsprechende Schwermetallfreisetzungen zu erwarten sind.

Als Hauptziele der konventionellen *Müllverbrennung* sind neben der Volumenreduzierung und Hygienisierung die Stabilisierung der Siedlungsabfälle durch weitgehende Zerstörung der organischen Substanz und die Reduktion der thermisch mobilen anorganischen Schadstoffe zu nennen. In Deutschland wird die Müllverbrennung seit Inbetriebnahme der ersten Anlage in Hamburg im Jahre 1894 betrieben. Mittlerweile ist die Zahl der Anlagen in Deutschland auf über 60 gestiegen.

Im Rahmen des Verbrennungsprozesses wird der Abfall auf einem Rost nacheinander getrocknet (65 °C), gezündet (Zündpunkt 235 °C), unter Luftzugabe verbrannt (850–1200 °C), schließlich gesintert und nachfolgend gekühlt (113 °C; Thomé-Kozmiensky 1994). Danach wird die Schlacke in der Regel zur Abschreckung (Quenchen) in einen Nassentschlacker ausgetragen. Die Verbrennungsgase werden einer aufwendigen mehrstufigen Rauchgasreinigung unterzogen. Aus einer Tonne Hausmüll entstehen ca. 250–350 kg Müllverbrennungsschlacke (MV-Schlacke)[1], 20–40 kg Flugstaub (Filterstaub und Kesselasche) sowie je nach Rauchgasreinigungsverfahren 8–45 kg Rauchgasreinigungsprodukte. Die Rauchgasreinigungsrückstände Gips und HCl werden verwertet, Filterstäube und Salze müssen im Gegensatz zu früheren Zeiten, in denen Filterstäube und Schlacken vermischt wurden, getrennt als Sonderabfall entsorgt bzw. behandelt werden. Nach einer Stoffflussanalyse der Kehrichtverbrennungsanlage St. Gallen (CH) wird die Hausmüllmasse durch Verbrennung zu 74 % in das Abgas, zu 23 % in die Schlacke, zu 2,2 % in die Rauchgasreinigungsrückstände und zu 0,4 % in die Kesselstäube überführt (Belevi 1993).

Entsprechend dem hohen Anteil der *Schlacke* an den Gesamtabfällen gilt ihrer Qualität das Hauptaugenmerk. Während der Hausmüll-Input kaum zu kontrollieren ist, kann im Rahmen des Verbrennungsprozesses begrenzt Einfluss genommen werden. Der Ausbrand und damit der Restgehalt an organischen Stoffen wird durch die konstruktiven Eigenschaften des Rostes, die Eigenschaften des Brenngutes (Aschegehalt, Brennverhalten etc.) sowie die Temperatur und die Menge der zugeführten Verbrennungsluft beeinflusst (Thomé-Kozmiensky 1994). Durch den Ausbrand bzw. die Temperaturverteilung im Müllbett wird auch die Abtrennung der thermisch mobilen Elemente As, Cd, F, Hg, Pb, Se, Sn und Zn gesteuert und damit eine gewisse Entfrachtung der Schlacke erreicht (Anonym 1994a). Zusätzlich kann auch das Ausmaß der Sinterung und Glasbildung (ab ca. 1000 °C) durch die Rosttemperaturen beeinflusst werden. Unter der Sinterung ist die örtlich be-

---

[1] Schlacke wird synonym auch als Asche bezeichnet. Um eine Verwechslung mit der Kesselasche zu vermeiden, wird der Begriff Asche in dieser Arbeit nicht weiter verwendet.

grenzte Aufschmelzung der Schlacke, die vor allem durch die Anwesenheit von ionischem Eisen gefördert wird, sowie das Verschweißen von Schmelzprodukten und nicht geschmolzenen Bestandteilen zu verstehen (Reimann u. Hämmerli 1995). Eine weitere Möglichkeit die Qualität der Schlacke durch Reduzierung der leichtlöslichen Salze zu verbessern, stellt die integrierte Schlackewäsche im Rahmen des Nassentschlackens dar.

Die konventionelle *Aufbereitung* der Rohschlacke (Schlacke nach dem Wasserbad) umfasst eine Eisenmetallabtrennung, eine Abtrennung der Nichteisenmetalle (z.B. Aluminium), des Überkorns (Durchmesser >32 mm) und teilweise das Brechen des Überkorns. Daran schließt sich eine mindestens dreimonatige *Lagerung* (Alterung) als Voraussetzung für die zzt. vielfach betriebene Verwertung im Straßen- und Wegebau an (Anonym 1994b und 1998). Ziel dieser Lagerung ist es, die nach dem Kontakt mit Wasser und Luft startenden chemischen Reaktionen soweit wie möglich ablaufen zu lassen und damit die Raumbeständigkeit der Schlacken herzustellen. Infolge Hydratations-, Oxidations- und C-(A-)S-H-Bildungsreaktionen (Calcium(aluminat)silikathydrate, bekannt aus der Zementtechnologie[2]) kommt es zur Wasserstoffgasbildung, Volumenvergrößerung, dem sog. Treiben, zur starken Wärmeentwicklung und Verfestigung (Abschn. 3.2.4.1). Mit Ausnahme der Verfestigung sind diese Auswirkungen weder bei der Verwertung im Straßenbau noch bei der Deponierung erwünscht, so dass eine Aufbereitung und mehrmonatige Lagerung auch vor einer Ablagerung zu empfehlen ist.

3.2.3.1 Charakterisierung von Müllverbrennungsschlacken

Makroskopisch handelt es sich bei den MV-Schlacken um graues bis schwarzes körniges Material, das Plastik-, Metall-, Glas- sowie Papp- und Papieranteile enthält. Physikalisch stellt die aufbereitete Schlacke ein Sand/Kies-Gemisch mit einem Feinkornmassenanteil (Durchmesser <60 µm) von bis zu 3,5 Gew.-% dar (Daten aus Förstner u. Hirschmann 1997 und Hirschmann 1999). Die spezifische Oberfläche wird mit 50 m^2/g TS, die Rohdichte mit 2,2–2,7 t/m^3, die Schüttdichte mit ca. 1,2 t/m^3 angegeben (Anonym 1994a, Reichelt 1996). Die maximale Proctordichte beläuft sich bei einem optimalen Wassergehalt von 11,5–14,8 % auf 1,45–1,85 t/m^3 (Kluge 1982).

Die chemische Zusammensetzung von Müllverbrennungsschlacken ist von Silikaten und Oxiden geprägt (Hauptelemente Si, O, Fe, Ca, Na, Al und Mg). Ein vergleichbares geogenes Material stellen basische Vulkanite wie z. B. Basalte dar. Allerdings sind die leichtlöslichen Salze (Chloride, Sulfate), die Schwermetalle (insbesondere Cr, Cu, Pb und Zn) und der organische Kohlenstoff (TOC in modernen Anlage mit gutem Ausbrand max. 1,5 Gew.-%) in der MV-Schlacke stark angereichert. Die Sulfidgehalte fallen mit max. 300 mg Sulfidschwefel /kg TS sehr gering aus.

Die *Petrologie der MV-Schlacke* beschreiben Baccini et al. (1993), Kirby u. Rimstidt (1993) sowie Lichtensteiger (1996) folgendermaßen: Zum überwiegen-

---

[2] C-A-S-H: Bezeichnung gemäß der Zementphasen-Nomenklatur: C=CaO, A=Al$_2$O$_3$, S=SiO$_2$, H=H$_2$O.

den Teil besteht die Schlacke aus Schmelzprodukten (hauptsächlich Glas; 40 %) und Aschen (45 %), ferner aus Bruchglas (5 %), Keramik (2 %), Gesteins- (1 %) und Metallkomponenten (5 %) sowie organischen Resten (2 %).

Das Gefüge der Schlacke nach Abtrennung der reinen Durchläufermaterialien (massive Bruchglasstücke, Ziegelsteinteile, metallische Komponenten oder Gesteinsbruchstücke) ist stark porös (Porosität bis zu 35 Vol.-%) mit vielen zum Teil kreisrunden Entgasungsporen. In der Regel sind *vier Fraktionen* zu trennen, die im Millimeterbereich nebeneinander vorkommen können:

- Schmelzphasen (Glas),
- Neukristallisate,
- größere Metall- und Legierungsphasen samt Korrosionsprodukten und
- feinkörnige Aschen.

Als *Asche* definiert Lichtensteiger (1996) ein Gemisch aus:

- anorganischen Rückständen aus der Verbrennung von Kunststoff, Papier, Karton und pflanzlichen/tierischen Abfällen,
- Rußpartikeln aus der unvollständigen Verbrennung,
- nicht brennbaren Staubpartikeln des eingetragenen Abfalls und
- feinstkörnigem Abrieb aus Bruchglas, Keramik, Gesteins- und Metallkomponenten.

Die in der Regel sehr feinkörnige Asche bildet die Matrix, in die die gröberkörnigen Bestandteile eingelagert sind.

Als Durchläuferphasen, die im Ofen keine wesentliche Veränderung erfahren haben, sind Quarz und Feldspat zu nennen. Im Ofen gebildet werden vor allem Glas sowie Pyroxen, Olivin, Melilith, Eisenoxid (Hochtemperaturkorrosionsbildungen wie Magnetit und Hämatit), Korund, Calciumoxid, Anhydrit und Metalle/-Legierungen sowie vereinzelt Sulfide (primäre Neubildungen).

Nach dem Austritt aus dem Ofen erfolgen im Entschlacker sowie während der Schlackelagerung Umbildungsprozesse. Reaktionspartner für die Schlacke sind Wasser sowie Sauerstoff und Kohlendioxid der Luft. In der Hauptsache handelt es sich um Oxidations-, Hydratations- Karbonatisierungs- und Hydrolysereaktionen, die ein stark alkalisches (pH-Wert bis zu 13) und reduzierendes Milieu (Eh ~ -200 mV) erzeugen. Eine Übersicht über die ablaufenden Hauptreaktionen gibt Tabelle 1. Dabei entstehen vielfältige sekundäre Phasenneubildungen wie z.B. Calcit, Gips, C-(A-)S-H-Phasen (u.a. Ettringit) und Metalloxide/-hydroxide.

Mit den Prozessen der C-S-H-, Ettringit- und Karbonatbildung kommt es zur Selbstverfestigung der MV-Schlacke. Auch die Hydratation von Calciumsulfat, das bei Temperaturen von 800–900 °C gebrannt wurde („Estrichgips") trägt dazu bei. Die Produktion von Wasserstoffgas ist in der Hauptsache auf Hydratation von Aluminium zurückzuführen (Tabelle 3.2-1).

Tabelle 3.2-1 Zusammenstellung der chemischen Hauptreaktionen, die in Müllverbrennungsschlacken ablaufen (nach Baccini et al. (1993) und Johnson (1994))

Calciumsulfat- hydratisierung	$CaSO_4 + 2\,H_2O \rightarrow CaSO_4 * 2\,H_2O$
Calciumhydratisierung	$CaO + H_2O \rightarrow Ca(OH)_2$
Karbonatisierung:	$Ca(OH)_2 + CO_2 \rightarrow CaCO_3 + H_2O$
Silikathydratbildung:	$Ca(OH)_2 + SiO_2 \rightarrow CaH_2SiO_4$
Aluminiumhydratisierung:	$Al + 3\,H_2O \rightarrow Al(OH)_3 + 3/2\,H_2\,(Gas)$
Eisenhydratisierung:	$Fe^0 + ¾\,O_2 + 3/2\,H_2O \rightarrow Fe(OH)_3$
Sulfidoxidation:	$FeS_2 + 15/4\,O_2 + 7/2\,H_2O \rightarrow Fe(OH)_3 + 2\,SO_4^{2-} + 4\,H^+$
	$FeS + 9/4\,O_2 + 5/2\,H_2O \rightarrow Fe(OH)_3 + SO_4^{2-} + 2\,H^+$
	$CaS + 2\,O_2 \rightarrow Ca^{2+} + SO_4^{2-}$
Abbau organischer Substanz:	$C_6H_{12}O_6 + 9/2\,O_2 \rightarrow 3\,H_2C_2O_4 + 3\,H_2O$
	$H_2C_2O_4 + 1/2\,O_2 + 2\,H^+ \rightarrow 2\,CO_2 + H_2O$
Silikatverwitterung:	$\text{Me-Silikat} + HCO_3^- \rightarrow MeCO_3\,H_4SiO_4$
	$\text{Me-Al-Silikat} + H^+ + H_2O \rightarrow \text{Al-Silikat} + H_4SiO_4 + Me$
	$\text{Al-Silikat} + H^+ \rightarrow Al(OH)_3 + H_4SiO_4$

Jaros u. Huber (1997) stellten bei der Rohschlacke ein H_2-Gasbildungspotenzial von 7–8 L/kg TS fest. Durch die Oxidation und Hydratisierung von metallischem Al zu einem Hydrogel, das sich später in Böhmit (γ-AlOOH) und Bayerit (α-Al(OH)$_3$) umwandelt, entstehen auch Drücke bis zu 100 bar, die in der Hauptsache für Quellungserscheinungen verantwortlich sind (Kluge et al. 1979). Während normalerweise Aluminium im alkalischen Milieu an der Luft eine dünne Passivierungsschicht aus Aluminiumoxid aufbaut, die das Metall dann vor weiterem Angriff schützt, sind vor allem Al-Legierungen leicht angreifbar. Zusätzlich hat das aufgrund der Salzgehalte stark korrosive Milieu der MV-Schlacken eine beschleunigende Wirkung. Weiterhin zu beachten ist die enorme Wärmeentwicklung in Schlackehaufen. In einigen Schlackedeponien wurden auch nach Jahren noch erhöhte Temperaturen z.T. bis zu 87 °C registriert (Baccini et al. 1993, Klein et al. 2001). Diese erhöhten Temperaturen sind auf die exothermen Prozesse der Calciumsilikathydratbildung (vergleichbar mit der Wärmeentwicklung in Zement) und der Oxidations-/Hydratationsreaktionen, vor allem der Fe-Metallkorrosion zurückzuführen. Wird die Schlacke in stärkeren Mächtigkeiten abgelagert, dann staut sich die Wärme im Schlackekörper, so dass sich die hohen Temperaturen über Jahre bis Jahrzehnte halten können. Deshalb wird vom LAGA-Merkblatt (Anonym 1994b) eine dreimonatige Lagerung der Schlacke vor der Verwertung gefordert, damit diese gas- und wärmeproduzierenden sowie Quellung hervorrufenden Reaktionen soweit wie möglich kontrolliert ablaufen können und dann die Raumbeständigkeit hergestellt ist. Voraussetzung ist natürlich eine ausreichende Feuchtigkeit und möglichst auch entsprechende Luftzufuhr.

3.2.3.2 Untersuchung des Langzeitverhaltens

Da teilweise Organikreste und die anorganischen Schadstoffe wie z.B. Schwermetalle größtenteils in der MV-Schlacke erhalten bleiben, drängt sich die Frage sowohl nach der langfristigen Umweltverträglichkeit, als auch nach den Untersuchungsmethoden und Bewertungsmaßstäben auf, die in der Lage sind, die geforderte langfristige Umweltverträglichkeit nachzuweisen (vergl. Abschn. 1.2).

Anhand der MV-Schlacken wird im Folgenden exemplarisch dargestellt, wie die Charakterisierung von Massenabfällen hinsichtlich ihres langfristigen Deponieverhaltens generell aussehen sollte. Die Ergebnisse stammen aus dem Teilvorhaben „Langfristiges Deponieverhalten von Müllverbrennungsschlacken" im Rahmen des BMBF-Verbundforschungsvorhabens Deponiekörper (Förstner u. Hirschmann 1997; Hirschmann 1999).

Zur Klärung des langfristigen Freisetzungsverhaltens von MV-Schlacken sind folgende Aspekte besonders zu berücksichtigen:

- Schwermetallbindungsformen und -verfügbarkeit,
- Säurepufferkapazität und deren voraussichtliche Änderung durch Säureeintrag (saurer Regen) oder interne Prozesse (mikrobieller Abbau der Restorganik, Sulfidoxidation),
- Redoxverhalten,
- petrographische Phasenveränderungen (Korrosion, sekundäre Neubildungen)
- Möglichkeiten der Erfassung langfristiger Prozesse durch Kurzzeitversuche im Labor.

Untersuchungsmethoden
Die Untersuchungen erfolgten an gelagerten MV-Schlacken aus drei Anlagen unterschiedlichen Betriebsalters. Um längerdauernde Prozesse in unzerkleinerter Originalschlacke zumindest ansatzweise zu erfassen, wurden Laborlysimeterversuche sowohl mit neutralem, als auch mit angesäuertem Wasser über mehrere Monate bis zu einem Jahr durchgeführt. In Abb. 3.2-1 ist beispielhaft der pH-gesteuerte Teil der Laborlysimeteranlage, die aus insgesamt drei Lysimetern bestand, dargestellt. Die Lysimeter hatten jeweils ein Volumen von 5 l und wurden kontinuierlich unter gesättigten Verhältnissen von Wasser im Kreislauf durchströmt. Temperatur, pH-Wert, Redoxpotenzial und elektrische Leitfähigkeit des Sickerwassers wurden permanent gemessen und aufgezeichnet. Bevor das Wasser wieder in den Lysimeterbehälter eintrat, wurde es durch automatische Zudosierung von 1M HNO_3 auf pH 4 eingestellt. Regelmäßig aller 3–4 Tage erfolgte ein Wasseraustausch von ca. 3 l sowie die Probenahme und Analytik des Sickerwassers. Zwei Versuche mit Wasser dauerten ein Jahr und erreichten ein Wasser-/Schlacke-Verhältnis von 40. Das Sickerwasser der zwei pH-gesteuerten Lysimeterversuche erreichte pH 4 nach drei bis vier Monaten.

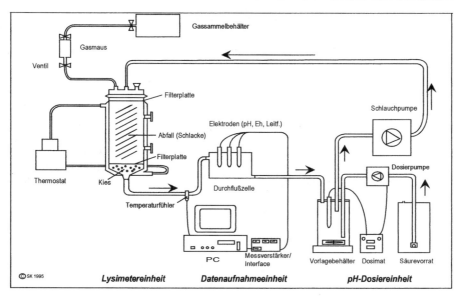

Abb. 3.2-1 Schematische Übersicht über den pH-gesteuerten Teil der Laborlysimeteranlage

Vor und nach den Lysimeterversuchen wurden die Schlacken chemisch (u.a. Röntgenfluoreszenzanalytik (RFA), CNS-Analytik), petrologisch (Polarisationsmikroskopie von polierten Dünnschliffen im Durch- und Auflicht; Elektronenstrahlmikrosonde (EMS); Röntgenpulverdiffraktometrie (RPD)) und mit Hilfe von Elutionstests (DIN 38414-S4 und pH_{stat}-Test gem. Obermann und Cremer (1992)) untersucht. Zusätzlich wurden auch Versuche zur Belüftung von Schlackesuspensionen (Wasser/Feststoffverhältnis 10; Luftzugabe durch vorsichtiges Einblasen) und Sapromatversuche (Bestimmung der Atmungsaktivität durch Messung des Sauerstoffverbrauchs; Fraktion <2 mm, 60 % der maximalen Wasserhaltekapazität) durchgeführt.

Säurepufferkapazität und deren Änderungen
Der pH-Wert stellt die Mastervariable für die langfristige Freisetzung von Schwermetallen aus Müllverbrennungsschlacken dar. Dementsprechend spielt die Säurepufferkapazität eine Hauptrolle bei der Bewertung der langfristigen Metallmobilität. Im Kontakt mit Wasser reagiert die MV-Schlacke aufgrund der Phasen Portlandit und C-S-H stark alkalisch (pH-Wert von 10 bis 12). Die Bestimmung der Säurepufferkapazität (Acid Neutralization Capacity: *ANC*) bis zum pH-Wert von 4 (ANC_4) ergab durchschnittliche Werte bezogen auf die Trockensubstanz von 1,5 meq H^+/g Schlacke. Dieser Wert basiert auf dem verwendeten pH_{stat}-Versuch, der nach 24 Stunden abbricht. Obwohl der Großteil der Säurepufferkapazität bereits nach 24 Stunden erschöpft ist, wird aber die Bedeutung der wesentlich langsameren Auflösungskinetik vieler Silicate dadurch deutlich, dass ein gewisser Anteil der ANC_4 erst längerfristig pufferwirksam wird. Johnson et al. (1995) erhalten

mit einer wesentlich länger dauernden Titrationsmethode sogar ANC_4-Werte von 3,5 meq H^+/g TS.

Neben dem Auswaschen des Säurepuffers und Eindringen von sauren Lösungen können auch interne Säure-bildende Prozesse, wie der mikrobiologische Abbau der Restorganik (Erzeugung von organischen Säuren sowie Kohlensäure) oder die Oxidation von Sulfiden (Bildung von Schwefelsäure) die Säurepufferkapazität der MV-Schlacke entscheidend reduzieren. Belüftungsversuche von Schlackepulversuspensionen über Zeiträume bis zu 337 Stunden zeigen einen Anstieg des Redoxpotenzials von durchschnittlich -120 mV auf Werte um +360 mV. Der pH-Wert sinkt infolge Karbonatisierung des Portlandits auf Werte zwischen 8,7 und 8,3. In keinem Fall konnte anhand von pH_{stat}-Tests mit den belüfteten Schlackesuspensionen eine Abnahme der Säurepufferkapazität festgestellt werden. Somit spielt die Oxidation der Sulfide aufgrund der sehr geringen Gehalte (max. 300 mg Sulfidschwefel/kg TS) keine entscheidende Rolle für die Reduzierung der Säurepufferkapazität (rein rechnerisch max. 1,3 % des gesamten ANC_4).

Da in MV-Schlacken graphitähnlicher Kohlenstoff und Ruß (unreiner elementarer Kohlenstoff mit geringen Anteilen an H, O, N und S) auftritt, ist der TOC (ca. 1,5 Gew.-%) in elementaren Kohlenstoff und abbaubaren organischen Kohlenstoff (AOC) zu differenzieren. Mit verschiedenen chemischen und thermischen Verfahren wurde übereinstimmend ein abbaubarer Kohlenstoffanteil zwischen 15 und 40 % des TOC ermittelt (Kowalczyk et al. 1995 ; Priester et al. 1996, Ferrari 1997, Förstner u. Hirschmann 1997). Neueste thermische Direktmessungen nach Säurebehandlung ergaben einen abbaubaren Anteil von 19–33 % des TOC (Marzi et al. 2001).

Mikrobielle Aktivität ist nach den Ergebnissen der Sapromatversuche in dem alkalischen Schlackemilieu grundsätzlich möglich. Gelagerte Schlackeproben weisen nach 840 Stunden einen auf die Trockensubstanz bezogenen Sauerstoffverbrauch von 0,6 bis 2 mg O_2/g TS gegenüber mit Natriumazid oder m-Kresol vergifteten Proben (nach 840 h 0,06 bis 0,3 mg O_2/g TS) auf. Das Abtöten der Mikroorganismen durch Giftzusatz erfolgte, um den abiotisch-chemischen von dem mikrobiellen Sauerstoffverbrauchsanteil zu trennen. Demnach werden max. 6 % des TOC in gelagerten Schlacken mikrobiell abgebaut. Der Zusatz von Bakterienlösung (Extrakt eines Ah-Bodenhorizontes mit Ringer-Lösung (gem. Wollum II 1982) zeigt keine Veränderung des Sauerstoffverbrauchs. Dagegen bewirkt der Zusatz von Glucose-haltiger Nährlösung nach Schlegel (1985) eine starke, allerdings nur auf einen kurzen Zeitraum beschränkte Aktivierung des Sauerstoffverbrauchs. Das spricht für einen Mangel an leicht abbaubarer Organik als limitierenden Faktor für die mikrobielle Aktivität in gelagerten MV-Schlacken. Nach den Sapromatversuchen konnten lediglich 5–6 % des TOC mikrobiell abgebaut werden. pH_{stat}-Tests mit der Schlacke aus den Sapromaten ergaben in keinem Fall eine Abnahme der Säurepufferkapazitäten im Vergleich zu den ursprünglichen Schlackeproben. Dementsprechend reicht der mikrobielle Abbau der Restorganik nicht aus, die Säurepufferkapazität entscheidend zu reduzieren.

Schwermetallbindungsformen und -verfügbarkeit
Anhand der mit der Elektronenstrahlmikrosonde (EMS) ermittelten Gehalte konnten für die Schwermetalle Cu, Ni und Zn die Metalle/Legierungen sowie für Cr und Pb Magnetit (bzw. allgemein Spinelle) als bedeutende Metallträger identifiziert werden. Zusätzlich sind Cu, Pb und Zn in der Glasphase, Cr in Pyroxenen und Zn in Melilithen oftmals in erhöhten Konzentrationen zu finden. Somit ist ein relativ hoher Anteil der Schwermetalle primär in stark korrosionsanfälligen Phasen (Metalle/Legierungen) gebunden, die im Kontakt mit oxischen und sauren Wässern schnell korrodieren und die Schwermetalle leicht freisetzen.

Die Schwermetallfreisetzung aus einem Feststoff wird in der Regel mit Laborauslaugversuchen geprüft. Unter den Bedingungen des genormten Referenz-Elutionsverfahrens nach DIN 38414-S4 gehen aus gelagerten MV-Schlacken angesichts des alkalischen pH-Wertes um 10 nur geringfügig Cu, Pb oder Zn in Lösung. Da im S4-Test allenfalls die leichtlöslichen Bestandteile erfasst werden, die kurzfristig freisetzbar sind, ist zur Ermittlung des langfristig verfügbaren Schwermetallanteils ein Elutionstest mit definierter pH-Einstellung und zerkleinertem Material notwendig. Bei dem pH_{stat}-Test stellen sowohl die Auslaugung bei niedrigen pH-Bedingungen als auch die Verwendung von gemahlenem Material Zeitraffereffekte dar, die berücksichtigen, dass die mechanische Festigkeit und die Säurepufferkapazität des Materials zeitlich begrenzt sind. Im Verhältnis zu den Gesamtgehalten werden nach 24 h bei pH 4 maximal 41 % Cd, 37 % Zn, 24 % Ni, 10 % Co, 8 % Pb, 3 % Cu und 0,1 % Cr aus den MV-Schlacken freigesetzt.

Langfristiges Freisetzungsverhalten
Die Untersuchungsergebnisse der mehrmonatigen Laborlysimeterversuche zeigen, dass die langfristige Metallfreisetzung aus den Müllverbrennungsschlacken in der Hauptsache von den pH-Bedingungen gesteuert wird. Im Sickerwasser der mit Wasser durchströmten Schlacken sind die Redoxverhältnisse zu Beginn leicht reduzierend, entwickeln sich dann aber kontinuierlich hin zu oxidierenden Bedingungen. Hohe Salz- sowie TOC-Gehalte im Sickerwasser spielen nur in der Anfangsphase je nach Auswaschgeschwindigkeit und damit Wasserhaushaltsverhältnissen eine Rolle. Die anfänglich hohen pH-Werte um 11 werden lange gepuffert. Die Karbonatisierung verläuft unter wassergesättigten Deponiebedingungen (für Kohlendioxid quasi geschlossenes System) mit nur begrenzter Luftzufuhr relativ langsam. Die Calciumgehalte im Sickerwasser werden in der Regel zunächst durch Ca-Sulfate kontrolliert. Ausfällungen in einigen Sickerwassersammelbehältern bei hohen pH-Werten konnten mittels Röntgenpulverdiffraktometrie als Gips identifiziert werden. Gips als die Ca-Löslichkeit kontrollierende Phase wurde anhand geochemischer Gleichgewichtsberechnungen auch von Kersten et al. (1995) bzw. Gips in Kombination mit Ettringit von Comans und Meima (1994) ermittelt. Die schnelle Abnahme der zu Beginn teilweise hohen Aluminiumgehalte trotz konstant hoher pH-Werte in den mit Wasser durchströmten Lysimetern deutet auf eine Festlegung in Phasenneubildungen, die dann die Al-Löslichkeit bestimmen. Die Schwermetallfreisetzung ist angesichts des alkalischen pH-Wertes generell sehr gering.

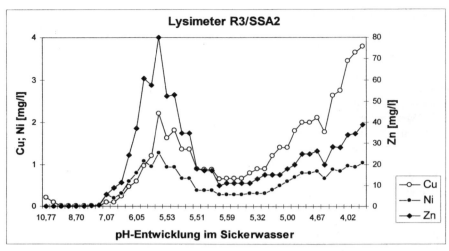

Abb. 3.2-2 Freisetzung von Cu, Ni und Zn im pH-gesteuerten Lysimeter R3/SSA2 in Abhängigkeit der pH-Entwicklung im Sickerwasser bei ständiger Säurezufuhr[3]

Den entscheidenden Einfluss auf die pH-Entwicklung hat die externe Zufuhr von Säuren (saurer Regen). Säurepufferkurven zeigen nach einer kleinen Pufferzone zwischen pH 9,5 und 9 ein starkes Pufferplateau zwischen pH 7 und 5,5, bevor zwischen pH 5 und 4 noch einmal eine Pufferung stattfindet. Die erhöhte Freisetzung von Ca und CO_3 in den pH-gesteuerten Lysimetern zwischen pH 7 und 5,5 belegt, dass Calciumkarbonate den Hauptpuffer stellen. Der niedrige pH-Bereich der Karbonatpufferung resultiert daraus, dass das aus der Calcitlösung stammende CO_2 nicht aus dem für Gase quasi geschlossenen System entweichen kann und das pH-Niveau erniedrigt. Ca-Phasen sind ebenfalls an der Pufferung im pH-Wert-Bereich von 9,5 bis 9,0 und ab pH 5 beteiligt. Ab pH 5 puffern dann zunehmend Fe- und Al-Hydroxide sowie Silikate. Die erhöhte Freisetzung der Schwermetalle Cu, Ni und Zn erfolgt in zwei Phasen ab pH 7 sowie ab pH 5 (Abb. 3.2-2). Ab pH 7 werden vor allem Zn aber auch Ni zum größten Teil im Verhältnis zur Gesamtfreisetzung gelöst. Cu dagegen hat erst ab pH 5 seinen Freisetzungsschwerpunkt. Dazwischen ist in der Regel eine Abnahme der Schwermetallkonzentrationen zu verzeichnen, vermutlich aufgrund begrenzter Verfügbarkeit der freisetzenden Phasen. Pb zeigt generell erst ab pH 5 eine erhöhte Freisetzung. Die Sickerwassergehalte von Cr bleiben pH-unabhängig bis pH 4 sehr gering. Die erhöhte Freisetzung von Cd und Co ist uneinheitlich. Je nach Schlacke wird Cd teilweise ab pH 7 und teilweise erst ab pH 5 frei. Das gilt für Co ebenso.

---

[3] Aus Gründen der besseren Übersicht sind die Freisetzungskurven der pH-gesteuerten Lysimeterversuche nicht als Funktion des Wasser/Feststoffverhältnisses (als Zeitmaßstab) dargestellt, sondern in Abhängigkeit der maßgeblichen pH-Entwicklung im Sickerwasser (Säurepufferkurve auf die X-Achse projiziert) abgebildet.

Offensichtlich spielen dabei unterschiedliche, auch von der jeweiligen Schlacke abhängige Bindungsformen eine Rolle.

Mineralogisch-chemische Untersuchungen der Schlacken aus den mit Wasser durchströmten Lysimetern zeigen Korrosionserscheinungen an vielen Glasrändern und vor allem bei Metallen/Legierungen. Als Neubildungen sind neben Calcit in der Hauptsache Eisenhydroxide zu finden. In den Schlacken aus den pH-gesteuerten Lysimetern sind die Glasphasen vielfach mit braunen Krusten überzogen. Die Metalle und Legierungen sind nahezu vollständig aufgelöst. In unmittelbarer Nähe befinden sich dann die entsprechenden Neubildungen, wie z.B. Eisenhydroxide um eisenhaltige Legierungen. Aber auch in den Poren und Rissen treten verbreitet Eisenhydroxide auf. Bei Verkrustungen, die sich an der Lysimeterwand gebildet haben, handelt es sich nach Elektronenstrahl-Mikrosonden (EMS)-Analysen um Fe-Oxide/Hydroxide und stark wasserhaltige Mischphasen von Si-/Al-/Fe-Oxiden, vermutlich als Vorstufe einer Tonmineralbildung (vergl. Zevenbergen et al. 1996). In diesen Neubildungen sind mittels EMS nur sporadisch erhöhte Gehalte an Cu, Pb und Zn nachzuweisen.

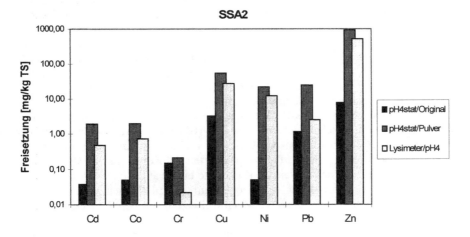

Abb. 3.2-3 Vergleich der Freisetzung bis pH 4 zwischen Lysimeterversuch und pHstat-Versuch mit Pulver sowie mit unzerkleinerter Originalschlacke (Probe SSA2)

Möglichkeiten der Erfassung langfristiger Prozesse durch Kurzzeitversuche
Wie bereits erwähnt soll der in der Realität wirkende Zeitfaktor in Labortests mit Zeitraffereffekten wie z.B. erhöhtes Wasser/Schlacke-Verhältnis oder Materialzerkleinerung erfasst werden. Ein Vergleich zwischen den Freisetzungsraten des pH_{stat}-Tests mit Pulver bei pH 4 über 24 h und den Freisetzungsraten im Lysimeterversuch zeigt in Abb. 3.2-3, dass die Freisetzung der Metalle während des Lysimeterversuchs aus dem unzerkleinerten Originalmaterial (helle Säulen) zwar geringer ausfällt, aber mit wenigen Ausnahmen doch in vergleichbaren Größenordnungen zu den Freisetzungsraten des pH_{stat}-Tests mit Pulver (graue Säulen)

stattfindet. Mit gewissen Schwankungen ist aufgrund der Probeninhomogenität natürlich generell zu rechnen. Im Gegensatz dazu liegen die Schwermetallfreisetzungsraten von unzerkleinerter Originalschlacke im pH_{stat}-Test in der Regel um Größenordnungen niedriger (schwarze Säulen) und sind demzufolge für Langzeitabschätzungen unbrauchbar. Bemerkenswert ist, dass Cr sogar im pH_{stat}-Test der Originalschlacke stärker freigesetzt wird, als in den Lysimeterversuchen. Offensichtlich werden während der Elution im Lysimeter neue Phasen gebildet, die Cr effektiv einbinden (z.B. Eisenhydroxide).

Langzeitmodell
Diese Ergebnisse und Beobachtungen lassen folgende Schlussfolgerungen hinsichtlich des Langzeitverhaltens von MV-Schlacken zu: die Steuerung des geochemischen Milieus erfolgt durch die zunehmende Oxidation und pH-Abnahme. Der hauptsächlich für die Säurepufferkapazität verantwortliche Karbonatpuffer wird durch interne Prozesse wie Sulfidoxidation oder mikrobiellen Abbau der Restorganik nicht maßgeblich reduziert. Die Hauptrolle spielt in diesem Zusammenhang die Karbonatlösung durch saure infiltrierende Wässer. Die primären Hauptmetallträger Metalle und Legierungen werden bei zunehmender Belüftung schnell korrodiert. Auch die Glasphase wird vor allem in alkalischem Milieu randlich angegriffen. Die dabei freigesetzten Schwermetalle werden aber sofort wieder in sekundäre Neubildungen eingebaut (sog. Speicherminerale, Abschn. 1.5.2.3) bzw. durch Sorption an diesen festgehalten. Bei den Neubildungen handelt es sich vor allem um Karbonate und Oxide/Hydroxide. Oftmals werden auch die C-(A-)S-H-Phasen als potentielle Schwermetallspeicher herangezogen (z.B. für Zn Mischkristallbildung (solid-solution) mit C-S-H-Phasen; Kersten et al. 1995, 1997), wobei aber der direkte mineralogische Nachweis von C-S-H-Phasen in MV-Schlacken bisher nicht gelang (Schweizer u. Johnson 1995). Bei Luftkontakt karbonatisieren die C-(A-)S-H-Phasen relativ schnell. Die gespeicherten Schwermetalle werden dann in der Regel auch in die sich bildenden Karbonate eingebaut. Erst wenn der Stabilitätsbereich dieser Sekundärphasen bezogen auf das pH-Milieu verlassen wird, dann erfolgt die schnelle und massive Metallfreisetzung aus den Schlacken.

Unter der idealisierten Voraussetzung einer langsamen gleichmäßigen Durchströmung infiltrierender Wässer durch einen Schlackekörper ist mit fortschreitender Zeit folgende Entwicklung zu erwarten (Fortentwicklung des Models von Baccini et al. 1993 und Kersten et al. 1995; Abb. 3.2-4):

1. In einer *Auswaschphase* zu Beginn, weist das Sickerwasser einen alkalischen pH-Wert auf und die leichtlöslichen Chloride und Sulfate sowie die organische Substanz werden je nach Wasserhaushalt innerhalb von Jahren bis Jahrzehnten freigesetzt. Das Redoxpotenzial steigt rasch an. Die Metallfreisetzung erfolgt auf einem sehr geringen Niveau. Anhand von Sickerwasseruntersuchungen in Schlackedeponien wurde diese Phase verifiziert (Kersten et al. 1997, Johnson et al. 1999). Die MV-Schlackedeponie fungiert offenbar sogar als Schwermetallsenke, da im infiltrierenden Regenwasser beispielsweise um 2- bis 6-fach höhere Pb- und Zn-Gehalte als im Sickerwasser gemessen wurden (Johnson et al. 1999).

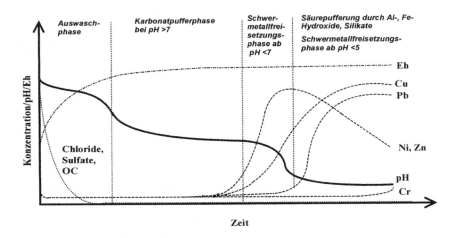

Abb. 3.2-4 Modell zur zeitabhängigen Entwicklung des Sickerwassers einer MV-Schlackedeponie (Achsen ohne Maßstab; OC – organischer Kohlenstoff)

2. Danach folgt die *Karbonatpufferphase*, in der der pH-Wert des Sickerwassers in der Regel nicht unter pH 7 sinkt und nahezu keine Freisetzung stattfindet. Der Zeitrahmen für diese unkritische Phase kann anhand der Calcitlöslichkeit auf Jahrhunderte bis Jahrzehntausende abgeschätzt werden. Das hängt von den Umweltbedingungen (Wasserhaushalt, Säuregrad der infiltrierenden Wässer) und den Ablagerungsverhältnissen (Mächtigkeit, Grad der Verdichtung, Art der Abdeckung, vorherrschender CO_2-Partialdruck) ab. Für eine mehrere Meter mächtige Schlackedeponie können unter der Voraussetzung eines über diesen Zeitraum gleichbleibenden Säureeintrags mehrere Tausend Jahre bis zum Verbrauch des Karbonatpuffers angesetzt werden.
3. In der *ersten Schwermetallfreisetzungsphase* ab einem pH-Wert unter pH 7 werden dann insbesondere Zn und Ni massiv freigesetzt. Während die Ni- und Zn-Freisetzung bereits in dieser Phase ihr Maximum erreichen, werden Cu und Pb erst in der *zweiten Schwermetallfreisetzungsphase* ab pH 5 verstärkt freigesetzt. Die Metallverfügbarkeit wird in der Realität mit fortschreitender Zeit der Pufferung ansteigen, weil dann auch die stabileren schwermetallhaltigen Primärphasen mit langsamer Lösungskinetik (kristalline Silikate, Glas) zunehmend aufgelöst werden. Nur bei Cr ist die Bindung in primären Spinellen und Sekundärphasen (vermutlich Eisenhydroxide) so stabil, dass auch bis pH 4 keine entscheidende Freisetzung zu beobachten ist. Die langfristige Bildung von Tonmineralen aus den beobachteten wasserhaltigen Fe-Al-Si-Oxiden im Rahmen der Glasverwitterung (Zevenbergen 1996) verhindert die Schwermetallfreisetzung der MV-Schlacke im sauren Milieu vermutlich nicht entscheidend, da Tonminerale im Rahmen der Säurepufferung durch variable Ladungen (Protonierung) sorbierte Schwermetalle auch bereits ab pH-Werten von 7 bis 6 frei-

geben (Schachtschabel et al. 1989, Stumm u. Morgan 1996). Mit andauernder Lösung wird sich die Freisetzung aus den Sekundärphasen langsam erschöpfen und die Auflösung der stabileren Primärphasen langfristig eine kinetisch langsame, geringe Freisetzung bewirken.

Bevorzugte Sickerwege
Die Rolle des Flusses über bevorzugte Sickerwege ermittelten Johnson et al. (1998) mit Hilfe von Tracerexperimenten in einer realen Schlackedeponie. Nach einem Regenereignis kommt in Abhängigkeit des Wassergehalts des Schlackekörpers im Sommer bis zu 80 % des infiltrierenden Regens innerhalb von Tagen ohne starke Reaktion mit der Schlacke als Sickerwasser an der Basis an. Im Winter dagegen besteht das Sickerwasser bis zu 90 % aus Wasser, das sich bereits lange vor dem Regenereignis als Reservoir in der Deponie befunden hat und aufgrund einer Durchflusszeit von bis zu drei Jahren entsprechend mit der Schlacke reagieren konnte. Das Gesamtsickerwasser einer Schlackedeponie wird sich demnach immer aus einem wenig beeinflussten Durchflussanteil und einem Reservoiranteil zusammensetzen, wobei die Anteile jahreszeitlich stark schwanken. Die Bildung bevorzugter Sickerwege führt langfristig zu einer schnelleren Auswaschung des Karbonatpuffers in den betroffenen Bereichen und aufgrund von Verdünnungseffekten zu einer gegenüber Reservoir-Sickerwassergehalten verringerten Schwermetallfreisetzung. Trotz der Verdünnung werden aber nach Erschöpfung des Karbonatpuffers zumindest zeitweise stark erhöhte Schwermetallgehalte freigesetzt.

3.2.3.3 Perspektiven für die Schlacke-Deponierung

Obwohl die *MV-Schlacke* kein inertes Endlagermaterial darstellt, ist trotzdem die Produktion von MV-Schlacke zum Zweck der Deponierung zzt. die Methode der Wahl. Eine Aufbereitung und Lagerung der Schlacke ist in jedem Fall zu empfehlen. Der anfänglichen Salzfreisetzung kann entweder durch Wäsche vor der Ablagerung, ggf. in Verbindung mit einem geeigneten Standort (z.B. Meeresnähe) oder durch eine Sickerwasserfassung und -reinigung für die ersten Betriebsjahre begegnet werden. Gegen den langfristig in geologischen Zeiträumen zu erwartenden erhöhten Schwermetallaustrag ist vorbeugend eine entsprechende, vorzugsweise geologische Barriere (Standortwahl) vorzusehen.

Schmelzschlacken ohne weitergehende Schwermetallabtrennung sollten nicht ohne Sicherung (Basisdichtung, Sickerwassersammlung und -reinigung) deponiert werden, da schon relativ früh mit einem erhöhten Schwermetallaustrag zu rechnen ist. Das liegt zum einen an dem Fehlen eines effektiven Säurepuffers und zum anderen an der Art der Schwermetallbindung (Hirschmann 1999). Die Säurepufferung bis pH 4 beläuft sich zwar auf 0,7 meq H^+/g TS, setzt sich aber nahezu ausschließlich aus einem kinetisch sehr langsam wirkenden Silikatpuffer zusammen. Der Karbonatgehalt ist vernachlässigbar (TIC im Bereich der Bestimmungsgrenze). Der Schwermetallgesamtgehalt und die Verfügbarkeit bis pH 4 unterscheiden sich nicht grundlegend zwischen Schmelzschlacke und Müllverbrennungsschlacke. In der Schmelzschlacke sind die Schwermetalle aber zum größten Teil in korrosionsanfälligen Metallen/Legierungen und nicht ausschließlich in der Glasphase

3.2 Langzeitverhalten von Deponien

gebunden. Diese Metalle/Legierungen befinden sich vielfach in exponierter Lage an Poren oder Rissen und sind damit für saure, oxische Lösungen leicht zugänglich. Dementsprechend zeigt sich eine erhöhte Metallfreisetzung aus dem Originalmaterial auch bereits kurzfristig nach Kontakt mit sauren Wässern. Melzer (1997) hat die Langzeitstabilität der Granulate aus einem Schmelzverfahren mit Methoden der Glasforschung untersucht. Er kommt zu dem Schluss, dass das Verhalten der Glasmatrix aufgrund ihrer starken Inhomogenität nicht vorhergesagt werden kann. Insofern ist selbst die Einbindung von Schwermetallen in die Glasphase nicht unproblematisch. Nach den Ergebnissen von Elutionsversuchen ist zu erwarten, dass die maximalen Metallgehalte im Sickerwasser zwar nicht die Sickerwasserhöchstgehalte der MV-Schlacken bei Unterschreiten von pH 7/6 erreichen, aber eine Fassung und Reinigung voraussichtlich trotzdem notwendig ist.

Langfristig inerte Materialien können nur durch Verfahren mit weitergehender Schwermetallabtrennung erzeugt werden. Die Hochtemperaturverfahren, die eine möglichst weitgehende Abtrennung der Schwermetalle von der Silikatschlacke erreichen, verfolgen aber in erster Linie nicht die Reduzierung des Schadstofffreisetzungspotenzials eines Deponiegutes, sondern vielmehr die Produktion von Sekundärrohstoffen. Mit Hilfe der Ingenieurgeochemie in Kombination mit der Petrologie und Verfahrenstechnik ist es möglich, die Behandlungsprozesse so zu evaluieren und zu optimieren, dass die störenden Inhaltsstoffe für die jeweilige weitere Verwertung zielgerichtet ausgeschleust werden („Produktdesign", Lichtensteiger 1997, 1999; s.a. Abschn. 1.2.5.3). Die Verwertung sowohl der Metallphase (z.B. Cu-reiche Eisenlegierung) in der Verhüttung als auch der Silikatschlacke z.B. als Klinkerersatzstoff bei der Zement- und Betonproduktion liefert einen wesentlich effizienteren Beitrag zur Ressourcenschonung, als es die Verwertung von MV-Schlacke im Straßenbau kann (Stichwort: Downcycling). Die hohen Schwermetallgehalte der MV-Schlacke sind im Straßenbaumaterial nicht nur nutzlos, sondern stellen auch ein langfristiges Gefährdungspotenzial dar. Selbstverständlich ist gesamtökologisch zu prüfen, ob der Energieaufwand der Schmelzverfahren im Vergleich mit den herkömmlichen Produktionsverfahren unter Nutzung von Primärreserven Vorteile bringt. Bereits im Ökobilanzvergleich zur Müllverbrennung kommen Hellweg u. Hungerbühler (1999) aber zu der Folgerung, dass Schmelzverfahren mit Metallseparation unter ökologischen Gesichtspunkten den herkömmlichen Rostofenverfahren als Abfallbehandlungsmethode vorzuziehen sind. Berücksichtigt werden müssen allerdings noch Bewertungsunsicherheiten bei den Schmelzverfahren hinsichtlich des großtechnischen Dauerbetriebs, der Frage des höheren Verschleißes dieser Anlagen und der ökologischen Auswirkungen der Metallverwertung. Letztendlich sind die Ziele einer nachhaltigen Kreislaufwirtschaft erst dann erreichbar, wenn die Weiterentwicklung von Abfallbehandlungsverfahren zur zielgerichteten Produktion von Sekundärrohstoffen vorangetrieben wird (Abschn. 1.2).

Solange schwermetallhaltige Schlacken deponiert und verwertet werden, ist die *Untersuchung des Langzeitverhaltens* dringend geboten (vergl. Abschn. 1.2.2.5, 1.2.3.2. und 1.4.4). In Anlehnung an die Aktivitäten zur europäischen Vereinheitlichung von Auslaug- und Extraktionsschemata (Network Harmonization of Leaching/Extraction Tests, Koordination: van der Sloot, Netherlands Energy Research

Foundation (ECN); van der Sloot et al. 1997; Internet: www.leaching.net) und der Vorschläge der internationalen Schlacke-Arbeitsgruppe (Anonym 1994a) sollten generell die für die Schadstoff-Freisetzung aus einem Material maßgeblichen Faktoren und Prozesse ermittelt werden. Für eine langfristige Gefährdungsabschätzung sind Prozessbeschreibungen und Freisetzungsmodellierungen, die auf verschiedene Szenarien anwendbar sind, erforderlich, anstatt lediglich Testdaten mit vorgegebenen Grenzwerten abzugleichen.

Für die Charakterisierung eines Massenabfalls ist durchaus eine Abfolge von verschiedenen Tests angebracht (characterization test scheme). Demgegenüber stehen Tests mit geringerem Aufwand zur täglichen Anwendung hinsichtlich Identifikation der Abfälle z.B. für die Eingangskontrolle (compliance test, acceptance procedure). Bei den Auslaugverfahren werden drei Hauptmethoden unterschieden (Anonym 1994a): Ermittlung der für die Auslaugung insgesamt verfügbaren Konzentrationen (availability test), Ermittlung der zeitabhängigen Auslaugung bzw. der Freisetzung in Abhängigkeit des Flüssigkeits-/Feststoff-Verhältnisses (column tests, cumulative batch tests) und Ermittlung der Elementspeziation und Löslichkeitskontrolle (pH-static methods).

Bei der *Untersuchung des Langzeitverhaltens von Schlacken aus der thermischen Behandlung von Siedlungsabfällen* sollten im Charakterisierungsschritt neben der Bestimmung des mineralogisch-chemischen Inventars folgende Testverfahren zur Anwendung kommen (Hirschmann 1999):

1. Ermittlung der Gasbildung, der Reaktion im Kontakt mit Wasser, bei Organikgehalten die Erfassung der Abbaubarkeit,
2. Bestimmung der pH- und Redoxentwicklung bei Belüftung, Ermittlung der Säureneutralisationskapazität, des Säurepufferverhaltens bei Titration und
3. die Bestimmung der grundsätzlichen Auslaugmechanismen (Elution mit Wasser bei zunehmendem Flüssigkeits-/Feststoff-Verhältnis, pH-abhängige Freisetzung (z.B. pH-Stufenversuch) und Schwermetallverfügbarkeit).

Mit diesen Methoden ist das Langzeitverhalten organikarmer Reststoffe in diversen Szenarien relativ gut abschätzbar.

3.3 Geochemische In-situ-Stabilisierung von Bergbaualtlasten

3.3.1 Grundlagen der Sauerwasserbildung

Die Mehrzahl der Rückstände der Gewinnung und Aufbereitung von Erzen und Energierohstoffen zeichnen sich durch eine Gemeinsamkeit aus: Sie enthalten signifikante Mengen reduzierter Schwefelverbindungen. Edel- und Buntmetalle (Au, Ag, Cu, Pb, Zn, Sb) sowie Stahlveredler (Ni, Co, Mo) kommen in der Erdkruste vorwiegend oder ausschließlich in sulfischen Erzen vor. Andere, wie Uran und Kohle, sind stets mit Sulfiden assoziiert; eine Schlüsselrolle spielen hierbei die Eisensulfide Pyrit und Markasit, die in endogenen Lagerstätten nahezu ubiqitär auftreten. Aus ihrem ursprünglichen geochemischen Milieu an die Tagesoberfläche befördert neigen diese zur Verwitterung, die zu Säurebildung und Elementmobilisierung führt. Sauerwasserbildung, in der englischsprachigen Literatur als ARD (acid rock drainage) bzw. AMD (acid mine drainage) bezeichnet, wird häufig als das größte im Zusammenhang mit Bergbau und Aufbereitung stehende Umweltproblem dargestellt. Das hohe Schadstoffpotenzial bergbaubedingter Emissionsquellen wie Halden, Schlammteichen, gefluteten Tagebauen und Untertage-Bergwerken resultiert aus den gegenüber anderen Altlasten großen Volumina, den oft hohen Gehalten reaktiver Materialien, dem durch bergmännische und/oder aufbereitungstechnische Einwirkung hohen mechanischen Aufschlussgrad sowie der Tatsache, dass die übertägig oder oberflächennah abgelagerten Materialien vielfach geochemisch instabil sind (Beuge u. Häfner 2001). Sich mit der geochemischen In-situ-Stabilisierung von Bergbaualtlasten auseinander zu setzen macht es damit erforderlich, sich der Frage der Vermeidung bzw. Beherrschung der Sauerwasserbildung zu widmen.

Bis in die 1980er Jahre beschränkte man sich bei der Verwahrung von Bergbaualtlasten nahezu ausschließlich auf die geotechnische Stabilisierung und die Wiedernutzbarmachung der Oberfläche und glaubte, damit auch die wesentlichen stofflichen Umweltauswirkungen beherrschen zu können. Monitoringergebnisse an vielen dieser Standorte zeigten jedoch, dass die Beeinträchtigung von Grund- und Oberflächenwässern sich nach Abschluss der Rekultivierungsarbeiten nicht oder nicht wesentlich verringerte, so dass Maßnahmen zur Wasserfassung und -behandlung, oft auf unbestimmte Zeit, nötig wurden.

Sauerwasserbildung verbunden mit der Auslaugung von Schwermetallen tritt oft erst Jahre nach Beginn der bergbaulichen Aktivitäten ein, doch einmal in Gang gekommen, ist sie nur schwierig zu stoppen. Eines der bekanntesten Beispiele hierfür ist die historische Sulfiderzlagerstätte von Rio Tinto (Südspanien), deren extrem saure Sickerwässer den gleichnamigen Fluss seit etwa 5000 Jahren derart kontaminieren, dass dieser noch an der Mündung in den Golf von Cadiz pH-Werte zwischen 2 und 2,5 besitzt und außer Algen, Bakterien und Pilzen keinerlei Leben aufweist (Davis et al. 2000). Für Iron Mountain (Kalifornien), einer zwischen 1860 und 1962 gebauten Sulfidlagerstätte wurde abgeschätzt, dass ohne das Ergreifen von Sanierungsmaßnahmen die extrem sauren Wässer (pH < 1) noch über eine Zeitraum von mehr als 2000 Jahren austreten würden (Nordstrom u. Alpers 1995). Tritt Sauerwasserbildung verbunden mit großen Volumenströmen und hohen Schadstofflasten auf, können beträchtliche Finanzmittel nötig werden, um die sich ergebenden Umweltauswirkungen zu beherrschen. Dieser Umstand führte vor dem Hintergrund zunehmend strengerer Umweltstandards zur Initiierung einer Vielzahl von nationalen und internationalen Forschungsprogrammen mit dem Ziel, das Management sulfidhaltiger Abprodukte von Bergbau und Aufbereitung zu effektivieren. Zu nennen sind hier das kanadische Mine Environment Neutral Drainage (MEND)-Programm (seit 1989), das schwedische MiMi (Mitigation of the Environmental Impact from Mining Waste, 1. Phase 1997-2000, 2. Phase 2001-2003) oder das International Network for Acid Prevention (INAP), das 1998 von 17 internationalen Bergbaugesellschaften ins Leben gerufen wurde.

In Bezug auf die Bewertung, Vorhersage, Vermeidung sowie Behandlung von schadstoffbelasteten Bergbauwässern konnte so in den vergangenen 15 Jahren ein beträchtlicher Kenntnisgewinn erzielt werden, der sich in Standardprozeduren für die Vorhersage der zur Sauerwasserbildung führenden geochemischen Prozessabläufe und in teils innovativen Technologien zu deren Vermeidung bzw. Beherrschung manifestiert. Rein technische Maßnahmen zur Minimierung bzw. Beseitigung der Umweltauswirkungen von Bergbaualtlasten sind jedoch aufgrund der sich ergebenden finanziellen Konsequenzen oft unverhältnismäßig, so dass der Nutzung natürlicher Demobilisierungsprozesse eine zunehmende Bedeutung zukommt (Beuge u. Häfner 2001).

In den folgenden Ausführungen wird der aktuelle Kenntnisstand zur Vorhersage, Vermeidung und Behandlung der Sauerwasserbildung in den Grundzügen skizziert. Bei den Behandlungsstrategien ist die Beschränkung auf Maßnahmen der In-situ-Immobilisierung geboten.

Wenngleich also im Folgenden vorrangig zur Sauerwasserproblematik Stellung genommen wird, soll an dieser Stelle ausdrücklich betont werden, dass im Zusammenhang mit der Verwahrung von Bergbaualtlasten auch andere Prozesse wesentlich sein können, was nur anhand zweier Beispiele illustriert werden soll: So sind bei der Verwahrung von Rückständen der chemischen Aufbereitung oft chemische Reaktionen maßgeblich, bei denen die Mobilisierung von Wasserschadstoffen auf das Vorhandensein von Restlösungen und Prozesschemikalien der Aufbereitung zurückgeht (Beispiele: Tailings der Uranerzgewinnung, vgl. Abschn. 3.3.5 oder Rotschlammdeponierung als Reststoff der Aluminium-Gewinnung aus Bauxit). Andererseits stellt die Verwahrung der Rückstände der Kalisalzgewinnung (Salzhalden) hauptsächlich auf die Minimierung des Ausmaßes der zur Versalzung von Grund- und Oberflächenwässern führenden Salzablaugung aus den Halden ab.

Sauerwasserbildung ist das Ergebnis chemischer und biologischer Oxidationsprozesse reaktiver Sulfidminerale sowie deren Auswaschung und setzt ein, sobald diese den Atmosphärilien Wasser und Sauerstoff ausgesetzt werden. Die nachfolgenden Reaktionsgleichungen beschreiben die Sauerwasserbildung am Beispiel der mehrschrittig verlaufenden Pyritverwitterung:

$$FeS_2\,(s) + H_2O + 7/2\,O_2 \Rightarrow Fe^{2+} + SO_4^{2-} + 2\,H^+ \tag{1}$$

$$Fe^{2+} + \tfrac{1}{4}\,O_2 + H^+ \Rightarrow Fe^{3+} + \tfrac{1}{2}\,H_2O \tag{2}$$

$$Fe^{3+} + 3\,H_2O \Rightarrow Fe(OH)_3\,(s) + 3\,H^+ \tag{3}$$

$$FeS_2\,(s) + 14\,Fe^{3+} + 8\,H_2O \Rightarrow 15\,Fe^{3+} + 2\,SO_4^{2-} + 16\,H^+ \tag{4}$$

Die chemische Pyrit-Oxidation ist ein relativ langsamer Prozess, und ein Großteil des gebildeten dreiwertigen Eisens scheidet sich aufgrund des zunächst noch relativ hohen pH-Wertes auf den Pyrit-Oberflächen ab. Bei der Hydrolyse werden Protonen freigesetzt, was zum Absinken des pH-Wertes führt. Unterschreitet der pH-Wert in der Umgebung der Reaktionsherde einen Wert von etwa 3,5, bleibt Fe^{3+} vorwiegend in Lösung und agiert als starkes Oxidationsmittel, wobei die Reaktionen (2) und (4) einen kinetisch schnellen Reaktionskreislauf bilden. Bei niedrigen pH-Werten wird die Sulfidoxidation durch die bakterielle Oxidation durch acidophile, chemolithoautotrophe Bakterien, v.a. *Thiobacillus ferrooxidans* und *Th. thiooxidans* katalysiert und beschleunigt. Bei pH-Werten unter 4,5 dominiert die biologisch katalysierte Sulfid-Oxidation die rein chemische Reaktion um bis zu sechs Größenordnungen.

Die Wasserqualität der Sauerwässer wird durch die Anwesenheit weiterer Sulfidminerale und des Nebengesteins längs ihres Sicker- oder Fließweges beeinflusst, wodurch sich der pH-Wert und die Elementkonzentrationen im Sickerwasser verändern. Die freigesetzte Acidität, die hohen Fe-Konzentrationen und die mobilisierten Schwermetalle führen zu teils erheblichen Umweltschäden und beeinträchtigen die aquatische Lebensgemeinschaft.

Die Azidität kann durch Alkalien, v.a. Kalzium- oder Magnesiumkarbonat, neutralisiert werden:

$$CaCO_3 \text{ (s)} + 2 \, H^+ \Rightarrow H_2CO_3 + Ca^{2+}$$

$$CaCO_3 \text{ (s)} + \quad H^+ \Rightarrow HCO_3^- + Ca^{2+}$$

So kann beispielsweise austretendes Haldensickerwasser einen neutralen pH-Wert aufweisen, jedoch stammen die erhöhten Gehalte gelöster Spezies aus mit lokaler Versauerung verbundenen Oxidationsprozessen entlang des Fließpfades. Daher sind bei der Diskussion von Mechanismen zur Verhinderung der Sauerwasserbildung auch Fälle mit neutralen, aber hochmineralisierten Sickerwässern zu berücksichtigen.

Die Produkte der Sulfidoxidation verbleiben nicht vollständig gelöst, sondern werden in Form von Sekundärmineralen fixiert, sobald deren Löslichkeitsprodukt überschritten ist. Wichtige Gruppen von Sekundärmineralen sind (Alpers et al. 1994):

- Lösliche Sulfate, wie die Fe-Sulfate Melanterit, Coquimbit und Copiapit, Gips und Epsomit
- Schwer lösliche Sulfate (Jarosit, Alunit; Cölestin, Baryt, Anglesit)
- Fe-Oxide und -Hydroxide (Goethit, Lepidokrokit, Ferrihydrit, Schwertmannit)

Sekundärminerale spielen eine wichtige Rolle als, teils zeitlich befristete, Senken von Acidität, Schwermetallen und Sulfat. Sie können aufgrund ihrer oft relativ guten Löslichkeit bei Kontakt mit Wasser wieder aufgelöst werden und geben dann die in ihnen zwischengespeicherten Salze und Schwermetalle an die Umwelt frei.

Die primären Quellen der Sauerwasserbildung sind vielfältiger Natur, zu ihnen zählen untertägige Grubenbaue und Tagebaue ebenso wie Halden von Bergbau und Aufbereitung, Schlammteiche, Dämme, Erdbauwerke u.ä. Entscheidend ist dabei lediglich, dass Wasser und Sauerstoff Zugang zum sulfidhaltigen Gestein erhalten, das infolge anthropogener Einwirkung in seinem Gesteinsverband gestört ist und dessen reaktive Oberflächen vergrößert wurden. Im Einzelfall sind die zur Sauerwasserbildung führenden Prozesse äußerst komplex, und die Prognostizierbarkeit des Prozessablaufs wird eingeschränkt durch Faktoren wie Klima, Verteilung von Sulfiden und Alkalien in der Halde (Homogenität/Heterogenität), Korngrößenverteilung, Wassersättigungsgrad des Porenraumes, maßgebender Sauerstofftransportmechanismus, Temperatur sowie Art und Weise der Durchströmung der Altlast.

3.3.2 Prognose der Sickerwasserqualität

Testprogramme zur Vorhersage der Sauerwasserbildung aus Bergbau- und Aufbereitungsrückständen bzw. zur Ableitung von Gegenmaßnahmen beinhalten üblicherweise folgende Schritte:

- Analyse der geologisch-mineralogischen Verhältnisse sowie der Historie und Entwicklung des zu bewertenden Objekts
- Probenahme, Analyse der Feststoffe
- Durchführung geochemischer statischer und kinetischer Tests
- Geochemische Modellierung, Übertragung der Testergebnisse auf Feldbedingungen
- Modellierung/ Vorhersage der Auswirkungen von Behandlungsmethoden

Dabei unterscheiden sich Herangehensweise und Zielstellung dahingehend, ob es sich um eine *Präventions-* (Neuaufschluss einer Lagerstätte) oder um eine *Interventionsmaßnahme* (Verwahrung einer bereits bestehenden Bergbaualtlast) handelt. Im Präventivfall besteht die grundsätzliche Zielstellung in der Materialcharakterisierung zur Identifizierung eines Risikos der Sauerwasserbildung, in der Vorhersage der Sickerwasserbeschaffenheit und ggf. in der Ableitung von Gegenmaßnahmen zur Vermeidung problematischer Sickerwässer. Im Rahmen der Bergbausanierung hingegen ist das Ausmaß der eingetretenen Umweltprobleme bekannt, und die Untersuchungsprogramme zielen auf die Inventarisierung des Schadstoffpotenzials, die Identifizierung von Wirkungspfaden und betroffenen Schutzgütern sowie die Ableitung geeigneter Sanierungsmaßnahmen.

Zur Materialklassifizierung dienen Probenahme, Feststoffuntersuchungen und statische Tests. Die Vorhersage der Sickerwasserqualität erfordert die Durchführung kinetischer Tests, um die zeitabhängigen chemischen und bakteriell katalysierten Reaktionen zu simulieren.

3.3.2.1 Statische Tests

Statische Testverfahren untersuchen das Verhältnis potentiell säuregenerierender und potentiell säurekonsumierender Minerale in einer Probe. Als Säurebildner werden reaktive Sulfide, als Säurekonsumenten vorrangig Karbonatminerale betrachtet, wenngleich auch Hydroxide und Silikate Neutralisationspotenzial besitzen können. White et al. (1999) geben eine aktuelle Übersicht über die am häufigsten angewandten Testverfahren. Hierzu zählen:

- ABA (acid-base accounting, Säure-Base-Bilanz-Test). Der ABA-Test (Sobek et al. 1978, Coastech 1991) ist nach wie vor die Methode der Wahl zur Ersteinschätzung des ARD-Risikos von sulfidhaltigem Material. Hierzu wird der Sulfidschwefelgehalt einer Probe als Ausdruck des Säurebildungspotenzials SP (cS_2- in % x 31,25) dem Neutralisationspotenzial NP gegenübergestellt. Kritisch ist die Ableitung eines für die konkreten Standortbedingungen repräsentativen NP. Standardmethode für die Bestimmung des NP ist die Titration mit Säure. Möglich und teilweise empfohlen wird die direkte Ableitung aus dem CO_3-Gehalt der Probe, was in der Regel zu konservativeren Ergebnissen führt (Jambor et al. 2000, Kwong 2000), die Berücksichtigung eines Abschlags auf den Sobek-NP oder die Verwendung von Alternativmethoden (Lapakko 1994, Lawrence u. Wang 1997, Hutt u. Morin 2000, Li 2000). Das NP wird in kg $CaCO_3$/t ausgedrückt, das Verhältnis NP/SP bzw. die Differenz NNP = NP – SP sind ein Maß für das ARD-Risiko. Ein häufig angewandtes Interpretationsschema für die Bewertung der NP/SP-Verhältnisse bzw. des NNP ist Tabelle 3.3-1 zu entnehmen. Andere Ansätze beziehen den absoluten Sulfid-Gehalt der Probe ein (Abb. 3.3-1).

Tabelle 3.3-1 Häufig angewandtes Interpretationsschema für die Bewertung von Säure-Base-Bilanztests

	NNP [kg $CaCO_3$/t]	NP/SP
Potentiell säuregenerierend	< -20	< 1,0
Verhalten unsicher	-20 ... 20	1,0 ... 3,0
Potentiell säurekonsumierend	> 20	> 3,0

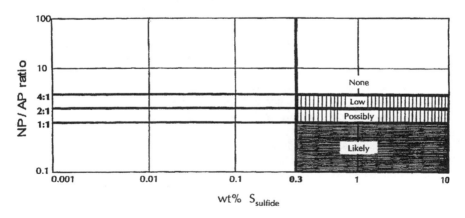

Abb. 3.3-1 Interpretationsdiagramm zur Auswertung von ABA-Daten (aus Jambor et al. 2000 unter Bezug auf Soregaroli u. Lawrence (1997)

Die Parameter NP/SP und NNP unterstellen stets einen vollständigen Stoffumsatz und lassen unterschiedliche Verfügbarkeiten von Sulfiden und Puffermineralen bzw. den Einfluss der Prozesskinetik unberücksichtigt. Da die Methode ursprünglich zur Einschätzung des Säurebildungspotenzials von Abraum des Kohlebergbaus entwickelt wurde, in denen Pyrit und Markasit als die mit Abstand vorherrschenden Sulfide auftreten, ist bei ihrer Übertragung auf beliebige Sulfidlagerstätten weiterhin zu beachten, dass Sulfide mit einem Metall-zu-Schwefel-Verhältnis von ≤ 1 nicht netto-säuregenerierend sind, es sei denn das Metall ist Eisen (Kwong 2000).

- Brei-Test. Beim Brei-Test wird ein Aliquot der Probe in destilliertem Wasser dispergiert. Die Bestimmung des Brei-pH-Wertes und der Brei-Leitfähigkeit geben Aufschluss über das Vorhandensein von leicht wasserlöslichen Oxidationsprodukten (Sulfaten) in der Originalprobe bzw. im Porenwasser.
- NAP- oder NAG-Test (net acid production oder net acid generation). Der NAP- oder NAG-Test ist ein Schnelltest, der die Verwitterung des Probenmaterials durch Zugabe eines Oxidationsmittels simuliert. Die Probe wird zerkleinert und für 24 h in 30-%iger H_2O_2 oxidiert. Der Netto-Effekt von Säurebildung durch Sulfid-Oxidation und Neutralisation, beispielsweise durch in der Probe enthaltenen Kalzit, wird durch anschließende Bestimmung des pH-Wertes der Lösung signalisiert. Aufgrund ihrer Einfachheit eignen sich NAP-Tests, kalibriert gegen ABA-Daten sowie gegen Ergebnisse kinetischer Tests, zur Ableitung einfacher Orientierungswerte für Bergbauplanung und -sanierung.

3.3.2.2 Kinetische Tests

Zur Berücksichtigung der Zeit- und Ratenabhängigkeit der Säurebildung und zur Vorhersage der zu erwartenden Sickerwasserqualität werden als dritte Stufe der Prognosetests kinetische Testverfahren angewandt. Kinetische Tests sind aufwendiger als statische, ihre Durchführung kann Monate bis mehrere Jahre in Anspruch nehmen.

Die Laborversuche werden als Batch-Versuche, in Feuchtezellen (sog. humidity cells) oder Perkolationskolonnen durchgeführt. Zur Identifikation von Maßstabseffekten können Feldversuche dienen. Laborversuche haben den Vorteil exakter Versuchsbedingungen, mit ihnen kann der Einfluss wesentlicher Milieubedingungen simuliert werden (Sauerstoffzutritt, Korngröße, Temperatur etc.). Feldversuche gelten als repräsentativer, da sie unter den realen klimatischen Bedingungen ablaufen. Andererseits ist ihre Interpretation schwieriger und zeitaufwendiger, da die Reaktionsabläufe stark von meteorologischen Effekten (saisonale Schwankungen, Trocken- und Feuchteperioden) abhängig sind. Grundlagen zur Interpretation der Testergebnisse sind Tabelle 3.3-2 zu entnehmen.

Tests in Feuchtezellen (Humidity Cell Tests) (Sobek et al. 1978) simulieren die Verwitterung der Probe unter Optimalbedingungen. Hierzu wird in einem Laborapparat auf Probenmengen von mehreren hundert Gramm bis zu einigen Kilogramm für drei Tage feuchte Luft, anschließend für weitere drei Tage trockene Luft kontrolliert aufgegeben. Am siebenten Tag werden die Reaktionsprodukte mit destilliertem Wasser ausgespült und das Eluat analysiert. Die Auswertung der Wochenzyklen erstreckt sich auf mindestens 20 Wochen.

Kolonnentests werden ähnlich den Feuchtezellentests durchgeführt, jedoch sind die einsetzbaren Materialmengen größer (bis mehrere Tonnen). Die Versuchszyklen können den aktuellen hydrometeorologischen Standortbedingungen oder speziellen Fragestellungen besser angepasst werden.

Tabelle 3.3-2 Grundlagen der Interpretation von kinetischen Tests (nach Caruccio et al. 1981)

Qualität des Eluats			Ablaufende chemische Reaktionen
Leitfähigkeit	Sulfat	pH	
Niedrig	Abwesend	Neutral	Probe ist inert
Hoch	Abwesend	Alkalisch	Lösung von Ca-, Mg-Karbonat
Hoch	Hoch	Sauer	Pyrit-Oxidation in Abwesenheit von Karbonat
Hoch	Hoch	Neutral	Pyrit-Oxidation mit anschließender Neutralisation

Kinetische Tests eignen sich, Sulfid-Oxidationsraten und Verfügbarkeiten von Neutralisationspotenzial direkt zu messen. Zur Übertragung der Ergebnisse von Labortests auf Feldbedingungen werden üblicherweise eine Reihe von Anpassungen notwendig, um Maßstabseffekte sowie den Einfluss von Temperatur, Frost-Tau-Wechseln, Menge und Verteilung der Niederschlagsmengen sowie Besonderheiten der Wasser- und Gasbewegung in der ungesättigten Zone zu berücksichtigen. Hierzu werden in der Praxis geochemische Modelle eingesetzt. Zur Abschätzung der langfristigen Tendenzen der Qualitätsentwicklung von Sickerwässern werden häufig Gleichgewichtsmodelle verwendet. Perkins et al. (1997) geben einen Überblick über verfügbare Computercodes und deren Einsetzbarkeit für die Prognose von ARD-Prozessen. Die Autoren schlussfolgern, dass geochemische Modelle geeignet sind, das grundlegende Prozessverständnis herzustellen und alternative Sanierungsoptionen miteinander zu vergleichen. Für Langzeitprognosen wird empfohlen, einfache empirische Modelle auf Basis von Feld- und Labordaten zu nutzen, die standort- und problemangepasst entwickelt werden müssen. In jedem Falle sind, so vorhanden, reale Felddaten heranzuziehen und problemangepasst auszuwerten.

3.3.3 Technologien und Behandlungsmethoden für Sauerwässer bei der Ablagerung von Bergematerialien und Tailings

3.3.3.1 Überblick

In Bezug auf die Behandlungsmethoden von ARD nennen Filipek et al. (1996) grundsätzlich drei Maßnahmekategorien:

1. Maßnahmen an der Schadstoffquelle,

2. Maßnahmen zur Beeinflussung der Transferpfade (Migrationskontrolle),
3. Wasserfassung und -behandlung.

Die Maßnahmen der Kategorie (1) zielen weitgehend auf die Vermeidung der Sulfidoxidation – die grundsätzlich beste Strategie des Umgangs mit der Oxidation reaktiver Sulfide – oder auf die Verringerung der Oxidationsrate, so dass die resultierende Sauerwasserbildung unerheblich bleibt, die der Kategorie (2) auf die Verminderung der Menge ausgetragener Wasserschadstoffe. Beide Maßnahmetypen lassen sich unter dem Aspekt der In-situ-Stabilisierung von Bergbaualtlasten zusammenfassen und sollen im folgenden betrachtet werden.

Im folgenden wird ein Überblick über Methoden, die zur Verhinderung der Sauerwasserbildung bzw. zur *In-situ*-Immobilisierung möglich sind und deren Durchführbarkeit bewiesen oder ausreichend erforscht ist, gegeben. Sie zielen auf die folgenden wesentlichen Wirkprinzipien (vgl. Tabelle 3.3-3):

- Einschränkung des Sauerstoffzutritts, Sauerstoffverdrängung und Sauerstoffverbrauch,
- Einschränkung des Wasserzutritts und des Wasseraustauschs,
- Minimierung der zu verstärkter Sulfidoxidation führenden bakteriellen Aktivität,
- Erhöhung der Alkalität bzw. der Pufferkapazität des Haldenmaterials.

Dabei können die Maßnahmen auf die Gesamtmenge des Bergematerials angewandt werden oder, nach Separation von potentiell säuregenerierendem oder sulfidreichem Material, nur auf dieses, was Kosteneinsparungen nach sich ziehen kann.

Tabelle 3.3-3 Übersicht zu Maßnahmen zur Verhinderung der Sauerwasserbildung (Anon. 1992)

Ziel	Maßnahme	Laugung von Metallen	Versauerung
Beseitigung oder Isolierung reaktiver Sulfide	Konditionierung des Gesteins	Ja	Ja
Ausschluss von Wasser	Abdeckungen und Abdichtmaßnahmen	Nein	Ja
Ausschluss von Sauerstoff	Subaquatische Deposition	Nein	Ja
	Abdeckungen und Abdichtmaßnahmen	Nein	Ja
pH-Kontrolle	Verschneiden von Gesteinsvarietäten	Nein	Ja
	Basische Additive	Ja	Ja
Kontrolle der bakteriellen Aktivität	Bakterizide	Nein	Ja
	Temperatur	Nein	Ja

Die Anwendung von Maßnahmen zur ARD-Kontrolle wird heute beim Aufschluss neuer Bergbaustandorte proaktiv betrieben. Bei Bergbausanierungsvorhaben im Sinne von Interventionssituationen finden jedoch die gleichen Grundtechnologien Anwendung.

Wasserbehandlungstechnologien werden im folgenden nicht detailliert betrachtet, einen aktuellen Überblick hierzu gibt Kuyucak (2001). Die dem Einsatz der sog. passiven Verfahren, wie aeroben oder anaeroben Feuchtgebieten (constructed wetlands), anoxischen Kalksteindränagen (anoxic limestone drains, ALD) sowie reaktiven Barrierensystemen zugrunde liegenden Wirkprinzipien werden in den Kapiteln 1 und 2 dieser Monographie ausführlich diskutiert.

3.3.3.2 Subaquatische Lagerung

Sauerstoffabschluss von potentiell säuregenerierenden Materialien durch Flutung („water cover") ist eine äußerst wirkungsvolle Methode, Säurebildung und damit einhergehenden Schadstoffaustrag zu verhindern (Filipek et al. 1996). Die Methode der Verwahrung von Bergbauabfällen in künstlichen Absetzbecken unter einer Freiwasserlamelle gilt in Kanada als Vorzugstechnologie für die Verwahrung von nichtoxidierten sulfidhaltigen Tailings (Tremblay 2000). Ebenso kann sie angewandt werden bei der Verwahrung von oxidierten Bergematerialien, wie beispielsweise im Rahmen des MEND-Programmes bei der Verwahrung eines 66 ha großen und 2,5 Mio. m^3 Tailings fassenden Schlammteiches am Standort Solbec, Quebec, einem ehemaligen Cu-Pb-Zn-Bergwerk (Amyot u. Vezina 1997). Andere Beispiele für ihren Einsatz sind Tailingsbecken in Stekenjokk und Kristineberg in Schweden (Eriksson et al. 2001, Lindvall et al. 2001). Da der Sauerstoff-Diffusionskoeffizient in Wasser fast vier Größenordnungen geringer als in Luft ist, wird die Oxidationsrate durch Aufbringen einer Wasserlamelle in einem solchen Maße vermindert, dass Säurebildung nicht eintritt. Im Sedimentkörper ist unter Wasserbedeckung mit der Ausbildung reduzierender Bedingungen zu rechnen, so dass sich Milieubedingungen ausbilden, unter denen Sulfide langzeitstabil sind. Die Tendenz zur Ablagerung limnischer Sedimente trägt durch Sauerstoffzehrung zur Barrierewirkung bei. Wesentlich ist, dass die Ablagerung in Stillwasserbereichen erfolgt und nicht durch mechanische Aufwirbelung in Mitleidenschaft gezogen wird. Wenn die Bergbauabfälle einen signifikanten Oxidationsgrad aufweisen, wird die Überschichtung mit klastischen oder organischen Materialien empfohlen, was die Diffusion von löslichen Oxidationsprodukten in die überstehende Wassersäule retardiert. Leitlinien zur subaquatischen Ablagerung von Tailings fasst der MEND-Report 2.11.9 zusammen (Anon. 1998).

Nachteile der subaquatischen Ablagerung sind die oft erheblichen Aufwendungen, die für das Wassermanagement zur Sicherung der Wasserüberdeckung und zur Überwachung der Absperrbauwerke nötig sind.

Die Einlagerung von Bergbauabfällen in natürliche Gewässer hat in Bezug auf die Limitierung der Säurebildung den gleichen Effekt und wurde in der Vergangenheit praktiziert, ist jedoch in Bezug auf die ökologischen Konsequenzen teils kritisch zu betrachten.

Die technische Umsetzung des Prinzips der subaquatischen Deposition ist äußerst vielgestaltig. Neben der klassischen Variante der Einlagerung in Absetzbecken unter einer Freiwasserlamelle kombinieren Lösungen wie die Rückverfüllung von Tagebauen und deren anschließende Flutung oder die Ablagerung von Reststoffen in gefluteten Untertage-Bergwerken Elemente der Unterwasserablagerung mit anderen Maßnahmebausteinen (Abdeckung, Einkapselung).

Das gleiche Wirkprinzip liegt der Ablagerung reaktiver Materialien mit erhöhtem Wasserspiegel (elevated water table concepts) zugrunde. Hierbei wird versucht, die gesättigte Zone v.a. in Tailings aufzuhöhen, um hierdurch den Sauerstoffzutritt zu limitieren. Die Methode kann mit der Ablagerung in Tagebaurestlöchern kombiniert werden. Das Anheben des Grundwasserspiegels kann erzielt werden durch eine Modifizierung der Wasserbilanz, durch eine Erhöhung der Speicherkapazität des abgelagerten Materials oder durch das Einbringen von Strömungsbarrieren in den Grundwasserraum.

3.3.3.3 Geringdurchlässige Abdeckungen, Einkapselung („dry covers")

Das Aufbringen von Abdecksystemen auf Bergbauhalden u.ä. Bergbaualtlasten ist eine der am häufigsten eingesetzten Verwahrungsmaßnahmen. Die Aufgabe von Abdecksystemen ist es zunächst, die Infiltration von meteorischem Wasser in die Bergbaualtlast zu vermindern und somit das Wasservolumen, das kontaminiert wird, zu minimieren. Somit stellen Abdeckungen eher eine Isolations- als eine Behandlungsmethode dar. In Bezug auf die Verhinderung der Sauerwasserbildung erfüllen gut gebaute Abdeckungen jedoch noch eine weitere Aufgabe, indem sie die Sauerstoffzufuhr und somit die Säurebildungsrate minimieren. Voraussetzung hierfür ist beim Einsatz mineralischer Abdichtsysteme, dass Teile der Abdeckung nahezu wassergesättigt bleiben und hierdurch der Sauerstoffzutritt limitiert wird. In der Praxis eingesetzt werden verschiedenen Typen mineralischer Abdeckungen (konventionelle mit einer geringdurchlässigen Dichtschicht, monolithische auf der Basis der Verdunstungswirkung der Vegetation, Abdeckungen auf der Basis des Kapillarsperrenprinzips), daneben Abdeckungen unter Einsatz von Bentonitmatten, Beton, Asphalt oder PVC- bzw. HDPE-Dichtungsbahnen.

Die Verbringung von Bergbauabfällen aufgelassener Standorte in Sondermülldeponien („disposal cells") mit Basis- und Oberflächenabdeckung stellt in den USA eine Standardtechnologie dar, die beispielsweise bei der Sanierung von US-EPA-Superfund-Sites oder im Rahmen des UMTRA-Programms zur Sanierung von Uranbergbaustandorten praktiziert wird.

Zur optimalen Bemessung von Abdecksystemen sind Modellierungen und Kosten-Nutzen-Betrachtungen nötig. Kostenaspekte legen den Einsatz lokal verfügbarer Erdstoffe nahe. Möglich ist die Einkapselung reaktiven Materials durch nichtreaktives Bergematerial oder Tailings, die oft in großen Mengen vorhanden sind (Watson 1995, Tremblay 2000).

Kritisch und Gegenstand einer breiten Diskussion ist, inwiefern Abdeckungen langfristig integer und wirksam bleiben können. Gut dokumentierte Langzeitreihen hierzu sind rar. Bekannt sind die Ergebnisse von Testfeldern auf der Deponie

Hamburg-Georgswerder (Melchior 1996) oder die der White's waste dump in Rum Jungle, Australien (Timms u. Bennett 2000), die nahelegen, dass externe Einflüsse wie Austrocknung der Dämmschicht und Ausbildung von Schrumpfungsrissen, Durchwurzelung und Biointrusion, Frost-Tau-Wechsel u.ä. dazu führen können, dass die Wirksamkeit der Abdeckung in relativ kurzer Zeit signifikant zurückgeht.

3.3.3.4 Sauerstoffzehrende und reaktive Abdeckungen

In diesem Abschnitt sollen alle Techniken subsummiert werden, bei denen reaktive Materialien auf- oder eingelagert werden, um die hydraulische und Gasdurchlässigkeit des Objektes zu verringern oder Sauerstoff zu konsumieren. Unter diese Gruppe von Technologien fallen:

- Sauerstoffzehrung durch Organika. Die Verwendung von industriellen Abprodukten wie Kompost, Holzabfällen, kalkstabilisiertem Klärschlamm oder Abgängen der Papierindustrie bieten die Möglichkeit, kostengünstige sauerstoffzehrende Barrieren im Top reaktiver Bergematerialien zu errichten (Elliott et al. 1997, Tremblay 2000, Tassé 2000, Germain et al. 2000). Allerdings ist ihr Einsatz an eine Reihe von Standortfaktoren gebunden und in aller Regel allein nicht ausreichend, die Sulfidfreisetzung langfristig zu verhindern, da sich das organische Material bei der Sauerstoffzehrung zersetzt (Delaney et al. 1997). Desweiteren besteht bei der Oxidation des organischen Kohlenstoffs das Risiko der reduktiven Auflösung von sekundären Eisenoxyhydroxyden, verbunden mit der Freisetzung von Schwermetallen (Blowes et al. 1994).
- Anorganische sauerstoffzehrende Abdeckungen. Die Verwendung von gut gepuffertem sulfidhaltigen Material ist eine Methode zur Etablierung einer sauerstoffzehrenden Zone und wird bei der Verwahrung des WISMUT-Standortes Ronneburg praktiziert (s. Abschn. 3.3.5)
- Ortsstein- oder hardpan-Bildung. Die Bildung von Ortstein ist ein natürlicher Vorgang, der bei sulfidreichen Tailings mehrfach beschrieben wurde (Blowes et al. 1991). Ortstein besteht in der Hauptsache aus amorphen Eisenoxyhydroxiden und führt zur Verringerung der reaktiven Oberflächen sowie zu verminderter Infiltration und Sauerstoffzufuhr (Anon. 1996). Auf der Nutzung eines ähnlichen Effektes beruhen die „reaktiven Abdeckungen", die Chermak u. Runnells (1997) beschreiben: Die oberflächliche Kalkzugabe zu sulfidhaltigem Abraum führt zur Ausfällung einer geringdurchlässigen Kruste bestehend aus Gips und amorphen Eisenoxyhydroxiden. Shay u. Cellan (2000) beschreiben den Einsatz dieser Herangehensweise bei der Verwahrung von Haldenmaterial am Standort einer Gold-Silber-Lagerstätte im US-Bundesstaat Nevada. Man erhofft sich von dieser Methode, dass die entstehenden gering permeablen Schichten unter oxidierenden Bedingungen langzeitbeständig und selbstheilend sind, da sie natürliche Analoga, nämlich lateritische Fe-Akkumulationen in tropischen Böden (ferricrete, silicrete, gypcrete, calcrete) besitzen (Bowell et al. 2000). Die Schwierigkeit der Applikation unter Feldbedingungen besteht je-

doch darin, dass die Fällung der Sekundärminerale derart zu induzieren, dass sich eine Zone geringer Wasserdurchlässigkeit ausbildet.

3.3.3.5 Verschneiden von säuregenerierendem Gestein und Alkalienzugabe

Mehling et al. (1997) geben einen aktuellen Überblick über Techniken zur Verschneidung von potentiell säuregenerierendem mit säurekonsumierendem Bergematerial oder mit alkalischen Zuschlagstoffen und analysieren die wichtigsten Einflussfaktoren hinsichtlich der Wirksamkeit der Technologie anhand einer Reihe von Fallbeispielen.

Im Idealfall besteht das Ziel der Vorgehensweise darin, die pH-Wert-abhängige Sulfidoxidationsrate durch Aufrechterhalten eines alkalischen Milieus niedrig zu halten, Acidität innerhalb der Quelle zu neutralisieren, freigesetzte Schwermetalle, v.a. Eisen unmittelbar am Ort ihrer Freisetzung zu immobilisieren und hierdurch zur Blockierung reaktiver Sulfidoberflächen beizutragen (Ausbildung von Oxid-Coatings), so dass schlussendlich das entstehende Sickerwasser keiner nachgeschalteten Behandlung bedarf. In der Praxis ist dieses Ziel jedoch nur schwierig zu erreichen, da dies neben dem Vorhandensein eines hinreichenden Überschusses an Pufferkapazität auch die nahezu ideale Mischung von Sulfid- und Puffermineralen im Mikromaßstab voraussetzt. Je größer die Abweichung von der idealen Mischung ist, desto stärker ist die Tendenz zur Ausbildung lokaler Versauerungsnester mit teils erheblicher Mobilisierung von Schwermetallen und Härtebildnern. Die Ausbildung bevorzugter Strömungswege unter ungesättigten Bedingungen und die Blockierung von Karbonatoberflächen durch Gipsausfällung können die Wirksamkeit des Pufferpotenzials weiter einschränken. Die in solchen Fällen generierten Sickerwässer besitzen am Fassungspunkt dann einen neutralen pH-Wert, sind jedoch aufgrund hoher Salzfrachten, Sulfatgehalte und Schwermetallkonzentrationen (z.B. Zn, Cd, Ni oder U) nicht ohne weitere Behandlung ableitbar. Im ungünstigsten Fall kommt es aufgrund ungenügender Verfügbarkeit des Neutralisationspotenzials gar zum Austritt saurer Wässer.

Da die Massenbewegungen im Bergbau in aller Regel mit schwerer Technik bewältigt werden und mit ihr ohne erhebliche Mehraufwendungen hohe Mischungsgrade kaum zu realisieren sind, wurde als Alternative zur Mischung die lagenweise Einbringung von alkalischen Materialien vorgeschlagen und praktiziert. Die Praxis hat jedoch gezeigt, dass zur Erreichung eines hinreichenden Wirkungsgrades der Maßnahme eine intensive Vermischung des alkalischen Materials mit dem Abraum nötig ist, wie das Fallbeispiel der in British Columbia gelegenen Samatosum Mine zeigt (Mehling et al. 1997):

Die polymetallische Cu-Pb-Zn-Lagerstätte produzierte zwischen 1989 und 1992, wobei ca. 9 Mio. t Abraum anfielen. ABA-Tests im Vorfeld des Aufschlusses der Lagerstätte hatten gezeigt, dass etwa 42 % des beim Abbau anfallenden Nebengesteins (PAG, leukokrate Metasedimente aus dem Liegenden der Lagerstätte) mit einem mittleren NP/SP-Verhältnis von 0,5 und einem mittleren NNP von –44 kg $CaCO_3$/t potentiell säuregenerierend sein würden. Demgegenüber erwiesen sich 58 % des Nebengesteins (MAF, mafische Pyroklastika aus dem Hangenden der Lagerstätte) mit einem mittleren NP/SP-Verhältnis von 5,2 und einem mittleren NNP von 304 kg $CaCO_3$/t als säurekonsumierend. Das mittlere NP/SP-Verhältnis des gesamten Abraums wurde mit 3,1 abgeschätzt, so dass das Verschneiden beider Lithologien zur Erzielung einer nichtreaktiven Gesamthalde als Strategie ins Auge gefasst wurde. Die Planungen sahen vor, beide Lithologien in Sandwichbauweise alternierend in den Haldenkörper einzubauen, wodurch neutrale Milieubedingungen aufrechterhalten, die Sulfioxidation limitiert und hierdurch Säurebildung und Mobilisierung von Schwermetallen verhindert werden sollten. Zur Verifizierung der Strategie wurde eine Serie von Kolonnenversuchen über einen Zeitraum von 286 Wochen durchgeführt. Die Kolonnen mit schichtweisem Einbau von PAG und MAF (Probemenge 35 bis 46 kg) zeigten über den Versuchszeitraum keine Versauerungstendenzen, wiesen jedoch auf relativ hohe Sulfidoxidationsraten hin. Die Halde wurde schließlich entsprechend der ursprünglichen Planungen in alternierenden, jeweils 6 m mächtigen Lagen von MAF und PAG-Material aufgefahren. Bereits 1993, etwa ein Jahr nach Abschluss der Haldenauffahrung, wurden an einem der Drainagepunkte am Haldenfuß Hinweise auf eine Versauerung mit ansteigenden Sulfat-, Mangan- und Zinkkonzentrationen festgestellt. Im Frühjahr 1996 schließlich war die Haldendrainage sauer, so dass eine Wasserbehandlungsanlage zur Reinigung der Sickerwässer errichtet werden musste.

Während die Beigabe von Branntkalk (CaO), Kalkhydrat ($Ca[OH]_2$) bzw. Kalkstein ($CaCO_3$) zum Abraum während dessen Ablagerung eine Standardtechnologie darstellt, ist die nachträgliche Zugabe von Kalkmilch oder Natriumkarbonat in flüssiger/gelöster Form durch Injektion oder Irrigation aufgrund mangelnder Verfügbarkeit und teilweiser Blockierung des Strömungsraumes eher problematisch (Anon.1996). Wirtschaftlich besonders interessant ist die Verwendung nettosäurekonsumierender Bergematerialien oder basischer Kraftwerksaschen. Die Wahl des bevorzugten Neutralisationsmittels wird nicht nur von dessen spezifischen Kosten, seiner Reaktivität und technologischen Handhabarkeit bestimmt, sondern auch von den Auswirkungen auf die Mobilität von Schwermetallen und Radionukliden. So führt der Einsatz von Kalkstein zur Freisetzung von CO_3^{2-} bzw. HCO_3^-, was beispielsweise die Mobilität von Uran durch Bildung äußerst stabiler Karbonatokomplexe erhöht.

Die Ausbildung bevorzugter Fließwege ist insbesondere in grobkörnigem Haldenmaterial problematisch (Mehling et al. 1997). Zur Sicherung der langfristigen Wirksamkeit wird eine Überdosierung der Alkalienzugabe empfohlen. Filipek et al. (1996) nennen ein zu erreichendes NP/SP-Verhältnis von 1,25 bis 3 in Abhängigkeit von der Reaktivität des Neutralisationsmittels. In anderen Fällen wird das Neutralisationsmittel dosiert, um bereits vorhandene Acidität zu puffern (vgl. Abschn. 3.3.5).

3.3.3.6 Weitere Verfahren

Bakterizide. In der Literatur wird über den Einsatz von Chemikalien berichtet, die das Wachstum der chemolithitrophen, die Sulfidoxidation beschleunigenden Bakterien der Gattung Thiobacillus limitieren und so die Säurebildung von potentiell säuregenerierendem Material unterdrücken oder stark beschränken. Zum Einsatz kommen Benzoate, Phosphate, Sorbate, Sulfate (Helms 1995, Delaney et al. 1997). Die Bakterizidzugabe erfolgt entweder durch periodisches oder kontinuierliches Besprühen bzw. in Form von Pellets, die die Chemikalie dosiert abgeben sollen. Problematisch ist dennoch die Sicherstellung der Langzeitverfügbarkeit der – biologisch abbaubaren – Chemikalien. Überdosierungen können ggf. zu Umweltschäden führen. Ein Einsatz ist nicht erfolgversprechend, wenn ein substantielles Reservoir an leicht mobilisierbaren Oxidationsprodukten bereits gebildet wurde, wie es an Standorten mit Bergbaualtlasten häufig der Fall ist.

Die Methode wurde erfolgreich bei der Behandlung von Bergematerial in US-amerikanischen Kohlengruben angewendet (Rastogi 1996). Andere Fallstudien, in denen der Einsatz von Bakteriziden getestet wurde, so in Equity Silver, Kanada, waren weniger erfolgreich (Delaney et al. 1997).

Auch die Zugabe von Fluorit (CaF_2) wurde verschiedentlich zur Hemmung der bakteriellen Aktivität vorgeschlagen, jedoch stehen einem großskaligen Einsatz Wasserbeschaffenheitsprobleme aufgrund der Freisetzung von Fluorid entgegen.

Verfestigung und Inertisierung. Die Konditionierung von bergbaulichen Abfällen durch Einbindung in eine impermeable Zementmatrix zur Blockierung ihrer hydraulischen Durchlässigkeit ist eine Maßnahme, die aufgrund ihrer hohen spezifischen Kosten am ehesten bei der Sonderbehandlung von hochreaktiven Reststofffraktionen eine Rolle spielen kann (Helms 1995). Verfahren der Druckinjektion von Zementsuspensionen mit dem Ziel, reaktionsfreudiges Haldenmaterial zu isolieren, werden von Scheetz et al. (1998) bei der Sanierung eines Kohlentagebaues in Pennsylvania beschrieben.

Blockierung reaktiver Oberflächen. Das Verfahren (auch bekannt als Micro-Encapsulation) beruht auf dem Ansatz, auf reaktiven Sulfid-Oberflächen Coatings zu erzeugen, die die weitere Sulfidoxidation durch O_2 oder Fe^{3+} verhindern. Dabei wird Pyrit bzw. Pyrrhotin in Gegenwart geringer Mengen an Oxidationsmittel (beispielsweise H_2O_2 oder Hypochlorit) mit Phosphat- oder Silikatlösung behandelt. Die Methode führt zur Ausbildung von Eisenphosphat- bzw. Silikat-Coatings auf Pyrit-Oberflächen, die deren Reaktivität stark einschränken sollen (Georgopoulou et al. 1995, Watson 1995, Bowell et al. 2000, Fytas et al. 2000). Die Untersuchungen beschränken sich bisher auf den Labor- und kleintechnischen Maßstab, großtechnische Referenzfälle sind nicht bekannt.

- *Sulfatreduktion.* Die mikrobiologisch katalysierte Sulfatreduktion bewirkt, dass lösliche Metalle und Metallhydroxide als Metallsulfide immobilisiert werden. Sie kann als In-situ-Behandlungsmethode ins Auge gefasst werden, wenn die Oxidation reaktiver Sulfide bereits stattgefunden hat. Sie ist an die Ausbildung strikt anaerober, neutraler Milieubedingungen und das Vorhandensein organischen Kohlenstoffs als Energiequelle für die sulfatreduzierenden Mikroorganismen gebunden. Die Zugabe von organischem Kohlenstoff zu Tailings während der Ablagerung wird von Blowes et al. (1994) beschrieben. Sulfatreduktion spielt eine große Rolle bei der Verwahrung und Flutung von Untertagebergwerken und Tagebauen. Darüberhinaus existieren mannigfaltige Ansätze, sie gezielt in künstlichen Feuchtbiotopen (constructed wetlands) oder reaktiven Wänden (SRBs, sulfate reducing barriers) zu nutzen.

3.3.3.7 Komplexe Ablagerungstechnologien

Die in den vorhergehenden Abschnitten beschriebenen Einzelbausteine zur In-situ-Immobilisierung von reaktiven Bergbauabfällen werden in der Praxis selten allein, sondern oft kombiniert eingesetzt. Zwei der häufig eingesetzten Konzepte sind (Orava et al. 1997):

- Ablagerung in Tagebaurestlöchern (In-pit disposal). Die Methode ist äußerst flexibel und den Standortbedingungen angepasst einsetzbar. Je nach Ausgestaltung kann sie Elemente der subaquatischen Deposition (Ablagerung von Reststoffen in einem Tagebausee), der Infiltrations- und Sauerstoffkontrolle und der Einkapselung (bei Kombination mit geringdurchlässigen Abdeckungen), der Verschneidung und Alkalienzugabe bzw. der Unterstützung der Sulfatreduktion einschließen. Großtechnisch angewandt wird das Konzept u.a. im Rahmen der WISMUT-Sanierung am Standort Ronneburg (vgl. Abschn. 3.3.5)
- Gemeinsame Ablagerung (Co-disposal) von Haldenmaterial und Tailings. Das gemischte Ablagern von Haldenmaterial und Aufbeitungsbergen führt zur Ausbildung von geringdurchlässigen, die Sauerstoffintrusion und Infiltration limitierenden Zonen. Poulin et al. (1996) berichten über eine Technologie, reaktives Haldenmaterial mit entwässerten Tailings gemischt oder geschichtet in Halden einzubauen, wodurch sich die hydraulische Durchlässigkeit des Materials vermindern lässt. Die Methode wird in einer Kohlengrube in Australien sowie in Kalifornien angewendet. Wilson et al. (2000) berichten über Versuchsergebnisse am Beispiel des Standortes Equity Silver, Kanada. Teilweise kommt es zur Ausbildung von „hardpans", die eine wirksame Sauerstoffdiffusionsbarriere darstellen.

3.3.4 Verwahrung von Untertagebergwerken und Tagebauen

3.3.4.1 Grubenflutungen

Zentrales Element der Verwahrung von Untertagebergwerken ist in aller Regel die sich durch Einstellung der bergmännischen Wasserhaltung ergebende Flutung des Grubengebäudes. Nach deren Abschluss stellt sich ein hydraulisch stationärer Zustand ein, bei dem die Flutungswässer entweder diffus oder über bergmännisch geschaffene Wasserwegsamkeiten in Richtung der Vorflut übertreten und zu einer Beeinträchtigung abstromig gelegener Grund- und Oberflächenwässer führen können. Für den Schadstoffaustrag bzw. die Schadstoffnachlieferung einer in Flutung befindlichen bzw. gefluteten Grube sind eine Vielzahl von Mobilisierungs-, Transport- und Immobilisierungsprozessen maßgeblich. In Bezug auf die Schadstoffnachlieferung sind v.a. zwei Grundprozesse zu nennen:

- Auswaschung von Porenwässern und Auflösung von Sekundärmineralen aus vormals entwässerten Teilen der Grube. Dieser Prozess ist für den meist ausgeprägten Konzentrationspeak in der ersten Phase nach Flutungsabschluss verantwortlich.

- Verwitterung von Primärmineralen in der langfristig vom Grundwasser nicht überstauten Zone sowie Mobilisierung aus dem Grundwasserkörper. Diese Prozesse bestimmen die langfristige Entwicklung der Schadstoffkonzentrationen.

Der Flutung selbst sind wesentliche Aspekte der Prinziplösungen zur Kontrolle der Schadstofffreisetzung inhärent. So wird zum einen der Sauerstoffzutritt zu den Schadstoffquellen dauerhaft unterbunden, so dass, falls ein weitgehender oder vollständiger Einstau der Restmineralisation möglich ist, die Schadstoffnachlieferung aus Primärmineralen wirksam begrenzt werden kann. Die eingesetzten Flutungsstrategien zielen daher auf die Erreichung eines möglichst hohen Flutungsniveaus (Bsp: Grube Meggen, Heide u. Hasse 1997; Uranerzlagerstätte Ronneburg, vgl. Abschn. 3.3.5). Weiterhin führt die Minimierung des hydraulischen Gradienten dazu, dass der Wasseraustausch zwischen Grube und Hydrosphäre minimiert wird. Neukirchner u. Hinrichs (1997) beispielsweise beschreiben die grundsätzliche Wirkung der Flutungsmaßnahme auf den langfristigen Schadstoffaustrag eindrucksvoll am Beispiel einer Pb-Zn-Grube in Colorado.

Die in der Praxis häufigsten flutungsvorbereitenden bzw. -flankierenden Maßnahmen in Hinblick auf die Erzielung akzeptabler Wasserqualitäten bzw. die Minimierung der Auswirkungen der Flutung auf die Hydrosphäre sind

1. die Blockierung von Migrationswegen und die Verminderung des Wasseraustausches zwischen Grube und Hydrosphäre durch Verschließen von Tagesöffnungen bzw. Hermetisierung von Grubenbauen sowie
2. die pH-Wert-Kontrolle durch Einsatz alkalischer Additive, z.B. Aufgabe von Kalkmilch (In-situ-Wasserbehandlung) oder den Einsatz von alkalischen Versatzrezepturen (Helms u. Heinrich 1997; vgl. auch Abschn. 3.3.5).

Die langfristige Entwicklung der Flutungswasserqualität einer gefluteten Grube wird nach Verbrauch des gelösten Sauerstoffs zunehmend von Reduktionsprozessen bestimmt. Wesentliche hierbei beteiligte Halbreaktionen sind:

Oxidationsreaktionen

- Oxidation des in der Grube verbliebenen metallischen Eisens (Schrott)
- Oxidation organischen Kohlenstoffs

Reduktionsreaktionen

- Reduktion dreiwertigen Eisens aus Sekundärmineralen der Vorflutungsphase
- Sulfatreduktion mit Abscheidung schwerlöslicher Metallsulfide

In manchen Fällen führt die Erzielung einer stabilen Dichteschichtung zu einer Verminderung des Austauschs hochmineralisierter und -kontaminierter Wässer mit den oberflächennahen Grundwässern bzw. der Vorflut (Bsp.: Grube Straßberg/Harz, Beuge u. Kindermann 1997). Ob und inwieweit es zur Einstellung reduzierender Milieubedingungen bzw. einer stabilen Dichteschichtung kommt, hängt zuallererst von der Grubengeometrie und den realen Strömungsbedingungen respektive Verweilzeiten der Grubenwässer ab. Um den langfristigen Schadstoffaustrag aus gefluteten Gruben zu minimieren, versucht man, diese Prozesse gezielt

zu initiieren. Hierzu zählt die Einbringung von Reduktionsmitteln in den Reaktionsraum (Schrott, metallisches Eisen, organische Substrate).
Wiederholt wurde untersucht, inwieweit komplexe geochemische Barrieren zur In-situ-Immobilisierung beitragen können (Baacke 2000). Im Labor- und kleintechnischen Maßstab konnte eine ganze Reihe von interessanten Stoffen identifiziert werden (u.a. Zoumis et al. 2000, Klinger et al. 2000b), jedoch stehen einer Anwendung im Feldmaßstab eine Vielzahl von Schwierigkeiten entgegen:

- unzureichende Kenntnis der Strömungsbedingungen in der Grube
- Fehlen diskreter Strömungswege, in denen die Maßnahme effizient eingesetzt werden könnte
- fehlender oder begrenzter Stauraum für Präzipitate/ Reaktionsprodukte
- begrenzte Zugänglichkeit des Gesamtsystems
- unzureichende Wirksamkeit, auch aufgrund saisonaler Schwankungen
- Unsicherheit der Vorhersage der Effizienz der Immobilisierungsmaßnahme
- unklares Langzeitverhalten, Konkurrenzreaktionen mit gegenläufigen Prozessen

Die gezielte Installation eines In-situ-Reaktors in einer gefluteten Erzgrube in Montana und die über einen Versuchszeitraum von vier Jahren erzielten Ergebnisse beschreibt Canty (2000). Durch Einbringen von Kompost in die wesentlichen Migrationswege des Grubenwassers (Schachtsäule, Entwässerungsstollen) gelang es, die Grubenwasserqualität wesentlich zu verbessern. So kam es zur pH-Wert-Anhebung von 3 auf 7, zur Abtrennung von 85...100 % bei Aluminium, Cadmium und Kupfer sowie von 70 % bei Zink. Die Manganabtrennung war weniger effizient, und bei Eisen trat sogar eine Konzentrationserhöhung infolge von Auflösung von Fe(III)-Sekundärmineralen ein. Hieran ist ersichtlich, dass der erzielte Milieuwechsel neben den erwünschten Effekten der pH-Wert-Anhebung, der Abscheidung von Metallsulfiden und der Senkung der Sulfat-Konzentrationen auch mit unerwünschten Nebenreaktionen gekoppelt sein kann, wobei neben der Freisetzung von Eisen auch weitere Schwermetalle, Arsen sowie Radionuklide (beispielsweise Radium) in die Grubenwässer mobilisiert werden können.

In einigen Fällen wird die geflutete Grube als Untertagereaktor genutzt, um übertägig anfallende kontaminierte Wässer zu behandeln, so bspw. im Falle der zwischen 1983 und 1991 gefluteten Grube Løkken in Norwegen. Die Flutung der Grube führte in Verbindung mit der Einleitung kontaminierter Wässer von Übertage zu einer Reduzierung der aus dem Bergbaugebiet ausgetragenen Kupfer-Frachten um mehr als 95 % (Iversen u. Arnesen 2001). Auch in die geflutete Zinnerzlagerstätte Ehrenfriedersdorf/Erzgebirge werden eisenhaltige Wässer von Übertage eingeleitet.

In vielen Fällen kann nach Abschluss der Flutung dennoch nicht auf Wasserbehandlungsmaßnahmen verzichtet werden. Bei Berücksichtigung standortspezifischer Bedingungen kann sich die Grube als Depositionsort für die Rückstände der Wasserbehandlung anbieten (Beispiele: Gruben Elbingerode/Harz, Klinger et al. 2000a bzw. Meggen/Sauerland, Heide u. Hasse 1997)

3.3.4.2 Flutung von Tagebauen

Die Flutung von Erz- oder Kohletagebauen führt zur Bildung von Tagebaurestseen, deren initiale Wasserbeschaffenheit wesentlich durch Stoffmobilisierungsprozesse im Anstehenden bzw. in den Kippenmassiven beeinflusst wird. Nicht selten ist dabei mit der Entstehung extrem saurer Wasserkörper zu rechnen.

Aus der Vielzahl hierzu in der Literatur dokumentierter Fallbeispiele bietet sich an dieser Stelle der Verweis auf das der Sanierungsaktivitäten in den Braunkohlenfolgelandschaften der Neuen Bundesländer an. Kernstück der Sanierung der Braunkohlenbergbaugebiete in den Revieren Mitteldeutschland und Lausitz ist die Wiederherstellung eines ausgeglichenen, sich weitgehend selbst regulierenden Wasserhaushalts (Ziegenhardt 2000) durch Flutung der Tagebaurestlöcher. Dies führt zur Bildung von mehreren hundert Tagebauseen, deren Wasserbeschaffenheit durch die Pyritoxidation in den Kippenmassiven bestimmt wird, wobei pH-Werte um 2-3 auftreten können. Infolgedessen werden zur Gewässerrenaturierung umfangreiche Gegenmaßnahmen notwendig. Zielstellung ist es dabei, die Besiedlung der Gewässer durch eine weitgehend natürliche Flora und Fauna zu erreichen und eine Erholungsnutzung zu ermöglichen. Zu den Strategien, die zur In-situ-Beeinflussung der Wasserbeschaffenheit angewandt werden, zählen:

- Fremdwasserflutung mit Oberflächenwasser zum beschleunigten Einstau d. Gewässer und zur Minimierung des Zustroms hochbelasteter Kippengrundwässer
- Selektion hochpyrithaltiger Bergematerialien und deren Verbringung unterhalb des Grundwasserspiegels
- Minimierung der Grundwasserneubildung auf den Kippenmassiven durch Waldbestockung
- Kalkung
- Unterstützung der Stratifizierung des Seewassers zur Erzielung anoxischer Bedingungen im Hypolimnion und Sedimentkörper
- Phosphatzugabe zur Induzierung verstärkter Biomasseproduktion und Alkalinitätsfreisetzung (Kontrollierte Eutrophierung)

In Bezug auf eine detailliertere Darstellung der technologischen Vorgehensweise bei der Renaturierung der Tagebaurestseen sei auf eine Reihe aktueller Übersichtsdarstellungen verwiesen (Grünewald u. Nixdorf 1995, Luckner 1995, Reichel u. Uhlmann 1995, Schultze u. Klapper 1995, Klapper u. Schultze 1997, Nixdorf et al. 1997, Fischer et al. 1998a, b).

3.3.5 Entwicklung umfassender Sanierungsstrategien – Das Fallbeispiel WISMUT

3.3.5.1 Projektüberblick

Die Sanierung der Uranerzbergbau- und -aufbereitungsstandorte der ehemaligen SDAG Wismut in Thüringen und Sachsen ist eines der weltweit größten Bergbausanierungsvorhaben. Mit einer Gesamtproduktion von ca. 220.000 t Uran war die ehemalige DDR nach den USA und Kanada der weltweit drittgrößte Uranproduzent. Nach der deutschen Wiedervereinigung führte die Analyse der durch Bergbau und Aufbereitung an sieben Einzelstandorten (Ronneburg, Aue, Pöhla, Königstein, Dresden-Gittersee, Seelingstädt, Crossen) eingetretenen Umweltschäden zu der Einschätzung, dass auf einer Fläche von ca. 35 km² Sanierungsbedarf mit einer äußerst vielfältigen Kontaminationssituation besteht. Die relevanten Umweltbeeinträchtigungen bestehen in der Freisetzung von mit Radionukliden, Schwermetallen und Salzen kontaminierten Gruben- und Sickerwässern, der Freisetzung von Radon aus Halden, Schlammteichen und Grubengebäuden sowie der Verfrachtung radioaktiv kontaminierter Stäube, v.a. von den Schlammteichen. Tabelle 3.3-4 vermittelt einen Überblick über die zu sanierenden Einzelobjekte an den verschiedenen Standorten.

Tabelle 3.3-4 Kenngrößen der Sanierungsbetriebe der WISMUT GmbH (Stand 01.01. 1991)

	Aue [1]	Königstein [2]	Ronneburg [3]	Seelingstädt [4]
Betriebsgröße [ha]	569	145	1670	1314
Tagesschächte	8	10	38	-
Halden				
Anzahl	20	3	16 [5]	9
Aufstandsfläche [ha]	342	40	604 [5]	533
Volumen [Mio. m³]	47,2	4,5	187,8 [5]	72,0
Absetzbecken				
Anzahl	1	3	3	7
Fläche [ha]	10,4	4,6	9,0	706,7
Volumen [Mio. m³]	0,75	0,2	0,25	149,3
Grubengebäude				
Ausdehnung [km²]	30,7	7,1	73,4	-
Offene Länge [km]	240	112	1043	-
Tagebaue				
Anzahl	-	-	1	-
Fläche [ha]	-	-	160	-
Volumen [Mio. m³]	-	-	84 (offen)	-

[1] mit Pöhla, [2] mit Dresden-Gittersee, [3] mit Drosen, [4] mit Crossen, [5] einschl. Innenkippen im Tagebaurestloch

Die Sanierungsschwerpunkte umfassen die Verwahrung und Flutung der Gruben, Maßnahmen zur Haldenverwahrung und Tagebauverfüllung, die Verwahrung von Schlammteichen der Erzaufbereitung, Abbruch und Demontage von Betriebsanlagen, die Dekontamination von Betriebsflächen, die Errichtung und den Betrieb von Wasserbehandlungsanlagen einschließlich der Entsorgung der dabei anfallenden Reststoffe sowie die Entsorgung von konventionellen bzw. mehrfach kontaminierten Materialien (Gatzweiler et al. 1996). Die Kosten des auf etwa 20 Jahre angelegten und aus Bundesmitteln finanzierten Sanierungsprojektes werden ca. 6,5 Mrd. Euro betragen (Mager 1996). Der bisherige Projektablauf lässt sich wie folgt grob gliedern:

1. Sofortmaßnahmen/ Gefahrenabwehr (1990-92)
2. Bestandsaufnahme (WISMUT-Umweltkataster, 1990-93)
3. Aufstellung erster Standortsanierungskonzepte mit Grobkostenschätzung (1991)
4. Erarbeitung von Grundsatzentscheidungen für dominierende Sanierungsobjekte (1991-1997)
5. Vorbereitung und Durchführung von Sanierungsmaßnahmen (seit 1991)
6. Erfolgskontrolle, Monitoring, Abschlussdokumentation (seit 1991)

3.3.5.2 Probleme und Sanierungslösungen am Standort Ronneburg

Konzepte und Technologien der Sanierungsstrategie sollen nachfolgend zunächst am Beispiel des Standortes Ronneburg erläutert werden.

Die ca. 10 km östlich von Gera gelegene Lagerstätte Ronneburg war trotz eines durchschnittlichen Urangehalts von weniger als 0,1 % die bedeutendste ostdeutsche Uranlagerstätte. Zwischen 1952 und 1990 wurden im Ronneburger Bergbaurevier ca. 113.000 t Uran gefördert, was etwa 50 % der Gesamtproduktion der SDAG Wismut entspricht. Bis zur 1990 erfolgten planmäßigen Einstellung der Urangewinnung wurden 40 Tagesschächte mit insgesamt fast 3000 km untertägigen Grubenbauen aufgefahren. Das Grubengebäude umfasste zu diesem Zeitpunkt eine Fläche von 74 km² und wies einen offenen Gesamthohlraum von 26,7 Mio. m³ im Teufenbereich von 30 bis 940 m auf. Zwischen 1959 und 1976 wurde der Tagebau Lichtenberg mit einem Gesamtvolumen von 160 Mio. m³ betrieben. Er erreichte, unmittelbar südwestlich der Ortschaft Ronneburg gelegen, eine maximale Teufe von 260 m. Im übertägigen Bereich wurden 14 Halden mit insgesamt ca. 125 Mio. m³ Bergematerial angelegt, wovon die beiden größten Halden mit ca. 66 Mio. m³ bzw. 27 Mio. m³ der Tagebauauffahrung entstammen.

Die an eine 250 m mächtige Serie von oberordovizischen bis unterdevonischen Schiefern, Karbonatgesteinen und Diabasen gebundene Uranmineralisation besteht vorwiegend aus feindispersem Uraninit und Coffinit, vergesellschaftet mit Pb-, Zn- und Cu-Sulfiden sowie Ni-Co-Arseniden (Lange u. Freyhoff 1991).

Die Umweltprobleme am Standort Ronneburg resultieren aus dem beträchtlichen Pyrit- und Markasitgehalt der in der Grube aufgeschlossenen bzw. auf den Halden lagernden Gesteinsmassen (bis zu 7 %) sowie den Gehalten an Radionukliden und Schwermetallen, der Menge an aufgehaldetem Bergematerial sowie dem Fehlen von Basisabdichtungen bzw. wirksamen Abdeckungen auf den Halden. Daher neigt das Haldenmaterial zur Sauerwasserbildung, verbunden mit der Freisetzung von hohen Radionuklid-, Schwermetall- und Neutralsalzfrachten. Charakteristische Wasserbeschaffenheiten von Gruben- und Haldensickerwässern sind in Tabelle 3.3-5 zusammengestellt.

Die Pyritoxidationsrate wird kontrolliert durch die Oxidation durch molekularen Sauerstoff. Dagegen spielt der Mechanismus über Fe^{3+} eine untergeordnete Rolle, da die Löslichkeit von Fe^{3+} in sulfatreichen Wässern mit einem pH > 2,5, wie sie typisch für den Standort sind, gering ist (Jakubick et al. 1997). Die Beschaffenheit der Gruben- und Sickerwässer wird wesentlich durch das Verhältnis der Sulfide zu den karbonatreichen Lithologien (Ockerkalk, Kalktonschiefer, Lederschiefer) bestimmt. In Halden, in denen das Neutralisationspotenzial die Säurebildung überwiegt, wird die lokal gebildete Säure in anderen Teilen der Halde neutralisiert. Dabei resultiert aus dem Vorherrschen von Dolomit über Kalzit, dass sich extrem hohe Magnesium- und Sulfatgehalte einstellen können. Ein Beispiel hierfür ist das Sickerwasser der Halde Beerwalde, mit einem pH um 7, niedrigen Schwermetallgehalten, jedoch extrem hohen Magnesium- und Sulfatkonzentrationen (Tabelle 3.3-5).

Tabelle 3.3-5 Beschaffenheit typischer Gruben- und Haldensickerwässer des Ronneburger Reviers mit Angabe der Messstellen (Vogel et al. 1996)

Bezeichnung	pH	U mg/l	Ra mBq/l	GH °dH	SO_4 mg/l	Fe_{ges} mg/l
Grubenwasser Zentralteil (e-567)	3,8	0,1	150	123	2272	69
Grubenwasser Zentralteil, durch Tagebau und Halden beeinflusst (e-480)	2,9	4,4	384	587	10290	218
Grubenwasser SE-Teil der Lagerstätte (MW 435/2)	7	1,7	192	297	4865	6
Sickerwasser Absetzerhalde (e-440)	2,8	7,2	< 10	500	16000	1300
Sickerwasser Halde Beerwalde (s-611)	7,6	5,2	136	1840	32000	1

Tabelle 3.3-6 Überblick zu Verwahrungsstrategien bei der Verwahrung des Ronneburger Bergbaugebiets

Maßnahmekategorie	Maßnahme	Grube	Tagebau	Halden
Kontrolle der Quelle	Flutung	x	x	
	Subaquatische Deposition	x	x	x
	Alkalibeimischung		x	
	Alkaliinjektion	x		
	Sulfatreduktion	x	x	
Kontrolle der Migrationswege	Minimierung der durchströmten Flächen		x	x
	Abdeckungen		x	x
	Pfropfen, Bremsen	x		
	Bevorzugte Strömungswege	x	x	
	Geochemische Barrieren	x	x	

Schwerpunkte der im Jahre 1991 begonnenen Sanierungsarbeiten sind die Verwahrung und Flutung des untertägigen Grubengebäudes sowie die Konzentration des übertägig akkumulierten Schadstoffinventars und dessen kontrollierte Verwahrung. Da die Mobilisierung von Uran, Schwermetallen und Neutralsalzen vom Grad der Säuregenerierung im Haldenmaterial abhängt, ist die Sanierungsstrategie grundsätzlich auf die Vermeidung bzw. Limitierung einer fortdauernden Sulfid-Oxidation gerichtet. Die am Standort Ronneburg hierzu prinzipiell angewandten Sanierungsstrategien sind Tabelle 3.3-6 zu entnehmen.

3.3.5.3 Flutung der Ronneburger Grube

Zur 1997 eingeleiteten Flutung des Untertagebergwerkes bestand keine realistische Alternative, da die Aufrechterhaltung der Grubenwasserhebung neben ökonomischen auch eine Reihe von ökologischen Nachteilen (fortdauernde Schadstofffreisetzung durch Sauerstoffzutritt zur Grube, Radon-Emission infolge Bewetterung, Belastung der Vorfluter durch Ableitung von 7 bis 9 Mio. m^3 Grubenwasser pro Jahr) mit sich brächte. Der bergmännisch geschaffene untertägige Gesamthohlraum der Ronneburger Grube betrug insgesamt rd. 68,5 Mio. m^3. Davon wurden ca. 41 Mio. m^3, vorwiegend während des aktiven Bergbaus, aber auch in der Phase der Flutungsvorbereitung, wieder versetzt. Dies erfolgte im wesentlichen durch selbsthärtenden Versatz unter Nutzung von Braunkohlenfilteraschen als Bindemittel, womit sich in der Grube ein beträchtliches Neutralisationspotenzial befindet.

Zur Vorbereitung der Flutung wurden in einem mehrstufigen Vorgehen umfangreiche geotechnische und hydrogeologische Erkundungsarbeiten durchgeführt und der bestehende Kenntnisstand modelltechnisch systematisiert (vgl. Eckart u. Paul 1995, Paul et al. 1998b). Zur Minimierung der nach Abschluss der etwa 5–7 Jahre dauernden Flutung zu erwartenden Stoffflüsse in abstromige Grundwasserleiter bzw. in die Vorflut wurden folgende Maßnahmen realisiert:

- Entsorgung konventioneller Wasserschadstoffe aus der Grube
- Verfüllung sämtlicher Tagesschächte sowie zur Tagesoberfläche durchschlägiger und tagesnaher Grubenbaue durch kohäsives Füllgut (selbsthärtender Versatz, Beton)
- Errichtung von ca. 120 hydraulischen Absperrbauwerken zur Vermeidung großräumiger Grundwasserzirkulationen zwischen Grubenfeldern unterschiedlicher Wasserqualitäten
- Stabilisierungsmaßnahmen ausgewählter Grubenbaue zur Aufrechterhaltung bevorzugter Strömungswege

Eine In-situ-Kalkung wurde vor Einleitung der Flutung für hochbelastete Teilströme durchgeführt (Vogel et al. 1996), sie erwies sich im Zuge der Flutung jedoch aufgrund der Grubengeometrie und der untertägigen Strömungsbedingungen als nicht hinreichend effizient. Aufgrund des Ausmaßes der bergbaubedingten Stoffmobilisation ist die Errichtung einer Wasserbehandlungsanlage (WBA) nötig, die für einen Volumenstrom von 600 m^3/h, erweiterbar auf 750 m^3/h ausgelegt wurde und im Frühjahr 2002 betriebsbereit sein wird. In einer ersten Betriebsphase wird die Grubenwasserzuführung zur WBA über einen Tiefbrunnen, der direkten Anschluss an das Grubengebäude aufweist, erfolgen (Brunnen 1). Optimierungsmöglichkeiten in Bezug auf das Wassermanagement werden derzeit untersucht. Die langfristige Strategie besteht in der möglichst ununterbrochenen Flutung auf ein optimales Flutungsniveau mit geringen Eingriffen in den Strömungsraum der Grube. Sie zielt auf die Unterstützung von Schichtungseffekten der Flutungswässer sowie von geochemischen Langzeitprozessen in der Grube, die zu einer Immobilisierung von Teilen des Schadstoffpotenziales (Sulfat, Uran, Schwermetalle) führen können. Hierzu ist die Errichtung oberflächennaher Wasserfassungssysteme, die bei Notwendigkeit stufenweise erweitert werden können, vorgesehen (Abb. 3.3-2).

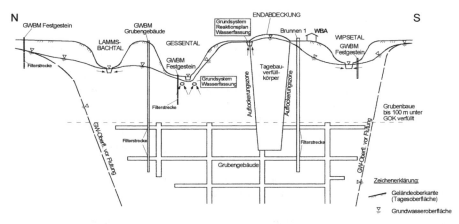

Abb. 3.3-2 Systemskizze mit Darstellung wesentlicher Elemente im Zusammenhang mit der Grubenflutung am Standort Ronneburg (Flutung des Grubengebäudes südlich der BAB 4, unmaßstäblich)

3.3.5.4 Haldensanierung und Tagebauverfüllung

In Bezug auf die Verwahrung des übertägigen Haldenmaterials war der Sanierungsplanung eine umfassende Datenerhebung vorangeschaltet, da sich die verfügbaren Informationen zu Lithologie, Mineralogie, Geochemie und Aufschüttungshistorie der Halden als nicht ausreichend erwiesen (Weise et al. 1996, Hockley et al. 1997). Die Aktivitäten zur Bestandserfassung beinhalteten:

- Untersuchung der Wasserhaushaltsbilanz der Halden und der Beschaffenheit der Haldensickerwässer
- Untersuchung von über 3000 Feststoffproben aus ca. 250 Bohrungen (Tabelle 3.3-7)
- Bestimmung geochemischer und bodenphysikalischer Parameter an Großproben aus 112 Baggerschürfen
- Erhebung von Daten zur Säure-Basen-Bilanz (statische Tests)

- Untersuchung und Vergleich verschiedener Feld- und Labortestmethoden zur Klassifizierung des Haldenmaterials unter Produktionsbedingungen
- Durchführung von ca. 200 Kolonnenversuchen zur Untersuchung der Kinetik des Schadstoffaustrags und deren Korrelation mit den Resultaten der statischen Tests (Münze et al. 1998, Chapman et al. 2000)
- Ergebnisinterpretation zur Materialklassifizierung (Hockley et al. 1997)
- Materialbilanzierung unter Verwendung der Ergebnisse der Bohrerkundung mittels geostatistischer Verfahren
- Feldtests zur Untersuchung des Gastransports auf einer der Halden (Jakubick et al. 1997, Hockley et al. 2000)

Für alle Halden wurden drei prinzipielle Sanierungslösungen, nämlich i) Belassen des Istzustands mit Wasserfassung und -behandlung, ii) In-situ-Verwahrung mit Profilierung und Aufbringung einer Abdeckung sowie iii) Umlagerung in das Tagebaurestloch Lichtenberg betrachtet und durch Machbarkeitsstudien, Sickerwasserprognosen, Betrachtungen der radiologischen und konventionellen Risiken sowie Kosten-Nutzen-Analysen untersetzt. Aufgrund der Tatsache, dass für das Tagebaurestloch selbst wegen radiologischer und geomechanischer Probleme Sanierungsbedarf bestand, ergab sich für mehr als 90 % des Haldenmaterials, dass die Umlagerung in das Tagebaurestloch die Vorzugslösung darstellt. Somit nimmt das Tagebaurestloch Lichtenberg mit einem zu Beginn der Sanierungstätigkeit offenen Volumen von etwa 80 Mio. m^3 eine zentrale Stellung innerhalb des Gesamtkonzeptes ein.

Die Haldenumlagerung erfolgt mit zwei Großgeräteflotten (Schwerlastkraftwagen, Dozer, Radschaufellader) bei einer jährlichen Umlagerungsleistung von etwa 10 Mio. m^3. Der Abschluss der Umlagerungsarbeiten ist für das Jahr 2007 vorgesehen. Die Umlagerungstechnologie trägt in folgender Weise zur Immobilisierung/ Fixierung des Schadstoffpotenzials bei.

1. *Konzentration des Haldenmaterials durch Rückverfüllung des Tagebaurestloches.* Der gezielte und gesteuerte Einbau des Haldenmaterials in das Tagebaurestloch führt zu einer Situation, in der der Austrag wassergetragener Umweltschadstoffe durch Minimierung der durchströmten Fläche extrem reduziert werden kann. Hinzu kommt, dass das verfüllte Tagebaurestloch, von bergmännischer Auffahrungen umgeben, durch im Umfeld auftretende Kurzschlussströmungen hydraulisch nahezu isoliert wird (Hydraulischer Käfig).

2. *Hochverdichteter Einbau.* Der Einbau des Haldenmaterials in das Tagebaurestloch erfolgt in 0,6 m bzw. 1,2 m mächtigen Lagen durch SKW mit Nutzlasten von 52 bis 136 t. Hierdurch werden durchschnittliche Trockenrohdichten um 2,10 g/cm^3 und hydraulische Durchlässigkeiten zwischen $5 \cdot 10^{-6}$ m/s und 10^{-8} m/s bei einem Mittelwert von $5 \cdot 10^{-7}$ m/s erreicht. Diese geringen Durchlässigkeiten lassen erwarten, dass das verdichtete Material der Tagebauverfüllung nach Abschluss der Verwahrung nur zu einem sehr geringen Teil zum Schadstoffaustrag beitragen wird, da der Tagebauverfüllkörper im wesentlichen um- und nicht durchströmt werden wird. Gleichfalls wird erwartet, dass die hierdurch erzielten extrem niedrigen Gasdurchlässigkeiten und -diffusionskoeffi-

zienten bei Sättigungsgraden um 0,9 den Sauerstofftransport derart stark unterbinden, dass sich auch oberhalb des prognostizierten Flutungswasserspiegels weitgehend anoxische Bedingungen einstellen werden.

3. *Materialklassifizierung, -separierung und „Flutung" säuregenerierenden Materials.* Die Haldenumlagerung erfolgt nach geochemischen Kriterien gesteuert, wobei die Separation von hoch- und niedrigreaktivem Haldenmaterial und die Minimierung des Schadstoffaustrages durch eine optimierte Platzierung des Haldenmaterials im Tagebaurestloch angestrebt wird. Dabei wird Haldenmaterial mit einem vorhandenen Netto-Säurebildungspotenzial (Materialklasse A) in den liegenden Teil des Tagebaurestloches (Zone A) unterhalb des prognostizierten Flutungsspiegels verbracht. In diesem Bereich wird nach Abschluss der Flutung eine fortdauernde Pyritoxidation aufgrund des Sauerstoffabschlusses ausgeschlossen. In die Zone B oberhalb des Flutungsspiegels (O_2-arme Zone) wird Material mit geringerem bzw. unsicherem Säurebildungspotenzial (Materialklasse B) eingelagert. In die oberflächennahe Zone C (Mächtigkeit ca. 10 m) gelangt ausschließlich säurekonsumierendes, d. h. mit Sicherheit nicht zur Versauerung neigendes Gestein (Materialklasse C, vgl. Abb. 3.3-3).

Die langfristige Planung der Umlagerung wird auf der Basis der Ergebnisse der Bohrlochuntersuchung unter Einsatz geostatistischer Methoden (ordinary kriging) durchgeführt. Hierbei erfolgt die Materialklassifizierung auf der Basis des NP/SP-Verhältnisses des Haldenmaterials. Zur Ableitung handhabbarer Grenzwerte dieses Parameters wurde die Abhängigkeit der langfristig sich einstellenden Sickerwasserqualität vom NP/SP-Verhältnis untersucht (41 infiltrative Kolonnentests, davon 11 über einen Zeitraum von mittlerweile 6 Jahren, eingesetzte Probemenge ca. 40 kg). Im Ergebnis konnte eine hinreichende Korrelation zwischen NP/SP-Verhältnis und langfristiger Sickerwasserbeschaffenheit unter infiltrativen Versuchsbedingungen nachgewiesen werden (Abb. 3.3-4). Es zeigte sich, dass bezogen auf das Ronneburger Haldenmaterial NP/SP-Verhältnisse von < 1 mit hoher Wahrscheinlichkeit die Bildung saurer Sickerwässer indizieren, während Material mit NP/SP-Verhältnissen > 2 typischerweise neutrale und nur gering mit Schwermetallen und Radionukliden belastete Sickerwässer generiert. Demzufolge werden für die Langfristplanung folgende Schranken verwendet (vgl. hierzu Tabelle 3.3-1 und Abb. 3.3-1):

- NP/SP < 1   Materialklasse A
- 1 < NP/SP < 2   Materialklasse B
- NP/SP < 2   Materialklasse C

Da die tatsächliche räumliche Verteilung des Säurebildungspotenzials im Haldenmaterial starken Schwankungen unterliegt, welche aufgrund der Bohrerkundung nicht im Detail darstellbar sind, wird die Langfristplanung durch ein Programm zur kurzfristigen operativen Abtragssteuerung untersetzt.

Tabelle 3.3-7 Ergebnisse des Untersuchung der Halden des Ronneburger Erzfeldes (gewichtete Mittelwerte, bestimmt aus Bohrkernproben). NP/SP für Absetzer- und Nordhalde ermittelt durch Ordinary Kriging (Weise et al. 1996)

Halde	Volumen (Mio m^3)	CO$_2$ (%)	S^{2-} (%)	SO4 (%)	CaO (%)	MgO (%)	NP (kg CaCO$_3$/t)	SP (kg CaCO$_3$/t)	NNP (kg CaCO$_3$/t)	NP/SP	U (ppm)	Ra-226 (Bq/g)
Absetzerhalde	65,8	2,15	1,75	1,72	2,81	2,00	48,9	54,7	-5,8	0,89 [1]	42	0,51
Nordhalde	27,2	1,41	1,40	1,01	1,75	1,71	32,0	43,8	-11,7	0,73 [2]	30	0,35
Paitzdorf	7,6	5,10	0,90	0,94	5,67	2,73	115,9	28,1	87,8	4,1	38	0,54
Reust	6,3	4,16	0,55	1,13	4,18	2,80	94,6	17,2	77,4	5,5	36	0,48
Halde 4	0,9	2,81	0,35	1,70	3,34	2,04	63,9	10,9	52,9	5,8	51	0,63
Halde 370	0,8	5,68	0,90	1,29	5,58	2,86	129,1	28,1	101,0	4,6	57	0,69
Halde 381	0,4	2,50	0,30	0,91	2,75	1,97	56,8	9,4	47,5	6,1	30	0,30
Halde 377	0,3	3,31	0,58	1,64	4,43	2,17	75,2	18,1	57,1	4,2	33	0,35
Diabashalde	0,1	3,26	0,33	0,59	4,41	4,16	74,1	10,3	63,8	7,2	29	0,36
Innenkippe[3]	64,0	5,18	1,31	1,24	5,37	2,75	117,7	40,9	76,8	2,9	43	0,60
Schmirchauer Balkon[3]	12,0	6,91	1,34	0,91	6,62	2,77	157,1	41,9	115,2	3,8	43	0,48
Beerwalde	4,5	3,98	0,84	1,30	4,15	2,71	90,5	26,3	64,2	3,4	51	0,62
Drosen	3,5	3,64	0,63	0,49	3,74	2,86	82,7	19,7	63,0	4,2	59	0,67
Korbußen	0,4	4,26	0,75	1,54	4,66	2,59	96,8	23,4	73,4	4,1	22	0,29

[1] davon 35,1 Mio m^3 mit NP/SP < 1; 26,5 Mio m^3 mit NP/SP 1-3; 1, 0 Mio m^3 mit NP/SP > 3
[2] davon 17,8 Mio m^3 mit NP/SP < 1; 8,3 Mio m^3 mit NP/SP 1-3; 0,9 Mio m^3 mit NP/SP > 3
[3] liegt innerhalb des Tagebaues Lichtenberg

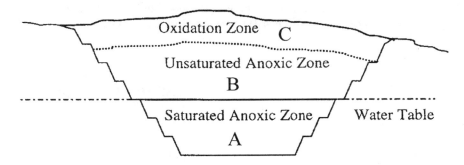

Abb. 3.3-3 Prinzipschema der Zonierung des rückverfüllten Tagebaues Lichtenberg

Hierfür werden im zeitlichen Vorlauf von 1 bis 3 Monaten Schurfproben im Raster von 25 m x 25 m auf dem Abtragsabschnitt entnommen und die Materialklassifizierung über eine Kombination von Brei- und NAP-Test vollzogen (s. Weise et al. 1996, Hockley et al. 1997). Das Klassifikationsschema ist Abb. 3.3-5 zu entnehmen. Die Einzelergebnisse werden risslich dargestellt, um anschließend sinnvolle technologische Abschnitte (Mindestumfang etwa 100.000 m³, entspricht etwa 2,5 Tagesleistungen) zu bilden. Hierfür gelten folgende Dilutionskriterien:

- Abschnitte mit > 70 % Materialklasse A : Verbringung nach Zone A
- Abschnitte mit > 80 % Materialklasse C und < 10 % Materialklasse A: Verbringung nach Zone C
- Alle anderen Abschnitte: Verbringung nach Zone B

Als Qualitätssicherungsmaßnahmen werden sowohl Beprobungen am Abtragsstoß der Halde als auch am Einlagerungsort durchgeführt.

4. *Alkalienzugabe.* Da Teile des in die Zone A eingelagerten Haldenmaterials bereits versauert sind, ist es notwendig, die im Haldenmaterial in Form von Porenwasser oder Sekundärmineralen gespeicherte Azidität durch Beigabe geeigneter Alkalien zu neutralisieren, was zur Ausfällung schwerlöslicher Verbindungen führt. Hier erwies sich der Einsatz von Branntkalk (CaO) im Vergleich zu anderen Verbindungen sowohl hinsichtlich der erforderlichen Dosiermenge als auch in bezug auf die Reaktivität des Kalkes als am effektivsten. Der Branntkalk wird dem A-Material als Granulat bereits am Abtragsort beigegeben und während des Lade-, Transport- und Einbauprozesses mit dem Haldenmaterial homogenisiert, was für dessen Verfügbarkeit wesentlich ist. Die Dosiermenge wird anhand des Brei-Leitfähigkeitswertes des Haldenmaterials bestimmt. Sie schwankt zwischen 1 und 13 kg CaO pro Tonne Haldenmaterial (im Mittel 1,5 ... 2,5 kg CaO/t bezogen auf den derzeitigen Abtrag der Nord- und Absetzerhalde). Die geplante Verbringung von ca. 1,2 Mio. m³ Kraftwerksaschen, die seit Mitte der 80er Jahre der Behandlung von Haldensickerwässern und hochbelasteten Teilströmen aus der Grube dienten, in den Verfüllkörper

zielt auf die Ausnutzung deren Neutralisationspotenzials und der Schaffung einer zusätzlichen geochemischen Barriere im Bereich der Grenze zwischen A- und B-Zone.

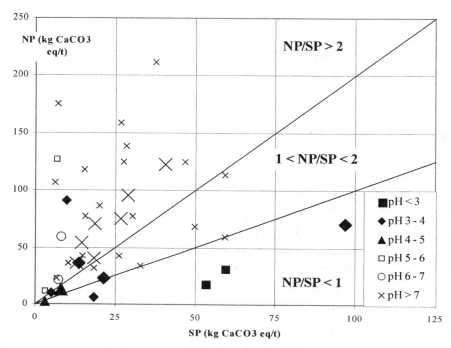

Abb. 3.3-4 Auf Grundlage infiltrativer Kolonnenversuche abgeleiteter Zusammenhang zwischen NP/SP-Verhältnis und pH-Wert des Kolonneneluats für Ronneburger Haldenmaterial. Laufzeit der Versuche: Kleine Symbole: 19–35 Wochen, Große Symbole: 238 Wochen

5. *Abdeckung.* Nach Konturierung des Schüttkörpers wird dessen Oberfläche mit einer mineralischen Abdeckung versehen werden. Wenngleich die unmittelbare Zielstellung die Gewährleistung der strahlenschutzrelevanten Sanierungsziele (Minimierung der Radonexhalation, Verhinderung des Stauberosion und des Direktkontaktes mit dem Haldenmaterial) sowie die Ermöglichung der vorgesehenen Folgenutzung sind, wird hiermit die Minimierung des Sickerwasser- und Sauerstoffeintrages bewirkt. Da die Endabdeckung des Tagebaues eines der kostenintensivsten Teilvorhaben der Sanierungstätigkeit am Ronneburger Standort ist, wird ihrer Optimierung unter Kosten-Nutzen-Betrachtungen große Aufmerksamkeit gewidmet werden. Die wesentliche hier zu beantwortende Fragestellung ist, welcher Aufwand für das Abdecksystem über die in jedem Falle zur Gewährleistung der Nachnutzbarkeit notwendigen Aufwendungen hinaus angemessen ist, um die anteiligen, vom ungesättigten Teil des Tagebau-

verfüllkörpers ausgehenden Beiträge zur Gesamtschadstoffemission in das Grundwasser zu minimieren und damit ggf. eine Verringerung der langfristigen Betriebskosten der Wasserbehandlung zu erzielen. Orientiert wird auf eine möglichst einfache Abdeckkonzeption aus standorttypischen Substraten und eine naturnahe und wartungsarme Bewuchsgestaltung, da nur die Etablierung eines sich langfristig selbst erhaltenden Ökosystems die angestrebte Wirkung der Abdeckung gewährleisten kann.

Die Entsorgung der beim Abbruch von Gebäuden und Anlagen sowie bei der Sanierung kontaminierter Flächen (insgesamt ca. 1500 ha) anfallenden Materialien ist in dieses Konzept zu integrieren. Unzulässig stark durch Mineralölkohlenwasserstoffe und andere Organika kontaminierter Sanierungsaushub wird mittels Sonderverfahren behandelt (Hammami et al. 1999) bzw. immobilisiert. Als Entsorgungsweg stehen die Einlagerung in das Tagebaurestloch oder die Verbringung in eine Deponie für besonders überwachungsbedürftige Abfälle, die im Bergbaugebiet neu errichtet wurde, zur Verfügung.

Für den Haldenkomplex Beerwalde, an den die Bergemassen zweier anderer Halden angelagert wurden, wurde ein insgesamt 1,9 m mächtiges Abdecksystem bestehend aus einer 0,4 m mächtigen geringdurchlässigen Dämmschicht und einer 1,5 m mächtigen Frostschutz-, Speicher- und Rekultivierungsschicht entworfen (Gatzweiler et al. 2001). Es soll die Infiltrationsraten in den Haldenkörper langfristig auf Werte um 5-10 % des Niederschlags reduzieren und den Sauerstofftransport in das Haldenmaterial weitgehend unterbinden. Bei seiner Bemessung, insbesondere der der Mächtigkeit der Speicherschicht, spielten Fragen der Langzeitstabilität eine entscheidende Rolle.

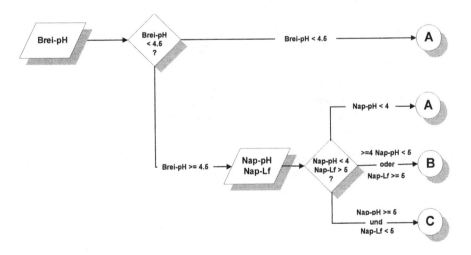

Abb. 3.3-5 Schema zur Klassifikation des Haldenmaterials in die Materialklassen A, B und C auf der Basis von Brei- und NAP-Test

3.3.5.5 Sanierung der industriellen Absetzanlagen

Eine besondere technologische Herausforderung stellt die Sanierung der industriellen Absetzanlagen (IAA) an den ehemaligen Aufbereitungsstandorten Seelingstädt und Crossen dar. In sechs Absetzanlagen sind insgesamt etwa 165 Mio. t feinkörniger Aufbereitungsrückstände (Tailings) mit einer Mächtigkeit von bis zu 70 m auf einer Gesamtfläche von etwa 570 ha zu verwahren. Ein Großteil der Sickerwässer aus den Absetzanlagen wird zzt. gefasst und gereinigt, um eine Ausbreitung der Kontamination in die Grundwasserleiter im Umfeld der IAA's zu verhindern. Die wesentlichen Kontaminanten sind hierbei Radionuklide, Arsen und Neutralsalze (Sulfat, Chlorid), deren Mobilität im wesentlichen auf den Aufbereitungsprozess selbst zurückgeht. In einigen der Becken, in denen Aufbereitungsschlämme der sodaalkalischen Aufbereitung eingespült wurden, sind im Porenwasser beachtliche Sodakonzentrationen verblieben, so dass von einer langfristig hohen Uran-Mobilität auszugehen ist. Das Prinzip der Sanierung besteht in der weitgehenden Isolierung der Becken von der Hydro- und Biosphäre. Die grundsätzliche Herangehensweise der Sanierungsvorbereitung und -durchführung wurde mehrfach beschrieben (Paul et al. 1996, 1998a; Schulze et al. 1998, Daenecke et al. 2000). Die wichtigsten Sanierungsschritte umfassen:

- Sofortmaßnahmen zur Abwehr akuter Umweltgefahren wie Zwischenabdeckung freier Spülstrandflächen, Sickerwasserfassung, Nachweis der Stabilität der Dammbauwerke für den Sanierungszeitraum, Einzäunung,
- Entnahme und Behandlung der Freiwasserlamellen der Absetzteiche, Oberflächenwasserfassung, Gewinnung und Behandlung von Porenwasser,
- Zwischenabdeckung freifallender Tailingsflächen
- Konturierung der Tailings- und Dammoberflächen,
- Endabdeckung der konturierten Oberfläche,
- Landschaftsgestaltung, Begrünung und Revitalisierung,
- Monitoring.

Die wesentlichen Aspekte der Sanierungsdurchführung sind geotechnischer Natur. Bereiche mit ausreichender Tragfähigkeit werden direkt mit Erdstoffen abgedeckt. Bei geringeren Scherfestigkeiten wird die Tragfähigkeit der Tailings durch Einsatz von geotechnischen Hilfsmitteln (Geogitter, Drängittermatten, Geovlies und Vertikaldräns) erhöht (Daenecke et al. 2000). Im Beckeninneren mit sehr mächtigen Feinschlämmen wird eine Anpassung der Abdecktechnologie erforderlich werden (Anwendung extrem leichter Erdbautechnik, subaquatische Abdeckung).

3.3.5.6 Verwahrung eines Untertage-Laugungsbergwerkes: Standort Königstein

Die Verwahrung der ca. 20 km südlich von Dresden gelegenen *Grube Königstein* erfordert eine ganz auf die Spezifik des Standortes angepasste Sanierungsstrategie, da die Urangewinnung in der 1964 erschlossenen Lagerstätte seit 1984 ausschließlich durch schwefelsaure Untertagelaugung durchgeführt wurde (Gesamtgewinnung 18.000 t Uran, davon ca. 5.400 t durch untertägige Laugung). Zur Laugung kamen insgesamt 130.000 t konzentrierte Schwefelsäure zum Einsatz. Die Uranvererzung ist flözartige ausgebildet und an cenomane Sandsteine gebunden. Diese bilden im Pirnaer Becken den 4. Grundwasserleiter, der infolge der Bergbautätigkeit großflächig entwässert wurde. Bei der gesteuerten Flutung der Grube ist das Hauptaugenmerk auf die Verhinderung des Aufstiegs kontaminierter Grubenwässer in den zur Trinkwassergewinnung genutzten 3. Grundwasserleiter gerichtet.

Die Anwendung der schwefelsauren Laugung führte zu Schadstoffkonzentrationen im Flutungswasser, die weit über die in konventionell gebauten Uranlagerstätten hinausgehen (Tabelle 3.3-8). Die in der Grube vorhandenen Schadstoffquellen umfassen hochkonzentrierte Lösungen (ca. 2 Mio. m^3 schwefelsaure Porenwässer mit pH 1,5-2, 30 g/l SO$_4$, 5 g/l Fe, > 100 mg/l U), wasserlösliche Salze (v.a. Eisensulfate mit hohen Schwermetall- und Radionuklidgehalten) sowie die Restmineralisation der Lagerstätte (Schreyer 1996). Ohne Gegenmaßnahmen würden bei der Flutung mehrere Tausend Tonnen an Sulfat, Eisen, Uran und Schwermetallen in die angrenzenden Grundwasserleiter und in die nur 600 m entfernte Elbe transportiert und diese nachhaltig kontaminieren.

Die Flutungsstrategie sieht eine weitgehende hydraulische Isolierung und Reinigung der Schadstoffquelle, unterstützt von Maßnahmen zur Schadstoffblockierung, durch gesteuerten Einstau der Grube vor (Schreyer 1996, Schreyer u. Zimmermann 1998). Zur technischen Umsetzung des Konzeptes wird auf der tiefsten erschlossenen Sohle ein System bergmännischer Auffahrungen (Kontrollstreckensystem) betrieben, das die Lagerstätte im Abstrom hufeisenförmig umschließt. Die Installation von Drainagesystemen gewährleistet die Aufrechterhaltung des Depressionstrichters bei schrittweisem Einstau der Grube und somit die Vermeidung von unkontrollierten Übertritten der Flutungswässer in den 3. und 4. Grundwasserleiter. Das gesammelte Flutungswasser wird einer übertägigen Wasserbehandlungsanlage zugeführt. Zur Steuerung und Überwachung des Prozesses sowie zur Überwachung der Expositionspfade wurde ein umfassendes Monitoringsystem installiert. Für die weitere Umsetzung der Flutungsstrategie wurden erfolgversprechende Lösungen zur zumindest partiellen Blockierung von Kontaminationsquellen erarbeitet (Klinger et al. 2000b). Hierzu zählen Injektionstechniken zur gesteuerten Barytbildung im Sandstein (Ziegenbalg u. Schreyer 1996) ebenso wie die Nutzung des Kontrollstreckensystems als Reaktionsraum. Hierbei ist vorgesehen, dieses vor dem Abwerfen mit reaktiven Materialien (Mischung aus Braunkohle und metallischem Eisen) zu verfüllen.

Tabelle 3.3-8 Zu erwartende Schadstoffkonzentration im Flutungswasser der Grube Königstein, Auswahl (Schreyer 1996)

Komponente	Einheit	Wert
pH		2,2
SO$_4$	mg/l	6000
Fe^{2+}	mg/l	300
Fe^{3+}	mg/l	800
U	mg/l	60

3.4 Gewässersedimente und Baggergut

Für die Nutzung, Erhaltung und nachhaltige Entwicklung der Oberflächengewässer spielen die mitgeführten Feststoffe und die an sie gebundenen Schad- und Belastungsstoffe eine wichtige Rolle. Die Ablagerung von Feinsedimenten in ungestauten Fließstrecken, Flussstauhaltungen, Buhnenfeldern, Hafenanlagen und Altarmen verändert die Gewässermorphologie, beeinträchtigt die Struktur des Sohlsubstrats und unterbindet den Austausch von Fluss- und Grundwasser. Außerdem fungieren diese Ablagerungen als biogeochemische Zwischenspeicher und dauerhafte Senken für organischen Kohlenstoff, Phosphor und Stickstoff mit erheblichen Wirkungen auf die Wasserqualität der stromab gelegenen Flussabschnitte, Ästuare und Randmeere.

Im praktischen Bezug zu Schad- und Belastungsstoffen wird die Bedeutung der Sedimente durch *drei Funktionen* in aquatischen Ökosystemen charakterisiert:

- Feststoffgebundene Schadstoffe können die Wirkung des Sediments bei der Selbstreinigung eines Gewässers verringern (vor allem durch Schädigung von Organismen, die zum Abbau beitragen) – *Schwebstoffe und Sedimente als Schutzgut.*
- Bei Überlastung der Kapazität wichtiger Rückhaltemechanismen kann die Remobilisierung von Schadstoffen erfolgen – *Sedimente als Schadstoffquellen.*
- Stabile Schadstoffbindungsformen können für die Entsorgung genutzt werden – *Sedimente als dauerhafte Senken für Schad- und Belastungsstoffe.*

Daraus resultieren drei *Aufgabenbereiche* für die sedimentbezogene Forschung: (i) Die Entwicklung hydrodynamischer und biologisch-chemischer Testmethoden zur Bewertung des (hydraulischen) Erosionsrisikos und ökologischen Gefahrenpotenzials, (ii) die gemeinsame Untersuchung maßgeblicher Einflussfaktoren auf die Schadstofffreisetzung in naturnahen Experimenten über ein großes Raum-/Zeit-Spektrum und (iii) optimierte technische Maßnahmen zur Begrenzung der Schadstoffausbreitung in der Ökosphäre.

Für die Festlegung von sedimentbezogenen Qualitätszielen und -kriterien sowie für die Entwicklung, Bewertung und Überwachung von technischen Problemlösungen ist eine Integration von Simulations-/Messtechniken mit naturwissenschaftlichem Prozessverständnis in Modellen verschiedener Raum-/Zeitskalen erforderlich, die im Absch. 3.4.1 darstellt wird.

Kontaminierte Gewässersedimente bilden eine besondere Form von Altlasten, weil hier der mechanische Transport eine vorrangige Rolle für den Schadstofftransfer spielt. Im Abschn. 3.4.2 wird die Behandlung von kontaminierten Überflutungssedimenten am Beispiel der Fallstudie Spittelwasser/Bitterfeld beschrieben.

Die optimale Technik zur Behandlung kontaminierter Sedimente bzw. Baggerschlämme ist die langfristige Stabilisierung der pH- und Redoxbedingungen. Die Deponierung unter permanent anoxischen Bedingungen, die im Abschn. 3.4.3 beschrieben wird, kombiniert mit einer Abdeckung der subaquatisch abgelagerten Schlämme (Abschn. 3.4.4), entspricht dem Konzept der Endlagerqualität von Abfallstoffen als einem der zentralen Leitbilder des ökologisch-technischen Umweltschutzes.

3.4.1 Integrierte Prozessstudien

Im Vergleich zu herkömmlichen Bodenkontaminationen unterliegen die Sedimentablagerungen einer sehr hohen Dynamik bei allen Prozessen. Das betrifft:
1. die hydrodynamischen Vorgänge mit oft erheblichen Folgen bei natürlichen Ereignissen (z.b. Hochwasser)und anthropogenen Einwirkungen (z. B. Schiffsbewegungen, Baggerungen),
2. die (mikro-)biologischen Prozesse, beispielsweise die Modifikation und der Umsatz von organischem Material,
3. die chemischen Prozesse, z. B. die Oxidation von Sulfiden mit massiven Säureeffekten sowie
4. die Schadstoffanreicherung an Feststoffen, die u.U. rasch wieder freigesetzt und in die Lösungsphase übergehen können.

Da auch die unter (2) bis (4) genannten Wirkungen vor allem durch die Hydrodynamik am Gewässergrund verursacht werden, kommt der Bewertung der Erosionsstabilität im Rahmen einer Gefahrenbewertung vorrangige Bedeutung zu. Die Informationen für die Aufsichts- und Vollzugsorgane in der Gewässergütewirtschaft, Betreiber von Talsperren und Unterhaltungsbaggerungen, Hafenbehörden usw., sollen so beschaffen sein, dass sie an den Schnittstellen sowohl zur „Ökotoxikologie" als auch den technischen Problemlösungen eingesetzt werden können (Abb. 3.4-1):

a) die wechselseitige Verknüpfung von Simulations-/Messtechniken mit naturwissenschaftlichem Prozessverständnis für die Planung und Durchführung von sedimentbezogenen Untersuchungen im Rahmen des Flusseinzugsgebietsmanagements;
b) die Zusammenführung von Daten in Modellen verschiedener Raum-/Zeit-Skalen für die Lösung der komplexen Fragestellungen, die durch schadstoffbelastete Feinsedimente in Fließ-, Ästuar- und Küstengewässern aufgeworfen werden.

3.4.1.1 Experimentiertechniken zur Simulation der Wechselwirkungen zwischen Hydrodynamik, Sedimentverhalten und Stoffsorption

Feinpartikeltransport und damit verbundene Schadstoffumlagerungen spielen sich, langfristig und großräumig gesehen, als Ereignisse bzw. in Zonen ab, die entweder vorwiegend depositär, oder überwiegend erosiv wirken. Die Transporte und Umsetzungen der Schadstoffe werden an der Grenzschicht zwischen Wassersäule und Bodenzone einerseits durch biogeochemische Prozesse innerhalb der Bodenschicht, andererseits durch hydrodynamische und biogeochemische Prozesse innerhalb des und aus dem fließenden Gewässer heraus gesteuert.

Die Quantifizierung der Flussraten einschließlich der Transportrichtung von Partikel-Aggregaten, Mikroorganismen und gelösten bzw. adsorbierten Substanzen erfordert eine Vernetzung verschiedener Experimentier- und Modelliertechniken zur Bestimmung der hydrodynamischen, chemischen und (mikro)biologischen Parameter. Die Entwicklung neuer Systeme kann auf folgenden Forschungsarbeiten aufbauen:

- Klärung der Zusammenhänge zwischen mineralogischen, mikrobiologischen und Porenwasser-Parametern in Erosionsapparaturen, deren Bodenhydrodynamik präzise steuerbar ist (Amos et al. 1992, Booij et al. 1994, Wiltshire et al. 1998);
- Ermittlung der Abhängigkeit der Erosionsstabilität von Konsolidierung und mechanischen Eigenschaften der Böden einschließlich biogener Stabilisierung durch Mikroorganismen (Spork 1997);
- Untersuchung des Flocken- bzw. Aggregattypus in der Wassersäule in a) turbulenten, gerichteten, b) oszillierenden (Wellen) und c) langsam zyklisch veränderlichen (Tiden) Strömungen (Gust u. Müller 1997);
- Untersuchung des Erosions- und Depositionsverhaltens der Partikeln und der entsprechenden vertikalen Massenflüsse in verschiedenen hydrodynamischen Charakteristiken der Simulatoren, wie z.B. Erosionskammer, differentielle Turbulenzsäule (Brunk et al. (in press), Jensen et al. (1999), Kreisgerinne (Spork 1997).

Parallel zur Verbesserung der Simulatoren verläuft die Entwicklung der *Meßmethoden:* Mit I*n situ*-Verfahren wird direkt am Grund des Gewässers das Erosionsverhalten der Flusssohle untersucht (z.B. Hartmann 1997). Dabei ist allerdings nur eine Aussage über die Erodierbarkeit der Sedimentoberfläche möglich. Um Vertikalprofile der kritischen Erosionsschubspannung zu gewinnen, müssen Sedimentkerne nahezu ungestört mit Stoßröhren entnommen und ihr Erosionsverhalten tiefenorientiert in einem Strömungskanal untersucht werden (Haag et al. 1999, Kern et al. 1999).

Zentrale Bedeutung bei allen Simulationsexperimenten besitzen die *Sensoren* für die chemischen Parameter. Zur Untersuchung der dynamischen Vorgänge an der Sediment/Wasser-Grenzfläche wurden in jüngerer Zeit vor allem am Max-Planck-Institut für Marine Mikrobiologie in Bremen eine Reihe neuer Techniken entwickelt. Neben den aus Glas hergestellten Mikroelektroden für die Messung von Sauerstoff, H_2S (Kühl et al. 1999) und CO_2 (de Beer et al. 1997) sind die Lichtleitersensoren (Optoden) zu nennen, mit denen über die Abklingzeit der stoffspezifischen Farbstoffe gelöste Substanzen wie z.B. Sauerstoff, Nitrat, Nitrit und Ammonium kleinräumig – z.B. an der Sediment/Wasser-Grenzfläche – bestimmt werden können (Kühl et al. 1997). Neue planare Optoden erlauben 2-dimensionale O_2-Messungen (Glud et al. 1998).

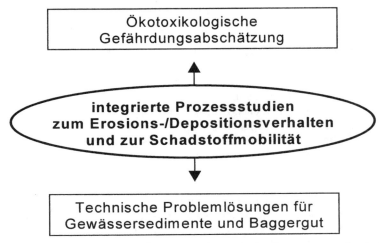

Abb. 3.4-1 Sedimentbezogene Schwerpunktaufgaben in der Gewässergütewirtschaft

Die Anwendung von Sauerstoff-Mikrosensoren trug wesentlich zum Verständnis der hydrodynamischen Bedingungen und Diffusionscharakteristika der Sediment/Wasser Grenzzone bei (Jørgensen 1994). Mit diesen Sensoren konnte beispielsweise gezeigt werden, dass der advektive Porenwasserfluss und damit auch Redoxprozesse maßgeblich durch die Struktur der Sedimentoberfläche gesteuert werden (Huettel et al. 1998). Daraus ergibt sich die Möglichkeit, anhand numerischer Modellierung und Validierung durch Tracer-Experimente – z.B. Positron-Emissions-Tomographie – eine Erweiterung der mathematischen Beschreibung advektiver Porenwasserflüsse bei Überlagerung mit anderen Fluiden vorzunehmen (Khalili et al. 1999).

Mikroelektroden sind geeignete Werkzeuge, um mit einer hohen räumlichen Auflösung die Verteilung wichtiger Umgebungsparameter im unmittelbaren Einflussbereich von Mikroorganismen zu erfassen. Die kleinskalige Messung der bioverfügbaren Fraktion organischen Kohlenstoffs in Sedimenten und Biofilmen wurde durch die Entwicklung eines mikrobiellen Biosensors ermöglicht (Neudörfer u. Meyer-Reil 1997).

3.4.1.2 Mikrobieller Umsatz von gelöstem und partikulärem Material

Das partikuläre organische Material (POM) stellt eine der Hauptkohlenstoffquellen für Fließgewässer-Ökosysteme dar und ist Träger von Nähr- und Schadstoffen. Die typischen Systemeigenschaften wie Verzahnung mit der terrestrischen Umgebung, insbesondere aber Sedimentstruktur und -lagerung, kleinräumige Strömungsmuster und hydrodynamische Charakteristika bestimmen, wie viel POM in welcher Qualität wo abgelagert und/oder wieder resuspendiert wird (z.B. Naegeli et al. 1995, Eisenmann et al. 1997). Ein weiterer, wichtiger Aspekt ist die mittlere „Verweildauer" von Feinsedimentablagerungen (und assoziiertem POM), die vom Hochwasserregime und der Gewässermorphologie beeinflusst wird. Beide Mechanismen – Ablagerung und Resuspension von Feinsedimenten – sind entscheidend für Quantität und Qualität des (mikrobiellen) Abbaus und damit für das Schicksal von Nähr- und Schadstoffen.

Die Biofilme sind die dynamischste Komponente der organischen Substanz, denn sie enthalten lebende Organismen, die auf Änderungen in der Umwelt durch die Bildung von extrazellulären polymeren Substanzen reagieren können. Wechselnde Umweltbedingungen können ein teilweises Abbrechen der Biofilme und einen zusätzlichen Remobilisierungseffekt von Schadstoffen zur Folge haben (Flemming et al. 1999). Für die Charakterisierung der hochvariablen Strukturen biogener Aggregate gibt es Ansätze auf der Basis des Konzepts der „fraktalen Dimension" (Guan et al. 1998).

Nach der Sedimentation unterliegen die kompaktierten Schwebstoffe verstärkten biogenen (mikrobiellen) Redoxprozessen, bei denen organisches Material oxididiert und terminale Elektronenakzeptoren reduziert werden (Pusch et al. 1998). Dies kann zur kleinräumigen Ausbildung von reduzierten Bedingungen innerhalb der kompaktierten Schwebstoffe und damit zu Mikrohabitatbildung führen. Eine besondere Herausforderung wird es sein, die Bedingungen des aeroben und anaeroben Abbaus organischen Materials durch Mikroorganismen zu analysieren und den (hemmenden) Einfluss von Nähr- und Schadstoffen auf die unterschiedlichen Stoffwechselwege darzustellen (Kerner u. Spitzy 1999). Erst nach einer Aufklärung der Gesamtheit der mikrobiellen Biozönose an den Feinsedimenten kann eine Analyse der Beziehung zwischen Struktur und Funktion durchgeführt werden. Hier versprechen molekular-ökologische Techniken für die Zukunft nähere Einblicke.

3.4.1.3 Gekoppelte biogeochemische Prozesse und Schadstoffmobilität

Die Zusammensetzung von Porenlösungen von Sedimenten ist der empfindlichste Indikator für die Art und das Ausmaß von Reaktionen, die zwischen den schad- oder nährstoffbelegten Sedimentpartikeln und der damit in Kontakt stehenden Lösungsphase stattfinden (Song u. Müller 1999). Die methodischen Ansätze umfassen Inkubations-Experimente, bei denen auch Radiotracer eingesetzt werden können (Elsgaard u. Jørgensen 1992). In ozeanischen Bereichen erfolgen solche Experimente In-situ mittels Lander; z.B. ermöglicht ein am MPI Bremen neu entwickelter Lander (Greef et al. 1998) solche Experimente direkt im Sediment zur Quantifizierung von Remineralisierungsprozessen. Maßstab für die Interpretation von Porenwasserprofilen in Fließgewässern, z.B. im Hinblick auf die Freisetzung von Nährstoffen, sind die Erfahrungen bei der Erforschung diagenetischer Prozesse am Tiefseeboden (Hensen et al. 1998) und in Wattsedimenten (Sagemann et al. 1996).

Diffusion, advektiver Porenwasseraustausch und Bioturbation sind die wichtigsten Transportprozesse, die den Austausch von gelöster und partikulärer Substanz zwischen Sediment und Wassersäule kontrollieren. Beim advektiven Porenwasserfluß in permeablen Sedimenten (Huettel u. Gust 1992) führt das Überströmen von Unebenheiten zu einer komplexen geochemischen Zonierung im Sediment (Abschn. 3.4.1.1, Rutherford et al. 1995, Ziebis et al. 1996, Huettel et al. 1998).

Viele Naturvorgänge und letztlich auch die Wirkung von Schadstoffen werden durch Prozesse an Grenzflächen gesteuert, beschleunigt oder verzögert. In jüngster Zeit wurden vor allem zwei Einflussfaktoren als wichtig für eine realitätsnahe Abschätzung von Mobilisierungs- und Sorptionseffekten an natürlichen Grenzflächen wie den Sedimentpartikeln erkannt: (1) Die gelösten organischen Substanzen, die aufgrund ihrer Struktur gegenüber hydrophoben Substanzen löslichkeitsvermittelnd sein können (De Paolis et al. 1997, Laor et al 1998). (2) Die Kolloide als Medium für die weiträumige Verfrachtung von Schadstoffen auch in Fließgewässern und als Einflussfaktoren auf die Änderung von Sedimenteigenschaften (Buffle et al. 1995).

Jegliche Einschätzung der Mobilität oder der Verteilung von Schadstoffen steht und fällt mit einer eindeutigen Identifikation der Bindungsformen. Hier haben sich in den letzten Jahren einige interessante methodische Ansätze ergeben, z.B. die Kombination von Extraktion, titrimetrischer Analyse und chemischer Gleichgewichtsrechung zur Plausibilitätsanalyse der Untersuchungsdaten zur Bindungsform von Cadmium (Martin et al. /65/) und Anwendung der Röntgen-Absorptions-Spektroskopie zur Charakterisierung der realen Speziesinformation in Feststoffen, die jedoch den Analyten in hohen Konzentrationen enthalten müssen (Manceau et al. 1996).

3.4.1.4 Modellierung des Sediment- und Schadstofftransports

Die Verknüpfung und Integration der interdisziplinär erforschten Einzelprozesse und die Übertragung der Laborversuche auf ein natürliches Gewässersystem, in dem Prozesse auf extrem unterschiedlichen Raum- und Zeitskalen ablaufen, erfolgt über analytische und numerische Modelle. Letztere können in unterschiedlicher Konzeption eingesetzt werden:

- Die auf Partikelebene operierenden hydrodynamischen (Johnsen et al. 1997, Boivin et al. 1998, Ling et al. 1998), statistischen (Lick et al. 1992) oder stochastischen Modelle (Hesse u. Thory 1996) sind für die Erforschung kleinskaliger Aggregations-/Segregationsprozesse geeignet und ermöglichen außerdem die Einbeziehung biologischer und chemischer Vorgänge.
- Kontinuumsmechanische Feldmodelle (Malcherek 1995) ebenso wie auch Particle-Tracking-Modelle (Wollschläger 1996) sind besonders leistungsfähig bei lokal konzentrierten Emissionen sowie für Langzeitsimulationen.
- Makroskalige Langzeitsimulationen können wegen der begrenzten Rechnerkapazitäten bisher nur mit vereinfachenden Modellansätzen durchgeführt werden.

Die verfügbaren Stofftransportmodelle beschränken sich vorwiegend auf die Beschreibung der Transport- und Ausbreitungsprozesse suspendierter Sedimente sowie gelöster und partikulärer Substanzen. Die hydrodynamischen Wechselwirkungen zwischen turbulenter Strömung, Suspensat und Sediment sowie die biogeochemischen Wechselwirkungen zwischen Feststoff und Schadstoff insbesondere in Bodennähe sind noch kaum erforscht und numerisch modelliert.

Modellansätze, die die erosiven und sedimantativen Stoffströme mit den Strömungsgrößen verknüpfen, sind mit einem hohen Kalibrierungsaufwand verbunden. Existierenden Ansätzen, die den Einfluss der Turbulenz auf Aggregations- und Segregationsprozesse beschreiben (Lyn et al. 1992, Malcherek 1995), fehlt bisher die stringente Überprüfung im Experiment und die Trennung von anderen Unsicherheiten. Hier seien jedoch die Untersuchungen von Bennett et al. (1998) als potentieller Datensatz für Validierungen hervorgehoben. Die Eigenkonsolidation der Sedimente unterliegt laufenden Forschungsarbeiten (Sills 1997). Mikroskopische Modellbeschreibungen für Film- und Porendiffusionsprozesse liegen zwar vor (Formica et al. 1988), jedoch ist die Integration der geochemischen Prozesse in reaktive Schadstofftransportmodelle nur vereinzelt in elementarer Form versucht worden (Onishi 1981). Das weitestgehende Modell für den Schadstofftransport basiert auf thermodynamischen Sorptionsgleichgewichten als einfachster Form der Wechselwirkungen zwischen gelöster und partikulärer Phase (Kern 1997). Ein zentrales Problem bildet die modellgestützte Übertragung der Ergebnisse auf die Raum/Zeit-Skala der Natur.

3.4.1.5 Ansatz zu einem Forschungsverbund „Integrierte Prozessstudien"

Die in den Abschn. 3.4.1.1 bis 3.4.1.4 aufgeführten Arbeitsschwerpunkte sollen in einem Verbundforschungsvorhaben kombiniert und im Hinblick auf zwei übergeordnete Fragestellungen gemeinsam untersucht werden:

1. die Bewertung der Sedimentstabilität, vor allem im Hinblick auf die Auswirkungen von Erosionsereignissen, und
2. die Charakterisierung von Prozessen, die zur Umsetzung und zum Transfer von Schadstoffen in den Sedimenten und an den Schwebstoffen führen.

Diesen beiden Fragestellungen sind die Themenschwerpunkte I und II zugeordnet, in denen die in Abb. 3.4-2 genannten Teilprojekte in enger Abstimmung, teilweise mit gemeinsamen Experimenten, kooperieren. Der Themenschwerpunkt III (Abb. 3.4-2, rechte Spalte) umfasst die Naturmessungen an ausgewählten Testgewässern und die Verifizierung der Prozessstudien durch Modellierungen in verschiedenen Skalenbereichen.

Im Themenschwerpunkt I („experimentelle Techniken") stehen die Untersuchungen zu den hydraulischen (bodenmechanischen und rheologischen) Kenngrößen mittels Erosionsapparaturen im Vordergrund. In einzelnen Teilprojekten werden in einem Strömungskanal die ausgewählten Sedimentproben einem hydrodynamischen Erosionstest unterworfen und hinsichtlich ihrer bodenmechanischen, rheologischen, chemischen und biologischen Eigenschaften charakterisiert; mit einer differentiellen Turbulenzsäule werden die physikalisch-chemischen Effekte bei der Aggregation/Seggregation von Partikeln und die Sorption/Desorption von Schadstoffen bearbeitet. In einem integrativen Laboransatz mit einer Grenzschichtkammer und einem Säulensimulator sind die Transportwege und -raten für biochemische und Schadstoffparameter im Detail von Quelle zu Senke zu verfolgen; mit der Erosionskammer sollen auch die Schadstoffübergänge zwischen verschiedenen Sedimentkomponenten untersucht werden. Während die Daten zu den Sedimentkenngrößen vorwiegend zur Prognose der Erosionsstabilität und Modellierung des Feststofftransportes eingesetzt werden (großskalige Schadstofftransportmodelle), sollen die Versuchsresultate zu den Schadstoff-/Partikelwechselwirkungen der Entwicklung von realitätsnahen Sorptions- und Aggregationsmodellen (mesoskalige Stoffverteilung/Sorptionskinetik) dienen.

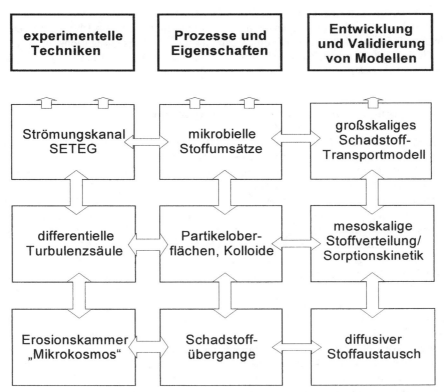

Abb. 3.4-2 Themenschwerpunkte und ausgewählte Teilprojekte in dem BMBF-Verbundprogramm „Feinsedimentdynamik und Schadstoffmobilität in Fließgewässern"

Im Themenschwerpunkt II („Prozesse und Eigenschaften") werden die biologischen und geochemischen Prozesse mit ihren Auswirkungen auf die Schadstoffmobilität zusammenhängend untersucht. Die biologischen Umsetzungen sind die maßgeblichen Steuerfaktoren für die diagenetischen Prozesse, mit denen Schadstoffe an den Sediment- bzw. Schwebstoffpartikeln festgelegt oder von diesen in die Wasserphase freigesetzt werden können. Die „biologischen" Teilprojekte („mikrobielle Stoffumsätze") bilden auch die wissenschaftliche Basis für die neuen Prognoseansätze – inklusive realitätsnaher Modellbildungen – zur Frage der Erosionsstabilität und über die Charakterisierung der organischen Substrate („Biofilme") in den Fragen der Partikelaggregation und Schadstoffsorption bzw. -freisetzung. In einem Teilprojekt soll mit neuen experimentellen und analytischen Methoden die Frage aufgeklärt werden, ob Mikropartikel (Kolloide) einen nennenswerten Beitrag zur Freisetzung und zum Transport von Schadstoffen in Oberflächengewässern leisten. Weiterhin sollen quantitativ nachprüfbare Erkenntnisse über den Ablauf und die Auswirkungen der erst in neuerer Zeit erkannten, sog. verzögerten biochemischen Reaktionen bei Sedimentumlagerungen gewonnen werden.

Im Themenschwerpunkt III („*Entwicklung und Validierung von Modellen*") soll neben den flussgebietsbezogenen Modellierungen des Stofftransports und feinskaligen Modellierungen von Aggregations- und Seggregationsvorgängen auch der diffusive Stoffaustausch in seiner räumlichen und zeitlichen Variabilität untersucht werden.

3.4.2 Problemlösungen für Überflutungssedimente

Bisher wurde vor allem am Beispiel der Häfen am Unterlauf großer Flüsse – Rotterdam, Hamburg – die Frage diskutiert, welche Auswirkungen die lokalen Sedimentbelastungen auf die Küstenzonen besitzen. Durch die Einleitung von Abwässern, durch Flutung von Bergwerken und durch Lufteinträge werden die natürlichen Flusssedimente bereits im Ober- und Mittellauf in erheblichen Umfang kontaminiert. Die Sedimente werden mit dem fließenden Wasser entlang des Flusslaufes ab- und umgelagert. Vor allem bei stärkerer Wasserführung werden die an den Schwebeteilchen gebundenen Schadstoffe weit verbreitet.

Neben den häufig auftretenden, teilweise periodischen Überschwemmungen von Deichvorländern (Miehlich 1987, Schuster u. Miehlich 1989), Polderflächen und Flussauen (Miehlich et al. 2000) waren es in den vergangenen Jahren katastrophale Flutereignisse (z.B. Oderflut von 1997: Müller u. Wessels 1999, Wolska et al. 1999) und Deichbrüche in Bergbauregionen (Aznalcollar/Spanien 1999, Rumänien 1999/2000), die den Blick der Öffentlichkeit auf die enormen Auswirkungen von schadstoffhaltigen Sedimenten richten. Zunächst zeigt sich, dass mit solchen Ereignissen sehr lang anhaltende Nutzungseinschränkungen von Böden verbunden sind. Immer deutlicher wird jedoch auch, dass wegen der Heterogenität der Schadstoffmixturen und -verteilung eine Behandlung im engeren Sinne – chemische Extraktion, Verfestigung, biologischer Abbau – nur in Ausnahmefällen in Frage kommt.

Daraus ergibt sich eine grundsätzlich andere Herangehensweise als bei punktuell starken Schadstoffbelastungen von Baggerschlämmen, wie sie in Hafengebieten auftreten. Hier wird ein Beispiel aus dem Einzugsgebiet der Elbe sowohl im Hinblick auf die möglichen technischen Problemlösungen als auch für die Organisation der Maßnahmen dargestellt. Das Beispiel wurde von einer Arbeitsgruppe des Umweltbundesamtes und des Projektträgers des BMBF für Abfallwirtschaft und Altlastensanierung (Anonym 2000a) als deutscher Beitrag zum Fallstudienvergleich anlässlich der 7. internationalen Konferenz über Altlastensanierung ConSoil 2000 in Leipzig (Anonym 2000b) zusammengestellt. Die Vorgehensweise wird in den kommenden Jahren an Bedeutung gewinnen, wenn die EU-Wasserrahmenrichtlinie umgesetzt wird, die eine flusseinzugsgebietsübergreifende Betrachtung von Schadstoffbelastungen fordert.

3.4.2.1 Fallstudie Spittelwasser im Elbe-Einzugsgebiet

Die Elbe ist mit einer Länge von über 1000 km und einem Gesamteinzugsgebiet von 150.000 km² eines der größten Flussgebiete Europas. Etwa $^2/_3$ der Fläche gehören zu Deutschland. An der deutsch/tschechischen Grenze beträgt der mittlere Abfluss 314 m³/s, bei der Mündung in die Nordsee ca. 877 m³/s. Zwei besonders relevante Zuflüsse sind die Saale und die Mulde, die beide große Bergbauregionen entwässern. Der mittlere Abfluss der Saale liegt bei 115 m³/s, der Mulde bei 65 m³/s.

Im Einzugsgebiet der Mulde liegt auch die Industrieregion Bitterfeld-Wolfen, von der besonders weitreichende Kontaminationen der unterliegenden Flußauen ausgingen und noch lange ausgehen werden. Das Muster der Dioxinkongeneren ist bis in die Sedimente des Hamburger Hafens zu verfolgen (Goetz et al. 1996). Im Verlauf einer mehr als 100-jährigen Produktion chemischer Ausgangsstoffe und Erzeugnisse wurden in der Region Bitterfeld-Wolfen die Betriebsflächen der ehemaligen Chemiefabriken und auch das Grundwasser mit Schadstoffen verunreinigt. Ebenso wurde ein Teil der Restlöcher des Braunkohlenbergbaus durch die Ablagerung von Abfällen aus der chemischen Produktion (z.B. HCH-Isomere, Hexachlorethan, DDT-Schlamm, chlororganische Schlämme, Destillationsrückstände, (aliphatische CKW), Laugen und Salze) mit Schadstoffen belastet.

Von den Verunreinigungen sind zunächst vor allem Teile des Umlandes von Bitterfeld-Wolfen betroffen, wie das nach dem gleichnamigen Flüsschen benannte ca. 60 km² große Niederungsgebiet "Spittelwasser" mit den Ortschaften Greppin und Jeßnitz. Im Gefolge der Überschwemmungen verwandelt sich das Niederungsgebiet in eine ca. 10–30 km² große Seenlandschaft (Abb. 3.4-3).

Für die dauerhafte Unterbindung des Austrages schadstoffbelasteter Sedimente aus dem Spittelwassergebiet kommen grundsätzlich die in Tabelle 3.4.-1 aufgeführten technischen Maßnahmen in Frage (Anonym 2000a). Risiken sind also vor allem: (1) Der Verbleib des anfallenden Baggergutes ist abfall- und bodenschutzrechtlich abzusichern; die kontaminierten Massen sind als besonders überwachungsbedürftige Abfälle zu verbringen. (2) Die genaue Lage und das Volumen der kontaminierten Sedimente, die sich im Niederungsgebiet ausgebreitet haben und weiterhin ausbreiten, sind nicht bekannt; es besteht ein erhebliches Kostenrisiko. (3) Die technisch möglichen Entwässerungs- und Aushubmaßnahmen stellen massive Eingriffe in das Natur- und Landschaftsschutzgebiet dar; die Funktionalität des Niederungsgebietes wird insgesamt in Frage gestellt. Diese Varianten werden nicht weiter verfolgt.

Vor dem Hintergrund der angestrebten nachhaltigen Entwicklung des Gebietes und der bestehenden Erfolgsrisiken sowie unter dem Aspekt, dass die Maßnahmen dem Grundsatz der Verhältnismäßigkeit entsprechen sollen, erscheint es sinnvoll, die in Tabelle 3.4-2 dargestellten Einzelmaßnahmen zu kombinieren und schrittweise umzusetzen. Im Mittelpunkt des Regulierungsprojektes (Teilschritt 02) stehen die Förderung des Pflanzenwachstums zur mechanischen Stabilisierung der Sedimente und die Anwendung von Prozessen des natürlichen Schadstoffrückhalts- und -abbaus.

In einem Forschungsprojekt innerhalb des BMBF-Verbundes „Natural Attenuation" werden die stark mit anorganischen und organische Schadstoffen belasteten Sedimente mit mikroskopischen, extraktiv-chemischen, geochemischen und ökotoxikologischen Prüf- und Messtechniken bewertet (Gerth u. Förstner 2001). Ziel ist es, frühdiagenetische Vorgänge im Substrat nachzuweisen, die Reaktivität der Feststoffmatrizes sowie den Festlegungsgrad der Schadstoffe anhand der Mobilisierbarkeit und Bioverfügbarkeit zu bewerten. Im Vordergrund stehen die Schadstoffe Arsen, DDT und HCH.

Tabelle 3.4-1 Grundsätzliche Möglichkeiten zur Minderung des Sedimentaustrags im Niederungsgebiet Spittelwasser (Anonym 2000a)

		Technische Maßnahmen zur Minderung des Sedimentaustrags	*geschätzte Kosten*
I	*Polderung*	Das Niederungsgebiet wird durch Einsatz von Pumpverfahren gezielt entwässert und mit nicht kontaminiertem Material abgedeckt	*40 Mio. EURO* *15 EURO/m³* *Betriebskosten*
II	*Sedimententnahme*	Das Flussbett wird vollständig entschlammt (~20,000 m³ stichfester Schlamm), Aushub ist besonders überwachungsbedürftiger Abfall	*14 Mio. EURO* *incl. Ausrüstung*
III	*Sedimentabdeckung*	IIIa: mineralische Deckschicht; IIIb: künstl. Deckschicht (Geotextil) *Vorteil: Es fallen keine besonders überwachungsbedürftige Abfälle an!* *Nachteil: Die Langzeitbeständigkeit ist nicht gesichert (Morphodynamik!)*	*IIIa: 5 Mio. EURO* *(100 EURO/m²)* *IIIb: 3 Mio. EURO* *(60 EURO/m²)*
IV	*Flussverlegung*	Das Gewässer erhält ein neues Bett; unbelastetes Sediment wird als Abdeckung und zur Verfüllung des alten Flussbettes verwendet	*12 Mio. EURO* *incl. Ausrüstung*
V	*Flussregulierung*	Der Verlauf des Spittelwassers wird begradigt; die hochbelasteten Sedimente werden mit unbelastetem Aushubmaterial abgedeckt	*6 Mio. EURO;* *~400 EURO/m²*

Der integrale Ansatz dieses Forschungsprojekts lässt Impulse, insbesondere in Richtung auf methodische Entwicklungen, für die benachbarten Disziplinen erwarten. Konkret gilt dies für elektronenoptische Untersuchungen von Porenräumen und oberflächennahen Feststofflagen, für Fließprozesse in Filtermedien und deren Modellierung, für die Quantifizierung von Sorptionsphänomenen und vor allem für den Bereich der hydromechanischen Einflüsse auf die Sedimentstabilität.

Für weiter entfernte Fachgebiete wie z.B. Recht und Ökonomie wirft die Beschäftigung mit dem bislang wenig beachteten Medium „Sediment" offene Fragen wegen der juristischen Einordnung von Maßnahmen am Quell- und Zielort von belasteten Sedimenten und Schwebstoffen bzw. bei der Bewertung verschiedener alternativer Problemlösungen unter Einbeziehung des „Natural Attenuation-Ansatzes" auf.

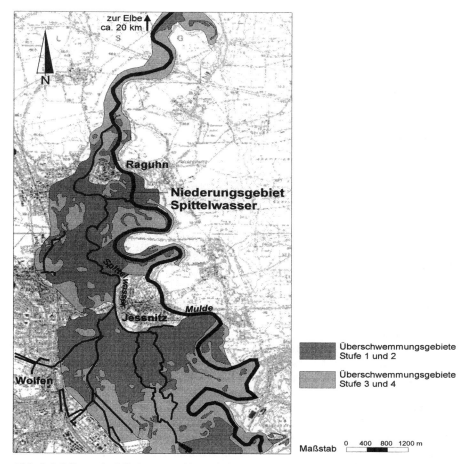

Abb. 3.4-3 Karte des Niederungsgebietes Spittelwasser (Anonym 2000a)

Tabelle 3.4-2 Projektvorschlag der deutschen Arbeitsgruppe (Anonym 2000a)

			geschätzte Kosten/Zeit
1	*Monitoringsystem*	Das strömungsabhängige Schadstofftransportverhalten soll mit hydrodynamischen und luftgestützten Methoden überwacht werden	*400.000 EURO* *1. bis 48. Monat*
2	*Regulierungsprojekt*	(1) Einsatz von Modellen zum Sediment- und Schadstofftransport (2) Einrichtung von Sedimentfallen; punktuelle Sedimententnahme (3) Nutzung von "Natural Attenuation"; Stabilisierung mit Pflanzen	Projekte (1) + (3) *530.000 EURO* *12. bis 30. Monat*
3	*Erprobung*	Betrifft vor allem die Funktionsfähigkeit und Wirkung der Sediment-fallen. Datenerhebung für die Prognose des Schadstoffaustrags	*250.000 EURO* *30. bis 40. Monat*
4	*Dauerbetrieb*	(a) Erfolgskontrolle des Gesamtkonzeptes, z.B. in einem GIS (b) Öffentlichkeitsarbeit (regionale Kindergärten, Jäger und Angler)	*770.000 EURO* *24. bis 48. Monat*
5	*Nachsorge*	Die begonnenen Untersuchungen sind kontinuierlich und langfristig durchzuführen (nach Beispiel anderer Dauerbeobachtungsflächen)	*225.000 EURO* *(15,000 EURO/a* *~ 15 Jahre)*

3.4.2.2 Organisation eines interdisziplinären Programms

Aufgrund der geschilderten Rahmenbedingungen zeichnet sich der Vorschlag für ein übergreifendes Programm (Tabelle 3.4-2) durch eine hohe Komplexität und die daraus resultierende Vielzahl der beteiligten Personen, Fachplaner und Behörden aus (Anonym 2000a). Die betroffenen Flächen befinden sich nahezu vollständig in Privateigentum. Bekannt sind ca. 30–40 Eigentümer, bei vielen Flächen sind die Eigentumsverhältnisse bislang ungeklärt. Die effiziente Bearbeitung der vielfältigen Aufgaben ist nur möglich, wenn nach der Entscheidung über die Projektdurchführung eine Projektleitung (z.B. das Landratsamt Bitterfeld) eingesetzt wird. Aufgabe der Projektleitung ist es, alle Teilbereiche des Projektes klar zu strukturieren und Kompetenzen sowie Entscheidungsbefugnisse im Rahmen der Projektorganisation eindeutig zu zuordnen.

Erforderlich ist eine zielgerichtete Kompetenzbündelung durch Zusammenstellung eines Projektteams, dem erfahrene Fachleute der Arbeitsbereiche Recht, Planung, Technik, Controlling und Öffentlichkeitsarbeit angehören. Auf Behördenseite sind das Staatliche Amt für Umwelt Dessau-Wittenberg als fachtechnische Überwachungsbehörde- und das RP Dessau als Aufsichtsbehörde in die Vorbereitung des Projektes einzubeziehen.

Das Projekt ist von komplexen Randbedingungen gekennzeichnet, die vor allem aus externen Einflussfaktoren resultieren (Fließ- und Überschwemmungsgeschehen, zeitliche Entwicklung und Umfang des Grundwasseranstiegs, Grundwasserbeschaffenheit, Einfluss anderer regional wirksamer Sanierungsmaßnahmen). Die Maßnahmen müssen daher so flexibel konzipiert sein, dass eine kontinuierliche Anpassung an sich ändernde Rahmenbedingungen möglich ist.

Um Akzeptanz und Glaubwürdigkeit zu erzielen sowie Vorbehalten gegenüber der Realisierung der Maßnahmen entgegenzuwirken, ist die Öffentlichkeit über die Belastungsverhältnisse einschließlich der Ergebnisse der expositions- und nutzungsbezogenen Gefahrenbewertung sowie die Projektziele zu informieren. Hierzu erscheint die Bildung eines Bürgerberatungsbüros als sinnvoll und zweckmäßig.

3.4.3 Subaquatische Lagerung

3.4.3.1 Internationale Erfahrungen

Baggergut fällt weltweit sowohl bei der Instandhaltung von Schifffahrtswegen als auch im Rahmen von Vorhaben zur Sedimentsanierung als Massengut an. So entstehen allein im Rahmen der Unterhaltungsbaggerungen der Schifffahrtswege im Gebiet der Bundesrepublik Deutschland jährlich 40 Mio. Kubikmeter Baggermaterial (Heinzelmann 2000). In den USA werden durch das US Army Corps of Engineers (USACE) jährlich geschätzte 300 Mio. m^3 Sediment umgelagert, um die Seewege zu den Häfen freizuhalten (Foxwell 2000).

Baggergut wird, sofern es keiner nutzbringenden Verwendung zugeführt werden kann, unbehandelt oder nach geeigneter Vorbehandlung an Land oder unter Wasser abgelagert. Die subaquatische Ablagerung von ist hierbei vor allem wirtschaftlich deutlich günstiger, da teure Schritte wie beispielsweise die Entwässerung und der Transport entfallen. Sie wird daher auch bei anderen kontaminierten Massengütern, d.h. neben Baggergut auch bei Minenabraum oder sonstigen Abfällen, als Alternative zur Deponierung an Land bzw. zur Behandlung in Erwägung gezogen (vgl. Abschn. 1.5.2.1). Die subaquatische Ablagerung von Baggergut spielt nach wie vor eine dominante Rolle, obwohl internationalen Bestrebungen, teilweise auch auf Druck der Öffentlichkeit oder von Umweltschutzorganisationen hin, kostspieligeren Alternativen, insbesondere der nutzbringenden Verwendung, den Vorzug geben (Anonymus 2000, Foxwell 2000, Sullivan 2000): solche nutzbringenden Verwendungen können die Verwendung in Küstenschutzmaßnahmen, Habitatentwicklung oder Herstellung von Baumaterialien sein – sind aber i.A. nur für nicht oder nur gering belastetes Material umsetzbar. Beispielhaft stellt Foxwell (2000) in diesem Zusammenhang die Häfen von Harwich (Großbritannien), Hamburg (Deutschland), Seattle und New York (USA) heraus, die diese Verwendungsformen in der jüngsten Vergangenheit vorangetrieben haben.

Internationale Richtlinien
Um Richtlinien für die Ablagerung von Baggergut im Meer zu geben, wurden in der Vergangenheit internationale Konventionen erarbeitet, deren Ziel es ist, den Schadstoffeintrag in die Meere zu begrenzen und zu kontrollieren. Die *London*

Convention (LC) vertritt einen globalen Ansatz, die *Oslo-Paris-Convention* (OSPAR) und *die Helsinki-Convention* (HELSINKI) einen regionalen. Diese Übereinkommen, deren Wurzeln meist in die 1970er Jahre reichen, befinden sich in einer ständigen Entwicklung, um neuesten Erkenntnissen Rechnung tragen zu können, und daher besteht die Notwendigkeit, einer Anwendung stets die jüngste und für das betreffende Land gültige Version zu Grunde zu legen (Burt et al. 2000).

Als Herzstück der LC sowie vieler regionaler Übereinkommen werten Burt et al. (2000) zwei grundlegende Prinzipien: zum einen das Prinzip des vorausschauenden Handelns und zum andern das Verursacher-zahlt-Prinzip. Die LC gibt weiterhin in Ihren Anhängen detaillierte Informationen, wie (1) eine Liste der Materialien und Substanzen, für die eine Ablagerung im Meer auszuschließen ist („schwarze Liste"), (2) eine Liste mit Materialien die nur unter besonderen Sicherheitsvorkehrungen zur Ablagerung geeignet sind („graue Liste") und (3) konkrete Vorschläge zur Umsetzung der Konvention in den Mitgliedsstaaten.

Die legislativen Rahmenbedingungen für den Umgang mit Baggergut werden in den Unterzeichnerstaaten auf der Grundlage obiger Übereinkommen geschaffen. Dem Umgang mit dem Baggergut aus den Bundeswasserstraßen liegen in der Bundesrepublik für Küsten- und Binnenbereich getrennte Verwaltungsvorschriften zu Grunde. Die überarbeitete Handlungsanweisung für den Umgang mit Baggergut im Küstenbereich (HABAK), die seit 1999 in Kraft ist, setzt hierbei die Baggergutrichtlinien gemäß der oben genannten internationalen Meeresschutzübereinkommen (LC, OSPAR und HELSINKI) um (Burt und Fletcher 1997, Bergmann et al. 2000).

Im Falle unkontaminierter oder nur unwesentlich kontaminierter Sedimente kann eine unbeschränkte Ablagerung des unbehandelten Sediments ohne weitere technische Sicherungsmaßnahmen durchgeführt werden (Abb. 3.4-4A), sofern dies in Übereinstimmung mit den vor Ort gültigen gesetzlichen Bestimmungen steht. Gemäß HABAK sind Umlagerungen im Bereich der deutschen Küstengewässer generell dann unbeschränkt zulässig, wenn die als Referenz geltenden Belastungswerte des deutschen Nordseewatts nicht überschritten werden. Weisen die ausgebaggerten Sedimente jedoch Kontaminationen mit unerwünschten oder schädlichen Substanzen auf, ist generell auf der Basis einer Auswirkungsprognose die Machbarkeit einer Unterwasserablagerung zu prüfen, wobei eine Vorbehandlung des Materials oder Sicherungsmaßnahmen in Betracht zu ziehen sind.

Konkrete Hinweise zu Sicherungsmaßnahmen im Rahmen der subaquatischen Ablagerung von Materialien, die ansonsten als ungeeignet zur subaquatischen Ablagerung eingestuft werden müssten, finden sich im *„Dredged Material Assessment Framework"* (DMAF), einem Richtlinienkatalog zur Umsetzung der LC. Unter anderem wird im DMAF die subaquatische Abdeckung, im folgenden auch kurz „Capping", als Sicherungsmaßnahme angesprochen. Eine zentrale Rolle wird dem Capping und anderen Sicherungs- und Behandlungsmaßnahme auch in den Richtlinien der US-amerikanische Umweltbehörde, US EPA, eingeräumt (USEPA 1994). Insbesondere im Bereich der Großen Seen wurde sowohl von amerikanischer als auch von kanadischer Seite eine umfangreiche Entwicklung von Maßnahmen zur Sicherung von kontaminierten Sedimenten vorangetrieben.

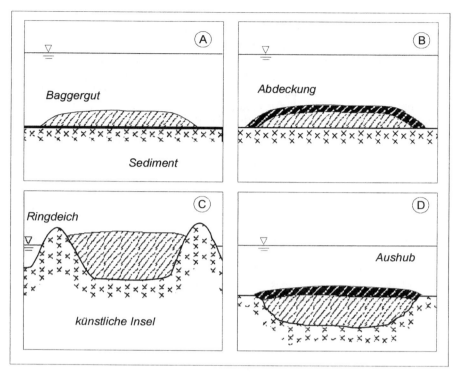

Abb. 3.4-4 Verschieden Möglichkeiten der subaquatischen Deponierung von Baggergut: A) ungesicherte subaquatische Ablagerung, B) Abgedeckte Ablagerung, C) Einbettung und D) künstliche Insel.

Um eine Ausbreitung der in dem umgelagerten Sediment enthaltenen Schadstoffe, d.h. einen Transport in die Wassersäule, zu vermeiden, können verschiedene technische Lösungen herangezogen werden, sofern eine Mobilisierung dieser Schadstoffe zu befürchten ist. Insbesondere ist hierbei die In-situ-Abdeckung (Abb. 3.4-4B) evtl. in Kombination mit einer Einbettung des Baggerguts (Abb. 3.4-4D) hervorzuheben. Die Abdeckung des Materials wird ausführlicher in Abschn. 3.4.4.2 erörtert. Unter einer Einbettung ist das Auskoffern eines Bereichs unbelasteten Sedimentes zu verstehen, in welchen in der Folge das Baggergut eingebracht wird. Um eine In-situ-Abdeckung auszubringen, kann bei einer Einbettung ggf. das ausgekofferte Sedimentmaterial verwendet werden. Im Zusammenspiel mit diesen Maßnahmen können darüber hinaus verschiedene physikalische, chemische oder biologische Behandlungsmethoden eingesetzt werden. Physikalische Methoden, die in Frage kommen, wären beispielsweise die Trennung kontaminierter und nicht kontaminierter Fraktionen mittels Siebung, Hydrozyklonen, Dichte-Trennung oder magnetischer Trennung. Eine solche Klassierung ist in der Lage das Volumen des zu deponierenden Schlicks deutlich zu verringern und damit die Kosten zu senken (Gadella und Honders 1998). Ein Klassierungsprozess wird beispielsweise im Hamburger Hafen zur Vorbehandlung ausgebaggerten Hafenschlicks großtechnisch mit der Metha-Anlage (Mechanical Treatment of Harbour Sediments) ausgeführt (Detzner et al. 1998). Chemische Methoden zur Immobilisierung der Schadstoffe, wie die Einbringung von Aluminiumsulphat zur Minimierung der Phosphorfreisetzung (Kennedy und Cooke 1982) oder Calciumnitrateinbringung (USEPA 1990), können auch In-situ durch Injektionsverfahren ausgeführt werden. Dasselbe trifft auch auf biologische Verfahren zu wie die Einbringung von Calciumnitrat zur Stimulierung des biologischen Abbaus von PAK (Murphy et al. 1993).

Weitreichende Erfahrung mit der subaquatischen Ablagerung von Baggergut sind insbesondere auch in den Niederlanden vorhanden. Zur Freihaltung der Schifffahrtswege der großen Seehäfen müssen große Mengen Sediment ausgebaggert und umgelagert werden. Das Baggergut wird entsprechend seines Gefährdungspotenzials in 4 Klassen eingeteilt. Während leicht kontaminierte Sedimente der Klassen 1 und 2 unter Einhaltung bestimmter Vorgaben auf See oder Land verbracht werden dürfen, müssen bei mäßig oder stark verschmutzten Sedimenten der Klassen 3 und 4 Maßnahmen zur Entsorgung oder Verwertung getroffen werden. Um der anfallenden Massen Baggerguts Herr zu werden, wurden bereits mehrere Depots zur subaquatische Ablagerung eingerichtet. Anwendung findet neben der Einbettung des Baggerguts (Abb. 3.4-4D) vor allem die Verbringung in natürliche oder ausgebaggerte Depots, die von Ringdeichen umschlossen und über die Wasser hinaus aufgeschichtet werden (Abb. 3.4-4C).

Beispielhaft für ein solches Depot ist die Anlage „de Slufter", die 1987 in Betrieb genommen wurde und ein Fassungsvermögen von 96 Mio. m^3 hat. Die Anlage umfasst eine Auskofferung von 20 m Tiefe und einem Ringdeich von 24 m Höhe (Nijssen et al. 1998).

3.4.3.2 Planung und Durchführung

Insgesamt sieht das DMAF, als Effekt-orientierter Richtlinienkatalog mit Risikobasierter Bewertungsstruktur, folgende Schritte vor (Burt et al. 2000):

1. Bewertung der Notwendigkeit der Ausbaggerung bzw. der Ablagerung,
2. Charakterisierung des Baggerguts (chemisch, biologisch),
3. Bewertung der Optionen für die Verbringung des Baggerguts,
4. Auswahl des Standorts der subaquatischen Ablagerung,
5. Bewertung der Auswirkungen,
6. Genehmigungsschritte und
7. Überwachungsmaßnahmen

In jedem Fall ist also die Verfügbarkeit einer geeigneten Ablagerungslokalität eine Grundvoraussetzung. Die Auswahl einer geeigneten Lokalität erfolgt zunächst nach der Nähe zu Stelle der Ausbaggerung und der Erreichbarkeit sowie nach gesetzlichen Rahmenbedingungen. Sodann muss sichergestellt werden, dass die Lokalität langfristig nicht durch Bodenströmungen oder Wellengang gefährdet ist, dass ökologische Schäden minimiert werden können und dass keine Nutzungskonflikte, z.B. im Hinblick auf den Schiffsverkehr, eintreten werden (Pequegnat et al. 1990, USEPA/ USACE 1984). Mitunter kann der Kriterienkatalog für die Standortauswahl auch eine so komplexe Verknüpfung ökologischer, sozialer und wirtschaftlicher Gesichtspunkte erfordern wie von Michels und Healey (1999) für Tauranga Harbour, Neuseelands größten Exporthafen, beschrieben: Hier müssen negative Beeinflussungen so unterschiedlicher Güter wie die benthische Lebensgemeinschaft, die nahegelegenen heiligen Stätten der Maori-Bevölkerung und die anliegenden Badestrände vermieden werden und darüber hinaus Rücksicht auf Sportfischerei und Sportschifffahrt genommen werden. Zusätzlich muss der Standort für den Hafenbetreiber wirtschaftlich sein und möglichst eine ähnliche Sedimentzusammensetzung wie das zu verklappende Material aufweisen.

Kostenabschätzung
Die Kosten für die ungesicherte Ablagerung sind i.A. durch die Kosten der Ausbaggerung bereits gedeckt, da kein weiteres Material oder Personal eingesetzt werden muss, wenn nicht weitere Transportwege zwischen der Ausbaggerung und der Ablagerungs-Lokalität zu überbrücken sind. Kosten entstehen lediglich durch Überwachungsmaßnahmen, die jedoch wenn überhaupt in geringem Ausmaß benötigt werden, da i.A. keine kontaminierten Sedimente bei ungesicherten Ablagerungen eingesetzt werden (USEPA 1994). Im Gegensatz ist mit erheblichen zusätzlichen Investitions- und Instandhaltungskosten zu rechnen, wenn das umgelagerte Material abgedeckt oder anderweitig behandelt oder gesichert wird.

Insbesondere eine vergleichende Betrachtung von Risiken und Kosten bei verschiedenen Optionen im Umgang mit kontaminiertem Baggergut erweist sich oft als schwierig. Stansbury *et al.* (1999) diskutieren daher eine Risiko-Kosten-Abschätzung mittels Fuzzy-Logic, mit deren Hilfe sie insbesondere die Unschärfe der Abschätzungskriterien in ein mathematische Bewertungsmodell integrieren. Ein solches Modell soll den Hafenbetreibern eine Möglichkeit bieten, ein ökologisch sinnvolles und gleichzeitig kosteneffektives Verfahren auszuwählen.

3.4.4 Capping – Aktive Barriere-Systeme

3.4.4.1 Subaquatische In-situ-Abdeckung

Wie im vorangehenden Abschnitt dargelegt, kommt der subaquatischen Abdeckung von umgelagertem Baggergut in internationalen Regularien sowie in der Praxis eine tragende Rolle zu. Dies liegt unter anderem darin begründet, dass diese Methode als langfristige, umweltgerechte Sicherungsmaßnahme zur Vermeidung oder Begrenzung von Schadstoffemissionen gegenüber herkömmlichen Ablagerungsmethoden insbesondere in wirtschaftlicher Hinsicht überlegen ist.

Neben der Abdeckung von Baggergut gelten diese Vorzüge ebenfalls für die In-situ-Sicherung von Sedimenten im Zuge von Maßnahmen zur Gewässersanierung. In diesem Fall werden die Sedimente vor Ort durch eine Abdeckung vom Gewässer isoliert (Azcue et al. 1998a). Ist ein solcher kontaminierter Sedimentstandort zu sanieren ergeben sich vier grundlegende Verfahrensoptionen (Palermo *et al.* 1998):

- In-situ-Sicherung des Sediments,
- In-situ-Behandlung,
- Ausbaggerung und Deponierung und
- Ausbaggerung und Behandlung.

Die In-situ-Abdeckung kontaminierter Sedimente als Sanierungsmaßnahme, einzuordnen unter dem obigen Punkt der In-situ-Sicherung, kann eine effiziente und wirtschaftliche Alternative zur Multikomponenten-Maßnahmen wie *Ausbaggern und Behandeln* bzw. *Ausbaggern und Deponieren* bieten. Die Problematik kontaminierter Gewässersedimente, wie gleichermaßen die der subaquatische Ablagerung von Baggergut, wirft vorrangig die Frage nach der potentiellen Freisetzung von Schadstoffen auf. Ein Hauptkriterium bei der Einzelfall-Bewertung muss daher immer die Langzeitprognose aller Freisetzungs- und Transport-Mechanismen sein.

Die Abdeckung wirkt im Wesentlichen drei Freisetzungs-Mechanismen entgegen (Abb. 3.4-5). Zum einen stabilisiert die Kappe – bei Wahl geeigneter Materialien (s. u.) – die Ablagerung bzw. das Sediment. Eine Ausbreitung der sedimentgebundenen Schadstoffe durch Resuspension infolge erosiver Kräfte wird somit unterbunden. Zum zweiten verhindert die physikalische Isolierung den Schadstoffübertritt in das Gewässer infolge Aufnahme durch bodenlebende Organismen und folgender Bioakkumulation. Die chemische Isolierung unterbindet den Schadstoffübertritt durch chemische Prozesse an der Sediment-Wasser-Grenzfläche. Das heißt, dass eine Lösung oder Desorption von Schadstoffen durch Kontakt mit dem Oberflächenwasser oder aufsteigendem Grundwasser vermieden wird. Im Falle durchgehend oder periodisch auftretend influenter Grundwasser-Verhältnisse, d. h. einer Versickerung in die unterliegenden grundwasserführenden Schichten, ist dieser Kontaminationspfad ebenfalls zu berücksichtigen und ggf. durch kombinierte Maßnahmen zu eliminieren.

In der letzten Dekade wurden subaquatische In-situ-Abdeckungen zur Sicherung kontaminerter Sedimente an verschiedenen Standorten in Japan, Kanada, Norwegen und den USA eingerichtet (Tabelle 3.4-3). In diesen Abdeckungen wird vor allem die Stabilisierung und die physikalische Isolierung realisiert, indem chemisch relativ inerte Materialien verwendet werden. Drei Beispiele von Abdeckungen, die unterschiedliche Materialien verwenden, werden im folgenden vorgestellt.

Hamilton Harbor, Kanada

Hamilton ist südwestlich von Toronto am Ontario See gelegen. Ein etwa 1 ha großes Areal mit mäßig belastetem Sediment wurde im Rahmen eines Demonstrationsprojekts (Tabelle 3.4-3) mit sauberem Sand abgedeckt (Zeman 1994, Azcue et al. 1998(2)). Die Abdeckung mit einer Mächtigkeit von 0,3 bis 0,4 m wurde mit Hilfe eines speziell ausgerüsteten Schiff ausgebracht. Die lückenlose Aufbringung wurde durch GPS-Navigation gewährleistet und eine gleichmäßige Schichtmächtigkeit von wurde kontinuierlich überwacht.

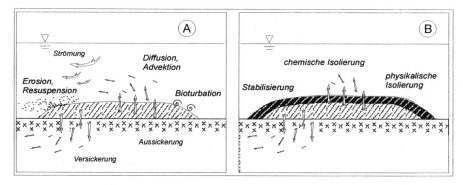

Abb. 3.4-5 Freisetzung von Schadstoffen aus einem kontaminiertem Sediment bzw. aus umgelagerten Baggergut (A); Unterbindung der Freisetzung durch eine subaquatischen Abdeckung (B).

Tabelle 3.4-3 Übersicht über ausgewählte In-situ-Abdeckungsprojekte (nach Palermo 1998, geändert)

Standort	Kontamination	Fläche	Aufbau	Literatur
Kihama See, Japan	Nährstoffe	3.700 m²	Feinsand, 0,05 und 0,2 m	
Akanoi Bucht, Japan	Nährstoffe	20.000 m²	Feinsand, 0,2 m	
Denny Way, USA	PAK, PCB	12.000 m²	Sediment, 0,79 m	Sumeri (1995)
Simpson-Tacoma, USA	Kreosot, PAK, Dioxine	69.000 m²	Sediment, 1,2-6,1 m	Sumeri (1995)
Eagle Harbor, USA	Kreosot	220.000 m²	Sediment, 0,9 m	Sumeri (1995)
Sheboygan River, USA	PCB		Sand mit Steinarmierung	Eleder (1992)
Manistique River, USA	PCB	1858 m²	Kunststoff-Membran	
Hamilton Harbor, Kanada	Nährstoffe	10.000 m²	Sand, 0,5 m	
Eitrheim Bucht, Norwegen	PAK, Metalle, Nährstoffe	100.000 m²	Geotextil, Schanzkörbe	Instanes (1994)
St.-Lawrence River, USA	PCB	6989 m²	Sand, Kies, Steine	

Eagle Harbor, USA
Eine Abdeckung aus unbelastetem Sediment wurde 1993/94 durch das *US Army Corps of Engineers* (US ACE) und die US EPA am Eagle Harbor, in der Nähe von Bainbridge Island im US-Bundesstaat Washington, realisiert (Tabelle 3.4-3). Die Sedimente sind hier sehr stark vor allem mit polyaromatischen Kohlenwasserstoffen belastet, deren Freisetzung zu einer Verseuchung der marinen Lebensgemeinschaft führt, so dass Fisch aus den angrenzenden Gewässern nicht mehr zum Verzehr geeignet ist.

Die abgedeckte Fläche beträgt ca. 0.2 km² und das für die Abdeckung benötigte saubere Sediment wurde in einem nahegelegenen Fluss ausgebaggert, was gleichzeitig der Freihaltung des Schifffahrtsweges diente. Das Sediment wurde teilweise durch spezielle Transportschiffe mit klappbarem Rumpf aufgebracht.

Ottawa River, USA
Die Sedimente des Ottawa River im US Bundesstaat Ohio zeigen teilweise erhöhte Gehalte polychlorierter Biphenyle (PCB). Im September 1999 wurde im Rahmen einer Felddemonstration die Abdeckung eines 1000 m² Abschnitt des Flusses fertiggestellt, wobei verschiedene Abdeckungskonstruktionen untersucht werden. Gemeinsam ist allen Konstruktionen eine Schicht des auf Tonmineralen basierenden Materials AquaBlok. Dieses Material dient zur nahezu vollständigen physikalische Isolierung des Sediments, indem die aufquellenden Tone eine starke hydraulische Barriere zwischen Sediment-Porenwasser und Oberflächenwasser darstellen.

Das letzte Beispiel weicht vom eigentlichen Grundgedanken der In-situ-Abdeckung mit permeablen Schichten ab. Es handelt sich um eine quasi vollständige physikalische und chemische Isolierung des Sedimentes durch Bildung einer hydraulischen Barriere. Dieser Effekt ist auch beispielsweise durch Abdeckung mit undurchlässigen Geomembranen zu erzielen (Savage 1986). Der entscheidende Nachteil an solchen Barriere-Systemen liegt jedoch in dem eigentlichen Wirkmechanismus selbst begründet. Bei der Aufbringung einer solchen Barriere kann das Wasser, das im Zuge der Sedimentkompaktion durch die zusätzliche Auflast der Barriere ausgepresst wird, nicht nach oben abgeführt werden, was zu unterkonsolidierten und damit instabilen Verhältnissen führen kann. Ggf. führt dies zum Bruch der Barriere. Im Falle aufwärts gerichteter Grundwasser- bzw. Porenwasserströmungen staut sich das Wasser an der Barriere – ein Bruch der Barriere oder ein Umfließen sind zu befürchten. Ähnlich problematisch gestaltet sich die Gasentwicklung im Sediment. Methangas-Ansammlungen unter Barriere können die Stabilität ebenfalls beeinträchtigen (Cooke et al. 1993). Die Bedeutung der Gasentwicklung zeigt sich auch an Schätzungen für die Baggergutdeponie *De Slufter*, wo Prognosen für einen Zeitraum von 15 Jahren eine Gasentwicklung, hauptsächlich Kohlenstoffdioxid und Methangas, von 2 m³ pro m³ Baggergut voraussagen (Nijssen *et al.* 1998). Es wird erwartet, dass diese enormen Gasmengen zum überwiegenden Teil aufwärts in die Atmosphäre entweichen.

Lassen sich die o.g. geotechnischen Probleme nicht standortbedingt ausschließen, sollte eine In-situ-Abdeckung aus einer granularen, porösen Matrix bestehen, die einen ausreichenden Transport von Gas und Wasser erlaubt. Um die Effizienz und/ oder die Standzeit einer solchen Barriere zu verbessern, kann optional ein Aktives Barriere System (s. u.) Verwendung finden. In einem solchen System wird die chemische Isolierung im Gegensatz zu der hydraulischen Barriere optimiert, indem mit dem Porenwasser transportierte Komponenten selektiv immobilisiert werden.

3.4.4.2 Aktive Barriere-Systeme (ABS)

Eine stärkere Gewichtung, im Gegensatz zur herkömmlichen Sedimentabdeckung, erfährt die chemische Isolierung durch das Konzept aktiver Barriere Systeme (ABS) (Azcue *et al.* 1998a, Jacobs und Förstner 1999, Jacobs 2000). Obwohl es sich hierbei um eine im klassischen Sinn passive Sanierungs- bzw. Sicherungsmethode handelt, wird sie als aktive Barriere beschrieben, weil innerhalb der Barriere mittels reaktiver Komponenten Schadstoffe gewissermaßen aktiv zurückgehalten werden sollen. Es ist vorrangig das Ziel durch diese verstärkte und selektive Schadstoffrückhaltung bei gleicher Schichtdicke die Standzeit einer Sedimentabdeckung zu maximieren. Als erforderliche Mindeststandzeit ist hierbei die Zeit anzusehen, die die Sedimentation eines frischen, schadstofffreien Sediments oberhalb der Barriere benötigt, das dann gewissermaßen ebenfalls als sich selbst erneuernde Barriere wirkt. Unter anderen Bedingungen wäre die Mindeststandzeit die Zeit, in der sich im Sediment stabile Bedingungen einstellen, die eine Schadstoff-Remobilisierung verhindern. Im Falle eines schwermetallkontaminierten Sedimentes wäre dies beispielsweise die Bildung eines anoxischen, sulfidischen Milieus, da unter diesen Bedingungen Schwermetall durch die Bildung schwerlöslicher Schermetallsulfide immobilisiert werden.

Aktive Barriere Systeme können in ihrer Auslegung den standortspezifischen Erfordernissen in vielfältiger Weise angepasst werden (Abb. 3.4-6). Beispielsweise mag es sich als sinnvoll erweisen, bei sehr weichen, wasserhaltigen Sedimenten eine stabilisierende, wasserdurchlässige Geotextilschicht als Basis einzubringen. Diese kann das Einsinken der Barriere-Matrix in das Sediment verhindern. Die eigentliche Barriere kann in Form der reinen reaktiven Substanz, als Gemisch der reaktiven Substanz und einer inerten Matrix oder in Schichten verschiedener Materialien eingebracht werden. Eine zusätzliche Bewehrung in Form von Kies, Geröll, Schlackebrocken oder ähnlichen Materialien kann als abschließende Lage zur Stabilisierung der Barriere beitragen, falls widrige Bedingungen wie starker Schiffsverkehr (Aufwirbelungen, Ankerwurf) oder starke Tiefenströmungen dies erforderlich machend.

In Abhängigkeit der Zielkontaminanten sind verschiedene reaktive Additive oder Kombinationen von Additiven einsetzbar. Voraussetzung sind neben dem Schadstoff-Rückhaltungspotenzial

- chemische und physikalische Stabilität,
- Eignung zur Ablagerung in Gewässern (keine Eigentoxizität),
- ausreichende spez. Dichte (>1 g/dm³),
- ausreichende hydraulische Durchlässigkeit und
- gute Verfügbarkeit bei geringen Kosten.

Generell leitet sich aus diesen Kriterien ab, dass in besonderem Maße Naturstoffe oder industrielle Reststoffe als ABS-Materialien in Betracht kommen – vornehmlich aufgrund der ökonomischen Vorzüge. Industrielle Reststoffe werden sich jedoch in vielen Fällen als ungeeignet erweisen, da sie entweder tatsächlich mit giftigen oder unerwünschten Substanzen (z.B. Dioxine in Flugaschen) kontaminiert sind oder als Abfallstoff keine öffentliche Akzeptanz finden. Nachstehend werden verschiedene potentielle Barriermaterialien diskutiert.

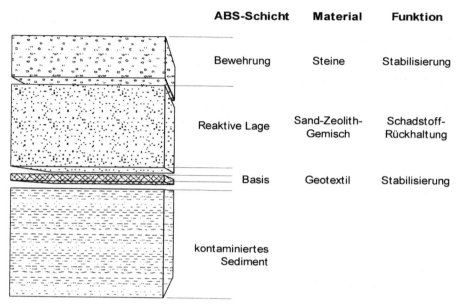

Abb. 3.4-6 Möglicher Aufbau eines Zeolith-basierten aktiven Barriere Systems: Komponenten und Funktionen.

Apatit

Apatit ($Ca_5[(F; Cl, OH)/(PO_4)_3]$) ist ein Mineral, das aufgrund umfangreicher Diadochiemöglichkeiten in der Natur in zahlreichen chemischen Variationen auftritt. Neben der diadochen Ersetzung von F (Fluorapatit), Cl (Chlorapatit) und OH (Hydroxylapatit kann auch das Phosphat teilweise durch Carbonat (Carbonatapatit) ersetzt werden. Apatit findet sich sehr verbreitet als akzessorischer Bestandteil in natürlichen Gesteinen ist jedoch als Hauptbestandteil eher selten anzutreffen (z. B. als kryptokristalliner Bestandteil von Phosphoritlagerstätten). Viele Untersuchungen werden daher mit synthetischen Apatiten durchgeführt. Apatit besitzt die Eigenschaft, Schwermetalle aus wässerigen Lösungen durch Austausch gegen Calcium zu binden. In Untersuchungen an mit Hydroxylapatit ($Ca_5[(OH)/(PO_4)_3]$) befüllten Säulen zeigten Suzuki und Takeuchi (1994) einen Rückhalt von Blei, Kupfer und Cadmium unter Freisetzung einer äquivalenten Menge von Calcium:

$$Ca_5[(OH)/(PO_4)_3]+nPb^{2+} = Ca_{5-n}Pb_n[(OH)/(PO_4)_3]+nCa^{2+}$$

Die Bindung der Schwermetalle erfolgt zumindest teilweise durch Aufnahme in die Struktur im Innern der Apatitpartikel. Neben sorptiven Bindungen kommt es durch Umkristallisation zur Bildung sehr geringlöslicher Metallphosphatspezies (Pyromorphite) (Ruby *et al.* 1994). Eine Remobilisierung der gebundenen Schwermetalle und eine Zersetzung der Matrix finden auch unter leicht sauren Bedingungen in nur geringem Maße statt.

Ein Einsatz von Apatit erscheint vor allem durch sein begrenztes Vorkommen in natürlichen Lagerstätten nur bedingt möglich.

Calcit

Calcit ($CaCO_3$) ist in der Natur als Hauptbestandteil von Kalkgestein eines der meist verbreiteten Minerale. Calcit ist zum einen aufgrund seiner pH-puffernden Wirkung dazu geeignet, die Mobilität von Schwermetallen in einem aquatischen System zu beschränken. Darüber hinaus können Schwermetallkationen und Phosphat direkt eliminiert werden (Furrer *et al.* 2001). Davis *et al.* (1987) zeigten, dass z.B. Cadmium nicht nur durch Adsorption an der Kristalloberfläche des Calcit gebunden wird; vielmehr entstehen durch Diffusion ins Innere des Kristalls und Rekristallisation als Cadmiumcarbonat feste Lösungen.

Phosphat wird durch Calcium insbesondere bei höheren pH-Werten sorptiv gebunden (Koschel *et al.* 1983). Ebenfalls unter alkalischen Bedingungen kann Phosphat mit Calciumionen als Hydroxylapatit (s. o.) ausfallen. Eine Umwandlung von festem Calcit in Hydroxylapatit kann unter bestimmten Bedingungen nach Stumm und Morgan (1996) wie folgt ablaufen:

$$5\ CaCO_3 + H^+ + 3\ HPO_4^{2-} + H_2O = Ca_5[(OH)/(PO_4)_3] + 5\ HCO_3$$

Zu bedenken ist jedoch das sowohl Hydroxylapatit als auch Calcit bei niedrigen pH-Werten oder in Gegenwart von gelöstem Kohlenstoffdioxid deutlich erhöhte Löslichkeiten zeigen. Daher kann bei entsprechend Änderungen der Umgebungschemie das gebundene Phosphat wieder an die Umwelt abgegeben werden.

Eisen(0)

Die Gegenwart von Eisen(0) in einer Abdeckung wirkt stark reduzierend. Dies kann gezielt zu einer beschleunigten Einstellung anoxischer Bedingungen in umgelagerten kontaminierten Sedimenten eingesetzt werden, wodurch die Bildung schwerlöslicher Schwermetallsulfide begünstigt wird. Weiterhin kann dies zum reduktiven Abbau chlorierter Kohlenwasserstoffe, z. B. TCE, führen.

Eisenoxide (Rotschlamm)

Eisenoxide und -oxidhydrate weisen in der Regel sehr große spezifische Oberflächen auf, die unter neutralen bis alkalischen Bedingungen eine negative Ladung tragen. Solche anionischen Oberflächen eignen sich zur sorptiven Elimination von kationischen, gelösten Spezies, wie z. B. Schwermetallionen, aus wässerigen Systemen (Jinadasa *et al.* 1994). Rotschlämme, die bei der Aluminiumgewinnung aus Bauxit anfallen, enthalten große Anteile von Eisenoxiden. Ihr Einsatz zur Eliminierung toxischer, kationischer Schwermetallspezies wurde in der Vergangenheit gezeigt (Apak *et al.* 1998, Müller und Pluquet 1998). Unter dem Produktnamen Bauxsol™ werden modifizierte Rotschlämme zur Sanierung saurer Minenabflüsse angeboten. Anwendungen in den USA und Australien waren lt. Hersteller erfolgreich.

Es ist jedoch zu bedenken, dass unter anoxischen Bedingungen die oxidischen Eisenverbindungen reduziert und somit die gebunden Schadstoffe wieder freigesetzt werden können. Der Einsatz von Rotschlamm zur Sanierung empfindlicher Ökosysteme wie Seen, Flüsse oder Küstengewässer erscheint darüber hinaus fraglich, da dieser selbst zum Teil erhöhte Konzentrationen unerwünschter und toxischer Substanzen enthalten kann. Überdies sind Akzeptanzprobleme zu erwarten, da aufgrund des hohen Hämatit- (Fe_2O_3) Anteils infolge der Einbringung zumindest vorübergehend eine intensive Rotfärbung des Gewässers auftreten kann.

Flugasche
Flugaschen Fallen bei modernen Verbrennungsprozessen in großen Mengen als Reststoff an. Sie bestehen aus einer Vielzahl oxidischer Komponenten und reagieren mit Wasser aufgrund ihres in der Regel hohen CaO-Anteils stark alkalisch. Die Rückhaltung von Schwermetallen ist auf ein Zusammenwirken von Sorption, Oberflächenkomplexierung und Fällung zurückzuführen (Héquet *et al.* 2001). Analog zum Rotschlamm gilt für Flugasche jedoch eine eingeschränkte Einsatzmöglichkeit aufgrund möglicher Kontaminationen, z. B. mit Dioxinen, und der extrem feinkörnigen Matrix, die die technische Umsetzung erschwert..

Glaukonit
Das Mineral Glaukonit $(K,Na)(Fe^{3+},Al,Mg)_2[(OH)_2|(SiAl)_4O_{10}]$ findet sich teilweise in großen Mengen in rezenten und fossilen, marinen Küstensedimenten. Es handelt sich um einen eisenreichen Illit mit charakteristischer schwarz-grüner Färbung. Natürliche Glaukonitsande erscheinen aufgrund ihrer chemischen und physikalischen Eigenschaften als geeignetes ABS-Material. Die Verfügbarkeit des Materials ist regional unterschiedlich.

Tonminerale
Tonminerale wie Montmorillonit $(Al,Mg)_2[(OH)_2/Si_4O_{10}](Na,Ca)_x \cdot nH_2O$ oder Kaolinit $Al_4[(OH)_8/Si_4O_{10}]$ findet man in der Natur als Hauptgemengteil von Sedimenten und Sedimentgesteinen. Insbesondere Montmorillonit zeichnet sich durch sehr große spezifische Oberflächen und hohe Kationenaustauschkapazitäten aus. Eine exzellente Schwermetall-Rückhaltung durch Kationenaustausch ist somit in aquatischen Systemen zu erwarten. Jedoch müssten technische Probleme, die sich aus der extremen Feinkörnigkeit des Tons ergeben, zunächst eliminiert werden. Die Probleme umfassen zum einen die schwierige Einbringung des Materials und zum andern die Gefahr der Bildung einer hydraulischen Barriere im Gegensatz zu einer chemisch reaktiven Barriere (s. o.). Natürliche Tone sind somit aufgrund ihrer physikalischen Eigenschaften nur bedingt als Barriere-Material geeignet.

Zeolithe

Nachdem verschiedene synthetische Zeolithminerale bereits lange in Verwendung waren, gewannen erst seit der Entdeckung großer erdoberflächennaher Lagerstätten, etwa Mitte des vergangenen Jahrhunderts, auch die natürlichen Zeolithe zunehmend an technischer Bedeutung. Meist bilden sich die Zeolithe in sedimentären Lagerstätten aus vulkanischen Aschen oder anderen pyroklastischen Ablagerungen durch Reaktionen des amorphen, glasigen Anteils des Gesteins mit dem zirkulierendem Porenwasser. Die weltweite Jahresproduktion lag gegen Ende des vergangenen Jahrhunderts bereits bei über 1.000.000 Tonnen (Holmes 1994).

Zeolithe sind allgemein als kristalline, hydratisierte Alumosilikate der Alkali- und Erdalkali-Elemente zu definieren. Es sind Gerüstsilikate (*Tektosilikate*), deren unendliche dreidimensionale Gitterstrukturen aus SiO_4-Tetraedern aufgebaut sind, wobei das Silizium (Si) isomorph durch Aluminium (Al) ersetzt sein kann. Dies führt zu einer permanent negativen Ladung des Zeolithgitters, die durch gitterfremde Kationen ausgeglichen wird. Ihre technische Bedeutung liegt in ihren strukturellen Eigenschaften begründet, die sie von anderen natürlichen Mineralen unterscheiden. Die Besonderheit der Zeolithe liegt darin, dass ihre weitmaschigen Strukturen von nanoskaligen Hohlräumen durchzogen sind. Innerhalb dieser tunnel- und käfigartigen Hohlräume befinden sich Wassermoleküle sowie die gitterfremden Kationen. Im Allgemeinen sind diese Kationen teilweise oder auch vollständig hydratisiert und lassen sich daher bereitwillig austauschen. Im Gegensatz zu nicht kristallinen Austauschern, wie z. B. Austauscherharzen, wird die Selektivität des Austausch bei Zeolithen weitgehend durch die Gittereigenschaften bestimmt. So können Kationen an relativ unzugänglichen Stellen der Gitter festgelegt werden, wodurch die effektive Austauschkapazität verringert wird. Es kann zu Größenausschluss kommen oder die Selektivität gegenüber einem bestimmten Kation ist uneinheitlich, da verschiedene Austauschplätze an verschiedenen Orten innerhalb des Gitters an dem Austausch teilnehmen. Die Hydratationsenergie bestimmter Ionen kann deren Annäherung an bestimmte Ladungspunkte im Gitter verhindern, was dazu führt, dass in vielen Zeolithen Ionen mit geringerer Feldstärke bevorzugt ausgetauscht werden.

Natürliche Zeolithminerale, die sowohl gute Austauschereigenschaften besitzen und in abbauwürdigen natürlichen Lagerstätten vorkommen, sind Phillipsit, Chabasit, Mordenit und Clinoptilolith (Holmes 1994).

3.4.4.3 Zeolithbasierte ABS

Eine Abdeckung basierend auf natürlichem Phillipsit wurde durch Jacobs *et al.* (2001) unter Feldbedingungen untersucht. Hierzu wurde ein abgeschlossenes Modul benutzt, das zwei Versuchskammern enthält und sich auf 6 m Tiefe im Gewässer absenken lässt. In der Studie wurde in beide Kammern eine 0.3 m Schicht stark schwermetallhaltigen Sediments eingebracht. Diese wurde in einer der beiden Kammern mit einer mit einer 0.3 m mächtigen Schicht aus 90 % Quarzsand und 10 % Phillipsit abgedeckt. Vor der Absenkung in das Gewässer wurden in jeder der Kammern ein mehrfach zu beprobender Dialyseprobenehmer installiert, der für dies Anwendung entwickelt wurde (Jacobs 2001).

Die Untersuchung zeigt zunächst ein durch die Eigenlast der Barriere bedingtes Auspressen von Porenwasser und den darin enthaltenen Schwermetallen in die Barriere. Die hieraus entstehende Schadstoff-Front zeigt jedoch keine diffusionsbedingte Aufwärtsbewegung. Vielmehr sind nach einem Zeitraum von etwa 3 Monaten weder im Sedimentporenwasser noch im Porenwasser der Barriere noch Schwermetalle außer Zink und Nickel nachweisbar. Die Abnahme der Schwermetallkonzentration ist mutmaßlich auf die Einstellung anaerober Bedingungen und der damit verbundenen Bildung schwerlöslicher Schwermetallsalze verbunden.

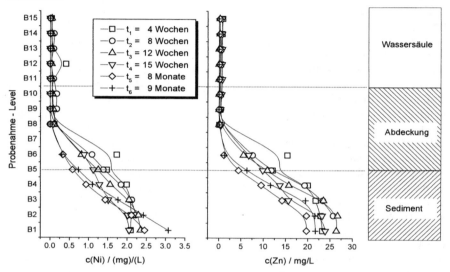

Abb. 3.4-7 Tiefenprofile von Zink und Nickel im Porenwasser einer In-situ-Barriere

Kostenabschätzung

Nach Virta (1999) liegen die Preise für Naturzeolithe für industrielle Anwendungen bei 30 bis 75 € pro Tonne. Bei Zugrundelegen einer Barriere von 0,5 m Schichtdicke und einem Porenanteil von 40 % sowie einem Zeolithanteil an der Matrix von 5 %(Vol.), ergibt sich ein Bedarf von 150 m³ (ca. 300 t) Zeolith pro Hektar. Dies entspräche, auf den reinen Materialpreis bezogen, einem Volumen von 9.000 bis 23.000 €/ ha oder 1 bis 5 % der gesamten Investitionskosten bezogen auf die Angaben in Tabelle 3.4-4.

In dieser Abschätzung nicht enthalten sind die Transportkosten sowie zusätzliche Kosten, die durch die Verwendung mehrerer Barrierekomponenten entstehen. Die Transportkosten hängen zum einen von der Transportstrecke und zum andern von der benötigten Menge ab. Zusätzliche technische Einrichtungen sind notwendig, wenn Sand und Zeolith zur Einbringung vermischt werden müssen. Hierbei ist darauf zu achten, dass die Korngrößenverteilungen der beiden Materialien so gewählt werden, dass die Sinkgeschwindigkeiten in der Wassersäule annähernd gleich sind, um eine Entmischung zu vermeiden.

Tabelle 3.4-4 Abdeckungsprojekte, Materialien und Kosten (nach US-EPA 1994, geändert)

Abdeckungsprojekt	Verwendetes Material	Projektkosten [€/ha]
Hamilton Harbor, Kanada	unbelast. Sediment	475.000
Sheboygan River, USA	Sand	700.000
Little Lake Butte des Morts, USA	Geotextil, Kies	490.000

3.4.5 Strategien für ein integriertes Sedimentmanagement

Die in die Gewässer eingetragenen Stofffrachten konnten in den letzten Jahren durch Verbesserungen der industriellen bzw. landwirtschaftlichen Produktionsprozesse und den Ausbau von Kläranlagen stark reduziert werden. Heute bilden weniger die Emissionen, sondern vielmehr die in den feinkörnigen Sedimenten gespeicherten Schadstoffe das entscheidende Gefahrenpotenzial für die Gewässerökosysteme. Die Aktualität der sedimentbezogenen Fragestellungen spiegelt sich in den neueren gewässerpolitischen Zielsetzungen auf globaler, europäischer und nationaler Ebene wider:

- Bei der Umsetzung des Leitbildes einer zukunftsfähigen, dauerhaften Entwicklung für den kritischen Bereich der Wasserversorgung sind ökosystemrelevante Aussagen über die biologischen, chemischen und hydrologischen Rahmenbedingungen erforderlich, die auch die Feststoffphasen einbeziehen (Frimmel 1995).
- In den immissionsorientierten Gewässerschutzkonzepten, an der Spitze die kommende Wasserrahmenrichtlinie der Kommission der Europäischen Gemeinschaft, sind Schwebstoffe und Sedimente wichtige Bestandteile der Maßnahmen zur Verbesserung der Gewässergüte. Bei der Überwachung der Qualitätsnormen für prioritäre Stoffe sollen vorrangig ökotoxikologische Untersuchungsmethoden verwendet werden. Die zu entwickelnden Bewertungsansätze müssen den komplexen mechanischen, biologischen und chemischen Eigenschaften der Feststoffsysteme Rechnung tragen und müssen die mit natürlichen und künstlichen Erosionsprozessen verbundenen Gefährdungspotenziale berücksichtigen.
- Beim Umgang mit Baggergut wird in Deutschland vor allem aus Kostengründen die Methode der Umlagerung im Gewässer immer mehr zum Regelfall. Dabei ist den verantwortlichen Behörden bewusst, dass es „eine objektive, wissenschaftlich begründete Bewertung der Auswirkungen von Sedimentumlagerungen derzeit weder in Deutschland noch international gibt" (Anonym 1997a). Aus der Sicht des Gewässerschutzes werden Umlagerungsverfahren von Sedimenten gegenüber einer landseitigen oder subaquatischen Ablagerung schadstoffhaltiger Gewässersedimente grundsätzlich als belastend angesehen (Anonym 1996).

3.4.5.1 Integrierte Risikobewertung von Gewässersedimenten

Die derzeit in Deutschland eingesetzten oder geplanten Sedimentkriterien sind einfache chemisch-numerische Ansätze auf der Basis von Background- oder Vorbelastungswerten. Im Falle der Umlagerungskriterien nach HABAB-WSV (Anonym 1997a) sind ökotoxikologische Testverfahren angekündigt worden.

Im Zusammenhang mit Bestandsaufnahmen, die die Gesundheit von Ökosystemen repräsentieren sollen, resultieren aus der alleinigen Betrachtung von chemischen Daten mehrere Probleme (Förstner et al. 1999):

1. die Zahl der zu analysierenden Zielsubstanzen ist gewaltig und übersteigt die verfügbaren analytischen Möglichkeiten,
2. es wird angenommen, dass die Ausgangsprodukte (diejenigen, die gemessen werden) verantwortlich sind für beobachtete Wirkungen, was immer dann nicht gegeben ist, wenn Metaboliten oder andere Abbauprodukte die aktiven Stoffe sind,
3. die große zeitliche Variation, die besonders in Ästuarien und Küstengewässern typisch ist, kann nicht vollständig charakterisiert werden,
4. die Angaben von Schadstoffkonzentrationen können nicht genutzt werden, um ihre Interaktionen untereinander (Synergismus, Addition, Antagonismus) auszurechnen, und sie erstellen keine Beziehung zu Umweltfaktoren, die eine Bioverfügbarkeit beeinflussen wie z.B. Salinität, Komplexierungskapazitäten, Partikelbeladung.

Biotests dagegen zeigen eindeutig an, ob eine Verunreinigung im Wasser oder Sediment bioverfügbar und folglich potentiell gefährlich ist; sie sollten daher generell als Screeningmethoden innerhalb einer Bewertungsstrategie für Verdachtsbereiche verwendet werden. Diese Vorgehensweise erlaubt chemischen analytischen Aufwand zu reservieren für die Zeiten und Orte, wo nachweisbare Probleme existieren (Ahlf 1995). Die methodischen Möglichkeiten zur Bewertung einer Sedimentqualität durch ökologische Wirkungserfassung wurden von Zimmer u. Ahlf (1994) beschrieben. Empfehlenswert sind integrierte Bewertungsverfahren, die Lebensgemeinschaftsanalyse, chemische Daten, Habitatcharakteristiken sowie Toxizitätstests enthalten sollten.

3.4.5.2 Integrierte Maßnahmen bei der Beseitigung von Baggergut

Bei den technischen Maßnahmen zum Umgang mit Baggergut wurde in Deutschland – unter Berufung auf den Kostenvorteil – die Methode der Umlagerung auch feinkörniger, mäßig kontaminierter Sedimente im Gewässer zum Regelfall erklärt (Anonym 1997a). In der internationalen Literatur hat dieses „Verfahren", das dem ökologischen Prinzip der Nichtverteilung von Schadstoffen widerspricht, nirgendwo Aufnahme gefunden. Dagegen wird über innovative Entwicklungen zur Behandlung und Verwertung von Baggergut in Nordamerika (Anonym 1994) und in den Niederlanden (Anonym 1997b) berichtet.

Im Hinblick auf ihren praktischen Einsatz sollte man festhalten, dass Sanierungstechniken für belastete Sedimente grundsätzlich viel enger begrenzt sind als für anderes belastetes Material. Die unterschiedlichsten Belastungsquellen im Einzugsgebiet größerer Flüsse haben in der Regel eine Schadstoffmixtur zur Folge, die wesentlich schwieriger zu behandeln ist als ein industrieller Abfall. Eine Behandlung im engeren Sinne – chemische Extraktion, Verfestigung, biologische Behandlung – wird sich nur in wenigen Fällen rechtfertigen lassen (Förstner 1995). Eine Ausnahme ist die teilweise Auflösung von Schwermetallverbindungen durch mikrobiologische Laugung aus kontaminierten, sulfidreichen Gewässersedimenten (Seidel et al. 1997), die anschließend unter weniger aufwendigen Bedingungen abgelagert werden können. Aufbereitungsverfahren werden sich künftig im wesentlichen auf eine mechanische Abtrennung der stärker kontaminierten Feinkornfraktion, die anschließend langzeitsicher deponiert werden muss, beschränken (Beispiel der METHA-Anlage/Hamburg); technische Entwicklungsmöglichkeiten liegen in der verbesserten Trennschärfe und Herabsetzung der Grenzkorngröße im Schluffbereich sowie ggf. in der Abtrennung organischer Feststofffraktionen (Luther et al. 1997).

Als wichtigste Problemlösungen für das kontaminierte Gesamtsediment oder für die abgetrennte Feinfraktion gelten die Methoden der obertägigen, subaquatischen und untertägigen Unterbringung; unter dem Kriterium der „Langzeitsicherheit" (d.h. hier ist keine Nachsorge erforderlich) dürfte die Wahl nur noch zwischen einer Kavernenlagerung (Abschn. 1.5.2.1) und subaquatischen Ablagerung getroffen werden. Die Lagerung unter Wasserbedeckung hat zunächst den Vorteil, dass Oxidationsprozesse, die zu einer Freisetzung von Schwermetallen führen können, weitgehend reduziert sind. Es ist jedoch zu gewährleisten, dass der Übergang von Schadstoffen ins Grundwasser langfristig unterbunden bleibt, z.B. über eine Selbstabdichtung durch die feinkörnigen Sedimentkomponenten, und dass die Ablagerung erosionssicher ist.

Die Entwicklung wissenschaftlich fundierter Strategien für ein integriertes Sedimentmanagement ist in Deutschland durch die gängige Interpretation der rechtlichen Bedingungen stark eingegrenzt. Auf der einen Seite fördern die Regeln des Bundeswasserstraßengesetzes (Heinz 1997), die landesrechtliche Genehmigungen für Sedimentumlagerungen im Einflussbereich des Verkehrsministerium nicht für notwendig erachten, diese unökologischste aller Bewirtschaftungsmaßnahmen. Andererseits führt die Anlehnung an das Kreislaufwirtschafts- und Abfallgesetz mit seinem Verwertungsgebot (Köthe 1995) entweder zu überteuerten (bei ausreichender Reinigung der Sedimente) oder zu Scheinlösungen wie Auffüllungen von Vertiefungen, Einbau in Lärmschutzwällen, Bergwerksversatz usw., die häufig nur deshalb möglich sind, weil unzulängliche Prüfmethoden – z.B. Elution nach DEV S4 – angewendet werden.

Viele der feinkörnigen Sedimente besitzen eher den Charakter von Altlasten. Im Vergleich zu ihren terrestrischen Verwandten weisen die aquatischen Altablagerungen jedoch eine sehr hohe Dynamik bei allen Prozessen auf (Abschn. 3.4.1). Die Analogie zu den terrestrischen Altlasten zeigt sich vor allem im Bereich der technischen Problemlösungen. Während bei Kontaminationen mit nur einem bis wenigen Schadstoffen an einem gewerblich genutzten Altstandort teilweise die Anwendung von physikalisch-chemischen Reinigungsverfahren sinnvoll sein kann, sind bei einem Multi-Schadstoffspektrum, wie es i.A. bei ehemaligen

Hausmülldeponien auftritt, nur noch Sicherungsmaßnahmen möglich. Für kontaminierte Gewässersedimente, die meist ebenfalls eine breite Schadstoffpalette aufweisen, bietet sich in erster Linie die subaquatische Ablagerung in natürlichen oder künstlichen Vertiefungen unter permanent anoxischen und strömungsarmen Verhältnissen an; zur weiteren Absicherung gegen einen Schadstoffübergang in den überliegenden Wasserkörper können die natürliche Sedimentation genutzt oder künstliche In-situ-Abdeckungen (ggf. mit Zusätzen zur aktiven Schadstoffrückhaltung; siehe oben). Vor allem für die kritischen Grenzbereiche zum Oberflächen- und Grundwasser sowie zur Prognose des Erosionsrisikos gibt es prioritären Forschungsbedarf.

Literatur

3.0 Ingenieurgeochemie im Boden- und Gewässerschutz – Praxisbeispiele und rechtlicher Rahmen

Anonym (1993) TA Siedlungsabfall. Dritte Allgemeine Verwaltungsvorschrift zum Abfallgesetz vom 14. Mai 1993. Bundesanzeiger, Jahrgang 45, Nr. 99a

Anonym (1994a) Merkblatt über die Entsorgung von Abfällen aus Verbrennungsanlagen für Siedlungsabfälle. Mitteilung der Länderarbeitsgemeinschaft Abfall (LAGA) Nr. 19. Erich Schmidt Verlag Berlin, 30 S.

Anonym (1994b) Umweltverträglichkeit von Mineralstoffen. Teil: Wasserwirtschaftliche Verträglichkeit. Forschungsgesellschaft für Straßen- und Verkehrswesen (FGSV) Arbeitspapier Nr. 28/1

Anonym (1995) Technische Lieferbedingungen für Hausmüllverbrennungsasche im Straßenbau. TL HMVA-StB95, Köln

Anonym (1996) Merkblatt über die Verwendung von Hausmüllverbrennungsasche im Straßenbau. Forschungsgesellschaft für Straßen- und Verkehrswesen (FGSV), Köln

Anonym (1997) Gefahrenbeurteilung von Bodenverunreinigungen/Altlasten als Gefahrenquelle für Grundwasser. Länderarbeitsgemeinschaften Wasser, Abfall, Boden (LAWA/LAGA/LABO). Arbeitspapier (zitiert aus einer Version von 1997)

Anonym (1998a) NATO/CCMS Pilot Study „Special Session on Treatment Walls and Permeable Reactive Barriers". Wien

Anonym (1998b) Anforderungen an die stoffliche Verwertung von mineralischen Reststoffen/Abfällen. Technische Regeln. Mitteilung der Länderarbeitsgemeinschaft Abfall (LAGA) Nr. 20, 4. erweiterte Auflage, 1998. Erich Schmidt Verlag Berlin

Anonym (1998c) Der Bitterfelder Muldestausee als Schadstoffsenke – Entwicklung der Schwermetallbelastung 1992 bis 1997. Abschlußbericht, Leipzig 1998. Sächsische Akademie der Wissenschaften zu Leipzig, 70 S.

Anonym (1999) Grundsätze des Grundwasserschutzes bei Abfallverwertung und Produkteinsatz. Entwurfvorlage des LAWA-Arbeitskreises, Stand 27.01.1999, 17 S.

Anonym (2000) Technische Lieferbedingungen für Mineralstoffe im Straßenbau, TLMinStB, Bundesministerium für Verkehr, Ausgabe 2000. Berlin

Anonym (2001) Verordnung über die umweltverträgliche Ablagerung von Siedlungsabfällen und über biologische Abfallbehandlungsanlagen, Bundesgesetzblatt Teil I, Nr. 10, 27.02.2001, S. 305ff

Birke V (2001) Reinigungswände 2001: Schadstoffe und reaktive Materialien – Stand der Technik, Entwicklungen und Grenzen. RUBIN – Reinigungswände und -barrieren im Netzwerkverbund. 116 S. Fachhochschule Nordostniedersachsen Suderburg

Birke V, Burmeier H, Rosenau D (2002) PRB Technologies in Germany: Recent Progress and New Developments. Manuskript Fachhochschule Nordostniedersachsen Suderburg

Burmeier H (1998) Die Bedeutung des Innovationspotentials von durchströmten Reinigungswänden für die Sanierung von Altlastenstandorten in Deutschland. In: BMBF-PT AWAS (Hrsg.) Sanierung von Altlasten mittels durchströmter Reinigungswände. Beiträge zum Fachgespräch am 27.10.1997 im Umweltbundesamt. S. 6-20. Berlin

Burmeier H, Birke V, Rosenau D (2002) Forschungsverbund des BMBF „Reinigungswände zur Sanierung von Altlasten". Webside des Verbundvorhabens RUBIN, Fachhochschule Nordostniedersachsen, Suderburg

Busch K-F, Uhlmann D, Weise G (1989) Ingenieurökologie. 2. Aufl., 488 S. VEB Gustav Fischer Verlag, Jena

Dahmke A (1997) Aktualisierung der Literaturstudie ‚Reaktive Wände" pH-Redox-reaktive Wände. Landesamt für Umweltschutz Baden-Württemberg. Texte und Berichte zur Altlastenbearbeitung 33/97, Karlsruhe

Eberle SH, Oberacker FE (2001) Die Sickerwasserprognose – Spagat zwischen wissenschaftlicher Genauigkeit und praktikablem Vollzug. Altlasten-Spektrum 10: 281-282

Förstner U (1999) Gefahrenbeurteilung von Böden und Altlasten/Schutz des Grundwassers: kritische Anmerkungen zu Konzept und Methode der Gefahrenbeurteilung. In:Franzius V, Bachmann G (Hrsg) Sanierung kontaminierter Standorte und Bodenschutz 1998. S. 43-54. Erich Schmidt Verlag, Berlin

Förstner U, Hirschmann G (1997) Langfristiges Deponieverhalten von Müllverbrennungsschlacken. BMBF-Verbundvorhaben Deponiekörper, Teilvorhaben 1. Förderkennzeichen 1460799A. Umweltbundesamt Fachgebiet III 3.6. Projektträger Abfallwirtschaft und Altlastensanierung (PT AWAS) im Auftrag des Bundesministerium für Bildung, Wissenschaft, Forschung und Technologie (BMBF) Bonn. 202 S. Berlin

Gavaskar A, Gupta N, Sass B, Janosy R (2000) Design Guidance for Application of Permeable Reactive Barriers for Groundwater Remediation. Battelle, Columbus, Ohio

Geller W, Klapper H, Salomons W (eds, 1998) Acidic Mining Lakes. 435 S. Springer-Verlag Berlin Heidelberg New York

Hirschmann G (1999) Langzeitverhalten von Schlacken aus der thermischen Behandlung von Siedlungsabfällen. Dissertation an der Technischen Universität Hamburg-Harburg. Fortschr.-Ber. VDI Reihe 15 (Umwelttechnik) Nr. 220. 266 S. VDI Verlag Düsseldorf

Kersten M, Förstner U (1991) Ingenieurgeochemie – ein neues Forschungsgebiet für den Umweltschutz. Geowiss 9: 215-220

Klapper H (1992) Eutrophierung und Gewässerschutz. 277 S. Gustav Fischer Verlag Jena Stuttgart

Klapper H (2002) Mining lakes: Generation, loading and water quality control. In: Mudroch A, Stottmeister U, Kennedy C, Klapper H (eds) Remediation of Abandoned Surface Coal Mining Sites, pp 57-110. Springer-Verlag Berlin Heidelberg New York

Mager D (1996) Das Sanierungsprojekt WISMUT: Internationale Einbindung, Ergebnisse und Perspektiven. Geowiss 14: 443-447

Mudroch A, Stottmeister U, Kennedy C, Klapper H (eds) Remediation of Abandoned Surface Coal Mining Sites. 175 S. Springer-Verlag Berlin Heidelberg New York

Paktunc AD (1999) Characterization of mine wastes for prediction of acid mine drainage. In: Azcue JM (ed) Environmental Impacts of Mining Activities, pp 22-40. Springer-Verlag Berlin Heidelberg New York

Rudek R, Eberle SH (2001) Der Förderschwerpunkt „Sickerwasserprognose" des Bundesministeriums für Bildung und Forschung. Altlasten-Spektrum 10: 294-304

Salzwedel J (1999) Rechtsgrundlagen des Umweltschutzes. B5.3.4 Bodenschutz und Grundwasser. In: Görner K, Hübner K (Hrsg.) Hütte-Umweltschutztechnik. S. B60. Springer-Verlag Berlin Heidelberg New York

Scherer MM, Richter S, Valentine RL, Alvarez PJJ (2000) Chemistry and microbiology of permeable reative barriers for in situ groundwater clean up. Crit Rev Environ Sci Technol 30: 363-411

Simon F-G, Meggyes T (2000) Removal of organic and inorganic pollutatns from groundwater using permeable reactive barriers. Land Contam & Reclam, 8: 103-116 (Part I), 175-187 (Part II)

Teutsch G, Grathwohl P, Schad H, Werner P (1996) In situ-Reaktionswände – ein neuer Ansatz zur passiven Sanierung von Boden- und Grundwasserverunreinigungen. Grundwasser 1/96: 12-20

Vogel D, Paul M, Sänger H-J, Jahn S (1996) Probleme der Wasserbehandlung am Sanierungsstandort Ronneburg. Geowiss 14: 486-489

Zoumis T, Calmano W, Förstner U (2000) Demobilization of heavy metals from mine waters. Acta hydrochim hydrobiol 28: 212-218

3.1 Sickerwasserprognose für anorganische Schadstoffe

Anonym (1954) Diagnosis and improvement of saline and alkali soils. U.S. Salinity Laboratory Staff (1954) U.S. Dep. of Agriculture Handbook no. 60.

Anonym (1990) Technische Verordnung über Abfälle (TVA), Entwurf einer Richtlinie zur Durchführung des Eluat-Testes für Inertstoffe und endlagerfähige Reststoffe. Schweizerischer Bundesrat, Verordnung vom 10.12.1990

Anonym (1994) Comité Européen de Normalisation (CEN) Technical Committee 292 Characterization of waste in Europe. State of the art report for CEN TC 292.STB/94/28.

Anonym (1999) Comité Européen de Normalisation (CEN) Technical Committee 292/Working Group 6 Basic characterization test for leaching behaviour: pH dependence test, draft version 5. CEN Central Secretariat, rue de Strassart 36, B-1050 Brüssel

Boochs PW, Lege L, Mull R, Schreiner M (1999) Prognose des Standortverhaltens. in Handbuch zur Erkundung des Untergrundes von Deponien und Altlasten, Teil 7 Handlungsempfehlungen Kap. 5, S. 253-327 Springer-Verlag, Berlin

Cummings DE, Caccavo F JR, Fendorf S, Rosenzweig RF (1999) Arsenic mobilization by the dissimilatory Fe(III)-reducing Bacterium Shewanella alga BrY. Environ Sci Technol 33: 723-729

Dankwarth F, Gerth J (2002) Abschätzung und Beeinflussbarkeit der Arsenmobilität in kontaminierten Böden. Acta hydrochim hydrobiol 30: 41-48

Förstner U, Calmano W (1982) Bindungsformen von Schwermetallen in Baggerschlämmen. Vom Wasser 59: 83-92

Lichtfuss R (2000) Verfahren zur Abschätzung von anorganischen Schadstoffkonzentrationen im Sickerwasser nach der Bundesbodenschutzverordnung (BBodSchV). Mitt Dtsch Bodenkund Ges 92: 43-46

Obermann P, Cremer S (1992) Mobilisierung von Schwermetallen in Porenwässern von belasteten Böden und Deponien: Entwicklung eines aussagekräftigen Elutionsverfahrens. In: Materialien zur Ermittlung und Sanierung von Altlasten, Band 6, Landesamt für Wasser und Abfall. NRW.

Odensaß M, Schroers, S (2000) Empfehlungen für die Durchführung und Auswertung von Säulenversuchen gemäß Bundes-Bodenschutz- und Altlastenverordnung (BBodSchV). Merkblätter Nr. 20, Landesumweltamt Nordrhein-Westfalen, Essen

Postma D (1993) The reactivity of iron in sediments: a kinetic approach. Geochim Cosmochim Acta 57: 5027-5034

Rhoades JD (1992) Soluble salts. In: Page AL, Miller RH, Keeney DR (eds) Methods of Soil Analysis, Part 2: Chemical and Microbiological Properties. Kapitel 10, S. 167-179, American Society of Agronomy, Soil Science Society of America, Madison, Wisconsin

Ruf J (1999) Stand der Regelungen im Rahmen des Bundes-Bodenschutzgesetzes zum Wirkungspfad Boden/Altlasten/Grundwasser. In: Beudt J (Hrsg.) Präventiver Grundwasser- und Bodenschutz – Europäische und nationale Vorgaben. S. 29-40, Springer Verlag, Berlin

Schneider W, Stöven H (2002) Relevanz des Quellterms bei der Sickerprognose. Bodenschutz 3, im Druck

Sloot HA vd (1998): Background information relation between column test, ANC and pH stat-test. Document CEN/TC292/WG 6.-7.4.1998

Sloot HA vd (2002) Harmonisation of leaching/extraction procedures for sludge, compost, soil and sediment analyses. In: Quevauviller Ph (ed) Methodologies in Soil and Sediment Fractionation Studies, Chapter 7, 142-174. The Royal Society of Chemistry, Cambridge UK

Sloot HA vd, Heasman L, Quevauviller Ph (1997) Harmonization of leaching/extraction tests. In: Studies in Environmental Science 70. Elsevier, Amsterdam

Zeien H, Brümmer GW (1989) Chemische Extraktion zur Bestimmung von Schwermetallbindungsformen in Böden. Mitt Dtsch Bodenkundl Ges 59/I, 505-510

3.2 Langzeitverhalten von Deponien

Anonym (1990) Technische Verordnung über Abfälle. Schweizerischer Bundesrat, 10. Dezember 1990. Bundesamt für Umwelt, Wald und Landschaft (BUWAL), Bern

Anonym (1994a) An international perspective on characterization and management of residues from municipal solid waste incineration. International Ash Working Group (IAWAG) Summary Report, 77 p.

Anonym (1994b) Merkblatt über die Entsorgung von Abfällen aus Verbrennungsanlagen für Siedlungsabfälle. Mitt. der Länderarbeitsgemeinschaft Abfall (LAGA) Nr. 19, Erich Schmidt Verlag, Berlin

Anonym (1996) Verordnung des Bundesministers für Umwelt über die Ablagerung von Abfällen (Deponieverordnung). Österreichisches Bundesministerium für Umwelt (ÖBMU) 9. Februar 1996, Wien

Anonym (1998) Anforderungen an die stoffliche Verwertung von mineralischen Reststoffen/Abfällen -Technische Regeln. Mitt. der Länderarbeitsgemeinschaft Abfall (LAGA) Nr. 20/1, Stand November 1997, Erich Schmidt Verlag, Berlin

Anonym (1999) Bericht zur „Ökologischen Vertretbarkeit" der mechanisch-biologischen Vorbehandlung von Restabfällen einschließlich deren Ablagerung. Bericht des Umweltbundesamtes (III 4), 62 S.

Anonym (2000) Umweltgutachten des Umweltrates 2000.

Baccini P, Bader H-P, Belevi H, Ferrari S, Gamper B, Johnson A, Kersten M, Lichtensteiger T, Zeltner C (1993) Deponierung fester Rückstände aus der Abfallwirtschaft - Endlager-Qualität am Beispiel Müllschlacke. vdf Hochschulverlag, Zürich, 100 S.

Belevi H, Baccini P (1989) Long-term behaviour of municipal solid waste landfills. Waste Manage Res 7: 483-499

Belevi, H (1993) Was können Stoffflussstudien bei der Bewertung der thermischen Abfallbehandlung leisten? VDI-Tagung Techniken der Restmüllbehandlung, Würzburg, 20./21. April, VDI-Bericht 1033: 261-267. VDI-Verlag, Düsseldorf

Bergs C-G, Dreyer S, Neuenhahn P, Radde C-A (1993) TA Siedlungsabfall – Technische Anleitung zur Verwertung, Behandlung und sonstigen Entsorgung von Siedlungsabfällen mit Erläuterungen. 199 S. Erich Schmidt Verlag, Berlin

Bilitewski B (2000) EU-Deponierichtlinie und deren Umsetzung in Europa. In Stegmann R, Rettenberger G, Bidlingmaier W, Ehrig H-J (Hrsg.), Deponietechnik 2000, Hamburger Berichte Abfallwirtschaft TUHH 16: 13-19, Verlag Abfall aktuell, Stuttgart

Bozkurt S, Moreno L, Neretnieks I (2000) Long-term processes in waste deposits. Sci Total Environ 250: 101-121

Christensen TH, Bjerg PL, Banwart SA, Jakobsen R, Heron G, Albrechtsen H-J (2000) Characterization of redox conditions in groundwater contaminant plumes. J Contam Hydrol 45: 165-241

Christensen TH, Kjeldsen P, Albrechtsen H-J, Heron G, Nielsen PH, Bjerg PL, Holm PE (1994) Attenuation of pollutants in landfill leachate polluted aquifers. Crit Rev Environ Sci Technol 24: 119-202

Christensen TH, Kjeldsen P, Bjerg PL, Jensen DL, Christensen JB, Baun A, Albrechtsen H-J, Heron G (2001) Biogeochemistry of landfill leachate plumes. Appl Geochem 15: 659-718

Comans RNJ, Meima JA (1994) Modelling Ca-solubility in MSWI-bottom ash leachates. In: Goumans JJJM, van der Sloot HA, Aalbers TG (Hrsg.) Environmental aspects of construction with waste materials. S. 103-110. Elsevier, Amsterdam

Ebert R (1996) Kupoltechnik zur Schlackebehandlung. VDI-Seminar BW 437604 Schlackenaufbereitung, -verwertung und -entsorgung, 13. und 14. Juni, Bamberg, 39 S.

Ferrari S (1997) Chemische Charakterisierung des Kohlenstoffs in Rückständen von Müllverbrennungsanlagen: Methoden und Anwendungen. Diss. ETH Zürich Nr. 12200

Förstner U, Hirschmann G (1997) Langfristiges Deponieverhalten von Müllverbrennungsschlacken. Abschlußbericht BMBF-Verbundforschungsvorhaben Deponiekörper, Anorganische Abfälle, TV1, FKZ: 1460799A, 259 S.

Hanashima K (1999) Pollution control and stabilization processes by semi-aerobic landfill type: Fukuoka method. In: Christensen TH, Cossu R, Stegmann R (Hrsg.), Proc Sardinia '99, 7th Int Waste Management and Landfill Symp, Cagliari 04-08.10.99

Hellweg S, Hungerbühler K (1999) Was bieten uns neue Technologien? Müll und Abfall 9/1999: 524-536

Heyer KU, Stegmann R (1997) Untersuchungen zum langfristigen Stabilisierungsverlauf von Siedlungsabfalldeponien. BMBF-Verbundvorhaben Deponiekörper, 2. Statusseminar 4./5. Februar 1997 in Wuppertal, S. 46-78

Heyer KU, Hupe K, Stegmann R (2000) Die Technik der Niederdruckbelüftung zur in-situ-Stabilisierung von Deponien und Altablagerungen. Müll und Abfall 7/2000: 438 - 443

Hirschmann G (1999) Langzeitverhalten von Schlacken aus der thermischen Behandlung von Siedlungsabfällen. Fortschritt-Berichte VDI, Reihe 15, Nr. 220. VDI-Verlag Düsseldorf, 176 S.

Jaros M, Huber H (1997) Emissionsverhalten von MVA-Schlacke nach forcierter Alterung. In: Lechner P (Hrsg.) Waste Reports 6, Universität für Bodenkultur und Abfallwirtschaft, Wien, 72 S.

Johnson A (1994) Das Langzeitverhalten von Müllschlacke im Hinblick auf die Mobilität von Schwermetallen und Salzen. In: Reimann DO (Hrsg.) Entsorgung von Schlacken und sonstigen Reststoffen. Beiheft zu Müll und Abfall 31: 92-95

Johnson CA, Kaeppeli M, Brandenberger S, Ulrich A, Baumann W (1999) Hydrological and geochemical factors affecting leachate composition in municipal solid waste incinerator bottom ash, Part II: The geochemistry of leachate from landfill Lostorf, Switzerland. J Contam Hydrol 40: 239-259

Johnson CA, Richner GA, Vitvar T, Schittli N, Eberhard M (1998) Hydrological and geochemical factors affecting leachate composition in municipal solid waste incinerator bottom ash, Part I: The hydrology of landfill Lostorf, Switzerland. J Contam Hydrol 33: 361-376

Johnson CA, Brandenberger S, Baccini P (1995) Acid neutralizing capacity of municipal waste incinerator bottom ash. Environ Sci Technol 29: 142-147

Kabbe G, Wirtz A, Roos HJ, Dohmann M (1997) Zusammenhang zwischen Stoffpotential und Emissionsverhalten von Altablagerungen und Altdeponien. BMBF-Verbundvorhaben Deponiekörper, 2. Statusseminar 04./05.02.97 in Wuppertal, S. 10-45

Kanczarek A, Schneider T (1996) Das Siemens-KWU-Schwel-Brenn-Verfahren. VDI-Seminar BW 43-76-04 Schlackenaufbereitung, -verwertung und -entsorgung, 13./14. Juni, Bamberg, 34 S.

Kersten M, Moor CH, Johnson CA (1995) Emissionspotental einer Müllverbrennungsschlacken-Monodeponie für Schwermetalle. Müll und Abfall 11/1995: 748-758

Kersten M, Moor CH, Johnson CA (1997) Speciation of trace metals in leachate from MSWI bottom ash landfill. Appl Geochem 12: 675-683

Kirby CS, Rimstidt JD (1993) Mineralogy and surface properties of municipal solid waste ash. Environ Sci Technol 27: 652-660

Klein R, Baumann T, Kahapka E, Niessner R (2001) Temperature development in a modern municipal solid waste incineration (MSWI) bottom ash landfill with regard to sustainable waste management. Hazardous Mater B83: 265-280

Kluge G (1982) Feststellung von Nennwerten an Müllverbrennungsschlacken. Texte des Umweltbundesamtes 21/82, Berlin, 32 S.

Kluge G, Saalfeld H, Dannecker W (1979) Untersuchungen des Langzeitverhaltens von Müllverbrennungsschlacken beim Einsatz im Straßenbau. Texte des Umweltbundesamtes 8/81, Berlin, 61 S.

Kördel W, Hennecke D, Hund K, Lepom P (1995) Abbauverhalten der organischen Substanz von Abfällen. In: Lechner P (Hrsg.) Emissionsverhalten von Restmüll. Waste Reports 2, S 32-41, Universität für Bodenkultur und Abfallwirtschaft, Wien

Kowalczyk U, Schirmer U, Truppat R (1995) Differenzierung zwischen dem gesamten organischen Kohlenstoff (TOC) und dem abbaubaren organischen Kohlenstoff (AOC) in Rostaschen von Verbrennungsanlagen für Hausmüll und hausmüllähnliche Abfälle. VGB Kraftwerkstechnik 75/11: 961-967

Krümpelbeck I, Ehrig H-J (2000) Emissionsverhalten von Altdeponien. In Stegmann R, Rettenberger G, Bidlingmaier W, Ehrig H-J (Hrsg.) Deponietechnik 2000. Hamburger Berichte Abfallwirtschaft, TUHH 16: 207-218, Verlag Abfall aktuell, Stuttgart

Kruse K (1994) Langfristiges Emissionsgeschehen von Siedlungsabfalldeponien. Heft 54 der Veröffentlichungen des Instituts für Siedlungswasserwirtschaft, TU Braunschweig

Leikam K, Heyer KU, Stegmann R (1997) In-situ-Stabilisierung von Altdeponien und Altablagerungen. Verbundvorhaben Deponiekörper, 2. Statusseminar 04.-05.02.97 in Wuppertal, S. 153-174

Lichtensteiger T (1996) Müllschlacken aus petrologischer Sicht. Die Geowissenschaften 14: 173-179

Lichtensteiger T (1997) Produkte der thermischen Abfallbehandlung als mineralische Zusatzstoffe in Zement und Beton. Müll und Abfall 2/1997: 80-84

Lichtensteiger T (1999) Die petrologische Evaluation als Ansatz zu erhöhter Effizienz im Umgang mit Rohstoffen. Beitrag zu Umwelt 2000 – Geowissenschaften für die Gesellschaft, GUG 22./25. September 1999, Halle, 8 S.

Marbach K, Göschl R (1993) Deponierückbau: Fehlende Kapazität versetzt Berge; AVL-Projekt Deponierückbau - Deponie Burghof in Vaihingen - Horrheim. Entsorga-Magazin 11: 16-19

Marzi T, Nowara N, Bruisten M (2001) Direktmessung zur Differenzierung zwischen abbaubarem organischen Kohlenstoff (AOC) und elementarem Kohlenstoff in Anlehnung an die VGB-Methode. Müll und Abfall 1/2001: 24-28

Melzer N (1997) Untersuchungen der Langzeitbeständigkeit und der Korrosion von verglasten Rückständen aus Müllverbrennungsanlagen, Granulaten aus der Hochtemperatur-Müllbehandlung und Modellgläsern. Diss. Universität Erlangen-Nürnberg, 160 S.

Obermann P, Cremer S (1992) Mobilisierung von Schwermetallen in Porenwässern von belasteten Böden und Deponien: Entwicklung eines aussagekräftigen Elutionsverfahrens. Materialien zur Ermittlung und Sanierung von Altlasten, Band 6, Landesamt für Wasser und Abfall Nordrhein-Westfalen, Düsseldorf

Peiffer S (1989) Biogeochemische Regulation der Spurenmetalllöslichkeit während der anaeroben Zersetzung fester kommunaler Abfälle. Diss. Universität Bayreuth, 197 S.

Pichler M, Kögel-Knabner I (1999) Humifizierungsprozesse und Huminstoffhaushalt während der rotte und Deponierung von Restmüll. In: BMBF-Verbundvorhaben mechanisch-biologische Vorbehandlung, Potsdam, 07./08.09.1999, S. 275 - 285

Pichler M (1999) Humifizierungsprozesse und Huminstoffhaushalt während der Rotte und Deponierung von Restmüll. Fortschritt-Berichte VDI, Reihe 15, Nr. 213, VDI-Verlag, Düsseldorf, 133 S.

Ponto HU, Spanke V (1996) Noell-Behandlungsverfahren für Müllverbrennungsschlacke. VDI-Seminar BW 437604 Schlackenaufbereitung, -verwertung und -entsorgung, 13./14. Juni, Bamberg, 48 S.

Priester T, Köster R, Eberle SH (1996) Charakterisierung kohlenstoffartiger Bestandteile in Hausmüllverbrennungsschlacken unter besonderer Berücksichtigung organischer Stoffe. Müll und Abfall 6/1996: 387-398

Reichelt J (1996) Mineralogische Aspekte bautechnischer und umweltrelevanter Eigenschaften von Müllverbrennungsschlacken. Veröff. Inst. für Straßen- und Eisenbahnwesen der Universität Karlsruhe 47, 112 S.

Reimann DO, Hämmerli H (1995) Verbrennungstechnik für Abfälle in Theorie und Praxis. Schriftenreihe Umweltschutz, Bamberg, 247 S.

Reisner M (1995) Umlagerungsmaßnahme an der Deponie Wien-Donaupark. ZAF-Seminar Heft 10, Mechanisch-biologische Behandlung von Abfällen, Braunschweig, S. 23-27

Schachtschabel P, Blume H-P, Brümmer G, Hartge K-H, Schwertmann U (1989) Lehrbuch der Bodenkunde. 12. Aufl., Enke, Stuttgart

Schlegel HP (1985) Allgemeine Mikrobiologie. 6. Aufl., G. Thieme, Stuttgart

Schweizer CR, Johnson CA (1995) Zementchemie in Verbrennungsrückständen. Jahresbericht 1995 der EAWAG, S. 19-20

Soyez K, Thrän D, Koller M, Hermann T (2000) Ergebnisse des BMBF-Verbundvorhabens „Mechanisch-biologische Behandlung von zu deponierenden Abfällen". In Stegmann

R, Rettenberger G, Bidlingmaier W, Ehrig H-J (Hrsg.) Deponietechnik 2000, Hamburger Berichte Abfallwirtschaft TUHH 16: 49-65, Verlag Abfall aktuell, Stuttgart

Stahlberg R (1994) Thermoselect - Abfallverglasung und -einschmelzung unter Einsatz von Sauerstoff im geschlossenen System. In: Reimann DO (Hrsg.) Entsorgung von Schlacken und sonstigen Reststoffen. Beihefte zu Müll und Abfall, Heft 31: 77-81

Stegmann R (1981) Minderung der Folgekosten durch Sickerwasserkreislaufführung. Abfallwirtschaft TU Berlin, Heft 8, Eigenverlag

Stegmann R, Dammann B, Heerenklage J, Mersiowsky J, Reimers C (2000a) Neue Forschungsergebnisse für die Konzeptionierung einer nachsorgearmen Deponie – Ausgewählte Beispiele des Symposiums *Sardinia*. In Stegmann R, Rettenberger G, Bidlingmaier W, Ehrig H-J (Hrsg.) Deponietechnik 2000, Hamburger Berichte Abfallwirtschaft Technische Univ. Hamburg-Harburg 16: 21-46, Verlag Abfall aktuell, Stuttgart

Stegmann R, Ritzkowski M, Ehrig H-J (2000b) Überlegungen zum Leitbild „Altdeponie". In Stegmann R, Rettenberger G, Bidlingmaier W, Ehrig H-J (Hrsg.) Deponietechnik 2000, Hamburger Berichte Abfallwirtschaft Technische Universität Hamburg-Harburg 16: 313-322, Verlag Abfall aktuell, Stuttgart

Stumm W, Morgan JJ (1996) Aquatic Chemistry. 3. Aufl., John Wiley u. Sons, Chichester

Thomé-Kozmiensky KJ (1994) Thermische Abfallbehandlung. 2. Aufl., EF-Verlag, Berlin

Urban W (1995) Bewertung der Sickerwasseremissionen. In: Lechner P (Hrsg.) Emissionsverhalten von Restmüll, Waste Reports 2, S. 66-77, Universität für Bodenkultur und Abfallwirtschaft, Wien

Van der Sloot HA, Heasman L, Quevauviller Ph (Hrsg., 1997) Harmonization of Leaching/Extraction Tests. Studies in Environ Science 70, Elsevier, Amsterdam, 292 S.

Wollum II AG (1982) Cultural Methods for Soil Microorganisms. In: Page AL, Miller RH, Keeney DR (Eds.) Methods of Soil Analysis. Part 2, S. 780-830, Amer Soc Agronomy, Soil Science Soc Amer Publ, Madison

Zevenbergen C, van Reeuwijk LP, Bradley JP, Bloemen P, Comans RNJ (1996) Mechanism and conditions of clay formation during natural weathering of MSWI bottom ash. Clays Clay Miner 44/4: 546-552

3.3 Geochemische in-situ-Stabilisierung von Bergbaualtlasten

Alpers CN, Blowes DW, Nordstrom DK, Jambor JL (1994) Secondary minerals and acid mine-water chemistry. In: Jambor JL, Blowes DW (eds) Short Course Handbook on Environmental Geochemistry of Sulfide Mine-Wastes. Mineralogical Association of Canada 22: 247-270

Amyot G, Vézina S (1997) Flooding as a reclamation solution to an acidic tailings pond-the Solbec case. In: Proceedings of the 4th International Conference on Acid Rock Drainage, Vancouver, B.C. Canada, May 31- June 6, 1997, pp 681-696

Baacke D (2000) Geochemisches Verhalten umweltrelevanter Elemente in stillgelegten Polysulfiderzgruben am Beispiel der Grube "Himmelfahrt" in Freiberg/Sachsen. Diss. TU Bergakademie Freiberg, 139 S.

Beuge P, Häfner F (2001) Möglichkeiten und Grenzen der Formierung geochemischer Barrieren zur Sicherung bergbaubedingter Altlasten. Vortrag 8. Dresdner Grundwasserforschungstage, 09./10.04.2001

Beuge P, Kindermann L (1997) Recherche und Interpretation zu chemischen Prozessen nach der Flutung vergleichbarer Erzbergwerke. Unveröffent. Studie, Freiberg/S. 1997

Blowes DW, Ptacek CJ, Jambor JL (1994) Remediation and prevention of Low-quality drainage from tailings impoundments. In: Jambor JL, Blowes, D.W. (eds) Short Course Handbook on Environmental Geochemistry of Sulfide Mine-Wastes, 22: 365-379

Blowes DW, Reardon EJ, Jambor JL, Cherry JA (1991) The formation and potential importance of cemented layers in inactive sulfide mine tailings. Geochim Cosmochim Acta 55: 965-978

Bowell RJ, Dey M, Pooley F, Williams KP (2000) ARD in waste rock: preventive methods. Mining Environmental Management, May 2000, pp 18-19

Canty M (2000) Innovative in situ treatment of acid mine drainage using sulfate-reducing bacteria. In: Proc. 5th Int Conf on Acid Rock Drainage, Denver/CO, pp 1139-1147

Caruccio FT, Geidel G, Pelletier M (1981) Occurrence and prediction of acid drainages. J Energy Div Amer Soc Civil Engin (ASCE), 107, No. EY1, May 1981, pp 167-178

Chapman J, Paul M, Jahn S, Hockley D (2000) Sulphide and carbonate availability and geochemical controls established from long-term large scale column tests. In: Proc 5th Int Conf on Acid Rock Drainage, Denver/CO

Chermak JA, Runnells DD (1997) Development of chemical caps in acid rock drainage environments. Mining Engin, June 1997, pp 93-97

Coastech Research Inc. (1991) Acid Rock Drainage Prediction Manual. MEND-Project 1.16.1b, CANMET

Daenecke R, Johannsen K, Kums H, Merkel G (2000) Die Anwendung von Geokunststoffen bei der Sanierung von industriellen Absetzanlagen der WISMUT GmbH. Bauen mit Textilien 2/2000, pp 24-29

Davis RA Jr, Welty AT, Borrego J, Morales JA, Pendon JG, Ryan JG (2000) Rio Tinto estuary (Spain): 5000 years of pollution. Environ Geol 39(19): 1107-1116

Delaney T, Hockley D, Sollner D (1997) Application of methods for delaying the onset of acidic drainage. In: Proc. 4th Int Conf on Acid Rock Drainage, Vancouver B.C. Canada, May 31- June 6, 1997, pp. 797-810

Eckart M, Paul M (1995) Modellentwicklungen und deren Anwendungen zur Bewertung von Grundwasser problemen der Ronneburger Uranlagerstätte. Z Geol Wiss 23(5/6): 655-664

Elliott LCM, Liu L, Stogran SW (1997) Organic cover material for tailings: Do they meet the requirements of an effecive long term cover? In: Proc 4th Int Conf on Acid Rock Drainage, Vancouver, B.C. Canada, May 31- June 6, 1997, pp. 813-824

Eriksson N, Lindvall M, Sandberg M (2001) A quantitative evaluation of the effectiveness of the water cover at the Stekenjokk tailings pond in Northern Sweden: Eight years of follow-up. In: Proc Int Conf on Mining and the Environment, Skellefteå, June 25-July 1, 2001, pp 216-227

Filipek L, Kirk A, Schafer W (1996) Control technologies for ARD. Mining Environ Manage, Dec 1996, pp 4-8

Fischer R, Reißig H, Gockel G, Seidel K-H, Guderitz T (1998a) Untersuchungen zu verschiedenen Varianten der Renaturierung des stark sauren und eisenhaltigen Tagebaurestsees Heide VI. Braunkohle Surface Mining 50(3): 273-278

Fischer R, Reißig H, Gockel G, Seidel K-H, Guderitz T (1998b) Untersuchungen zu verschiedenen Varianten der Renaturierung des stark sauren und eisenhaltigen Tagebaurestsees Heide VI. Braunkohle Surface Mining 50(6): 585-589

Fytas K, Bousquet P, Evangelou B (2000) Silicate Coating Technology to prevent Acid Mine Drainage. In: Proc 5th Int Conf on Acid Rock Drainage, Denver/CO, pp 87-95

Gatzweiler R, Jahn S, Neubert G, Paul M (2001) Cover design for radioactive and AMD-producing mine waste in the Ronneburg area, Eastern Thuringia. Waste Management 21: 175-184

Gatzweiler R, Jakubick AT, Pelz F (1996) WISMUT-Sanierung – Konzepte und Technologien. Geowiss 14(11): 448-451

Georgopoulou ZJ, Fytas K, Soto H, Evangelou B (1995) Pyrrhotite coating to prevent oxidation. In: Proc Conf Mining and the Environment, Sudbury, May 1995, pp 7-16

Germain D, Tassé N, Dufour C (2000) A novel treatment for acid mine drainage, using a wood-waste cover preventing sulfide oxidation. In: Proc 5th Int Conf on Acid Rock Drainage, Denver, pp 987-998

Grünewald U, Nixdorf B (1995) Erfassung und Prognose der Gewässergüte der Lausitzer Restseen. In: Proc 4. Dresdener Grundwasserforschungstage, Coswig, 24./25.10.1995, pp 159-179

Hammami R, Fischer K, Bauroth M, Fischer D (1999) Sanierung von organisch verunreinigtem Haldenmaterial.- Umwelt 29(9): 44-47

Heide B, Hasse J (1997) Stillegung des Metallerzbergwerks Meggen nach 140 Jahren aktivem Bergbau. Glückauf 133(5), 233-239

Helms W (1995) Sauerwasser im Erzbergbau-Entstehung, Vermeidung und Behandlung. Bergbau 2/1995, pp 65-71

Helms W, Heinrich D (1997) Development of backfilling material for minimizing acid mine drainage generation in adoned underground mines. In: Proc 4th Int Conf on Acid Rock Drainage, Vancouver, B.C. Canada, May 31- June 6, 1997, pp 1251-1266

Hockley D, Paul M, Chapman J, Jahn S, Weise W (1997) Relocation of waste rock to the Lichtenberg pit near Ronneburg, Germany. In: Proc 4th Int Conf on Acid Rock Drainage, Vancouver, B.C. Canada, May 31- June 6, 1997, pp 1267-1283

Hockley D, Smolensky J, Paul M, Jahn S (2000) Geochemical investigations and gas monitoring of an acidic waste rock pile. In: Proc of the 5th Int Conf on Acid Rock Drainage, Denver/CO, pp 181-189

Hutt NM, Morin KA (2000) Observations and lessons from the international static database (ISD) on neutralizing capacity. In: Proc 5th Int Conf on Acid Rock Drainage, Denver/CO, pp 603-611

Iversen ER, Arnesen RT (2001) Monitoring water pollution from Loekken mines after mitigative measures. In: Proc Int Conf on Mining and the Environment, Skellefteå, June 25- July 1, 2001, pp.292-301

Jakubick AT, Gatzweiler R, Mager D, Robertson A MacG (1997) The Wismut waste rock pile remediation program of the Ronneburg Mining district, Germany. In: Proc 4th Int Conf on Acid Rock Drainage, Vancouver, B.C. Canada, June 1997, pp 1285-1301

Jambor JL, Dutrizac JE, Chen TT (2000) Contribution of specific minerals to the neutralization potential in static tests. In: Proc 5th Int Conf on Acid Rock Drainage, Denver/CO, pp 551-565

Klapper H, Schultze M (1997) Sulfur acidic mining lakes in Germany – ways of controlling geogenic acidification. In: Proc 4th Int Conf on Acid Rock Drainage, Vancouver, B.C. Canada, May 31- June 6, 1997, pp 1727-1744

Klinger C, Hansen C, Rüterkamp P, Heinrich H (2000a) In situ tests for interactions between acid mine water and ferrihydrite sludge in the pyrite mine "Elbingerode" (Harz Mts., Germany). In: Proc 7th Int Mine Water Assoc Congres, Katowice-Ustron, Poland, September 11-15, 2000, pp 137-145

Klinger C, Jenk U, Schreyer J (2000b) Investigations of efficacy of reactive materials for reduction of pollutants in acid mine water in the former uranium mine of Königstein (Germany). In: Proc 7th Int Mine Water Assoc Congress, ibid, pp 292-298

Kuyucak N (2001) Treatment options for mining effluents. Mining Environ Manage, March 2001, pp 12-15

Kwong YTJ (2000) Thoughts on ways to improve acid mine drainage and metal leaching predictions for metal mines. In: Proc 5th Int Conf on Acid Rock Drainage, Denver/CO, 2000, pp 675-682

Lange G, Freyhoff G (1991) Geologie und Bergbau in der Uranlagerstätte Ronneburg/-Thüringen. Erzmetall 44: 264-269

Lapakko KA (1994) Evaluation of neutralization potential determinations for metal mine waste and a proposed alternative. In: Int Land Reclamation and Mine Drainage Conf and 3rd Int Conf Abatement of Acidic Drainage, Pittsburgh April 24-29, 1994, 129-137

Lawrence RW, Wang Y (1997) Determination of neutralization potential in the prediction of acid rock drainage. In: Proc 4th Int Conf on Acid Rock Drainage, Vancouver, B.C. Canada, May 31- June 6, 1997, pp 451-464

Li MG (2000) Acid Rock Drainage Prediction for Low-Sulphide, Low-Neutralisation Potential Mine Wastes. In: Proc 5th Int Conf Acid Rock Drainage, Denver, pp 603-611

Lindvall M, Göransson T, Isaksson K-E, Sandberg M (2001) Boliden's Programme for Mine Sites Reclamation in Sweden. In: Proc Int Conf Mining and the Environment, Skellefteå, June 25- July 1, 2001, pp 446-455

Luckner L (1995) Konzeptionelle Grundlagen der Rehabilitation des Wasserhaushalts im Lausitzer und mitteldeutschen Revier. In: Proc 4. Dresdener Grundwasserforschungstage, Coswig, 24./25. Oktober 1995, Band I, S. 121-137

Mager D (1996) Das Sanierungsprojekt WISMUT: Internationale Einbindung, Ergebnisse und Perspektiven. Geowiss 14(11): 443-447

Mehling PE, Day SJ, Sexsmith KS (1997) Blending and layering waste rock to delay, mitigate or prevent acid generation: A case study review. In: Proc 4th Int Conf on Acid Rock Drainage, Vancouver, B.C. Canada, May 31- June 6, 1997, pp 953-969

Melchior S (1996) Die Austrocknungsgefährdung von bindigen mineralischen Dichtungen und Bentonitmatten in der Oberflächenabdichtung – Ergebnisse von mehrjährigen In-situ-Versuchen und Aufgrabungen auf der Altdeponie Hamburg-Georgswerder. In: Maier-Harth, U. (Hrsg) Geologische Barriere, Basisabdichtung, Oberflächenabdichtung – Möglichkeiten zur standortbezogenen Optimierung. 3. Deponie-Seminar des Geol Landesamtes Rheinland-Pfalz, 30. Mai 1996, Mainz, 40 S.

MEND (1998) Design Guide for the Subaquaeous Disposal of Reactive Tailings in Constructed Impoundments. MEND-Report 2.11.9

Münze R, Schulz H, Funke L, Ehrlicher U, Jahn S, Lindner T (1998) Quantifizierung der Radionuklid- und Schwermetallfreisetzung aus Ronneburger Haldenmaterial auf der Basis einer Datenanalyse hydrostatischer und infiltrativer Kolonnenversuche. In: Merkel B, Helling C (eds): Uranium Mining and Hydrogeology II, Proc Int Conf Workshop, Freiberg/S, Sept 1998. GeoCongress 5: 288-297, S. v. Loga, Köln 1999

Neukirchner RJ, Hinrichs DR (1997) Effects of ore body Inundation – A case study. In: Proc 4th Int Conf on Acid Rock Drainage, Vancouver, B.C. Canada, May 31-June 6, 1997, pp 1471-1483

Nixdorf B, Lessmann D, Gruenewald U, Uhlmann W (1997) Limnology of extremely acidic mining lakes in Lusatia (Germany) and their fate between acidity and eutrophication. In: Proc 4th Int Conf on Acid Rock Drainage, Vancouver, B.C. Canada, May 31- June 6, 1997, pp 1745-1760

Nordstrom DK, Alpers CN (1995) Remedial investigations, decisions, and geochemical consequences at Iron Mountain, California. In: Proc Conf on Mining and the Environment, Sudbury, May 28 – June 1, 1995, pp 633-642

Orava DA, Tremblay GA, Tibble PA, Nicholson RV (1997) Prevention of acid rock drainage through the application of In-pit-disposal and elevated water table concepts. In: Proc 4th Int Conf on Acid Rock Drainage, Vancouver, B.C. Canada, May 31- June 6, 1997, pp 973-987

Paul M, Dietz M, Rassmann B, Rasch H (1998a) Hydrogeologische Aspekte der Erkundung und Bewertung des Altlastenstandortes Dänkritz/Lauenhain- In: MERKEL, B.; HELLING, C. (eds.): Uranium Mining and Hydrogeology II, Proc Int Conf Workshop, Freiberg, Germany, September 1998. GeoCongress 5: 411-420, Verlag S. v. Loga, Köln 1999

Paul M, Neudert A, Priester J, Stracke H-D U (1996) Sanierung der industriellen Absetzanlagen der WISMUT GmbH – Arbeitsstand und Schwerpunkte in Sachsen und Thüringen. Geowiss 14(11): 476-480

Paul M, Sänger H-J, Snagowski S, Märten H, Eckart M (1998b) Flutungsprognose am Standort Ronneburg - Ergebnisse eines integrierten Modellansatzes. In: Merkel B, Helling C (eds) Uranium Mining and Hydrogeology II, Proc Int Conf Workshop, Freiberg, Germany, Sept 1998. GeoCongress 5: 130-139, Verlag S. v. Loga, Köln 1999

Perkins EH, Gunter WD, Nesbitt HW, St-Arnaud LC (1997) Critical review of classes of geochgemical computer models adaptable for prediction of acidic drainage from mine waste rock. In: Proc 4th Int Conf on Acid Rock Drainage, Vancouver, B.C. Canada, May 31- June 6, 1997, pp 587-601

Poulin R, Hadjigeorgiou J, Lawrence RW (1996) Layered mine waste co-mingling for mitigation of acid rock drainage. Trans. Inst Min. Metall. (Sect. A) 105, January-April 1996, A55-A62

Rastogi V (1996) Water quality and reclamation management in mining using bactericides. Mining Engineering, April 1996, pp 71-76

Reichel F, Uhlmann W (1995) Möglichkeiten und Grenzen der Beeinflussung der Wasserbeschaffenheit in Tagebaurestlöchern bei aufsteigendem Grundwasser am Beispiel der Lausitzer Bergbaufolgelandschaft.- In: Proc 4. Dresdener Grundwasserforschungstage, Coswig, 24./25. Oktober 1995, Band II, S. 39-51

Scheetz B, Silsbee M, Schueck J (1998) Acid mine drainage abatement resulting from pressure grouting of buried bituminous mine spoils.- In: Tailings and Mine Waste '98. Proc 5th Conf Tailings and Mine Waste, Ft. Collins, Co., 26-29 Jan 1998. Balkema, Rotterdam, pp 859-870

Schreyer J (1996) Sanierung von Bergwerken durch gesteuerte Flutung. Entwicklung und Einsatz eines neuartigen Verfahrens am Beispiel der Grube Königstein. Geowiss 14 (11): 452-457

Schreyer J, Zimmermann U (1998) Das Flutungskonzept Königstein – Stand und Ausblick In: Merkel B, Helling C (eds): Uranium Mining and Hydrogeology II, Proc Int Conf Workshop, Freiberg, Sept 1998. GeoCongress 5: 140-150, S. v. Loga, Köln 1999

Schultze M, Klapper H (1995) Prognose und Steuerung der Gewässergüte der mitteldeutschen Restseen. In: Proc 4. Dresdener Grundwasserforschungstage, Coswig, 24./25. Oktober 1995, Band I, S. 181-201

Schulze G, Schöpfer C, Paul M, Priester J (1998) Erkundung, Bewertung und Sanierung des Wasserpfades im Umfeld der IAA Culmitzsch A. In: Merkel B,.Helling C (eds): Uranium Mining and Hydrogeology II, Proc Int Conf Workshop, Freiberg, Germany, September 1998. GeoCongress 5: 401-410, Verlag S. v. Loga, Köln 1999

Shay DA, Cellan RR (2000) Use of chemical cap to remidiate acid rock conditions at Homestake's Santa Fe Mine. In: Tailings and Mine Waste '00. Proc 7th Conf Tailings and Mine Waste '00, Ft. Collins, CO, 23-26 Jan 2000. Balkema, Rotterdam pp 55-65

Sobek AA, Schuller WA, Freeman JR, Smith RM (1978) Field an laboratory methods applicable to overburdens and minesoils. Report EPA-600/2-78-054, U.S. Environ Protection Agency, 203 pp.

SRK (1992) Mine Rock Guidelines – Design and Control of Drainage Water Quality. Unpublished report No. 93301, Vancouver, April 1992

SRK (1996) Untersuchung der Methoden für die In-situ-Behandlung der Nordhalde und Innenkippe. Unveröff. Bericht No. W104203, Vancouver, Februar 1996

Tassé N (2000) Efficient prevention of sulphide oxidation by an organic cover: For how long can a reactive barrier be rective? In: Proc 5th Int Conf on Acid Rock Drainage, Denver, pp 979-986

Timms GP, Bennett JW (2000) The effectiveness of covers at Rum Jungle after fifteen years. In: Proc 5th Int Conf on Acid Rock Drainage, Denver/CO, pp 813-818

Tremblay GA (2000) The Canadian Mine Environment Neutral Drainage 2000 (MEND 2000) Program. In: Proc 5th Int Conf on Acid Rock Drainage, Denver, pp 33-40

Vogel D, Paul M, Sänger H-J, Jahn S (1996) Probleme der Wasserbehandlung am Sanierungsstandort Ronneburg.- Geowiss 14 (11): 486-489

Watson A (1995) Practical engineering options to minimise AMD potential. In: Grundon NJ, Bell LC (eds) Second Australian Acid Mine Drainage Workshop, pp 53-65

Weise W, Paul M, Jahn S, Hoepfner U (1996) Geochemische Aspekte der Haldensanierung am Standort Ronneburg. Geowiss 14 (11): 470-475

White III WW, Lapakko KA, Cox RL (1999) Static test-methods most commonly used to predict acid-mine drainage: Practical guidelines for use and interpretation. In: G.S. Plumlee GS, Hodgson MJ (eds.) The environmental geochemistry of mineral deposits, Part A: Processes, Techniques, and Health Issues. Reviews in Economic Geol, Vol. 6A, pp 325-338

Wilson GW, Newman LL, Ferguson KD (2000) The co-disposal of waste rock and tailings. In: Proc 5th Int Conf on Acid Rock Drainage, Denver/CO, 2000, pp 789-796

Ziegenbalg G, Schreyer J (1996) In-situ-Fixierung von Schadstoffen in Sandsteinen der Lagerstätte Königstein. DECHEMA-Kolloquium, Freiberg, November 1996

Ziegenhardt W (2000) Sanierung des Wasserhaushalts ind en Braunkohlenrevieren Ostdeutschlands – erreichter Stand und künftige Aufgaben. In: Wasserwirtschaftliche Sanierung von Bergbaukippen, Halden und Deponien, Freiberger Forschungshefte C 482, S. 7-24

Zoumis T, Calmano W, Förstner U (2000) Demobilization of heavy metals from mine Waters. Acta hydrochim Hydrobiol 28(4): 212-218

3.4 Gewässersedimente und Baggergut

Ahlf W (1995) Ökotoxikologische Sedimentbewertung. USWF-Z Umweltchem Ökotox 7: 84-91

Amos CC, Daborn GR, Christian HA, Atkinson A, Robertson A (1992) In situ erosion measurements of fine-grained sediments from the Bay of Fundy. Mar Geol 108: 175-196.

Anonym (1984) General approach to designation studies of ocean dredged material sites. USACE/ USEPA. U.S. Army Engineer Water Resources Support Center, Ft Belvoir.

Anonym (1990) The lake and reservoir restoration guidance manual. EPA-440/4-90-006. U.S. Environmental Protection Agency, Office of Water, Washington (DC).

Anonym (1994) Assessment and Remediation of Contaminated Sediments (ARCS) Program - Remediation Guidance Document. EPA 905-R94-003. United States Environmental Protection Agency. Great Lakes National Program Office, Chicago, 332 p.

Anonym (1996) Umgang mit belastetem Baggergut an der Elbe – Zustand und Empfehlungen. Arbeitsgemeinschaft für die Reinhaltung der Elbe (ARGE Elbe). Hamburg

Anonym (1997a) Handlungsanweisung für den Umgang mit Baggergut im Binnenland (HABAB-WSV). BfG-1072, 27 S. Bundesanstalt für Gewässerkunde Koblenz

Anonym (1997b) Development programme for treatment processes for contaminated sediments (POSW), Stage II (1992-1996). Directoraat-Generaal Rijkswaterstaat (Niederlande). Final Report, RIZA Report 97.051, Lelystad, 58 S.

Anonym (2000) Dredged material debate threatens port of NY. Dredging & Port Construction 27(4): 4.

Anonym (2000a) Umgang mit Kontaminationen in Flusseinzugs- und Überschwemmungsgebieten am Beispiel des Niederungsgebietes „Spittelwasser" Bitterfeld. Umweltbundesamt, Projektträger des BMBF für Abfallwirtschaft und Altlastensanierung. 27 S. Berlin

Anonym (2000b) Case study: Comparison of solutions for a large contamination based on different national policies. With an evaluation by CLARINET / NICOLE. Contaminated Soil 2000. 165 S. FZK/TNO Conference Leipzig

Apak R, Tütem E, Hügül M, Hizal J (1998) Heavy metal cation retention by unconventional sorbents (red muds and fly ashes). Wat Res 32 (2): 430-440.

Arfi R, Guiral D, Bouvy M (1993) Wind induced resuspension in a shallow tropical lagoon. Estuar Coast Shelf Sci 36: 587-604

Azcue JM, Zeman AJ, Förstner U (1998a) International review of application of subaqueous capping techniques for remediation of contaminated sediments. Proc. 3rd Int Congress on Environmental Geotechnics, 7.-11. Sept., Lissabon

Azcue JM, Zeman AJ, Mudroch A, Rosa F, Patterson T (1998b) Assessment of sediments and porewater after one year of subaqueous capping of contaminated sediments in Hamilton Harbour, Canada. Wat Sci Tech 37 (6-7): 323-330.

Bechteler W (Ed) (1986) Transport of Suspended Solids in Open Channels. Proc Euromech 192, Neubiberg, June 11-15, 1985. AA Balkema, Rotterdam.

Bennett JJ, Bridge JS, Best JL (1998) Fluid and sediment dynamics of upper stage plane beds. J Geophys Res 103: 1239-1274

Bergmann H, Schubert B, Heinzelmann CC, Lange J (2000) Neue Handlungsanweisung Baggergut Küste. Hansa 137 (6): S 64.

Boivin M, Simonin O, Squires KD (1998) Direct numerical simulation of turbulence modulation by particles in isotropic turbulence. J Fluid Mech 375: 235-263

Booij K, Sundby B, Helder W (1994) Measuring flux of oxygen to a muddy sediment with a cylindrical microcosm. Neth J Sea Res 32: 1-11

Brunk B, Weber-Shirk M, Jensen-Lavan A, Jirka GH, Lion LW (1996) Modeling natural hydrodynamic systems with a differential-turbulence column. J Hydraulic Engin 122 (7): 373-380.

Buffle J, Leppard GG (1995) Characterization of aquatic colloids and macromolecules. 1. Structure and behaviour of colloidal material. Environ Sci Technol 29: 2169-2175.

Burt H, Fletcher CA (1997) Entsorgung von Baggergut auf See. Hansa 8: 70-75.

Burt H, Dearnaley MP, Fletcher CA, Paipai E (2000) Management of dreged materials – International guidelines. Permanent International Association of Navigation Congresses (PIANC) 104: 39-49.

Cooke GD, Welch EB, Peterson SA, Newroth PR (1993) Restoration and Management of Lakes and Reservoirs (2. Ausgabe). 548 S. Lewis Publishers, Tokyo.

Davis JA, Fuller CC, Cook AD (1987) A model for trace metal sorption processes at the calcite surface: Adsorption of Cd^{2+} and subsequent solid solution formation. Geochim Cosmochim Acta, 51:1477-1490.

De Beer D, Glud A, Epping E, Kühl M (1997) A fast responding CO_2 microelectrode for profiling sediments, microbial mats and biofilms. Limnol Oceanog 43: 1590-1600

De Haar U (1978) Die Arbeit der Senatskommission für Wasserforschung 1957-1977. Senatskommission für Wasserforschung, Mitt. I. Boldt Verlag, Boppard.

De Paolis F, Kukkonen J (1997) Binding of organic pollutants to humic and fulvic acids: Influence of pH and structure of humic material. Chemosphere 34: 1693-1704

Detzner HD, Schramm W, Döring U, □ode W (1998) New Technology of mechanical treatment of dredged material from Hamburg Harbour. Wat Sci Tech 37(6-7): 337-343.

Eisenmann H, Traunspurger W, Meyer E I (1997) Community structure of selected micro- and meiobenthic organisms in sediment chambers from a prealpine river (Necker, Switzerland), In: Bretschko G, Helesic J (Eds) Advances in River Bottom Ecology. pp 155-162. Backhuys Publ., Leiden

Eleder B (1992) Sheboygan river capping/armoring project. Workshop on Contaminated Sediments, 27.-28. Mai 1992, Chicago, USA.

Elsgaard L, Jørgensen BB (1992) Anoxic transformations of radiolabeled hydrogen sulfide in marine and freshwater sediments. Geochim Cosmochim Acta 56: 2425-2435

Evans RD, Wisniewski JR, Wisniewski J (Eds)(1997) The Interactions between Sediments and Water. Proc. 7th Intern. Symposium, Baveno, Italy. 739 p. Kluwer Academic Publ., Dordrecht (Water Air Soil Pollut. 99, 1-4)

Flemming H-C, Wingender J, Mayer C (1999) Physico-chemical interactions in biofilms. In: Keevil C, Holt D, Dow C, Godfree A (Eds) Biofilms in Aquatic Systems. Royal Society of Chemistry, Cambridge

Formica S J, Baron JA, Thibodeaux LJ, Valsaraj KT (1988) PCB transport into lake sediments: conceptual model and laboratory simulation. Environ Sci Tech 22: 1435-1440

Förstner U (1995a) Non-linear release of metals from aquatic sediments. In: Salomons W, Stigliani WM (Eds) Biogeodynamics of Pollutants in Soils and Sediments. pp 247-307. Springer-Verlag, Berlin

Förstner U (1995b) Risk assessment and technological options for contaminated sediments - a geochemical perspective. Mar Freshwater Res 46: 113-127

Förstner U, Gerth J (2001) Methoden zur Erfassung, Bewertung und Prognose der intrinsisch/zeitlich verstärkten Schadstoffrückhaltung in kontaminierten Sedimenten. Begutachteter Antrag zum BMBF-Forschungsschwerpunkt „Kontrollierter natürlicher Rückhalt und Abbau von Schadstoffen bei der Sanierung kontaminierter Böden und Grundwässer (KORA)". Arbeitsbereich Umweltschutztechnik, Technische Universität Hamburg-Harburg

Förstner U, Calmano W, Ahlf W (1999) Sedimente als Schadstoffsenken und -quellen: Gedächtnis, Schutzgut, Zeitbombe, Endlager. In: Frimmel FH (Hrsg) Wasser und Gewässer – Ein Handbuch. S. 249-279. Spektrum-Verlag Heidelberg

Foxwell D (2000) Dishing the dirt. Port Development International 16(9): 33-39.

Friese K, Witter B, Miehlich G, Rode M (Hrsg. 2000) Stoffhaushalt von Auenökosystemen – Böden und Hydrologie, Schadstoffe, Bewertungen, 438 S. Springer Verlag Berlin

Frimmel FH (1995) In: Kobus H, de Haar U (Hrsg.) Perspektiven der Wasserforschung. DFG-Senatskommission für Wasserforschung, Mitt 14, S. 172-181. VCH Weinheim

Furrer R, Hohn S, Salecker M, Donnert D (2001) Auswahl von Barrierematerialien zur Rückhaltung von Phosphor in natürlichen Sedimenten. Wasserchemische Gesellschaft Jahrestagung 2001 Bad Wildungen, 21.-23.5.2001: 283-287.

Gadella JM, Honders A (1998) Modelling of sediment treatment and disposal scenarios in The Netherlands. Wat Sci Tech 37(6-7): 363-369.

Galland J-C, Laurance D, Teisson C (1997) Simulating turbulent vertical exchange of mud with a Reynolds stress model. In: Burt N, Parker R, Watts J (Eds) Cohesive Sediments. pp 439-448. Wiley u. Sons, Chichester.

Gerth J, Förstner U (2001) Methoden zur Erfassung, Bewertung und Prognose der intrinsisch/zeitlich verstärkten Schadstoffrückhaltung in kontaminierten Sedimenten. Antrag zum BMBF-Verbundprogramm „Kontrollierter natürlicher Rückhalt und Abbau von Schadstoffen bei der Sanierung kontaminierter Böden und Grundwässer"

Glud RN, Santegoeds CM, Beer DD, Kohls O, Ramsing NB (1998) Oxygen dynamics at the base of a biofilm studied with planar optodes. Aquat Microbiol Ecol 114: 223-233

Goetz R, Steiner D, Friesel P, Roch K, Walkow F, Maaß V, Reincke H (1996) Dioxin in the River Elbe – investigations of their origin by multivariate statistical methods. Organohalogene Compounds 27: 440-443

Greef O, Glud RN, Gundersen JK, Holby O, Jørgensen BB (1998) A benthic lander for tracer studies in the sea bed: in situ measurements of sulfate reduction. Contin Shelf Res 18: 1581-1594

Guan J, Waite TD, Arnal R (1998) Rapid structure characterization of bacterial aggregates. Environ Sci Technol 32: 3735-3742

Gust G, Müller V (1997) Interfacial hydrodynamics and entrainment functions of currently used erosion devices. In: Burt N, Parker R, Watts J (Eds) Cohesive Sediments. pp 149-174. Wiley u. Sons, Chichester

Haag I, Kern U, Westrich B (1999) Kombinierte Bewertung kontaminierter Gewässersedimente: Tiefenabhängige Messung von Erosionsrisiko und Sedimentqualität. Wasser u. Boden 51(5): 42-47

Hartley AM, House WH, Leadbeater BSC, Callow ME (1996) The use of micro-electrodes to study the precipitation of calcite upon algal biofilms. J Colloid Interface Sci. 89: 267-272

Hartmann S (1997) Entwicklung einer Strategie zur in situ-Ermittlung der kritischen Erosionsgeschwindigkeit. Mitteilung des Instituts für Wasserwesen, Heft 60, Universität der Bundeswehr München

Heinz B (1997) Die rechtliche Behandlung von Baggergut aus Bundeswasserstraßen. Kurzfassung des Vortrags anl. Workshop „Sedimentationsprobleme in Gewässern" am 6./7. Oktober 1997 in Stuttgart

Heinzelmann C (2000) Wirtschaftlicher und umweltverträglicher Umgang mit Baggergut aus Bundeswasserstraßen. Wasserwirtschaft 90: 521.

Hennies K (1997) Biogeochemische Prozeßuntersuchungen zum Transportverhalten von Spurenelementen in der Tide-Elbe. Dissertation an der Technischen Universität Hamburg-Harburg

Hensen C, Landenberger H, Zabel M, Schulz HD (1998) Quantification of diffusive benthic fluxes of nitrate, phosphate, and silicate in the southern Atlantic Ocean. Global Biogeochem Cycles 12: 193-210

Héquet V, Ricou P, Lecuyer I, Le Cloirec P (2001) Removal of Cu2+ and Zn2+ in aqueous solutions by sorption onto mixed fly ash. Fuel 80(6): 851-856.

Hess F, Müller U, Worch E (1997) Untersuchungen zum Einfluß der Adsorbierbarkeit natürlicher organischer Substanzen auf die konkurrierende Adsorption mit Spurenstoffen. Vom Wasser 88: 71-86

Hesse CH, Tory EM (1996) The stochastics of sedimentation. Adv Fluid Mech 7: 199-240

Holmes DA (1994) Zeolites. In: Carr DD (ed): Industrial Minerals and Rocks. Littleton Society for Mining, Metallurgy and Exploration (SMME)

Hong J (1995) Characteristics and Mobilization of Heavy Metals in Anoxic Sediments of the Elbe River during Resuspension/Oxidation. Dissertation an der Technischen Universität Hamburg-Harburg

Huettel M, Gust G (1992) Impact of bioroughness on interfacial solute exchange om permeable sediments. Mar Ecol Prog Ser 89: 253-267

Huettel M, Ziebis W, Forster S, Luther GW (1998) Advective transport affecting metal and nutrient distribution and interfacial fluxes in permeable sediments. Geochim Cosmochim Acta 62: 613-631

Humann K (1995) Der Einfluß des Mikrophytobenthos auf die Sedimentstabilität und die Schwebstoffbildung aus Sedimenten im Elbe-Ästuar. Dissertation an der Universität Hamburg.

Hupfer M, Gächter R, Ruegger H (1995) Poly-P in lake sediments. ^{31}P NMR spectroscopy as a tool for its identification. Limnol Oceanogr 40: 610-617

Instanes D (1994) Pollution control of a Norwegian fjord by use of geotextiles. 5th Int Conf on Geotextiles, Geomembranes and Related Products. 5.-9. Sept., Singapur.

Jacobs PH (2000) The use of natural zeolites in active barrier systems for subaqueous in-situ capping of contaminated sediments: impact of cation exchange equilibria and kinetics. In: Contaminated Soil 2000: 7th Int FZK/TNO-Conf. on Contaminated Soils. Thomas Telford, London.

Jacobs PH (2002) A new rechargeable dialysis sampler for monitoring subaqeus in-situ sediment caps. Wat Res 36(13):

Jacobs PH, Förstner U (1999) Concept of subaqueous in-situ capping of contaminated sediments with active barrier systems (ABS) using natural and modified zeolites. Wat Res 33(9): 2083-2087.

Jacobs PH, Förstner U, Prestel H, Nießner R (2001) On-site Porenwasser-Probenahme und Schwermetall-Analytik mittels Kopplung von Dialyseprobenahme und laserinduzierter Fluoreszensspektroskopie: Feldstudie Vollert-Süd. Wasserchemische Gesellschaft, Jahrestagung 2001 Bad Wildungen, 21.-23.5.2001: S. 455-461.

Jensen A, Brunk B, Jirka GH, Lion LW (1999) Modeling entrainment and non-cohesive flux in an estuarine water column, J Environ Eng 125

Jinadasa KBPN, Dissanayake CB, Weerasooriya SVR (1995) Sorption of toxic metals on goethite: Study of cadmium, lead and chromium. Int J Environ Studies 48: 7-16.

Johnson AA, Tezduyar TE (1997) 3D simulation of fluid-particle interactions with the number of particles reaching 100. Comput. Meth Appl Mech Eng 145: 301-321

Jørgensen BB (1994) Diffusion processes and boundary layer processes in microbial mats. In: Stal LJ, Caumette P (Eds) Microbial Mats, Structure, Development and Environmental Significance. pp 243-253. Springer-Verlag, Berlin

Kalthoff W, Schwarzer S, Herrmann H (1997) An algorithm for the simulation of particulate suspensions with intertia effects. Phys. Rev. E.

Kausch H, Michaelis W (Eds)(1996) Suspended Particulate Matter in Rivers and Estuaries. Advances in Limnology 47, 573 p. Schweizerbart'sche Verlagsbuchhandlung (Nägele u. Obermiller), Stuttgart

Kennedy RH, Cooke GD (1982) Control of lake phosphorous with aluminum sulfate: dose determination and application techniques. Water Res Bull 18(3):389-395.

Kern U (1997) Transport von Schweb- und Schadstoffen in staugeregelten Fließgewässern am Beispiel des Neckars. Mitteilungen des Instituts für Wasserbau, Universität Stuttgart Heft 93, 209 S.

Kern U, Haag I, Holzwarth M, Westrich B (1999) Ein Strömungskanal zur Ermittlung der tiefenabhängigen Erosionsstabilität von Gewässersedimenten: das SETEG-System. Wasserwirtschaft 89(2): 72-77

Kerner M, Yassiri S (1997) Utilization of phytoplankton in seston aggregates from the Elbe Estuary, Germany, during early degradation processes. Mar Ecol Prog Ser 158: 87-102

Kerner M, Spitzy A (1999) Nitrate regeneration coupled to degradation of different size fractions of DON by the picoplankton in the Elbe Estuary. Mar. Ecol. Prog. Ser.

Khalili A, Basu A, Pietrzyk J, Jørgensen BB (1999) Advective transport through permeable sediments: A new numerical and experimental approach. Acta Mechanica 132: 221-227.

Kies L (1995) Algal snow and the contribution of algae to suspended particulate matter in the Elbe Estuary. In: Wiessner W, Schnepf E, Starr R (Eds) Algae, Environment and Human Affairs. pp 93-121. Biopress, Bristol.

Köthe HF (1995) Legislative framework and technological improvement for the management of contaminated dredged material (CDM) in Germany. In: Roeters PB, Stokman GNM (Hrsg.) POSW - remediation of contaminated sediments. Satellite Seminar, 5th Intern. FZK/TNO-Conference on Contaminated Soil. S. 33-42.

Koschel R, Benndorf J, Proft G, Recknagel F (1983) Calcite precipitation as a natural control mechanism of eutrophication. Arch Hydrobiol 98: 380-408.

Kühl M, Lassen C, Revsbech NP (1997) A simple light meter for measurements of PAR (400 to 700 nm) with fiberoptic microprobes: application for P vs E_0 (PAR) measurements in a microbial mat. Aquat Microbial Ecol 13: 197-207

Kühl M, Steuckart C, Eickert G, Jeroschewski P (1999) A H_2S microsensor for profiling biofilms and sediments: Application in an acidic lake sediment. Aquatic Microbial Ecol 15: 201-209

Kulik DA, Kersten M (1998) Thermodynamik modelling of heterogenous sorption of trace metals onto synthetic and natural non-stoichiometric Mn oxides. Mineral Mag 62A: 826-827

Laor Y, Farmer WF, Aochi Y, Strom PF (1998) Phenanthrene binding and sorption to dissolved and to mineral-associated humic acid. Water Res 32: 1923-1931

Lick W, Lick J, Ziegler CK (1992) Flocculation and its effect on the vertical transport of fine-grained sediments. In: Hart BT, Sly PG (eds.) Sediment/Water Interactions V, S. 1-16, Kluwer Academic Publ., Dordrecht

Ling W, Chung JN, Troutt TR, Crowe CT (1998) Direct numerical simulation of a three-dimensional temporal mixing layer with particle dispersion. J Fluid Mech 358: 61-85

Luther GW III, Ferdelman TG, Kostka JE, Tsamakis EJ, Church TM (1991) Temporal and spatial variability of reduced sulfur species (FeS_2, $S_2O_3^{2-}$) and porewater parameters in salt marsh sediments. Biogeochem. 14: 57-88.

Luther G, Kupczik G, Böttcher H, Fulfs H, Niemeyer B, Schulze-Erfurt W, Witte VC (1997) Remediation of sediment fractions by the ASRA-DEMI-process (a new mechanical physical treatment technology for contaminated silt). In: Intern Conf Contaminated Sediments, Rotterdam 7-11 Sept. 1997. Preprints Vol. I, S. 300-307

Lyn DA, Stamon A, Rodi W (1992) Density currents and shear-induced flocculation in sedimentation tanks. J Hydraulic Engin 118: 849-867

Malcherek A (1995) Mathematische Modellierung von Strömungen und Stofftransportprozessen in Ästuaren. Dissertation am Institut für Strömungsmechanik und Elektronisches Rechnen im Bauwesen, Universität Hannover; Bericht Nr. 44

Manceau A, Boisset MC, Sarret G, Hazemann JL, Mench M, Cambier P, Prost R (1996) Direct determination of lead speciation in contaminated soils by EXAFS spetroscopy. Environ Sci Technol 30: 1540-1552.

Martin N, Schuster I, Peiffer S (1996) Two experimental methods to determine the speciation of Cadmium in sediment from the river Neckar. Hydrochim Hydrobiol Acta 24: 68-76.

Meyercordt J, Meyer-Reil L-A (1999) Primary production of benthic microalgae in two shallow coastal lagoons of different trophic status in the southern Baltic Sea. Mar Ecol Prog Ser 178: 179-191

Meyer-Reil L-A (1994) Microbial life in sedimentary biofilm – the challenge to microbial ecologists. Mar Ecol Prog Ser 112: 303-311

Meyer-Reil L-A (1996) Ökologie mikrobieller Biofilme. In: Lemmer H, Griebe T, H-C Flemming (Hrsg) Ökologie der Abwasserorganismen. S. 25-42. Springer-Verlag, Berlin

Michels KH, Healey TR (1999) Evaluation of an inner shelf site off Tauranga Harbour, New Zealand, for disposal of muddy-sandy dredged sediments. J Coastal Res 15(3): 830-838.

Miehlich G (1987) Substratgenese und Systematik von Böden der Hamburger Flußmarsch. Mitt Dtsch Bodenkdl Ges 55/II: 801-803

Müller A, Wessels M (1999) The flood in the Odra River 1997 – Impact of suspended solids on water quality. Acta hydrochim hydrobiol 27:316-320

Müller I, Pluquet E (1998) Immobilzation of heavy metals in sediment dredged from a seaport by iron bearing materials. Wat Sci Tech 37(6-7): 379-386.

Murphy T, Brouwer H, Moller A, Fox M, Jeffries D, Thachuk J, Savile H, und Don H (1993) Preliminary analysis of in situ bioremediation in Hamilton Harbour. In: Proc. of Workshop on the Removal and Treatment of Contaminated Sediments. Environment Canada, Toronto, Ontario.

Naegeli MW, Hartmann U, Meyer EI, Uehlinger U (1995) POM-dynamics and community respiration in the sediments of a floodprone prealpine river (Necker, Switzerland). Arch Hydrobiol 133: 339-347.

Neudörfer F, Meyer-Reil L-A (1997) A microbial biosensor for the microscale measurement of bioavailable organic carbon in oxic sediments. Mar Ecol Prog Ser 147: 295-300.

Neumann-Hensel H, Ahlf W (1995) Fate and effect of copper and cadmium in a sediment-water system, and effect on chitin degrading bacteria. Acta Hydrochim Hydrobiol 23: 72-75.

Nijssen JPJ, Zwakhals JW, Ammerlaan RA, Berger GW (1998) Monitoring environmental effects in The Slufter, a disposal site for contaminated sludge. Wat Sci Tech 37(6-7): 425-433.

Onishi Y (1981) Sediment-contaminant transport model. Amer.Soc Civ Eng J Hydr Div 107: 1089-1107

Palermo M, Maynord S, Miller J, Reible D (1998) Guidance for in-situ subaqueous capping of contaminated sediments. EPA 905-B96-004, Great Lakes National Program Office, Chicago.

Peiffer S (1997) Umweltgeochemische Bedeutung der Bildung und Oxidation von Pyrit in Gewässersedimenten. Bayreuther Forum Ökologie, Band 47, 98 S. Univ. Bayreuth

Pequegnat RV, Gallaway BJ. Wright TD (1990) Revised procedural guide for designation survey of ocean dredged material sites. Technical report D-90-8, US Army Engineer Waterways Experiment Station, Vicksburg.

Petersen W, Willer E, Willamowski C (1997) Remobilization of trace elements from polluted anoxic sediments after resuspension in oxic water. Water Air Soil Pollut 99: 515-522

Pusch M, Schwoerbel J (1994) Community respiration in hyporheic sediments of a mountain stream (Steina, Black Forest). Arch Hydrobiol 130: 35-52.

Pusch M, Fiebig D, Brettar I, Eisenmann H, Ellis BK, Kaplan LA, Lock MA, Naegeli MW, Traunspurger W (1998) The role of micro-organisms in the ecological connectivity of running waters. Freshwater Biol 40: 453-494.

Ritzrau W (1994) Labor- und Felduntersuchungen zur heterotrophen Aktivität in der Bodennepheloidschicht. Ber SFB 313, Universität Kiel Nr. 47, 99 S.

Rolinski S (1997) Zur Schwebstoffdynamik in der Tide-Elbe - numerische Simulation mit einem Lagrangeschen Verfahren. Dissertation an der Universität Hamburg, Ber Zentr Meeres- u. Klimaforschung 25, 117 S.

Ruby MV, A Davis, Nicholson A (1994) In situ formation of lead phosphates in soils as a method to immobilise lead. Environ Sci Technol 28: 646-654.

Rutherford JC, Boyle JD, Elliott AH, Hatherell TVJ, Chiu TW (1995) Modelling benthic oxygen uptake by pumping. J Environ Eng ASCE 121: 84-95.

Sagemann J, Skowronek F, Dahmke A, Schulz HD (1996) Pore-water response on seasonal environmental changes in intertidal sediments of the Weser Estuary, Germany. Environ Geol 27: 362-369

Salomons W (1993) Non-linear and delayed responses of toxic chemicals in the environment. In: Arendt F, Annokée GJ, Bosman R, van den Brink WJ (Eds) Contaminated Soil '93. pp 225-238. Kluwer Academic Publ., Dordrecht.

Savage C (1986) Chicago Area CDF Synthetic Liner and Sand Blanket Experience. In: A Forum to Review Confined Disposal Facilities for Dredged Materials in the Great Lakes, Bericht des Dredging Subcommittee to the Great Lakes Water Quality Board, International Joint Commission, Windsor, Ontario.

Schuster J, Miehlich G (1989) Tideabhängige Konzentrationsveränderungen in Prielwässern als Ausdruck von Austauschvorgängen zwischen Vordeichsland und Elbeästuar, Mitt Dtsch Bodenkdl Ges 59/I: 483-488

Seidel H, Ondruschka J, Morgenstern P, Stottmeister U (1997) Bioleaching of heavy metals from contaminated aquatic sediments using indigenous sulfur-oxidizing bacteria: A feasibility study. In: Intern Conf Contaminated Sediments, Rotterdam 7-11 Sept. 1997. Preprints Vol. I, S. 420-427

Sills GC (1997) Consolidation of cohesive sediments in settling columns. In: Burt N, Parker R, Watts J (Eds) Cohesive Sediments. pp 107-120. Wiley u. Sons, Chichester

Sloth NP, Riemann B, Nielsen LP, Blackburn TH (1996) Resilience of pelagic and benthic microbial communities to sediment resuspension in a coastal ecosystem, Knebel Vig, Denmark. Estuar. Coast. Shelf Sci. 42: 405-415.

Song Y, Müller G (1999) Sediment-Water Interactions in Anoxic Freshwater Sediments. Lecture Notes in Earth Sciences 81, 111 p. Springer Verlag Berlin.

Späth R, Flemming H-C, Wuertz S (1998) Sorption properties of biofilms. Water Sci Technol 37: 207-210

Spork V (1997): Erosionsverhalten feiner Sedimente und ihre biogene Stabilisierung. Mitt Institut für Wasserbau und Wasserwirtschaft. RWTH Aachen, H. 114.

Stansbury J, Bogardi I und Stakhiv EZ (1999) Risk-cost optimization under uncertainty for dredged material disposal. J Water Resources Planning and Management 125(6): 342-351.

Stigliani WM (1991) Chemical Time Bombs: Definition, Concepts, and Examples. Executive Report 16 (CTB Basic Document). IIASA Laxenburg

Stumm W, Morgan JJ (1996) Aquatic Chemistry. 3. Aufl., 1022 S., Wiley.

Sullivan N (2000) Sea disposal of dreged material in the UK. Dredging & Port Construction 27(2): 19.

Sumeri A (1995) Dredging is not a spoil – a status on the use of dredged material in Puget Sound to isolate contaminated sediments. 14th World Dredging Congress, Amsterdam, Niederlande.

Suzuki Y, Takeuchi Y (1994) Uptake of a few divalent heavy metal ionic species by a fixed bed of hydroxyapatite particles. J Chem Engineer Japan 27: 571-576.

Thamdrup B, Fossing H, Jørgensen BB (1994) Manganese, iron, and sulfur cycling in a coastal marine sediment, Aarhus Bay, Denmark. Geochim Cosmochim Acta 58: 5115-5129.

Virta RL (1999) Zeolites. USGS Mineral Yearbook, United States Geological Survey, Minerals Information. Reston (VA) USA

Westrich B (1988) Fluvialer Feststofftransport - Auswirkung auf die Morphologie und Bedeutung für die Gewässergüte. Schriftenreihe gwf Wasser-Abwasser Band 22, 173 S. R. Oldenbourg Verlag München Wien.

Westrich B, Kern U (1996) Mobilität von Schadstoffen in den Sedimenten staugeregelter Flüsse - Naturversuche in der Stauhaltung Lauffen, Modellierung und Abschätzung des Remobilisierungsrisikos kontaminierter Altsedimente. Abschlußbericht Nr. 96/23, 186 S. Institut für Wasserbau, Universität Stuttgart.

Wiltshire K, Tolhurst T, Paterson DM, Davidson I, Gust G (1998) Pigment fingerprints as markers of erosion and changes in cohesive sediment surface properties in simulated and natural erosion events. In: Black KS, Paterson DM, Cramp A (eds) Sedimentary Processes in the Intertidal Zone. Geological Society, London, Spec. Publ. 139: 99-114

Witek Z et al. (1997) Phytoplankton primary production and ist utilization by pelagic community in the coastal zone of the Gulf of Gdansk (southern Baltic). Mar Ecol Prog Ser 148: 169-186

Witte G, Kühl H (1996) Facilities for sedimentation and erosion measurements. In: Kausch H, Michaelis W (Eds) Particulate Matter in River and Estuaries. Arch Hydrobiol, Spec. Issues Advanc. Limnol. 47: 121-125.

Wollschläger A (1996) Ein Random-Walk-Modell für Schwermetallpartikel in natürlichen Gewässern. Dissertation am Institut für Strömungsmechanik und Elektronisches Rechnen im Bauwesen, Universität Hannover, Bericht Nr. 49.

Wolska L et al. (1999) Evaluation of pollution degree of the Odra Basin with organic compounds after the 1997 summer flood – general comments. Acta hydrochim hydrobiol 27: 343-349

Zeman AJ (1994) Subaqueous capping of very soft contaminated sediments. - Canadian Geotech. J 31(4): 570-576.

Ziebis W, Huettel M, Forster S (1996) Impact of biogenic sediment topography on oxygen fluxes in permeable seabeds. Mar Ecol Prog Ser 140: 227-237

Zimmer M, Ahlf W (1994) Erarbeitung von Kriterien zur Ableitung von Qualitätszielen für Sedimente und Schwebstoffe - Literaturstudie. UBA-Texte 69/94. 307 S. Umweltbundesamt Berlin

Sachverzeichnis

Abbau 29, 43, 48, 57, 59, 60, 65, 132, 187, 189, 246, 257, 258, 276, 298, 358
Abdeckung 51, 295, 308, 318, 319, 326, 328
Abdichtung 2, 308
Abfallablagerungsverordnung 1, 274, 275
Abfallgesetz 48, 274
Abfallpyrolyse 122
Abfallschwefelsäure 9
Abfallvermeidung 99, 275
Abgase 106, 122
Ablagerungskriterien 273
Abraum 102, 103
Absetzanlage 317, 328
Absorption 151
Adsorberwand 244
Adsorption 27, 53
Adsorptionsenergie 156
Adsorptionsisotherme 60
Adsorptionskapazität 33, 96
Adsorptionspozential 156
Adsorptionszeit 93
Advektion 60, 178, 179
Aerosol 46
Agenda 21 11
Aggregatbildung 129, 335
Akkumulation 10, 24, 47, 56
Aktives Barriere-System 117, 247, 351
Aktivitätskoeffizient 163
Aktivkohle 170, 244
Aktivkoksfilter 109
Alkalienzugabe 319, 325
Alkalinitätsfreisetzung 316
Alkalisierung 250

Alkylierung 70
Altbergbau 125
Alterungseffekte 50, 91, 92
Altlasten 51, 98, 109, 119, 330
Altreifen 109
Altstandorte 257
Aluminium 62, 287, 353
Alumosilikate 355
AMD (acid mine drainage) 299
Ammonium 84, 114, 258
Anionenaustauschkapazität 22
Anthropogenes Lager 100
Apatit 352
Arsen 49, 256, 263-268
Asbest 46
Asphalt 254, 308
Atmungsmessung 278
Auenböden 253
Aufbereitung 108, 302, 328
Auffüllprinzip 256
Auflösung 70, 289
Aufsättigung 259, 260
Aufschlämmung 130
Aufwirbelung 251
Ausbreitung 48, 52, 61, 81
Aushubmaterial 112
Auskiesung 111
Auslaugung 291, 297
Ausregnung 53
äußere Umwelt 44, 54, 55, 66, 103
Austauschkapazität 21, 355
Austauschprozesse 16, 61
Auswaschung 291, 294
AVS = acid volatile sulfide 85, 86, 98
Azidität 301, 311, 325

Sachverzeichnis

Baggergut 1, 8, 17, 25, 62, 85, 114, 117, 119, 253, 254, 331, 338, 343, 344
Baggergutspülfeld 38
Bakterien 50, 55, 81, 299, 301
Bakterizide 311
Barrieren 1, 3, 18, 31, 55, 126, 127
Basisabdichtung 10, 67, 318
Batterie-Recycling 65
Bauhilfsstoffe 254
Baureststoffe 53
Bauschutt 246, 254, 259, 270, 272
Baustoffe 106, 108, 123, 254, 343
Bauxit 353
Bauxsol™ 354
Belüftung 289, 298
Bentonitmatte 308
Benzinadditive 69
Benzol 256
Bepflanzung 282, 324
Beprobung 257, 262
Beregnung 264-268
Bergbauabfälle 18, 55, 62, 71, 99, 107, 116, 119, 307
Bergbaualtlasten 44, 302, 307
Bergbaurestseen 83, 250
Bergehalden 20, 38, 84, 308, 312, 316, 318, 327
Bergversatz 254
BET-Sorptionsisotherme 154
Beton 109, 254, 297, 308, 320
Bevorzugte Fließwege 280, 296, 310, 311, 319
Bewehrung 351
Bewuchsgestaltung 327
Bindemittel 86, 117, 270, 320
Bindungskapazität 91, 257, 272
Bioakkumulation 56, 60, 348
Biofilme 333, 334
Biogas 55
biogeochemische Barriere 26
biogeochemische Kreisläufe 3
Biokolloide 81
biologische Laugung 121, 131
Biomasse 43, 316
Biomethylation 18
Bioreaktor 281
Biosensor 333
Biotransformation 43
Bioturbation 111
Bioverfügbarkeit 83, 92, 97, 98, 340, 358

Biozide 45
Bitumen 162
Black carbon 162
Blei 266, 267, 268
Bodenaushub 254
Bodenbehandlungsanlage 254
Bodensättigungsextrakt 258, 260, 268
Bodenschutzgesetz 243
Bodenstruktur 22, 50, 87, 272
Bohrerkundung 322, 323
Bound residues 34
Branntkalk 250, 311, 325
Braunkohle 329, 339
Braunkohlenfilterasche 320
Braunkohlerestseen 250
Braunkohleverbrennung 117, 118
Brei-Test 304, 327
Bruchglas 286
Buhnenfelder 253, 330
Bundes-Bodenschutz- und Altlastenverordnung (BBodSchV) 221, 246, 255
Bundeswasserstraßengesetz 359

Cadmium 253, 256
Calcit 84, 115, 286, 292, 295, 353
Calcium-Aluminium-Silikat-Hydrat (CASH)-Phasen 37, 118, 286, 294
Capping (= Abdeckung) 131, 344
Carbonat 263, 265
Cellulose 278
Chabasit 355
Chelatbildner 83
Chemical Time Bomb 67, 89, 96
Chemodynamik 59
Chloride 62, 271, 294
Chlorokomplexe 83
Chrom 256, 263-268
Clean technologies 48
Clinoptilolith 355
Co-disposal 313
Coprostanol 78
Cyanid 256

Dämme 301, 328
Dämmschicht 323
Dampfdruck 58, 60
DDT 256
Deaktivierung 51
Dehalogenierung 244
Deklarationsanalyse 127

Demobilisierung 110, 300
Deponie 62, 84, 106, 273, 275, 360
Deponieabdichtung 5
Deponieauflager 33
Deponiebrände 276
Deponiegas 2, 274
Deponieklassen 253, 284
Deponienachsorgephase 279
Deponiesickerwässer 19, 29, 39, 63, 273
Deponie-Simulationsreaktor (DSR) 279
Deponieuntergrund 19, 29
Desorption 85
Desorptionskinetik 171, 192
DEV S4-Test 359
Diagenese 2, 41, 86, 93, 247
Dialyseprobenehmer 355
Dichtetrennung 103, 122
Dichtungssysteme 114, 282
Dichtwände 51
Diesel 207
Diffusion 33, 59 60, 91, 94, 194, 260, 261, 338
Diffusionskoeffizient 173, 198, 214, 218
diffusionskontrollierte Desorption 214, 224
Dioxinkongenere 339
Dirac-Puls 185
Dispersion 59, 60, 179, 251
Dispersionskoeffizient 181, 210
Dispersivität, transversal und vertikal 212
Distributed Reactivity Model 168
Dolomit 319
Doppelfilm-Diffusionsmodell 208
Downcycling 12, 40, 297
Drainagesysteme 311, 329
Dreistufenanalytik 49, 63
Druck-/Saugbelüftung 276
Druckinjektion 312
Drucklaugung 104
Dual Mode Sorption 168
Dubinin-Polanyi-Manes Model (DPM) 157
Düngemittel 45, 55, 59, 62
Durchlässigkeit 32, 131
Durchläuferphasen 286
Durchströmung 130, 270
Durchwurzelung 309

Eigenkonsolidation 336
Eingangskontrolle 298
Einkapselung 9, 10, 308
Einstau 316
Einzugsgebiet 251
Eis 70
Eisen(0) [Fe^0] 283, 353
Eisenhydroxide 37, 94, 287, 293, 353, 354
Eisenkarbonat 30
Eisenphosphat 312
Eisensulfid 30, 67, 84
elektrische Leitfähigkeit 266-268
Elektrolyse 120
Elektronenakzeptoren, intrinsisch 187, 189, 190
Elektronendonatoren 189
Elektrosortierung 103
Eluat 50, 91, 247, 266
Elution 259, 263
Elutionstests 116, 127, 130, 297
Emissionsgrenzwerte 47
Endlager-Konzept 1, 35, 36, 40, 275, 296
Energieaufwand 42, 123
Entgiftungsmechanismen 50
Entnahmesonde 257
Entschlacker 286
Entsorgung 40, 77, 327
Entwässerungsstollen 315
EPS (extrazelluläre polymere Substanzen 334
Erdbauwerk 316
Erdkrustenmaterial 36, 73
Erfolgskontrolle 49, 318
Erholungsnutzung 316
Erkundungsarbeiten 320
Erosion 17, 43, 112, 252
Erosionsrisiko 22, 251, 330
Erosionsschubspannung 332
Erosionstest 332, 337
Erzaufbereitung 65, 317
Erzbergbau 64, 75, 99, 100, 126, 315
Erzmineralabfälle 100
Ettringit 10, 118, 286
EU-Deponierichtlinie 275
EU-Wasserrahmenrichtlinie 339
Exposition 50, 95, 329
Extraktion 51, 93, 94, 103, 123, 132, 249, 297

Fällung 27, 43, 53, 83, 93, 103, 119, 131
Feinkörnigkeit 53
Feinpartikeltransport 331
Feststoff/Lösungsmittel-Verhältnis 86, 98, 298
Fettlöslichkeit 56
Feuchtgebiete 307, 312
Filtergeschwindigkeit 178
Filterstäube 123, 284
Fischnährtiere 250
Flächenrecycling 98
Fließgrenze 259
Flockung 119
Flotation 103
Flugasche 10, 108, 114, 117, 118, 352, 354
Flushing bioreactor-Konzept 276
Flussauen 338
Flusseinzugsgebietsmanagement 249, 250, 331
Flusskläranlage 253
Flusssohle 332
Flussstauseen 253, 330
Flutereignisse 338
Flutung 250, 307, 313, 315, 319, 320
Flutungswasserqualität 314, 321, 329
Flutungswasserspiegel 314, 321, 323
Folgenutzung 326
Fourier-Zahl 174, 176
Freiwasserlamelle 308
Fremdwasserflutung 316
Freundlich-Sorptionsisotherme 153
Frostschutzschicht 327
Frost-Tau-Wechsel 305, 309
Frühwarnindikatoren 68, 126
Fugazität 59
Füllmaterialien 244

Galvanotechnik 52, 65, 69, 76
Gangart 102
Gärtest 279
Gas/Wasser-Lösungsgleichgewicht 269
Gasbildung 267, 278, 281, 298, 322, 350
Gasreinigung 277
Gastransport 322
Gasverbrennung 277
Gaswerksstandort 65, 244
Gefährdungsabschätzung 49, 89, 96, 243, 247, 256

Gefahrstoffverordnung 57
Gefügeverdichtung 118
Gekoppelte Systemfaktoren 99
Geoakkumulation 59, 60, 79
geochemische Barriere 27, 326
geogene Hintergrundbelastung 95
Geokatalyse 10
Geologische Barriere 31, 33, 296
Geomaterialien 41, 46
Geomembran 350
Geopolymere 160
geostatistische Methoden 322, 323
Geotextil 351
Gerbereistandort 244, 263
Geringfügigkeitsschwelle 256, 266, 271
Geringleiter 218
Gerüche 276
Gewährleistung 326
Gewässergütewirtschaft 74, 244, 250, 357
Gewässermorphologie 330
Gewebefilter 105
Gießereisand 108
Gips 36, 106, 118, 291, 301, 310
Glasverwitterung 295
Glaukonit 354
Glühverlust 247
Goethit 94, 301
GPS-Navigation 348
Granulat 297
Grenzschichtdicke 212
Grenzschichtkammer 337
Grubenflutung 321
Grubengebäude 253, 314, 317, 318, 320, 321
Grubenwässer 314, 320, 329
Grundstoffindustrie 12, 13, 53
Grundwasser 46, 58, 60, 67, 90, 244, 258, 328, 343, 359
Grundwassergängigkeit 3, 58, 61
Grundwasserneubildung 258, 260, 264, 316

Halbwertszeit 56, 59
Halden 299, 301, 311, 312, 313, 317, 318, 321, 325
Haldensanierung 321
Haldensickerwasser 301, 311, 318, 321, 325
Hämatit 28, 105
Hardpan-Bildung 309

Härtebildner 310
Hintergrundkonzentration 272
Hochofenschlacke 109, 122
Hochtemperaturverfahren 273, 283, 297
Holzabfälle 309
Holzkohle 162
Humussubstanzen 36, 45, 96, 160, 261, 278, 281
Hüttensand 108
hydraulische Barriere 350
hydrologische Bilanz 87
Hydrolyse 58-60, 84
hydrophobe Bindung 152
Hydrozyklon 123
Hygienisierung 284
Hysterese 91, 153, 221, 226

Immissionsgrenzwerte 47
Immobilisierung 1, 10, 94, 110, 117, 313
Index der Geoakkumulation 80
industrielle Abfallbeseitigung 51, 352
Inertisierung 247, 274, 312
Inertmaterial 2, 118, 131, 283
Infiltration 62, 308, 309, 313, 327
Ingenieurökologie 250
Injektionstechniken 9, 254, 311, 329, 346
Inkohlung 160, 161
Inkubations-Experimente 334
Innenraumbelastungen 46
Innere Barriere 37
Inseldepot 111
in-situ-Abdeckung 345
in-situ-Belüftung 276, 282
in-situ-Immobilisierung 315
in-situ-Kalkung 320
in-situ-Reaktor 315
in-situ-Stabilisierung 132, 299
in-situ-Verwahrung 319
Intensivrotte 278
Intensivversauerung 63
Interventionsmaßnahme 301
Intrapartikel-Diffusionskoeffizient 216
Inventaranalyse 274
Ionenaustausch 53, 96
Irreversibilität 94
Irrigation 311
Isolierung 328, 329
Isotopenmessungen 68

Jarosit 10, 21, 104, 301

Kalk 114, 311, 314
Kalkungsmaßnahme 90, 307
Kaolinit 354
kapazitative Eigenschaften 63, 126
Kapillarsperrenprinzip 308
Karbonate 20, 28, 37, 280, 302, 318
Karbonatfällung 85
Karbonatisierung 287, 290
Karbonatlösung 39, 294
Karbonatpuffer 21, 37, 62, 295, 296
Katalysator 52, 102
Kationenaustauschkapazität 22
Kaverne 113
Keramik 286
Kerogen 162
Kesselasche 284
Kippenmassiv 316
Klärschlamm 62, 66, 309, 357
Klimawechsel 87
Klinker 109, 297
Kluftgrundwasserleiter 119
K_{oc} (*organic carbon*) 164
Kohle 160, 161
Kohlebergbau 304, 312
Kohlekraftwerke 109
Kohlensäure 84
Kokereien 65
Kolloide 18, 81, 98, 335
Kolonnentest 305, 322, 326
K_{om} (*organic matter*) 163
Kompaktion 93
Komplexierung 18, 89, 123, 281
Kompost 55, 309
Kondensat 121
Konditionierung 3, 23, 130
Konkurrenzeffekte 84, 85, 98, 315
Konsolidierung 112, 332
Kontaktgrundwasser 256
Kontaktzeit 95, 259, 267
Kontaminationsfaktor 67
konvektiver Schadstofftransport 33
Korngröße 92, 302
Korrosion 293
Kosmetika 46
Kosolventen 191, 228
Kosten-Nutzen-Analysen 308
Kraftwerksaschen 311
Kreislaufwirtschafts- und Abfallgesetz 48, 247, 359

Kristallisation 53
Kristallstruktur 110, 116, 131
künstliche Schlickinsel 112
Kunststoffe 108, 278
Kupfergewinnung 102
Kupolofentechnik 283
Kurzschlussströmung 322

LAGA-Merkblätter 248, 287
Langmuir-Sorptionsisotherme 154
Langzeiteffekte 18, 37, 113, 114, 118, 126, 130, 244, 247, 248, 273, 279, 297, 315, 323
Langzeitprognosen 1, 4, 38, 86, 96, 98, 127, 244, 282, 305
Langzeitstabilisierung 24, 127, 297
Laugung 103, 104
Leckagen 62
Lederindustrie 69
Legierungsphasen 286
leichtflüchtige halogenierte Kohlenwasserstoffe (LHKW) 82, 213, 256
Lipophilität 58
Lithologie 325, 336
Löslichkeit 34, 83, 117, 202, 298
Lösungskinetik 197, 201, 209, 295
Lösungsreaktionen 83
Lösungstransport 43
Lösungsvermittler 228
Luftabsaugung 276
Lysimeter 260, 289, 291

Maceralgruppen 161
Magnetabscheidung 103
Makro-Ummantelung 33
Massenabfälle 3, 8, 98, 274
Materialklassifizierung 247, 323, 325
Matrixdiffusion 91
Matrixkapazität 97
Mechanisch-biologische Vorbehandlung (MBV) 273, 277
mechanische Abtrennung 359
medienübergreifender Transport 66
Mehrkammernsystem 84, 98
Metallerzkonzentrat 103
metallisches Eisen (Fe^0) 315, 329
Metallrückgewinnung 10
Metallschmelze 284
Metallsulfide 20, 38, 314, 315
Metallverarbeitung 52
METHA-Anlage 346, 359

Methangas 29, 280, 350
Micro-encapsulation 312
Migration 246, 251, 306, 314, 315, 319
mikrobielle Stoffumsätze 22, 244, 269, 294, 337
Mikroemulsionen 81
Mikrogefüge 33, 129
Mikroorganismen 50, 89, 92, 290, 333
Mikropartikel 280
mikroporöse Minerale 91
Milieubedingungen 24, 110, 131, 254, 315
Minenabfälle 8, 63, 343
Minenabwässer 104
Mineralfällungen 81, 93
Mineralfasern 123
mineralische Abdichtungen 19
mineralische Abfälle 254
Mineralisierung 2, 274, 278
Mineralparagenese 7, 28, 41, 247
Mineralphasen 29, 34, 116
Mineralstruktur 120
Mischkontamination 266
Mitfällung 85, 90, 93
Mizellen 229
Mobilisierung 98, 257, 271, 313
Mobilität 18, 48, 56, 83, 254
Modellierung 84, 132, 274, 302, 308
Monitoring 252, 299, 318, 328
Montmorillonit 354
Mordenit 355
Müllverbrennung 7, 36, 108, 121, 259
Müllverbrennungsschlacke 38, 55, 102, 132, 248, 259, 272, 275, 285, 296, 297
Multibarrierenkonzept 1, 27

Nachhaltigkeit 11, 40, 96, 101, 339
Nachnutzbarkeit 326
Nachsorge 1, 7, 279, 282
Nährmedium 121
Nährstoffe 89
Nahrungskette 27, 85
NAP- oder *NAG*- (*net acid production, net acid generation*) Testmethoden 304
Nassabgrabung 254
Nassentschlacker 284
Natürlicher Abbau und Rückhalt (natural attenuation) 51, 90, 132, 340
Nebengestein 100, 301, 310

Sachverzeichnis 389

Neutralisation 5, 10
Neutralisationsmittel 250, 311
Neutralisationspotential 303, 305, 310, 319, 320, 326
Neutralsalze 328
Nitrifikation 87

Oberflächenabdeckung 308
Oberflächenwasserfassung 328
Okklusion 90, 93
Ökobilanz 75, 76, 297
Ökodiagnose 44, 48
ökologischer Rucksack 13, 101, 102
Ökosysteme 11, 14, 15, 48
Ökotherapie 44, 48
Ökotoxikologie 45, 47, 331, 357
Oktanol/Wasser-Verteilungskoeffizient (K_{ow}) 60
Olivin-Prozess 10
Ölphasen 221
organische Substanz 29, 83, 159, 246, 247, 248, 254, 270, 280, 298
Organochlorpestizide 78
Ort der Beurteilung 255, 270
Ortssteinbildung 309
Ottokraftstoffe 205, 206
Oxidantien 29
Oxidationskapazität 21, 22, 31
Oxidationsmittel 300, 304
Oxidationsprodukte 307
Oxidationsprozesse 83, 84, 300
Oxidationsrate 280, 307
Oxyanionen 280
Ozon 46

Papierschlamm 108
partikelgetragener Transport 191
Partitioning 163
Partikelgrößenverteilung 96
Perkolationstest 271, 304
Permeabilität 32
Persistenz 48, 56, 59
Petrologische Evaluation 3, 41, 109
Phillipsit 355
Phosphat 14, 26, 353
Phosphordüngemittel 72, 76, 90
Photokatalyse 10
Photolyse 43, 58
Photooxidantien 59
pH_{stat}-Test 25, 271, 291, 293
Phthalate 78

pH-Wert 22, 85, 86, 96, 246, 258, 263, 288
Pigmente 76, 115
Polanyi-Potenzialtheorie 156
Polderflächen 338
polychlorierte Biphenyle (PCB) 78, 257, 350
polyzyklische aromatische Kohlenwasserstoffe (PAK) 46, 81
Pools 210, 222
Porendiffusion 171, 214
Porendiffusionskoeffizient 210
Porenfüllung 170
Porenluft 261, 269
Porenraum 25, 53, 96, 129, 261, 269, 297
Poren-Retardationsfaktor 173
Porenwasser 17, 29, 85, 111, 261, 313, 328, 350
Positron-Emissions-Tomographie 333
Prioritäre Stoffe (nach WRRL) 252
Probenteiler 260
Problemstoffanalytik 49
Proctordichte 285
Produktion 48, 54, 357
Produktionsabfälle 108
produktionsintegrierter Umweltschutz 52, 54, 100, 103
Produkt-Recycling 13
Prognosesicherheit 39, 261
Protonenaktivität 84, 89, 261, 271
Prüfverfahren 98, 115, 130, 247
Prüfwerte 256, 258, 260, 270, 272
Pufferkapazität 16, 20-23, 100, 110, 114, 118, 131, 306, 310
Puffersysteme 20, 127, 311
Pulveraktivkohle 119
Pump-and-Treat-Technologie 51, 244
Putzmittel 46
PVC (Polyvinylchlorid) 323
Pyrit 28, 86, 312
Pyrit-Oxidation 85, 305, 316, 323
Pyritverwitterung 300
Pyroklastika 310
Pyrolysekoks 283

Quarz 37, 355
Quecksilber 256
Quellkonzentration 258, 264, 270, 272
Quellstärke 129, 257, 258, 268
Querdispersion 182

Radionuklide 45, 78, 323, 328
Radiotracer 334
Radon-Exhalation 326
Raffinerien 61, 65, 244
Raoult'sches Gesetz 201
Raumbeständigkeit 288
Reaktive Barrieresysteme 51, 126, 127, 132, 244, 312
Reaktivität 94, 247, 268, 315
Reaktor-Deponie 2, 25, 35-38, 67, 275
Recyclingprodukte 106
Redoxpotential 16-19, 83, 85, 122, 130, 250, 258, 288, 291, 298, 331, 333
Reduktionskapazität 21, 22, 30, 98, 273
Reduktionsprozesse 244, 314
Reduktionszonen 19, 273
Referenzmaterialien 248
regionale Stoffflussanalyse 14, 127
Reinigung 8, 46, 109, 329
Reinigungswände 32, 126, 244
Rekultivierungsmaßnahmen 125, 254, 299, 327
Relatives Verschmutzungspotential 70
Relaxionskonstante 178
Renaturierung 316
Reservoir-Minerale 32
Residuale Phase 197, 221
Respirationstest 279
Restemissionspotentiale 279
Restlöcher 253, 339
Restlösung 300
Restmineralisation 329
Restorganik 281, 288
Retardation 23, 151, 178, 221, 223
Revitalisierung 328
Reynolds-Zahl 199
Rieselfelder 263
Ringschutzwall 112
Risikoanalyse 23, 63, 95, 252, 279, 347
Rohstoffgewinnung 4, 12-14, 54, 99, 101, 102
Röntgenfluoreszenzanalyse 263, 335
Rostofenverfahren 108, 284, 297
Röstung 102, 164
Rotschlamm 300, 353
Rottedeponie 276, 277
Rückhaltemechanismen 98, 100, 246, 257, 258
Rückdiffusion 218
Rückverfüllung 322
Ruß 78, 290

salzreiche Lösungen 23, 83, 85, 86, 113, 284, 296, 300
Sanierungsmaßnahmen 51, 109, 252, 328, 343, 348
Sapromat 289
Sättigungsgrad 197
Sättigungslänge 195, 200, 218
Sättigungslöslichkeit, -konzentration 201, 223
Sauerstoffdiffusionsbarriere 313
Sauerstoffinfiltration 280
Sauerstoffintrusion 313
Sauerstoffverdrängung 306
Sauerstoffzehrung 309
Sauerstoffzutritt 280, 308, 320
Sauerwasserbildung 300, 318
Säulentest 86, 259, 261, 262, 263, 265, 268, 269, 271
Saure Niederschläge 18, 36, 46, 69, 83, 292
Säure-Basen-Bilanz 303, 321
Säurebildung 11, 62, 103, 302, 304, 307, 308, 310, 320, 321, 323, 331
Säurebildungspotential 17, 25, 96, 109, 323
Säurelaugung 9, 120
Säurepufferkapazität 16, 20, 21, 114, 271, 280, 288, 289, 298
Schadensherd 237–239
Schadstoffausträge 44, 194, 260, 305, 314, 322, 330-332
Schadstofffrachten 197
Schadstoffquellen 44, 185, 305
Schadstoffrückhaltung 33, 58, 95, 126, 131, 351
Schadstoffsorption 247, 271, 305, 338
Schaumglas 123
Scherkräfte 83, 328
Schießplatz 266
Schlacken-Deponie 37, 39, 62, 118, 292, 306
Schlammteich 62, 299, 301, 307, 317
Schlickdepot 112, 113
Schmelzprodukte 43, 108, 122, 123, 286
Schmelzverfahren 39, 121, 131, 132, 274, 283, 296, 297
Schmidt-Zahl 201
Schockkühlung 283
Schrott 64, 122, 315
Schurfprobe 325

Schüttdichte 285
Schwefelsäure 67, 102, 105, 329
Schwefelwasserstoff 29
Schweizer TVA-Test 271
Schwelbrennverfahren 283
Schwermetalle 29, 59, 62, 78, 81, 87, 253, 285, 294, 295, 296, 323, 352, 353
Schwimmschicht 210
Sedimentation 27, 43, 251
Sedimentkonditionierung 250
Sedimentporenwasser 356
Sedimentqualitätskriterien 66, 70, 92, 252, 358
Sedimentumlagerung 338, 357
Sediment-Wasser-Grenzfläche 348
Sekundärminerale 295, 301, 313, 314
Sekundärrohstoffe 1, 41, 108
Selbstheilung 10
Selbstoptimierung 250
Selbstreinigung 330
sequentielle Extraktionsverfahren 271
Sherwood-Zahl 199
Sickerwasser 2, 16, 18, 38, 58, 64, 67, 84, 100, 264, 273, 276, 277, 279, 281, 291, 294, 296, 310, 323, 326
Sickerwassererfassung 274, 276, 328
Sickerwasserprognose 25, 98, 129, 246, 254, 323
Sickerwasserqualität 277, 302, 304, 323
Siderit 28
Silikate 37, 292, 302
Silikathydratbildung 287
Silikatprodukte 121, 284, 297
Silikatpuffer 21, 296
Silikatverwitterung 287
Sinterung 284
Soil Organic Matter 159
Sorbat 151
Sorbent 152
Sorption 34, 43, 84, 90, 93, 97, 131, 151, 244, 257, 267
Sorptionsisotherme 153
Sorptionskinetik 91, 172
Speicherkapazität 25, 64, 127, 308
Speicherminerale 24, 32, 34, 93, 110, 116, 118, 131, 294
Stabilisierung 8, 51, 76, 110, 114, 275, 320, 330
Stabilitätsdiagramm 27
Stand der Technik (SdT) 1, 318

Standortsanierungskonzept 318
Stationäre Fahne 187
Staubabscheider 106
Steinkohlenteer 203, 204
Steuermechanismen 3, 20, 18, 21, 23, 63, 97, 126, 279, 282
Stoffbilanzen 11, 126
Stoffdynamik 44, 45, 53, 55, 58
Stoffflussanalyse 3, 14, 35, 45, 74, 127, 130, 131, 247, 250, 320
Stofftransportmodelle 257, 258, 335
Stofftrennung 277
Stoffumwandlung 47
Stoffübergangskoeffizient 193, 198, 216
Stoffübertragung 193-195
Strahlmittel 123
Straßenbaumaterial 39, 123, 248, 254, 297
Strömungsbarriere 308
Struvit 10
subaquatische Abdeckung 328
Subaquatisches Depot 111, 131, 251, 252, 343
Sulfatreduktion 29, 250, 294, 312, 314, 319
Sulfiderze 20, 84, 111, 120, 280, 285, 299, 302, 307, 309, 319
Sulfidoxidation 287, 294, 306, 310, 311

TA Siedlungsabfall 1, 33, 273, 274
Tagebaue 26, 102, 120, 250, 254, 299, 301, 312, 317
Tagebaurestlöcher 308, 313, 314, 316, 337
Tagebauverfüllung 317, 321
Tailings 307, 313, 328
Tankexperimente 86
Technische Regeln der Länderarbeitsgemeinschaft Abfall (LAGA) 248
Technophilie-Index 71
Technosphäre 43, 54
Teeröldestillate 204
Tenside 229
Tensiometer 262, 263
Testverfahren 50, 271
thermische Behandlung 44, 51, 275
Thermo-Select-Verfahren 283
Thiobakterien 120
Tiefseesediment 73, 334
Titrationsmethode 290

Tonminerale 20, 30, 37, 94, 96, 244, 293, 354
Toxizitätstests 48, 57, 280, 358
Tragfähigkeitsgrenze 3, 11, 328
Transferpfade 59, 96, 306
Transportvermittlung 191
Treibhauseffekt 46, 282
Trockenraumdichte 175, 176, 215
Turbulenzsäule 336

Überflutungssedimente 251
Überkorn 285
Uferfiltration 62, 63
Umlagerung 16, 51, 79, 84, 86, 251, 319
Umschließung 33
Umweltchemikalien 43, 45
Umweltqualitätsnormen 252
Untergrundabdichtung 18, 254
Untergrundinjektion 62
Unterhaltungsbaggerung 251, 331
Untertagebergwerk 250, 299, 312, 320
Untertagedeponie 113
Untertagereaktor 315, 328
Uranerzbergbau 104, 253, 316

Verbrennung 53, 61, 64, 78, 119, 246, 284
Verdachtsflächen 255
Verdünnungseffekte 95, 246, 257, 272
Verfestigungsverfahren 51, 114, 312
Verfüllung 254, 325
Verhüttung 72, 102
Verklappung 86, 111
Vermeidung 12, 48, 54, 254
Verpackungsabfälle 39
Versalzungseffekte 87, 89, 259
Versatz 320

Verschiebungsquadrat 214
Verteilungskoeffizienten 57, 163, 202
Verwertung 39, 40, 54, 109, 126, 246, 247, 248, 285
Verwitterung 247, 272
Volatilität 59
Vorsorgeansatz 243

Wälzofenschlacke 106
Waschmittel 45, 46, 55
Waschverfahren 51, 120, 131
Wasseraustausch 261, 288, 306, 314
Wasserbehandlungstechnologien 307, 311, 317, 320
Wasserdurchlässigkeit 118, 281
Wasserelution nach DIN 38414-4 (*S4-Test*) 259
Wasserfassung 306, 321, 322
Wasserhaushaltsbilanz 295, 321
Wasserrahmenrichtlinie (WRRL) 252
Wassersättigungsgrad 302
Wasserwegsamkeit 281
Wertschöpfungskette 12, 13, 99, 101
Wirkungspfad 243, 302

Xenobiotika 55

Zeitraffereffekte 63, 97, 98, 115, 130, 279, 281, 291, 293
Zeitskala für Dekontamination 231
Zement 104, 105, 108, 109, 114, 285, 312
Zeolithe 10, 244, 251, 355
Zerkleinerung 277
Zuordnungskriterien 1, 247, 274
Zuschlagstoffe 24, 115, 132, 251, 310
Zwischenlager 253